Waldökologie

Norbert Bartsch
Ernst Röhrig

Waldökologie

Einführung für Mitteleuropa

194 Abbildungen, davon 129 Zeichnungen und 65 Fotos
57 Tabellen

Norbert Bartsch
Georg-August-Universität Göttingen
Abteilung Waldbau und Waldökologie der gemäßigten Zonen
Göttingen, Deutschland

Ernst Röhrig
Georg-August-Universität Göttingen
Abteilung Waldbau und Waldökologie der gemäßigten Zonen
Göttingen, Deutschland

ISBN 978-3-662-44267-8 978-3-662-44268-5 (eBook)
DOI 10.1007/978-3-662-44268-5

Die Deutsche Nationalbibliothek verzeichnet diese Publikation in der Deutschen Nationalbibliografie; detaillierte bibliografische Daten sind im Internet über ▶ http://dnb.d-nb.de abrufbar.

Planung und Lektorat: Kaja Rosenbaum, Martina Mechler
Redaktion: Andreas Held
Grafiken: Dr. Martin Lay, Breisach a. Rh.
Satz: Crest Premedia Solutions (P) Ltd., Pune, India

Gedruckt auf säurefreiem und chlorfrei gebleichtem Papier

Springer-Verlag ist Teil der Fachverlagsgruppe Springer Science+Business Media
(www.springer.com)

Vorwort

»Ökologie« und »ökologisch« sind heute fest in unserem Alltagswortschatz verankert. In der breiten Öffentlichkeit sind damit als positiv empfundene Vorstellungen von Verträglichkeit, Gesundheit und heiler Welt verbunden. In diesem Buch wird die Ökologie in ihrer ursprünglichen Bedeutung als naturwissenschaftliche Disziplin betrachtet, die wertfrei auf die Wirkungen von Umweltfaktoren auf Lebewesen ausgerichtet ist. Als relativ junge Teildisziplin der Biologie hat sie sich Ende des 19. Jahrhunderts entwickelt und seitdem zu einer stetig steigenden Fülle an Veröffentlichungen geführt. Hierbei ist eine immer stärkere Aufsplitterung in Teildisziplinen festzustellen, die einer integrativen Zusammenschau entgegensteht, die aber für die Ökologie mit ihren umweltrelevanten Aspekten besonders wichtig ist.

Zahlreiche Lehr- und Handbücher fassen das Wissen auf dem Gebiet der Ökologie zusammen. Davon decken einige die gesamte aquatische und terrestrische Ökologie ab, andere vertiefen die Pflanzenökologie oder den Stoffhaushalt von Ökosystemen. Wir weisen auf wesentliche Werke in den entsprechenden Kapiteln dieses Buches hin. Speziell zur Ökologie von Wäldern liegen aus Nordamerika mehrere umfassende Darstellungen vor. Die Standardwerke mit dem Titel *Forest Ecology* von Barnes, Zak, Denton und Spurr (4. Aufl. 1998) und von Kimmins (3. Aufl. 2004) waren uns konzeptionelle Vorbilder. Beide Lehrbücher vermitteln ein vielschichtiges Bild der Ökologie nordamerikanischer Wälder und allgemeiner ökologischer Zusammenhänge, gehen aber auf Standorte, Baumarten, Waldtypen und forstgeschichtliche und waldbauliche Verhältnisse in Mitteleuropa nicht ein. Eine Abhandlung der Waldökologie Mitteleuropas auf der Grundlage allgemeiner ökologischer Konzepte und Erkenntnisse wurde bisher nur von Otto herausgegeben. Das bereits 1994 erschienene Werk zeichnet sich durch zahlreiche Beispiele der Walddynamik aus, die überwiegend persönliche Beobachtungen und Erfahrungen des Autors in der forstlichen Praxis und in der universitären Lehre widerspiegeln. Dies verhindert eine Aktualisierung des Werkes durch andere Bearbeiter.

Die Idee zu einer aktuellen Einführung in die Ökologie der Wälder Mitteleuropas ergab sich aus unseren Erfahrungen in der Lehre. Auf das allgemein gestiegene Interesse an Natur- und Umweltfragen haben die Hochschulen mit der Einrichtung neuer und durch die Umwidmung vorhandener Studiengänge reagiert. Nahezu jede Hochschule im deutschsprachigen Raum schmückt sich inzwischen mit einem Studiengang Ressourcenmanagement, Natur- und/oder Umweltwissenschaften oder Ökosystemmanagement. Hinzu kommen die Studiengänge, in denen seit jeher ökologische Themen die Lehrinhalte bestimmen, u. a. Biologie, Landespflege, Landschaftsökologie, Agrar- und Forstwissenschaften. Alle diese Studiengänge haben mehr oder weniger den Wald im Fokus. Das ergibt sich schon daraus, dass Mitteleuropa ohne menschlichen Einfluss nahezu vollständig von Wald bedeckt wäre und auch heute noch mit einem hohen Flächenanteil ist. Die Einrichtung zweistufiger Studiensysteme im Zuge des Bologna-Prozesses führte zudem dazu, dass ein Masterstudiengang von Studierenden mit sehr unterschiedlichen Bachelorabschlüssen und damit wenig vergleichbaren ökologischen Kenntnissen belegt sein kann. Dazu beizutragen, allen Studierenden einen gleichen Wissensstand in Seminaren, Übungen und Projekten zu ermöglichen, war für uns eine wesentliche Motivation, das Verfassen dieses Buches zu wagen.

Wir haben versucht, in großen Linien die allgemeinen Zusammenhänge herauszuarbeiten. Aber sie bleiben allzu theoretisch, wenn sie nicht mit Beispielen unterlegt sind. Solche haben wir gesucht und, meist in kurzen Zügen, dargestellt. Dabei sind wir uns bewusst, dass es für jedes Kapitel, für jeden Befund noch viel mehr geeignete Darstellungen gäbe, und auch, dass die gewählten Beispiele die allgemeinen Zusammenhänge oft relativieren. Doch angesichts der unüberschaubaren Fülle an Literatur schien uns kein anderer Weg möglich. Mancher Autor der zitierten Arbeiten wird die Verkürzung seiner Ergebnisse missbilligen, andere werden uns vorwerfen, sich nicht erwähnt zu finden. Aber schließlich gilt: Multum, non multa »Viel, nicht vielerlei«; Plinius.

Beobachtungen und Daten aus Wäldern in Mitteleuropa wurden von uns vorrangig berücksichtigt. Aus anderen Regionen mit gemäßigtem Klima, v. a. aus Nordamerika, haben wir bei Bedarf konzeptionelle Arbeiten und Vergleichsdaten ergänzend herangezogen. Die Eingrenzung Mitteleuropas erfolgte nach dem Standardwerk *Vegetation Mitteleuropas mit den Alpen in ökologischer, dynamischer und historischer Sicht* von Ellenberg (6. Aufl. 2010, gemeinsam mit Leuschner), wonach Deutschland, die Niederlande, Belgien und Luxemburg, die Schweiz, Österreich, Tschechien, die Slowakei und Polen sowie Teile von Dänemark, Südschweden, Ostfrankreich und das italienische Alpengebiet klimatisch und vegetationsgeografisch einen eigenständigen Naturraum bilden, der sommergrüne Laubwälder begünstigt. Die Mehrzahl der Angaben beziehen sich auf die Hauptbaumarten des Naturraums. Um eine gute Lesbarkeit zu gewährleisten, wurde für die vielfach genannten Baumarten nur bei der ersten Nennung die wissenschaftliche Artbezeichnung dem deutschen Namen beigefügt. Bei der Buche handelt es sich also stets um *Fagus sylvatica*, bei der Fichte um *Picea abies*, bei der Kiefer um *Pinus sylvestris* und bei der Lärche um *Larix decidua*.

Die Fertigstellung des Buches wäre ohne die Unterstützung von Freunden, Kollegen und Mitarbeitern[1] nicht möglich gewesen. Zahlreiche Anregungen, Hinweise und Ergänzungen kamen aus unserem näheren Umfeld, der Abteilung Waldbau und Waldökologie der gemäßigten Zonen an der Georg-August-Universität Göttingen, aber auch aus anderen Lehr- und Forschungsstätten inner- und außerhalb Göttingens. Besonderen Dank für kritische Kommentare, Literaturhinweise oder die Bereitstellung von Fotos sprechen wir gern aus an Christian Ammer, Peter Annighöfer, Ilse Bechtold, Gerhard Büttner, Franz Gruber, Thomas Hering, Jörg Kleinschmit, Alexander Knohl, Rainer Köpsell, Norbert Lamersdorf, Bertram Leder, Peter Meyer, Volker Meng, Mathias Niesar, Ralph Petercord, Christine Rapp, Marcus Schmidt, Leonhard Steinacker, Torsten Vor, Milan Zubrik und Rolf Zundel. Aufseiten des Verlages haben uns Martina Mechler und Kaja Rosenbaum in hervorragender Weise unterstützt. Dem Lektor Andreas Held danken wir für die überaus sorgfältige Überarbeitung des Manuskripts und Herrn Dr. Martin Lay für die Gestaltung der Abbildungen.

Wir sind uns bewusst, dass auch dieses Buch nicht ohne inhaltliche Mängel ist. Für berichtigende Hinweise und ergänzende Empfehlungen werden wir stets dankbar sein.

Norbert Bartsch und Ernst Röhrig
Göttingen, im Februar 2015

[1] In diesem Fall und in allen ähnlichen Fällen sind ausdrücklich beide Geschlechter angesprochen.

Inhaltsverzeichnis

Serviceteil

Wälder als natürliche Pflanzenformationen

Biogeografische Einordnung der Wälder

Norbert Bartsch, Ernst Röhrig

N. Bartsch, E. Röhrig, *Waldökologie*,
DOI 10.1007/978-3-662-44268-5_1, © Springer-Verlag Berlin Heidelberg 2016

Mitteleuropa mit annähernd 1 Mio. km^2 Fläche gehört der nördlichen gemäßigten Zone an. In dem ausgeglichenen Klima mit einem jahreszeitlichen Wechsel bilden sich Pflanzenformationen, die **temperierten Wälder**, die sich in Physiognomie und in ökologischen Aspekten von anderen Pflanzenformationen deutlich abheben, auch von Wäldern anderer Klimazonen. Ihre Baumschicht besteht ganz überwiegend aus Laubbäumen, denen nur regional und in geringerem Ausmaß Nadelbäume beigemischt sind, nur im pazifischen Nordamerika herrschen in der gemäßigten Zone Nadelbäume von zum Teil gewaltigen Dimensionen vor. Die temperierten Wälder, wie man sie heute findet, sind durch eine erdgeschichtlich gesehen nicht sehr lange Entwicklung geprägt, ihre gegenwärtige Struktur und geografische Verbreitung haben sie hauptsächlich durch die Folgen der Eiszeiten erfahren. Besondere klimatische Bedingungen, vor allem ein deutlich ausgeprägter Wechsel zwischen Sommer und Winter bei insgesamt ausgeglichenen Wärme- und Feuchtigkeitsverhältnissen, bilden die Grundlage ihres Gedeihens. Temperierte Laubwälder sind seit Jahrtausenden verschiedenartigen Eingriffen durch den Menschen ausgesetzt. Diese haben, besonders bei weniger günstigen natürlichen Lebensverhältnissen, auch zur Ausprägung von speziellen, nur wenig oder gar nicht mit Bäumen bestandenen waldähnlichen Pflanzengesellschaften geführt, die am Schluss dieses Teils behandelt werden.

Die Pflanzendecke der Erde, so wechselvoll und mannigfaltig sie ist, prägt doch gewisse, sich immer wieder in ähnlicher Weise bildende Typen. Sie machen das äußere Bild einer Region oder einer Landschaft aus, deren **Physiognomie**. Solche Gemeinsamkeiten in der Vegetation werden mit dem Begriff Pflanzenformation erfasst, wie ihn der Botaniker August Grisebach (1814–1879) in seinem 1838 erschienenen Werk *Über den Einfluß des Klimas auf die Begrenzung der natürlichen Floren* geprägt hat. Wüste, Steppe, Heide, Wald oder auch differenziertere Bezeichnungen wie Wacholderheide oder Mediterraner Hartlaubwald sind dafür allgemein gebräuchlich. Damit ist nichts darüber ausgesagt, wieweit diese Formationen durch geschichtliche Vorgänge, Umweltbedingungen oder menschliche Tätigkeiten entstanden sind.

Unter einer **Pflanzenformation** versteht man eine Gruppe von Pflanzen, die sich in bestimmten morphologischen Eigenschaften ähnelt, durch die sie an die Umweltbedingungen angepasst sind: Pflanzenhöhe und -form, Verholzung von Trieben, Blattaufbau u. a. Ein wesentliches Merkmal zur Abgrenzung von Formationen untereinander ist somit ein physiognomisches, die **Lebensform** ihrer wichtigsten Glieder. Das 1905 von Raunkiaer erstmals veröffentlichte und von Ellenberg und Mueller-Dombois (1967) erweiterte System teilt die Landpflanzen nach der Art und Weise ein, wie sie ungünstige Lebensperioden (Kälte, Trockenheit) in ihrem Lebenszyklus überstehen.

Lebensformen von Pflanzen

Phanerophyten sind Holzpflanzen, die ihre (oft durch Schuppen geschützten) Knospen deutlich über dem Boden tragen.
Chamaephyten, zu denen auch viele holzige Sträucher gehören, bilden Knospen in Höhen von weniger als 25 cm über dem Boden und sind so widrigen Verhältnissen weniger ausgesetzt.
Hemikryptophyten (viele Gräser und Kräuter) haben ihre vegetativen Reproduktionsorgane dicht am Boden, sodass sie durch Blattscheiden, Streu oder Schnee geschützt sind.
Kryptophyten (= Geophyten) überleben Kälte und Trockenheit durch Knollen, Rhizome oder andere Speicherorgane im Boden.
Therophyten vermeiden ungünstige Perioden dadurch, dass sie zu gegebener Zeit jeweils aus Samen neue Organismen bilden.
(■ Abb. 1.1)

Anpassungen an die Umweltbedingungen führen dazu, dass die Lebensformen in den verschiedenen Lebensräumen (Biome, siehe unten) unterschiedlich stark vertreten sind (■ Abb. 1.2). Es ist eine bemerkenswerte und die Forschung immer wieder beschäftigende Erscheinung in der Natur, dass Pflanzenformationen nicht etwas Äußerliches darstellen, vielmehr sind die Formen ihrer Glieder und die Umweltbedingungen in einer allerdings oft komplizierten Weise miteinander verknüpft. So

Abb. 1.1 Lebensformen terrestrischer Pflanzen. Die rot gezeichneten Pflanzenteile überwintern, die grau gezeichneten Pflanzenteile sterben im Herbst ab. **a** Phanerophyt (*Fagus sylvatica*); **b, c** Chamaephyten (*Vaccinium myrtillus*, *Vinca minor*); **d, e, f** Hemikryptophyten (Rosettenpflanze *Taraxacum officinale*, Ausläuferstaude *Ranunculus repens*, Schaftpflanze *Lysimachia vulgaris*); **g, h** Kryptophyten (Rhizomgeophyt *Anemone* sp., Knollengeophyt *Crocus* sp.); **i** Therophyt (*Papaver rhoeas*) (nach Bresinsky et al. 2008)

Bezeichnungen für Wald

Das deutsche Wort **Wald** bedeutet nach seiner Herkunft aus germanischen Sprachen ein Gelände, das »wild«, somit nicht einer Kultur unterworfen ist, während **Forst** einen bewirtschafteten Wald kennzeichnet. Über die Herkunft dieses Wortes gehen die Meinungen auseinander (Endres 1917; Kaspers 1959; Mantel 1965; Seitz 1980).

In Frankreich werden sowohl die Wörter *bois* als auch *forêt* gebraucht, ähnlich wie in Großbritannien, wo *woodland* und *forest* gebräuchlich sind, ohne dass klar zwischen unberührtem und bewirtschaftetem Wald unterschieden wird. In Nordamerika spricht man von *forest*, wenn Wald gemeint ist, bei Urwald von *old-growth forest*. Im Spanischen herrscht *bosque* vor, daneben auch *selva*, während im Portugiesischen *floresta* gebräuchlich ist. In Italien wird von *foresta* (vom lateinischen [*silva*] „*forestis*“), seltener auch von *bosco* gesprochen.

Als **Urwald** wird nach Leibundgut (1993) ein ausgedehnter Waldkomplex bezeichnet, dessen Standort, Vegetation, Baumartenmischung und Aufbau seit jeher ausschließlich durch natürliche Standort- und Umweltfaktoren bedingt werden. Auch wenn diese Wälder sich ohne forstwirtschaftliche Nutzung entwickeln, sind indirekte anthropogene Einflüsse durch überhöhte Schalenwildbestände, atmosphärische Einträge und den Klimawandel nicht auszuschließen. Wirth et al. (2009) und Veen et al. (2010) haben die in der Literatur verwendeten Urwalddefinitionen vergleichend zusammengestellt. Danach hat eine umfassende Definition strukturelle (Alters- und Größenverteilungen, räumliche Muster), sukzessionale (ungestörte Entwicklung zur Klimaxgesellschaft) und biogeochemische Parameter (ungestörte Stoffkreisläufe) einzubeziehen.

bilden **Wälder** trotz ihrer sehr unterschiedlichen floristischen Zusammensetzung eine charakteristische Pflanzenformation, die sich durch ihr Aussehen (**physiognomisch**) und ihre Lebensverhältnisse (**ökologisch**) von anderen Pflanzenformationen unterscheidet (Dengler 1930). Diese Verknüpfungen in ihren verschiedenen Erscheinungen werden einen großen Teil des Inhalts dieses Buches ausmachen.

Eine allgemein akzeptierte **Definition** für den Begriff Wald gibt es nicht. Ganz allgemein versteht man darunter Pflanzenformationen, in denen Bäume eine wesentliche Rolle spielen, indem sie ein mehr oder weniger dichtes Kronendach bilden und eine so große Fläche einnehmen, dass sich typische Vegetations-, Klima- und Bodenverhältnisse ausbilden und eine diesen Bedingungen entsprechende Fauna enthalten ist. Im Einzelnen definieren die Forstgesetze der meisten Länder den Begriff Wald näher, doch diese Bestimmungen weichen beträchtlich voneinander ab. Unklarheiten herrschen

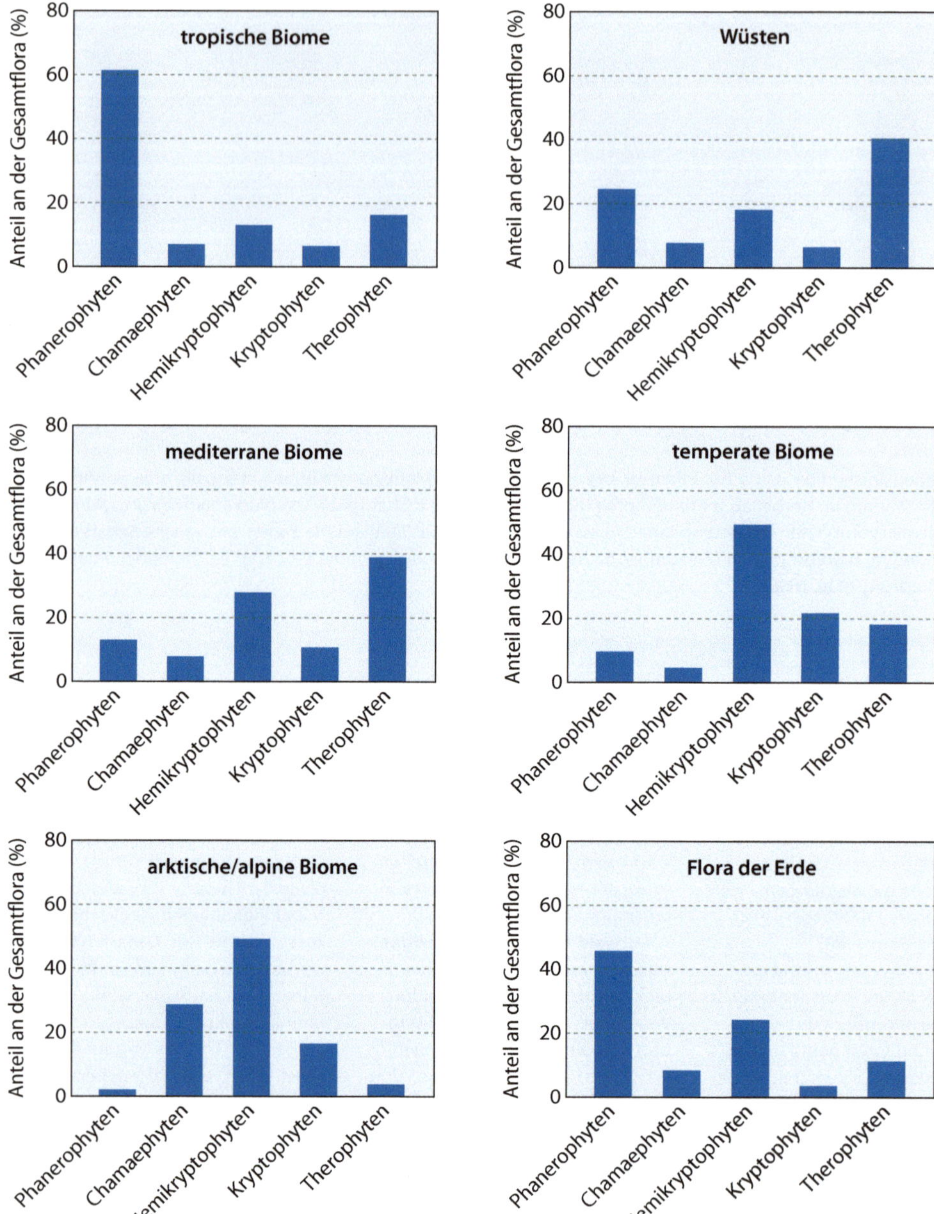

Abb. 1.2 Anteile der Lebensformen in verschiedenen Lebensräumen und an der gesamten Flora der Erde (nach Crawley 1997)

Walddefinition im Bundeswaldgesetz vom 2. Mai 1975, zuletzt geändert am 31. Juli 2010 (Endres 2014)

§ 2. Wald

(1) Wald im Sinne dieses Gesetzes ist jede mit Forstpflanzen bestockte Grundfläche. Als Wald gelten auch kahlgeschlagene oder verlichtete Grundflächen, Waldwege, Waldeinteilungs- und Sicherungsstreifen, Waldblößen und Lichtungen, Waldwiesen, Wildäsungsplätze, Holzlagerplätze sowie weitere mit dem Wald verbundene und ihm dienende Flächen.

(2) Kein Wald im Sinne dieses Gesetzes sind

1. Grundflächen, auf denen Baumarten mit dem Ziel baldiger Holzentnahme angepflanzt werden und deren Bestände eine Umtriebszeit von nicht länger als 20 Jahren haben (Kurzumtriebsplantagen),
2. Flächen mit Baumbestand, die gleichzeitig dem Anbau landwirtschaftlicher Produkte dienen (agroforstliche Nutzung),
3. mit Forstpflanzen bestockte Flächen, die [...] als landwirtschaftliche Flächen erfasst sind, solange deren landwirtschaftliche Nutzung andauert, und
4. in der Flur oder im bebauten Gebiet gelegene kleinere Flächen, die mit einzelnen Baumgruppen, Baumreihen oder mit Hecken bestockt sind oder als Baumschulen verwendet werden.

(3) Die Länder können andere Grundflächen dem Wald zurechnen und Weihnachtsbaum- und Schmuckreisigkulturen sowie zum Wohnbereich gehörende Parkanlagen vom Waldbegriff ausnehmen.

daher auch in den internationalen Statistiken (z. B. FAO (Food and Agriculture Organization of the United Nations 2011).

Als beherrschendes Element für die Ausbildung der großräumigen Pflanzenformationen ist das **Klima** anzusehen. Je nach den Auffassungen der Klimatologen und Geografen werden meist sechs bis zwölf verschiedene Formationen unterschieden. In ► Kap. 4 werden die wichtigsten Klimaklassifikationen und eine Abgrenzung der Vegetationsformationen behandelt.

Die Darstellung der Ökologie der Wälder erfordert neben der Vegetation auch die Berücksichtigung der darin lebenden Tiere und Mikroorganismen (s. ► Kap. 14). Dadurch erweitert sich das Bild zu einem Gefüge, das als **Biom** bezeichnet wird. Biome sind große ökologische Einheiten, die einem bestimmten physiognomischen Typ entsprechen, z. B. sommergrüne Laubwälder oder asiatische Steppen, und umfassen alle darin enthaltenen Lebewesen. Walter (1954), dessen Konzept der Biome auch von anderen Autoren übernommen worden ist, unterscheidet nach den Klimazonen der Erde (s. ► Kap. 4) neun **Zonobiome**. Für die einzelnen Klimazonen ergeben sich breite Übergangszonen, die sog. **Ökotone**, da sich selten die Klimazonen unmittelbar voneinander abgrenzen lassen (Walter und Breckle 1991a, 1999; ◘ Abb. 1.3). Die Klimaverhältnisse der Biome und Ökotone sind in Klimadiagrammen in einem Klimadiagramm-Weltatlas (Walter und Lieth 1960–1967) mit vielen Einzelheiten dargestellt (◘ Abb. 1.4).

Nach verschiedenen Schätzungen ist die Landfläche der Erde zu 27–30 % bewaldet. Das ergibt eine **Waldfläche** von etwa 4 Mrd. ha (FAO 2011). Doch sind solche Angaben unsicher wegen der unterschiedlichen Erhebungsmethoden und der lückenhaften Berichterstattung mancher Länder (◘ Tab. 1.1). Den größten Teil mit knapp 2 Mrd. ha nehmen die Wälder der Tropen ein; hier gibt es allerdings beträchtliche jährliche Waldverluste (s. ► Kap. 22). Mit etwa 1 Mrd. ha folgen die Wälder der borealen Regionen. Die Wälder der temperierten Zonen umfassen rund 0,8 Mrd. ha, mit leicht steigender Tendenz. Die Laub- und Nadelwälder haben nach groben Schätzungen Anteile an der Waldfläche der Erde von 60 bzw. 40 %. Die laubabwerfenden Wälder sind in Röhrig und Ulrich (1991), die Nadelwälder in Andersson (2005) umfassend dargestellt.

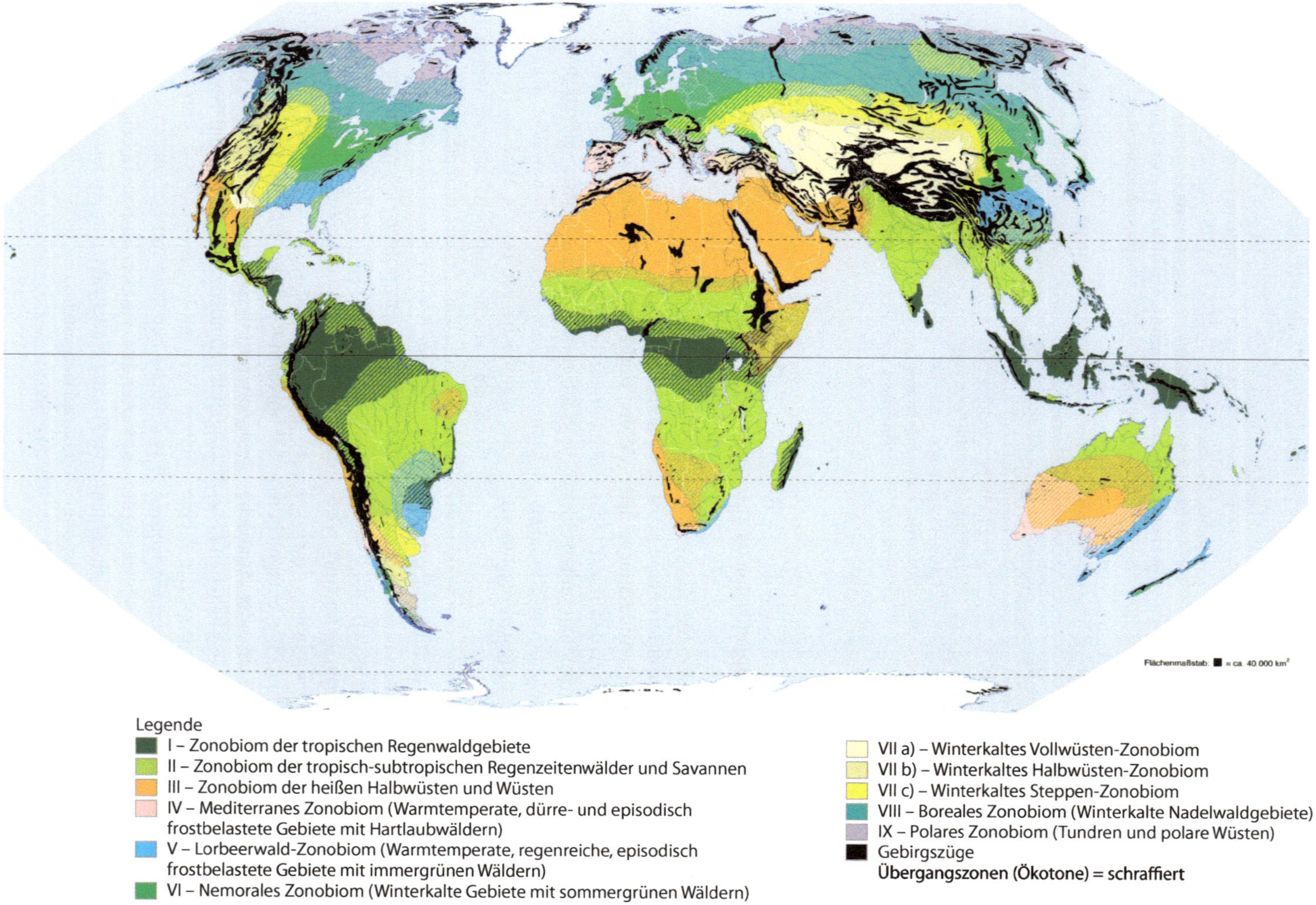

Abb. 1.3 Ökologische Gliederung der Landlebensräume. Dargestellt sind die neun Zonobiome, die Hochgebirge und die Übergangszonen. (Nach Walter und Breckle 1999, aus http://commons.wikimedia.org/wiki/File:Zonobiome.png)

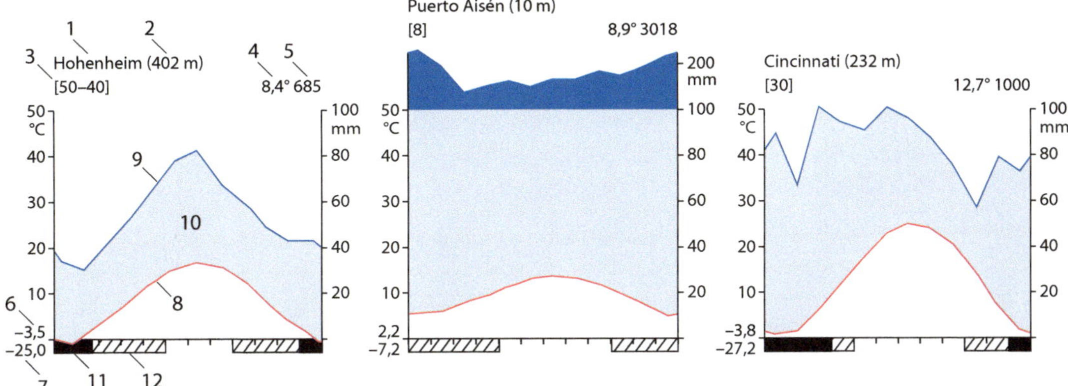

■ **Abb. 1.4** Klimadiagramme verschiedener Zonobiome (nach Walter und Lieth 1967; Walter und Breckle 1991a; Nentwig et al. 2004). Auf der horizontalen Achse werden für die Nordhemisphäre die Monate von Januar bis Dezember aufgetragen, für die Südhemisphäre von Juli bis Juni, sodass die warme Jahreszeit in der Mitte des Diagramms liegt. Auf der rechten vertikalen Achse ist die Temperatur in °C (ein Teilstrich = 10 °C), auf der linken der Niederschlag in mm (ein Teilstrich = 20 mm) angegeben (Zahlen werden normalerweise weggelassen). *1* Klimastation, *2* Höhe über dem Meer (m ü. NN), *3* Zahl der Beobachtungsjahre (bei zwei Zahlen steht die erste Zahl für Temperatur und die zweite für Niederschlag), *4* mittlere Jahrestemperatur, *5* mittlere jährliche Niederschlagsmenge, *6* mittleres tägliches Minimum des kältesten Monats, *7* absolutes Minimum (tiefste gemessene Temperatur), *8* Kurve der mittleren Monatstemperaturen, *9* Kurve der mittleren monatlichen Niederschläge. Läuft die Niederschlagskurve über der Temperaturkurve, herrschen relativ humide Verhältnisse vor, die hellblau dargestellt sind *(10)*. Verläuft die Niederschlagskurve unter der Temperaturkurve, liegt eine relative Dürrezeit vor (kein Beispiel). Übersteigen die mittleren monatlichen Niederschläge 100 mm, wird der Maßstab auf 1/10 reduziert. Diese relativ perhumide Jahreszeit wird dunkelblau dargestellt (Beispiel Puerto Aisén). *11* Monate mit mittlerem Tagesminimum unter 0 °C (schwarz = kalte Jahreszeit), *12* Monate mit absolutem Minimum unter 0 °C (schräg schraffiert), d. h. Spät- oder Frühfrost möglich

■ **Tab. 1.1** Waldflächen in den geografischen Regionen der Erde (aus FAO 2011)

Region	Waldfläche	
	(Mio. ha)	(% der Landfläche)
Afrika	650	22
Asien	548	18
Europa	1005	45
Deutschland	11,1	32
Finnland	22,1	73
Frankreich	15,6	29
Großbritannien	2,9	12
Italien	9,1	31
Norwegen	10,1	33
Polen	9,3	30
Österreich	3,8	47
Russland	809	49
Schweden	28,2	69
Schweiz	1,2	31
Spanien	18,2	36
Ukraine	9,7	17
Ozeanien	198	23
Nord- u. Mittelamerika	549	26
Südamerika	885	51

Gestalt und Lebensweise der Bäume

Norbert Bartsch, Ernst Röhrig

N. Bartsch, E. Röhrig, *Waldökologie*,
DOI 10.1007/978-3-662-44268-5_2, © Springer-Verlag Berlin Heidelberg 2016

2.1 Habitus

Ein **Baum** ist ein ausdauerndes Holzgewächs, das an einem **Stamm** (bisweilen auch aus mehreren Stämmen bestehend, z. B. beim Stockausschlag) eine **Krone** trägt und durch seine **Wurzeln** im Boden verankert ist (◘ Abb. 2.1). Die Baumkompartimente haben verschiedene Funktionen (◘ Tab. 2.1). Ihre Ausformung ist sowohl art- und herkunftstypisch als auch durch Anpassung an die ökologischen Bedingungen der Wuchsorte und durch die jeweilige Konkurrenz zu den Nachbarn im Waldbestand bedingt. Auch die **Stammform** unterliegt derartigen Einflüssen. Einige Waldbaumarten haben ein ausgeprägt aufrechtes (orthotropes) Wachstum der Hauptachse, z. B. Bergahorn (*Acer pseudoplatanus*), Esche (Gewöhnliche Esche, *Fraxinus excelsior*) und Fichte (Gewöhnliche Fichte, *Picea abies*), andere neigen stärker zu dem Licht zugewandten (fototropen) Schaftkrümmungen und richten die Zweige bei Lichtmangel in der Horizontalen aus (plagiotropes Wachstum, ◘ Abb. 2.2), z. B. Eichen (*Quercus* sp.), Buche (Rotbuche, *Fagus sylvatica*), Wildkirsche (*Prunus avium*).

Die **Baumkrone** besteht aus Ästen und Zweigen, von denen die Letzteren Blätter oder Nadeln tragen, die Assimilationsorgane. In ihrer Kronenbildung unterscheiden sich Bäume von anderen Holzgewächsen (Sträucher, holzige Lianen). Einige Autoren (Roloff 2001; Lowman und Rinker 2004; Matyssek et al. 2010) haben die Architektur von Baum- und Kronenformen der Waldbäume typisierend beschrieben. Dabei spielt neben der Dichte und der Stellung der Blätter vor allem die Art der **Verzweigung** eine wichtige Rolle: Bei Arten mit **monopodialem** Wachstum treibt nach der Winterruhe die Terminalknospe aus, daraus bildet sich während der Vegetationszeit der künftige Leittrieb mit der neuen Terminalknospe, z. B. Ahorne, Esche, Pappeln (*Populus* sp.), Eichen, Koniferen). Dagegen stirbt bei Arten mit **sympodialem** Zweigwachstum die Terminalknospe nach Abschluss des Austreibens ab. Aus einer der oberen Seitenknospen entwickeln sich im nächsten Frühjahr Triebe, von denen ein Trieb die Führung übernimmt, z. B. Buche, Hainbuche (*Carpinus betulus*), Linden (*Tilia* sp.), Ulmen (*Ulmus* sp.) (◘ Abb. 2.3). Auf Abweichungen von diesen Grundmustern durch Stress und Konkurrenz gehen Pugnaire und Valladares (2007) ausführlich ein.

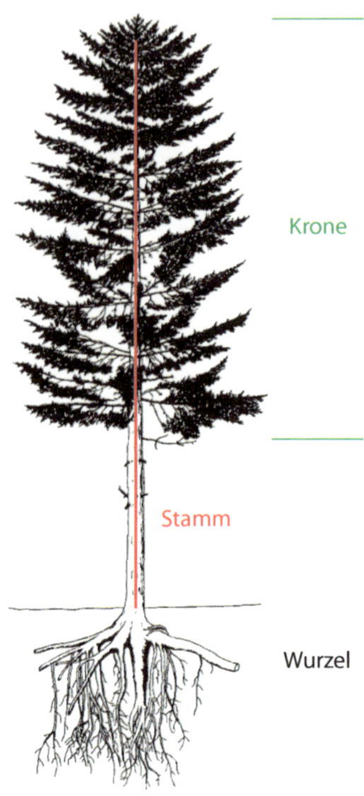

◘ **Abb. 2.1** Habitus eines Baumes mit *Krone*, *Stamm* und *Wurzel* am Beispiel einer Tanne. (Nach Braun 1998)

2.2 Primäres Wachstum

Das **primäre Wachstum** geschieht durch die Aktivität von **apikalen Meristemen**, den teilungsfähigen Bildungsgeweben an den Spitzen von oberirdischen Sprossen und von Wurzeln. Aufgabe dieses Gewebes ist die Bildung neuer Blätter, Zweige und Feinwurzeln. Unter den oberirdischen Sprossen lassen sich prinzipiell zwei Typen unterscheiden:

Tab. 2.1 Biologische Funktionen und Umweltfunktionen von Krone, Stamm und Wurzelsystem. (Nach Chang 2006)

Kompartiment	Biologische Funktionen	Umweltfunktionen
Krone	1. Fotosynthese 2. Transpiration 3. Respiration 4. Reproduktion 5. Gasaustausch 6. Nährstoffaufnahme 7. Nährstoffspeicherung 8. Niederschlagsinterzeption 9. Streuung der Sonneneinstrahlung 10. Nebel- und Wolkenkondensation 11. Reduzierung des Niederschlags in den Boden 12. Schneeakkumulation und -schmelze	1. Kohlenstoffsenke und -pool 2. Beeinflussung von Bodenfeuchte und Infiltration 3. Abfangen advektiver Energie 4. Beschattung 5. Habitat für Organismen 6. Windhindernis 7. Ästhetischer Wert
Stamm	1. Transport von Wasser und Nährstoffen 2. Träger der Krone 3. Nährstoffspeicherung 4. Fotosynthese (wenn grün) 5. Baumverjüngung (u. a. Stockausschlag) 6. Transpiration	1. Mechanische Barriere für Wind und Wasser 2. Jahrringe als Anzeiger für Wuchsbedingungen 3. Mechanische Stütze und Nährstofflieferant für u. a. Rankgewächse, Moose, Flechten
Wurzeln	1. Aufnahme von Wasser und Nährstoffen 2. Transport von Wasser und Nährstoffen 3. Verankerung im Boden 4. Nährstoffspeicherung 5. Baumverjüngung (Wurzelbrut) 6. Respiration 7. Stickstofffixierung	1. Bodenerschließung 2. Verbesserung der Bodenstruktur 3. Humusanreicherung 4. Verringerung der Bodenfeuchte

Kurztriebe bestehen aus extrem kurzen holzigen Abschnitten ohne nennenswertes Längenwachstum. Sie haben also sehr stark verkürzte Internodien (blattlose Abschnitte der Sprossachse zwischen Blattansatzstellen). Während der Vegetationszeit tragen sie bei den Laubbäumen nur wenige Blätter und keine oder sehr kleine Seitenknospen, manchmal aber Blüten und Früchte. Häufig findet man solche Kurztriebe bei Buche und Hainbuche. Sie treten besonders häufig bei angespanntem Wasserhaushalt und unzureichender Nährstoffzufuhr auf, wahrscheinlich auch als Wirkung von Luftschadstoffen.

Das Längenwachstum der Zweige und damit auch die Kronenausbreitung der Bäume erfolgt durch **Langtriebe**. Bei den meisten Arten der gemäßigten Breiten vollzieht es sich in Schüben (periodisches oder rhythmisches Wachstum), deren Beginn und Ende endogen durch molekulare Abläufe gesteuert werden und zugleich von den ökologischen Bedingungen abhängig sind. Nach einigen Wochen oder mit dem Ende der Vegetationsperiode wird das Längenwachstum mit der Bildung einer Gipfelknospe abgeschlossen. Diese kann bereits im Jahr ihrer Entstehung austreiben (Prolepsis), wenn die Wachstumsbedingungen, vor allem die Wasserversorgung, besonders günstig sind oder wenn die Blätter durch Frost oder Fraß geschädigt wurden. Dieser zweite Wachstumsschub, der bei Eichen

■ **Abb. 2.2** Plagiotropes Wachstum einer Jungpflanze der Wildkirsche aufgrund von Lichtmangel durch die Beschattung einer Eiche

Johannistrieb genannt wird, kann sogar kräftiger ausfallen als der erste. Danach kann noch ein dritter, allerdings wesentlich kürzerer Trieb folgen. Dieser wird dann im Herbst oft durch Frühfröste zerstört. Bäume mit dieser Art von Sprosswachstum werden dem *Quercus*-Typ zugerechnet. Dazu gehören u. a. Arten der Gattungen *Fagus*, *Quercus*, *Picea* und *Pseudotsuga*. Die zum *Populus*-Typ gerechneten Arten der Gattungen *Populus*, *Salix*, *Betula*, *Robinia*, *Larix* u. a. weisen dagegen ein in der Vegetationszeit ununterbrochenes Wachstum auf. Dabei sind die im Frühjahr gebildeten Blätter meist kleiner als die später kommenden. Der Sprosszuwachs ist art- und altersspezifisch, wird aber auch durch die ökologischen Bedingungen gesteuert (■ Abb. 2.4).

2.3 Sekundäres Dickenwachstum

Sekundäres Wachstum geschieht an Stamm, Ästen und stärkeren Wurzeln durch die Tätigkeit eines **Kambiums** und äußert sich als Durchmesserzunahme dieser Teile des Baumes. Das Kambium bildet einen Zylindermantel und besteht aus einer schmalen Schicht meristematischer Zellen. Während der Wachstumsperiode des Baumes gibt das Kambium nach innen Xylem- und nach außen Phloem-Mutterzellen ab (■ Abb. 2.5). Aus ihnen entstehen durch Teilung und radiale Ausdehnung die endgültigen, nicht verholzten Phloemzellen und die Xylemzellen mit verholzten Zellwänden (■ Abb. 2.6). Das **Xylem** dient vor allem als System zur Leitung von mit Nährstoffen angereichertem Wasser von den Wurzeln in die Baumkrone (Transpirationsstrom) und zur Speicherung von Assimilaten. Zugleich festigt es den Stamm gegen Stammbruch. Im Xylem unterscheidet man das aus lebenden Zellen bestehende, physiologisch aktive **Splintholz** und das aus abgestorbenen Zellen bestehende, im Inneren des Holzkörpers gelegene **Kernholz**. Bei vielen Baumarten der Gattungen *Quercus*, *Ulmus*, *Pinus*, *Larix* u. a. ist das Kernholz durch die Einlagerung von Gerbstoffen, Phenolen oder anderen Substanzen dunkler gefärbt und gegen das blassere Splintholz deutlich abgesetzt (■ Abb. 2.7). Die Verkernung ist ein aktiver Vorgang, bei dem die Gefäße mit Luft gefüllt und verstopft werden. Sie setzt erst im mittleren Baumalter ein und erfasst bei weiterem Durchmesserwachstum den größeren und für die Holzverwendung weitaus wertvolleren Teil des Stammes. Andere Arten weisen keinen obligatorischen Kern auf, doch manche von ihnen zeigen unregelmäßig verlaufende Verfärbungen im Kernholzbereich (z. B. Rotkern bei der Buche), die Auswirkungen auf die Verwendung des Holzes haben (s. Richter 2010) und sich beim Holzverkauf wertmindernd auswirken. Das Xylem der Nadelbäume ist relativ einfach aus Tracheiden aufgebaut. Die Laubbäume haben einen viel komplizierteren Aufbau, bei dem die axial aufeinan-

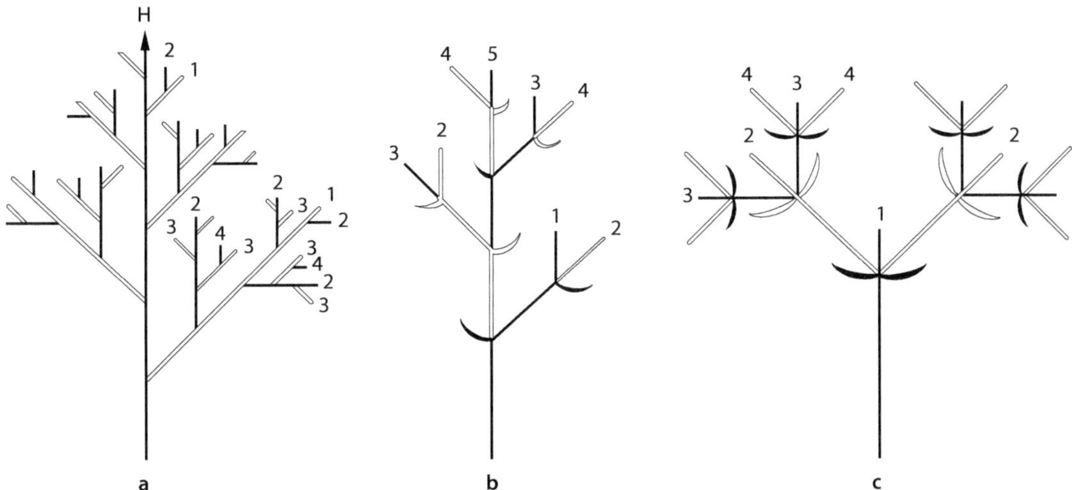

■ **Abb. 2.3** Verzweigungstypen von Holzgewächsen. **a** Monopodialer Sprossachsenaufbau mit seitlicher (racemöser) Verzweigung; *H* Hauptachse, *1–4* Seitenachsen 1. bis 4. Ordnung. Sympodiale Verzweigung: **b** Monochasium, **c** Dichasium; 1 Primärachse, 2–5 Seitenachsen. (Nach Bresinsky et al. 2008)

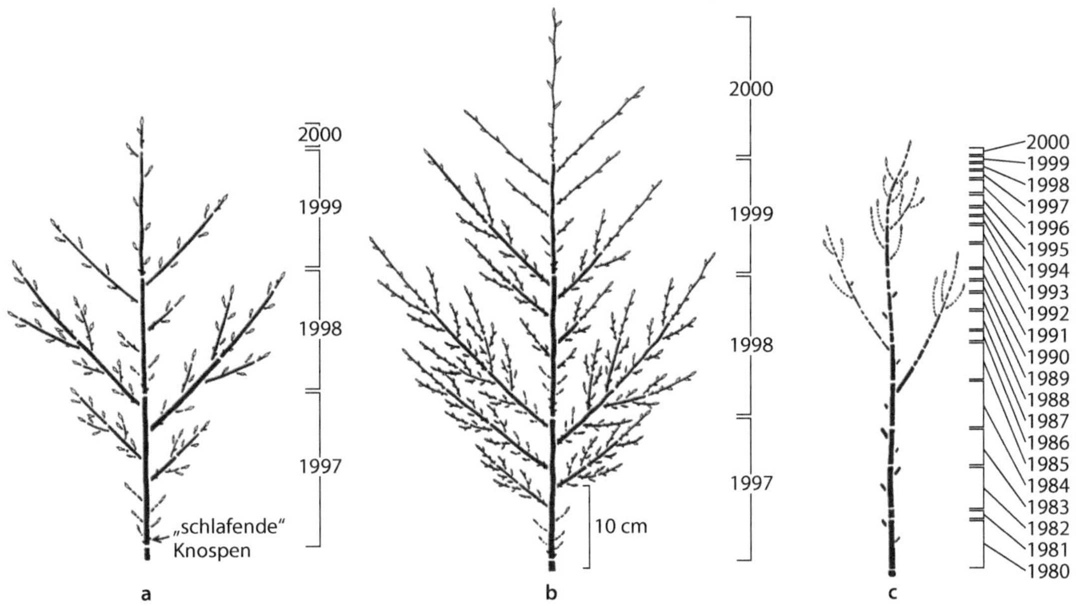

■ **Abb. 2.4** Verzweigungsstruktur von Wipfeltrieben der Buche. **a** kurzer Langtrieb als Folge eines Trockenjahres (2000). **b** unbeeinträchtigte Verzweigung. **c** sehr kurze Langtriebe aufgrund chronischer Vitalitätsabnahme. (Nach Roloff 2001)

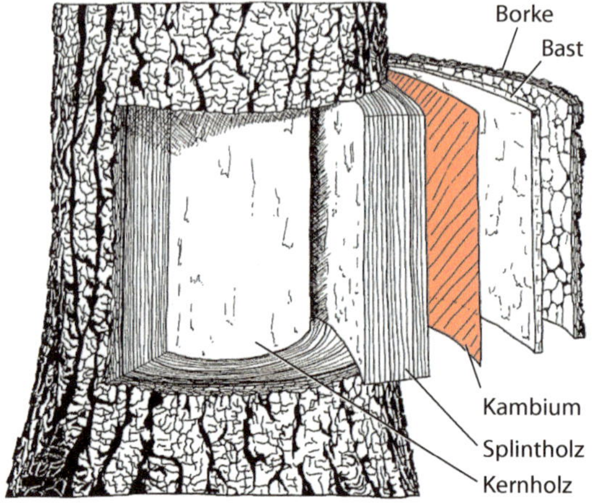

Abb. 2.5 Schematische Darstellung der Bestandteile eines Baumstammes. (Nach Braun 1998)

derfolgenden Tracheenglieder lange Röhrensysteme bilden (siehe unten).

Die lebenden, nicht verholzten wenigen Zelllagen des schwammigen **Phloems** haben die Aufgabe, fotosynthetische Produkte, Hormone und weitere Stoffe aus der Krone in andere Teile des Baumes zu leiten (Assimilationsstrom). Einzelheiten über die Leitbahnsysteme finden sich bei Bowyer et al. (2007) und Schweingruber et al. (2006, 2013), zusammenfassende Darstellungen u. a. bei Kozlowski und Pallardy (1997), Barnes et al. (1998), Matyssek et al. (2010).

Nach außen werden Stamm und Äste abgeschlossen durch das **Periderm**. Es kann bei einigen Baumarten über viele Jahre ringsum aktiv bleiben und durch Mitwachsen bei der Durchmesserzunahme des Baumes eine glatte Rinde erzeugen (z. B. bei Buche und Hainbuche). Häufiger aber reißt im Verlauf des Wachstums das Periderm auf, und es wird ein Mantel aus totem Gewebe gebildet, die Borke, die mit der Zeit oft eine beträchtliche Dicke erreichen kann. Abgestorbene Äste und Stammverletzungen hinterlassen typische Rindennarben, die oft Anzeichen für innere Holzfehler darstellen (s. Richter 2010; Abb. 2.8).

2.4 Periodisch verlaufendes Stammwachstum

Das Wachstum der Bäume in den temperierten Zonen der Erde vollzieht sich während des Jahres in Perioden (**Fotoperiodismus**). Während der kalten Jahreszeit ruht die Aktivität der Knospen und des Kambiums und wird erst bei Temperaturen von einigen Graden über 0 °C durch verschiedene Hormone aktiviert. Das Kambium tritt im Herbst fast immer deutlich später in die Ruheperiode ein als das Sprosswachstum. Die Periodizität des Wachstums der Bäume in den gemäßigten und borealen Zonen wirkt sich im Holz der Bäume so aus, dass innerhalb eines Jahres durch das Kambium gewöhnlich ein **Jahrring** gebildet wird. Dessen Breite hängt von verschiedenen Faktoren ab. Je größer die Krone ist, desto breiter können die Jahrringe sein (s. Pretzsch 2009). Von den Umweltfaktoren wirken sich hauptsächlich die Temperatur und besonders die Wasserversorgung auf die Breite und den Aufbau des Jahrringes aus. Bei dem einfacher aufgebauten Holz der Koniferen zeigen sich deutlich die zuerst gebildeten größeren **Frühholzzellen** und die später in der Vegetationszeit entstandenen **Spätholzzellen** (Abb. 2.9). Letztere haben ein höheres spezifisches Gewicht und günstigere technologische Eigenschaften als Frühholz, das einen größeren Anteil am Jahrring einnimmt, wenn die Wachstumsbedingungen besonders günstig sind. Das Holz der Laubbäume ist dagegen komplizierter aufgebaut. Große Poren (Durchmesser über 0,1 mm) können im Frühholz konzentriert sein (ringporige Arten, u. a. Eichen, Esche) oder zwischen engen Poren über den ganzen Jahrring verteilt auftreten (zerstreutporige Arten, u. a. Buche, Linden), wobei eine engporige Schicht am Ende des Jahrringes diesen meist erkennbar macht (Abb. 2.10). Die Untersuchung der Breite und Beschaffenheit der Jahrringe an alten Bäumen und verbauten Hölzern, die **Dendrochronologie**, hat sich zu einem wichtigen Instrument der Vegetationsgeschichte, aber auch der Kulturgeschichte entwickelt (s. ► Kap. 3).

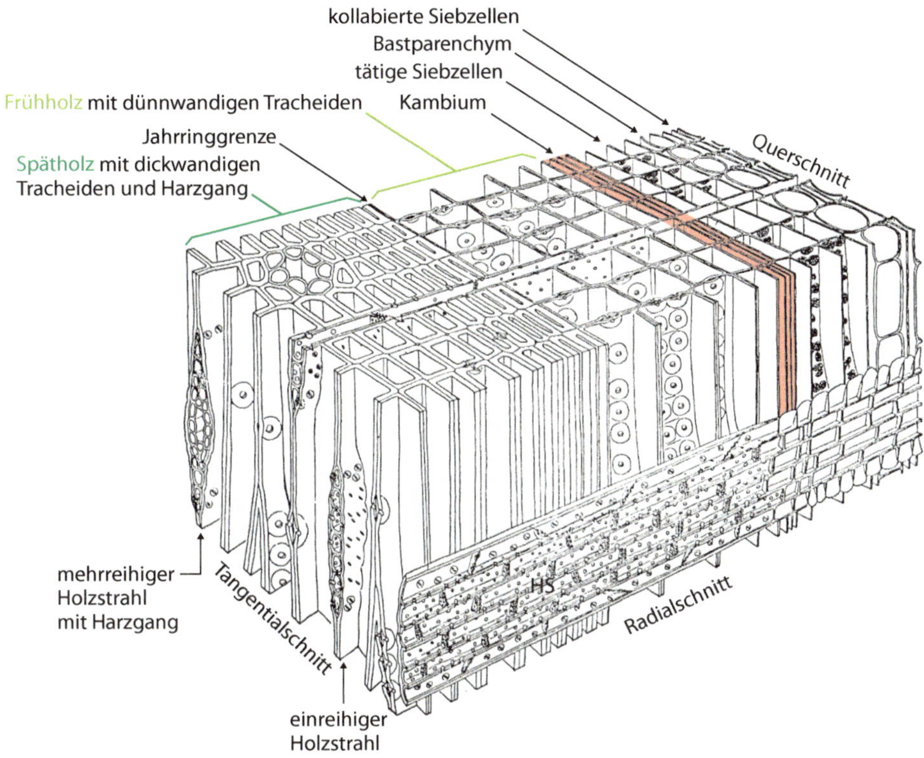

Abb. 2.6 Feinbau von Holz und Periderm eines Nadelbaums am Beispiel der Lärche. (Nach Mägdefrau 1951)

Abb. 2.7 Kern- und Splintholz am Querschnitt eines Douglasienstammes

2.5 Lebensalter und Dimensionen von Bäumen

Viele Bäume haben ein hohes natürliches **Lebensalter**. 1956/1957 wurden einige Exemplare der Grannenkiefer (*Pinus aristata*) und der Langlebigen Kiefer (*Pinus longaeva*) in den White Mountains im östlichen Kalifornien entdeckt, die älter als 4000 Jahre sind (bis 4900 Jahre) (Böhlmann 2013). Der Küstenmammutbaum (*Sequoia sempervirens*) soll ein Alter von 2700 Jahren erreichen.

Pater (2007) beschreibt 100 sehr alte Bäume in Europa. Die meisten Exemplare weisen ein Alter von 500 bis 800 Jahren auf, nur wenige von mehr als 1000 Jahren. Es überwiegen bei Weitem die Eichenarten, die wenigen besonders alt werdenden Nadelbäume sind Eibe (*Taxus baccata*) und Lärche (Europäische Lärche, *Larix decidua*).

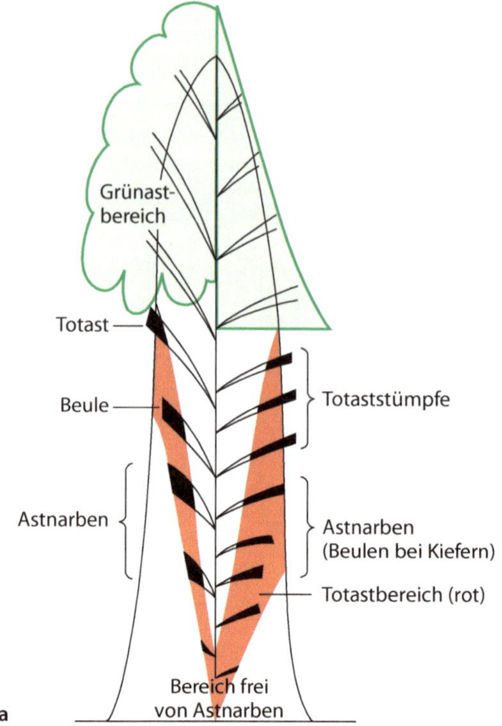

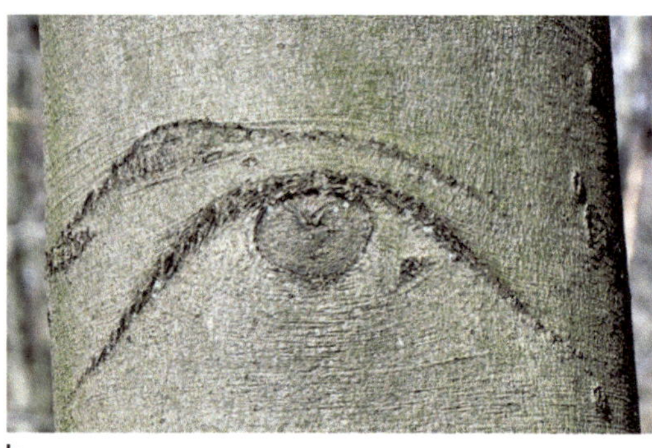

Abb. 2.8 **a** Prinzipieller Verlauf von Astwachstum, Astreinigung und innerer Ästigkeit bei Laubbäumen (linke Stammhälfte) und Nadelbäumen (rechte Stammhälfte) (nach Richter 2010). **b** Astnarben am Stamm der Buche. Die Astnarbe besteht im Unterschied zu sonstigen Rindenverletzungen aus Astsiegel und Rindenquetschfalte, die bei glattrindigen Baumarten (u. a. Buche, Birke, Ahorn, Linde) beiderseits des Astsiegels bartförmig herabläuft und deshalb auch als Chinesenbart bezeichnet wird

Über die größten **Höhen**, die von Bäumen erreicht werden, gibt es in der Literatur unterschiedliche Angaben. Küstenmammutbaum und Bergmammutbaum (*Sequoiadendron giganteum*) können 100 m übertreffen. Nicht weniger hoch werden *Eucalyptus*-Arten (*Eucalyptus regnans*, *E. globulus*) in Australien. Höhen von um 100 m sind bekannt aus dem Nadelwald im Westen der USA, wo die Douglasie (*Pseudotsuga menziesii*) unter günstigen Wuchsbedingungen über 100 m erreicht, gefolgt von der Großen Küstentanne (*Abies grandis*), der Edeltanne (*Abies procera*) und der Sitkafichte (*Picea sitchensis*) mit bis über 80 m Höhe, während die Westliche Hemlocktanne (*Tsuga heterophylla*) und der Riesenlebensbaum (*Thuja plicata*) mit bis 60 m dahinter zurückbleiben (Stratmann 1988; van Pelt 2003; Kramer 2005; Böhlmann 2013). In Europa wurden Höhen von über 60 m bei der Douglasie gemessen, die einheimischen Arten Fichte und Tanne (Weißtanne, *Abies alba*) können über 50 m hoch werden. Laubbäume erreichen allgemein nur geringe Höhen. In einem slowakischen Urwald wurden für eine Buche 56 m gemessen (Drößler 2006).

In ihrem maximalen **Durchmesser** werden die Laubbäume von den Nadelbäumen weit übertroffen. Die stärksten Mammutbäume haben Brusthöhendurchmesser von 6–12 m, während die fast ebenso hohen Eukalypten nur 3–4 m stark sind. Der stärkste bisher gemessene Baum ist eine Sumpfzypresse (*Taxodium mucronatum*) im südlichen Mexiko mit 15 m Durchmesser und 42 m Höhe.

Abb. 2.9 Zwei Jahrringe der Kiefer mit Früh- und Spätholz

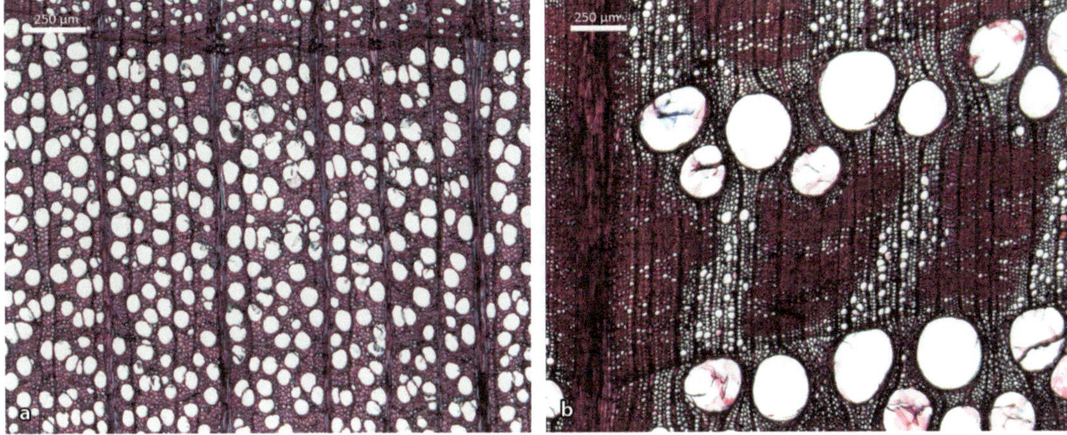

■ **Abb. 2.10** Querschnitt des zerstreutporigen Holzes der Buche (**a**) und des ringporigen Holzes der Eiche (**b**)

2.6 Wurzeln

Wurzeln der Waldbäume haben verschiedene Funktionen für das Leben des Baumes zu erfüllen: seine Verankerung im Boden, die Aufnahme von Wasser und darin gelösten Stoffen aus dem Boden, die Speicherung von Kohlenhydraten und anderen Substanzen, auch die Ausscheidung von Stoffen und die Bildung von Sprossen zur vegetativen Verjüngung (Wurzelbrut). Im Prinzip wachsen die Wurzeln nach dem gleichen Muster wie die Sprosse: In den Spitzen der Feinwurzeln erfolgt das primäre Wachstum, für das sekundäre Dickenwachstum sorgt ein im Zentralzylinder angelegtes Kambium (■ Abb. 2.11; s. a. Lüttge et al. 2010; Kadereit et al. 2014 und weitere Lehrbücher der Botanik). Beide Wachstumsvorgänge sind sowohl genetisch gesteuert als auch durch die ökologischen Verhältnisse bedingt (s. a. Polomski und Kuhn 1998; Smit et al. 2000; Stokes 2000; Kutschera und Lichtenegger 2002; Lukac und Godbold 2011). Doch im Ergebnis dieses Zusammenwirkens ist das Wurzelsystem ungleich variabler als das Erscheinungsbild von Stamm und Zweigen, weil das ökologische Umfeld der Wurzeln in seinen Auswirkungen viel mannigfaltiger ist. Die Kompaktheit des Bodens mit engräumigen Differenzierungen im Luft-, Wasser- und Nährstoffhaushalt, Steingehalt des Bodens und Konkurrenz anderer Wurzeln, Wurzelverletzungen und Fehler bei der Anzucht und Pflanzung von Gehölzen (s. Nörr 2003) führen zu vielfältigen Krümmungen und neuen Verzweigungen (s. a. Röhrig 1996b).

Bei Untersuchungen über Wurzelsysteme der Waldbäume unterscheidet man im Allgemeinen verholzte **Grobwurzeln** (ab 2 mm Durchmesser, s. Bolte et al. 2004b) und nicht verholzte **Feinwurzeln** (unter 2 mm). Je nach dem Ziel der Arbeiten werden Unterklassen gebildet. In der waldbaulichen Literatur werden die Baumarten oft klassifiziert nach solchen mit tiefreichenden Pfahlwurzeln, z. B. Stieleiche (*Quercus robur*), Traubeneiche (*Quercus petraea*), Kiefer (Waldkiefer, *Pinus sylvestris*)), mitteltief angelegtem sog. Herzwurzelballen, z. B. Buche, Sandbirke (*Betula pendula*), Hainbuche, Lärche, und einem häufig sich flacher erstreckenden Herzwurzelsystem, z. B. Fichte (■ Abb. 2.12). Tatsächlich gibt eine solche Einteilung nur eine grobe Übersicht, weil die Bodenverhältnisse, z. T. auch die intra- und interspezifische Konkurrenz (▶ Abschn. 13.1), für die Wurzelausbildung eine große Bedeutung haben (▶ Kap. 12, s. a. Leuschner et al. 2001; Bolte und Villanueva 2005).

Die **Feinwurzeln** sind seit mehr als 20 Jahren Gegenstand zahlreicher Untersuchungen. Beispiele der Methoden und Ergebnisse finden sich bei Sala

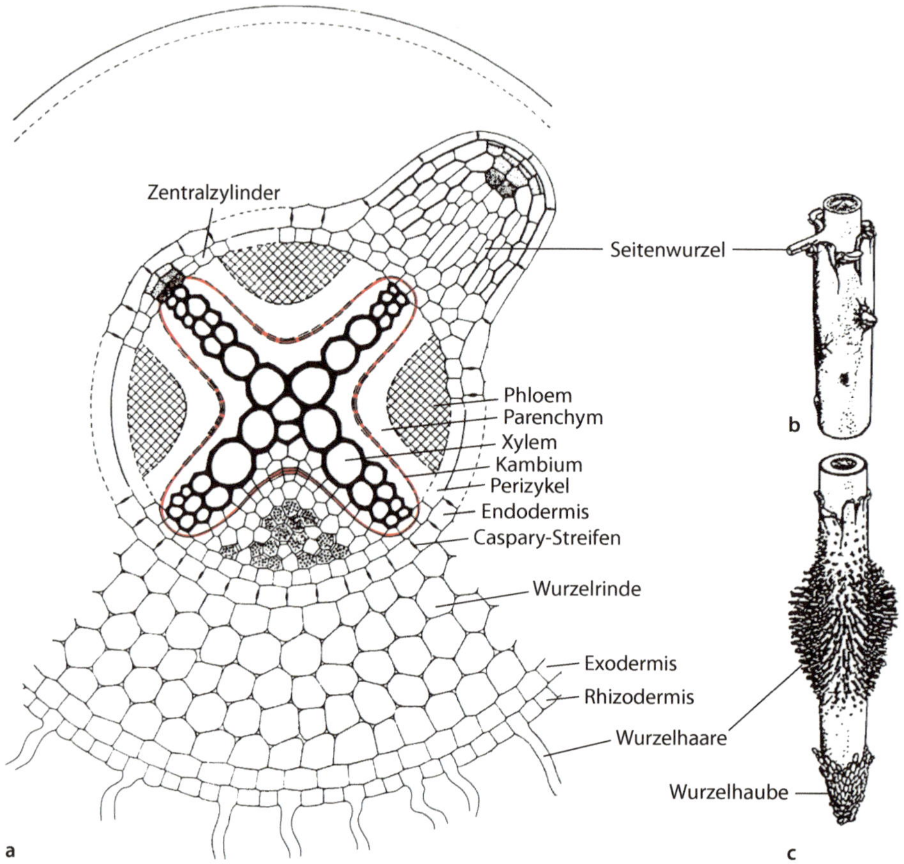

Abb. 2.11 Schematische Darstellung der Primärwurzel einer dikotylen Pflanze. **a** Querschnitt im Bereich der Wurzelhaarzone mit beginnender endogener Entstehung einer Seitenwurzel. **b** Bildungszone der Seitenwurzeln in Außenansicht. **c** Wurzelhaube (Kalyptra) und Wurzelhaarzone in Außenansicht. (Nach Matyssek et al. 2010)

und Austin (2000) und Bolte et al. (2003). Wasser und Nährstoffe werden vor allem von den mit Wurzelhaaren ausgestatteten Teilen aufgenommen. Die meisten Feinwurzeln haben nur eine kurze Lebensdauer (etwa 40 bis 60 Tage), dann werden sie durch neugebildete ersetzt. Feinwurzeln einiger Arten (z. B. Erlen) gehen eine Symbiose mit Bakterien ein, die Stickstoff aus der Luft pflanzenverfügbar machen. Das erfolgt in deutlich sichtbaren Wurzelknöllchen (besonders bei Leguminosen, z. B. Robinie, *Robinia pseudoacacia*) (s. ▶ Kap. 18). Eine wesentlich weitere Verbreitung hat die Symbiose zahlreicher Baumarten mit Pilzen. Sie findet sich in Form der **Ektomykorrhiza**, im Zusammenleben von Ascomyceten (Schlauchpilze), hauptsächlich aber von Basidiomyceten (Ständerpilze) und Baumwurzeln (van der Heijden und Sanders 2003; Varma 2008). Der Pilz entwickelt einen Hyphenmantel rings um die Feinwurzel und ein Netzwerk von interzellularen Hyphen, das Hartig'sche Netz. Dadurch verändert sich das Aussehen der Wurzelspitzen zu kurzen, verdickten Verzweigungen (▣ Abb. 2.13). Gegenüber unverpilzten Wurzelspitzen erhöht sich dadurch die Aufnahmefläche

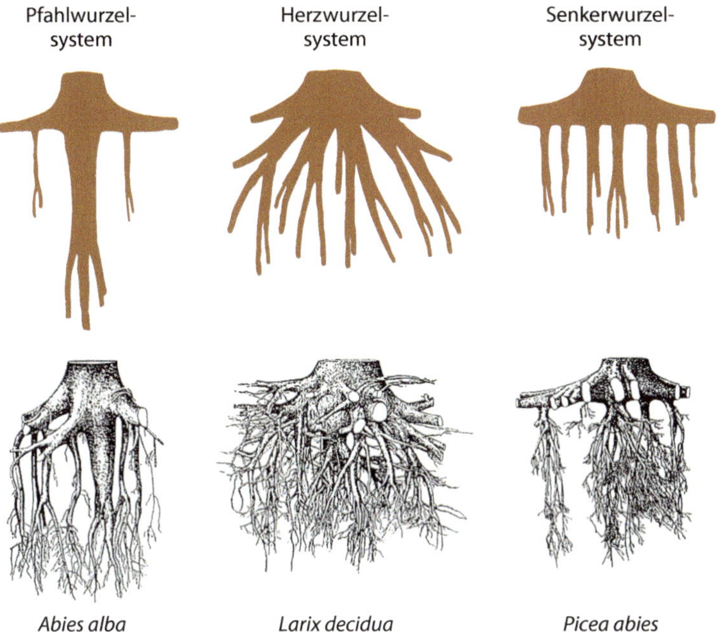

Abb. 2.12 Grundtypen der Wurzelsysteme von Waldbäumen der gemäßigten Zone. (Nach Köstler et al. 1968)

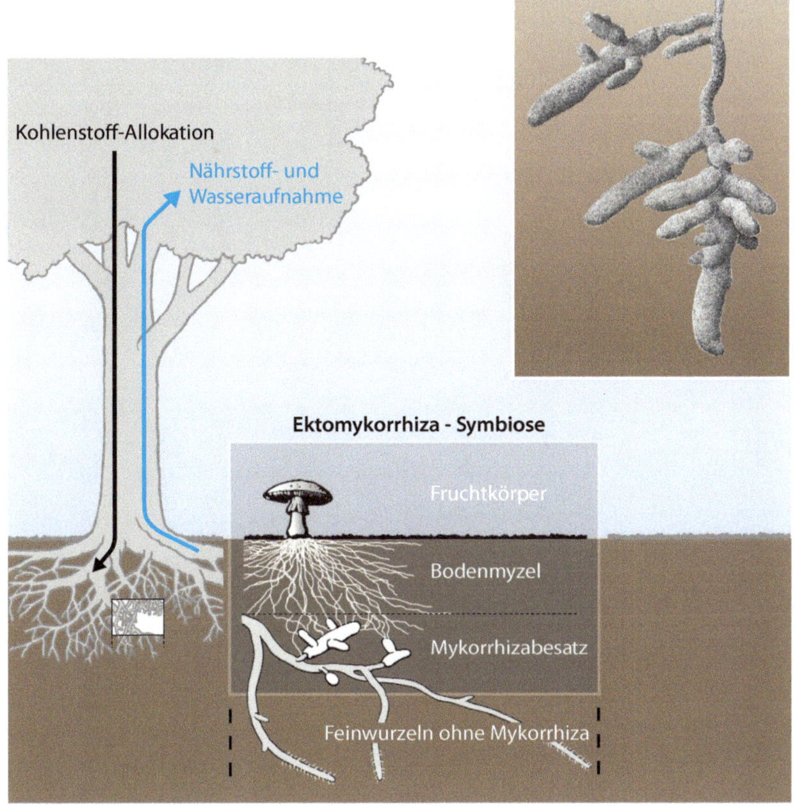

Abb. 2.13 Mykorrhiza als Symbiose zwischen Pilzen (hier Basidiomycet) und Wurzeln einer Buche. (Nach Röhrig et al. 2006)

für Wasser und Stoffe. Der Baum profitiert davon vor allem durch die Erhöhung der Aufnahme von Stickstoff (N) und Phosphor (P), z. T. auch von Kalium (K), zudem offensichtlich durch einen gewissen Schutz vor Pathogenen und vor dem Eindringen toxischer Stoffe. Der Pilz erhält durch diese Symbiose vor allem Kohlenhydrate aus den Feinwurzeln der Bäume. Zusammenfassende Darstellungen finden sich u. a. bei Aber und Melillo (2001), Larcher (2001), Keddy (2007), Varma (2008) sowie Smith und Read (2009).

Florengeschichtliche Grundlagen

Norbert Bartsch, Ernst Röhrig

N. Bartsch, E. Röhrig, *Waldökologie*,
DOI 10.1007/978-3-662-44268-5_3, © Springer-Verlag Berlin Heidelberg 2016

Fragen zur Entstehung und Entwicklung von Lebewesen haben die Menschheit seit Langem beschäftigt. Immer mehr verfeinerte Verfahren in der Klimaforschung, der Geologie und der Florengeschichte geben heute eine – wenn auch noch durchaus lückenhafte – Vorstellung von den Wandlungen in **Flora** (Gesamtheit der Pflanzenarten eines Lebensraums) und **Fauna** (Gesamtheit der Tierarten eines Lebensraums) unserer Erde (▣ Tab. 3.1).

Die ersten **Gymnospermen** (Nacktsamige Pflanzen oder kurz Nacktsamer, deren Samenanlagen nicht in einem Fruchtknoten eingeschlossen sind) traten schon im Karbon (vor ca. 360–286 Mio. Jahren) auf, doch kam es erst mit dem Beginn des Känozoikums im Paläogen (bis 2009 als Jungtertiär bezeichnet, vor ca. 65–23 Mio. Jahren, s. Walter 2014) zur vollen Entwicklung der Koniferen mit zahlreichen Gattungen. Aus dieser Zeit stammen Pollenablagerungen u. a. von Kiefern und Zedern (*Cedrus* sp.). Den Höhepunkt der Ausbreitung und der Zahl der Gattungen fanden die Koniferen im Jura (vor ca. 200–150 Mio. Jahren) und in der folgenden Kreidezeit (vor 146–65 Mio. Jahren). Danach setzte ein ständiger Rückgang nicht nur von Gattungen, sondern auch von ganzen Familien ein. Über die Entstehung der **Angiospermen** (Bedecktsamige Pflanzen oder Bedecktsamer, deren Samenanlagen in einem Fruchtknoten eingeschlossen sind; alle Laubbäume, nicht jedoch *Ginkgo biloba*) herrscht noch keine volle Klarheit. Jedenfalls hat man bisher die ersten Pollen von Angiospermen im Neogen (bis 2009 Alttertiär, vor 23–2,6 Mio. Jahren) gefunden, größere Mengen aber erst von der späteren Kreidezeit an. In dieser Zeit trat eine deutliche Abkühlung der Erdatmosphäre ein, verbunden mit einer ausgeprägten Trockenzeit. In diesem Zusammenhang sind auch das völlige Aussterben der Dinosaurier sowie der starke Rückgang von Insekten und Meeresbewohnern zu sehen. Die Zahl der Familien und Gattungen der Angiospermen nahm in der mittleren und späten Kreidezeit drastisch zu (Mai 1995; Beerling und Woodwarth 2001), während die Gymnospermen an Zahl der Gattungen und Umfang der Areale stark zurückgingen. Heute stehen auf der Erde den etwa 600 Arten der Gymnospermen rund 24.000 Arten der Angiospermen gegenüber. Ihre dominante Position als Waldbäume mit einem bestandesbildenden Kronendach haben die Angiospermen offenbar in der späten Kreidezeit und im Neogen erreicht. In der Nordhemisphäre dominierten laubabwerfende Laubbäume gemischt mit geringen Mengen immergrüner Nadelbäume. Zu Beginn ihrer Ausbreitung war die Mehrzahl der Angiospermen immergrün. Mit der Ausweitung des mehr saisonal-trockenen Klimas entwickelte sich bei vielen Arten der Laubabwurf (Mai 1995).

Das warm-gemäßigte Klima während der frühen Epochen des Paläogens in weiten Teilen der Nordhemisphäre führte dazu, dass sich eine vielfältige, aber regional nicht stark differenzierte **arkto-tertiäre Flora** in einer riesigen zusammenhängenden Landmasse ausbreitete, denn Eurasien und Nordamerika waren noch nicht ganz voneinander getrennt. Das geschah erst um die Mitte des Paläogens, im Eozän (vor ca. 56–34 Mio. Jahren). Im Miozän (vor ca. 23–5,3 Mio. Jahren) und Pliozän (vor ca. 5,3–2,6 Mio. Jahren) nahm die Temperatur auf der Nordhalbkugel ab, dadurch wurden die Areale von Arten mit höheren Wärmeansprüchen weiter nach Süden verschoben (Behrensmeyer 1992; Mai 1981, 1995; ▣ Abb. 3.2).

Im Paläogen kam es außerdem zu starken tektonischen Veränderungen der Erdoberfläche mit mächtiger Auffaltung hoher Gebirge (Alpen, Rocky Mountains, Himalaja u. a.) und als deren Folge zu großräumigen Klimaveränderungen. Es bildeten sich (oder breiteten sich stärker aus) Pflanzen mit an Trockenheit angepasstem (xerophytischem) Habitus, und es entstanden größere Trockengebiete im Regenschatten der Gebirge, so die Savannen Nordamerikas im Miozän. Dementsprechend veränderte sich auch die Fauna (Mai 1981; Behrensmeyer 1992; Kirby und Watkins 1998). Zur gleichen Zeit rückten die Kontinente Eurasien und Amerika allmählich weiter auseinander, nur im Norden blieb noch lange Zeit eine Landbrücke bestehen. So kam es (bis auf die borealen Zonen, in denen sich der Wandel weniger stark ausprägte) zu einer **Aufspaltung** der ursprünglich mehr oder weniger ein-

Tab. 3.1 Zeittafel der erdgeschichtlichen Entwicklung. Die Epochen sind nur für das Känozoikum angegeben. (Nach Beierkuhnlein 2007; Walter 2014)

Zeitraum (Mio. Jahre vor heute)	Ära/Äon	Periode	Epoche	Entwicklungen
0–0,01	Känozoikum	Quartär	Holozän	Warmzeit, der Mensch beeinflusst mehr und mehr die Ökosysteme
0,01–2,6			Pleistozän	Wechsel von Warm- und Eiszeiten, Gletscher und Schmelzwasser formen die Landschaft, Neandertaler und moderner Mensch koexistieren
2,6–5,3		Neogen (Jungtertiär)	Pliozän	Klima feuchtwarm, allmählich kühler, Entwicklung und Aufspaltung der Australopithecinen
5,3–23			Miozän	Ausbreitung moderner Säugetiere
23–34		Paläogen (Alttertiär)	Oligozän	Entwicklung moderner Säugetiere und Menschenaffen
34–56			Eozän	Vorherrschaft der angiospermen Pflanzen
56–65			Paleozän	Vögel stärker vertreten, pollenübertragende Insekten, Säugetiere werden größer
65–150	Mesozoikum	Kreide		Klima zunächst feucht und kühl, später warm, Meere erobern allmählich das Festland, erste Blütenpflanzen (Bedecktsamer), am Ende der Kreidezeit weltweites Aussterbeereignis (Verlust der Dinosaurier)
150–210		Jura		Klima generell mild, zunehmend trocken, erste Vögel, Säugetiere noch bedeutungslos, stärkste Verbreitung der Dinosaurier
210–245		Trias		Klima sehr warm und überwiegend trockener, Nacktsamer dominant, Palmfarne und echte Farne häufig, erste Dinosaurier, erste Säugetiere
245–286	Paläozoikum	Perm		Zunehmend heißer und trockener, Entstehung ausgedehnter Wüsten und eindampfender Meeresbecken, Entwicklung vieler Insektengruppen, starke Entwicklung von Reptilien und Amphibien, am Ende des Perms größtes weltweites Aussterbeereignis (Trilobiten und andere Tiere)
286–360		Karbon		Klima feuchtwarm, gegen Ende trockener, ausgedehnte küstennahe Waldmoore (Schachtelhalm-, Siegel- und Schuppenbäume), Bildung großer Kohlelagerstätten aufgrund von Schwankungen des Meeresspiegels, Entstehung eines Riesenkontinents (Pangaea), Riesenlibellen
360–410		Devon		Erste Insekten, erste Amphibien gehen an Land
410–438		Silur		Landbesiedelung durch Gefäßpflanzen, Gliederfüßer

Tab. 3.1 Fortsetzung

Zeitraum (Mio. Jahre vor heute)	Ära/Äon	Periode	Epoche	Entwicklungen
438–550		Ordovizium		Erste Wirbeltiere, erste Fische
550–590		Kambrium		Dominanz wirbelloser Tiere und Algen
590–2500	Proterozoikum			Älteste Eukaryoten, Entwicklung der Atmosphäre, durch Zunahme der biologischen Aktivität (Fotosynthese, Methan) Änderung der Zusammensetzung der Luft (O_2)
2500–4000	Archaikum			Älteste Prokaryoten, Cyanobakterien

Methoden der Florengeschichte

Zu den Methoden zur **Erfassung der Florengeschichte**, die von Jacomet et al. (1999) und Bradley (2014) ausführlich geschildert werden, gehören die Bestimmung von **Makrofossilien** (Braunkohle- und Holzreste, Früchte und dergleichen) und vor allem die **Pollenanalyse** (Palynologie). Mithilfe von Bohrungen erhält man in Ablagerungen von Torf und anderen Bodenauflagen nach Aufbereitung der Proben (u. a. mittels C^{14}-Bestimmung, entwickelt von Libby et al. 1949) die Anzahl der Pollen einzelner Gattungen (selten auch der Arten) in den verschieden alten Schichten. Die erste Pollenanalyse stammt von dem Schweden Langerheim (Mai 1995), das erste vollständige Pollendiagramm hat der schwedische Geologe Lennart von Post 1916 veröffentlicht. Aus dem Vergleich vieler solcher Diagramme lassen sich Entwicklungen der Florengeschichte für Regionen sowie auch Wanderwege einzelner Arten rekonstruieren. Grundlegende Erkenntnisse für Mitteleuropa sind dem Göttinger Botaniker Firbas (1949, 1952) zu verdanken, neuere Darstellungen für das Quartär bringt Lang (1994). Wichtige Beiträge zur Vegetationsgeschichte liefert auch die von dem amerikanischen Astronomen Andrew E. Douglas (1867–1962) zu Beginn des 20. Jahrhunderts entwickelte **Jahrringchronologie** (Bestimmung des Alters aus der Zahl und Breite der Jahrringe, ◘ Abb. 3.1). Zur Methodik geben Schweingruber (1996, 2012) und Newton (2007) Hinweise.

heitlichen arkto-tertiären Flora zwischen den Kontinenten und auch innerhalb Nordamerikas und Eurasiens durch die zwischen Ost und West gelegenen niederschlagsarmen Regionen. Die Trennung der Gattungsareale brachte auf den Kontinenten der temperierten Zonen verschiedene morphologisch und ökologisch unterscheidbare Arten hervor, besonders bei den Gattungen *Acer*, *Betula* und *Quercus* (Crawford 1989). Gegen Ende des Neogens waren alle heute in den temperierten Regionen lebenden Pflanzengattungen, wahrscheinlich auch die meisten Arten, bereits vorhanden, wenn auch spätere Veränderungen ihrer ökologischen Amplituden wahrscheinlich sind (Lang 1994).

Das Klima wurde gegen Ende des Neogens auf der Erde zunehmend kälter, die meisten Arten der Nordhemisphäre verlegten ihre Areale weiter in den weniger kalten Süden der Kontinente; viele konnten nicht überleben, so in Europa die Gattungen *Taxodium*, *Pseudotsuga*, *Thuja*, *Tsuga*, *Liquidambar*, *Liriodendron*, *Magnolia*. Weitere entscheidende Veränderungen traten im darauf folgenden Quartär ein.

Das Abschmelzen des Eises führte zu großen Veränderungen der **Erdoberfläche** durch Transport, Abtragung und Aufschüttung von Material der verschiedensten Korngrößen. Es entstanden, besonders in den nördlichen Tiefebenen, aber auch

Eiszeiten im Quartär

Das **Quartär** (Beginn vor ca. 2,6 Mio. Jahren) umfasst die Epochen des Pleistozäns (Eiszeit) und des Holozäns (Nacheiszeit = Postglazial). Während des Pleistozäns wechselten Kaltphasen mit kühl-gemäßigten Perioden ab (Firbas 1949, 1952; Gliemeroth 1995, 1997; Smed 2002; Ehlers 2011). Die letzte, nicht ganz so weit nach Westen reichende Kaltzeit begann vor ca. 115.000 Jahren und endete vor ca. 11.700 Jahren. Sie wurde im Gebiet der alpinen Vereisung Europas als Würm, in der Region der nördlichen Vereisung, die nicht über die Elbe hinausragte, als Weichsel und in Nordamerika als Wisconsin benannt (Abb. 3.3). Die Eisdecken waren in Eurasien unterschiedlich stark und nahmen nach Osten hin ab. Weite Teile Sibiriens und Ostasiens waren nur in größeren Erhebungen von Eis bedeckt. Dort und während der Warmzeiten zwischen den Eisvorstößen (Interstadialen) gab es eine tundraähnliche baumlose Vegetation.

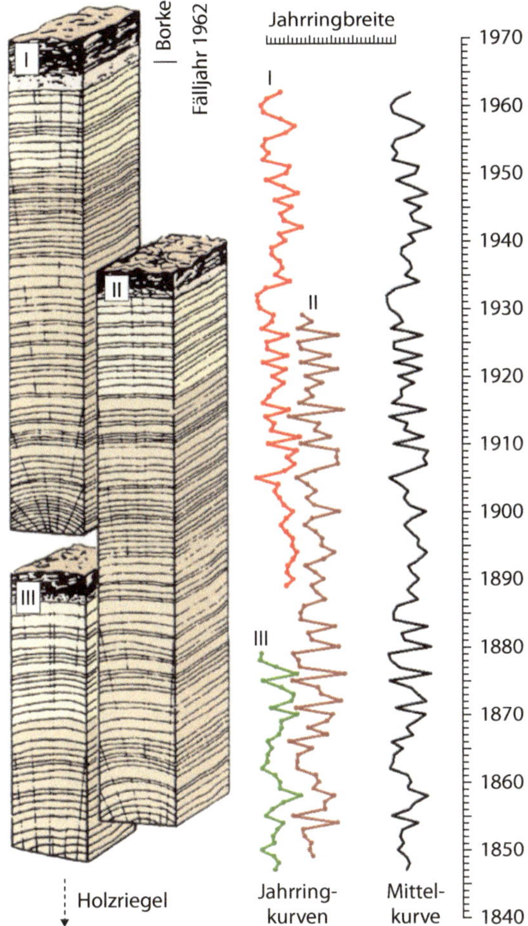

Abb. 3.1 Überbrückungsverfahren als Prinzip der dendrochronologischen Datierung. Die Ähnlichkeit der Jahrringkurven erlaubt die jahrgenaue Datierung, indem sich über die Ringfolge von Holz I mit bekanntem Fällungsjahr die Hölzer II und III zeitlich exakt einordnen (*synchronisieren*) lassen. (Nach Hollstein 1980)

im Alpenvorland, glazial überformte Landschaften mit **Moränen** und deren Umfeldern. Auch die Mittelgebirge und die darin eingelagerten Senken (z. B. Oberrheingraben, Thüringer Becken) wurden davon erfasst. Jeder einem Eisvorstoß folgende Rückzug hinterließ verschieden gestaltete Landschaftsformen. Die jüngste Vereisungsphase hat die Elbe nach Süden nicht überschritten. Die Jungmoränen mit ihren frischen Formen und zunächst wenig verwittertem Material geben dem ostholsteinischen Hügelland und weiten Teilen Mecklenburgs, Pommerns, dem östlichen Brandenburg und bis weit nach Polen hinein ihr typisches Gepräge (Henningsen und Katzung 2006) und den daraus entstehenden Böden einen günstigeren Nährstoffhaushalt als denen der Altmoränen. Zudem sind die Jungmoränenlandschaften reich an Seen. Die zunächst vegetationslosen Böden waren dem Einfluss des Windes voll ausgesetzt, daher entstanden lokal und regional Ablagerungen von Flugsand und vor allem von dem überwiegend aus Schluff bestehendem Löss, der je nach seinem Kalkgehalt und Alter mehr oder weniger nährstoffreich ist und bis in höhere Lagen der Mittelgebirge reicht. So kam es je nach der Art des Grundgesteins, der Herkunft des eiszeitlichen Geschiebes und den Lössauflagen zu sehr unterschiedlichen **Bodenbildungen**, die zudem durch das regionale Klima und das örtliche Relief beeinflusst wurden.

Um 10.000 Jahre v. Chr. setzte auf der Nordhalbkugel, durch Temperaturschwankungen immer wieder verzögert, eine allgemeine Erwärmung des Klimas ein. Zu Beginn des Zeitabschnitts, den man als **Holozän** (Nacheiszeit) bezeichnet, war ein Teil der Flora, die sich im Paläogen und Neogen

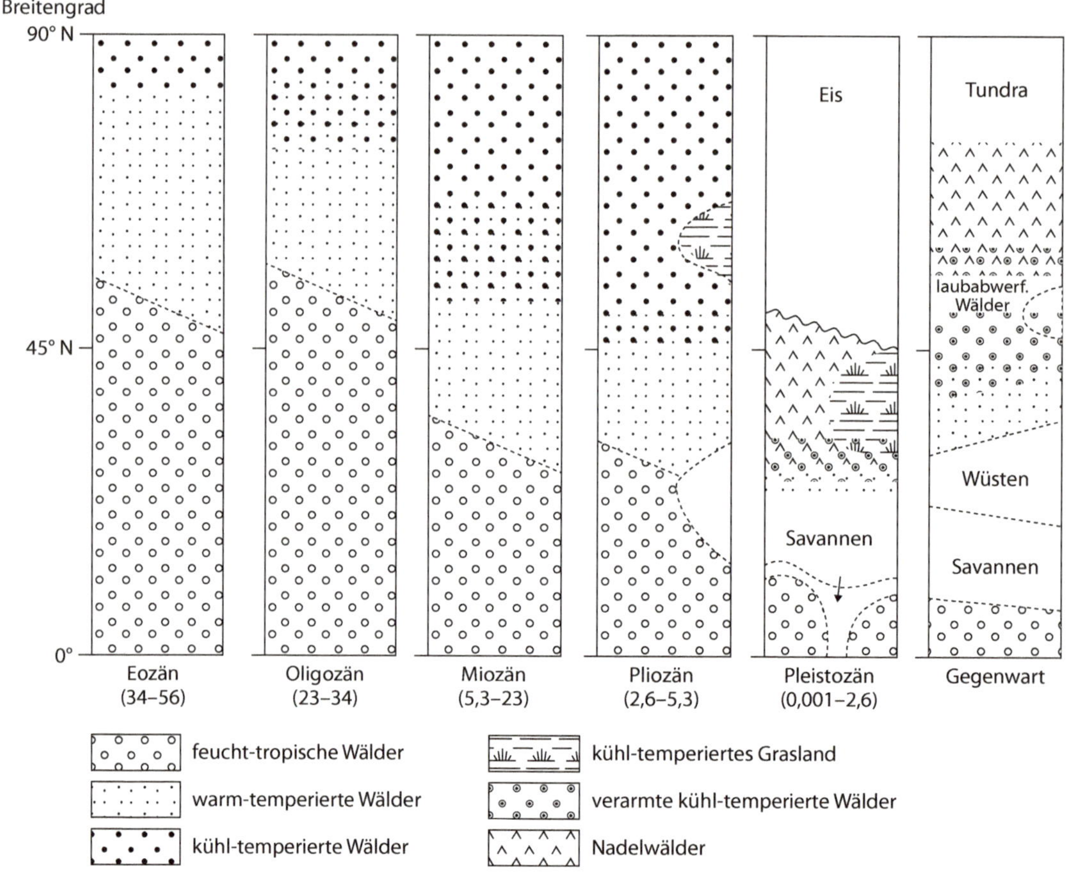

Abb. 3.2 Verschiebung der arkto-tertiären Flora auf der Nordhalbkugel nach Süden seit dem Paläogen (*mittleren Tertiär*) bis in die Gegenwart. (Dauer der Perioden in Mio. Jahren vor heute.) (Nach Mai 1981; Röhrig und Bartsch 1992)

entwickelt hatte, ausgestorben. Ein anderer Teil konnte in Rückzugsgebieten überleben und später allmählich einen großen Teil der heutigen Areale wieder einnehmen. In keiner anderen Region waren Rückzüge und Einwanderungen so ausgeprägt wie in Europa. Das hat seinen hauptsächlichen (wenn auch nicht einzigen) Grund in dem als Barriere wirkenden Verlauf der Alpen. Gliemeroth (1995, 1997) gibt eine Übersicht über die wichtigsten vermehrungsbiologischen und ökologischen Eigenschaften und die kulturgeschichtlichen Einflüsse für die Einwanderung der europäischen Waldbaumarten (Tab. 3.2; s. a. Hewitt 1999).

Die **Rückzugsgebiete** (Refugien) der europäischen Baumarten lagen überwiegend in südeuropäischen Regionen, von Spanien bis in das südliche Griechenland, z. T. auch im Raum des Schwarzen und des Kaspischen Meeres. In den meisten Fällen werden es keine geschlossenen Waldgebiete gewesen sein, sondern mehr oder weniger lichte Vorkommen von Bäumen auf günstigen Standorten (Delcourt und Delcourt 1987, 1991; Gliemeroth 1995; Magri 2008). Für die Fichte wird auch das zentrale (eisfreie) Russland genannt (Jacomet et al. 1999). Gliemeroth (1995, 1997) beschreibt die aus Pollendaten gewonnenen Einwanderungsbewegungen für die wichtigsten mitteleuropäischen Baumarten und gibt dazu auch Karten. Für die Eichen sind Refugien im gesamten Mittelmeerraum nachgewiesen. Die Einwanderung nach Norden erfolgte ab 12.000 v. Chr. mit einer Massenausbreitung in Südeuropa ab 10.000 v. Chr. In den nächsten 1000 Jahren erreichten die Eichen das Alpenvorland, um 5000 v. Chr. Irland, Dänemark und Südschweden. Die Buche ist erst um 9000 v. Chr. aus Südosteuropa nach Norden vorgedrungen, hat um 5000 v. Chr. die Elbe erreicht und um 3000 v. Chr. Schweden (Bradshaw und Lindbladh 2005; Magri et al. 2006).

Im Verlauf des Holozäns kam es zu mehrfachen **Veränderungen** des Klimas auf der Nordhalbkugel der Erde mit tiefgreifenden Wechseln der Vegetationsformen. Sie sind zugleich auch Ausdruck unterschiedlicher Konkurrenzkraft der beteiligten Arten. Die Waldentwicklung seit der letzten Eiszeit verlief in drei großen Schritten (Burschel und Huss 2003):

- **Birken-Kiefernwald**: Mit dem Anstieg der Temperaturen besiedelten Birken und Kiefern die bis dahin waldfreien Flächen. Offen aufgebaute Wälder dieser Baumarten herrschten bei Juli-Temperaturen zwischen 10 und 14 ° C etwa 2000 Jahre vor, zuletzt teilweise abgelöst von Haselhainen.
- **Eichenmischwald**: Bei Juli-Temperaturen zwischen 17 und 19 °C und abnehmender Trockenheit verdrängten Eichen die Kiefern. Die Zeit der Eichenmischwälder mit Ulmen, Ahornen und in Gebirgslagen auch Fichten dauerte etwa 4000 Jahre.
- **Buchenwald**: Mit erneuter Abnahme der Juli-Temperaturen auf etwa 16 ° C bei gleichzeitiger Zunahme der Niederschläge wurde die Rotbuche stark begünstigt und wandelte die Eichenmischwälder und tiefer gelegene Fichtenbergwälder in Buchenwälder um. Dieser Prozess dauerte etwa 4000 Jahre an und war um das Jahr 1000. n. Chr., als der Mensch die Abläufe stark zu beeinflussen begann, wahrscheinlich noch nicht abgeschlossen.

Seit dem Beginn des Neolithikums (6500 bis 4400 v. Chr.) macht sich auch der Einfluss der Bevölkerung auf Struktur und Entwicklung der Wälder in immer stärkerem Ausmaß bemerkbar (Hilf und Röhrig 1933/1938, 2003; Röhrig et al. 2006; Radkau 2012; Küster 2013a, b).

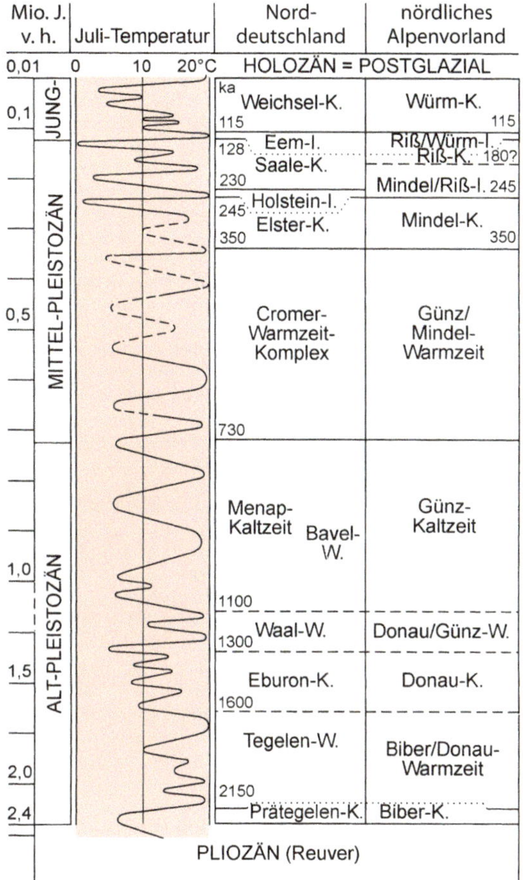

Abb. 3.3 Gliederung des Pleistozäns in Norddeutschland und im nördlichen Alpenvorland. Die geschätzten Juli-Mitteltemperaturen sind auf das Gebiet der Niederlande bezogen. *I* Interglazial, *K* Kaltzeit, *ka* × 1000 Jahre. Biber, Donau, Günz, Mindel, Riß und Würm sind Flüsse und Bäche im nördlichen Alpenvorland; die Weichsel ist ein Fluss in Polen, Eem ein niederländisches Flussgebiet bei Amersfoort; Elster (Weiße) und Saale sind Flüsse in Mitteldeutschland; Eburon ist ein keltischer Stamm an Rhein und Maas, Menap ein Volksstamm am Niederrhein, Cromer ein Waldgebiet in England; Holstein ist das Land Holstein; Bavel und Tegelen sind Orte in den Niederlanden. (Nach Frey und Lösch 2010)

Tab. 3.2 Bedeutende Faktoren für die Einwanderung von Baumarten. (Nach Gliemeroth 1995)

Gattung	Art	Klimaanspruch	Lichtanspruch	Menschliche Nutzung	Samenverbreitung
Abies	*alba*	Spätfrostempfindlich	Schattenkeimer Schattenbaumart	Bauholz	Wind
Acer	*pseudoplatanus*	Kühl-luftfeucht	Halbschattenbaumart	Werkholz	Wind
	platanoides	Sommerwarm, feucht	Halbschattenbaumart	Nutzholz	Wind
	campestre	Wärmeliebend	Halbschattenbaumart	Nutzholz	Wind
Alnus	*viridis*	Kühl-humid	Lichtbaumart		Wind
	incana	Gemäßigt kontinental, feucht	Licht-Halbschattenbaumart	Wasserbau	Wind
	glutinosa	Wärmeliebend, feucht	Halbschattenbaumart	Nutzholz	Wind
Carpinus	*betulus*	Sommerwarm, frosthart	Schatten-Halbschattenbaumart	Werkholz	Wind
Corylus	*avellana*	Mild-sommerwarm	Halbschatten-Lichtbaumart	Frucht, Nutzholz	Wind
Fagus	*sylvatica*	Spätfrostempfindlich, winterhart	Schattenbaumart	Nutzholz, Brennholz	Schwerkraft, Tiere
Picea	*abies*	Frosthart, dürreempfindlich	Lichtkeimer, Halbschattenbaumart	Bauholz	Wind
Populus	*tremula*	Sommerwarm, sehr frosthart	Lichtbaumart		Wind
	alba	Wärmeliebend, hoher Feuchtigkeitsanspruch	Lichtbaumart	Nutzholz	Wind
	nigra	Wärmeliebend, hoher Feuchtigkeitsanspruch	Lichtbaumart	Nutzholz	Wind
Quercus	*robur*	Sommerwarm, subkontinental	Lichtbaumart	Bauholz, Eichelmast, Gerbrinde	Schwerkraft, Tiere
	petraea	Spätfrostempfindlich	Lichtbaumart	Nutzholz, Eichelmast, Gerbrinde	Schwerkraft, Tiere
	pubescens	Wärmeliebend, submediterran	Lichtbaumart	Nutzholz, Eichelmast, Gerbrinde	Schwerkraft, Tiere
Taxus	*baccata*	Luftfeucht, wintermild	Schattenbaumart	Nutzholz	Tiere
Tilia	*cordata*	Sommerwarm, kontinental	Halbschattenbaumart	Nutzholz, Heilpflanze	Wind
	platyphyllos	Wintermild, humid sommerwarm	Schattenbaumart	Nutzholz, Heilpflanze	Wind

Tab. 3.2 Fortsetzung

Gattung	Art	Klimaanspruch	Lichtanspruch	Menschliche Nutzung	Samenverbreitung
Ulmus	*laevis*	Sommerwarm	Halbschattenbaumart	Werkholz	Wind
	minor	Wärmeliebend	Lichtbaumart	Werkholz	Wind
	glabra	Kühl-humid, frosthart	Halbschattenbaumart	Werkholz	Wind

Klimatische Bedingungen und Grenzen des Waldes

Norbert Bartsch, Ernst Röhrig

N. Bartsch, E. Röhrig, *Waldökologie*,
DOI 10.1007/978-3-662-44268-5_4, © Springer-Verlag Berlin Heidelberg 2016

Klimatologie im klassischen Sinne ist auf den physikalischen Zustand der Atmosphäre und seine Veränderungen gerichtet. Als **Wetter** wird der Zustand der Atmosphäre zu einem bestimmten Zeitpunkt (Stunden, Tage) an einem bestimmten Ort einschließlich seiner Veränderungen bezeichnet. Aus der mittel- oder langfristigen Integration der Wetterdaten ergeben sich Aussagen über das **Klima**. Je nach der Größe des betrachteten Raumes spricht man von Makroklima, das bestimmte Regionen umfasst, Mesoklima für Landschaften oder Geländeteile (Tal, Gipfel) und Mikroklima für einen bestimmten Ausschnitt der Bodenvegetation oder eines toten Baumstammes. Das Klima ist das Ergebnis mehrerer zusammenwirkender Prozesse der Atmosphäre, besonders des Transports von Wärme und Feuchtigkeit. Großräumig sind hauptsächlich geografische Breite und Verteilung von Land und Meer bestimmend.

Traditionell ist die ökologische Sicht darauf gerichtet, zu erklären, wie klimatische Faktoren die geografische Verbreitung der Lebewesen und deren Lebensprozesse beeinflussen (s. a. Kimmins 2004; Keddy 2007). Besonders die Entwicklung von Klimamodellen erfordert eine mathematische Darstellung der unteren Grenzschicht der Atmosphäre. Die sich dort abspielenden Vorgänge werden teilweise von der Vegetation gesteuert. Es ist heute allgemein anerkannt, dass terrestrische Ökosysteme eine Rückwirkung auf das Klima haben und dass natürliche wie auch vom Menschen verursachte Veränderungen der Vegetation sich auf das Klima auswirken (s. ▶ Kap. 22). Das hat zu einem engeren Zusammenwirken von Klimatologie und Vegetationsökologie geführt (Bonan 2008). Flemming (1994) und Geiger (1961, 2013) geben eine Einführung in die Forstmeteorologie.

4.1 Klima- und Vegetationszonen

Schon Alexander von Humboldt (1808, Reprint von 2004) hat zusammen mit Aimé Bonpland die Zusammenhänge von Klima und Vegetation zu erfassen versucht und an mehreren Beispielen erläutert. Weit später erst haben Schimper (1898) sowie Köppen (1918) quantitativ ausgedrückte **Klimaklassifikationen** im Hinblick auf die Vegetation der Erde vorgenommen. Große Anerkennung hat die Gliederung von Troll und Paffen (1964 (◘ Tab. 4.1)) gefunden.

In neuerer Zeit ist eine große Anzahl von Klima- und Vegetationsgliederungen erschienen, z. B. Walter und Breckle (1991a, auf früheren Arbeiten von Walter aufbauend), Archibold (1995), Bailey (1996), Olson et al. (2001), Keddy (2007) und Pfadenhauer und Klötzli (2014). Die Systeme sind einander meist ähnlich, die Begriffe bisweilen aber unterschiedlich (z. B. Ökozone nach Schultz 2008).

In ihrer Vegetationszonierung stützen sich Walter und Breckle (1991a, 1999; s. a. Beierkuhnlein 2007) auf Einteilungen in Biome (s. ▶ Kap. 1), das bedeutet, dass neben den Pflanzenformationen auch die Fauna und die Böden in das System einbezogen werden. Ausgangspunkt sind je vier Klimagürtel auf der Nord- und der Südhalbkugel der Erde (polar, subpolar, gemäßigt, subtropisch), zwischen denen die beide Erdhälften umfassende Tropenzone liegt. Für die Darstellung der Biome werden dann die sehr breiten gemäßigten Zonen weiter untergliedert, die polare und die subpolare Zone dagegen zusammengefasst. Daraus ergeben sich dann neun **Zonobiome** (◘ Tab. 4.2).

Übergänge zwischen den Zonobiomen werden als **Zonoökotone** bezeichnet. In den umfangreichen Werken von Walter und Breckle (1991a, b, 1994, 2004) bilden die **Klimadiagramme** (▶ Kap. 1) die Grundlage für Zonobiome und Zonoökotone. Innerhalb der meisten Zonobiome gibt es z. T. beträchtliche Unterschiede in den Höhenlagen über dem Meeresniveau. Sie werden **Orobiome** genannt und als Höhenstufen (z. B. planar, kollin, submontan, montan, hochmontan, alpin) gekennzeichnet. Schließlich treten in den Zonobiomen ganz verschiedenartige Böden auf, die **Pedobiome** bezeichnet werden. Ihre Bezeichnungen richten sich vorwiegend nach dem Entstehungsmaterial (z. B. Steinböden, Sandböden, Salzböden).

4.2 Waldgrenzen und ihre Bedingungen

Der Wald ist eine besonders konkurrenzstarke Pflanzenformation. Er setzt sich letztlich überall durch, sofern er nicht an seine ökologischen Grenzen stößt oder durch den Menschen immer wieder

Klimaklassifikation nach Troll und Paffen

Blüthgen und Weischet (1980) halten die Gliederung von Troll und Paffen für »einen Höhepunkt der Klimaklassifikationsleistung nahe der Grenze, jenseits der weitere Unterteilung zur Unübersichtlichkeit und erschwerter Vergleichbarkeit führen müsste«. Die Einteilung basiert auf der Beobachtung der jahreszeitlichen Wechsel der Klimaelemente (Strahlung, Temperatur, Niederschlag). Die Klassifikation verwendet Schwellenwerte und festgesetzte Wertebereiche für bestimmte Parameter, um eine weitere Unterteilung der fünf großen Klimazonen zu ermöglichen. Diese Parameter sind die Mitteltemperatur des wärmsten Monats, die Mitteltemperatur des kältesten Monats, die Jahresamplitude der Temperatur, die Vegetationsdauer in Tagen sowie die Anzahl der humiden Monate (Niederschlag/Feuchteangebot). Die Vegetationsausprägung in den einzelnen Klimazonen findet ebenfalls starke Berücksichtigung. Höhenklimate werden als Varianten der lagebedingten Zonenklimate dargestellt. Die Klimaklassifikation von Troll und Paffen wird in vielen späteren Werken zur Vegetationsgeografie verwendet (▣ Tab. 4.1).

▣ **Tab. 4.1** Klimaklassifikation. (Nach Troll und Paffen 1963)

	Klima	Beschreibung	Temperatur	Vegetation
I. Polare und subpolare Zonen				
1.	**Hochpolare Eisklimate**			Polare Eiswüsten
2.	**Polare Klimate**	Geringe Sommerwärme	W: <+6	Polare Frostschuttzone
3.	**Subarktische Tundrenklimate**	Milde Sommer; große Winterkälte	W: +6 bis 10 K: <−8	Tundren
4.	**Subpolare, hochozeanische Klimate**	Mäßig kalte, schneearme Winter; kühle Sommer	W: +5 bis 12 K: +2 bis −8 A: <10	Subpolares Tussock-Grasland und Moore
II. Kalt-gemäßigte, boreale Zonen				
1.	**Ozeanische Borealklimate**	Mäßig kalte, rel. schneereiche Winter; Niederschlagsmaximum im Winter; mäßig warme Sommer	W: +10 bis 15 K: +2 bis −3 V: 120 bis 180	Ozeanisch feuchte Nadelwälder
2.	**Kontinentale Borealklimate**	Lange, kalte, sehr schneereiche Winter; kurze, rel. warme Sommer	W: +10 bis 20 A: 20 bis 40 V: 100 bis 150	Kontinentale Nadelwälder
3.	**Hochkontinentale Borealklimate**	Sehr lange, extrem kalte, trockene Winter; kurze, ausreichende sommerliche Erwärmung	W: +10 bis 20 K: <−25 A: >40	Dauerfrostboden mit tiefem Auftauboden; hochkontinentale, trockene Nadelwälder
III. Kühl-gemäßigte Zonen Waldklimate				
1.	**Hochozeanische Klimate**	Sehr milde Winter mit hohem Niederschlagsmaximum; kühle bis mäßig warme Sommer	W: <15 K: +2 bis 10 A: <10	Immergrüne Laub- und Mischwälder
2.	**Ozeanische Klimate**	Milde Winter; mäßig warme Sommer; Niederschlagsmaximum in Herbst und Winter	W: <20 K: >2 A: <16	Ozeanische Falllaub- und Mischwälder

Tab. 4.1 Fortsetzung

3.	**Subozeanische Klimate**	Milde bis mäßig kalte Winter; mäßig warme bis warme und lange Sommer; Niederschlagsmaximum in Herbst und Sommer	K: +2 bis −3 A: 16 bis 25 V: >200	Subozeanische Falllaub- und Mischwälder
4.	**Subkontinentale Klimate**	Kalte Winter; mäßig warme Sommer; sommerliches Niederschlagsmaximum	W: meist <20 A: 20 bis 30 V: 160 bis 210	Kontinentale Falllaub- und Mischwälder
5.	**Kontinentale Klimate**	Winterkalt; schwach wintertrocken; mäßig warme, mäßig feuchte Sommer	W: 15 bis 20 K: −10 bis −20 A: 30 bis 40 V: 150 bis 180	Kontinentale Falllaub- und Mischwälder sowie Waldsteppen
6.	**Hochkontinentale Klimate**	Winterkalt; wintertrocken; warme, feuchte Sommer	W: >20 K: −10 bis −30 A: meist >40	Hochkontinentale Falllaub- und Mischwälder sowie Waldsteppen
7a.	**Sommerwarme, sommerfeuchte Klimate**	Mäßig kalte, trockene Winter	W: 20 bis 26 K: 0 bis 8 A: 25 bis 35	Wärmeliebende Falllaub- und Mischwälder sowie Waldsteppen
7b.	**Sommerwarme, winterfeuchte Klimate**	Winterhalbjahr mild bis mäßig kalt	W: 20 bis 26 K: +2 bis −6	Mild temperierte bis winterharte, wärmeliebende Trockenwälder und Waldsteppen
8	**Sommerwarme, ständig feuchte Klimate**	Milde bis mäßig kalte Winter	W: 20 bis 26 K: +2 bis −6 A: 20 bis 30	Feuchte, wärmeliebende Falllaub- und Mischwälder
Steppen- und Wüstenklimate				
9a.	**Winterkalte Feuchtsteppenklimate**	Wachstumszeit im Frühjahr und Frühsommer	K: < 0 h: 6 und >	Kraut- und staudenreiche Hochgrassteppen
9b.	**Wintermilde Feuchtsteppenklimate**	Wachstumszeit im Frühjahr und Frühsommer	K: > 0 h: 6 und >	Kraut- und staudenreiche Hochgrassteppen
10.	**Winterkalte Trockensteppenklimate**	Sommerdürre	K: < 0 h: < 6	Kurzgras-, Zwergstrauch-Dornsteppen
11.	**Winterkalte, sommerfeuchte Steppenklimate**	Wintertrocken	K: < 0	Zentral- und ostasiatische Gras- und Zwergstrauchsteppen
12a.	**Winterkalte Halbwüsten- und Wüstenklimate**		K: < 0	Winterkalte Halb- und Vollwüsten
12b.	**Wintermilde Halbwüsten- und Wüstenklimate**		K: 6 bis 0	Wintermilde Halb- und Vollwüsten
IV. Warm-gemäßigte Zonen				
Alle Ebenen- und Hügellandklimate wintermild (K: 13 bis 2 °C auf der Nord-, 13 bis 6 °C auf der Südhalbkugel)				
1.	**Winterfeucht-sommertrockene Klimate vom mediterranen Typ**		h: meist > 5	Subtropische Hartlaub- und Nadelgehölze

Tab. 4.1 Fortsetzung

2.	**Winterfeucht-sommerdürre Steppenklimate**		h: meist < 5	Subtropische Gras- und Strauchsteppen
3.	**Kurz sommerfeuchte und wintertrockene Steppenklimate**		h: < 5	Subtropische Dorn- und Sukkulentensteppen
4.	**Lang sommerfeuchte und wintertrockene Klimate**		h: meist 6 bis 9	Subtropische Kurzgrassteppen, hartlaubige Monsunwälder- und Waldsteppen
5.	**Halbwüsten- und Wüstenklimate**	Ohne strenge Winter; meist mit kurz andauernden Frösten oder Nachtfrösten	h: meist < 2	Subtropische Halbwüsten und Vollwüsten
6.	**Ständig feuchte Graslandklimate**	Südhalbkugel	h: 10 bis 12	Subtropische Grasfluren
7.	**Ständig feuchte und sommerheiße Klimate**	Sommerliches Niederschlagsmaximum		Subtropische Feuchtwälder (Lorbeer- und Nadelgehölze)
V. Tropenzone				
1.	**Tropische Regenklimate**	Regenzeit mit oder ohne kurze Unterbrechung	h: 12 bis 9,5	Immergrüne tropische Regenwälder und halblaubwerfende Übergangswälder
2a.	**Tropisch-sommerhumide Feuchtklimate**		h: 9,5 bis 7	Regengrüne Feuchtwälder und feuchte Grassavannen
2b.	**Tropisch-winterhumide Feuchtklimate**		h: 9,5 bis 7	Halblaubwerfende Übergangswälder
3.	**Wechselfeuchte Tropenklimate**		h: 7 bis 4,5	Regengrüne Trockenwälder und –savannen
4.	**Tropische Trockenklimate**		h: 4,5 bis 2	Tropische Dorn-Sukkulenten-Wälder und -Savannen
5.	**Tropische Halbwüsten- und Wüstenklimate**		h: < 2	Tropische Halb- und Vollwüsten

W Mitteltemperatur des wärmsten Monats in °C, *K* Mitteltemperatur des kältesten Monats in °C, *A* Jahresamplitude der Temperatur in °C, *V* Vegetationsdauer in Tagen, *h* Zahl der humiden Monate

zurückgehalten wird. In extremer Höhe über dem Meeresniveau (z. B. Alpen) und in hoher geografischer Breite (z. B. boreale Zone) löst sich der bis dahin geschlossene Wald allmählich auf (Abb. 4.1). Immer weniger Bäume stehen verstreut in der Strauch- und Grasflur, bis diese allein die Pflanzendecke bildet. Hier scheint der Wald an eine **Kältegrenze** gestoßen zu sein.

Tatsächlich sind die Verhältnisse an den alpinen und borealen Grenzen des Waldes weit komplizierter, weil die wirklichen Ursachen für das Nachlassen und Aufhören des Baumwuchses oft schwierig zu erkennen sind, wie das bei Übergangszonen, den Zonoökotonen, meist der Fall ist. Viele Autoren unterscheiden eine **Waldgrenze**, an der geschlossene Wälder aufhören, und eine **Baumgrenze**, oberhalb derer sich keine höher wachsenden Holzgewächse mehr halten. Solche Unterscheidungen sind schwierig zu treffen, zumal die Grenzen des geschlossenen Waldes oft durch Einwirkung des

Tab. 4.2 Zonobiome nach Walter und Breckle (1991a)

Typ	Zonobiom	Klima	Bodenzone	Vegetationszone
I	**Äquatoriales**	Mit Tageszeitenklima, meist immerfeucht	Äquatoriale Braunlehme, ferrallitische Böden-Latosole	Immergrüner tropischer Regenwald
II	**Tropisches**	Mit Sommerregenzeit und kühler Dürrezeit (humid-arid)	Rotlehme oder -erden, fersiallitische Savannenböden	Tropischer laubabwerfender Wald oder Savannen
III	**Subtropisches**	Arides Wüstenklima, spärliche Regenfälle	Sieroseme oder Syroseme (rohe Wüstenböden), auch Salzböden	Subtropische Wüstenvegetation, Gesteine bestimmen das Landschaftsbild
IV	**Mediterranes**	Mit Winterregen und Sommerdürre (arid-humid)	Mediterrane Braunerde, oft fossile Terra rossa	Hartlaubgehölze (Sklerophylle), gegen längeren Frost empfindlich
V	**Warm-temperiertes**	Oft mit Sommerregenmaximum oder mild-maritim	Rote oder gelbe Waldböden, leicht podsolig	Temperierter immergrüner Wald, etwas frostempfindlich
VI	**Nemorales**	Typisch gemäßigt, mit kurzer Winterkälte	Wald-Braunerde oder graue Waldböden (oft lessiviert)	Nemoraler, im Winter kahler Laubwald, frostresistent
VII	**Kontinentales**	Arid-gemäßigt, mit kalten Wintern	Tschernoseme, Kastanoseme, Buroseme bis Sieroseme	Steppen bis Wüsten, nur Sommerzeit heiß, frostresistent
VIII	**Boreales**	Kalt gemäßigt, mit kühlen Sommern (lange Winter)	Podsole oder Rohhumus-Bleicherden	Boreale Nadelwälder (Taiga), sehr frostresistent
IX	**Polares**	Arktisch und antarktisch, mit sehr kurzen Sommern	Humusreiche Tundraböden mit starken Solifluktionen	Baumfreie Tundravegetation, meist über Permafrostboden

Abb. 4.1 Waldgrenze in den Alpen mit Bergkiefer (links) und Lärche (rechts)

Menschen gezogen worden sind und beide Arten der Grenzen miteinander verzahnt auftreten können. Wir werden hier von einer Baumgrenze sprechen, wenn der Bewuchs mit Baumarten mit Höhen von mindestens 2 m aufhört. Oberhalb davon findet man Pflanzenformationen mit Kleinsträuchern und Gräsern, die **Krummholzzone.**

Allgemein lässt sich sagen, dass die **alpine Baumgrenze** auf der Erde von der geografischen Breite abhängt (Tab. 4.3): Je höher diese ist, desto niedriger liegt die Baumgrenze. Im tropischen Afrika befindet sie sich bei etwa 4000 m ü. NN, in den Alpen bei 2000–2550 m ü. NN. Dabei spielt die Massenerhebung der Gebirge eine Rolle (Wieser und Tausz 2007): In größeren Gebirgskomplexen verläuft sie um 200–400 m höher als in kleineren,

Tab. 4.3 Baumarten der Baumgrenze und Höhenlage der Baumgrenze für verschiedene Regionen der Erde. (Aus Kimmins 2004)

Baumart	Höhenlage (m ü. NN)	Breitengrad	Region
Abies lasiocarpa	1850–1900	50°N	Garibaldi Park, British Columbia
Betula pubescens	1000	63°N	Harjedalen, Schweden
Betula verrucosa	bis 2500	41–44°N	Kaukasus-Gebirge, Russland
Eucalyptus niphophila	1850–2000	36°S	Snowy Mountains, Australien
Larix decidua	bis 2300	46°N	Poschiavo, Schweiz
Nothofagus pumilo	1650	40°S	Anden, Argentinien
Picea engelmannii	2150–2300	50°N	Rocky Mountains, Alberta
	3350–3600	39°N	Rocky Mountains, Colorado
Picea likiangensis	4500	38°N	Südost-Sinkiang, China
Picea sitchensis	900	60°N	Haines, Alaska
Pinus cembra	1900	47°N	Glarns, Schweiz
Pinus sylvestris	500 (600–700)	57°N	Cairngorm Mountains, Schottland

isoliert stehenden Gebirgen. Dazu kommt modifizierend die **Exposition** der Standorte. In Südlagen der Gebirge und der Hänge liegt die Baumgrenze um 100 m und mehr höher als in Nordlagen. Vielfachen Einfluss haben die regionalen Klimaverhältnisse. Kleinstandörtlich spielen die Schneelage und die Zeiträume der Schneeschmelze je nach Klimacharakter und Geländegestalt eine Rolle, besonders für die Keimung und das Aufwachsen der Sämlinge. Diese Einflüsse tragen wesentlich zur gruppenförmigen Verteilung der Bäume nahe der Baumgrenze bei.

Sehr verschiedene **Arten** bilden die Waldgrenze in den Regionen der Erde. In den Hochgebirgen Europas sind es meist die Arve (*Pinus cembra*), die Bergkiefer (*Pinus mugo*), die Weißstämmige Zirbelkiefer (*Pinus albicaulis*), die Fichte und die Lärche. Von den Laubbäumen, die seltener und eher als Pioniergehölze auftreten, finden sich Vogelbeere (*Sorbus aucuparia*), Sandbirke (*Betula pendula*) und Grünerle (*Alnus viridis*).

Anders ist es in den mittelhohen Gebirgen. So bildet die Buche die natürliche Waldgrenze in den Vogesen, in Teilen des Schwarzwaldes, in den Pyrenäen und in Süditalien, nicht aber im Harz, wo die Fichte von Natur aus die größten Höhen einnimmt.

An der borealen Waldgrenze findet man in Eurasien Birken, Erlen, Fichten und Lärchen. In Skandinavien ist die Moorbirke (*Betula pubescens*) die am weitesten nach Norden vordringende Baumart (Treter 1984), in Ostasien ist es die Goldbirke (*Betula ermanii*), während in Sibirien die Sibirische Fichte (*Picea obovata*), die Dahurische Lärche (*Larix gmelinii*) und die Sibirische Lärche (*Larix sibirica*) den Wald gegen die Tundra abgrenzen.

Geografen und Ökologen haben sich schon seit mehr als 100 Jahren mit den **Ursachen** der alpinen und borealen Baumgrenzen beschäftigt (s. Crawford 2008). Zweifellos spielen niedrige Temperaturen eine entscheidende Rolle, doch sind sehr hohe Frostgrade nur selten dafür verantwortlich, dass Bäume nicht gedeihen können. Das wird schon daran deutlich, dass die tiefsten bisher gemessenen Temperaturen sowohl in den nördlichen Breiten als auch im Hochgebirge nicht jenseits der Baumgrenze auftraten, sondern innerhalb von Wäldern, wie in der sibirischen Taiga in bewaldeten Talkesseln. Hohe Kältegrade sind offenbar die Ursache für die Arealgrenzen mancher Baumarten, nicht aber für den Baumwuchs schlechthin. Dennoch hielt man lange Zeit an der Vermutung einer allgemeinen Kältegrenze fest, da man beobachtet hatte, dass die Waldgrenze in groben Zügen in vielen Fällen mit dem Verlauf der Juli-Isotherme von 10 °C übereinstimmt (Treter 1984 für Skandinavien). Körner (1998) leitet aus den weltweit vorliegenden Daten eine alpine Baumgrenze bei einer mittleren Temperatur in der Vegetationszeit von unter ca. 5,5–7,5 °C ab.

Für die Baumgrenzen in den Alpen haben Wieser und Tausz (2007) sowie Crawford (2008) eine ausführliche Diskussion über die bestimmenden Einflussfaktoren für das Phänomen der Baumgrenzen vorgelegt. Daraus geht hervor, dass die **Wärmeverhältnisse** im Zusammenwirken mit anderen Faktoren in verschiedener Weise das Geschehen bestimmen. Außerordentlich gut entwickelte Abhärtungsvorgänge, wie sie u. a. von Larcher (2001) ausführlich beschrieben werden, sorgen dafür, dass unmittelbare Schäden durch tiefe Temperaturen während der Vegetationsruhe bei Holzpflanzen im Bereich der Baumgrenze selten sind. Temperaturen von −45 °C und noch tiefer ertragen die Nadeln einiger Koniferen ohne Schaden. Gefährdet sind dagegen junge Triebe durch gelegentlich auftretenden Spätfrost im Sommer und durch früh eintretenden Frost im Herbst (Frühfrost), wenn der Vorgang der Abhärtung noch nicht genügend abgeschlossen ist. Diese Vorgänge sind jedoch wegen ihrer örtlichen und zeitlichen Begrenzung nicht bestimmend für die Lage der Baumgrenze. In zahlreichen früheren Arbeiten wurde die Hypothese aufgestellt, dass unter den harten Klimabedingungen die **Aufnahme von Kohlenstoff** oder ein mangelndes Gleichgewicht zwischen dessen Aufnahme und Verlust der entscheidende Faktor sei. Das wurde von Wieser und Tausz (2007) in einer ausführlichen Abwägung der Untersuchungsergebnisse als unzutreffend dargestellt. Vielmehr bewirken die niedrigen Temperaturen im Sommer, verbunden mit einer kurzen Vegetationszeit, eine **Verminderung der Wachstumsprozesse**, d. h. eine geringe Meristemaktivität mit der Folge eines unzureichenden Spross- und möglicherweise auch Wurzelwachstums, die dazu führen, dass es nicht zur Ausbildung von Baumformen kommt.

Im Winter kann **Frosttrocknis** an nicht von Schnee bedeckten Nadeln eintreten, wenn die Einstrahlung, verstärkt durch die Reflexion durch den Schnee, die Transpiration anregt, aber der gefrorene Boden die Wasseraufnahme verhindert. In welchem Ausmaß Bäume solchen Beanspruchungen gewachsen sind, hängt davon ab, wie stark sie die Wasserabgabe drosseln können und wie empfindlich ihre lebenden Teile gegen Austrocknung sind. In diesen Eigenschaften ist besonders die Arve der Fichte überlegen (Tranquillini 1966). Nicht nur Mangel, sondern auch Überschuss von Wasser, verbunden mit Sauerstoffmangel, kann dem Baumwuchs Grenzen setzen (s. Larcher 2001), z. B. an Moorrändern (s. ► Kap. 5).

Die Abnahme der Bäume und ihr Verschwinden mit steigender Ungunst der Verhältnisse gehen zudem auf mannigfache **Schäden** zurück, denen die Triebe der Bäume in der Kampfzone ausgesetzt sind. Verletzungen durch Sturm, Schnee- und Eisbruch spielen eine Rolle. Pathogene Pilze (Fichtennadel-Blasenrost, Lärchen- und Kieferntriebsterben, s. Butin 2011) können das Überleben an der Baumgrenze erschweren, doch gelten sie als sekundäre Einflussfaktoren.

Waldgrenzen können auch durch die Bodenverhältnisse bedingt (**edaphisch**) sein. In Regionen mit ausgeglichenen Wärme- und Feuchtigkeitsverhältnissen findet man Standorte, an denen wegen des nährstoffarmen sandigen Bodens (Dünen) oder der Flachgründigkeit allenfalls eine krüppelige Baumvegetation gedeiht (z. B. Kuppen und Rippen von Kalkgesteinsböden). Kalkmagerrasen (◘ Abb. 4.2) und andere Halbtrockenrasen sind überwiegend durch jahrhundertelange extensive Nutzung entstanden und werden durch Mahd und Beweidung in diesem Zustand gehalten (s. Zerbe und Wiegleb 2006).

Viel stärker als man früher annahm, sind die heutigen Waldgrenzen durch die **Einwirkung des Menschen** bedingt oder zumindest mitbestimmt (Crawford 2008). Wo durch Ungunst der ökologischen Verhältnisse Bäume nur schwer gedeihen können, wirken sich Störungen durch Menschen, Wild- und Weidetiere besonders aus. Das Bild der allmählichen Auflösung des Waldes ist oft ein Zeichen dafür, dass neben den ökologischen Bedingungen andere Faktoren maßgeblich sind, vor allem Holznutzung, Brand und Viehweide. Magin (1954) schildert, wie im Laufe der Jahrhunderte in den Hochlagen der Alpen der dort nicht gut regenerationsfähige Wald durch den Weidebetrieb stark zurückgedrängt worden ist. Er ist heute an vielen

Abb. 4.2 Kalkmagerrasen mit Wacholder bei beginnender Verbuschung als Folge zu geringer Mahd und Beweidung durch Schafe und Ziegen

Orten durch den nicht minder waldschädlichen Wintersport abgelöst worden. Der Klimawandel (s. ▶ Kap. 22) wird die Waldgrenzen verschieben und dabei die alpine Lebenszone zurückdrängen (Walther et al. 2005; Körner 2012).

Die Beanspruchung ursprünglicher Wälder an den Grenzen ihrer Lebensfähigkeit kann zu schweren Störungen in der Landschaft führen. Das betrifft vor allem das vermehrte Auftreten von Erosion und Lawinen. Daher werden insbesondere in den Hochlagen der Alpen durch Forschungen unterstützte Schutz- und Aufforstungsprogramme verwirklicht (Dinser 1996; Motta und Haudemand 2000).

Waldähnliche Pflanzenformationen

Norbert Bartsch, Ernst Röhrig

N. Bartsch, E. Röhrig, *Waldökologie*,
DOI 10.1007/978-3-662-44268-5_5, © Springer-Verlag Berlin Heidelberg 2016

Soweit die ökologischen Bedingungen für die Erhaltung von geschlossenen Wäldern nicht ausreichen, findet man als **Übergang** zu baumlosen Formationen mehr oder weniger breite Zonen, in denen Waldbäume keine dominierende Rolle spielen. Die **Ursachen** dafür sind sehr verschiedenartig. Oft liegen sie im Mangel oder Überschuss von Wasser, in niedrigen Temperaturen und kurzer Vegetationszeit, seltener im Nährstoffmangel, oft aber in der früheren Nutzungsart der Flächen. Dementsprechend sind die Artenzusammensetzung und die stets lockere Vegetationsstruktur unterschiedlich ausgeprägt.

Die in Mitteleuropa nicht vorkommenden Formationen der Savannen und Waldtundren sind schon von Rübel (1914) und später von Walter und Breckle (1991b) eingehend geschildert worden. Auch die überwiegend seit langer Zeit umgestalteten lichten Stein- und Korkeichenwälder (*Quercus ilex* bzw. *Q. suber*) werden hier nur kurz behandelt. Beispielhaft werden vier im mittleren und mediterranen Europa weit verbreitete Übergangsformationen vorgestellt.

5.1 Subalpine Nadelgehölze

In den Alpen und in den meisten Hochgebirgen Europas herrschen in der subalpinen Waldstufe als Baumarten Lärche, Arve, Bergkiefer und Fichte vor. Lärchen-Arven-Wälder sind verbreitet in den kontinental getönten Innenalpen und zum Teil in den südlichen Voralpen. Fichtenwälder besiedeln die weniger kontinental geprägten nördlichen Alpen. Mit zunehmender Höhe über dem Meer werden diese Wälder immer lichter, bis die vorherrschenden Bäume nur noch vereinzelt vorkommen. Sie werden von Bergkiefern unterwandert und abgelöst. Diese haben ein breites ökologisches Spektrum, sie gedeihen auf basischen wie auf sauren, auf trockenen wie auf feuchten Böden.

Die Sammelart *Pinus mugo* umfasst mehrere Unterarten (Subspecies) mit morphologisch unterschiedlichen Formen. In der oberen subalpinen Höhenstufe von den Karpaten bis zu den Pyrenäen gedeiht die aufrecht wachsende, baumförmige Bergkiefer (*Pinus uncinata*), auch Hakenkiefer oder Spirke genannt. Sie erreicht dort Höhen von über 10 m. Daneben gibt es die Legföhre oder Latsche. Sie bildet an oder über der Baumgrenze große, fast undurchdringliche Bestände bis zu knapp 3 m Höhe. Bergkiefernwälder sind vielfach sekundären Ursprungs, sei es durch Unterwanderung von zerstörten Lärchen-Arven-Wäldern, sei es durch Aufforstungen von Berghängen zum Schutz gegen Lawinen, Erosion oder Steinschlag (s. Ott und Frehner 1997; ◘ Abb. 5.1).

◘ **Abb. 5.1** Niedrig wachsende *Pinus mugo* (Latsche) an der alpinen Baumgrenze

5.2 Mediterrane Hartlaubgehölze

Am südlichen Rand der Alpen nimmt Mitteleuropa teil an einer ganz andersartigen Pflanzenformation. Als mediterrane Hartlaubgehölze werden wegen ihrer ähnlichen klimatischen Verhältnisse mehrere, auf der Erde weit verstreute Vegetationsformen zusammengefasst, die physiognomisch einander ähnlich sind, wenn sie sich auch floristisch sehr stark unterscheiden. Dazu zählen die küstennahen Regionen des Mittelmeergebiets in Europa, Kaliforniens, Mittelchiles sowie des südlichen und südwestlichen Australiens. Das Klima ist geprägt durch trockene warme Sommer und milde feuchte Winter. Dabei ist die Spanne zwischen diesen Jahreszeiten auch innerhalb der Regionen beträchtlich. Überall ist die Artendiversität hoch, doch die Zahl der Baumarten eher gering. Es herrschen immergrüne Straucharten vor, von denen einige unter günstigen Verhältnissen bis 10 m Höhe erreichen können (s. di Castri et al. 1981).

Macchie

Im Mittelmeergebiet ist die sekundär entstandene immergrüne Gebüschformation der Hartlaubvegetationszone weit verbreitet (◘ Abb. 5.2). Ihre wichtigsten Arten sind die Baumheide (*Erica arborea*) und der Erdbeerbaum (*Arbutus unedo*, im östlichen Mittelmeergebiet *A. andrachne*), dazu kommen die Kermeseiche (*Quercus coccifera*) und eine Anzahl von Hartlaubsträuchern, v. a. der Gattungen *Pyllirea, Pistacia, Cistus*. Ihre gegenwärtige Struktur und Verbreitung verdankt die Macchie größtenteils dem jahrhundertelangen Einwirken der menschlichen Bewohner dieser Regionen. In den meisten Gebieten war sie ursprünglich der Unterstand eines lichten Waldes aus Aleppokiefer (*Pinus halepensis*, im Osten die Subspecies *P. brutia*), Seestrandkiefer (*P. maritima*), Pinie (*P. pinea*), Zypresse (*Cupressus sempervirens*) und Steineiche. Nach der Nutzung der Nadelbäume und nach Waldbränden (Pausas et al. 2008; s. a. ▸ Abschn. 15.2.3) blieben vor allem die zu reichlichem und kräftigem Stockausschlag fähigen Hartlaubgewächse übrig (Pausas und Verdú 2005). In Regionen und auf Standorten mit kurzzeitigem Winterregen und ausgeprägter Trockenheit wird die Macchie durch niedrig wachsende Pflanzengemeinschaften abgelöst, in denen nur noch ganz vereinzelt Bäume vorkommen (hauptsächlich Eichen). Sie werden in Frankreich *Garrigue*, in Spanien *Tomillares* und in Griechenland *Phrygana* genannt.

5.3 Heiden

Einflüsse des Menschen sind zum größten Teil auch maßgeblich für die Entstehung von Heiden. Allerdings wird diese Bezeichnung unterschiedlich gebraucht (Ellenberg 1996).

Weltweit werden in der Pflanzengeografie solche Gemeinschaften als Heiden bezeichnet, die vorwiegend aus Heidegewächsen aufgebaut sind. Dazu gehören Arten der Empetraceae, Ericaceae und Vacciniaceae sowie einiger in Europa nicht heimischer Familien. Sie zeichnen sich durch harte, überwiegend persistente kleine Blätter aus und wachsen vorwiegend auf nährstoffarmen Böden. Solche Formationen sind hauptsächlich in feuchten Regionen des borealen Klimas in Eurasien und Nordamerika sowie im stark atlantisch geprägten Nordwesteuropa ausgebildet, während sie im kontinental getönten Nordosteuropa wegen der strengeren Winter und der trockeneren Sommer kaum gedeihen können (◘ Abb. 5.3). Sie kommen aber auch im äußersten Süden Südamerikas, in Südafrika und im südlichen Australien auf beträchtlichen Flächen vor. Charakteristisch für die Heiden ist ihr niedriger Wuchs. Sie bestehen hauptsächlich aus Chamaephyten (s. ▸ Kap. 1). Bäume und Sträucher treten nur vereinzelt oder in kleineren Gruppen auf und haben oft einen zypressenähnlichen Wuchs (z. B. Wacholder, *Juniperus communis*). Die vielfältigen Verhältnisse der Heiden auf der Erde hat Specht (1981) ausführlich beschrieben. Gimingham et al. (1981) teilen sie nach ihren physiognomischen und ökologischen Spektren wie folgt ein:

◘ **Abb. 5.2** Macchie in Spanien mit Baumheide (*Erica arborea*, links vorn), Rosmarin (*Rosmarinus officinalis*, Bildmitte vorn), Westlichem Erdbeerbaum (*Arbutus unedo*, links hinten), Kermeseiche (*Quercus coccifera*, rechts hinten) und Zwergpalme (*Chamaerops humilis*, rechts)

- Auf nährstoffarmen (oligotrophen), trockenen Böden des Flach- und Hügellandes, teilweise auf ehemaligen Flugsanddünen, dominiert *Calluna vulgaris*, oft vergesellschaftet mit *Erica cinerea* und *Vaccinium myrtillus*. Von den Grasartigen trifft man hauptsächlich *Festuca ovina*, *Deschampsia flexuosa* und *Carex pilulifera*. Als höher wachsende Sträucher sind regional Wacholder und der Gewöhnliche Stechginster (*Ulex europaeus*) vertreten.

Definitionen für »Heide«

Rübel (1914) weist darauf hin, dass das deutsche Wort Heide und das englische Wort *heath* früher unkultiviertes Land bedeuteten. Nach Ellenberg (1996) handelt es sich um einen Rechtsbegriff für gemeinsam genutztes Weideland, die Allmende, das auch Waldreste und von Vieh durchstreifte Wälder umfasste. Der Wortgebrauch ist auch innerhalb Deutschlands verschieden. In Norddeutschland bezieht er sich auf baumarme Zwergstrauchgesellschaften sehr armer Standorte, in Süddeutschland werden darunter hauptsächlich Kalkmagerrasen (Steppenheiden) verstanden. Im östlichen Deutschland verwendet man das Wort Heide auch zur Kennzeichnung lichter Kiefernwälder auf armen Standorten (z. B. Dübener Heide nördlich von Leipzig), aber auch Kiefernwälder allgemein werden dort bisweilen als Heide bezeichnet, wie etwa die Schorfheide nördlich von Berlin.

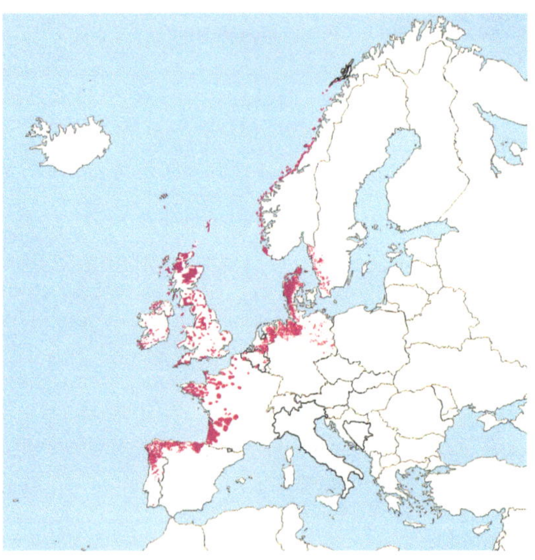

Abb. 5.3 Verbreitung der europäischen Heiden um 1850. (Nach Keienburg und Prüter 2006)

- Oligotrophe, ständig feuchte organische Böden bilden eine zweite Gruppe. Auch hier dominiert meist *Calluna vulgaris*, doch nicht so stark wie in den trockenen Heiden. Vor allem *Erica tetralix*, regional auch *Ledum palustre* und *Myrica gale*, nehmen an der Kleinstrauchvegetation teil, an der ferner die Grasartigen *Molinia caerulea*, *Eriophorum vaginatum*, sowie *Trichophorum cespitosum* beteiligt sind. Gelegentlich kommen Weidenarten vor. Feuchte Heiden entwickeln und erhalten sich, wenn in einem Teil der Vegetationszeit der Oberboden nicht durchfeuchtet wird. Bei anhaltender Feuchtigkeit entstehen Hochmoore (s. ▶ Abschn. 5.4).
- An der alpinen und arktischen Waldgrenze sind Heideflächen mit *Calluna vulgaris*, *Vaccinium myrtillus*, *V. uliginosum*, *V. vitis-idaea* sowie Zwergbirke (*Betula nana*) und Krautweide (*Salix herbacea*) verbreitet.

Ellenberg (1996) rechnet die *Calluna*-Heiden ebenso wie die Trocken- und Halbtrockenheiden der kollinen bis hochmontanen Stufe unter die »großenteils vom Menschen mitgeschaffenen und erhaltenen Formationen«. Nach seiner Auffassung gibt es in Mitteleuropa von Natur aus waldfreie Zwergstrauchheiden nur stellenweise in nordwestlichen Moor- und Küstengebieten sowie oberhalb der Waldgrenzen im Hochgebirge.

Gimingham et al. (1981) weisen darauf hin, dass Umwandlungen von Wäldern in Heiden schon aus dem späten Neolithikum (seit etwa 2500 v. Chr.) bekannt und in der Bronze- und Eisenzeit (seit 800 v. Chr.) verstärkt fortgesetzt worden sind. Das kühlere und feuchtere Klima in dieser Zeit mag die Ausbreitung der Ericaceae in den ursprünglich wahrscheinlich vorwiegend aus Laubbäumen bestehenden Wäldern begünstigt haben. Jedenfalls sind die Beweise für die Einwirkung des Menschen als entscheidender Grund für die Entstehung weitgehend baumartenarmer Heideflächen heute so deutlich, dass daran keine Zweifel mehr berechtigt sind (Gimingham et al. 1981). Heideflächen eigneten sich für die Ernährung von Weidevieh. Entnahme von Streu und Plaggenhieb brachten große Verluste von Humus und Stickstoff mit sich.

Verbreitung der Heide in Westeuropa

Der Höhepunkt der Verbreitung von Heiden in Westeuropa lag um 1800. Danach trat durch neue Entwicklungen in der Landwirtschaft und später auch in der Industrie und Technik eine rasche Wandlung ein. Bis 1960 ging die Heidefläche in Deutschland um mehr als 70 % zurück (◘ Abb. 5.4). Einen großen Teil hat als Folge natürlicher Wiederbewaldung, mehr noch durch Aufforstungen, der Wald erobert (◘ Abb. 5.5). Kremser (1972) schildert für Nordwestdeutschland die Anfänge der Heideaufforstung um die Mitte des 18. Jahrhunderts (teils nach Vorbildern aus Schottland) und den Höhepunkt zwischen 1920 und 1939. Sie erfolgte vorwiegend mit Kiefer, seltener mit Fichte und Laubbäumen. Nur im nördlichen England, in Schottland und in Irland haben extensiv beweidete Heideflächen noch einen größeren Flächenanteil. Sie dienen hauptsächlich als Jagdreviere für Moorhühner (*Lagopus scoticus*). In Deutschland, in den Niederlanden und in einigen anderen westeuropäischen Ländern werden Heideflächen aus Gründen der Landschaftsgeschichte, des Artenschutzes und zum Zwecke des Tourismus künstlich erhalten (siehe unten).

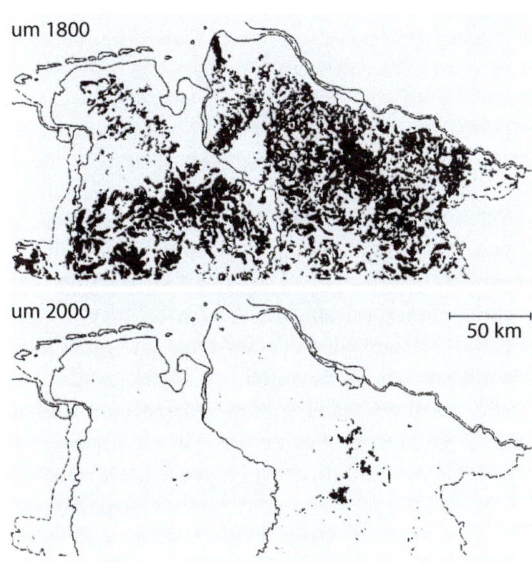

◘ **Abb. 5.4** Die niedersächsische Tiefebene als Beispiel für den Rückgang von Heidelandschaften in den letzten beiden Jahrhunderten. (Nach Zerbe und Wiegleb 2009)

Ellenberg (1996) unterscheidet bei den **wirtschaftsbedingten Heiden** des nordwestdeutschen Flachlandes:

- trockene Sandheiden auf sehr sauren, durch Streunutzung u. a. an Basen verarmten, sandigen Podsolböden mit Orterde oder Ortsteinbildung (◘ Abb. 5.6), ganz überwiegend mit *Calluna vulgaris*,
- feuchte Sand- und Lehmheiden als Übergänge zu typischen, auf saurem Moor vorkommenden Glockenheidetypen mit *Erica tetralix* und *Molinia caerulea*.

Calluna-Heiden durchlaufen, wenn sie ungestört bleiben, einen 30- bis 40-jährigen **Lebenszyklus** mit Pionier-, Aufbau-, Reifungs- und Degenerationsphasen (Specht 1981; Diemont und Heil 1984). Im ersten und letzten Stadium siedeln sich wenig anspruchsvolle Arten an, vor allem Sandbirke, Aspe (*Populus tremula*) und Kiefer. Dann folgen oft Eichen und auf günstigeren Standorten auch Buchen (Leuschner 1994, 2001). Dieser Vorgang hat offenbar durch Stickstoffeinträge aus der Luft zugenommen. Dazu trägt auch die allgemeine Verbesserung der Nährstoffverhältnisse durch Verminderung des Nährstoffentzugs als Folge der Aufgabe der Streu- und Plaggennutzung und nachlassender Intensität der Beweidung bei. Damit verlieren die Heiden immer mehr ihren typischen Charakter.

Es gibt gute Gründe dafür, Heideflächen zu **erhalten**, wie sie zur Zeit ihrer früheren Bewirtschaftung vor etwa hundert Jahren bestanden haben (Zerbe und Wiegleb 2009). Der landschaftliche Reiz der weiten, oft leicht gewellten Landschaft mit gleichförmig niedrigem Bewuchs, aus dem nur vereinzelt säulenförmige Wacholder und wenige Sandbirken hervorragen, begeistert seit Beginn des 19. Jahrhunderts, besonders in der Zeit der spätsommerlichen Heideblüte, viele Wanderer. Das fand seinen Ausdruck in einer umfangreichen, wenn auch wenig anspruchsvollen Literatur und Malerei. Schon früh entstand der erste Naturschutzpark Lüneburger Heide. Um seinen Charakter zu erhalten, wird mit beträchtlichen, z. T. aus einer privaten Stiftung fließenden Mitteln die Schafhaltung subventioniert sowie die Wiederbewaldung und Vergrasung der Heideflächen zurückgehalten

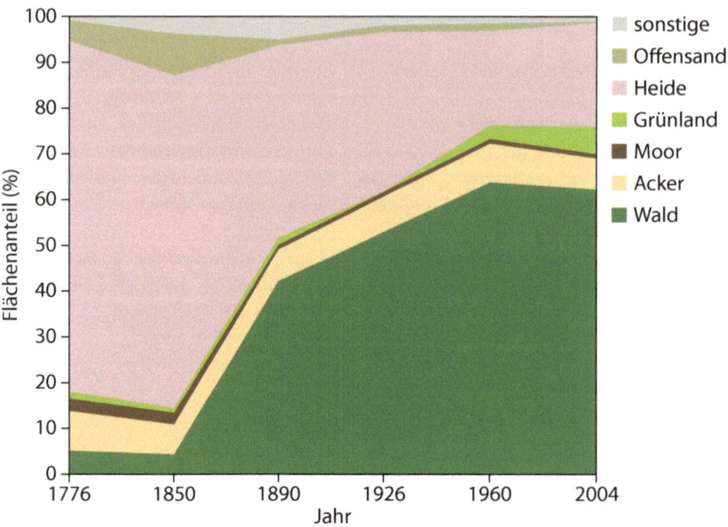

Abb. 5.5 Landnutzungswandel in der Lüneburger Heide. (Nach Keienburg und Prüter 2006)

Abb. 5.6 Podsol eines Sandbodens. Humus und Eisen sind ausgewaschen und im darunterliegenden Bereich mit braunschwarzer und rotbrauner Färbung akkumuliert und oft zu festem Ortstein verdichtet

(Keienburg und Prüter 2006). Die Erhaltung, oft auch Wiederherstellung eines langfristigen Gleichgewichts dieses labilen Ökosystems mit seiner typischen Flora und Fauna auf den hierzu notwendigen großen Flächen ist eine schwierige und nicht ohne Kritik an den Maßnahmen zu bewältigende Aufgabe. Dazu gibt es eine große Anzahl von wissenschaftlichen und allgemeinen Veröffentlichungen. Aushieb von Baumwuchs, Beweidung (Abb. 5.7), Abbrennen und Mahd sind in Technik und Erfolg u. a. geschildert worden von Muhle und Röhrig (1979), Specht (1981), Gimingham (1981) sowie Keienburg und Prüter (2006).

5.4 Moore

Besondere Vegetationstypen bilden sich auf Mooren. Als solche bezeichnet man Flächen, die eine mindestens 30 cm mächtige **Torfschicht** aufweisen. Torf besteht fast ausschließlich aus Pflanzensubstanz, die wegen eines (früheren, meist aber noch anhaltenden) Wasserüberschusses und des damit verbundenen Sauerstoffmangels unvollständig zersetzt ist. Je nach der pflanzlichen Zusammensetzung und nach dem Zersetzungsgrad haben Torfe unterschiedliche physikalische und chemische

Abb. 5.7 Beweidung einer Heidefläche im Totengrund des Naturschutzgebiets Lüneburger Heide

Eigenschaften. Man spricht von ombrotrophischen Mooren, wenn die Zufuhr von Nährstoffen nur aus den Niederschlägen stammt. Minerotrophische Moore sind solche, bei denen der Nährstoffgehalt der oberen Schichten deutlich höher ist als der des Niederschlags, z. B. bei nährstoffreichem Grund- oder Zuflusswasser.

Von der hier zu besprechenden Moorvegetation sind die **Bruchwälder** zu unterscheiden. Sie stehen entweder auf nährstoffreichem Bruchwaldtorf und sind dann vorwiegend mit Schwarzerle (*Alnus glutinosa*) bestanden, oder es bildet sich bei saurem nährstoffarmem Anmoorgley unter dem Einfluss von kalkarmem Grundwasser von Natur aus ein Moorbirkenbruch aus Moorbirke (*Betula pubescens*), regional auch mit Kiefer oder Fichte gemischt.

Verhoeven et al. (2006) beziffern die **Moorflächen** auf der Erde mit 585 Mio. ha, davon 310 Mio. ha im asiatischen Russland. In Europa sollen es 96 Mio. ha sein, vor allem in Finnland, Schweden und Schottland. Der größte Teil von ihnen ist für landwirtschaftliche Nutzung, Aufforstungen und Siedlungen drainiert. Die weitaus meisten Moore liegen zwischen dem 50. und 70. Breitengrad in ebener Lage, nur wenige in den Gebirgen.

Moore entstehen entweder durch Verlandung von Seen oder Flussarmen, wenn diese durch verschiedene Ursachen im Wasserdurchfluss beeinträchtigt sind, oder aber durch Versumpfung, wenn der Wasserabfluss über Stauhorizonte nachhaltig behindert ist (Dierßen und Dierßen 2008). Aus dem erstgenannten Prozess entstehen **Niedermoore** (geogene Moore), die auch von Oberflächen-, Boden- oder Grundwasser gespeist werden und je nach den chemischen Verhältnissen des Bodens, des Grundwassers und des begrenzten Zuflusses relativ nährstoffreiche Torfe aufweisen. **Hochmoore** (= Regenmoore, ombrogene Moore) kommen zustande, wenn die Niederschläge auf nährstoffarmen Böden mit undurchlässigem Untergrund nicht genügend abfließen, sodass sich unter weitgehend anaeroben Bedingungen mehr organische Substanz anhäuft, als abgebaut werden kann. Hochmoore sind oligotroph und stark sauer. Ursache für die Hochmoorbildung, die oft Jahrtausende zurückreichen kann, sind hohe Niederschlagsmengen bei allgemein humidem Klima. Gefördert wird die Bildung von Hochmooren durch Eingriffe des Menschen in die Vegetation (Entfernung von Waldbäumen), wodurch die Transpiration vermindert wird (Frenzel 1983). Übergänge von Nieder- zu Hochmooren bezeichnet man als **Übergangs**- oder **Zwischenmoore**.

Die Art der **Torfbildung** ist das Ergebnis des Wasserangebots (Zuflussmenge, -dauer und -frequenz), des Geländereliefs, das die Wasserströmung im Moor und den Wasserabfluss aus dem Moor bestimmt, und der hydrologischen Eigenschaften der Moorvegetation und der Torfe (Timmermann et al. 2009). Succow und Joosten (2001) haben für Mitteleuropa ein System hydrologisch-genetischer Moortypen entwickelt (s. Tab. 5.1). Verhoeven et al. (2006) und Bobbink et al. (2008) beschreiben Wasserhaushalt, Kohlenstoffzyklus sowie die chemischen und physikalischen Um- und Abbauprozesse von Moorsubstanz. Die Freisetzung von Treibhausgasen aus Mooren bilanziert Höper (2007). Weitere Angaben findet man in den Monografien von Gore (1983), Lugo et al. (1990), Succow (1998), Succow und Joosten (2001) sowie in einschlägigen Kapiteln in Walter und Breckle (1999) sowie Ellenberg und Leuschner (2010).

Hochmoore bilden **kleinräumig** differenzierte Standorte (Abb. 5.8). Die Wölbung zur Mitte hin und die verschiedenen Wuchs- und Zersetzungsbedingungen führen dazu, dass sich etwas höher liegende Bulten und niedriger gelegene, meist mit Wasser gefüllte Schlenken bilden. An den Rändern der Hochmoore, den Randgehängen, siedeln sich hauptsächlich Moorbirken und Kiefern

Tab. 5.1 Kennzeichnende Eigenschaften der wichtigsten hydrologischen Moortypen und deren relative Flächenanteile in Deutschland. (Nach Succow und Joosten 2002 aus Ellenberg und Leuschner 2010)

Eigenschaften	Verlandungsmoor	Überflutungsmoor	Versumpfungsmoor	Durchströmungsmoor	Quellmoor	Hangmoor	Kesselmoor	Regenmoor
Wasserspeisung	Aus Gewässer	Periodische Überflutung	Grundwasseranstieg	Fließendes Grundwasser	Quellwasser	Hangzulaufwasser	Zusammenlaufendes Mineralbodenwasser	Ausschließlich Regenwasser
Wasserbewegung	Gering	Oberflächlich	Gering	Relativ stark	Stark	Relativ stark	Gering	Mittel
Torfwachstum	Mäßig bis stark	Gering	Gering	Stark	Mäßig	Gering bis mäßig	Stark bis sehr stark	Stark
Zersetzung	Mäßig	Stark	Meist stark	Meist gering bis mäßig	Meist stark	Mäßig bis stark	Gering bis mäßig	Gering bis mäßig
Mooroberfläche	Eben	Uneben, reliefreich	Eben	Schwach geneigt	Geneigt oder kuppig	Stark geneigt	Eben	Meist uhrglasförmig gewölbt
Hauptsächliche Vorkommen	In Senken und Tälern	Entlang von Tieflandflüssen	Altmoränenlandschaften	Flusstäler des Jungpleistozäns	Hangfußlagen	Hänge	Kessellagen des Jungpleistozäns	Regenreiche Gebirge oder Küsten
Vorherrschende torfbildende Vegetation	Röhrichte (z. T. Schwingrasen)	Röhrichte, Bruchwälder	Röhrichte, Bruchwälder	Braunmoos-Seggenriede	Bruchwälder	Torfmoos-Seggenriede	Torfmoosrasen	Torfmoosrasen
Flächenanteil (%)	ca. 15	ca. 5	ca. 30	ca. 25	<1	ca. 1–2	ca. 1–2	ca. 20

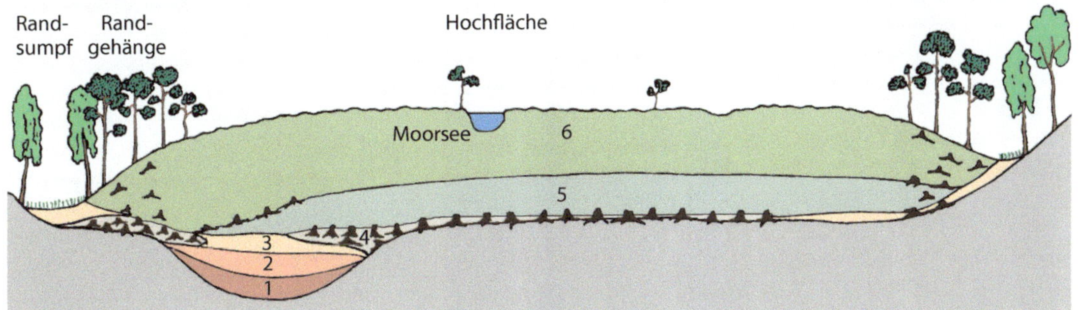

Abb. 5.8 Schematischer Schnitt durch ein mitteleuropäisches Hochmoor. Aus den Schichten ergibt sich, dass es z. T. über einem verlandeten See, z. T. durch Versumpfung eines Waldes auf nährstoffarmem Mineralboden (*hellgrau*) entstanden ist. *1* Mudde (im See abgelagerte Sedimente mit hohem Anteil an organischer Substanz), *2* Schilftorf, *3* Seggentorf, *4* Bruchwaldtorf, *5* älterer, *6* jüngerer *Sphagnum*-Torf. (Nach Firbas 1949; Frey und Lötsch 2010)

Abb. 5.9 Torfabbau im Uchter Moor (Niedersachsen). **a** Zum Trocknen gestapelte Weißtorfsoden. **b** Industrieller Torfabbau mit Fräsmaschinen. Frästorf wird von April bis September auf der Oberfläche von Torfmooren gewonnen, indem eine 1–2 cm dicke Schicht mit einer Fräsmaschine abgelöst wird. Um die ausreichende Trocknung des Torfes zu gewährleisten, wird die abgelöste Schicht mehrfach gewendet (rechts) und auf Halden (links) geschoben

an, gelegentlich auch Vogelbeere und Faulbaum. Im Übrigen sind Torfmoose (*Sphagnum* sp.), verschiedene Ericaceae (*Andromeda, Empetrum, Erica, Vaccinium*), Sumpfporst (*Ledum palustre*) und Gagelstrauch (*Myrica gale*) neben den Grasartigen (hauptsächlich *Molinia caerulea*, *Nardus stricta* und *Eriophorum vaginatum*) die charakteristischen Elemente der Vegetation. Sukzession und Renaturierung von Mooren behandeln Hartley und Amos (1999), Schopp-Guth (1999), Nick (2001), Schrautzer et al. (2007) und Timmermann et al. (2009).

Torf ist ein **Wirtschaftsgut**. Ursprünglich überwiegend als Brennmaterial genutzt, spielt er heute in mannigfacher Weise eine Rolle bei der Pflanzenanzucht und im Gartenbau. Dazu wurde und wird er nach Entwässerung der Moore in großem Umfang abgebaut (Abb. 5.9). Die zurückgebliebenen Moorbrachen werden schon seit mehr als hundert Jahren landwirtschaftlich genutzt, aber auch **aufgeforstet** oder zur **Bewaldung** sich selbst überlassen. Wiechert und Röhrig (1987) haben das Wachstum von zwei aus Naturverjüngung stammenden 20- bis 30-jährigen Moorbirkenbeständen auf solchen Moorbrachen im Weser-Ems-Gebiet untersucht (Abb. 5.10). Die Baumzahlen variierten, offenbar als Folge unterschiedlichen Grundwasserstandes, sehr stark zwischen 15 und 200 St. ha^{-1}. Bei flach anstehendem Grundwasser war die Mortalität der Birken erhöht. Bei Altersunterschieden von fünf bis über zehn Jahren hatte sich eine differenzierte Höhen- und Durchmesserstruktur herausgebildet. Den Standortverhältnissen entsprechend, sind die

Abb. 5.10 Natürliche Sukzession mit Moorbirken auf einer Moorbrache nach Abtorfung im niedersächsischen Emsland

Abb. 5.11 Regeneration einer Hochmoorfläche nach Torfabbau und Wiedervernässung im Uchter Moor (Niedersachsen)

Wuchsleistungen bescheiden. Die herrschenden Bäume waren auf den einzelnen Flächen im Alter von 15 bis 20 Jahren um 5 m hoch. Bäume mit guter Schaftqualität nahmen 20–45 % der Gesamtzahl ein.

In Nordeuropa werden beträchtliche Moorflächen **aufgeforstet**. In Finnland waren es 1992 fast 6 Mio. ha, in Schweden 1,4 Mio. ha. Paavilainen und Päivänen (1995) schildern genau die vorausgehende Entwässerung. Damit soll der Wassergehalt des Bodens so reguliert werden, dass er genügend belüftet bleibt (minimales Luftvolumen 10–15 %). Nährstoffanalysen des Substrats werden vorgenommen, und danach wird die Düngebedürftigkeit für P, K und meist auch N festgestellt. Diese hängt von den zu verjüngenden Baumarten ab: Birken sind anspruchsvoller als Fichten, diese anspruchsvoller als Kiefern. Naturverjüngungen sind gleich nach der Drainage möglich, später wegen der aufgekommenen Bodenvegetation kaum anspruchsvoller erfolgreich. Es überwiegen daher Pflanzungen. Der Ertrag solcher Mooraufforstungen ist unterschiedlich je nach Klima, Substrateigenschaften und Düngung. Auf dem *Vaccinium myrtillus*-Typ mit Fichte und Birke rechnet man mit einem Holzzuwachs von 8,4 m^3 ha^{-1} $Jahr^{-1}$, bei Kiefernaufforstungen auf dem *Eriophorum vaginatum*-Typ sind es nur etwa 2,2 m^3 ha^{-1} $Jahr^{-1}$.

Unberührte Moorflächen haben, schon wegen ihrer Seltenheit, einen hohen **Wert** für Naturschutz, Landschaftsökologie und Biodiversität (Verhoeven et al. 2006) sowie als Kohlenstoffspeicher für den Klimaschutz (s. ► Kap. 22). Deshalb stehen in Finnland seit 1965 mehr als 500.000 ha Moorflächen unter Schutz. Ähnlich stark ist der Schutz auch in anderen europäischen Ländern, in Deutschland v. a. seit dem Bundesnaturschutzgesetz und der FFH-Richtlinie der EU (s. ► Kap. 20). In Westdeutschland stehen 12 % der etwa 250.000 ha umfassenden (meist allerdings entwässerten und abgetorften) Moore unter **Naturschutz**. Es gibt Bestrebungen, aufgelassene Moorflächen zu regenerieren (Abb. 5.11; s. a. Schopp-Guth 1999; Nick 2001). Bobbink et al. (2008) sowie Zerbe und Wiegleb (2009) beschreiben ausführlich Erhaltungs- und Regenerationsmaßnahmen von Mooren.

Bäume und Wälder in ökologischen Ebenen

Was ist Ökologie?

Norbert Bartsch, Ernst Röhrig

N. Bartsch, E. Röhrig, *Waldökologie*,
DOI 10.1007/978-3-662-44268-5_6, © Springer-Verlag Berlin Heidelberg 2016

»Ökologie« und »ökologisch« sind heute zu Allerweltswörtern geworden, die in verschiedenen, oft kuriosen Zusammenhängen gebraucht werden. In jedem Fall ist damit so etwas wie Umwelt angesprochen.

Den Begriff »**Umwelt**« als Ausdruck für die artspezifische Umgebung eines Individuums führte der Biologe Jakob von Uexküll (1864–1944) in die Wissenschaft ein (*Umwelt und Innenwelt der Tiere* 1909). Heute bedeutet das Wort im biologischen Sinn die lebenswichtige Umgebung einer Art oder Lebensgemeinschaft. In einem weiteren Sinn versteht man darunter den natürlichen und fast immer durch die Technik veränderten Lebensraum des Menschen. Umweltforschung und Umweltschutz dienen der menschlichen Gesellschaft zur Verbesserung der Lebensverhältnisse. Dabei sind neben der Erfassung der Umweltfaktoren stets Abwägungen ethischer, ästhetischer, ökonomischer und sozialer Art zu treffen (s. a. Raven und Berg 2001).

Die **ökologische Ökonomie** wird meist eingeteilt in die **Umweltökonomie**, die sich u. a. befasst mit der Umwelt als Aufnahmemedium für Abfälle aus der Wirtschaft der menschlichen Gesellschaft, und in **Ressourcenökonomie**, deren Gegenstand die Verwendung natürlicher Stoffe und Vorgänge für den menschlichen Gebrauch ist.

6.1 Ökologie als Wissenschaft

Das Arbeitsgebiet der Ökologie ist auf die **Wirkungen von Umweltfaktoren auf Lebewesen** ausgerichtet. Als Zweig der Biologie befasst sie sich mit den Beziehungen der Organismen zueinander und deren Vergesellschaftungen zu ihrer Umwelt, wobei auch die Wirkung des Menschen als Umweltfaktor einbezogen sein kann. Der Botaniker Eugenius Warming (1841–1924) hat in seinem 1895 in Dänisch und 1896 in Deutsch erschienen Lehrbuch der ökologischen Pflanzengeografie bereits die wesentlichen ökologischen Fragen gestellt: Warum gedeiht diese Art, Population oder Gemeinschaft hier und nicht dort? Warum haben sie die ihnen eigene Physiognomie? Auf Ökosystem- und Landschaftsebene ergeben sich oft erweiterte Fragestellungen, z. B. nach der Höhe der organischen Produktion, der Stoffspeicherung, der Biodiversität und dergleichen. Die Antworten der Ökologie sind **wertfrei**. Sie geben, anders als die Umweltpolitik, keine Urteile ab über die Folgen ihrer Ergebnisse. »Ökologisch wertvoll«, »ökologisch zuträglich« und ähnliche oft verwendete Aussagen sind ohne Sinngehalt, solange nicht erklärt wird, auf welche ökologischen Aspekte und Umweltansprüche sie bezogen sind. Auch die in diesem Kontext oft gebrauchten Bezeichnungen natürlich, naturnah oder naturgemäß sind mehrdeutig, weil die Natur in den meisten Fällen nicht eindeutig bestimmt werden kann. Oft wird darin ein Zustand gesehen, der bestand, ehe der Mensch eingegriffen hat (s. a. Shrader-Frechette und McCoy 1993; Röhrig et al. 2006).

Der Begriff Ökologie wurde 1866 von Ernst Haeckel geprägt. Er verstand darunter »die gesamte Wissenschaft von den Beziehungen des Organismus zur umgebenden Außenwelt, wohin wir im weiteren Sinne alle Existenzbedingungen rechnen können«.

Ernst Haeckel

Der Arzt und Zoologe Ernst Haeckel (1834–1919) war ein begeisterter Anhänger von Charles Darwin, dessen Werke er in Deutschland bekannt machte. Dabei ging er weit über dessen vorsichtige Folgerungen im Hinblick auf die menschliche Gesellschaft hinaus und verstieg sich zu radikal atheistischen und nationalistischen Darlegungen (*Die Welthrätsel* 1899 u. a.), die zu Anfang des 20. Jahrhunderts in Deutschland einen beträchtlichen Einfluss gewannen (Desmond und Moore 1991; Nipperdey 2013). McIntosh (1985) machte darauf aufmerksam, dass Haeckel der von ihm als so zukunftsträchtig angesehenen neuen Wissenschaft zwar in seinem 1866 erschienen Werk *Generelle Morphologie der Organismen* den Namen gegeben, jedoch keine eigenen Beiträge dazu geliefert hat, anders als der Priester und »Vater der Genetik« Gregor Mendel (1822–1884), der seine bahnbrechenden genetischen Versuche fast zur selben Zeit bekannt machte, diesen aber keinen Namen gab.

Die **Entwicklung** der Ökologie ist mehrfach in Büchern (u. a. McIntosh 1985; Pimm 1991; Trepl 1994;

Tab. 6.1 Syntaxonomische Einheiten (Syntaxa) zur systematischen Beschreibung der Pflanzengesellschaften durch eine Hierarchie von Rangstufen (nach Dierschke 1994; Ellenberg und Leuschner 2010). Charakterarten (Kennarten) sind mehr oder weniger streng an ein Syntaxon, z. B. eine Assoziation, gebunden. Differenzialarten (Trennarten) trennen in einem bestimmten Gebiet ein Syntaxon von anderen, ohne aber ganz an dieses gebunden zu sein

Einheit	Charakterisierung	Suffix	Beispiel
Klasse	Charakterarten	-etea	Querco-Fagetea (Sommergüne Laubwälder Europas)
Ordnung	Charakter- und Differenzialarten	-etalia	Fagetalia sylvaticae (Edellaubwälder)
Verband	Charakter- und Differenzialarten	-ion	Fagion sylvaticae (Buchen- und Buchenmischwälder)
Unterverband	Charakter- und Differenzialarten	-enion	Galio odorati-Fagenion (Mull-Buchenwälder)
Assoziation	Charakter- und Differenzialarten	-etum	Hordelymo-Fagetum (Waldgersten-Buchenwald)
Subassoziation	Differenzialarten	-etosum	Hordelymo-Fagetum allietosum[a] (Bärlauchreiche Mullbuchenwälder)
Variante	Differenzialarten	Variante von	
Fazies	Dominante Arten	Fazies von	

[a]Differenzialarten Bärlauch (*Allium ursinum*), Hohler Lerchenspron (*Corydalis cava*) und Wald-Goldstern (*Gagea lutea*), Vorkommen auf tiefgründig-lockeren, sehr gut wasserversorgten Mullböden ohne Stau- oder Grundnässe mit guter Nährstoffversorgung (besonders Stickstoff)

Chase und Leibold 2003) geschildert worden. Die meisten Lehrbücher der Ökologie enthalten mehr oder weniger knappe historische Einleitungen. Beim 3. Internationalen Botaniker-Kongress 1910 wurde festgelegt: »*Ecology is the study of conditions of environment and of adaption of plant species*«. Heute wird der Begriff Ökologie etwa so definiert, wie es Kimmins (2004) angibt: als ein Zweig der Biologie, der sich mit der Verbreitung, Häufigkeit und Produktivität der Organismen und ihren Interaktionen sowohl untereinander als auch mit der physikalischen und chemischen Umwelt befasst. Ähnliche **Definitionen** bringen auch Botkin (1990), Begon et al. (1996), Schulze et al. (2002), Townsend et al. (2009) und Schaefer (2012).

Primäre **Umweltfaktoren** sind in erster Linie Strahlung und Wärme, Wasser, Luft mit ihren Bestandteilen sowie chemische und physikalische Eigenschaften des Bodens. Sie bestimmen sekundäre Faktoren wie Windbewegung, Lichtverhältnisse, Bodentyp und dergleichen. Sie wirken in verschiedener Weise miteinander auf die Organismen ein. Auch beeinflussen sie die **Interaktionen** der Organismen.

Die Definitionen der Ökologie sind sämtlich sehr weit gefasst. Viele Elemente und Prozesse lassen sich besser verstehen, wenn man sie unter dem Aspekt der **Hierarchie** betrachtet. Im naturwissenschaftlichen und technischen Sinn ist darunter die Gliederung einer Materie oder eines Systems in Ebenen unterschiedlichen Ranges zu verstehen. Die jeweils höheren Ebenen machen Vorgaben für die nächstunteren. Bei komplexen Hierarchien finden Wechselwirkungen der Rangebenen untereinander statt. Einfache Hierarchien stellen u. a. die Taxonomien des Pflanzen- und des Tierreiches dar sowie die Rangstufen der floristisch geprägten Pflanzensoziologie nach dem Vorbild von Braun-Blanquet (1964, s. a. Dierschke 1994) (Tab. 6.1). Komplexe Hierarchien, bei denen Wechselwirkungen zwischen den Ebenen auftreten und das Ganze oft entscheidend steuern, sind wesentliche

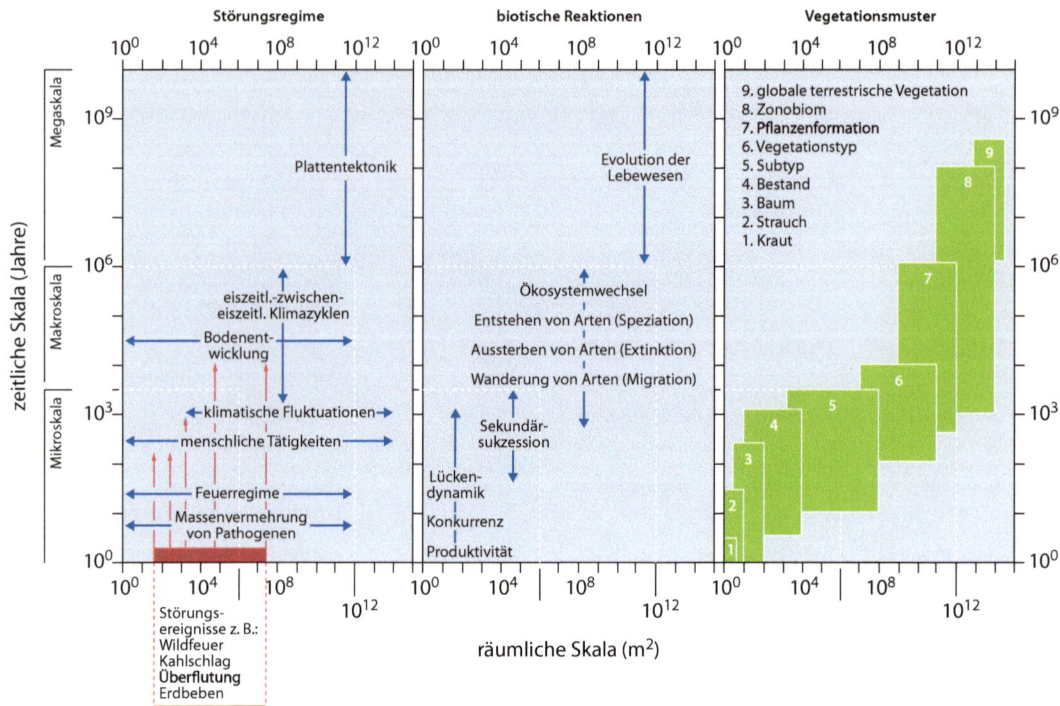

Abb. 6.1 Raum-zeitliche Hierarchien von ökologischen Störungen, biotischen Reaktionen und Vegetationsmustern. (Nach Turner et al. 2001)

Kennzeichen ökologischer Systeme. Die Elemente und Prozesse in den einzelnen Ebenen unterscheiden sich in ihren räumlichen und zeitlichen Dimensionen (**Skalen**) voneinander (Abb. 6.1). Die räumlichen Dimensionen reichen von einzelnen Individuen (und deren Teilen) bis zu ganzen Ökosystemen und Landschaften, die zeitlichen Dimensionen von Sekunden bis zu Jahrhunderten. In Untersuchungen können sie zu Toposequenzen und Chronosequenzen vergleichend betrachtet werden (Cotgreave und Forseth 2009; Chapin et al. 2011). Die Forschung bezieht verschiedene Teildisziplinen der Ökologie (Tab. 6.2) und anderer Wissenschaftszweige, z. B. Klimatologie, Bodenkunde, Physiologie der Organismen, unter Mithilfe mathematisch-statistischer und biometrischer Verfahren ein.

Hierarchien treten in Gemeinschaften und besonders ausgeprägt in Ökosystemen auf. Stets engen die Zustände und Prozesse in den höheren Ebenen die in den niederen in ihren Dimensionen ein. So bilden das Regionalklima und die Topografie die Grenzen, in denen sich das Mikroklima bewegt. Der Zeitablauf von Vorgängen ist in den niederen Stufen der Hierarchie rascher, und die Ausschläge nach beiden Seiten sind stärker ausgeprägt als in den höheren. Das führt dazu, dass sich die oft von zufälligen Ereignissen geprägten Abläufe in den niederen Ebenen in den höheren als mehr geglättet darstellen. Ähnlich ist es bei räumlicher Betrachtung, wenn man Einzelbäume, Lücken und Bestände miteinander vergleicht (Tab. 6.3). Roughgarden et al. (1989) haben das an Beispielen gezeigt. Allen und Starr (1982) weisen darauf hin, dass ein wesentlicher Teil der Komplexität von ökologischen Systemen auf Interaktionen zwischen verschiedenen Ebenen beruht. Für die Untersuchung von Ökosystemen ist eine umfassende **Hierarchietheorie** entwickelt worden. O'Neill et al. (1986, 1989), Ulrich (1993, 1994) sowie Peterson und Parker (1998) haben das im Einzelnen dargelegt. Jensen und Bourgeron (2001) betonen,

Tab. 6.2 Teilgebiete der Ökologie

Bezeichnung	Objekt der Untersuchung	Hauptsächliche Ziele der Untersuchung	Hauptsächliche Methoden
Autökologie	Individuen, Arten	Einfluss von Umweltfaktoren auf Morphologie, Physiologie, Vermehrung, Wachstum	Freilandexperimente, Laborversuche unter kontrollierten Bedingungen
Populationsökologie	Populationen (Individuen derselben Art im bestimmten Raum)	Größen (v. a. Geburten- und Sterberate) und Veränderungen einschließlich genetischer Veränderungen	Freiland- und Laboruntersuchungen, mathematisch-statistische Modelle
Gemeinschaftsökologie	Pflanzen- und Tiergesellschaften und ihre Wechselwirkungen	Ansiedlung, Struktur und Dynamik unter Einfluss der Umwelt, gegenseitige Beeinflussung	Freilanduntersuchungen mit statistischer Auswertung
Ökosystemökologie	Beziehungsgefüge der Lebewesen untereinander und mit ihrer Umwelt	Struktur und Funktion natürlicher und bewirtschafteter Systeme: Energie- und Stoffhaushalt, Produktion, Sukzession, Resistenz, Resilienz	Laborgestützte Freilanduntersuchungen, Modelle
Landschaftsökologie	Natur- und Kulturlandschaften verschiedener Größe	Zusammensetzung und Veränderungen von Landschaften aus unterschiedlichen Ökosystemen durch natürliche und anthropogene Einflüsse	Inventurverfahren, Freilanduntersuchungen, Modelle, Geografische Informationssysteme

Tab. 6.3 Prozesse in Waldökosystemen mit ihrem zeitlichen und räumlichen Bezug. Die Prozesse einer Ebene (z. B. Assimilation und Stoffaufnahme) äußern sich in spezifischen Veränderungen von Mustern und Strukturen der darüberliegenden Ebenen (z. B. Belaubung und Verzeigung, Wachstumsgang). Umgekehrt geben die Strukturen die Rahmenbedingungen für die ablaufenden Prozesse der untergeordneten Ebenen vor. (Nach Ulrich 1993 und Pretzsch 2001)

Ebene	Prozess	Prozessdauer	Kompartiment	Muster und Strukturen
+4	Evolution	Jahrtausende	Kontinente	Arten und Genotypen
+3	Sukzession bzw. Bewirtschaftung	Jahrhundert(e)	Landschaft	Waldgesellschaften
+2	Systemerneuerung	Jahrhundert(e)	Ökosystem	Verjüngungsstruktur
+1	Bestandesentwicklung	Jahrzehnte	Bestand	Wachstumsgang
0	Stoffkreislauf	Jahr	Ökosystemzelle (Bestandesausschnitt)	Stoffbilanz des Ökosystems
−1	Saisonale Prozesse: Organbildung, Wachstum, Populationsdynamik	Wochen bis Monate	Baum, Baumflora, Bodenhorizonte	Belaubung, Verzweigung, Humusform
−2	Stoffwechselprozesse: Mineralisierung	Stunden bis Tage	Aggregat	Bodenlösungschemie
−2	Assimilation, Stoffaufnahme	Sekunden bis Stunden	Blatt, Wurzel	Kohlenstoff- und Ionenallokation

Tab. 6.3 Fortsetzung

Ebene	Prozess	Prozessdauer	Kompartiment	Muster und Strukturen
−3	chemische Reaktionen: bodenchemische Reaktionen	Sekunden bis Minuten	Boden: Mineraloberfläche	Pufferbereiche, chemische Potenziale
−3	biochemische Reaktionen		Organismen: Zellen	biochemische Muster

Begriffe der Ökosystemtheorie

Konzepte sind gedankliche, meist persönliche Vorstellungen eines Forschers oder einer Gruppe über die Wege zur Lösung eines wissenschaftlichen (oder praktischen) Problems. Sie bilden eine Grundlage zur Aufstellung von Hypothesen (McPherson und De Stefano 2002).

Als **Hypothese** bezeichnet man in der Wissenschaft eine Aussage, deren Wahrheit (noch) nicht feststeht, die aber auf der Grundlage von Beobachtungen oder Experimenten als wahrscheinliche Annahme gelten kann (Arbeitshypothese). Aus ihr lassen sich Theorien und Vorhersagen ableiten, so z. B. über das weitere Verhalten eines Systems, wie etwa über die Auswirkungen eines Kahlschlags unter bestimmten Bedingungen. Hypothesen gelten als falsifizierbar, wenn die Ergebnisse von Untersuchungen Widersprüche bringen. Der österreichisch-britische Philosoph Karl Popper (1902–1994), dessen Werke (1966, 1983, 1994, 2005) in diesem Zusammenhang gern zitiert werden, weist auf die Grenzen der induktiven Feststellungen von Wahrscheinlichkeiten für die Falsifizierung von Hypothesen hin. Die Grenzen bestehen darin, dass man nicht immer Einzelfälle heranziehen kann, um eine Hypothese in Zweifel zu ziehen. Bei der Suche danach, welche Ursache für ein bestimmtes Phänomen verantwortlich ist, werden verschiedene Hypothesen geprüft. Dazu wird oft eine **Nullhypothese** konstruiert, nach der kein Effekt bzw. Unterschied vorliegt oder ein bestimmter Zusammenhang nicht besteht. Diese These soll verworfen (falsifiziert) werden, sodass die Alternativhypothese als Möglichkeit übrig bleibt. Durch dieses indirekte Vorgehen soll die Wahrscheinlichkeit für eine irrtümliche Verwerfung der Nullhypothese kontrolliert klein bleiben. Quinn und Dunham (1983) sowie Shrader-Frechette und McCoy (1993) weisen darauf hin, dass man dieses Verfahren nur bei vollständigen Datensätzen erfolgreich einsetzen kann, besonders problematisch sei es bei komplexen Vorgängen wie bei gegenseitigen Beeinflussungen von Organismen.

Theorien sind gedankliche Verknüpfungen von Untersuchungsergebnissen und Hypothesen zu einem größeren komplexen Thema, das bisher noch nicht abgeschlossen ist. Reine Spekulationen können nicht als Theorien gelten. Wenn ihre Aussagen als (weitgehend) allgemeingültig erwiesen sind, können sie als Gesetze angesehen werden (siehe unten). Der Begriff Theorie wird oft als Gegensatz zur praktischen Anwendung oder Zielsetzung gebraucht. Im weiteren Sinn bedeutet das Wort Theorie ein wissenschaftliches Lehrgebäude, das mehrere und vielgestaltige Phänomene zusammenfasst, z. B. die Populationstheorie.

Gesetze im Sinne der Naturwissenschaften werden abgeleitet aus der Generalisierung gesicherter Theorien (auf der Grundlage zahlreicher Beobachtungen oder Messungen). Sie müssen allgemein oder wenigstens in einem weiten Bereich von Bedingungen gültig sein und werden meist in die Form gekleidet; Wenn…, dann…, z. B. Liebigs Gesetz vom Minimum.

Als **Modell** bezeichnet man in den Naturwissenschaften Abbildungen von Strukturen und Prozessen, die als wesentliche Eigenschaften in einer vorliegenden Untersuchung angesehen werden (Abb. 6.2). Als nebensächlich betrachtete Aspekte bleiben angedeutet oder werden weggelassen. Modelle sind Mittel zur Verdeutlichung der Realität, zur Bildung von Begriffen, oft auch für die Aufstellung von Hypothesen. Sie können verbal sein, z. B. in Form von Konzepten, bildlich (als Grafik), meist aber werden mathematische Formeln verwendet (s. a. Jensen und Bourgeron 2001). Modelle können deskriptiv sein (Zustandsmodelle) oder prognostisch (Voraussagen der Entwicklung).

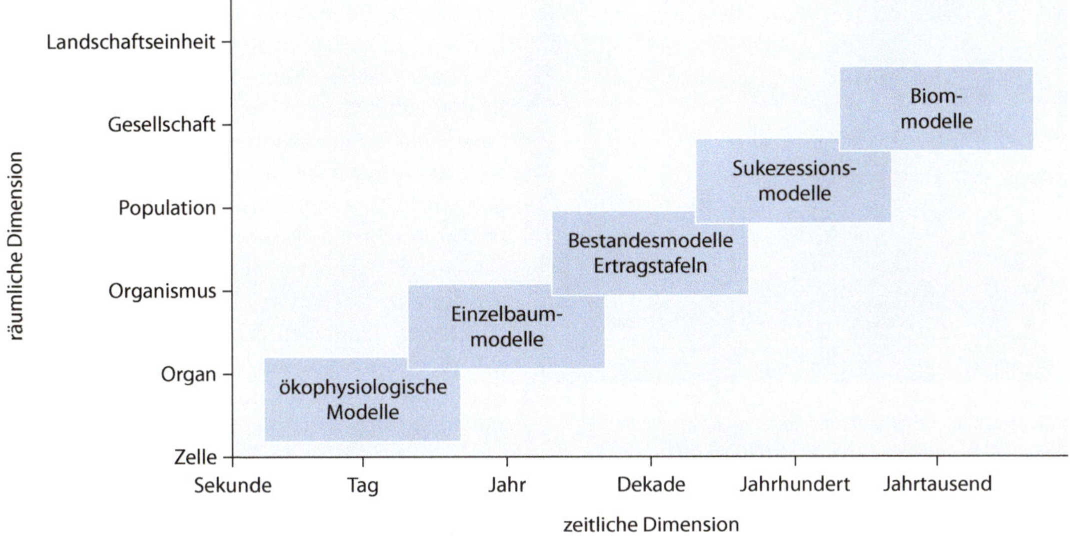

Abb. 6.2 Zeitliche und räumliche Dimension von Modellen. Von ökophysiologisch basierten Prozessmodellen über Managementmodelle bis zu Sukzessions- und Biommodellen nimmt die räumliche und zeitliche Aggregation bei der Nachbildung der Prozesse und Strukturen zu. (Nach Pretzsch 2001)

dass die Hierarchietheorie einen Rahmen darstellt, der zum Verständnis von Ökosystemkomponenten und deren komplexem Zusammenwirken beitragen kann. Die Anwendung in ökologischen Untersuchungen setzt mehr oder weniger vollständige Datensätze voraus und ist daher relativ eng beschränkt.

Der von dem amerikanischen Wissenschaftsphilosophen Thomas S. Kuhn (1922–1996) in seinem Werk von 1962 *The Structure of Scientific Revolution* (3. Aufl. 2008) eingeführte Begriff **Paradigma** hat in neuerer Zeit eine unerwartete Popularität gewonnen. Gemeint ist damit die Gesamtheit der in einer wissenschaftlichen Disziplin in einem Zeitabschnitt herrschenden Grundauffassungen in Prinzipien und Methoden. Paradigmenwechsel werden heute nicht nur in den Wissenschaften, sondern auch in der Politik beschrieben oder gefordert. In der Ökologie ist die Vorstellung eines mehr oder weniger ausgeprägten Gleichgewichts der Prozesse (Fließgleichgewicht) weitgehend dem Paradigma von stochastischen, d. h. zufallsabhängigen, Störungen gewichen: Die Voraussagen aus den Ergebnissen von Untersuchungen zeigen jeweils nur eine mehr oder weniger große Wahrscheinlichkeit, zumal viele ökologische Prozesse nicht linear, sondern chaotisch verlaufen (s. Botkin 1990, 1993; Hastings et al. 1993; Jensen und Bourgeron 2001). Green (1980) hat schon früh darauf hingewiesen, dass der von Kuhn geschilderte Paradigmenwechsel einige Aspekte in der Entwicklung der Naturwissenschaften beleuchtet, doch keinen allgemeingültigen Schlüssel zu deren Fortschritt liefert.

6.2 Methoden ökologischer Forschung

Angesichts der Fülle und Komplexität von ökologischen Problemen spielt die Wahl der geeigneten Methoden eine entscheidende Rolle (s. a. Diamond 1986). Dazu stellen sich prinzipiell zwei Fragen: Was will man mit welcher Genauigkeit wissen? Auf welche Weise und mit welchen Mitteln kann man vorgehen? Nicht selten lassen Arbeiten auf dem Gebiet der Ökologie klare Antworten darauf vermissen. Eine ausführliche Darstellung ökologischer Untersuchungsmethoden, besonders für den Bereich der Ökosystemforschung, geben Sala et al. (2000) und Newton (2007). Die Datenanalyse von ökologischen Versuchen haben u. a. Scheiner und Gurevitch (2001), Quinn und

Abb. 6.3 Experiment mit Sämlingen verschiedener Baumarten unter kontrollierten Bedingungen in einer Klimakammer, in der sich Tagesgänge von Strahlung, Temperatur und Luftfeuchte einstellen lassen

Keough (2002) sowie Matthiopoulos (2011) eingehend dargestellt.

Das Ziel einer Untersuchung kann in der Klärung von **Strukturen** liegen, etwa einer Baumkrone, eines Baumes im Gefüge der Nachbarn, eines Bestandes oder einer Landschaft. Ein anderes Ziel kann die **Artendiversität** von Pflanzen und Tieren in einer Gemeinschaft, einer Bestandeslücke oder einer Region sein. Zahlreiche ökologische Untersuchungen haben das Ziel, **Prozesse** zu untersuchen: die Produktivität oder den Wasserhaushalt eines Blattes, einer Pflanze, eines Bestandes oder eines Wassereinzugsgebiets. Andere Prozesse betreffen den Stoffhaushalt, die zeitlichen Veränderungen von Gemeinschaften und Ökosystemen. Stets müssen die Untersuchungsmethoden den **Skalen** der Hierarchie angepasst sein: Der Stoffwechsel einer Verjüngungspflanze wird mit anderen Verfahren untersucht als der eines Bestandes, der ein Ökosystem (s. ▶ Kap. 10) darstellt.

Das Prinzip der Untersuchungen ist unterschiedlich. In vielen Fällen ist es **deskriptiv**, der Untersuchungsgegenstand wird in der Weise beschrieben, die dem Zweck entspricht. Die Datenerhebung kann mit einfachen terrestrischen Messungen geschehen oder mit komplizierten Methoden der Fernerkundung. Oft werden **komparative** Studien vorgenommen, Vergleiche bestimmter Eigenschaften mehrerer ähnlicher oder verschiedener Objekte. Sie müssen dann mit mathematisch-statistischen Verfahren abgesichert werden.

Einen breiten Raum in der ökologischen Forschung nehmen **Versuche** ein. Vor allem die Einflüsse abiotischer Faktoren auf Keimung, Wachstum, Stoffproduktion unter **kontrollierten Bedingungen** in Gewächshäusern und Klimakammern (Abb. 6.3) bieten die Gewähr für die Reproduzierbarkeit der Ergebnisse beim Wechsel der Intensität der einzelnen Faktoren und beim Vergleich verschiedener Genotypen derselben Art. Ihre unmittelbare Übertragung auf Verhältnisse im Freiland ist erschwert durch die notwendige Beschränkung auf junge Pflanzen und den begrenzten Wuchsraum in Pflanzgefäßen sowie die Ausschaltung biotischer Faktoren (Konkurrenz und Schädlinge). Laborversuche sind das wichtigste Verfahren in der Ökophysiologie (Larcher 2001).

Bei **Freilandversuchen** gewinnt man eher praxisnahe Erkenntnisse über die Reaktion einzelner (oder auch gemischt stehender) Pflanzen auf unterschiedliche Umweltbedingungen, zumal dann, wenn man einzelne Faktoren variiert, z. B. verschiedenartige Beschattung (Abb. 6.4), Düngung oder Konkurrenz. Allerdings hat man es in diesem Fall stets mit einem Komplex verschiedener ökologischer Faktoren zu tun, deren Einzelwirkung sich allenfalls bei gut gewählter Anlage mit Wiederholungen und zufälliger Verteilung der Stichproben (Randomisierung) bei genau gemessenen Versuchsbedingungen und sorgfältiger Auswertung einschätzen lässt. Unerwartete meteorologische Ereignisse und mangelnder Schutz bedrohen oft diese Versuche. Dafür haben sie den Vorteil, dass sie sich oft längere Zeit beobachten lassen. Selten werden solche Freilandversuche auch für ökophysiologische Zwecke verwendet, meist beschränkt man sich bei der Auswertung auf Messdaten der Keimung und des Aufwachsens in den ersten Lebensjahren (s. a. Scheiner und Gurevitch 2001).

Langfristige ökologische Untersuchungen stellen die forstlichen Versuchsflächen dar, die neuerdings nicht nur für den Vergleich der Wuchsleistungen verschiedener Baumarten auf bestimmten Standorten verwendet werden, sondern auch im Hinblick auf die Wirkung einzelner Faktoren auf Wachstumsparameter herangezogen werden.

Abb. 6.4 Beschattungsnetze reduzieren in Abhängigkeit von der Maschenweite die Einstrahlung. Hierdurch lassen sich die Lichtverhältnisse am Boden von Waldbeständen in Experimenten nachahmen. Dargestellt ist ein Topfversuch mit Fichten im Versuchsgelände der TU München

Solche auf längere Fristen angelegten ökologischen Untersuchungen von Ökosystemen sind in den 1970er-Jahren in verschiedenen Ländern aufgenommen worden (Bormann und Likens 1979; Likens 2013), angestoßen durch das Internationale Biologische Programm (IBP) und weitergeführt durch eine Anzahl weiterer Projekte (Hubbard Brook, Coweeta und St. Andrews in den USA; Solling-Projekt in Deutschland u. a.). Darüber wird in den ► Kap. 10, 17 und 18 Näheres berichtet.

Eine weitere Methode zum Erkenntnisgewinn in der Ökologie stellen **Modelle** dar. In unserem Zusammenhang müssen wir uns auf einen knappen Überblick der Modelltypen und wenige Beispiele beschränken. Wir stützen uns dabei vorwiegend auf die Ausführungen von Wissel (1989), Botkin (1993), Pacala et al. (1996), Pretzsch (2001, 2009), Kimmins (2004), Hasenauer (2006) sowie Twery und Weiskittel (2013). Weitere einschlägige Hinweise geben u. a. Shugart (2000), Pickett und Cadenasso (2002), Seppelt (2003), Roff (2006) und Newton (2007).

Kimmins (2004) unterscheidet drei Haupttypen von Modellen für den Gebrauch in der Ökologie:

Historisch basierte Modelle stützen sich auf Daten, die aus der Interpolation langfristiger Messungen in Versuchsflächen gewonnen wurden. Sie finden ihren Niederschlag hauptsächlich in Ertragstafeln und geben Veränderungen von biometrischen Parametern im Zeitverlauf an, wie Baumhöhe, Durchmesser, Grundfläche, Derbholzvorrat als Mittel- und Summenwerte für Bestände. Viele dieser Tafeln zeigen auch die Wirkungen verschiedener Behandlungsprogramme für Waldbestände. In manchen Tafeln sind Daten sehr verschiedener Regionen zusammengefasst (z. B. in denen von Wiedemann und von Schober, s. Schober 1995), andere geben nur die Verhältnisse in bestimmten Regionen an (z. B. für Bayern Assmann und Franz 1965). Meist werden dabei (nicht näher charakterisierte) Standortunterschiede in Form von mehreren Ertragsklassen mit unterschiedlichen Wuchsleistungen berücksichtigt. Die klassischen Ertragsklassen bieten Modelle nur für gleichaltrige Reinbestände der betreffenden Baumarten. Sie können Wachstumsverläufe nur unter der Voraussetzung angeben, dass die Umweltverhältnisse sich nicht wesentlich ändern, und sie geben keine Auskünfte darüber, durch welche ökologischen Bedingungen die Wuchsleistungen zustande kommen.

Prozesssimulationen stellen Erkenntnisse über Ablauf und Wirkungen von Prozessen in Ökosystemen dar, z. B. die Flüsse von Elementen, Aufbau und Abbau der Assimilate sowie deren Wirkungen aufeinander. Simulationen können sich auf Teilprozesse beziehen, aber auch das ganze System umfassen. Die Sicherheit der Ergebnisse von Prozessmodellen hängt weitgehend davon ab, wieweit die Daten am Objekt selbst erhoben oder aus anderen Untersuchungen abgeleitet werden und wie wechselnde Umweltbedingungen Berücksichtigung fin-

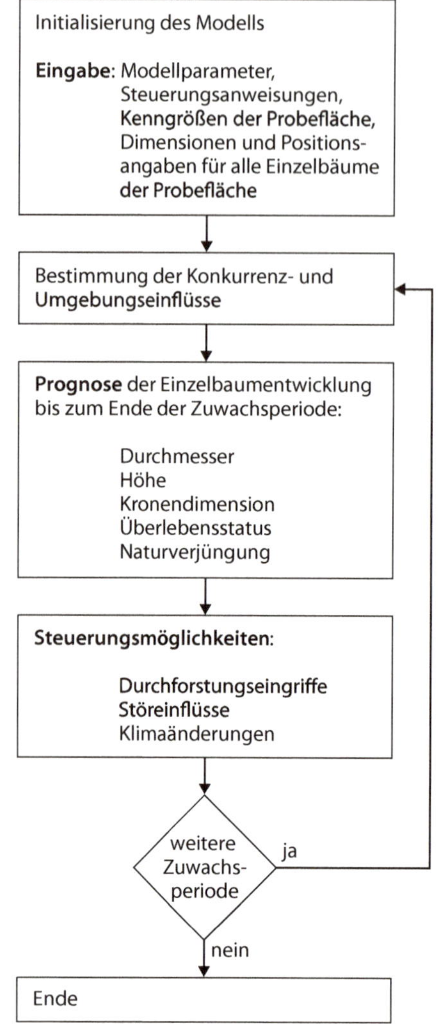

■ **Abb. 6.5** Schematische Darstellung eines Simulationsprozesses bei positionsabhängigen Einzelbaummodellen. (Nach Pretzsch 2001)

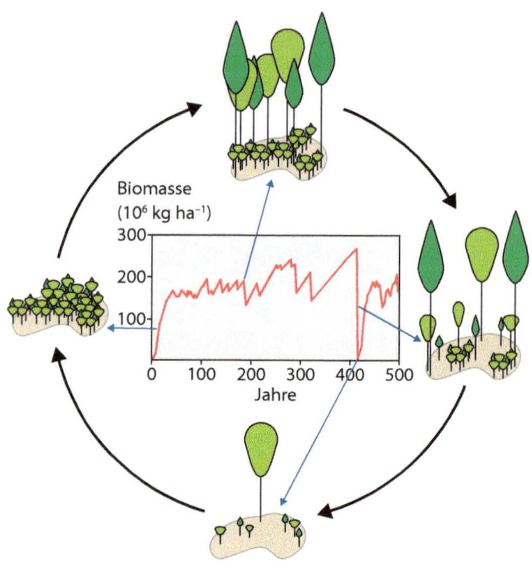

■ **Abb. 6.6** Kleinflächenmodelle (*Gap-Modelle*) zeigen einen charakteristischen Zyklus, der sich in der Alterskurve des Biomassevorrats widerspiegelt. (Nach Shugart 1984; Pretzsch 2001)

den. Dazu sind bei waldökologischen Modellen längere Beobachtungszeiten erforderlich. Das ist besonders dann nötig, wenn Beziehungen nicht linear verlaufen. Die Rechenoperationen für ganze Systeme sind selbst bei sehr leistungsfähigen Computern zeitaufwendig. Je komplexer das System ist, desto eher muss man sich mit vereinfachten Resultaten begnügen (Kimmins 2004). Dennoch haben manche seit den 1980er-Jahren in Nordamerika entwickelte Prozesssimulationen wie BIOMASS, BIOME BGC, FOREST BGC (Running und Gower 1991) und NuCM (Verburg et al. 2001) wichtige Erkenntnisse geliefert und werden als Bausteine für weitergehende Simulationen gebraucht (s. Hasenauer 2006; Pretzsch et al. 2008).

Hybriden werden Modelle genannt, die Komponenten aus den vorgenannten Typen enthalten. Eines der frühesten Modelle war das für nordostamerikanische Laubwälder konzipierte Programm JABOWA (Botkin et al. 1972; Botkin 1993), aus dem dann weitere Programme entwickelt wurden, z. B. FORET, FORSKA, LINKAGE (s. Shugart 1998, 2000). Dabei handelt es sich überwiegend um standortsensitive Einzelbaummodelle, die den Waldbestand für die Analyse in Mosaiken von der Größe eines erwachsenen Baumes auflösen und am Computer ein räumlich-zeitliches System nachbilden (■ Abb. 6.5). Ähnlich arbeiten Modelle für kleinere Bestandesflächen (Gap-Modelle, ■ Abb. 6.6). Dabei lassen sich die ökophysiologischen Grundvorgänge einbeziehen wie auch Nachbarschaftswirkungen und andere für die Bestandesentwicklung wichtige Faktoren erfassen und gewichten. Solche Hybridmodelle eignen sich auch für Mischbestände, wie es u. a. Pacala et al. (1996) mit dem Programm SORTIE gezeigt haben. Ähnlich arbeitet

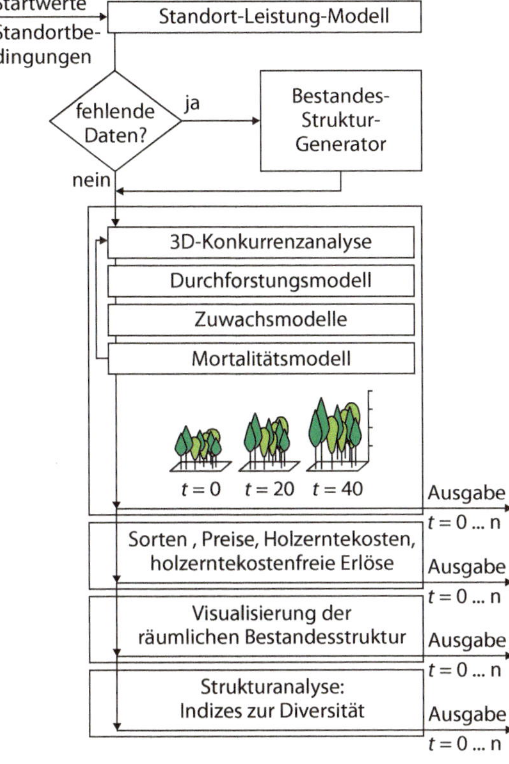

Abb. 6.7 Prognosealgorithmus des Wuchsmodells SILVA Version 2.2 im Überblick. Ausgehend von nur wenigen Start- und Steuergrößen, die die Ausgangssituation eines Bestandes und seine Standortbedingungen charakterisieren, wird über ein für diesen Standort initialisiertes Funktionensystem die Bestandesdynamik in Fünf-Jahres-Zyklen von der Bestandesbegründung bis zum Generationenwechsel nachgebildet. (Nach Pretzsch 2001)

das von Kimmins und Mitarbeitern entwickelte Modell FORECAST (Kimmins et al. 2010).

Alle diese Modelltypen erlauben mehr oder weniger sichere **Prognosen** über die Bestandesentwicklung und den Holzertrag (manche auch nach Sortimenten) bei unterschiedlicher Bestandesbehandlung und andere Szenarien zur Optimierung von Prozessen (Seppelt 2003; Hasenauer 2006). Kimmins (2004, 2010) erörtert ausführlich die Vorzüge und Begrenzungen dieser Verfahren, insbesondere für SORTIE und FORCEF. In Deutschland sind als Wachstumssimulatoren v. a. das von Pretzsch (1992, 2001, 2009) geschaffene und mehrmals ergänzte SILVA und das an der Nordwestdeutschen Forstlichen Versuchsanstalt entwickelte BWINPro (Nagel und Schmidt 2006) in Gebrauch (Abb. 6.7). Das Modell ZELIG für die Analyse von Bestandeslücken (Urban et al. 1991) wird in Nordamerika auch verwendet für die Darstellung der räumlichen Verteilung von Bäumen und deren Schattenwirkungen auf die Nachbarn, es lässt auch Interaktionen verschiedener kleinerer Lücken erkennen (Humphries und Baron 2001).

Bei aller Anerkennung der Leistungsfähigkeit von Hybridmodellen sieht Kimmins (2004) gewisse Nachteile vor allem in zu stark generalisierenden Annahmen der Prozessabläufe und in der oft nicht genügend klaren Erfassung der Kronenfunktionen. Manche Modelle sind nach Meinung von Humphries und Baron (2001) mehr deskriptiv als prognostisch.

Von größter Bedeutung für die Zuverlässigkeit und damit die praktische Verwendbarkeit aller ökologischen Modelle ist deren Überprüfung auf Konsistenz und Genauigkeit der Beziehungen zwischen den Elementen (**Verifizierung**). Das geschieht meist durch den Vergleich der Ergebnisse mit empirisch gewonnen Daten im gegebenen Zusammenhang, die nicht unmittelbar in die Modellrechnung eingegangen sind, oder durch Gegenüberstellung von Resultaten aus anderen Ökosystemstudien (**Validierung**). Bei der Bewertung der Tragfähigkeit des Einsatzes eines Modells für einen bestimmten Untersuchungszweck ist immer zuerst die Frage zu klären, wieweit es in ähnlich gelagerten Fällen verifiziert worden ist und wo seine Mängel liegen können.

Autökologie der Bäume

Norbert Bartsch, Ernst Röhrig

N. Bartsch, E. Röhrig, *Waldökologie*,
DOI 10.1007/978-3-662-44268-5_7, © Springer-Verlag Berlin Heidelberg 2016

Die **Autökologie** ist das Teilgebiet der Ökologie, das sich im Gegensatz zur Synökologie mit den Beziehungen einzelner Arten zu den verschiedenen Umweltfaktoren befasst. Die Synökologie stellt die Ganzheit einer Lebensgemeinschaft in den Mittelpunkt (s. ► Kap. 8 und 9). Alle ökologischen Vorgänge spielen sich zunächst auf der Ebene der biologischen **Art** ab. Man versteht darunter Fortpflanzungsgemeinschaften (Schaefer 2012) oder genauer: Organismen, die sich genetisch sehr ähnlich sind und miteinander gepaart fortpflanzungsfähige Nachkommenschaften bilden (Cotgreave und Forseth 2009). Doch ist die Abgrenzung der Arten innerhalb einiger Gattungen nicht immer unbestritten (z. B. *Rubus*). Zudem gibt es auch unter den Waldbäumen natürlich vorkommende Artbastarde (z. B. *Populus canescens*, *Larix eurolepis*) und künstlich erzeugte (z. B. *Populus tremula* × *P. tremuloides*). Der Artbegriff lässt verschiedene Aspekte der Gliederung zu. In erster Linie werden Arten betrachtet nach ihrer Stellung im System der Taxonomie und nach dem Vorbild des schwedischen Naturforschers Carl von Linné (1707–1778) in **binärer Nomenklatur** benannt (der erste Name gibt die Gattung an, der zweite die Art). Das erfolgt nach der Morphologie, neuerdings auch durch genetische Analyse. Anderen Gesichtspunkten folgen Einteilungen nach Lebensformen (► Kap. 1), nach trophischen Lebensweisen (autotrophe, heterotrophe Organismen), nach geografischer Verbreitung, nach Ansprüchen an Ressourcen (Licht, Temperatur, Wasser u. a.), schließlich nach Funktionen in Ökosystemen und Landschaften. Viele Arten weisen eine ausgeprägte phänotypische Plastizität auf: Sie reagieren als **Anpassung** an die Umwelt in ihrer Gestalt und ihrem physiologischen Verhalten durch eine von der Norm abweichende Entwicklung, z. B. durch einseitige Kronenausbildung, spezielle Wurzelausbildung oder veränderten Wasser- und Nährstoffhaushalt. Solche Veränderungen sind prinzipiell nicht vererblich. Autökologische Eigenschaften vieler Baumarten sind in dem Sammelwerk *Enzyklopädie der Holzgewächse*, 1994 begründet von Peter Schütt und von Roloff et al. (2007) fortgeführt, angegeben.

7.1 Grundlagen

Die Autökologie der Organismen ist ein so weites, viele Teildisziplinen der Biologie umfassendes Feld, dass hier nur auf einige wichtige Aspekte eingegangen werden kann und auf einschlägige Literatur verwiesen werden muss. Von besonderer Bedeutung für das Zusammenleben von Organismen in Gemeinschaften und Ökosystemen sind deren Lebensvorgänge. Die **Pflanzenphysiologie** ist darum bemüht, die Grundvorgänge von Fotosynthese, Respiration (Atmung), Wasser- und Nährstoffaufnahme sowie deren Transportmechanismen in ihren Abhängigkeiten von abiotischen Faktoren aufzuklären. ◘ Tabelle 7.1 führt dazu charakteristische Beispiele auf. Neuere Werke zur Pflanzenphysiologie, in denen auch Stresswirkungen von Umweltfaktoren behandelt werden, geben darüber Auskunft (u. a. Crawley 1997; Kozlowski und Pallardy 1997; Larcher 2001; Schulze et al. 2002; Keddy 2007; Lambers et al. 2008; Schopfer und Brennicke 2010; Chapin et al. 2011; Kadereit et al. 2014). Aus solchen Grundlagen ergeben sich Ansätze zu Erkenntnissen über den Kohlenstoffhaushalt, die Biomasseproduktion und deren Verteilung auf die Organe der Pflanzen einschließlich Blüten, Früchte und vegetative Vermehrungsorgane, die Rolle der Nährstoffe für die einzelnen Vorgänge, die Abwehr von Schädlingen und die Konkurrenzfähigkeit.

Das Leben in der Natur spielt sich in engem Zusammenwirken von Pflanzen mit Tieren und Mikroorganismen ab (s. hierzu Schwerdtfeger 1977; Schaefer 1991). Auch die Lehrbücher der Ökologie von Crawley (1997), Kimmins (2004), Smith und Smith (2009), Townsend et al. (2009) sowie (speziell auf die Rolle der Mikroorganismen bezogen) Slonczewski und Foster (2012) gehen auf diese Zusammenhänge ein.

7.2 Physiologisches Verhalten

Schon die Arbeiten der frühen Pflanzengeografen (Alexander von Humboldt, Karl Friedrich Schimper, Oscar Drude u. a.) waren geprägt von Fragen nach der Abhängigkeit des Vorkommens

Tab. 7.1 Physikalische Faktoren und deren biologische Effekte. (Nach Cotgreave und Forseth 2002)

Physikalische Variable	Biologische Effekte
Temperatur	Schädigung (Erfrierung, Überhitzung, Überschreitung der physiologischen Toleranzen)
	Stoffwechsel (Wachstumsrate, Respiration, Fotosynthese)
	Umweltfaktoren (Kälteresistenz, Anpassung an Temperaturextreme)
	Wasserverlust (Raten von Evaporation und Transpiration)
Wind	Schädigung (Sturmwurf, Astbruch)
	Wasserverlust (Raten von Evaporation und Transpiration)
	Temperatur
	Luftfeuchtigkeit
	Verbreitung (Samen und kleine Tiere)
	Vermischung (Umschichtungen in Gewässern)
Solarstrahlung	Temperatur
	Stoffwechsel (Fotosyntheseraten)
	Wasserverlust (Raten von Evaporation und Transpiration)
	Umweltfaktoren (Fotoperiode, Strahlungsqualität)
	Schädigung (Hautkrebs, Hemmung der Fotosynthese)
Infrarotstrahlung	Wärmeaustausch (Erwärmung und Abkühlung, Frost, Taubildung)
Salinität	Aufnahme und Abgabe von Wasser (Regulation des osmotischen Drucks)
	Ionenungleichgewichte
	Toxizität
	Nährstoffverfügbarkeit
Substrat	Wasserverfügbarkeit (Überflutung, Dürre)
	Keimbett
	Nährstoffverfügbarkeit
	Verankerung (Wurzeln)
	pH-Wert
Luftfeuchtigkeit	Wasserverlust (Raten von Evaporation und Transpiration)
	Pathogene (Wachstum von Bakterien und Pilzen)
Niederschlag	Wasserverfügbarkeit (für Wachstum)
	Dürrestress
	Überflutung
Sauerstoff	Stoffwechsel (Wasserorganismen)
	Toxizität (anaerobe Organismen)
pH-Wert	Verfügbarkeit von Metallionen und Nährstoffen
	Toxizität
	Membrandurchlässigkeit

Ökogramme wichtiger Baumarten

In Ökogrammen hat Ellenberg für die Baumarten Mitteleuropas die physiologischen Eigenschaften und das Verhalten bei freiem Konkurrenzdruck (d. h. ohne forstliche Eingriffe) übersichtlich dargestellt (◘ Abb. 7.1; Ellenberg 1996; Ellenberg und Leuschner 2010). Hierbei gibt die Ordinate die Feuchtigkeit des Standorts an (vom offenen Wasser über mittelfeuchten Boden bis zum sonnenexponierten und flachgründigen, sehr trockenen Fels). Die Abszisse reicht von sehr sauren bis zu kalkreichen Böden. Die Ökogramme gelten für die submontane Höhenlage bei gemäßigt-subozeanischem Klima, das in weiten Teilen Mitteleuropas kennzeichnend ist. Nur auf den nassesten und auf extrem trockenen Standorten (flachgründige Felsböden) kann unter diesen Bedingungen kein Baumbewuchs erfolgen. Diese Grenzen sind im Ökogramm durch punktierte Linien gekennzeichnet. Die **physiologische Amplitude**, der Potenzbereich, ist durch helle Schraffur (in ◘ Abb. 7.1 hellgrün), der physiologische **Optimalbereich**, das Potenzoptimum, in dem die betreffende Baumart bei forstlicher Pflege unter weitgehendem Ausschluss von Konkurrenten ihr höchstes Wachstum zeigt, durch dunkle Schraffur (in ◘ Abb. 7.1 dunkelgrün) angezeigt. Das **Existenzoptimum**, in dem die Art sich gegenüber Konkurrenten durchsetzen oder sogar dominant werden kann, ist dick umrandet bzw. dick gestrichelt umrandet, wenn die Art kodominant ist, d. h., wenn sie das Existenzoptimum mit anderen Baumarten teilt. Diese realisierte Nische oder ökologische Amplitude ist bei allen Baumarten enger als ihre fundamentale Nische, die physiologische Potenz (siehe unten). Bei mittleren Verhältnissen (durch einen kleinen, in ◘ Abb. 7.1 gelb ausgefüllten Kreis gekennzeichnet) gedeihen alle Baumarten gut.

In einem weiteren Ökogramm stellt Ellenberg die Bedeutung der Konkurrenz in den Zusammenhang mit den vorher gezeigten Ressourcen und zeigt die Überlegenheit der stark schattenertragenden und schattenwerfenden Buche an den meisten Standorten (◘ Abb. 7.2).

und Gedeihens der Arten von den **Umweltbedingungen**. Seit der Entwicklung experimenteller Methoden in der Pflanzenökologie lassen sich diese Forschungsfragen mit größerer Sicherheit angehen. Ellenberg (1952) hat an verschiedenen Beispielen gezeigt, dass das **physiologische** Verhalten, d. h. die Reaktion der isolierten Pflanze auf die Außenfaktoren, und das **ökologische** Verhalten, ihr Gedeihen unter Einwirkung biotischer Faktoren, besonders der Konkurrenz, im Allgemeinen unterschiedlich sind. Das ökologische Verhalten ändert sich, weil es von den Eigenschaften der Arten, der Dichte und dem Entwicklungsgrad der Konkurrenz sowie manchen anderen Faktoren beeinflusst wird, und das oft im Zeitablauf in verschiedener Weise.

Später hat Ellenberg (1996, s. a. Ellenberg und Leuschner 2010) diese Konzeption auf mitteleuropäische Baumarten unter subatlantischen und submontanen Verhältnissen angewendet. Unter solchen Umständen bestimmen Feuchtigkeit und Verfügbarkeit von Nährstoffen (ausgedrückt im Basengehalt des Bodens), in welchem Ausmaß die einzelnen Arten gedeihen können. Auch für Arten der Strauch- und Bodenvegetation von Wäldern sowie für andere Faktoren (v. a. für Licht) hat Ellenberg Aussagen dieser Art gemacht.

Tatsächlich spielt das **Licht** bei den Lebensvorgängen in den Waldökosystemen, von der Verjüngung bis in die Altersphase, eine oft entscheidende Rolle. In allen einschlägigen Lehrbüchern (z. B. Larcher 2001; Kimmins 2004; Keddy 2007) sind diesem Zusammenhang mehr oder weniger ausführliche Abschnitte gewidmet. Kaum übersehbar ist die Fülle der Zeitschriftenbeiträge zu diesem Thema. Wir gehen hier auf die verschiedenen Wirkungswege (Fotosynthese, Stoffverteilung, Fototropie u. a.) nicht ein, sondern werfen nur einen kurzen Blick auf einen Aspekt der Fotomorphologie, auf die Erscheinung der **Schattentoleranz**.

Zur Charakterisierung der Schattentoleranz verwendet man das Ausmaß, in dem eine Art auf schwächer werdende Belichtung mit einer Vergrößerung der spezifischen Blattfläche (einseitig gemessene Blattfläche je Einheit Blattgewicht) reagiert. **Schattentolerante Arten** (z. B. Buche) bilden bei schwächerem Licht typische Schattenblätter aus. Diese sind dünner, haben eine größere spezifische Blattfläche, eine geringere Zahl von Palisadenparenchymschichten, einen höheren Anteil an Mesophyll je Blattfrischgewicht und eine geringere Zahl von Spaltöffnungen je Einheit Blattfläche (◘ Tab. 7.2). Schattenintolerante Arten zeigen die-

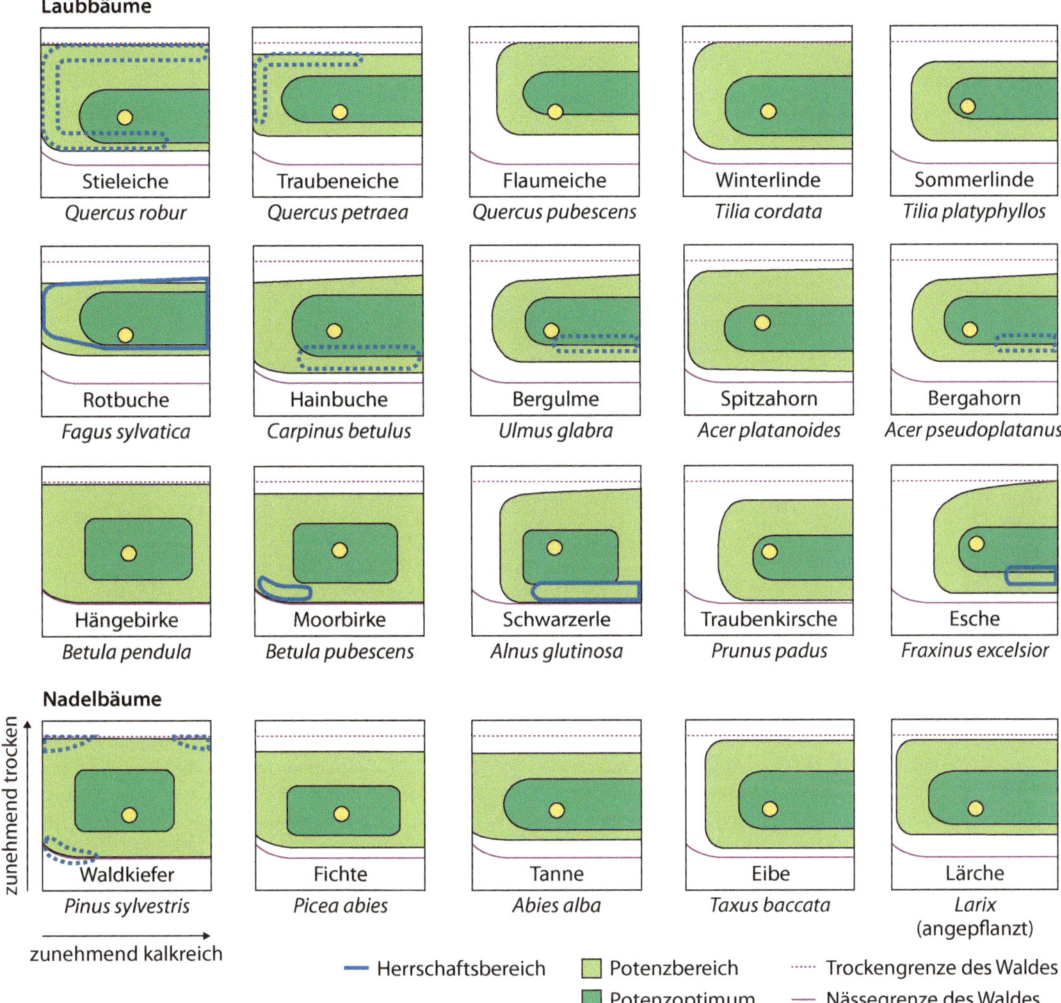

Abb. 7.1 Ökogramme mit dem natürlichen Feuchtigkeits- und Säurebereich wichtiger Baumarten Mitteleuropas in der submontanen Stufe des gemäßigt-subozeanischen Klimas bei freiem Konkurrenzdruck, d. h. ohne forstliche Eingriffe. (Nach Ellenberg und Leuschner 2010)

sen Anpassungsmechanismus nur in sehr geringem Ausmaß. Viele Arten nehmen dabei eine Zwischenstellung ein. Zur Charakterisierung der Schattentoleranz dienen auch Modelle, in denen die Überlebenswahrscheinlichkeit einer Art als Funktion der Lichtverfügbarkeit dargestellt ist (Newton 2007).

Ellenberg et al. (2001) haben in ihrer Zusammenstellung der **Zeigerwerte** von mitteleuropäischen Pflanzen für den Jungwuchs von Waldbäumen eine Rangfolge aufgestellt (Tab. 7.3). Auch diese Angaben haben nur eine grob orientierende Bedeutung: Die Standortverhältnisse und auch eine konkurrierende Vegetation können die Schattentoleranz erheblich verändern. Schattentolerante Arten bilden Schattenblätter übrigens nicht nur im Jugendstadium unter dem Schirm des Altbestandes aus, sondern auch im Inneren ihrer Kronen. Schattentolerante Baumarten wachsen bei vollem Licht in der Jugend langsamer als lichtbedürftige. Im Laufe ihrer weiteren Entwicklung hält ihr Wachstum länger an, es hat seine Kulmination also in höherem Alter. Das führt in Mischbeständen dann häufig zu Verschie-

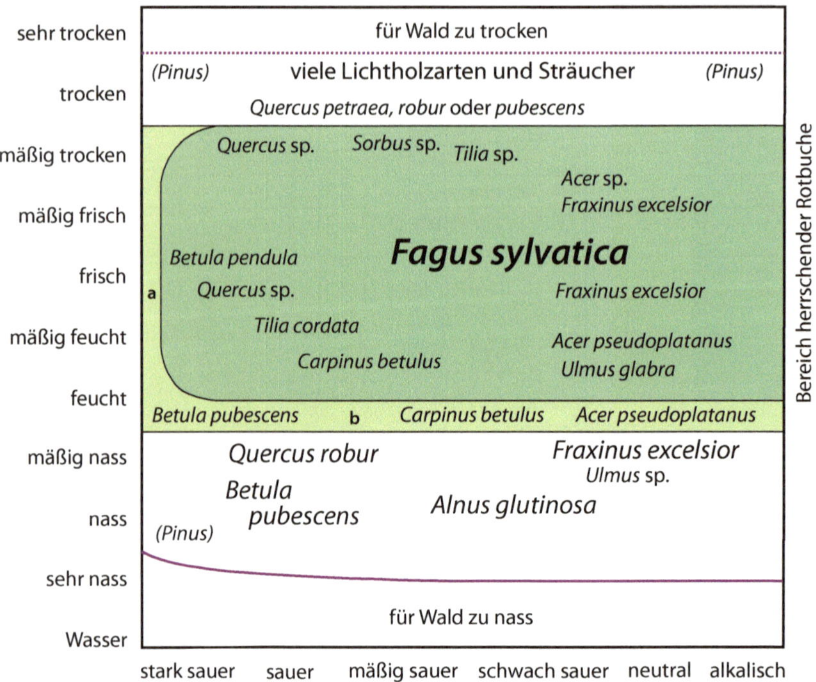

Abb. 7.2 Ökogramm der in der submontanen Stufe Mitteleuropas bei gemäßigt-subozeanischem Klima auf ungleich feuchten und basenhaltigen Böden waldbildenden Baumarten. Die Größe der Schrift drückt ungefähr den Grad der Beteiligung der Baumart aus, wie er als Ergebnis des natürlichen Konkurrenzkampfes zu erwarten wäre. Dunkelgrüner Bereich: Herrschaftsbereich der Buche. **a** Auf sehr armen und sauren Böden kann sich die Buche nur durchsetzen, wenn sie eine mächtige Humusauflage ausbilden kann. **b** In den staunassen Bereich dringt die Buche umso weiter vor, je sandiger der Boden ist. Eingeklammert: nur in manchen Gebieten vorkommend. (Nach Ellenberg und Leuschner 2010)

Tab. 7.2 Merkmale von Licht- und Schattenblättern der Buche. Angegeben sind Mittelwerte von neun Blättern mit der Standardabweichung. (Nach Lichtenthaler et al. 1981)

Merkmal	Lichtblätter	Schattenblätter
Stomatadichte (N mm^{-2})	214 ± 28	144 ± 11
Blattdicke (µm)	185 ± 12	93 ± 5
Blattfläche (cm^2)	28,8 ± 4	48,9 ± 7
Frischgewicht (g)	0,5 ± 0,07	0,4 ± 0,07
Trockengewicht (g)	0,24 ± 0,03	0,12 ± 0,02
Wassergehalt (% des Frischgewichts)	53 ± 4	70 ± 5
Chlorophyll a + b (mg g^{-1} Trockengewicht)	6,6 ± 2	16,1 ± 1,9
Lichtkompensationspunkt (W m^{-2})	2,5 (1,5–4)	1 (0,5–2)
Lichtsättigung (W m^{-2})	55–85	22–44

Tab. 7.3 Lichtansprüche junger Waldbäume. (Nach Ellenberg et al. 2001)

Lichtzahl[a]	Lichtverhältnisse	Baumarten
3	Schatten (meist weniger als 5 % r. B.)	*Abies alba, Fagus sylvatica*
4	Schatten bis Halbschatten	*Acer platanoides, Acer pseudoplatanus*
		Carpinus betulus, Fraxinus excelsior
		Sorbus domestica, Sorbus torminalis
		Taxus baccata, Tilia platyphyllos
		Ulmus glabra, Ulmus laevis
5	Halbschatten (meist bei mehr als 10 % r. B.)	*Acer campestre, Alnus glutinosa*
		Picea abies, Pinus cembra
		Populus nigra, Salix alba
		Tilia cordata, Ulmus minor
6	Halbschatten bis Halblicht (selten bei weniger als 20 % r. B.)	*Alnus incana, Populus tremula*
		Quercus petraea, Sorbus aucuparia
7	Halblicht (meist bei vollem Licht, aber auch im Schatten bis etwa 30 % r. B.)	*Alnus viridis, Betula pendula*
		Betula pubescens, Malus sylvestris
		Pinus sylvestris, Quercus robur
		Salix caprea
8	Halblicht- bis Volllichtpflanze (Lichtpflanze, nur ausnahmsweise bei weniger als 40 % r. B.)	*Larix decidua, Pinus mugo*

[a]Die Lichtzahl L bewertet das Vorkommen in Beziehung zur relativen Beleuchtungsstärke (= r. B.). Für die Pflanzen maßgebend ist dabei die relative Beleuchtung (Anteil der Freilandstrahlung), die am Wuchsort der jeweiligen Art zur Zeit der vollen Belaubung der sommergrünen Pflanzen (also etwa von Juli bis September) bei diffuser Beleuchtung (bei gleichmäßig bedecktem Himmel) herrscht

Ökologische Zeigerwerte

Zur Erfassung der Standortverhältnisse dienen sog. **Weiser**- oder **Zeigerpflanzen**. In eine Skala von 1 (die geringsten) bis 9 (die höchsten) haben Ellenberg et al. (2001) ökologische Ansprüche und Merkmale von 2736 Gefäßpflanzen sowie zahlreichen Moosen und Flechten eingestuft. Bewertet werden die Ansprüche an drei klimatische und fünf edaphische (zum Boden gehörende) Faktoren:

- Die **Lichtzahl** kennzeichnet das Vorkommen im Gefälle der relativen Beleuchtungsstärke. Sie reicht von 1 = Arten, die in tiefem Schatten gedeihen, über 5 = Halbschattenpflanzen (bei ca. 10 % der relativen Beleuchtungsstärke) bis 9 = Volllichtpflanzen, die nur an voll bestrahlten Standorten, selten bei <50 % der Freilandstrahlung gedeihen. Bei den Baumarten weist eine Klammer um die Lichtzahl auf Ansprüche der Jungpflanzen hin.
- Die **Temperaturzahl** beruht überwiegend auf arealgeografischen Grundlagen, selten auf Temperaturmessungen. Sie reicht von 1 = Kältezeiger, nur in hohen Gebirgslagen oder im borealen Bereich, über 5 = mäßige Wärme anzeigend, vor allem im submontanen gemäßigten Lagen, bis 9 = extremer Wärmezeiger.
- Mit der **Kontinentalzahl** werden Maxima und Minima der Temperatur (z. B. die Gefahr von Starkfrost) einbezogen, die in der Regel umso weiter auseinanderliegen, je größer die Entfernung des Standorts vom

Meer ist. Sie reicht von 1 = euozeanisch über 2 = ozeanisch und 8 = kontinental bis 9 = eukontinental.

- Die **Feuchtezahl** reicht von 1 = Starktrockniszeiger, an oft austrocknenden Standorten lebensfähig und auf trockene Standorte beschränkt, über 5 = Frischezeiger, Schwergewicht auf mittelfeuchten Böden, bis 9 = Nässezeiger, überwiegend auf oft durchnässten (luftarmen) Böden.
- Die **Reaktionszahl** beschreibt das Vorkommen in Bezug auf die Bodenreaktion (Säuregrad) und den Kalkgehalt. Sie reicht von 1 = Starksäurezeiger, niemals auf schwach sauren bis alkalischen Böden vorkommend, bis 9 = Basen- und Kalkzeiger, stets auf kalkreichen Böden.
- Die **Stickstoffzahl** (auch als Nährstoffzahl bezeichnet) kennzeichnet die Mineralstickstoffversorgung während der Vegetationszeit. Sie reicht von 1 = stickstoffärmste Standorte anzeigend über 8 = ausgesprochener Stickstoffzeiger bis 9 = an übermäßig stickstoffreichen Standorten konzentriert (z. B. Viehlagerplatz).
- In derselben Spalte wie die **Salzzahl**, mit der das Vorkommen im Gefälle der Salz-, insbesondere die Chloridkonzentration im Wurzelbereich eingestuft wird, finden sich auch Angaben zur **Schwermetallresistenz**.

Die Zeigerwerte kennzeichnen nur das ökologische Verhalten der Art an ihrem natürlichen Standort einschließlich der Konkurrenz vergesellschafteter Arten. Sie charakterisieren nicht die Standortansprüche der Art, die sich nur durch physiologische Messungen ermitteln lässt. Die praktische Brauchbarkeit der Zeigerwerte wird trotz mancher Einschränkungen überwiegend anerkannt. Die Zeigerwerte zum ökologischen Verhalten (Beispiel in Tab. 7.4) werden ergänzt durch Angaben zur Lebensform, zur Blattausdauer, zum soziologischen Verhalten (Gesellschaftseinheiten) und zur Häufigkeit der Art mit Hinweisen zum Gefährdungsgrad.

Tab. 7.4 Beispiele für das ökologische Verhalten von Zeigerpflanzen. (Nach Ellenberg et al. 2001)

Artname	Ökologisches Verhalten					
	L	T	K	F	R	N
Acer pseudoplatanus	(4)	X	4	6	X	7
Allium ursinum	2	X	2	6	7	8
Calamagrostis epigejos	7	5	7	X~	X	6
Calluna vulgaris	8	X	3	X	1	1
Dactylis glomerata	7	X	3	5	X	6
Epilobium angustifolium	8	X	5	5	5	8
Fagus sylvatica	(3)	5	2	5	X	X
Holcus mollis	5	5	2	5	2	3
Quercus petraea	(6)	6	2	5	X	X
Sambucus nigra	7	5	3	5	X	9
Sorbus torminalis	(4)	7	4	4	7	4
Vaccinium myrtillus	5	X	5	X	2	3

L Lichtzahl, *T* Temperaturzahl, *K* Kontinentalitätszahl, *F* Feuchtezahl, *R* Reaktionszahl, *N* Stickstoffzahl, *X* indifferentes Verhalten, eingeklammerte Ziffern beziehen sich auf Baumjungwuchs im Wald, ~ Zeiger für starken Wechsel (z. B. Wechselfeuchte)

Fundamentale und realisierte Nische

Der englische Ökologe George Evelyn Hutchinson (1903–1991) hat das ursprüngliche Konzept der ökologischen Nische erweitert. Er nannte diese Vorstellung **fundamentale Nische.** Sie umfasst demnach alle Orte, an denen die Art (oder Population) physiologisch lebens- und fortpflanzungsfähig ist. Da in fast allen Fällen eine große Zahl von Faktoren zumindest im Rahmen eines Minimums und eines Maximums wirksam ist, nennt er diese Gedankenkonstruktion *n-dimensional hypervolume.* Nur ein Teil dieses Raumes kann tatsächlich besiedelt werden, weil entweder die Art im Laufe ihrer Evolution und Ausbreitung nicht in diesen Bereich vorgedrungen ist oder weil biotische Faktoren (Konkurrenz anderer Arten, Ausschluss durch Herbivore oder Parasiten) ein Überleben nicht möglich machen. Es verbleibt daher nur ein begrenzter Lebensraum, die **realisierte Nische.** Die Nischendifferenzierung umfasst drei Dimensionen: die räumliche, die zeitliche und die funktionelle Rolle (siehe unten) im Ökosystem (Barnes et al. 1998).

bungen der Konkurrenzverhältnisse, so z. B. bei der Mischung von Buche mit Esche und Ahornarten.

Organismen passen sich an die Bedingungen der Umwelt an, einschließlich der damit verbundenen Konkurrenzverhältnisse. Zur **Adaptation** (Anpassung) dienen artspezifische Eigenschaften, die das Überleben und die Vermehrung in einem bestimmten Lebensraum ermöglichen. In seiner *Ökologie der Pflanzen* unterscheidet Larcher (2001) folgende Anpassungen der Pflanzen an ihren Lebensraum:

- **Modulative Anpassungen** (= funktionelle Flexibilität) erfolgen rasch und sind reversibel, z. B. Schließen und Öffnen der Stomata, günstige Exposition der Blattspreite zum Lichteinfall.
- **Modifikative Anpassungen** (= phänotypische Plastizität) halten länger und sind in der Regel nicht rückführbar, z. B. Windfahnen der Baumkronen bei einseitiger Windeinwirkung, flache Wurzelausbildung bei ungünstigen Bodenverhältnissen.
- **Evolutive Anpassungen** (= genotypische Plastizität) entstehen durch Selektion und sind somit erblich festgelegt, z. B. die Schattentoleranz der Baumarten.

Den Grundstein für die Erkenntnisse zur evolutiven Anpassung legte der britische Naturforscher Charles Darwin (1809–1882) mit seinem 1859 fertiggestellten Werk *On the Origin of Species by Means of Natural Selection, or the Preservation of Favoured Races in the Struggle for Life* (»Über die Entstehung der Arten durch natürliche Selektion, oder die Erhaltung der begünstigten Rassen im Kampfe ums Dasein«; Übersetzung des Werkes ins Deutsche im Jahr 1860).

Zu Beginn des 20. Jahrhunderts wurde der Begriff der **ökologischen Nische** als Bezeichnung für einen natürlichen Raum, in dem eine Art oder eine Population gedeihen kann, in die Literatur eingeführt. Nach vielen Diskussionen kann man heute die Definition von Cotgreave und Forseth (2009) akzeptieren: *Theoretical, the niche occupied by a species defines everything about its needs.* (»Theoretisch definiert die durch eine Art besetzte Nische ihre gesamten Bedürfnisse.«) Dabei bleibt zunächst offen, ob es sich um einen bestimmten Ort oder eine gedachte Gesamtheit der abiotischen Lebensbedürfnisse (Ressourcen) handelt.

Gegen die allgemeine Konzeption der ökologischen Nische sind mancherlei Einwände, besonders im Hinblick auf die praktische Anwendbarkeit, vorgebracht worden: Die Faktoren wirken nicht unabhängig voneinander, sie können sich gegenseitig in ihrer Wirkung abschwächen oder verstärken. So ist geringes Lichtangebot auf reichen und frischen Böden weniger wachstumshemmend für Buchensämlinge als auf nährstoffarmen und trockeneren Standorten. Auch gibt es für die meisten abiotischen und biotischen Faktoren Jahreszeiten und Entwicklungsstadien, in denen sie stärker oder weniger deutlich wirksam sind (s. a. Crawley 1997; Barnes et al. 1998; Aber und Melillo 2001; Chase und Leibold 2003; Kimmins 2004).

Eine andere Betrachtungsweise hat der britische Tierökologe Charles Sutherland Elton (1900–1991) 1927 in die Ökologie eingeführt. Er verwendet den Begriff Nische für die **funktionelle Rolle**, die eine Art in einer Gemeinschaft oder in einem Ökosystem spielt. Diese Auffassung wurde rasch auf alle Organismenarten und verschiedene Funktionsweisen übertragen: Gehört die Art zu den autotrophen oder den heterotrophen Organismen, wie wirkt sie im Energie- und Stoffumsatz, welche Bedeutung hat sie für die Ausbreitung von Populationen und deren Veränderungen, welche Rolle spielt sie für die verschiedenen Ausprägungen der Biodiversität? Diese Konzeption der Nische erweist sich in synökologischen Untersuchungen als fruchtbar, z. B. beim Vergleich ähnlicher oder verschiedener Ökosysteme und ihrer Reaktion auf Störungen. Aber auch hier ergeben sich mancherlei Probleme: Wieweit ist die Rolle einer Art durch eine andere Art ersetzbar, welche Funktionen werden in gleicher Weise von mehreren Arten (zeitweise oder gänzlich) ausgeübt? Neuerdings hat die funktionelle Rolle von invasiven Arten (besonders von Neophyten) für Bestand und Ökosystem besonderes Interesse gefunden (s. ► Kap. 11 und 20).

7.3 Ökologische Strategien

Die Pflanzenarten haben unterschiedliche **ökologische Strategien**, um einen Standort zu besiedeln. Hierzu sind Strategiemodelle entwickelt worden, die im Zusammenhang mit Sukzessionen in ► Abschn. 15.2 vorgestellt werden. Im praktischen Waldbau wird oft unterschieden zwischen Früh- und Spätbesiedlern. Zu den **Frühbesiedlern** gehören Arten mit häufiger und reichlicher Samenproduktion, hohen Lichtansprüchen und meist geringer Lebensdauer (Sandbirke, Moorbirke, Aspe, Salweide (*Salix caprea*), in weniger ausgeprägter Weise auch Vogelbeere). Die **Spätbesiedler** sind eine uneinheitliche Gruppe (Eichen, Buche, Linden, Ulmen u. a.). Sie haben alle eine höhere Lebensdauer, mittlere bis geringe Lichtansprüche in den ersten Lebensjahrzehnten und eine weniger häufige und unregelmäßige Fruktifikation. Sie können unter günstigen Umständen auch an der Erstbesiedlung teilnehmen (ausführlicher dargestellt bei Röhrig et al. 2006).

Die Verjüngung der Waldbaumarten erfolgt auf verschiedenen Wegen: **Vegetative Verjüngung** geschieht bei einigen Baumarten häufig durch Stockausschlag, der aus dem Kambium gefällter Bäume

■ **Abb. 7.3** Stockausschlag einer Winterlinde im Niederwaldbetrieb

oder aus schlafenden Knospen am Wurzelhals vitaler älterer Bäume gebildet wird (■ Abb. 7.3). Das tritt auf bei Eichen, Ahornen, Linden, Hainbuchen, Pappeln und Weiden, selten bei Buchen. Stockausschlag ist die Grundlage des Niederwaldes, einer Waldnutzung, bei der die Bäume in relativ kurzen Zeitintervallen (um 20 Jahre) überwiegend für Brennholz entnommen werden (s. Röhrig et al. 2006). Eine andere Art der vegetativen Verjüngung ist die Bildung von Wurzelbrut, bei der oberflächennah verlaufende Wurzeln Schösslinge treiben, die sich zu eigenständigen Baumindividuen entwickeln. Das findet sich häufig bei den Wildobst- und *Sorbus*-Arten, bei Weißpappel (*Populus alba*) und bei Robinie (*Robinia pseudoacacia*), aber auch bei einigen Straucharten, z. B. Schlehe (*Prunus spinosa*), Sanddorn (*Hippophae rhamnoides*). Nadelbaumarten (Fichte, Kiefer) können Absenker bilden: Zweige, die den Boden berühren, bilden dort Wurzeln und entwickeln sich zu eigenständigen Pflanzen. Diese relativ seltene Erscheinung ist auch von einigen Laubbäumen bekannt..

Die **generative Verjüngung** spielt bei den meisten Baumarten die weitaus wichtigere Rolle. Die Grundelemente dabei sind Blüte, Fruktifikation (Frucht- und Samenbildung), Samenausbreitung, Keimung und Etablierung der Sämlinge. Bestimmend für den Verjüngungserfolg sind artbedingte (z. T. offenbar auch individuelle) Eigenschaften. Allgemein blühen und fruchten Buche, Eichen, Tanne, Fichte und Douglasie erst in einem späteren Lebensalter und seltener und vor allem in der Intensität unterschiedlicher als die Frühbesiedler

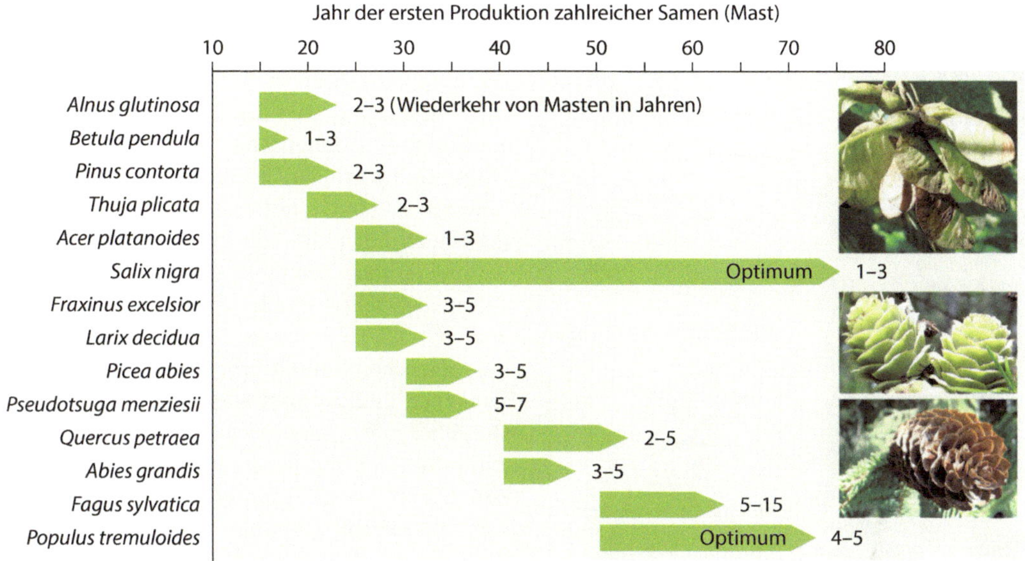

Abb. 7.4 Beginn und Häufigkeit der Fruktifikation in Mitteleuropa einheimischer oder eingeführter Baumarten. (Nach Körner 2005)

(Abb. 7.4). Abiotische (Temperatur, Feuchtigkeit, Eigenschaften der Verjüngungssubstrate) wie auch biotische (Schädlinge, Konkurrenz) Faktoren beeinflussen den Verjüngungserfolg (ausführlich in Röhrig et al. 2006).

7.4 Phänologie

In keiner anderen Pflanzenformation der Erde ist der Wechsel der **Jahreszeiten** so stark ausgeprägt wie bei den temperierten Laubwäldern: Während der Wintermonate sind die weitaus meisten Laubbäume und Sträucher blattlos (Abb. 7.5), die Bodenvegetation ist kaum noch sichtbar oder setzt sich zusammen aus Moosen und Faunen, der Boden ist überwiegend mit Blattstreu bedeckt. Mit dem Einsetzen des Frühlings ändert sich das Bild mehr und mehr. Die Untersuchung und Beschreibung des Wechsels dieser Erscheinungen im Verlauf eines Jahres bei einzelnen Arten und in den Gemeinschaften sind Gegenstand der **Phänologie**. Das Wort Phänologie ist dem Griechischen entlehnt und bedeutet »Lehre von den Erscheinungen«. Die Phänologie umfasst nicht nur die Pflanzenwelt mit der Abfolge von Laubaustrieb, Blüten- und Fruchtausbildung bis zum herbstlichen Laubabfall. Auch Tiere weisen phänologische Verhaltensweisen auf, wie z. B. den Vogelzug und den Winterschlaf. Wegen ihrer vielfältigen ökologischen Bedeutung, z. B. für die Bestäubung und damit für die genetische Diversität, die Entwicklung der Begleitvegetation, die Wahl der Provenienzen bei der künstlichen Bestandesbegründung und den Befall mit Schädlingen, hat die Phänologie schon frühzeitig Interesse gewonnen. So wurden in Deutschland schon gegen Ende des 19. Jahrhunderts von mehreren forstlichen Versuchsanstalten langfristige phänologische Beobachtungen an Waldbäumen vorgenommen (Danckelmann 1898). Grundsätzliche Beiträge zu diesem Thema findet man bei Lieth et al. (1997), Larcher (2001) und Townsend et al. (2009). In den meisten Büchern zur Ökologie wird dieses Thema mehr oder weniger ausführlich behandelt und ist Gegenstand zahlreicher spezieller Untersuchungen, z. B. Dittmar und Elling (2006) für die Buche, Jensen und Hansen (2008) für Traubeneiche und Stieleiche und Le Bourgeois et al. (2008) für zehn Baumarten in Frankreich. Newton (2007) sowie Hudson und Keatley (2010) schildern die Methoden für phänologische Untersuchungen.

Baumschicht

Carpinus betulus
Quercus robur
Fagus sylvatica
Fraxinus excelsior

Strauchschicht

Sambucus nigra
Crataegus sp.
Acer campestre
Corylus avellana
Ilex aquifolium

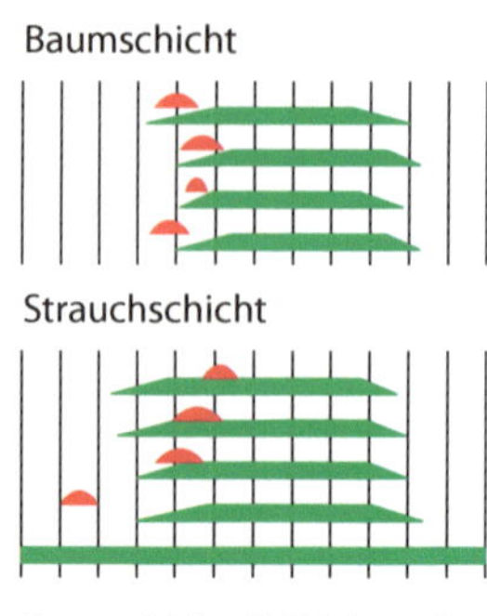

Krautschicht: Frühjahrsgrüne

Anemona nem. + ranunc.
Ranunculus ficaria
Corydalis cava
Arum maculatum
Allium ursinum

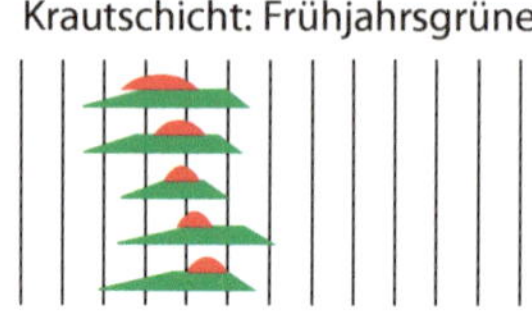

frühblühende Sommergrüne

Pulmonaria officinalis
Primula elatior
Mercurialis perennis
Paris quadrifolia
Geum urbanum
Phyteuma spicatum
Melica uniflora
Galium aparine
Poa nemoralis

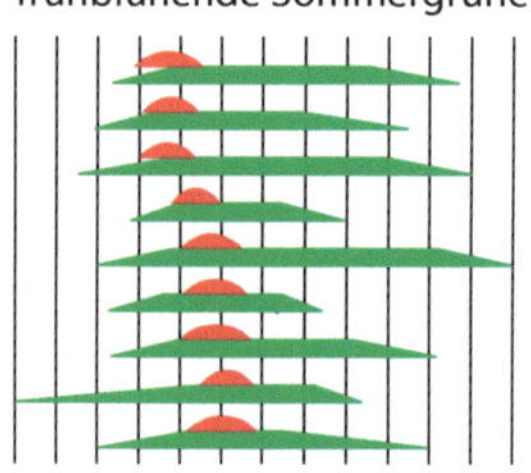

spätblühende Sommergrüne

Lamium maculatum
Urtica dioica
Campanula trachelium
Hordelymus europaeus
Circaea lutetiana
Brachypodium sylvaticum
Galium sylvaticum

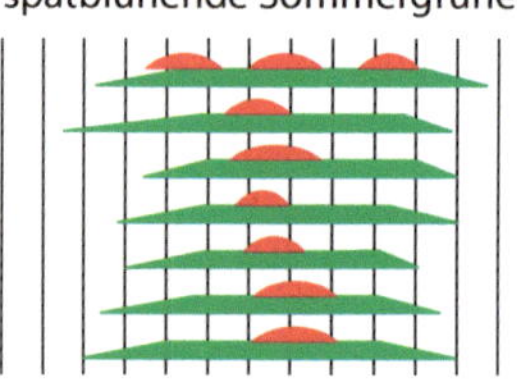

Wintergrüne

Hepatica nobilis
Luzula pilosa
Oxalis acetosella
Lamium galeobdolon
Carex sylvatica
Sanicula europaea
Milium effusum
Deschampsia cespitosa

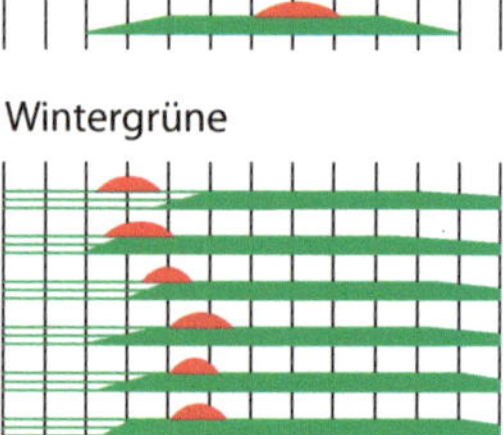

Abb. 7.5 Phänologische Entwicklung charakteristischer Arten in der Baum-, Strauch- und Krautschicht feuchter Eichen-Hainbuchen-Wäldern Nordwestdeutschlands. Grün = diesjährige Blätter, waagerecht schraffiert = überwinternde Blätter, rot = Blüten, Großbuchstaben J bis D sind Monate. (Nach Ellenberg 1939)

Beobachtungen und Untersuchungen in Waldbeständen und in sogenannten phänologischen Gärten unter gleichen oder unterschiedlichen Verhältnissen zeigen, dass der Eintritt phänologischer Ereignisse eine **genetische Komponente** aufweist. Nicht nur die Arten und deren Populationen unterscheiden sich in dieser Hinsicht voneinander, sondern auch innerhalb von Beständen findet man, besonders zum Zeitpunkt des Blattaustriebs bei Bäumen gleicher sozialer Stellung, Unterschiede von mehr als einer Woche. Daneben haben jedoch die abiotischen Umweltverhältnisse einen ganz wesentlichen Einfluss (s. a. Hengst 1965). Die **Tageslänge** hat möglicherweise eine gewisse Bedeutung dafür, dass sich der Blattaustrieb bei den einzelnen Arten trotz bedeutender Witterungsunterschiede von Jahr zu Jahr innerhalb eines relativ schmalen Zeitrahmens abspielt. Zweifellos ist sie jedoch ein wichtiger auslösender Faktor für die Beendigung des Höhenwachstums im Spätsommer und die herbstliche Blattverfärbung. Die entscheidende Rolle spielt jedoch die **Temperatur** im Frühjahr, und zwar sowohl die Wärme der Luft als auch die des Bodens. Auf der Basis von Temperaturdaten verschiedener Art (besonders Temperatursummen) sind verschiedene Modelle für den Zusammenhang phänologischer Ereignisse, vor allem jenen von Blattaustrieb und Wärme, entwickelt worden (s. a. Lechowicz 1995). Dittmar und Elling (2006) geben ein Beispiel für Buchenbestände in Süddeutschland. Rötzer und Chmielewsi (2001) legen eine phänologische Karte von Europa vor. Im Übrigen müssen nicht nur die regionalen, sondern auch die engräumigen Unterschiede (Hanglage und -richtung, Einstrahlungsbedingungen aus der Nachbarschaft u. a.) berücksichtigt werden. Menzel (1997, 2006) sowie Menzel und Fabian (2001) diskutieren die Veränderungen der forstlichen Vegetationszeit in den letzten Jahrzehnten, insbesondere unter sich ändernden Klimabedingungen.

Dierschke (1982) hat mit einem zehn- bis elfteiligen Schlüssel die vegetative und die generative Entwicklung von Waldbeständen im südlichen Niedersachsen etwa einmal wöchentlich aufgenommen und phänologische Diagramme (**Phänospektren**) für verschiedene Waldgesellschaften aufgestellt. Für phänologische Abgrenzungen erwies sich besonders die generative Entwicklung als

Phänologisches Monitoring

Die älteste bekannte phänologische Reihe stammt aus Japan, wo seit 705 n. Chr. in Kyoto der Beginn der Kirschblüte notiert wird. Als Gründer der modernen Phänologie gilt Carl von Linné, der 1751 in Schweden ein phänologisches Beobachtungsnetz mit 18 Stationen einrichtete. Die »Societas Meteorologica Palatina« in Mannheim betrieb ab 1781 ein internationales Projekt mit 32 Stationen, verteilt in einem weiten Areal von Nordamerika bis zum Ural und von Grönland bis zum Mittelmeer. Seit 1882 (bis 1941) wurden auf Initiative von Heinrich Karl Hermann Hoffmann (1819–1891, Botaniker in Gießen) in ganz Europa nach einheitlichen Richtlinien phänologische Beobachtungen durchgeführt.

In Deutschland gehört die Phänologie seit 1936 zum Aufgabengebiet des Deutschen Wetterdienstes (DWD). Im Beobachtungsprogramm befinden sich Wildpflanzen, Forst- und Ziergehölze, landwirtschaftliche Kulturen und Obstgehölze. Zudem werden weltweit phänologische Daten in extra angelegten »Phänologischen Gärten« erhoben, in denen Vegetationsphasen genetisch identischer Bäume und Sträucher an klimatisch ungleichen Standorten über Landesgrenzen hinweg vergleichend beobachtet werden (s. Internationale Phänologische Gärten, IPG; Global Phenological Monitoring, GPM).

Phänologische Daten werden genutzt für Ernte- und Schädlingsprognosen in der Land- und Forstwirtschaft, Frostwarnungen, Pollenprognosen, Bestimmung der Vegetationszeit (Abb. 7.6) und Biomonitoring sowie als Indikatoren für Umwelt- und Klimaänderungen (Menzel 1997; Hudson und Keatley 2010).

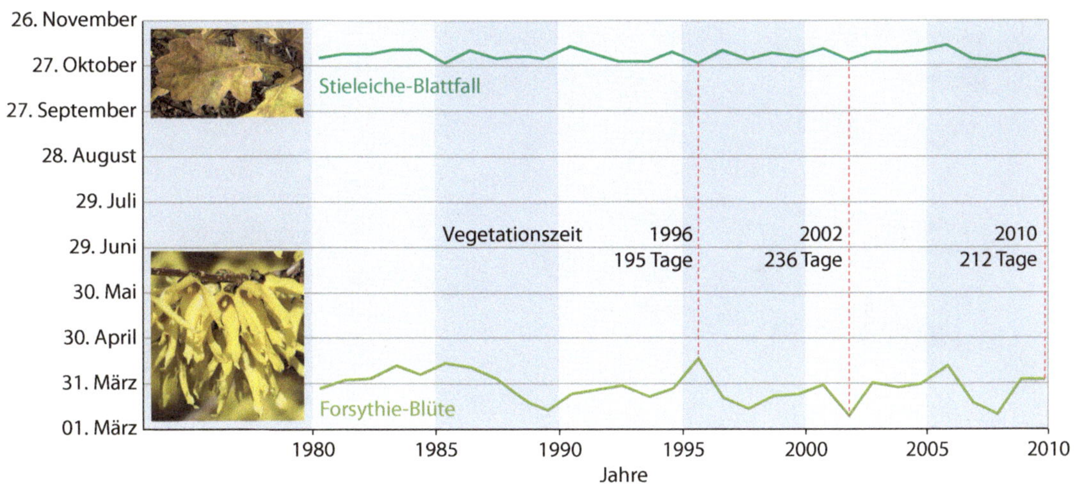

Abb. 7.6 Vegetationszeit in Deutschland für die Jahre 1981 bis 2010 (nach DWD 2013). Als »phänologische« Vegetationszeit gilt im Deutschen Wetterdienst die Zeitspanne zwischen dem Beginn der Blüte der Forsythie und dem Blattfall der Stieleiche. Für die Grafik sind die Beobachtungen aller deutschen phänologischen Stationen aus dem Zeitraum 1981 bis 2010 gemittelt worden. Die Vegetationszeit kann sehr unterschiedlich lang sein: 1996 nur 195 Tage, 2010 dagegen 212 Tage und 2002 sogar 236 Tage. Vorwiegend ist dies bedingt durch den temperaturabhängigen Beginn der Forsythienblüte (im Mittel seit 1981 um neun Tage früher). Der Blattfall der Stieleiche zeigt dagegen keinen signifikanten Trend. Die Vegetationszeit hat sich im Mittel seit 1981 um gut eine Woche verlängert

geeignet. Die Einteilung ist von ihm nicht primär nach Jahreszeiten, sondern nach charakteristischen Arten benannt. Dabei ist zu beachten, dass sich kaum zwei Arten gleich verhalten, vielmehr ergibt sich eher ein wellenförmiger Verlauf der Aspekte, die Phasen gehen oft gleitend ineinander über. Ellenberg (1996; Ellenberg und Leuschner 2010) hat diese Phasen nach den Daten von Dierschke etwas verändert und besonders für die Krautschichten grafisch dargestellt.

Phänospektren für Laubwälder in Südniedersachsen (Dierschke 1982)

1. *Corylus-Leucojum*-Phase (Vorfrühling = Anfang bis Mitte März): geringe Wärme, Fröste, noch volles Licht am Boden.
2. *Acer platanoides-Anemone nemorosa*-Phase (Beginn des Erstfrühlings = Anfang bis Mitte April): wechselnde Temperaturen, höhere Einstrahlung. In artenreichen Wäldern wird der Boden rasch grün, in artenarmen ist er noch weitgehend kahl.
3. *Prunus avium-Ranunculus auricomus*-Phase (Ende des Vorfrühlings = Ende April bis Anfang Mai): Belaubung von Bäumen und Sträuchern, in Eichen-Hainbuchen-Wäldern nimmt die Beschattung am Boden zu, Buchenwälder sind noch ziemlich licht.
4. *Fagus-Lamiastrum*-Phase (Beginn des Vollfrühlings = zweite bis dritte Maiwoche): In artenreichen Wäldern blühen viele Arten, Vergilben mancher Frühlingsgeophyten.
5. *Sorbus aucuparia-Galium odoratum*-Phase (Ende des Vollfrühlings = ab der zweiten Maihälfte): volle Belaubung der Bäume, Blühgeschehen verlagert sich zunehmend aus dem Wald an Waldränder und Lichtungen.
6. *Cornus sanguinea-Melica uniflora*-Phase (Beginn des Frühsommers = Ende Mai bis Anfang Juni): In der Krautschicht artenreicher Wälder beherrscht das vegetative Grün mit hohen Stauden, Farnen und Gräsern das Bild, nitrophile Arten sind besonders an Waldsäumen üppig.
7. *Ligustrum-Stachus sylvatica*-Phase (Ende des Frühsommers = Juni): Viele vorhergenannte Arten zeigen Fruchtansätze. Ende Juni: Blütenbeginn von *Tilia*.
8. *Clematis vitalba-Galium sylvaticum*-Phase (Hochsommer = Juli): Blüte und Fruchtansatz von *Tilia*, Blüte im Wald so gut wie beendet, Fruchtbildung und Ausstreuen von Samen.
9. *Hedera-Solidago*-Phase (Frühherbst = August): allmählicher Beginn des Vergehens der Krautschicht.
10. Herbst-Phase: Fruktifikation vieler Baumarten.

Populationen von Bäumen

Norbert Bartsch, Ernst Röhrig

N. Bartsch, E. Röhrig, *Waldökologie*,
DOI 10.1007/978-3-662-44268-5_8, © Springer-Verlag Berlin Heidelberg 2016

Kein Organismus befindet sich allein in seinem Lebensraum. Er kann sich nur unter Artgenossen und in Gemeinschaft mit anderen Pflanzen, Tieren und Mikroorganismen erhalten. Als **Population** bezeichnet man die Gesamtheit der Organismen einer Art, die einen bestimmten, nicht immer exakt begrenzten Lebensraum bewohnt und bei individuellen Unterschieden über mehrere Generationen eine gewisse gemeinsame genetische Konstitution (s. ► Abschn. 8.2) aufweist. Lebensräume stellen in der Vegetation so etwas wie Teilareale dar, die ganz unterschiedliche Größen haben können. Sie mögen so klein sein wie ein Blatt oder ein ganzes Waldgebiet umfassen. Die Anzahl der Individuen einer Population wird auf die zu untersuchende Flächengröße bezogen. Lässt sie sich nicht in Zahlen ausdrücken (z. B. bei dichten Grasrasen oder bei Stockausschlägen, bei Vögeln mit weitem Lebensraum), wird sie in Skalen geschätzt oder als Deckungsgrad ausgedrückt, wie es in Vegetationsaufnahmen geschieht, in Waldbeständen auch durch Bestandesgrundflächen. Innerhalb von Populationen gibt es zum selben Zeitpunkt oft beträchtliche strukturelle Unterschiede der einzelnen Glieder in der Wuchsform und im Alter (Alterspyramide). Individuen des gleichen Alters werden als **Kohorten** bezeichnet, so die Naturverjüngungen von Waldbäumen, die aus verschiedenen, zeitlich nicht weit auseinanderliegenden Fruktifikationen stammen.

Populationen verändern sich im Laufe der Zeit auf verschiedene Weise: hinsichtlich der Individuenzahl je Flächeneinheit, der Alterszusammensetzung u. a. Wir werden zunächst diese Form von Veränderungen der Populationen besprechen, die **Populationsökologie** (auch als Demökologie bezeichnet). Populationen sind, sofern sie nicht aus einem einzigen Klon bestehen (wie bei Aspen und anderen, sich stark vegetativ vermehrenden Arten), aus genetisch verschiedenen Individuen zusammengesetzt. Auf Fragen der **Populationsgenetik** gehen wir nur in Grundzügen ein.

Von **Metapopulationen** spricht man in der Ökologie, wenn sich als Folge von lokalem Absterben, Neuansiedlungen oder Wanderung von Individuengruppen mehrere morphologisch, ökologisch oder genetisch differente Subpopulationen ausgebildet haben, die oft mosaikartig verteilt sind. Sie können bisher bestehende Populationen ablösen, aber auch mit diesen im Austausch stehen (Hanski 1991; Harrison 1995; Hanski und Gilpin 1998; Silvertown und Charlesworth 2001). Über Vorkommen und Bedeutung solcher Erscheinungen gibt es für die Waldvegetation kaum Erkenntnisse.

8.1 Populationsdynamik

Populationen unterliegen einer Dynamik im Zeitablauf. Die Populationsdynamik wird beschrieben durch die Wandlungen in der Anzahl der Individuen einer Fläche (**Dichte**), ihrer räumlichen Anordnung (**Dispersion**), im Geschlechterverhältnis und im Altersaufbau (■ Abb. 8.1). Ursachen dafür können abiotischer (z. B. Witterung) wie biotischer (z. B. Räuber, Parasiten) Art sein. Vier Größen bestimmen die Veränderungen in der **Individuenzahl einer Population** im nächsten Zeitintervall (Δt): die in die Population durch Geburt (Natalität) und Zuwanderung (Immigration) eintretenden Exemplare sowie die durch Tod (Mortalität) oder Abwanderung (Emigration) ausscheidenden:

$$N_{(t+\Delta t)} = N_{(t)} + B + I - D - E$$

dabei bedeuten: $N_{(t)}$ = Individuenzahl zum Zeitpunkt t, B = Zahl der Geburten, D = Zahl der Abgestorbenen, I =Einwanderungen, E = Auswanderungen. Aus dem Verhältnis von $N_{(t+\Delta t)}$ zu $N_{(t)}$ ergibt sich die Wachtsumsrate λ.

Eingehende Darstellungen zur Populationsdynamik, meist mit Formeln und Modellen zur Populationsentwicklung, liegen für Mikroorganismen, Pflanzen und Tiere vor (z. B. Begon et al. 1997; Ebert 1999; Shugart 2000; Silverton und Charlesworth 2001; Nentwig et al. 2004, 2011; Ranta et al. 2006; Rockwood 2006) sowie in ausführlichen Abschnitten der nachfolgend genannten Werke.

Für mehrere Pflanzen- und Tierarten sind sogenannte **Lebenstafeln** aufgestellt worden, die auf Annahmen altersbedingter durchschnittlicher Reproduktionserfolge und Lebenserwartungen beruhen. Solche Verfahren sind bei Crawley (1997, 2007) und Kimmins (2004) beschrieben. Für Populationen von Waldbäumen gibt es wegen der Langlebigkeit und der Fülle von Einflussfaktoren kaum geeignete Ansätze. Newton (2007) gibt ein Beispiel für die in den südlichen Anden vorkommende Nadelbaumart *Araucaria araucana*.

Bei den meisten Pflanzen- und Tierarten sind die **Populationsdichten** im Zeitverlauf der Generationen mehr oder weniger gleichbleibend, sie schwanken um artbedingte Mittelwerte. Einige Arten zeigen jedoch stark wechselnde Populationsdichten (Fluktuationen). Sie können exponentiell oder auch logistisch verlaufen (anfangs langsam, dann schnell ansteigend, dann wieder abnehmend, in Form eine S-Kurve, wie es bei manchen Schadinsekten verbreitet ist), sie treten bisweilen zyklisch auf, wie bei manchen Kleinsäugern, oder in unregelmäßigen zeitlichen Abständen, wobei sie auch örtlich begrenzt sein können.

Die **Ursachen** für Unterschiede in den Populationsdichten lassen sich in vier Kategorien zusammenfassen:

1. In der Waldvegetation bestimmt oft der **Ausgangszustand** bei der Beobachtung der Populationsdichte eine wesentliche Rolle, insbesondere die räumliche Verteilung (Dichtstand, Lückenbildung, vertikale Struktur) der untersuchten Population. Dadurch werden weitgehend Individuenzahl und Gruppierung der nachfolgenden Generation bestimmt, teils auch deren genetische Zusammensetzung.
2. Die individuellen **autökologischen Eigenschaften** der Population und ihrer Glieder haben einen entscheidenden Einfluss auf die Populationsdichte. Dazu gehört eine große Anzahl von Merkmalen. An erster Stelle steht das Vermehrungspotenzial: Häufigkeit und Menge von Blüte und Fruktifikation. Dabei gibt es im Pflanzenreich große Unterschiede. Besonders deutlich wird das beim Vergleich von Frühbesiedlern und später auftretenden Gliedern der Sukzession. Die Ersteren zeichnen sich (mit wenigen Ausnahmen) nicht nur durch die Stärke und Häufigkeit der Fruktifikation, sondern auch durch die Flugweiten ihrer Samen und die bessere Anpassung an Freiflächenbedingungen gegenüber den Letzteren aus. Daher ist ihre Besiedlung auf der Fläche, geeignete Standorte vorausgesetzt, meist flächenhaft oder geklumpt.
3. Im Zusammenhang damit ist die Bedeutung der **Standorte** zu sehen. Zeitweilig hohe Populationsdichten erreichen hauptsächlich solche Arten, die eine weite ökologische Amplitude haben, und solche, die an bestimmte Standortverhältnisse angepasst sind, wie die vor dem Laubaustieb in Kalkbuchenwäldern blühenden Frühjahrsgeophyten (Abb. 8.2). Darüber hinaus spielen **jahreszeitliche Veränderungen** der ökologischen Bedingungen (v. a. Frost, Trockenheit) für das Auf und Ab der Populationsdichten eine wichtige Rolle. So verursachen ausgeprägte Frühjahrs- und Sommertrockenheit einen vermehrten Wasserstress bei Fichte und Tanne, der deren Anfälligkeit gegenüber Befall durch Borkenkäfer erhöht, welche ihrerseits durch solche Witterungen in ihrer Vermehrung begünstigt sind. Umgekehrt kann kühle Frühjahrswitterung die Eichen so spät austreiben lassen, dass die bereits vorher ausgeschlüpften Eiraupen des Eichenwicklers (*Tortrix viridana*) keine geeignete Nahrung

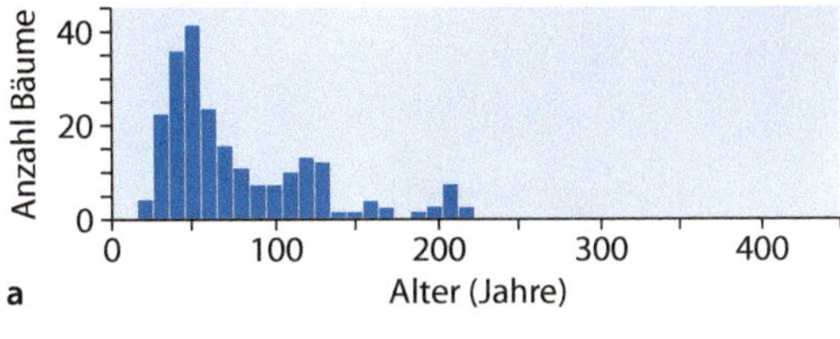

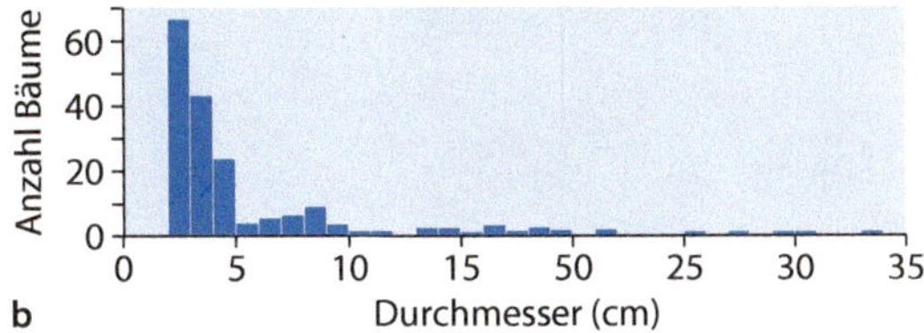

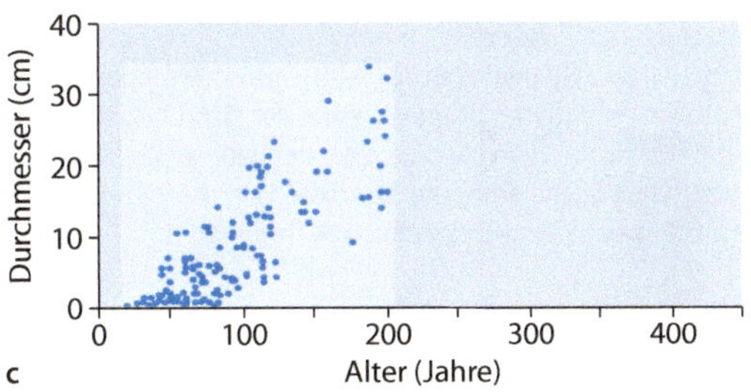

Abb. 8.1 a Altersstruktur, b Durchmesserverteilung und c Zusammenhang zwischen Alter und Durchmesser von Bäumen einer Kiefernpopulation in Schweden. (Nach Ågren und Zackrisson 1990)

Abb. 8.2 Frühjahrsaspekt im Kalkbuchenwald mit Bärlauch (*Allium ursinum*), Buschwindröschen (*Anemone nemorosa*) und Gelbem Windröschen (*Anemone ranunculoides*). Frühjahrsgeophyten profitieren von der Lichteinstrahlung und Wärme vor dem Laubaustrieb der Bäume. Sie haben besondere Speicherorgane, aus denen sie die für den frühen Blühzeitpunkt notwendige Energie beziehen

finden und deren Populationsdichte entscheidend vermindert wird.

4. Ein wesentlicher Faktor für Unterschiede in der Populationsdichte ist die **Begrenzung der Ressourcen**. Sie hängt von der biologischen Tragfähigkeit eines Lebensraums (*carrying capacity*) ab, die durch das jeweilige Gesamtangebot an Lebensgrundlagen und durch die Fähigkeit der Organismen, diese auszunutzen, bestimmt wird (Schaefer 2012). Die Populationsdichte wird vor allem durch die **intraspezifische** (innerartliche) **Konkurrenz** begrenzt: Die Individuendichte wird so groß, dass ein Teil der Organismen ausscheiden muss, und zwar kontinuierlich mit dem Anwachsen der Überlebenden. Allgemeine Darstellungen dazu finden sich in den meisten Werken zur Ökologie, für die Waldvegetation bei Kimmins (2004) und hier in ▶ Kap. 13. Die interspezifische (zwischenartliche) Konkurrenz, die gegenseitige negative Beeinflussung verschiedener Arten und Populationen (z. B. mehrerer Baumarten oder anderer Glieder der Waldvegetation oder von Räubern mit ähnlichen Beutetieren), spielt bei der Regelung der Populationsdichte meist eine geringere Rolle. Anders dagegen hat die Wirkung von **Räubern** (Prädatoren) und **Parasiten** sowie von pflanzenbewohnenden **Pilzen** und **Mikroorganismen** eine große Bedeutung für die Populationsdichte in Waldökosystemen. Massenvermehrungen von Schadinsekten finden dadurch oft ihr Ende (Beispiele in ▶ Kap. 14).

Oft wirken dichteabhängige mit dichteunabhängigen Faktoren zusammen. Methoden der Populationsbiologie von Pflanzen sind bei Gibson (2006) und Newton (2007) dargestellt, solche von Pflanzen und Tieren u. a. bei Ebert (1999).

8.2 Populationsgenetik

Ein wichtiges Teilgebiet der Populationsforschung ist die **Populationsgenetik**, die sich mit den Vorgängen der Vererbung innerhalb von Populationen befasst. Im genetischen Sinn ist eine Population eine Gruppierung von Organismen an einem bestimmten Ort, die untereinander zur generativen Fortpflanzung fähig sind. In der Regel handelt es sich um eine Art im Sinn der Taxonomie (▶ Kap. 7), doch gibt es auch Artbastarde (z. B. *Larix* × *eurolepis*, auch bei Tannen und anderen Arten kommen natürliche Bastarde vor). In der Populationsgenetik werden die Häufigkeit bestimmter Allele und deren Frequenz sowie deren Veränderungen untersucht. Ein **Allel** ist eine von mehreren möglichen Formen eines Gens an einer bestimmten Stelle (Genlocus) eines Chromosoms. In einer typischen Population kommen mehrere Allele an einem Genlocus vor. Individuen mit zwei gleichen Allelen sind homozygot, Individuen mit verschiedenen Allelen heterozygot. Die Allelfrequenz (Genfrequenz) ist der Anteil eines Allels an den gesamten Allelen eines Genlocus in einer Population. Die Gesamtheit der Allelfrequenzen beschreibt die genetische Zusammensetzung einer Population und ist ein Maß für ihre **genetische Vielfalt** (Diversität).

Der Genbestand einer Population zu einem bestimmten Zeitpunkt bildet deren **Genpool**. Er umfasst Individuen mit unterschiedlicher Genausstattung, somit ein mehr oder weniger großes Potenzial, dessen Umfang teilweise artbedingt ist, zum anderen mit der Größe der fruktifizierenden Population und deren Vorgeschichte zusammen-

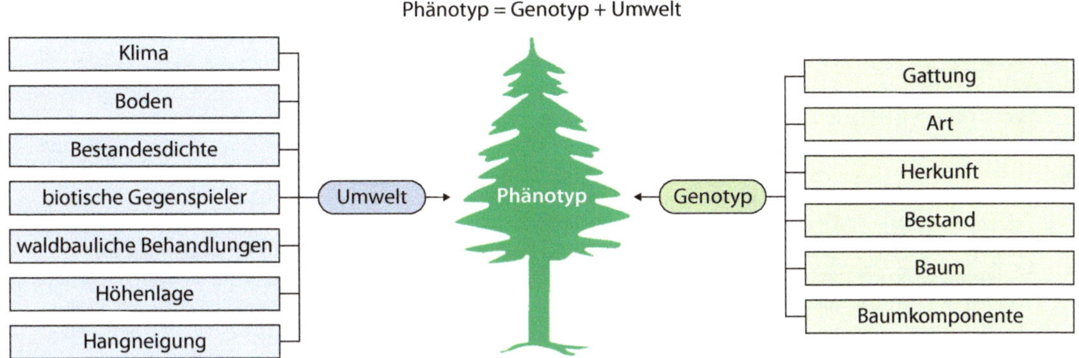

Abb. 8.3 Umwelteinflüsse und genetische Faktoren bestimmen den Phänotyp eines Baumes. (Nach White et al. 2007)

hängt. Vor allem ändert sich die genetische Konstitution von Populationen im Laufe der Zeit durch eine Anzahl von Vorgängen (s. Crawley 1997; Silverton und Charlesworth 2001; Cronk et al. 2002; Kimmins 2004; Keddy 2007; White et al. 2007).

Mutationen und **Rekombinationen** auf der Ebene der Gene, der Chromosomen und auch anderer Zellbestandteile spielen eine wichtige Rolle. Viele Veränderungen sind ökologisch irrelevant oder werden, da sie sich als nachteilig erweisen, aus künftigen Populationen wieder eliminiert. Das betrifft u. a. Individuen mit spezifischen morphologischen Abweichungen in Blattform und Blattfärbung, Stamm- und Zweighabitus, die als Ziergehölze erhalten und als **Varietäten** (siehe unten) gehandelt werden. Aber manche Veränderungen bringen Vorteile für Überleben und Fortpflanzung. Änderungen im Chromosomenbestand können zur **Polyploidie** führen, einer Mehrfachausstattung mit Chromosomensätzen. Sie ist bei Nadelbäumen selten, bei einigen Laubbaumarten dagegen häufig (Ahorne, Erlen, Birken, Weiden). Oft sind solche Individuen im Jugendstadium vorwüchsig, doch zeigt sich bei Waldbäumen meist im Laufe der Entwicklung keine deutliche Überlegenheit.

Ein anderer Weg für Veränderungen der genetischen Konstitution in Populationen besteht im **Genaustausch** zwischen verschiedenen, meist benachbarten Teilpopulationen. Bäume weisen einen stärkeren Genfluss auf als Annuelle oder Kräuter (Savolainen et al. 2007). Er erfolgt durch Pollenflug, Samenverbreitung und Ansiedlung fertiler Bäume. Der Pollenflug ist der wichtigste Weg. Bei windblütigen Arten erfolgt er meist über mehrere Hundert Meter. Die Samenverbreitung spielt eine geringere Rolle. Über Verbreitungsentfernungen der einzelnen Waldbaumarten gibt es viele Angaben in der Literatur zur Naturverjüngung (Savolainen et. al. 2007).

Als genetische **Abdrift** bezeichnet man mehr zufällig eintretende Verluste an genetischer Vielfalt, die in kleineren Populationen auftreten, wenn durch eine niedrige Zahl von Elternpflanzen Pollen- und Samenproduktion gering und selten sind. Dadurch kommt es zu einem schmalen Genpool und damit einer geringeren Anpassungsfähigkeit an wechselnde Umweltverhältnisse.

Die genetische Ausprägung der Individuen einer Population, ihr **Genotyp**, ist nicht unmittelbar erkennbar. Was wir als Erscheinungsbild sehen, der **Phänotyp**, ist die Ausprägung der genetischen Konstitution unter dem Einfluss der Umweltbedingungen (Abb. 8.3). Die zu beobachtenden oder zu messenden Eigenschaften sind also das Ergebnis von genetischer Information, Umwelteinflüssen und dem Zusammenwirken beider Faktorenkomplexe. Es gibt offenbar Merkmale, die überwiegend genetisch gesteuert sind (z. B. Blatt- und Stammform, Anfälligkeit gegen gewisse Schaderreger), und solche, bei denen Umweltbedingungen eine entscheidende Rolle spielen (phänotypische Plastizität), z. B. die Kronenform und die Wurzelentwicklung sowie die Akklimatisation beim Verbringen an andere Wuchsorte. Aber in allen Fällen wirken genetische Konstitution und Umwelteinflüsse in oft schwierig zu trennender Weise zusammen.

Varietäten von Waldbäumen

Spontane genetische Veränderungen können sich u. a. in äußerlich erkennbaren Merkmalen zeigen, so in säulenförmigem, knorrigem oder buschigem Wuchs, ungewöhnlicher Blattform oder -farbe. Solche **Varietäten**, die in natürlichen Populationen rasch ausselektiert werden, verwendet man in Parks und Gärten (◘ Abb. 8.4), auch in der freien Landschaft, z. B. die Säulenpappel (*Populus nigra* var. *pyramidalis*). Baumschulkataloge und einschlägige Werke der Dendrologie (u. a. Roloff und Bärtels 2014) enthalten für viele Baumarten eine große Menge solcher Typen. Es ist verwirrend, wenn die Bezeichnung Varietät zur Kennzeichnung von geografischen Rassen gebraucht wird, wie in Südeuropa für die Schwarzkiefer (z. B. *Pinus nigra* var. *corsicana*, var. *calabrica*, var. *pallasiana*) und in Nordamerika für die Douglasie, wo Küstendouglasien als *Pseudotsuga menziesii* var. *menziesii* und Inlandsdouglasien als *Pseudotsuga menziesii* var. *glauca* bezeichnet werden. Unterschiedlich werden auch die Begriffe Rasse und Ökotyp verwendet. Sicherlich trägt es zu mehr Klarheit bei, wenn man allgemein als **Rasse** genetisch definierte Teilpopulationen bezeichnet, die sich morphologisch bzw. physiologisch von anderen unterscheiden. Damit ist nichts über die Ursachen der Differenzierung gesagt, auch sind Rassen nicht an bestimmte Areale gebunden. Eine solche Definition ist schon im Hinblick auf die Züchtung von Pflanzen und Tieren notwendig. **Ökotypen** entstehen durch genetische Anpassung von Subpopulationen an bestimmte Umweltbedingungen, die sich räumlich getrennt im Gesamtareal der Art erhalten und ihre Eigenschaften auch dann beibehalten, wenn sie außerhalb ihrer natürlichen Areale verbracht werden. Ihre Merkmale können sehr verschieden ausgeprägt sein, z. B. schmale Kronen im Hochgebirge, späte Blattentfaltung von Stieleichen in bestimmten Gebieten Sloweniens, weitgehende Resistenz vieler Küstendouglasien gegen Nadelpilze. Oft unterscheiden sich Ökotypen zugleich in mehreren morphologischen und physiologischen Merkmalen. Ökotyp ist somit ein enger gefasster Begriff als Rasse und sollte daher mit Vorsicht, möglichst nach längerfristiger Prüfung, gebraucht werden.

Darin liegt die Grundlage der biologischen **Evolution**, der ständigen Veränderung des Genbestands von Populationen im Zeitverlauf. Kimmins (2004) gibt eine umfassende Darstellung für die waldökologischen Zusammenhänge.

Unterschiede der Individuen im Wachstum unter den gegebenen und wechselnden abiotischen und biotischen Lebensumständen führen dazu, dass sich letztendlich diejenigen durchsetzen, die besser angepasst sind. Das ist das Ergebnis der **natürlichen Selektion**. Mit **Anpassung** im engeren Sinn (Schaefer 2012) bezeichnet man genetisch bedingte Eigenschaften, die sich als Fähigkeiten zum Überleben und zur Fortpflanzung in ihrem Lebensraum durch Selektion herausgebildet haben. Finkeldey und Hattemer (2010) unterscheiden zwischen physiologischen und evolutionären Anpassungsprozessen. Daneben gibt es auch Anpassungen der Phänotypen (z. B. bestimmte Zweig- oder Kronenformen unter meteorologischen Einflüssen). Waldbäume mit ihrer langen Lebensdauer und den wechselnden abiotischen und biotischen Einflüssen in dieser Zeit sind sehr unterschiedlichen Bedingungen ausgesetzt. So führt rasches Jugendwachstum längst nicht immer zu andauernder Fitness (Primack und Kang 1989; Barnes et al. 1998). **Fitness** bezeichnet den Grad der Anpassung eines Individuums und seine Fähigkeit, sich in gegebenen Umweltsituationen zu behaupten. In den verschiedenen Lebensabschnitten ergeben sich oft sehr unterschiedliche Anforderungen, um zu überleben oder sich fortzupflanzen. Sicherlich ist eine breite genetische Variation der Populationen förderlicher als eine enge, auf bestimmte genetische Eigenschaften beschränkte. So ist es für die waldbauliche Behandlung von Beständen wichtig, eine hohe genetische Diversität zu erhalten (s. a. ► Abschn. 20.2.2).

Im letzten Drittel des 20. Jahrhunderts wurden bedeutende Fortschritte in der Erkenntnis der **genetischen Struktur** und der **biochemischen Eigenschaften** der Erbsubstanzen erzielt (s. White et al. 2007). Diese haben entscheidende Bedeutung für das Verständnis der natürlichen Selektion und die praktische Anwendung bei der Züchtung, der Erhaltung der genetischen Diversität und auch bei der Waldbewirtschaftung (Begründung und Pflege der Bestände).

Abb. 8.4 Süntelbuche von Gremsheim in Südniedersachsen (Baumhöhe 14 m, Kronendurchmesser 24 m, Stammumfang in 1 m Höhe 6 m). Die Süntelbuche (*Fagus sylvatica* L. var. *suentelensis* SCHELLE) ist eine seltene natürliche Wuchsform der Buche. Ihren Namen verdankt sie wahrscheinlich ihrem Vorkommen im Süntel bei Hannover. Von der Normalform unterscheidet sich die Süntelbuche v. a. durch korkenzieherartig verdrehte und geknickte Verzweigungsachsen mit stark plagiotroper Wuchsrichtung, wodurch sich eine schirmförmige Krone mit sehr dichtem Zweigwerk bildet. (Gruber 2002a, b)

Eine besondere Rolle spielt dabei die Analyse der **molekularen Marker**. Am häufigsten angewendet wird die Isoenzymanalyse (s. Gibson 2006; White et al. 2007; Isik 2014). Ein Nachteil dieser Methode liegt darin, dass meist nur ein relativ geringer Anteil der Genome erfasst wird und dadurch die genetischen Variationen unterschätzt werden. Newton (2007) beschreibt und erörtert die Vor- und Nachteile dieser und dreier weiterer Methoden (s. a. Lowe et al. 2004, angewendet z. B. von Werner und Rothe 2002 bei der Stieleiche). Inzwischen gibt es für die meisten in Mitteleuropa verwendeten Waldbaumarten eine große, ständig steigende Zahl von Untersuchungen mittels **Genmarkern** (zur Methodik s. ► Kap. 4 in White et al. 2007).

Bei den Isoenzymuntersuchungen ergab sich bei der Buche, dass die genetischen Unterschiede innerhalb von regionalen Populationen meist deutlich größer sind als zwischen denen aus verschiedenen Regionen (Janßen et al. 2008). Die Allelhäufigkeit in den Samen und in den Sämlingen war manchmal höher als die der Altbäume und zwischen verschiedenen Jahren meist nicht sehr unterschiedlich. Die Ausprägung von phänotypischen Merkmalen ist wahrscheinlich polygen bedingt, doch gewisse Zusammenhänge zwischen genetischen Merkmalen und Wachstumseigenschaften (Stammform, Zwieselbildung, Prolepsis) deuten sich an (s. Hussendörfer et al. 1996; Konnert et al. 2000; Hansen et al. 2003; Hosius et al. 2006). Die Tanne hat dagegen eine geringere genetische Diversität innerhalb von Populationen und eine größere Differenzierung zwischen Populationen an verschiedenen Standorten als die Fichte (Hosius et al. 2006). Dies ist wahrscheinlich auf den Anbau der Fichte durch die Forstwirtschaft zurückzuführen, der weit über das natürliche Verbreitungsgebiet hinausgeht. Genetische Unterschiede sind bei Eichen innerhalb von Populationen hoch (Finkeldey 2001) und lassen sich zwischen früh- und spätaustreibenden Stieleichen nachweisen (Müller-Starck et al. 1993; Gailing et al. 2003). Beim Vergleich von Stiel- und Traubeneichen fanden sich trotz deutlicher morphologischer Unterschiede in einem Bestand, in dem beide Arten vorkommen, bei hoher genetischer Diversität keine artspezifischen Genmarker (Bacilieri et al. 1995; Gailing et al. 2010). Einige Systematiker und Genetiker betrachten Traubeneiche und Stieleiche nicht als eigene Arten, obwohl sie in Verbreitung und Morphologie wesentliche Unterschiede aufweisen (Aas 1991; Kleinschmit et al. 1995; Aas et al. 1997).

8.3 Waldbauliche Aspekte

Von großer praktischer Bedeutung ist die Frage, welche Auswirkungen **waldbauliche Verfahren** bei der Samenernte und der Bestandesbehandlung auf die genetische Struktur der nachwachsenden Generation haben (s. a. Ziehe et al. 1998; White et al. 2007). Dazu gibt es eine größere Anzahl von Untersuchungen, von denen die meisten von Hosius et al. (2006) referiert werden. Mehrere Studien in Wäldern der gemäßigten Zonen zeigen, dass die geneti-

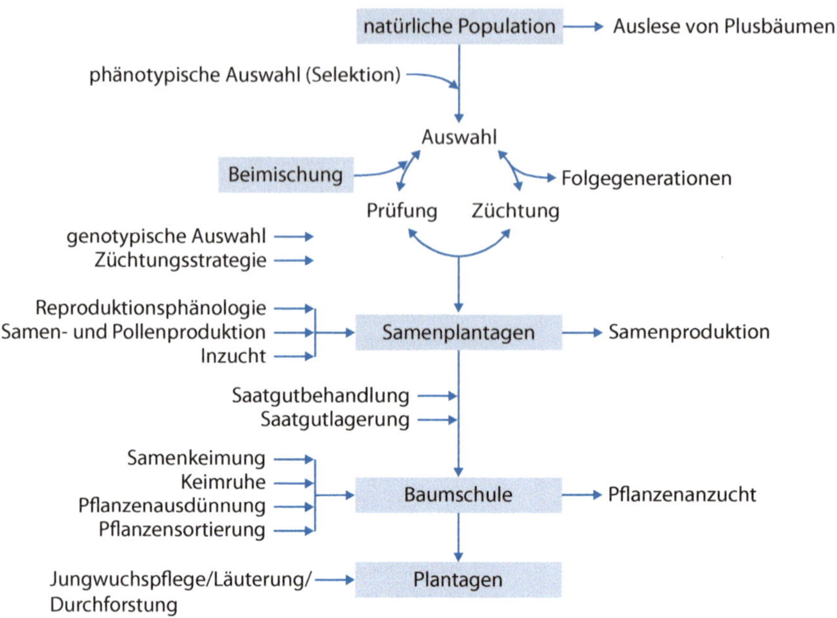

Abb. 8.5 Arbeitsschritte bei der Auswahl von Saatgut und Anzucht von Forstpflanzen mit dem Risiko des Verlusts an genetischer Diversität. (Nach White et al. 2007)

sche Variation in natürlich verjüngten Wirtschaftswäldern kaum beeinflusst wird (White et al. 2007).

Im Hinblick auf die **Samenernte** ist zu beachten, dass im Zuge der Saatgutgesetzgebung nur eine geringe Anzahl von Beständen der jeweiligen Baumarten zur Beerntung zugelassen ist (Einzelheiten bei Röhrig et al. 2006; Hinrichs 2010). Im groben Durchschnitt sind es etwa 10 %, von diesen wird nur ein Teil auch tatsächlich beerntet und davon meist auch nur eine gewisse Anzahl von Erntebäumen. Damit ist die genetische Differenzierung des Saatgutes gegenüber der natürlichen Vielfalt eingeschränkt. Dazu kommt, dass in den verschiedenen Mastjahren die genetische Zusammensetzung des Saatgutes erheblich differiert. Das hängt sowohl mit den in den einzelnen Samenjahren unterschiedlichen Reproduktionsprozessen (Blüh- und Befruchtungssystem u. a.) als auch mit den Vorgängen der Samenernte (Zeitpunkte, Wahl der Erntebäume u. a.) zusammen. Konnert und Behm (1999) belegen dies für Tanne, Fichte und Kiefer, Janßen (2000) für die Buche. Saatgutbehandlung, Stratifizierung und Anzucht in Beeten haben nur geringe Auswirkungen auf die genetischen Strukturen (Konnert und Hosius 2010). Eine weitere Einengung der genetischen Struktur kann bei der Sortierung der Pflanzen in der Baumschule erfolgen (Abb. 8.5). Bei allen diesen Verfahren wird heute mehr denn je auf die Erhaltung der **genetischen Vielfalt** geachtet (s. a. Müller-Starck 1996).

Nach den von Hosius et al. (2006) zitierten Arbeiten scheinen normale **Durchforstungen** (s. ► Abschn. 19.3.2) bei den meisten Baumarten keine wesentlichen Auswirkungen auf die genetische Differenzierung zu haben (so auch Finkeldey und Ziehe 2004). Das stellten auch Schüte und Rumpf (2003) beim Vergleich von hochdurchforsteten Buchenbeständen im Flachland und im Bergland von Niedersachsen fest. In Buchen- und Buchen-Fichten-Mischbeständen des Erzgebirges wichen ebenfalls die einzelnen Bestandesteile genetisch nur wenig voneinander ab. Die Verjüngungen spiegelten etwa das Muster der Altbäume wider (Tröber 2005; Tröber und Brandes 2005). Bei ausgesprochen selektiven Eingriffen in Bestände von Fichte und Buche scheint eine Verminderung der genetischen Vielfalt eher vorzukommen (Konnert und Spiecker 1996). Nyvari (2010) verglich Loch- und Schirmschläge zur natürlichen Verjüngung der Buche. Lochhiebe zeigten eine höhere genetische Differenzierung, Schirmhiebe eine weniger diverse räumliche genetische Struktur.

Im Zuge der intensiven Aufforstungstätigkeit seit Mitte des 19. Jahrhunderts wurde kaum darauf geachtet, aus welchen Regionen das Saat- und Pflanzgut stammte. Schon bald sah man, dass Jungbestände sich unterschiedlich entwickelten, und zwar unabhängig von der Form der Bestandesbegründung. Neben guten Erfolgen gab es z. T. große Rückschläge: hohe Ausfälle, geringes Wachstum, starke Empfindlichkeit gegen Frost, Trockenheit und in einigen Fällen höhere Anfälligkeit gegen Krankheiten. So wuchs die Erkenntnis, dass Wachstum und Gedeihen der Waldbäume an einem Ort von ihrer **Anpassung** an die dort herrschenden Bedingungen abhängen oder zumindest erheblich davon mitbestimmt sind. Zur besseren Erklärung der Zusammenhänge wurden seit Beginn des 20. Jahrhunderts in verschiedenen Regionen Vergleichsanbauten mit Populationen aus unterschiedlichen Gebieten angelegt, die man **Provenienzversuche** nennt. Die Methoden dazu wurden immer mehr verfeinert, heute gibt es vor allem in Europa und in Nordamerika zahlreiche solcher Versuche.

Die Bezeichnung **Provenienz** gibt nur die geografische Lage des Ortes an, aus dem das Material stammt. Sie sagt zunächst nichts aus über Art und Grad der genetischen Anpassung. Diese spiegelt sich in der Bezeichnung Ökotyp wider, wenn auch meist in mehr allgemeiner Form (s. ► Abschn. 8.2). Erst in letzter Zeit ist man den genetischen Grundlagen dieser Anpassung auf der Spur (Beispiele bei Savolainen et al. 2007; White et al. 2007).

Die Provenienzforschung erstreckt sich zurzeit auf fast alle Baumarten der nördlichen Hemisphäre und lässt unterschiedliche Reaktionen der geprüften Populationen in vielen Merkmalen erkennen, doch bleiben noch manche wichtigen Fragen offen. Zusammenfassende Darstellungen findet man in den größeren Baumartenmonografien, so auch bei Roloff et al. (2007).

Ein anderer Weg, eine möglichst günstige Anpassung der genetischen Konstitution des Vermehrungsgutes an die ökologischen Bedingungen des Aufforstungsstandorts zu erreichen, ist die Bildung von **Herkunftsgebieten** für die einzelnen Baumarten. Nach ersten Ansätzen in Deutschland 1934 wurden das Verfahren und die Vorschriften für seine Anwendung in der EU-Richtlinie 1999/105 und für Deutschland durch das Forstvermehrungsgutgesetz vom 25.5.2002 sehr detailliert geregelt (Hinrichs 2010). Damit wird die gewerbliche Gewinnung von Vermehrungsgut aus beliebigen Beständen unterbunden und auf Bestände und Bäume mit festgestellter Herkunft mit bestimmten positiven Eigenschaften beschränkt. Die Vorschriften betreffen nur den gewerbsmäßigen Handel. Der Waldbesitzer ist dagegen frei in der Auswahl der Bestände zur Gewinnung von Vermehrungsmaterial für den Eigengebrauch, wie übrigens auch in der Wahl des Materials aus einem anderen Herkunftsgebiet. Er wird meist ein solches wählen, das den Bedingungen des Anbauortes am besten entspricht, und nach Möglichkeit die Ergebnisse spezifischer Provenienzversuche berücksichtigen. ◘ Abbildung 8.6 zeigt ein Beispiel für die Bildung von Herkunftsgebieten in Deutschland. Neben den einheimischen Baumarten sind auch einige fremdländische Arten (z. B. Douglasie) vom deutschen Gesetz erfasst. Die grundlegenden Regelungen und kritische Anmerkungen dazu sind bei Röhrig et al. (2006) dargestellt.

Von großer Bedeutung ist die **Erhaltung von Genressourcen**. Im Zuge der ständigen Veränderungen bei Begründung, Pflege und Ernte von Waldbeständen wie auch bedingt durch Klimaveränderungen und ihre mögliche Folgen droht ein fortschreitender Verlust an genetischer Vielfalt. Das gilt besonders für Bestände, die sich in ihrem natürlichen Verbreitungsgebiet entwickelt und erhalten haben. Verschiedene Verfahren werden dabei angewendet: möglichst lange Erhaltung solcher Bestände und ihrer (von außen unbeeinflussten) Nachkommenschaften (*in situ*) und Gewinnung von deren Saatgut, das unter bestimmten Bedin-

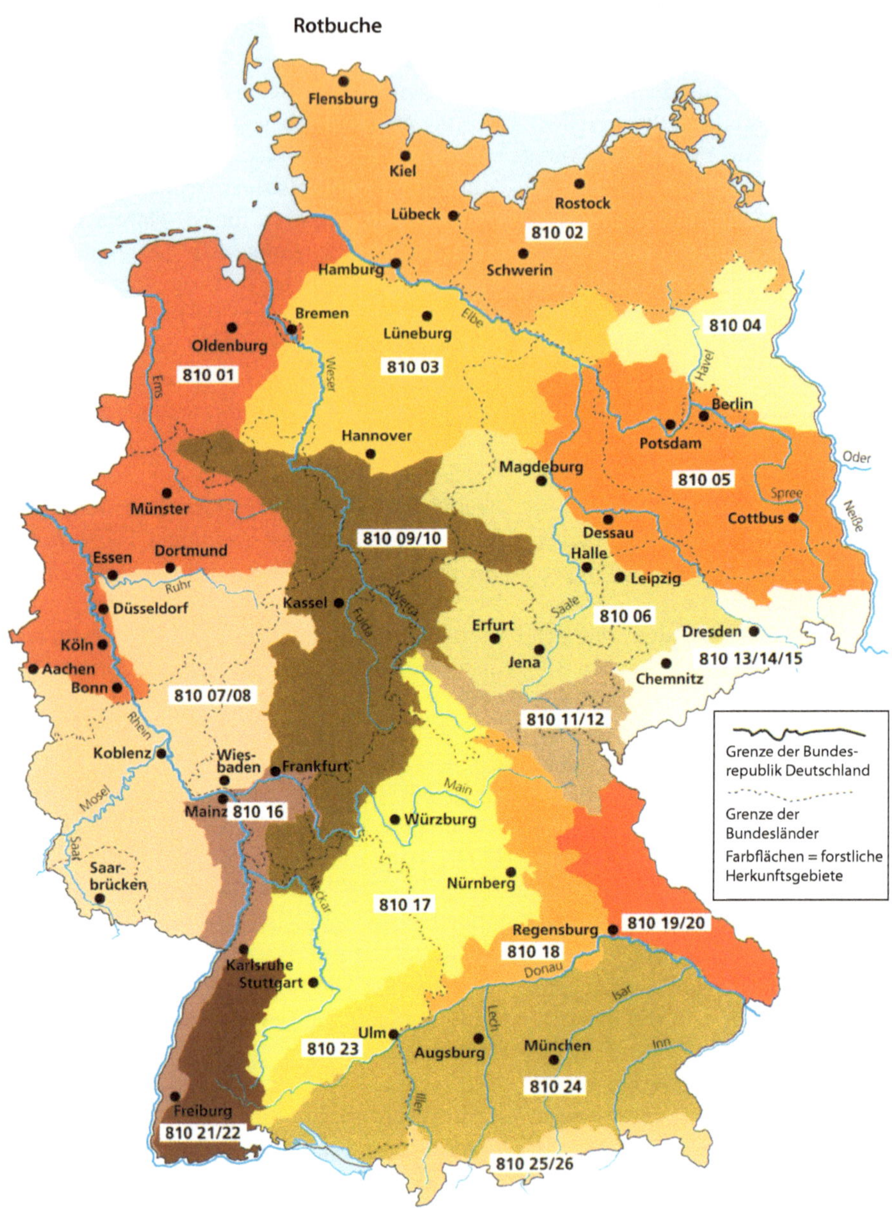

Abb. 8.6 Herkunftsgebiete der Buche in Deutschland (nach Hinrichs 2010). Bei der numerischen Bezeichnung steht zuerst die dreistellige Baumartenziffer (z. B. Buche 810), dann folgt die zweistellige Gebietsnummer

gungen lange Zeit keimfähig erhalten werden soll (*ex situ*). Eine Rolle spielen dabei auch Samenplantagen. **Erhaltungssamenplantagen** (Abb. 8.7) sollen Saatgut von verschiedenen Arten und Herkünften erhaltungswürdiger Populationen erzeugen, die selten oder gar im Erlöschen begriffen sind, an ihren Standorten nicht sicher vermehrt werden können oder dort nicht ausreichend fruktifizieren (s. a. Weisgerber et al. 1996; Hosius et al. 2000; White et al. 2007).

Abb. 8.7 **a** Samenplantage von Plusbäumen der Kiefer (Ursprung Taborz/Polen) in Sachsen-Anhalt. Die Herkunft zeichnet sich durch eine gute Stammqualität aus. In der Samenplantage werden die Bäume durch regelmäßigen Kronenschnitt niedrig gehalten, um das Pflücken der Zapfen zu erleichtern. **b** Samenplantage von Plusbäumen der Kirsche (Ursprung Nordwestdeutschland) in Niedersachsen. Die Bäume stehen weitständig, sodass die Kronen voll besonnt werden, damit sie im Außenbereich der Kronen stark fruktifizieren. Die Früchte werden vom Baum geschüttelt, wobei ein an einem Schlepper angebrachter Baumschüttler eingesetzt wird, der den unteren Stammteil hydraulisch umfasst

Weitergehende Fragen der **Forstpflanzenzüchtung** einschließlich der neuesten Entwicklung von transgenen Sorten (s. Strauss und Bradshaw 2004 sowie ▶ Kap. 20 in White et al. 2007) liegen außerhalb des für dieses Buch gesteckten Rahmens. Für neun Baumartengruppen gibt das Sammelwerk von Pâques (2013) einen aktuellen Überblick zu Züchtungsprogrammen, zu den Ergebnissen von Herkunftsversuchen und zum Anbau der Herkünfte in Europa.

Bäume in Lebensgemeinschaften

Norbert Bartsch, Ernst Röhrig

N. Bartsch, E. Röhrig, *Waldökologie*,
DOI 10.1007/978-3-662-44268-5_9, © Springer-Verlag Berlin Heidelberg 2016

In der Natur leben Populationen in Gemeinschaften (**Biozönosen**) zusammen. Darunter versteht man das gemeinsame Gedeihen der Lebewesen verschiedener Arten von Pflanzen, Tieren und Mikroorganismen in einem Lebensraum (**Biotop**), die in einer mehr oder weniger engen Beziehung zueinander stehen. Meist wird nur an die oberirdisch lebenden Gemeinschaften gedacht. Tatsächlich bilden sich auch in der Streu und im Boden verschiedenartig zusammengesetzte Gemeinschaften. Diese Subsysteme haben ihre Lebensgrundlage in der Menge und Qualität der von den Pflanzen erzeugten organischen Substanz. Oft ist es schwierig zu bestimmen, in welchem Maß die bodenbewohnenden Arten und Gemeinschaften Ursache oder Folge der gegebenen Vegetation sind, aber stets wirken beide Kompartimente eng aufeinander ein (Schaefer 1991; Ellenberg 1996; Wardle 2002).

Der Begriff Biotop bezieht sich jeweils auf eine bestimmte Lebensgemeinschaft (Biozönose) in ihrer Gesamtheit. Werden darin nur die Pflanzen betrachtet, spricht man von **Phytozönosen**, werden Tiergemeinschaften angesehen, werden sie als **Zoozönosen** bezeichnet. Die Phytozönosen sollen durch ihren Pflanzenbestand und die ökologische Verhältnisse gegenüber ihrer Umgebung abgrenzbar sein, die Zoozönosen lassen sich wegen der Mobilität ihrer Bewohner eher nach ihren funktionellen Merkmalen (Phytophage, Räuber und dergleichen) erfassen.

Das **Habitat** kennzeichnet dagegen die Lebensverhältnisse einer **einzelnen Art**. Allerdings wird diese zweckmäßige Unterscheidung von Biotop und Habitat nicht immer eingehalten, vor allem in der nordamerikanischen Literatur. Dort wird z. B. von Habitat-Fragmentierung (disjunkte Areale) gesprochen, wo es sich tatsächlich um die Fragmentierung von Biotopen handelt.

In der **Ökologie der Gesellschaften** versucht man zu verstehen, wie sich Arten als Ergebnis ihrer genetischen Eigenschaften durch Anpassung an ihre abiotische Umwelt und durch Interaktionen mit anderen Arten zusammenfinden und zumindest für bestimmte Zeiträume zusammen existieren und sich, im Allgemeinen über mehrere Generationen, erhalten. Jede Gemeinschaft ist charakterisiert durch eine große Anzahl von Faktoren, die im Folgenden besprochen werden sollen. Räumlich sind Gemeinschaften strenger begrenzt als Ökosysteme, die meist mehrere Gemeinschaften umfassen.

9.1 Grundlagen

Aus der kurz skizzierten Beschreibung der Gemeinschaftsökologie ergeben sich zahlreiche Fragen: Warum enthalten manche Gemeinschaften viele, andere nur wenige Arten? Welche räumlichen und trophischen Strukturen bestehen? Worin bestehen die gegenseitigen Beziehungen der Pflanzenarten (obligatorisch oder fakultativ, förderlich oder schädlich)? Wie sind solche Beziehungen zwischen Pflanzen, Tieren und Mikroorganismen gestaltet? Wie stabil sind solche Beziehungen und wie stabil sind Gemeinschaften überhaupt? Wodurch verändern sie sich oder verschwinden sie? Auf solche Fragen gibt es keine generellen Antworten, aber es gibt gewisse Regeln, zumindest für bestimmte Typen von Gemeinschaften.

Ebenso wie Populationen können auch Gemeinschaften eine unterschiedlich große räumliche **Ausdehnung** haben, doch unterliegen Biotope meist einem engeren Wechsel als die Areale (Verbreitungsgebiet einer Art) der Populationen, die sich oft über mehrere Biotope erstrecken. Tiergemeinschaften sind durch ihre Mobilität gekennzeichnet und in ihrem räumlichen Umfang ganz überwiegend von den trophischen Verhältnissen geprägt. Viele Tierarten wechseln schon aus diesem Grund im Laufe ihres Lebens ihre Biotope (besonders ausgeprägt bei den Entwicklungsstadien der Insekten).

Ansiedlung und Ausbildung, Struktur und Dynamik sowie schließlich auch das Erlöschen von **Phytozönosen** sind hauptsächlich von drei grundlegenden Faktoren bestimmt:

1. Die **Ausgangslage** der Gemeinschaft: Erstbesiedlung nach einer Katastrophe oder ein weiteres Stadium der Sukzession bestimmen weitgehend die Artenzusammensetzung, die sich im Laufe der Zeit mehr oder weniger rasch verändert (▶ Kap. 15). Die floristisch-soziologische Klassifikation (▶ Abschn. 9.2), wie sie auch in der forstlichen Standortkunde angewendet wird, geht zur Kennzeichnung der Pflanzenge-

sellschaften von den Klimaxgesellschaften aus, die sich gegen Ende einer Sukzession einstellen.

2. Das Vorhandensein und die Erschließbarkeit der **Ressourcen**: Es können sich nur solche Arten in der Gemeinschaft halten, deren autökologische Ansprüche an Licht, Wasser und Nährstoffen mit den sekundären Wirkungen (z. B. Saisonalität) prinzipiell erfüllt werden können. Das schließt Stresssituationen, etwa mit verminderter Stoff- und Samenproduktion, nicht aus (Larcher 2001).
3. **Gegenseitige Beeinflussung** aller Glieder der Gemeinschaft ist das Kernstück des Zusammenlebens. Dazu gehören die förderlichen Wirkungen auf das Wachstum und die Vermehrung der Pflanzen (Schutz gegen abiotische Faktoren, Bestäubung, Verbreitung von Samen, Mykorrhiza und dergleichen), vor allem aber die nachteiligen Wirkungen durch Konkurrenz der Pflanzen untereinander. Darüber gibt es eine fast unübersehbare Literatur, u. a. Crawley (1997), Kimmins (2004), (Keddy 2007) sowie Cotgreave und Forseth (2009) widmen diesem Problem in ihren Werken umfangreiche Kapitel. Wir gehen in ▶ Kap. 13 auf die verschiedenen Aspekte ein. Eine weniger beachtete Erscheinung der Konkurrenz erfolgt durch die Einschleppung fremder Arten, z. B. der Spätblühenden Traubenkirsche (*Prunus serotina*) in atlantisch geprägten Wäldern Nordwesteuropas (Näheres zur biologischen Invasion u. a. bei Paine 2006; Nentwig 2008; Kowarik 2010; Rotherham und Lambert 2011; Foxcroft et al. 2013).

Bedeutend ist die Rolle, die herbivore Tiere (▶ Kap. 14) im Zusammenleben der Gemeinschaften spielen. Neben Kleinsäugern ist es vor allem das **Wild**, das offenbar seltenere Pflanzenarten bevorzugt. Von der Wirkung des Wildverbisses auf die Zusammensetzung der Vegetation kann man sich in vielen Waldgebieten überzeugen, wenn man einen ungezäunten mit einem gezäunten Flächenteil (Weisergatter) vergleicht. Meyer und Richter (2013) haben derartige Vergleiche für niedersächsische Naturwälder ausgewertet, die seit rund 40 Jahren nicht mehr forstlich bewirtschaftet werden. Pflanzenzahl, Biomasseproduktion und Artenvielfalt der Gehölzverjüngung waren in der Regel durch die Einwirkung des Wildes negativ beeinflusst (s. a. ▶ Abschn. 14.3).

Abb. 9.1 Regelmäßige Verteilung der Bäume eines Fichtenbestandes aus einer Reihenpflanzung

Alle diese Einflüsse führen in den Pflanzengemeinschaften zu eigenen Merkmalen der **Physiognomie** (Zusammensetzung nach Lebensformen, ▶ Kap. 1), der **horizontalen Anordnung** (Individuendichte und Verteilung der Individuen auf der Fläche, siehe unten), des **vertikalen Aufbaus** (Schichtenbildung, ▶ Kap. 12), der **Biomasse** (▶ Kap. 19) und des **Stoffhaushalts** (▶ Kap. 18).

Die **horizontale Verteilung** der Pflanzen kann sehr verschieden sein. Vor allem solche Arten, die in der Gesellschaft (oder überhaupt) selten sind, findet man wegen ihrer speziellen Ansprüche oder ihrer Vermehrungsweise meist **vereinzelt**. Eine **regelmäßige** Verteilung in etwa gleichen Abständen ist die Folge künstlicher Bestandesbegründung (Abb. 9.1). Je nach Art und Intensität der Jungwuchspflege und Durchforstung bleibt sie oft jahrzehntelang erhalten, bei alten Wirtschaftsformen wie dem Hutewald bleibt sie dauernd erhalten. Meist sind viele Arten in kleinen Gruppen (geklumpt) angeordnet. Das kann auf kleinstandörtliche Unterschiede der Fläche zurückzuführen sein (z. B. feuchte Stellen), ist aber oft von der Vermehrungsweise abhängig. So findet man kleine Gruppen von Eichen und Buchen, die aus Eicheln und Bucheckern gekeimt sind, welche von Mäusen zusammengetragen wurden. Meist gehen solche geklumpten Verteilungen aber auf eine vegetative Vermehrungsweise zurück. In vielen Fällen, so bei Naturverjüngung und bei der Bodenvegetation,

Abb. 9.2 Dichter Rasen der Drahtschmiele (*Deschampsia flexuosa*) in der Bodenvegetation eines Kiefernbestandes. Durch einen hohen Wasserbrauch und die Ausbildung eines dichten Wurzelfilzes verhindert die Drahtschmiele die natürliche Verjüngung der Kiefern

entspricht die horizontale Verteilung einem **Zufallsmuster** entsprechend der Poisson-Verteilung nach statistischer Wahrscheinlichkeit (Tremp 2005). Schließlich gibt es auch flächenhafte Verteilungen, wie man sie bei *Calamagrostis* sp., *Carex brizoides, Molinia caerulea, Deschampsia flexuosa* und *Pteridium aquilinum* auf armen bis mäßig nährstoffversorgten Standorten findet (Abb. 9.2). Sie können dort Biomassen von mehreren Tonnen pro Hektar bilden mit beträchtlichen Gehalten an N und P. Großflächig wachsen auch Arten mit hohen Feuchtigkeits- und Nährstoffansprüchen wie *Mercurialis perennis*. Andere dicht wachsende Arten auf solchen Standorten wie *Allium ursinum* haben dagegen nur eine kurze Vegetationszeit. Ganz allgemein bietet die Artenzusammensetzung auf reichen Standorten oft sehr verschiedene Aspekte, je nachdem, ob man sie im Frühjahr oder im Sommer betrachtet (s. ▶ Kap. 7).

Zur Kennzeichnung der Artenverteilung auf der Fläche wird meist der **Deckungsgrad** geschätzt, der prozentuale Anteil, den die Schirmfläche einer Art an der Grundfläche einer Parzelle einnimmt (Tab. 9.1). Der Deckungsgrad sagt wenig über die Artenzahl aus – zumal, wenn einige Arten wegen ihres überlegenen Wuchses höhere Deckungswerte erreichen als zahlreiche geringwüchsige Arten.

In der **vertikalen Anordnung** lassen sich meist verschiedene **Schichten** unterscheiden (Abb. 9.3, s. a. ▶ Kap. 12):

- Die **Baumschicht** ist in alten, geschlossenen Buchenbeständen meist gleichförmig ausgebildet. Viele, zumeist ungleichaltrige Mischbestände weisen dagegen Höhenstraten auf (Abb. 9.4).
- Eine **Strauchschicht** (1,5–5,0 m Höhe) ist in Wäldern mit überwiegendem Anteil an Schattenbaumarten oft nur lückenhaft oder gar nicht ausgebildet. Pflanzen der Naturverjüngung in diesem Höhenbereich werden in waldbaulichen Untersuchungen nicht zur Strauchschicht gerechnet, sondern gesondert erfasst.
- Zur **Krautschicht** gehören die Arten bis etwa 1,5 m Höhe, meist getrennt aufgenommen nach Verjüngungspflanzen und Bodenvegetation (auch als Begleitvegetation bezeichnet), bisweilen auch nach den physiognomischen Lebensformen (▶ Kap. 1).

9.2 Erfassung und Darstellung von Pflanzengemeinschaften

Ab Ende des 19. Jahrhunderts und verstärkt in der ersten Hälfte des 20. Jahrhunderts wurden verschiedene Methoden zur wissenschaftlichen Beschreibung und Analyse von Pflanzengemeinschaften entwickelt, die sich bis heute verfeinert, aber nicht grundlegend verändert haben (zur Geschichte der Pflanzensoziologie s. Dierschke 1994). Die beiden wichtigsten, im Ansatz, in den Zielen und in den Abläufen ganz verschiedenen Verfahren sind die Klassifikation (Braun-Blanquet 1964) und die Ordination (Whittaker 1973). Die Entstehungsweise und die den Verfahren zugrunde liegenden Prinzipien sind in mehreren Werken der Pflanzenökologie ausführlich dargestellt (s. Mueller-Dombois und Ellenberg 1974; Austin 1990; Dierschke 1994; Kimmins 2004; Tremp 2005; Keddy 2007).

Die **Klassifikation** erstrebt die Gruppierung von Pflanzenbeständen in **floristisch** abgrenzbaren Einheiten nach ihrer Verwandtschaft oder Verschiedenheit und ordnet sie in einem hierarchischen System an. Sie wird vor allem in Europa viel angewendet, u. a. auch zur Kartierung von Gemeinschaften (s. Fischer 2003) in Ökosystemen und Landschaften sowie zur Charakterisierung ökologischer Verhältnisse in waldbaulichen Untersuchungen verschiedener Art.

Tab. 9.1 Abundanz-Dominanz-Schätzskala nach Braun-Blanquet. Individuenzahl (Abundanz) und Deckung (Dominanz) werden in sieben als Artmächtigkeit bezeichneten Klassen vereinigt. Für Rechenoperationen werden die Symbole und Klassen transformiert. Transformation 1 entspricht mittleren Deckungsprozenten, Transformation 2 einer Rangskala. (Nach Tremp 2005)

Artmächtigkeit	Deckung (%)	Abundanz (N)	Transformation 1	Transformation 2
r	–	Selten	0,1	1
+	<1	Spärlich	0,2	2
1	1–5	Reichlich	2,5	3
2	>5–25	Zahlreich	15,0	4
3	>25–50	–	37,5	5
4	>50–75	–	62,5	6
5	>75–100	–	87,5	7

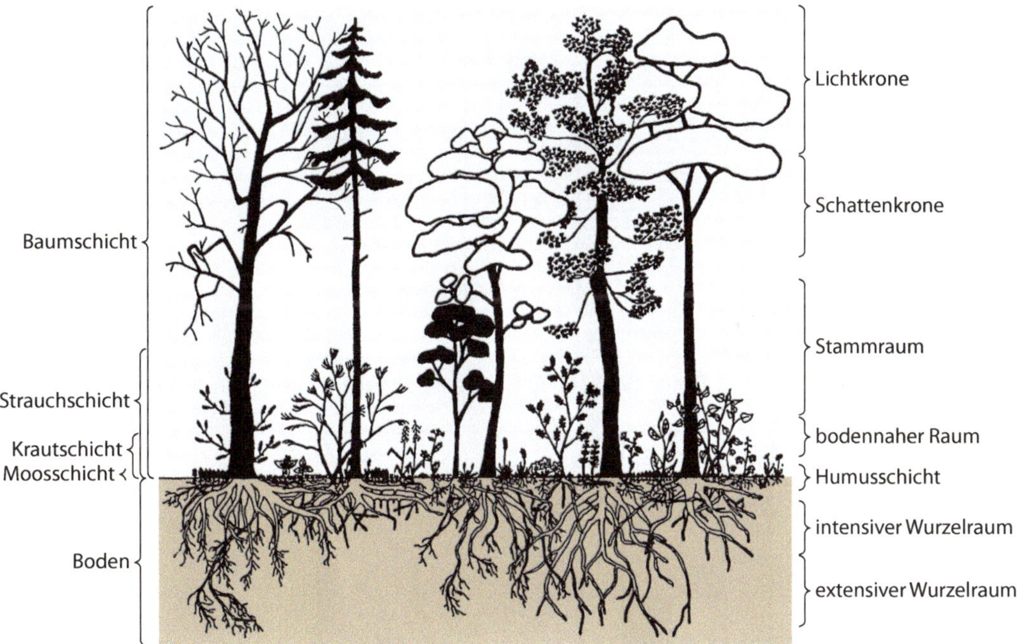

Abb. 9.3 Vertikale Schichtung in Wäldern

Die **Ordination** sieht die Anordnung der Vegetationsglieder im Gelände als Ergebnis fließender Unterschiede der **ökologischen Bedingungen** als Gradienten entlang von Vegetationsprofilen (Transekten) mit verschiedener Lage und Gestalt. Damit sollen die ökologisch bedingten Übergänge zwischen Gemeinschaften deutlich werden. Bei der Verarbeitung der Daten werden verschiedene mathematische Methoden verwendet.

9.2.1 Klassifikation

Die Klassifikation erfolgt in mehreren **Arbeitsschritten** (Dierschke 1994; Tremp 2005; s. Abb. 9.5):

1. **Umgrenzung** des Arbeitsgebiets, meist mit Gliederung nach Relief, Boden, Bestandesmerkmalen.

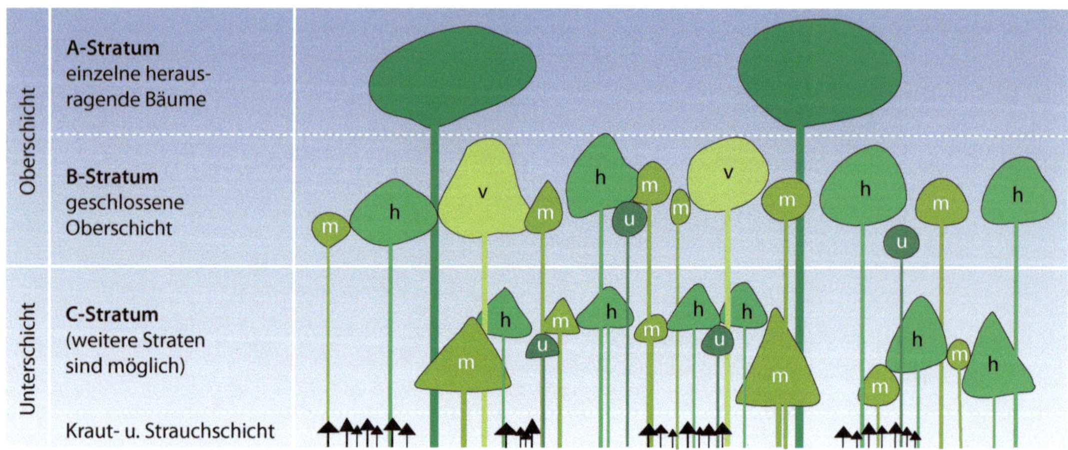

Abb. 9.4 Höhenstraten und Baumklassen in einem mehrschichtigen Wald (nach Oliver und Larson 1996). Die Baumklassen beziehen sich auf die soziale Stellung innerhalb eines Stratums: **v** = vorherrschende (Klasse 1), **h** = herrschende (Klasse 2), **m** = mitherrschende (Klasse 3), **u** = unterdrückte Bäume (Klasse 4)

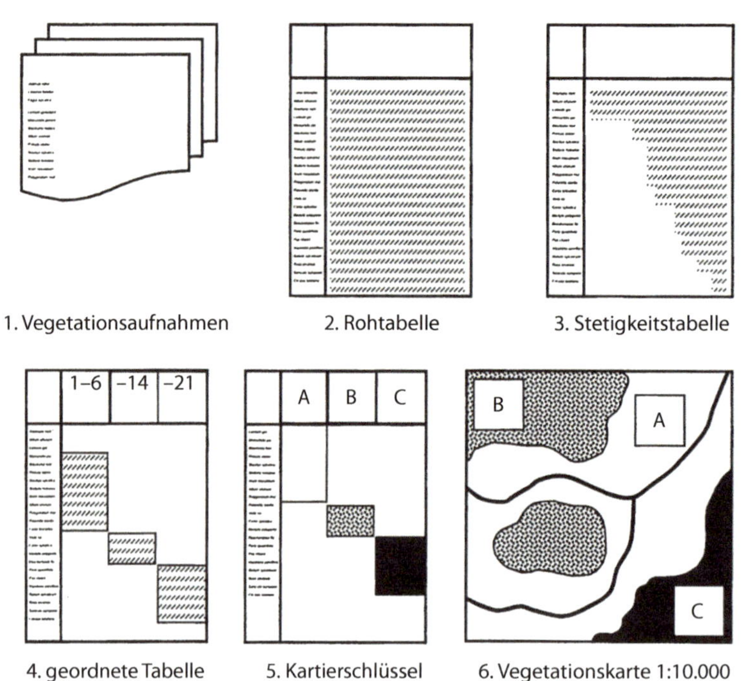

Abb. 9.5 Grobschematisches Vorgehen (von 1 bis 6) bei der Tabellenarbeit zur Herausarbeitung differenzierender Artengruppen der Bodenvegetation. (Nach Tremp 2005)

2. **Auswahl** der Aufnahmeflächen, die charakteristisch für bestimmte, im Arbeitsgebiet verbreitete Vegetationstypen sind. Festlegung der Abgrenzung und Zahl der aufzunehmenden Parzellen.
3. Aufstellen einer **Liste** aller auf der Probefläche vorkommenden Arten, und zwar nach dem Deckungsgrad der einzelnen Arten, oft nach Schichten geordnet. Im Kopf der Liste werden

allgemeine Daten wie Nummer und Datum der Aufnahme, Lage, Standort, gegebenenfalls Alter des Baumbestandes und dergleichen vermerkt.
4. Zusammenstellung der einzelnen Listen in **Tabellen** unterschiedlichen Bearbeitungsgrades (z. B. die Ermittlung der Stetigkeit der Arten in ihrem Vorkommen in den Aufnahmelisten). Im Vordergrund stehen dabei das Vorkommen bestimmter Arten und somit die Charakterisierung von Gemeinschaften mit gleicher oder sehr ähnlicher Artenausstattung, die Charakterarten (siehe unten), daneben auch weitere stetige Arten, also das charakteristische Artengefüge (Braun-Blanquet 1964). Solche pflanzensoziologischen Einheiten werden Gesellschaften genannt (Dierschke 1994).

Auf diesem Weg werden die konkreten Gemeinschaften zu **abstrakten Pflanzengesellschaften**, die von Braun-Blanquet und seinen Nachfolgern in einem **hierarchischen System** (s. ► Tab. 6.1 in ► Abschn. 6.1) zusammengestellt worden sind. Die Grundeinheit für die Klassifikation ist die **Assoziation**, »… eine durch bestimmte floristische und soziologische (organisatorische) Merkmale gekennzeichnete Pflanzengesellschaft, die durch das Vorhandensein von Charakterarten … eine gewisse Selbstständigkeit verrät« (Braun-Blanquet 1921, zitiert nach Dierschke 1994). Der in Klammern gesetzte Einschub deutet darauf hin, dass die Kennzeichnung als Assoziation nicht die Gesamtheit der als typisch geltenden Arten voraussetzt, vielmehr gibt es gewisse, z. B. pflanzengeografisch oder standörtlich bedingte, Abwandlungen.

Grundsätzlich ist das Konzept der Assoziation (wie auch der anderen Stufen der Hierarchie) gebunden an die **Schlusswaldgesellschaft** der Sukzession einer standorttypischen Vegetationsentwicklung. Der Begriff Klimax (► Abschn. 16.4) wird von manchen Pflanzensoziologen vermieden. Die bisweilen gebrauchten Bezeichnungen Dauergesellschaft und Ersatzgesellschaft sind vage.

Vorwiegend in der pflanzensoziologischen Literatur, weniger in waldbaulich orientierten Untersuchungen, werden die Assoziationen oft weiter unterteilt in **Subassoziationen**, die nach Differenzialarten, selten auch nach dominierenden Arten gekennzeichnet werden. Sie lassen mehr Schlüsse auf kleinstandörtliche Unterschiede erkennen als die Assoziationen. Spezielle Untersuchungen teilen die Subassoziationen noch in Varianten oder Fazies auf.

Die nächsthöhere Stufe in der Hierarchie bildet der **Verband**. Er fasst »floristisch verwandte Assoziationen durch gemeinsame Charakterarten zusammen, … die oft über große Gebiete sehr einheitlich ausgebildet sein können« (Dierschke 1994). Sie bilden oft die Grundlage für eine allgemeine, großräumige Betrachtung und Darstellung der Vegetation. Das Werk *Vegetation Mitteleuropas mit den Alpen* von Ellenberg (1996) ist dafür ein hervorragendes Beispiel. Die noch höheren Stufen der Hierarchie, **Ordnungen** und **Klassen**, werden von den Autoren durchaus unterschiedlich beschrieben und haben wenig diagnostischen Wert.

Trotz der weiten und vielfältigen Anwendung der Klassifikation sind gewisse **Mängel** in den Prinzipien und bei der praktischen Anwendung nicht zu übersehen. Das betrifft vor allem die Auswahl und Abgrenzung der Aufnahmeeinheiten, die vielfach mehr oder weniger gutachtlich geschehen. Wenn ausschließlich die floristische Aufnahme der Gesellschaften den Schwerpunkt bildet, werden die anderen gestaltenden Faktoren oft vernachlässigt (s. a. Frey und Lösch 2004). Keddy (2007) weist darauf hin, dass bei der Aufstellung von Gesellschaften der Vergleich mit einem Null-Modell (die Arten sind zufällig miteinander kombiniert, s. Pielou 1984) zweckmäßig wäre. Wichtig, aber oft vernachlässigt, ist die Angabe des Autors, der die Assoziation aufgestellt hat, denn es gibt bei verschiedenen Autoren ganz unterschiedliche Namen und Inhalte für Gesellschaften. Im Übrigen werden bei der Einordnung der Gesellschaften in das hierarchische System, vor allem in den höheren Einheiten, oft Gesellschaften auseinandergerissen, die sich ökologisch nahestehen. Das gilt besonders bei den Eichen- und Buchenwäldern. Neuerdings gibt es eine Fülle von mathematisch-statistischen Methoden, die eine Prüfung der Daten ermöglichen, z. B. das Programm TWINSPAN (s. Keddy 2007; Newton 2007), und andere EDV-Programme, die den den Umgang mit den Tabellen erleichtern.

Ellenberg (1996) setzt sich mit der Bedeutung der überwiegend floristisch begründeten pflanzensoziologischen Klassifizierung der Vegetation für die **standörtliche Gruppierung** der Waldökosysteme auseinander: »Sowohl der

Tab. 9.2 Pflanzensoziologisches System der Wälder Mitteleuropas. (Nach Fischer 2003)

Klasse	Ordnung	Verband
Querco-Fagetea (sommergrüne Laubwälder ohne Nasswälder)		
	Fagetalia sylvatica (mesophytische Buchen- und Laubmischwälder)	
		Galio odorati-Fagion (Waldmeister-Buchenwälder)
		Carpinion betuli (Eichen-Hainbuchenwälder)
		Alno-Ulmion (Hartholz-Auenwälder)
		Tilio-Acerion (Linden-Ahornwälder)
	Quercetalia robori-petraeae (bodensaure Falllaubwälder)	
		Luzulo-Fagion (bodensaure Buchenwälder)
		Quercion robori-petraeae (bodensaure Eichenwälder)
	Quercetalia pubescenti-petraeae (xerotherme Eichenmischwälder)	
		Quercion pubescenti-petraeae (west-submediterrane Flaumeichenwälder)
		Potentillo albae-Quercion petraeae (ostmitteleuropäisch-subkontinentale xerotherme Eichenwälder)
Alnetea glutinosae (Schwarzerlen-Bruchwälder)		
		Alnion glutinosae (Schwarzerlen-Bruchwälder)
Erico-Pinetea (Schneeheide-Kiefernwälder des Alpenraumes)		
	Erico-Pinetalia	
		Erico-Pinion (alpische Kalk-Kiefernwälder)
Vaccinio-Piceetea (boreale und subalpine Nadelwälder)		
	Piceetalia abietis	
		Dicrano-Pinion ((sub-)boreale Kiefernwälder)
		Piceion abietis (= Vaccinio-Piceion) (Fichten-Tannenwälder, Fichtenwälder, Lärchen-Zirbenwälder und Latschengebüsche)
Salicetea purpureae (Ufer-Weidenwälder und -gebüsche)		
	Salicetalia purpureae	
		Salicion eleagni (Lavendelweidenwälder und -gebüsche)
		Salicion albae (Silberweidenwälder und -gebüsche)

praktische Forstmann als auch der Landschaftsökologe und der Vegetationskundler selbst wünschen sich oft enger gefasste, stärker standortsbezogene Einheiten, ohne die Überschau einbüßen zu müssen.« Dazu empfiehlt er, bei der Interpretation der Vegetationseinheiten die ökologischen Artengruppen (s. ▶ Abschn. 9.3) heranzuziehen. Er verwendet als Gliederungselemente bei seiner Darstellung der Vegetation Mitteleuropas für die Wälder in erster Linie die Verbände und häufig auch die Unterverbände (▫ Tab. 9.2). Leuschner hat bei seiner Neubearbeitung der *Vegetation Mitteleuropas mit den Alpen in ökologischer, dynamischer und historischer Sicht* (Ellenberg und Leuschner 2010) diese Gliederung beibehalten und ein ausführliches Kapitel über die ökologischen und standörtlichen Grundlagen vorangestellt. Auf

Potenzielle natürliche Vegetation (PNV)

Der Pflanzensoziologe Reinhold Tüxen (1899–1980), der diesen Begriff eingeführt hat (Tüxen 1965), verstand darunter einen gedachten Zustand der Vegetation, »der sich für heute oder einen bestimmten früheren Zeitpunkt entwerfen lässt, wenn die menschliche Wirkung auf die Vegetation unter den heute vorhandenen oder zu jenen Zeiten vorhanden gewesenen übrigen Lebensbedingungen beseitigt und die natürliche Vegetation, um denkbare Wirkungen inzwischen sich vollziehender Klimaänderungen und ihrer Folgen auszuschließen, sozusagen schlagartig in das neue Gleichgewicht eingeschaltet gedacht würde«. Es handelt sich, kurzgefasst, um die gedankliche Konstruktion eines Zustands, der schlagartig eintritt, ohne Übergang z. B. durch Sukzession, bei Aufhören jeglicher menschlichen Wirkung.

dieser Basis werden die natürlichen Pflanzengesellschaften behandelt. Deren Gliederung stützt sich weitgehend auf die potenzielle natürliche Vegetation.

Ab 1960 wurde mit der Kartierung der **potenziellen natürlichen Vegetation (PNV)** in Deutschland begonnen. Mittels der von Tüxen entwickelten Methode, die Vegetationsformationen auf gleichartigen Standorten zu einer PNV-Einheit zusammenzufassen, wird das Vegetationsgefüge in einem mittleren Maßstab übersichtlich dargestellt (Bohn et al. 2003; BfN 2010). Das Konzept der PNV dient vielfach als Grundlage für Vorstellungen der **natürlichen Vegetation** in ihrer vollen Ausbildung. Dagegen sind mehrere theoretische und praktische Einwände vorgebracht worden (Kowarik 1987; Härdtle 1995; Leuschner 1999). Im Hinblick auf die Planung einer naturnahen Waldbewirtschaftung wird es für wenig geeignet gehalten (Schmidt 1998). Zerbe (1997) stellt dar, dass die Verwirklichung der potenziell natürlichen Vegetation dazu führt, die oft vielfältigen Vegetationstypen der Landschaften zu vereinfachen, und empfiehlt, bei der Baumartenwahl eher von der realen Vegetation auszugehen. Daraus soll ein dynamisches System von **Waldentwicklungstypen (WET)** hervorgehen. Diesen Ansatz setzen staatliche Forstverwaltungen in Deutschland und in angrenzenden Ländern zunehmend um. Sie verwenden Waldentwicklungstypen, um die langfristig angestrebte Zusammensetzung der Hauptbaumarten im Altbestand und die Entwicklung in Bezug auf das angestrebte Bestockungsziel unter Ausnutzung der natürlichen Walddynamik darzustellen. Ein Beispiel zeigt ◘ Abb. 9.6.

In den verschiedenen **Schutzgebieten** (▶ Abschn. 20.1) lässt sich beobachten, in welchem Maß sich hier die potenzielle natürliche Vegetation einstellt. Tatsächlich wird auch beim aktuellen Streben nach einem naturnahen Waldbau der Einfluss des Menschen in den **Wirtschaftswäldern** erhalten und wirksam bleiben. Wo durch Aufforstungen oder Bestandesumwandlungen Waldbestände entstanden sind, in denen andere als die natürlichen Waldgesellschaften vorherrschen, wird von **Forstgesellschaften** gesprochen, die als Ersatzgesellschaften des natürlichen Waldes gelten (Dierschke 1994 verwendet diesen Begriff in einem anderen Sinn, z. B. für Verlichtungs- oder Pioniergesellschaften nach Brand oder Sturmwurf). Ellenberg und Leuschner (2010) weisen ausdrücklich darauf hin, dass die Abgrenzung von Forstgesellschaften teilweise Schwierigkeiten bereitet, weil in manchen Regionen noch zu wenig über das Baumartenverhältnis in den Naturwäldern bekannt ist. Sie behandeln verschiedene Typen von Kiefern- und Fichtenforsten und deren floristische Zusammensetzung. Ausführlich stellt Zerbe (1992) Fichtenforste in der Nordeifel, im Solling und im Thüringer Wald dar und gibt differenzierte Vorschläge für die waldbauliche Behandlung.

Allgemein bekannt ist die **höhere Gefährdung** durch abiotische Einwirkungen, bei der Fichte durch Sturmwurf und bei der Kiefer durch Waldbrand. Bei beiden Baumarten ist auch die Gefahr durch Massenvermehrung von Insekten groß. Die Wirkungen von Fichtenbeständen auf den Boden und den Nährstoffumsatz hat Rehfuess (1990) unter Berücksichtigung einer umfangreichen Literatur dargestellt. Dabei weist er darauf hin, »dass der Einfluss der Nadelbäume auf Laubholzböden niemals alleinig als Effekt der Baumart verstanden werden kann, sondern immer die kombinierte Wirkung des Nadelholzes, des spezifischen Bodens und der jeweiligen Wirtschaftsmethoden darstellt«. Ellenberg und Leuschner (2010) fassen die bisherigen Befunde für schwach gepuffer-

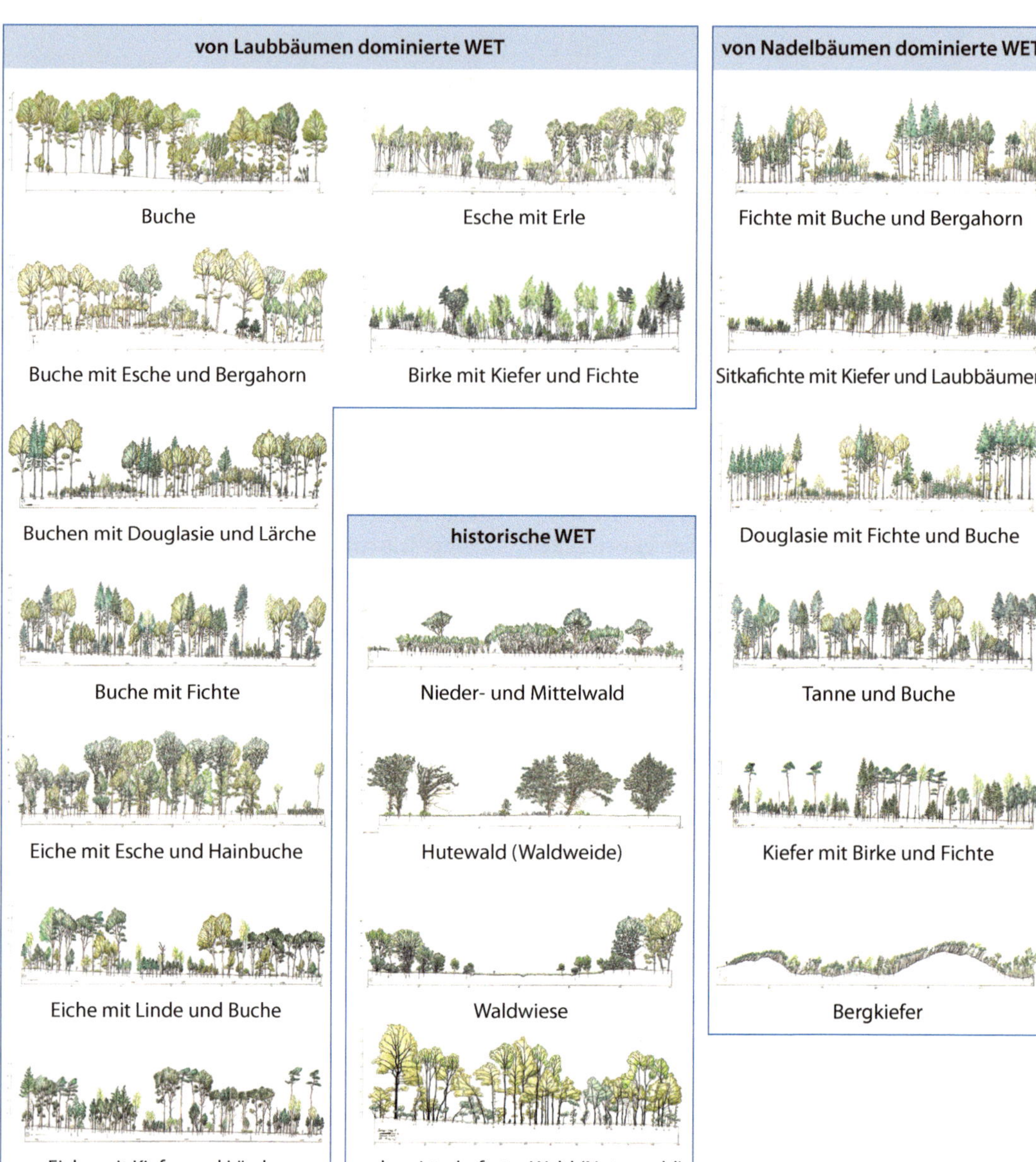

Abb. 9.6 Waldentwicklungstypen (WET) in Dänemark. Als Ziele der Waldbewirtschaftung werden neun von Laubgehölzen und sechs von Nadelgehölzen dominierte Waldtypen definiert. Hinzu kommen drei historische Waldtypen und der unbewirtschaftete Wald. Die Waldentwicklungstypen decken alle Standortverhältnisse und Waldfunktionen in Dänemark ab. Für die Staatswälder in Dänemark ist die Umsetzung der Waldentwicklungstypen verbindlich. (Aus The Danish Forest and Nature Agency 2005 in Larsen und Nielsen 2007)

te, basenarme Böden (diese sind es, auf denen am häufigsten Nadelbäume auf Laubholzstandorten angebaut werden) zusammen: Absenkung des pH-Wertes (s. ▶ Abschn. 17.1) bis in Bodentiefen von 50 cm und mehr, meist mit einem Rückgang der Basensättigung und einem Anstieg der austauschbaren Aluminiumgehalte verbunden, ferner die Bildung von schlecht abbaubarer Streu. Dagegen wurden keine Verschlechterung des Bodengefüges und kein Rückgang der Zuwachsleistung festgestellt.

Im Übrigen muss darauf verwiesen werden, dass unter diese Definition von Forstgesellschaften nicht nur Nadelbaumbestände fallen dürften, sondern auch viele Bestände aus Eichen. Dazu gehören die ausgedehnten, in ihrem Ertrag äußerst wertvollen Eichenanbauten, z. B. im Pfälzer Wald und im Spessart, die auf natürlichen Buchenstandorten stehen.

9.2.2 Ordination

Längst nicht immer sind Artengruppen und Gesellschaften voneinander räumlich scharf abgegrenzt. Allmähliche Veränderungen in den ökologischen Verhältnissen (z. B. in der Feuchtigkeit und der Durchwurzelbarkeit des Bodens) ebenso wie Zunahme oder Rückgang der Konkurrenz führen oft zu Übergängen zwischen den Gesellschaften, die bei der Klassifikation eher vernachlässigt werden. Newton (2007) beschreibt wichtige Analyseverfahren, einschließlich des Bedeutungswertes (*important value*), der sich als Kombination von Häufigkeit, Dichte und Dominanz berechnen lässt.

Die Methode der Ordination ist die **Gradientenanalyse**. Mit ihr sollen die Zusammenhänge zwischen den Pflanzengemeinschaften mit bestimmten ökologischen Faktoren aufgeklärt werden. Im Vordergrund steht somit nicht die floristische Ausstattung, sondern die Abhängigkeit der Vegetation von abiotischen (selten auch biotischen) Gegebenheiten. Dazu werden die Veränderungen der Gemeinschaft entlang eines ökologischen Gradienten untersucht. Ein Gradient bezeichnet den kontinuierlichen Übergang von Umweltfaktoren in Raum und Zeit. Solche Gradienten findet man im Gelände etwa im Relief, in der Bodenart, in der Wasserversorgung und dergleichen. Dazu werden die Aufnahmeflächen auf Linien (Transekte) angelegt. Sofern die Gradienten leicht erkennbar sind, ergibt diese als **direkte Gradientenanalyse** oder Ordination bezeichnete Methode plausible Resultate. Sie entspricht weitgehend einer Regressionsanalyse. Oft dagegen ist bei den Gradienten ein Komplex von Faktoren beteiligt, wodurch die Interpretation erheblich erschwert wird. Im Allgemeinen sind solche Gradientenanalysen in der Krautschicht wesentlich deutlicher zu erkennen als in der durch eine längere Entwicklung geprägten

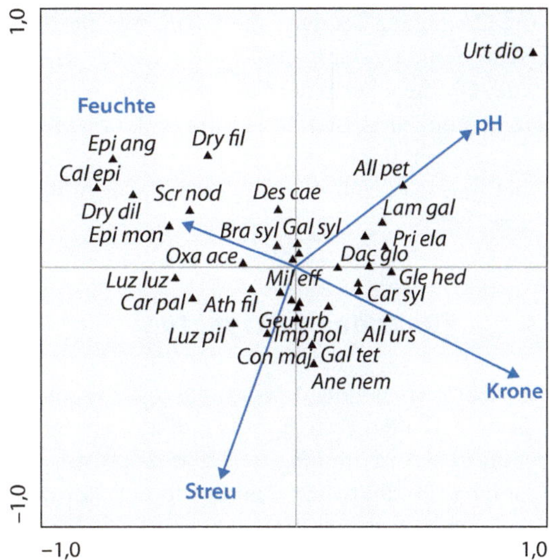

Abb. 9.7 Ordinationsdiagramm von Arten ($n = 36$) und Standortfaktoren ($n = 4$) von 16 Aufnahmen von Wald- und Sturmwurfflächen. Die Punkte geben die relative Position der Arten an, die Pfeile die gemessenen Standortfaktoren, ihre Länge entspricht dem Maximum an Variabilität, das sie erklären. Je näher die Arten relativ zur Pfeilspitze angeordnet sind, desto stärker ist der Zusammenhang mit dem Standortfaktor. Nahe dem Ursprung der Faktorenachsen stehende Arten haben daher hinsichtlich der Standortfaktoren keinen Erklärungswert. Ihre Namen wurden aus Übersichtsgründen weggelassen. Typische Waldarten wie *Allium ursinum* (*All urs*) korrespondieren mit der Kronendeckung, Freiflächenarten wie *Epilobium angustifolium* (*Epi ang*) stehen entgegengesetzt zu diesem Faktor. Stickstoffliebende Arten wie *Urtica dioica* (*Urt dio*) stimmen mit höheren pH-Werten im Boden überein. (Nach Tremp 2005)

Baumschicht. Der Anwendungsbereich der direkten Gradientenanalyse liegt eher in größeren Flächeneinheiten (Ökosystemen, Landschaften) als in kleinräumigen Gemeinschaften.

Bei der **indirekten Ordination** versucht man, innere Strukturen von Vegetationsdaten herauszuarbeiten, die nicht bekannte und häufig unsichtbare Standorteigenschaften widerspiegeln. Das geschieht meist unter Verwendung verschiedener mathematischer Methoden in grafischer Form. Hierbei können Arten- und Standortvariablen in einem gemeinsamen Ordinationsdiagramm dargestellt werden. Die Arten werden je nach der Stärke der Bindung an die Faktoren näher oder weiter von diesen Achsen positioniert (Abb. 9.7). Solche Darstellungen setzen voraus, dass sowohl die Gradienten als auch die Daten für die Arten (Artenzahl, Deckungsgrad u. a.) exakt definiert sind. Für diese Form der Ordination sind verschiedene multivariate Methoden mit z. T. erheblichen Rechenoperationen entwickelt worden (s. hierzu McCune et al. 2002; Tremp 2005; Leyer und Wesche 2007).

9.3 Funktionelle Aspekte

Einzelne Arten und Artengruppen haben in den Gemeinschaften verschiedene **Funktionen**: Sie beeinflussen Ansammlung und Verbrauch von Ressourcen, Produktivität, Reaktionen auf Störungen und andere Prozesse. Für manche dieser Wirkungen hat man Begriffe gefunden, die allerdings nicht immer in der gleichen Bedeutung gebraucht werden.

Als **Schlüsselarten** (*keystone species*) werden nach Paine (1980, 1995) solche Arten bezeichnet, deren Bedeutung weit über ihre Abundanz (oft als Biomasse erfasst) in der Lebensgemeinschaft hinausgeht und die im Vergleich zu anderen Arten eine besondere Rolle im Ökosystem spielen (de Maynadier und Hunter 1997; Weisser und Völkl 2010; de Visser et al. 2013). Daher stehen Schlüsselarten oft im Fokus von Naturschutzanstrengungen. Schlüsselarten sind in der Waldvegetation fast immer die Bäume der herrschenden Schicht, in der Krautschicht gelegentlich solche, die aus verschiedenen Gründen stärkere Konkurrenz ausüben, ohne besonders häufig zu sein, die eine Stickstoffanreicherung im Boden verursachen oder solche, die kaum vom Wild verbissen werden. Im Tierreich sind Regenwürmer (entscheidende Bedeutung als Bodenwühler) und der Biber Beispiele. In manchen Wäldern nehmen Bären eine solche Rolle ein oder auch andere Tiere, die eine starke Wirkung auf das Nahrungsnetz haben. Eine Art, die eine gestaltende Wirkung auf die Umwelt eines Ökosystems hat, wird auch als **Ökosystemingenieur** (*ecosystem engineer*) bezeichnet (de Visser et al. 2013), z. B. der Biber. Regenwürmer beispielsweise, in abweichender Weise auch Ameisen und Termiten, modifizieren physikalisch das Habitat, indem sie die Struktur des Bodens gestalten, seinen Nährstoffgehalt und weitere abiotische Bedingungen verändern, die Entwicklung der Mikroflora stimulieren und Einfluss auf das Pflanzenwachstum nehmen (Schaefer 2012). Physikalische Veränderungen durch Ökosystemingenieure können die Artenvielfalt erhöhen (Wright und Jones 2004).

Zu **funktionellen Gruppen** (Gilden) werden solche Arten zusammengefasst, die (bevorzugt) bestimmte Funktionen in der Gesellschaft ausüben, dabei können sie auch systematisch ganz unterschiedlich sein. Solche Gruppen bilden z. B. die verschiedenen Leguminosen als Stickstoffsammler, bestimmte Erstbesiedler auf Freiflächen, Arten mit rasch zersetzbarer Streu auf ärmeren Standorten und verschiedene Insektenarten zur Blütenbestäubung. Der Begriff und die Methoden zur Erfassung werden bei Hobbs (1997), Körner (2005), Mouillot et al. (2005) und Newton (2007) diskutiert. Letzterer unterscheidet nach Gitay und Noble (1997) drei Methoden zur Identifikation von funktionellen Gruppen:

- **Subjektive Einschätzungen** stützen sich auf Beobachtungen, z. B., dass Waldökosysteme verschiedene Straten ausbilden (u. a. Baum-, Strauch- und Krautschicht).
- **Deduktive Ansätze** leiten eine funktionelle Klassifikation aus logischen Schlüssen (*a priori*) oder aus einem Modell der Bedeutung von Prozessen oder Eigenschaften ab. Das Konzept der Schlüsselarten ist hierfür ein Beispiel.
- **Multivariate Statistiken** identifizieren Cluster von Arten aus Daten der Arteigenschaften.

Im praktischen Waldbau stützt man sich bei der Standorterkundung für die Baumartenwahl auf die von Ellenberg entwickelten **Zeigerwerte** (Ellenberg et al. 2001; s. ► Kap. 7 und ausführlicher in Röhrig et al. 2006), auf die algorithmische Auswertung von Hill et al. (2000) sowie auf die **ökologischen Artengruppen**. Die Schrift *Forstliche Standortsaufnahme* (Arbeitskreis Standortskartierung 2003) gibt eine umfangreiche Zusammenstellung von sieben übergeordneten Gruppen, eingeteilt nach den Schwerpunkten ihres Vorkommens auf Standorten mit verschiedenem Wasserhaushalt, sowie einer Hauptgruppe mit nitrophilen Arten. Innerhalb dieses Rahmens sind die Artengruppen nach Humusformen geordnet. Alle ökologischen Gruppen sind nach einer charakteristischen Art benannt.

Wälder als Ökosysteme

Norbert Bartsch, Ernst Röhrig

N. Bartsch, E. Röhrig, *Waldökologie*,
DOI 10.1007/978-3-662-44268-5_10, © Springer-Verlag Berlin Heidelberg 2016

In der Hierarchie der ökologischen Ebenen stehen über den Gemeinschaften die **Ökosysteme**. Sie sind geprägt sowohl von den ökologischen Bedingungen ihrer Lebensräume als auch vom Zusammenspiel der darin vorkommenen Arten, Populationen und Gemeinschaften. Das Ökosystem wird gesehen als ein gegenüber äußeren Einflüssen **offenes**, doch je nach dem Zweck der Betrachtung oder Untersuchung **räumlich umgrenztes System**. Es ist charakterisiert durch messbare Vorgänge wie Energieumformung und Stoffkreisläufe und kollektive Eigenschaften wie Produktivität, Biomasse, Diversität, trophische Strukturen und Reaktionen auf äußere Einflüsse. Diese sind für jedes System charakteristisch und können zum Vergleich verschiedener Ökosysteme verwendet werden.Einflüsse des Menschen, auch solche, die vor dem Beginn einer Ökosystemuntersuchung eingetreten sind, beeinflussen die Zustände und Veränderungen der Systeme beträchtlich. Nicht zuletzt deshalb spielt die **Ökosystemanalyse** eine große Rolle, weil es darum geht, oft unvermeidliche Eingriffe des Menschen in diese Systeme im Sinne einer umfassenden Nachhaltigkeit verträglich zu gestalten. Die mit der Analyse verbundenen Zustände und Vorgänge im Ökosystem werden oft kondensiert und (meist vereinfacht) interpretiert in verbalen oder grafisch dargestellten Ökosystemmodellen.

10.1 Grundlagen

Das enge Zusammenwirken der Organismen mit der unbelebten Umwelt war schon lange bekannt. Kimmins (2004) weist auf Theophrastos und Aristoteles hin. Viele Forscher in Europa und Nordamerika haben sich mittels Beobachtungen und philosophischer Überlegungen schon seit dem 18. Jahrhundert mit solchen Zusammenhängen beschäftigt. Mit den Fortschritten der Naturwissenschaften seit der ersten Hälfte des 20. Jahrhunderts wurden sie zum Allgemeingut der Biologie (Golley 1993). Von mehreren Ansätzen hat sich schließlich das Konzept des **Ökosystems** von Tansley (1935) durchgesetzt. Es war in englischer Sprache und Diktion abgefasst, was ihm eine weltweite Verbreitung in der Ökologie sicherte. Seine pragmatische und flexible Fassung, die frei ist von irrationalen und orthodoxen Vorstellungen über Organismus und Harmonie als Ordnungsprinzipien der Natur, ermöglichte eine Handhabung des Konzepts unter Forschern verschiedener naturwissenschaftlicher Disziplinen. Sehr bald erwies sich die Konzeption des Zusammenwirkens von abiotischen und biotischen Elementen in einem System als außerordentlich fruchtbar, weil sie Ansätze zu einer quantitativen Analyse solcher Zusammenhänge in Systemanalysen und Modellen bietet. Daraus ergeben sich allerdings auch Gefahren, die sowohl in einer zu stark vereinfachenden als auch in einer übermäßig abstrahierenden Betrachtung der komplexen Zusammenhänge in einem biologischen Wirkungsgefüge liegen.

Wir zitieren hier den von Aber und Melillo (2001) etwas verkürzten Wortlaut aus Tansley (1935):

» The more fundamental conception is … the whole system (in the sense of physics), including not only the organism-complex, but also the whole complex of physical factors forming what we call environment … the habitat factors in the widest sense … Our natural human prejudices force us to consider the organisms as the most important parts of these systems, but certainly the inorganic factors are also parts … and there is constant interchange of the most various kinds within each system, not only between the organisms but between the organic and inorganic. These ecosystems, as we may call them, are of the most various kinds and sizes.

Der Kern der Aussage von Tansley liegt darin: Das ganze System umfasst nicht nur den Komplex der Organismen, sondern auch den aller physikalischen und chemischen Faktoren. Ökosysteme sind ganz unterschiedlich in Art und Größe und sind nach außen offen. Jedes hat seine spezifischen Wechselwirkungen in Raum und Zeit, in Struktur und Funktion.

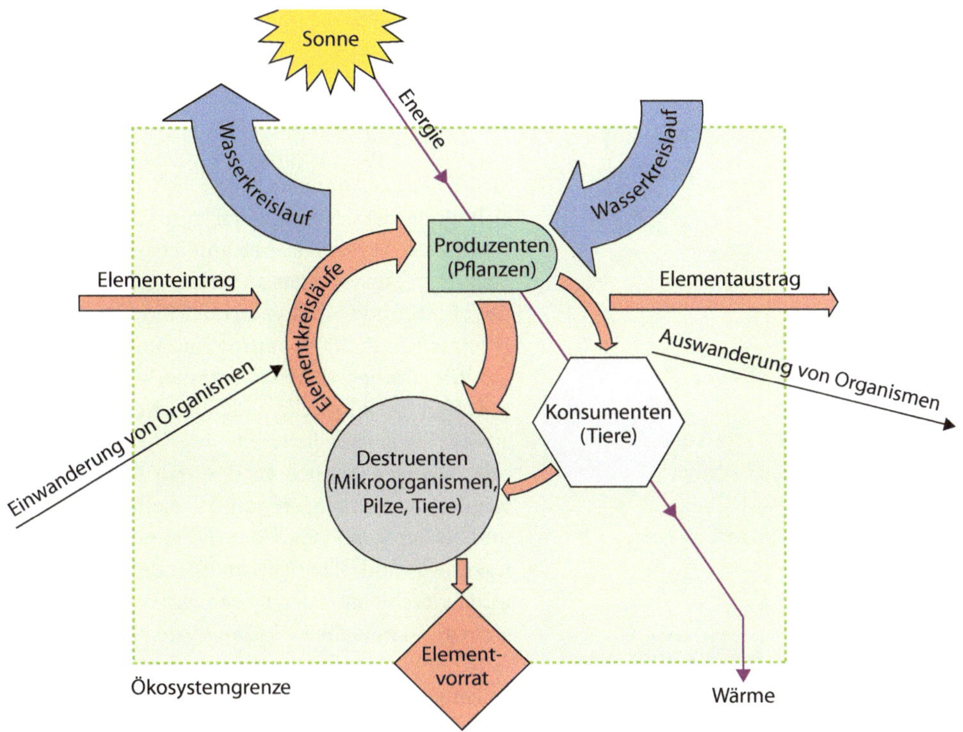

Abb. 10.1 Allgemeines Schema der Beziehungen zwischen Energiefluss und Wasser- und Elementkreislauf in terrestrischen Ökosystemen. (Nach Leuschner 2005)

Sir Arthur **Tansley** (1871–1955) war Professor der Botanik, zuerst in Cambridge, dann in Oxford. Seine wesentlichen Arbeiten waren die ökologisch fundierten, breiten, nicht durch Zwänge zu pflanzensoziologischen Ordnungen geprägten Schilderungen der Vegetation Großbritanniens (*The British Islands and their Vegetation* von 1939 und ein vorangegangenes Werk von 1911). Seine umfassende Bildung auf dem Gebiet der Pflanzenökologie und sein großes organisatorisches Geschick verschafften ihm weitreichende Anerkennung und viele Auszeichnungen. Er war Begründer und langjähriger Herausgeber noch heute bestehender Zeitschriften (*Journal of Ecology, New Phytologist*). Leben und Wirken von Tansley sind von Godwin (1977) eingehend beschrieben worden.

Als **System** bezeichnet man ein aus mehreren Teilen zusammengesetztes Gerüst von Dingen, Vorgängen oder auch Ideen, die miteinander strukturell und funktional in Beziehung stehen und dadurch eine fest gefügte Einheit bilden. Beispiele für **strukturelle** Systeme bieten die Pflanzen- und die Tiersystematik, die auf der Unterscheidung der Taxa nach hierarchischer Ordnung fußen. Ökosysteme sind dagegen überwiegend **funktional** aufgebaut und unterscheiden sich voneinander durch die Flüsse von Energie und Materie zwischen den abiotischen Einwirkungen und den biotischen Vorgängen (Abb. 10.1).

Nach der Umschreibung des Begriffs durch Tansley können Ökosysteme ganz unterschiedlich in ihrer **räumlichen Größe** sein (Abb. 10.2). Allerdings ist die Anwendung auf große und nicht näher definierte Regionen (z. B. »Ökosystem Wald«, »boreales Nadelwald-Ökosystem«) für wissen-

globales Ökosystem

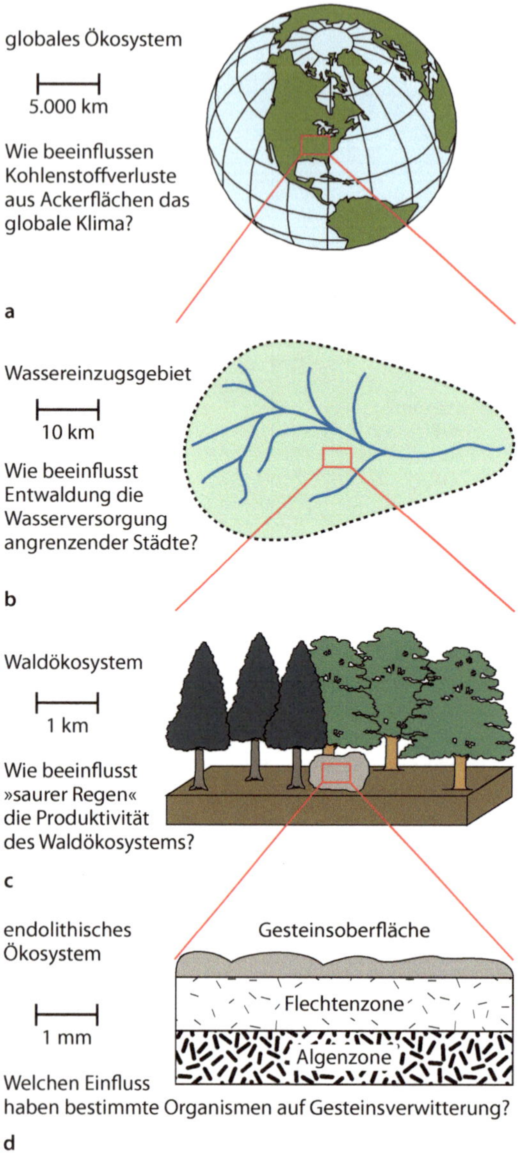

5.000 km

Wie beeinflussen Kohlenstoffverluste aus Ackerflächen das globale Klima?

a

Wassereinzugsgebiet

10 km

Wie beeinflusst Entwaldung die Wasserversorgung angrenzender Städte?

b

Waldökosystem

1 km

Wie beeinflusst »saurer Regen« die Produktivität des Waldökosystems?

c

endolithisches Ökosystem

Gesteinsoberfläche

Flechtenzone

Algenzone

1 mm

Welchen Einfluss haben bestimmte Organismen auf Gesteinsverwitterung?

d

Abb. 10.2 Beispiele für Ökosysteme unterschiedlicher Größenskala. **a–d** mit typischen Forschungsfragen (nach Chapin et al. 2011). Als endolithisch wird die Lebensweise von Organismen im Inneren von Gesteinen bezeichnet

schaftliche Aussagen wenig sinnvoll. Gegenstand von Ökosystemuntersuchungen können Bestände oder zusammenhängende Wassereinzugsgebiete sein. Als Untersuchungseinheiten eignen sich Flächen mit hinreichender Homogenität in Bezug auf Topografie, Böden, Mesoklima und Vegetation, im Allgemeinen mit einer Größe von wenigen Hektar. Als Wassereinzugsgebiete werden topografische Gebiete gewählt, in denen sich alle darauf fallenden Niederschläge in einem einzigen Bach oder Fluss sammeln (Aber und Melillo 2001). Die Abgrenzung ist durch die örtlichen Gegebenheiten und durch das Untersuchungsziel gegeben. Durch derartige Untersuchungen lassen sich unter Berücksichtigung der Heterogenität von Standorten und Beständen Vergleiche mit ähnlichen oder abweichenden Ökosystemen anstellen und Hypothesen über bestimmte Waldtypen oder Biome entwickeln (Pretzsch 2001, 2009; Waring und Running 2007).

Wie Tansley ebenfalls betonte, sind Ökosysteme **offen** für abiotische und biotische Einflüsse von außen. Sie prägen ihrerseits ihre Umgebung mehr oder weniger deutlich (z. B. durch Luftmassenbewegungen, Eindringen von Pflanzen und Tieren) und oft auch den Charakter der Landschaft. Kaum irgendwo sind sie nicht in irgendeiner Weise in ihrer Geschichte oder Gegenwart von Menschen geprägt. In manchen Waldökosystemstudien ist gerade dieser Aspekt Gegenstand der Untersuchung. Selbst in Wäldern, die lange Zeit unberührt geblieben sind, wirken sich frühere Behandlungen aus. So weiß man, dass Böden auf Waldflächen in Nordamerika, die hundert Jahre nach starker Nutzung bzw. landwirtschaftlicher Bewirtschaftung entstanden sind, den unberührten Waldflächen in ihrer Struktur und Produktion nicht nachstehen, aber einen deutlich geringeren Vorrat an Kohlenstoff und Stickstoff haben. Selbst in sogenannten Naturwäldern steht die Ökosystemforschung immer vor dem Problem, sich verändernde äußere Einflüsse, z. B. Immissionen, und (frühere) menschliche Einflüsse angemessen zu berücksichtigen.

Eine wichtige Rolle spielt die **zeitliche** Komponente, weil das Zusammenspiel abiotischer und biotischer Elemente ständigen Veränderungen unterliegt. Einmalige Aufnahmen von Waldökosystemen können daher nur ein Zustandsbild geben. Der Wechsel findet in unterschiedlichen Dimensionen auf der Zeitskala statt: Physiologische Prozesse können in Minuten oder Stunden ablaufen, Rückkopplungen brauchen meist längere Zeiten, und Veränderungen in den Strukturen benötigen oft Jahrzehnte oder länger (s. ► Tab. 6.3 in Abschn. 6.1). Viele große Studien sind in den Beständen oder Wassereinzugsgebieten mit späten Sukzessionsstadien angelegt worden, auch hier benötigt man für einigermaßen fundierte Aussagen und Prognosen lange Zeiträume (Likens

1989). Wenn der ökosystemare Ablauf in verschiedenen Entwicklungsstadien untersucht werden soll, geschieht dies in **Chronosequenzen** (unechte Zeitreihen), z. B. einer Serie von Beständen unterschiedlichen Alters mit gleichartigen Klima-, Boden- und Bestockungsverhältnissen (Chapin et al. 2011).

Die **Struktur** bildet gewissermaßen das Grundgerüst des Ökosystems, allerdings kein feststehendes, sondern ein durchaus wandelbares. Ihm stehen die **Prozesse** gegenüber, die sich aus dem Zusammenwirken abiotischer Kräfte und den biotischen Komponenten ergeben und sich im Zeitablauf abspielen (s. ▶ Kap. 13 bis 19). Sie wirken sich, wie in ▶ Kap. 6 geschildert, in den Hierarchieebenen des Systems unterschiedlich stark aus. Dadurch entwickelt das Ökosystem eine **Komplexität**, die sich darin ausdrückt, dass fast alle Vorgänge nicht durch einen einzigen Faktor oder Vorgang bewirkt, sondern durch mehrere Einflüsse (multifaktoriell) bestimmt und begrenzt werden. Es ergibt sich oft ein nicht linearer Verlauf, der Modelle und Voraussagen einer Entwicklung erschwert.

Eine **physikalisch-chemische Struktur** weist der Boden mit seiner Schichtung von Horizonten und chemischen Elementverteilungen auf. Die Pflanzendecke zusammen mit den meso- und mikroklimatischen Verhältnissen oberhalb des Bodens und innerhalb dessen bestimmt u. a. die **trophische Struktur** eines Ökosystems (▶ Kap. 12, 14), weil sich daraus die für jedes System charakteristischen Nahrungsnetze ergeben.

Ökosystemanalysen erfolgen in der Weise, dass Zustände und Flüsse zunächst in **Kompartimenten** (Teilbereiche des Systems) untersucht werden. Sie werden je nach dem Ziel der Analyse und dem Datenbestand in ganz unterschiedlicher Weise gebildet, z. B. nach abiotischen und biotischen Faktoren, nach der Stellung in der trophischen Kette. Als zweckmäßig erwiesen sich folgende Einteilungen (Schulze et al. 2002):

- **Ober- und unterirdisches Kompartiment**: Hierdurch werden autotrophe und heterotrophe Prozesse getrennt, wobei zusätzliche Unterteilungen in Bodenhorizonte und in Stämme, Äste, Blätter u. a. möglich sind. Diese Einteilung dient vor allem zur Beschreibung von Stoffflüssen und grenzt das Ökosystem gegenüber der Atmosphäre und dem Grundwasser ab (s. ▶ Kap. 15 und 16).
- **Trophische Ebenen**: Produzenten, Konsumenten und Destruenten beschreiben vor allem den Energiefluss.
- **Funktionelle Gruppen**: Arten, die sich hinsichtlich bestimmter Eigenschaften ähnlich verhalten, werden zu funktionellen Gruppen zusammengefasst (z. B. stickstofffixierende Pflanzen, Parasiten). Sie beschreiben wesentliche Schaltstellen innerhalb der trophischen Ebenen.
- **Strukturelle Merkmale**: Die Einteilung in Bäume, Sträucher, Kräuter u. a. ist z. B. wichtig für die Kopplung des Austauschs der Vegetation mit der Atmosphäre.

Die Bildung und die spätere Verknüpfung der Kompartimente sind die schwierigsten Aufgaben der Systemanalyse (◘ Abb. 10.3).

10.2 Ökosystemstudien

Ökosystemstudien gelten der Ermittlung der wichtigsten Mengen und Flüsse von Energie und Stoffen in den Ökosystemen und der Faktoren, die beides regeln. Schon seit Mitte des 20. Jahrhunderts wurde damit begonnen, das Zusammenwirken von Strukturen und Funktionen innerhalb von Waldökosystemen in längeren Fristen zu ergründen und darzustellen. Im Rahmen weltweit gestreuter Vorhaben wie **IBP** (*International Biological Program*) und **LTR** (*Long Term Ecological Research Program*) wurden zahlreiche Studien zur langfristigen Beobachtung und Untersuchung angelegt (zur Historie der Großversuche s. Aronova et al. 2010). Die Arbeiten wurden von mehreren internationalen Organisationen und Programmen getragen und im Wesentlichen von nationalen wissenschaftlichen Einrichtungen ausgeführt und ausgewertet. Einige dieser Ökosystemstudien hatten zunächst gewisse Schwerpunkte (Wasserhaushalt, Produktivität), doch sind heute fast alle Programme auf eine möglichst vollständige Erfassung der Flüsse und Stoffe (einschließlich Ein- und Austräge) des Systems ausgerichtet. In mehreren Studien werden zudem natürliche Störungen und Eingriffe des Menschen in ihren Wirkungen untersucht. Vielfach werden dabei Modelle zur Erklärung und Veranschaulichung der Ergebnisse verwendet.

Als grundsätzliche **Ziele** solcher Untersuchungen werden heute angegeben (s. a. Campbell et al. 2007):

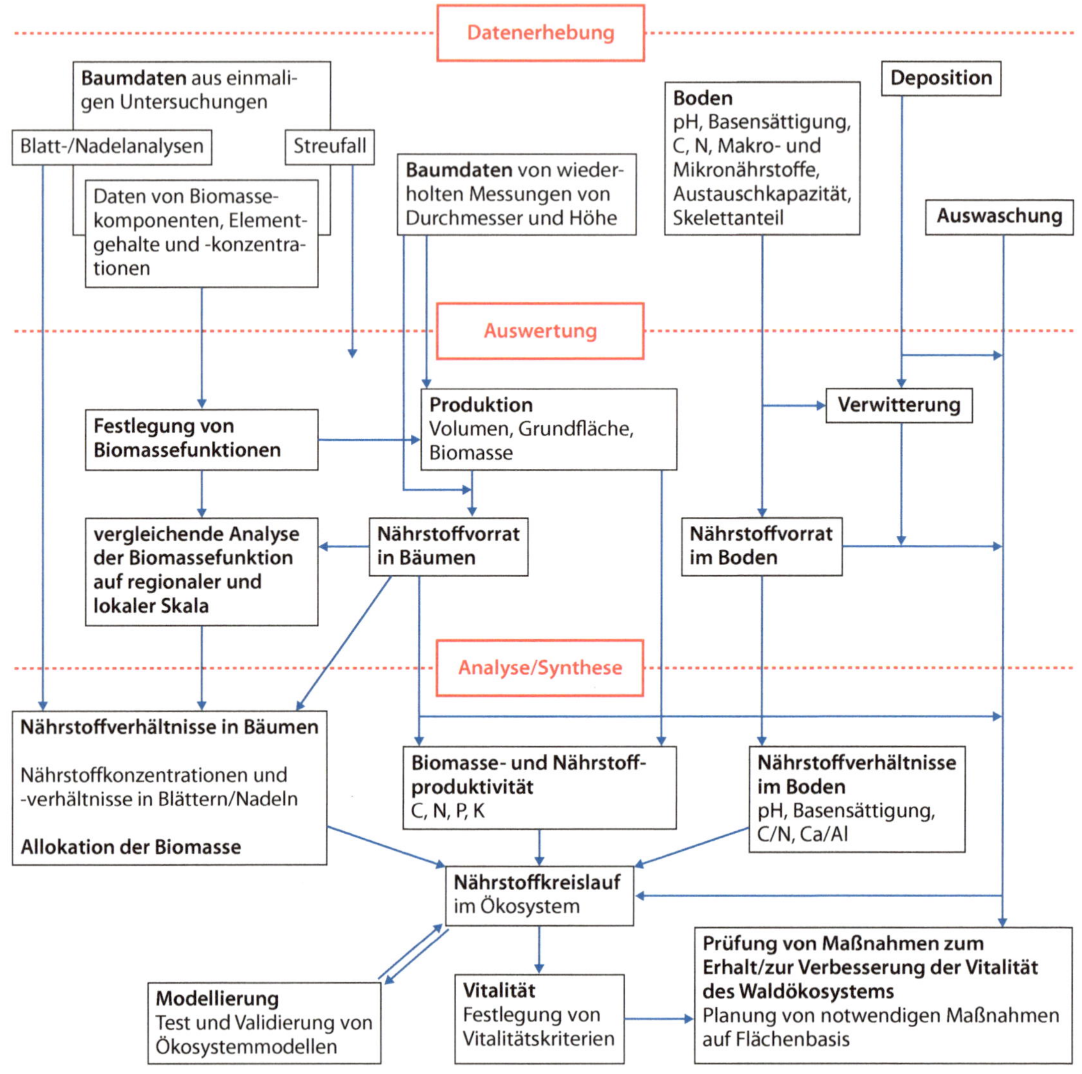

Abb. 10.3 Schritte der Sammlung, Kalkulation und Analyse von Daten der Vorräte und Flüsse in terrestrischen Ökosystemen. (Nach Ågren und Andersson 2012)

- wissenschaftliches Verständnis der Waldökosysteme und ihrer Reaktion auf natürliche und vom Menschen bewirkte Eingriffe,
- wissenschaftliche Information für die Behandlung der Ökosysteme zur Erfüllung ihrer mannigfaltigen Funktionen,
- Förderung von Ausbildung und Forschung von Wissenschaftlern und deren Nachwuchs in verschiedenen Disziplinen,
- Erwecken von größerem Verständnis in weiteren Kreisen der Gesellschaft für den Wald und seine ökologische, ökonomische und soziale Rolle.

Die zahlreichen Darstellungen zur Ökosystemforschung sind in (ständig mehr werdenden) Büchern, Zeitschriftenartikeln und im Internet niedergelegt. Zwei weithin bekannte Ökosystemstudien werden wir beispielhaft in ihren Grundzügen vorstellen: das **Hubbard-Brook-Projekt** in den White Mountains, New Hampshire/USA (Bormann und Likens 1979; Hornbeck et al. 1997; Likens 2013), und das **Solling-Projekt** im südlichen Niedersachsen/ Deutschland (Ellenberg et al. 1986).

Ökosystemstudien Hubbard-Brook-Projekt und Solling-Projekt

Mit einiger Vereinfachung sind beide Versuchsanlagen als ähnlich in ihren **Klimabedingungen** und **Bodenverhältnissen** anzusehen. Es herrschen (mit den einzelnen Untersuchungsjahren fluktuierende) ausgeglichene Temperaturverhältnisse, in Hubbard Brook mehr atlantisch, im Solling mehr kontinental getönt. Die durchschnittlichen Jahresniederschläge liegen jeweils um 1000 mm. Für beide Projekte liegen umfangreiche langfristige Daten seit den 1960er-Jahren zur Ökologie, Ökophysiologie, zu den Wasser- und Stoffkreisläufen und zur oberirdischen Produktion vor.
Entscheidende Unterschiede zwischen beiden Projekten bestehen im Relief der Untersuchungsflächen, im Baumbestand und in der Versuchsanlage.
Das **Relief** in Hubbard Brook bilden mehrere zum Teil steile Wassereinzugsgebiete in Höhen von 220–1015 m ü. NN, wobei die Untersuchungsparzellen vor allem in Höhen von 500–600 m ü. NN liegen. Das Solling-Projekt befindet sich auf einem schwach welligen Plateau in 500 m ü. NN.
Der **Baumbestand** in Hubbard Brook ist ein Sekundärwald, der sich nach intensiver Nutzung der ursprünglichen Bestände um 1920 etabliert hat. Er besteht im Oberstand überwiegend aus Zuckerahorn (*Acer saccharum*), Amerikanischer Buche (*Fagus grandifolia*) und Gelbbirke (*Betula alleghaniensis*), beigemischt sind Amerikanische Rotfichte (*Picea rubens*) und Balsamtanne (*Abies balsamea*). Im Solling bestehen die Versuchsflächen aus Reinbeständen von Buche aus Naturverjüngung und Fichte aus Pflanzung.
Für die **Versuchsanlage** wurden in Hubbard Brook 1963 zunächst (weitere Flächen kamen später hinzu) sechs Wassereinzugsgebiete ausgewählt, von denen auf drei Flächen die Wirkungen von Hiebseingriffen untersucht wurden (◘ Abb. 10.4).
Im Solling wurden 1966 Flächen in sechs Waldbeständen angelegt: drei Buchenflächen (B1 = ca. 122-jährig, B3 = ca. 80-jährig, B4 = ca. 60-jährig) und drei Fichtenflächen (F1 = 84-jährig, F2 = 115-jährig, F3 = 40-jährig, alle Altersangaben für das Jahr 1968).
Die Versuchsflächen wurden im Solling später erweitert, u. a. durch ein Experiment mit Lochhieben und das Dachprojekt (s. ► Kap. 18).
Das Relief bestimmt die **Messmethodik** für den Gebietsaustrag von Wasser und Nährstoffen: Die Wassereinzugsgebiete ermöglichen deren Erfassung am Wehr des entwässernden Fließgewässers (◘ Abb. 10.5), auf den wenig geneigten Flächen des Sollings werden Lysimeter zur Messung der Austräge im Sickerwasser eingesetzt (◘ Abb. 10.6).

Eine Darstellung der Ergebnisse der Ökosystemstudien, sowohl in der Gesamtbetrachtung als auch in den Einzelheiten, kann hier nicht gegeben werden. In folgenden Kapiteln werden Ergebnisse zum Wasserhaushalt (► Kap. 17), Nährstoffhaushalt (► Kap. 18) und zur Vegetationsentwicklung (► Kap. 15) vorgestellt. Hier bleibt festzustellen, dass das Ziel des Solling-Projekts zunächst vorrangig **deskriptiv** angelegt war, d. h. in Inventuren und Beschreibungen (einschließlich des Vergleichs der verschiedenen Versuchsparzellen) besteht. Die Einbeziehung von **Störungen** ist ein besonderer Vorzug des Hubbard-Brook-Projekts, das sowohl den Wasserabfluss und dessen Elementfracht darstellt als auch den Wiederaufwuchs von Bodenvegetation und Baumbestand nach Kahlschlag unterschiedlicher Ausprägung und nach anderen Störereignissen (u. a. Eisbruch, s. Houlton et al. 2003) erfasst. Mithilfe der JABOWA-Simulation (► Kap. 6) hat man versucht, den weiteren Vorgang der Regeneration des Ökosystems nach Störungen zu prognostizieren. Das bleibt allerdings weitgehend hypothetisch, zumal die Regeneration von den Veränderungen der Ausgangsbedingungen im Zeitverlauf, von Sukzessionsvorgängen und von weiteren Störungen abhängig ist. So rechnen Bormann und Likens (1979) mit mehreren Hundert Jahren, bis nach einer großen Störung eine Art von Gleichgewicht wiederhergestellt ist.

Ansätze für die Modellierung von Waldökosystemen findet man u. a. bei Botkin (1993), Shugart (2000), Amaro et al. (2003), Seppelt (2003) und Kimmins (2004). Die heute in verschiedenen Formen angewendete **Systemanalyse** stützt sich weitgehend auf die Informatik, mit deren Hilfe möglichst effiziente Programme aufgestellt und verarbeitet werden zur Erfassung des Ist-Zustands, der Entwicklung der Systeme unter bestimmten Voraussetzungen und damit zu deren Prognose. Aber und Melillo (2001) erläutern die Anwendung an verschiedenen Beispielen, z. B. Umsatzraten von Biomassen, Energietransfer, Rückkopplungen

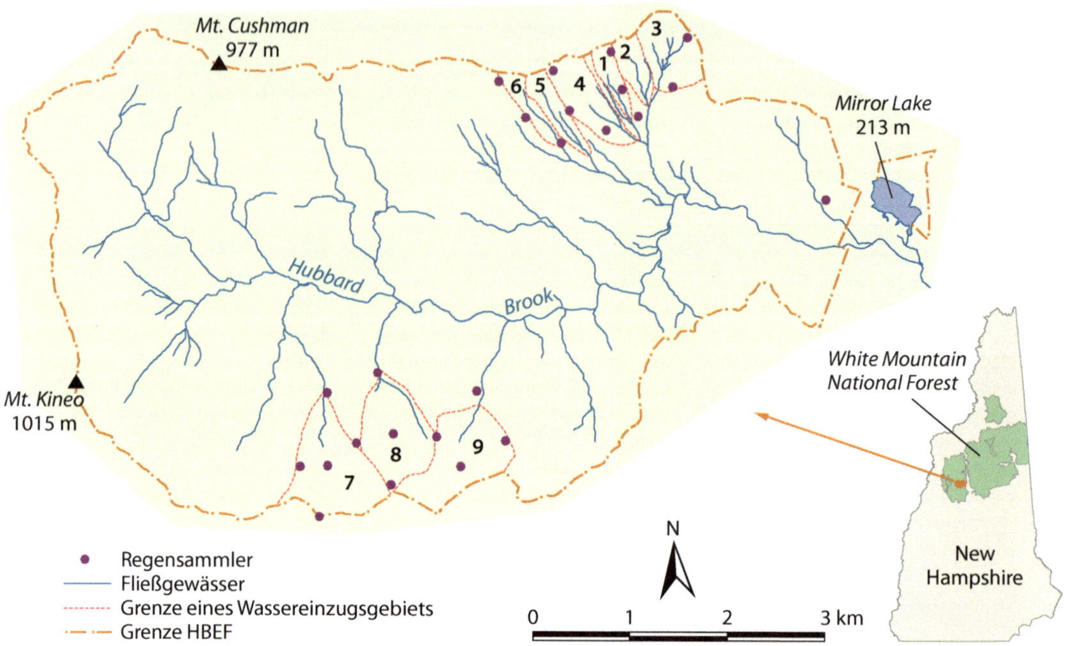

Abb. 10.4 Wassereinzugsgebiete (W1 bis W6) des *Hubbard Brook Experimental Forest* (*HBEF*) in den White Mountains in New Hampshire/USA (nach Likens 2013). *W2* Kahlschlag der holzigen Biomasse im Dezember 1965, in den folgenden drei Jahren vegetationsfrei gehalten durch Einsatz von Herbiziden. *W4* Streifenkahlschläge von 25 m Breite jeweils im Herbst 1970, 1972 und 1974. *W5* Ganzbaumernte im Winter 1983/1984. Alle anderen Wassereinzugsgebiete blieben unbehandelt

(*feedbacks*), und schildern die Grenzen solcher Verfahren. Die Begrenzungen der Treffsicherheit von Modellaussagen werden von Kimmins (2004), Newton (2007), Pretzsch (2009) und Yanai et al. (2010) geschildert. Es kommt in erster Linie darauf an, mit welcher Genauigkeit die Parameter erfasst werden und wieweit die aus anderen Quellen stammenden Daten für die Untersuchung genügend treffend sind.

10.3 Bedeutung der Ökosystemforschung für das Waldmanagement

Die Erkenntnis, dass Wälder komplexe Naturgebilde mit mannigfachen Verknüpfungen nach außen und innen bilden, ist seit langer Zeit bekannt. Sie spielte in Deutschland besonders in der ersten Hälfte des 20. Jahrhunderts in den Diskussionen um den »Dauerwald« eine große Rolle (s. Heyder

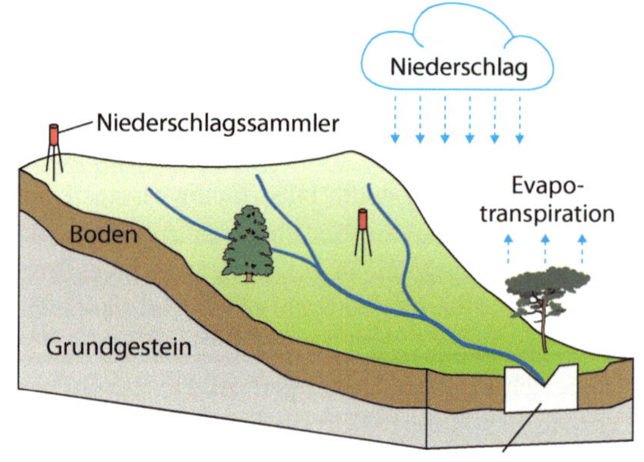

Abb. 10.5 Bilanzierung der Wasserflüsse für ein Wassereinzugsgebiet (nach ▸ www.hubbardbrook.org). Bei Vorhandensein eines wasserundurchlässigen Grundgesteins und einer entsprechenden Geländeform (u. a. Hangneigung) lässt sich die Wasserbilanz aus Niederschlag, Evapotranspiration und Abfluss durch den das Gebiet entwässernden Bach berechnen: *Niederschlag* = Abfluss + Evapotranspiration

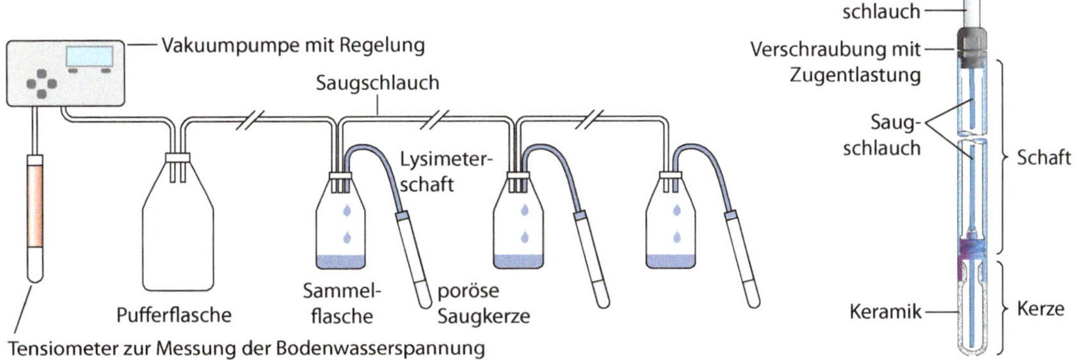

Abb. 10.6 Keramische Saugkerze zur Gewinnung von Bodenwasserproben für die chemische Analyse (nach UMS 2008). Die in den Boden eingebrachten Saugkerzen sind über Schläuche mit Sammelflaschen verbunden. Mittels Vakuumpumpe wird an die Sammelflaschen ein Unterdruck eingestellt, der wenig höher ist als das mit dem Tensiometer gemessene Bodenwasserpotenzial. Die poröse Saugkerze besteht aus Keramik oder Nylon (auch für Metalle geeignet)

1986) und nimmt aktuell auch international Einfluss auf die Waldbewirtschaftung (s. Puettmann et al. 2009; Messier et al. 2013). Die Entwicklung der Ökosystemforschung brachte an vielen Beispielen wissenschaftliche Erkenntnisse der mannigfaltigen Strukturen und Prozesse in ihren vielfachen gegenseitigen Wirkungen. Unter dem Eindruck des fortschreitenden Wachstums der Erdbevölkerung mit ihren steigenden Bedürfnissen und der weltweit verbreiteten Umweltschäden erfuhr die zunächst rein naturwissenschaftlich orientierte Ökosystemforschung eine Erweiterung durch die Forderung nach einer **nachhaltigen Behandlung** der Naturgüter (UN-Konferenz in Rio de Janeiro 1987), so auch der Wälder. Auf der Europäischen Ministerkonferenz in Helsinki 1992 wurde eine erweiterte Definition für nachhaltige Waldwirtschaft gegeben. Danach bedeutet nachhaltige Bewirtschaftung die Betreuung und Nutzung von Wäldern und Waldflächen auf eine Weise und in einem Maß, dass sie ihre Produktivität (einschließlich ihrer Bodenertragskraft), ihre Verjüngungsfähigkeit und ihre Vitalität behalten oder verbessern. Damit soll gleichzeitig ihre Fähigkeit bewahrt werden, gegenwärtig und in Zukunft die ökologischen, wirtschaftlichen und sozialen Funktionen des Waldes auf lokaler und nationaler Ebene zu erfüllen. Zusätzlich soll die nachhaltige Bewirtschaftung einer Waldfläche anderen Ökosystemen keinen Schaden zufügen.

Das sehr alte **Nachhaltigkeitsprinzip** der Forstwirtschaft hat bedeutende Wandlungen und Ergänzungen erfahren. Das ist bei Röhrig et al. (2006) dargestellt (s. a. Grober 2010; Hamberger 2013). Heute gilt in Europa und zunehmend auch in weiten Teilen der Erde für die praktische Forstwirtschaft die Forderung, dass sie die Kriterien der Nachhaltigkeit erfüllen sollen (▶ Kap. 20; s. a. Reynolds et al. 2007; Messier et al. 2013). Beese (1996) sowie Beese und Ludwig (2001) haben einen Anforderungskatalog für nachhaltige Forstwirtschaft nach Kriterien des Stoffhaushalts (u. a. Stickstoff- und Säureeintrag, Aluminiumstress) aufgestellt. Kimmins (2004) widmet diesen Problemen die abschließenden Kapitel seines Werkes. Davis et al. (2001) beschreiben dazu eine Form der Waldwirtschaft, die sie *adaptive management* nennen: Gewinn neuer Erkenntnisse aus Erfahrung und Forschung und Integration solcher Kenntnisse in die Verbesserung der Verfahren. Dies schließt das Anerkennen von Unvorhersehbarkeit und Unsicherheit bei der Behandlung von Waldökosystemen ein, sowohl was die menschliche Erfahrung als auch die Unwissenheit über die weitere Entwicklung der Ökosysteme anbelangt (s. a. Lindenmayer und Franklin 2002; Kimmins 2004).

Wälder auf Landschaftsebene

Norbert Bartsch, Ernst Röhrig

N. Bartsch, E. Röhrig, *Waldökologie*,
DOI 10.1007/978-3-662-44268-5_11, © Springer-Verlag Berlin Heidelberg 2016

Arten, Populationen, Gemeinschaften und Ökosysteme sind abstrakte Begriffe, von Wissenschaftlern geprägt und definiert. Sie werden erst zu Realitäten, wenn sie auf spezielle Objekte angewendet werden. »**Landschaft**« ist eine vorwissenschaftliche Bezeichnung, erst später ist sie Gegenstand wissenschaftlicher Bearbeitung geworden. Landschaften sind nicht allein von ihren **Elementen** (Relief, Gewässer, Flora und deren Ökosysteme) geprägt, sondern zugleich von den **Sinneseindrücken** desjenigen, der sie betrachtet und beschreibt. Ganz unmittelbar verbinden sich mit dem Begriff Landschaft Empfindungen des Erlebens: Schönheit, Erinnerung, Heimatgefühl. Sie finden ihren Niederschlag in unzähligen Schöpfungen der Literatur, der bildenden Kunst und auch in der Musik. Betrachtung und Untersuchung von Landschaften geschehen daher in besonderem Maße mittels multidisziplinärer Ansätze, vorwiegend aus der Geografie, der Ökologie und manchen Geisteswissenschaften. Dabei haben sich schon weit vor der wissenschaftlichen Bearbeitung Bestrebungen zum Schutze von Landschaften entwickelt.

11.1 Grundlagen

In den vorangegangenen Kapiteln wurden Strukturen und Prozesse in den Waldökosystemen besprochen. Ökosysteme sind über ihre Grenzen hin, wie auch immer sie gezogen werden, offen: Sie stehen im physikalischen und biologischen Austausch mit ihrer Umgebung. Damit werden sie Glieder einer höheren Einheit im Sinne der hierarchischen Gliederung der Lebenswelt, im Allgemeinen in Gestalt einer **Landschaft**.

Nach Troll (1968) bezeichnet der Begriff der Landschaft einen Geländeausschnitt, der nach dem äußeren Erscheinungsbild und den darin wirkenden abiotischen und biotischen Faktoren, einschließlich früherer oder noch gegenwärtiger Einwirkung des Menschen, eine besondere Prägung aufweist, die sich von den umgebenden Gestaltungen abhebt. So werden auch heute Landschaften als Einheiten empfunden und von den Betrachtern (oft unterschiedlich) bewertet. Theoretisch können sie sehr unterschiedlich große Ausdehnung haben (Turner et al. 2001). Tatsächlich werden Betrachtung und Untersuchung meist auf einen Geländeausschnitt von 1 km^2 bis maximal 100 km^2 begrenzt, der mit dem bloßen Auge, zumindest aber im Luftbild, wahrnehmbar sein soll.

Landschaftsökologie untersucht die verschiedenen Beziehungen zwischen den einzelnen Landschaftselementen (s. ▶ Abschn. 11.2). Zur Theorie und zu den Anwendungen der Landschaftsökologie gibt es eine ständig steigende Fülle von Literatur, u. a. Naveh und Lieberman (1994), Pickett und Cadenasso (1995), Tenhunen et al. (2001a), Müller (2005), Wiens und Moss (2005), Farina (2006), Green (2006), Fu und Jones (2013), Wu (2013). Größere, mehr zusammenfassende Beiträge zu diesem Thema enthalten die mehrfach genannten Bücher zur Ökologie.

Von der unberührten Naturlandschaft unterscheidet sich die **Kulturlandschaft** durch den dauernden, in Intensität und Zeitablauf wechselnden Einfluss des Menschen (s. ▶ Abschn. 11.3). Die kulturellen Bezüge von Landschaft und Menschen sollen hier nur kurz behandelt werden, sie sind Gegenstand der umfangreichen Literatur zur Kunstgeschichte und Philosophie (z. B. Steingräber 1985; Eschenburg 1987). Viele Aspekte hierzu bietet auch Müller (2005). Kunstwerke aller Völker und Zeiten zeugen von enger Verbundenheit, je nach dem vorherrschenden Geist der Zeit. So haben Werke der Malerei (◘ Abb. 11.1), aber auch der Dichtung und Musik in den unterschiedlichen Landschaften die Auffassungen weiter Volkskreise beeinflusst. Dazu gehören auch Zeugnisse alter Wirtschaftsweisen der Kulturlandschaft, wie Hutewälder (◘ Abb. 11.2), Feldgehölze, Streuobstwiesen, Windmühlen und alte Speicher. Aber auch abgesehen von kulturellen Bezügen spielen bei der Landschaftsbetrachtung Aspekte der **Ästhetik** eine wesentliche Rolle für das Landschaftserlebnis (Wöbse 2002; Burckhardt et al. 2008; Küster 2012).

11.2 Strukturen und Funktionen in der Landschaftsökologie

Die Erfassung von Landschaften geschieht heute meist mithilfe von Methoden der Fernerkundung. Große Bedeutung hat das **Geografische Informationssystem (GIS)** erlangt, ein Verfahren zur

Abb. 11.1 »Eichenwald mit Hirt und Herde« von Pascha Johann Friedrich Weitsch (1723–1803) aus dem Jahr 1775. (Niedersächsisches Landesmuseum Hannover, aus Steinsiek und Laufer 2012)

Sammlung, Verarbeitung, Analyse und Darstellung von räumlichen Informationen. Dabei werden die geografischen Daten mit Computerdaten für bestimmte Landschaftsmerkmale verschnitten, z. B. Bodenrelief, Vegetationstyp, Landnutzungsform (Schaefer 2012). Dazu gibt es inzwischen eine große Zahl von Software (Programmen). In Gestalt von Karten werden die Ergebnisse in für die Untersuchung geeigneter Weise in Ebenen (*layer*) übereinandergelegt. Newton (2007) und Kappas (2012) schildern Verfahrensweise, Auswahl von Computerprogrammen und zu beachtende Aussagefähigkeiten.

Das wichtigste Kennzeichen von Landschaften ist ihre räumliche **Struktur**, die sich in ihrer **Heterogenität**, ihrer Zusammensetzung aus verschiedenen **Landschaftselementen**, ausdrückt. Dazu gehören Oberflächengestalt (Gebirge, Ebenen), Ökosystemtypen (Äcker, Wiesen, Weide, Wald) sowie vom Menschen geschaffene Elemente wie Wege und Gebäude. Sie sind mit bloßem Auge und im Luftbild in ihren Flächenanteilen leicht auszumachen. Solche Landschaftselemente können in einigen Landschaften stark vorherrschen oder sie ganz einnehmen (z. B. geschlossener Wald oder zusammenhängende Moore und Heiden). Meist machen sie aber nur Teile von unterschiedlicher Größe und Gestalt aus. Sie sind häufig durch charakteristische Grenzen voneinander getrennt, doch oft ergeben sich auch Übergangsbereiche. Wenn in diesem Zusammenhang von einem »Mosaik« gesprochen wird (Forman 1995; Hall und Maruca 2001), ist die Verwendung des Begriffs nicht ganz zutreffend, weil die Elemente im Zeitverlauf oft wechseln. Diese Dynamik nennen manche Autoren *shifting state of mosaic* (Kimmins 2004).

Kleinflächige Unterschiede in der Landschaftsstruktur werden als **Ökotope** (in der englischen Literatur auch *patches*) bezeichnet. Dabei gibt es einen unterschiedlichen Gebrauch des Begriffs. Die einfache Definition von Turner et al. (2001), »*surface area that differs from its surroundings in nature or appearing*«, ist wenig erhellend. Die Definition von Schaefer (2012) ist klarer: »die kleinste Raumeinheit einer Landschaft mit einer homogenen Zusammensetzung von Flora und Fauna mit einem dementsprechenden einheitlichen Wirkungsgefüge« (ähnlich auch Tenhunen et al. 2001b; Chapin et al. 2011). Beispiele für Ökotope sind kleine Feldgehölze in Ackerflächen und Bachläufe in Wiesen oder – in Wäldern – Verjüngungslücken und kleine, reliefbedingte Ausprägungen von Waldgesellschaften.

Alle Landschaften verändern sich im **Zeitablauf**, sie weisen eine Entwicklung auf. Diese kann rasch verlaufen, z. B. durch Störereignisse, wie Sturm, Feuer, Hangrutsche, und durch den Eingriff von Menschen, wie Straßenbau, Flussregulierung oder Änderung der Nutzung. Bei allmählicher Aufgabe von Weiden oder Streuobstwiesen lässt sich beobachten, dass Nutzungsänderungen oft einen langsamen Verlauf nehmen. Poschlod (2015), Küster (2013) und Blackbourn (2007) haben die Wandlungen der Landschaften in Mitteleuropa für lange Zeiträume dargestellt.

Die einzelnen Landschaftselemente und Ökotope sind in der Landschaft durch mehr oder weniger deutlich ausgeprägte **Ränder** gegeneinander abgegrenzt. Sie können scharf sein, wie bei Nadelholzaufforstungen gegenüber angrenzenden Ackerflächen, oder breite Übergangszonen (oft von 15 m und mehr, Abb. 11.3) darstellen. Dadurch ergeben sich mehr oder weniger deutliche **Randeffekte**. Eher fließende Übergänge treten vor allem zwischen verwandten Vegetationstypen auf (Coch 1995; Cadenasso und Pickett 2000, 2001; Turner et al. 2001). Solche Übergänge werden als **Ökotone**

Abb. 11.2 Waldweide. **a** Großviehweide in einem Fichtenwald im Harz um 1930 (Privatbesitz Wilfried Ließmann, Göttingen, aus Steinsiek und Laufer 2012). **b** Eichen in einem ehemaligen Hutewald im Reinhardswald (Niedersachsen)

Abb. 11.3 Strukturreiche Waldränder im Habichtswald (Nordhessen)

bezeichnet. Sie sind durch verschiedene abiotische Faktoren (Strahlung, Wärme, Feuchtigkeit) gekennzeichnet, die sich auch auf den Boden auswirken können (z. B. Streuauflage, Verhagerung). Je nach den örtlichen Verhältnissen treten diese Erscheinungen unterschiedlich auf und haben ihre Austauschwirkungen auf die angrenzenden Bestandestypen. Auch die biotischen Einflüsse sind meist erheblich: Sie äußern sich in der Vegetation (Samenverbreitung, Aufwachsen der Pflanzenarten, gegenseitige Beeinflussung, u. a. auch durch die Wurzeln des Nachbarbestandes) und in der Fauna. Für manche Tierarten sind Ökotone bevorzugte Biotope für Nahrung und Schutz. Dabei wechseln besonders Vögel und Säugetiere oft ihre Nahrungs- und Vermehrungsplätze und ihre Sommer- und Winterquartiere innerhalb der Landschaft (Cadenasso und Pickett 2001). Ränder haben somit ein höheres Angebot an einigen Ressourcen und damit oft eine höhere Biodiversität als einzelne Landschaftselemente (Barnes et al. 1998; Ries et al. 2004).

Die Gestalt der Landschaft mit ihren unterschiedlichen Teilen lässt ihre Elemente (Äcker, Weiden, Wälder, Bauwerke und dergleichen) als Bruchstücke (Fragmente, *fragmentations*) erscheinen (Bradshaw und Marquet 2003; Fahrig 2003; Newton 2007). Die **Fragmentierung** kann abiotische Ursachen haben, wie die Wirkungen von Sturm, Feuer, Überschwemmung, Immissionen, oder auch durch biotische Ereignisse bedingt sein (z. B. Herbivorie). In allen diesen Fällen setzt danach auf den betroffenen Flächenteilen eine Sukzession ein, es kommt zu einer Veränderung von Flora und Fauna und somit zu einem anderen Ökotop. In den meisten Kulturlandschaften kommt die Fragmentierung durch Einwirkung des Menschen zustande, indem die Nutzungsart geändert oder (in Wäldern) eine Verjüngung eingeleitet wird, auch durch Verkehrswege. Durch die Aufteilung größerer Landschaftseinheiten in kleinere Ökotope wird die Landschaft kleinteiliger und das umso mehr, je stärker die Fragmentierung ausgeprägt ist und je länger der Vorgang anhält. Ricotta et al. (2006) beschreiben Methoden zur Quantifizierung von Fragmentierungen.

Fragmentierung hat sehr verschiedene **Auswirkungen** auf die Landschaft selbst wie auch auf

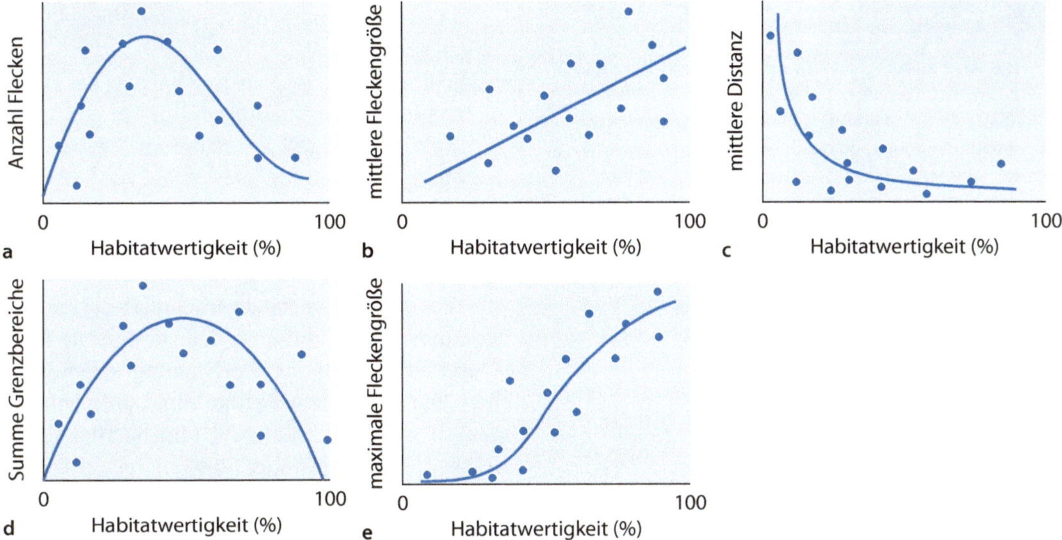

Abb. 11.4 Typische Zusammenhänge zwischen der Habitatwertigkeit und verschiedenen Messgrößen der Fragmentierung (nach Fahrig 2003). **a** Anzahl in sich homogener räumlicher Elemente (*patches*, Flecken) eines Lebensraumes oder einer Landschaft, **b** mittlere Fleckengöße, **c** mittlere Distanz zum nächstbenachbarten Flecken, **d** Summe der Grenzbereiche als Maß für Randeffekte (*edge effects*), **e** maximale Fleckengröße

die einzelnen Fragmente. Durch die Zerteilung größerer Landschaftseinheiten und die dabei entstehenden zahlreichen Randeffekte ändern sich die meso- und mikroklimatischen Verhältnisse der Landschaft und der Biotope sowie deren Empfindlichkeit gegenüber Bränden, Immissionen und anderen Einflüssen. Die gegenseitigen Einwirkungen der Ökotone spielen eine mehr oder weniger große Rolle. Die Populationsdynamik vieler Organismen hängt von deren Vermehrungs- und Ansiedlungsfähigkeit ab, bei Tieren auch von deren Mobilität. Zu einem Artenverlust kommt es je nach der Intensität der Biotopänderung und der Empfindlichkeit der Arten. Besonders Tiere mit hohem Flächenbedarf sind von der Fragmentierung stark bedroht. Die meisten Autoren rechnen mit einem Verlust der Biodiversität durch Fragmentierung, doch das gilt nicht in allen Fällen: Kleinflächig betrachtet wird diese Wirkung häufig eintreten. Wenn man die Landschaft insgesamt betrachtet, so kann die Vielfalt der Biotope auch förderlich wirken (Abb. 11.4; s. a. Fahrig 2003; Newton 2007).

Zwischen fragmentierten Landschaftsteilen können Verbindungen als **Korridore** bestehen bleiben (Vos et al. 2002). Ein typisches Beispiel bilden Hecken, wie sie vor allem in Teilen des Flachlandes von alters her bestehen. Sie können, je nach ihrer Breite und Artenzusammensetzung, ebenso wie Streuobstwiesen für einen Teil des Artenbestandes einen gewissen Schutz gegen die Wirkung der Fragmentierung bieten (s. a. Biotopverbund in ▸ Abschn. 11.3; Abb. 11.5).

Abb. 11.5 Artenreiche Hecke aus Sträuchern mit blühenden Schlehen in Südniedersachsen

Kulturbegriff

Das Wort **Kultur** ist vom Lateinischen abgeleitet und bedeutet im ursprünglichen Sinn so viel wie Pflege, später auch Bebauung und Bewohnung. Die damit verbundene Nutzung der ökologischen Ressourcen der Landschaft hat sich später meist mit dem Ziel der Pflege verbunden, der Wiederherstellung eines harmonischen Gleichgewichts von Gestalt und Nutzung der vielerorts verunstalteten Landschaften. Dazu gibt es eine reiche Fülle allgemeiner und spezielle Zwecke betreffender Literatur (u. a. Arbeitskreis Forstliche Landespflege 1994; Turner et al. 2001; Zerbe und Wiegleb 2009).

11.3 Regulierung und Pflege von Landschaften

In der Landschaftsökologie werden, weit mehr als in der allgemeinen Ökosystemforschung, die Einflüsse menschlicher Tätigkeit zum Gegenstand der Betrachtung und Untersuchung. Tatsächlich handelt es sich in Mitteleuropa und vielen anderen Regionen der Erde um Kulturlandschaften. Von der unberührten Naturlandschaft unterscheidet sich die **Kulturlandschaft** durch einen dauernden, in seiner Intensität im Zeitablauf wechselnden Einfluss des Menschen. Eine klare Trennung von Natur- und Kulturlandschaft ist nicht möglich, weil beide Bereiche sich ständig durchdringen (s. hierzu Herrmann 2013).

Die menschliche Gesellschaft ist bestrebt, in den Kulturlandschaften verschiedene, einander oft überlagernde oder miteinander **konkurrierende Zwecke** zu vereinbaren:

- die Produktion von unmittelbar verwendbaren Lebensgütern, wie landwirtschaftlichen Produkten, Holz und anderen Walderzeugnissen, Futtermitteln, Früchten und dergleichen;
- die Anlage von Wegen, Straßen, Bahnlinien und Wasserwegen zum Transport der erzeugten Güter und zum Fernverkehr, hier und da auch verbunden mit der Errichtung von Gebäuden zur Lagerung und Verarbeitung;
- Wildhege und Jagd mit den dazu erforderlichen Einrichtungen;
- die Nutzung als Regenerationsräume für die (städtische) Bevölkerung im weitesten Sinn: Erholung, Freizeitaktivitäten (Ökotourismus), in vielen Regionen mit speziellen Vorrichtungen ausgestattet;
- die Förderung des Naturerlebnisses, des Heimatbewusstseins und des Naturschutzes, oft mit Wanderwegen, Schutzhütten u. a. versehen.

Alle diese Ziele lassen sich nur selten in erwünschter Weise voll verwirklichen. Meist stehen einige von ihnen einander entgegen, zumal die Besitzer der Landschaften und ihrer Teile bestimmte Rechte und Prioritäten für die Nutzung geltend machen. Die **kulturellen Bezüge** von Landschaft und Mensch sind u. a. in Röhrig und Bartsch (1992), Jedicke (1996) und Müller (2005) dargestellt.

Die vielfältigen Muster und Funktionen von Landschaften erfordern differenzierte Erwägungen und Maßnahmen zu einem **pfleglichen Umgang** mit ihnen. Das übergeordnete Ziel ist es, eine möglichst hohe Vereinbarkeit zwischen den Formen der Nutzung und den ökologischen, sozialen und kulturellen Anforderungen zu erreichen. Wiens und Moss (2005) empfehlen dazu folgende Schritte:

- Erfassung der Probleme, z. B. unerwünschte Veränderungen des Artengefüges und der ökologischen Flüsse, Einbußen an kulturellen Werten;
- Erkennung der Ursachen, z. B. Veränderung früherer Bewirtschaftung, einseitige Übernutzung, zu starke Fragmentierung;
- Bestimmung realistischer Ziele;
- Entwicklung kosteneffektiver Maßnahmen (Setzen von Prioritäten, Akzeptanz durch Grundeigentümer und andere Nutzer). Dazu gehört in der Folge eine wirksame Erfolgskontrolle.

In manchen Fällen geht es nur um die **Erhaltung** von Natur- und Kulturdenkmälern sowie von alten Nutzungsformen wie Streuobstanlagen, Feuchtwiesen, Heide- und Moorflächen (Müller 2005, s. a. ▶ Kap. 5) oder Hutewäldern (Glaser und Hauke 2004). Hier stehen die kulturelle Bedeutung und die Wertschätzung durch Naturwanderer im Vordergrund. Oft aber sind die Ziele weiter gesteckt. Zerbe und Wiegleb (2009) haben die zahlreichen Ansätze umfassend dargestellt. Eingangs geben sie eine Übersicht über die verschiedenen Begriffe, die den

Tab. 11.1 Konzepte zur Pflege und Wiederherstellung von Landschaften. (Nach Zerbe und Wiegleb 2009)

Extensivierung	Verringerung der Nutzungsintensität zugunsten einer aufwandsschwachen Landnutzung (z. B. Grünlandextensivierung)
Regeneration	Erreichen eines naturnäheren Zustands im Hinblick auf frühere Verhältnisse (z. B. Hochmoorregeneration)
Rehabilitation	Wiederherstellung von bestimmten Ökosystemfunktionen bzw. Ökosystemleistungen gemäß eines historischen Referenzzustands (z. B. Wiederherstellung der Fließgewässerdynamik)
Rekonstruktion	Aktive Wiederherstellung eines bestimmten Zustands, meist mit technischen Mitteln bzw. Maßnahmen
Rekultivierung	Aktive Wiedernutzbarmachung bzw. Rückführung in einen nutzbaren Zustand nach äußerst intensiver Nutzung oder Zerstörung (z. B. nach Gesteins- oder Bodenabbau)
Renaturierung	Erreichen eines naturnäheren Zustands, d. h. eines Zustands geringerer Nutzungs- bzw. Eingriffsintensität, auch Einstellen der Nutzung und Zulassen der natürlichen Sukzession (z. B. naturnaher Waldumbau)
Restauration, Restaurierung	Rückführung in den ursprünglichen, eindeutig historischen Zustand mit verschiedenen, meist technischen Maßnahmen (z. B. Moore, Gewässer)
Revitalisierung	Wiederherstellung von erwünschten abiotischen Umweltbedingungen als Voraussetzung für die Ansiedlung von standorttypischen Lebensgemeinschaften (z. B. Auen- und Moorrevitalisierung)

Landschaftsschutz

Das **Bundesnaturschutzgesetz** von 2002 schreibt in § 1 vor:
»Natur und Landschaft sind aufgrund ihres eigenen Wertes und als Lebensgrundlage des Menschen auch in Verantwortung für die künftigen Generationen im besiedelten und unbesiedeltem Raum so zu schützen, zu pflegen und zu entwickeln und, soweit erforderlich, wieder herzustellen, dass die Vielfalt, Eigenart und Schönheit sowie der Erholungswert von Natur und Landschaft auf Dauer gesichert sind.«
Das Schutzgut Landschaft ist demnach kein Wert an sich, sondern steht im Bezug zum Menschen (Frohn und Schmoll 2006, s. a. den Kommentar zum Bundesnaturschutzgesetz von Schumacher und Fischer-Hüftle 2011).

Vorgaben des Bundesnaturschutzgesetzes gerecht werden sollen (Tab. 11.1). Sie fassen ihre Darstellung unter dem Begriff **Renaturierung** zusammen, geben aber zu bedenken, dass diese Bezeichnung nicht ohne Möglichkeiten von Missverständnissen ist. Das liegt in erster Linie an der Schwierigkeit, den Bedeutungsgehalt von Natur zu definieren. Daraus folgen dann die vielen Missverständnisse solcher Aussagen wie »naturgemäß«, »naturnah« und dergleichen. Zerbe und Wiegleb wollen unter Renaturierung nicht nur die Rückwandlung von Landschaften in einen früheren oder als natürlich angesehenen Zustand verstehen, sondern auch ein oft aufwendiges Management zur Erreichung eines bestimmten Zieles, so etwa die Erhaltung der Heide und anderer offener Landschaftsformen. Die Renaturierung kann sich auch nur selten an historische Vorbilder halten, weil die ökologischen Bedingungen inzwischen meist tiefgreifend und irreversibel verändert sind.

Als besonders wichtig wird die Minderung der nachteiligen Wirkungen starker Fragmentierung von Landschaften angesehen. Damit ist schon die aktive **Verbesserung** des Landschaftsgefüges angesprochen. Jedicke (1996) hat das ausführlich beschrieben. Er bezeichnet als **Biotopverbund** den räumlichen Kontakt von Biotopen über andere Landschaftsteile hinweg. Solche Verbindungen entstehen vor allem durch langgestreckte Hecken (s. a. Benjes 1998; Reitsam 2003), bisweilen auch durch genügend breite Windschutzstreifen. Neuerdings werden solche **Korridore** in großflächigen, einheitlichen Agrarlandschaften vermehrt wieder neu geschaffen. Das künstliche Anlegen solcher Korridore wird oft mit Einschränkungen als nützlich angesehen (Turner et al. 2001; Chapin et al. 2011). Hecken verbinden Waldränder oder Feldgehölze, können aber den Verbund von Offenlandbiotopen (z. B. Trockenrasen) verhindern (Haber 2014). Entlang des ehemaligen innerdeutschen Grenzverlaufs ist ein Bioptopverbund, das »Grüne Band«, von fast 1400 km geplant und bereits weitgehend eingerichtet (Harteisen et al. 2010). Auch die bach- und flussbegleitende Ufervegetation kann die Funktion von Korridoren erfüllen. Dabei ist es wichtig, dass sie breit genug belassen wird, um einer Vielfalt von Tieren Lebensmöglichkeiten zu geben. In der Baum- und Strauchschicht sollen nicht die stärker schattenbildenden Schwarzerlen vorherrschen, vielmehr ist eine Mischung verschiedener Arten notwendig.

Als **Trittsteine** bezeichnet Jedicke (1996) kleine, in der Landschaft verteilte Flecken, die zwar nicht ganzen Populationen das Überleben längerfristig erlauben, jedoch für einige Zeit besiedelt oder zur Nachzucht von Lebewesen benutzt werden können. Dazu gehören (zeitweise austrocknende) kleine Gewässer und Feldgehölze.

In manchen Regionen ist eine **Neugestaltung** (Rekultivierung) der Landschaft erforderlich. Das gilt vor allem für den Braunkohletagebau (s. Tischew 2004; Drebenstedt und Kuyumcu 2013) und die Halden früherer Bergwerke (s. Wippermann 2000). Dazu und zu vielen anderen Aspekten der Renaturierung im weiteren Sinn gibt es eine umfangreiche grundlegende und spezielle Fragen behandelnde Literatur (Konold et al. 1999; Perera et al. 2006). Das Werk von Zerbe und Wiegleb (2009) enthält ausführliche, mit Literaturangaben versehene Kapitel für alle wichtigen Gebiete der Renaturierung.

11.4 Landschaftsökologie und Waldbau

Für die verschiedenen Betriebsarten der Wälder (s. Röhrig et al. 2006; ◘ Abb. 11.6) ergeben sich unterschiedliche Probleme in der Landschaftspflege (s. a. Frelich und Puettmann 1999).

Die in Mitteleuropa noch vorhandenen **Niederwälder** (Regeneration nur durch Stockausschlag) werden nur in wenigen Regionen und ganz selten nachhaltig zur Holzproduktion genutzt (Becker et al. 2013). Soweit sie dauerhaft erhalten werden, gelten sie vorwiegend als Zeugen einer früheren Waldwirtschaft. Die Erhaltung erfordert einen beträchtlichen Aufwand. Im Hinblick auf die Biodiversität sind Niederwälder ambivalent zu betrachten: Nach der flächenweisen Ernte der Ausschläge entstehen ökologische Bedingungen einer Kahlfläche, die vielen lichtbedürftigen Organismen Lebens- und Vermehrungsmöglichkeiten geben. Da das Aufwachsen der neuen Stockaustriebe aber sehr viel rascher erfolgt als die Sukzessionen auf Kahlflächen im Hochwald, ist diese Periode nur kurz. Sehr bald ist das Kronendach wieder geschlossen. Im Übrigen lässt die kurze Umtriebszeit (meist zehn bis 20 Jahre) kein von Pilzen und Insekten besiedelbares Totholz entstehen. Kurzumtriebsplantagen haben landschaftsökologisch kaum einen Wert (Bemmann et al. 2008).

Beim **Mittelwald**, dem gemeinsamen Aufwachsen von Stark- und Schwachholz, liegen die Verhältnisse etwas anders. Auch hier handelt es sich um eine sehr alte Wirtschaftsform (Glaser und Hauke 2004), die vor allem in Frankreich noch auf beträchtlichen Flächen erhalten ist, im übrigen Mitteleuropa dagegen größtenteils durch Hochwaldformen abgelöst wurde. Für den Erhalt einiger Flächen sprechen, wie beim Niederwald, kulturhistorische Gründe. Daneben hat der Artenschutz hier eine größere Bedeutung. Vor allem auf nährstoffreicheren Standorten der Ebenen und der Mittelgebirge enthält die locker stehende Baumschicht oft eine Anzahl von Arten, die relativ langsam wachsen und nicht so stark durch rascher wachsende bedrängt und ausgeschaltet werden. Dazu gehören Wildapfel (*Malus sylvestris*), Wildbirne (*Pyrus pyraster*), Mehlbeere (*Sorbus aria*), Elsbeere (*Sorbus torminalis*), Speierling (*Sorbus domestica*) und die Eibe (*Taxus baccata*). Die über längere Zeit gestufte Struktur der Mittelwälder bietet zeitweilig auch Lebensräume für viele Tierarten, u. a. die Waldschnepfe (*Scolopax rusticola*), den Halsbandfliegenschnäpper (*Ficedula albicollis*) und das Haselhuhn (*Tetrastes bonasia*), von dem man annimmt, dass es sich fast ausschließlich in Mittelwäldern aufhält. Auch unter den Kleinsäugern findet man einige bevorzugt im Mittelwald: Haselmaus (*Muscardinus avellanarius*), Baumschläfer (*Dryomys nitedula*)

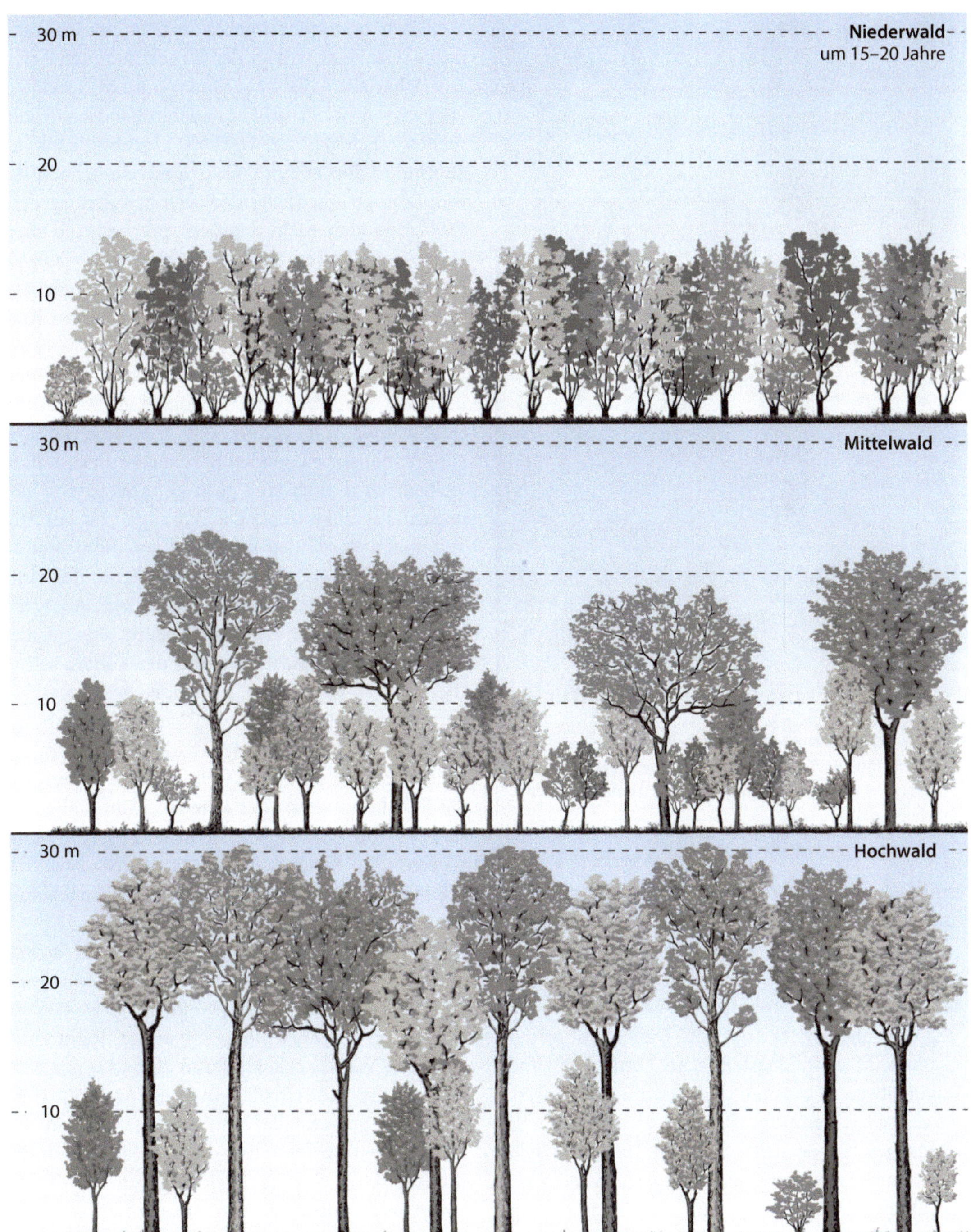

Abb. 11.6 Betriebsarten Niederwald, Mittelwald und Hochwald

Abb. 11.7 Eiche mit tief angesetzten Ästen als Relikt aus dem Mittelwald. Mit ihrer großen Krone diente die Eiche als Mastbaum zur Erzeugung von Eicheln für die Schweinemast

und Siebenschläfer (*Glis glis*), die von Astlöchern abgestorbener Fauläste profitieren. Da die alten Bäume in ehemaligen Mittelwäldern gewöhnlich nicht viel gepflegt werden, bestehen dort meist genügend totes Ast- und Stammholz mit den darin wohnenden Organismen (Abb. 11.7). Daher gibt es gute Gründe, Mittelwaldbestände im Sinne der Landschaftspflege zu erhalten und deren Betrieb fortzuführen, auch wenn das ökonomisch ein deutliches Verlustgeschäft darstellt (Geb et al. 2004). Dasselbe gilt in noch höherem Maß für die sogenannten **Hutewälder**, die ursprünglich zur Förderung der Jagd in Form sehr weitständiger Eichenpflanzungen angelegt worden sind (s. Abb. 11.2). Sie stehen allerdings meist auf nährstoffarmen Standorten und können daher zur Biodiversität der Vegetation wenig beitragen, eher zur Vielfalt der Fauna.

Doch besteht weitgehende Übereinstimmung darin, dass keine einzige der heute bekannten Arten zum Überleben allein auf Nieder- und Mittelwälder angewiesen ist. Sie sind in anderen Landschaftselementen (Feldgehölze, Hecken, Hochwälder u. a.) zumindest dort zu finden, wo durch einfache Mittel ihre Biotope geschützt oder auch gestaltet werden. Das sollte aber nicht dagegen sprechen, die alten Wirtschaftsformen in einem geringen Umfang zu erhalten, doch sollte man sich im Klaren darüber sein, dass der laufende Betrieb einen großen Aufwand erfordert.

In den meisten europäischen Ländern ist man bestrebt, an allen dafür geeigneten Standorten **Hochwälder** mit gemischter Zusammensetzung aus zueinander passenden Baumarten zu gestalten, vielfach wird auch eine gestufte oder geschichtete Struktur angestrebt. Die Vorzüge von derartig gestalteten Beständen sind u. a. von Röhrig et al. (2006) dargelegt, ebenso die Probleme bei einigen Baumarten. Landespflegerischen Aspekten kommen dabei vor allem die höhere Biodiversität vieler Mischbestandstypen und der höhere ästhetische Wert gemischter Bestände, besonders bei der unterschiedlichen herbstlichen Laubfärbung, entgegen. Der Arbeitskreis Forstliche Landespflege (1994) geht auf eine Fülle weiterer Aspekte ein, wie die Erhaltung alter oder seltener Bäume, die Gestaltung von Waldwegen, die Erhaltung von Waldwiesen, die Renaturierung von Gewässern, die Schaffung von freien Ausblicken in die umgebende Landschaft und dergleichen.

Von besonderer Bedeutung sind die **Außenränder** von Wäldern und ihre Gestaltung (s. ▶ Abschn. 11.2). Für viele Waldwanderer ist es ein besonderes Erlebnis, wenn sie an den Rand eines größeren Waldes gelangen und einen weiten Ausblick in die Landschaft gewinnen – zumal, wenn der Rand gut gestaltet, mit einem Weg und mit Ruhebänken ausgestattet ist. Waldaußenränder sind typische Ökotone, Übergangszonen zwischen zwei Landschaftselementen. Sie sind je nach ihrer Nähe zum geschlossenen Wald den auf engem Raum unterschiedlichen ökologischen Bedingungen ausgesetzt und tragen in ihrer Flora und Fauna Arten beider angrenzender Vegetationstypen. Das Ausmaß ihrer biologischen Vielfalt ist in hohem Maß von den Verhältnissen der Strahlung und des

Windes (Himmelsrichtung des Randes) sowie den Feuchtigkeits- und Nährstoffbedingungen abhängig (s. Geiger et al. 1995; Ries et al. 2004; Geiger 2013). Daran muss sich die Gestaltung durch den Waldeigentümer ausrichten. Ferris-Kaan (1991) gibt in einer Zusammenstellung der Referate aus einem Symposium über Gestaltung von Waldrändern einen Überblick der Lebensräume dieser Ökotone für Schmetterlinge und andere Wirbellose, Vögel und Kleinsäuger.

Beschreibungen und Empfehlungen für ideale **Waldrandgestaltung** findet man in der Literatur häufig (z. B. Zundel 2010). Sie stimmen darin überein, dass Waldaußenränder zu den benachbarten Landschaftsteilen hin einen lockeren Bewuchs niedrig bleibender Sträucher haben sollen, die genügend Raum für Gräser und Kräuter lassen. Zum eigentlichen Waldrand hin folgt ein Streifen von Sträuchern und (wenigen) Bäumen zweiter Größenordnung, der immer noch Kräuter und Gräser aufkommen lässt. Dann erst folgt der Wald, der am Rande nicht immer dicht geschlossen sein soll (s. ▶ Abschn. 11.2). In manchen Regionen war es noch vor etwa 80 Jahren üblich, an diesem Waldrand ein oder zwei Reihen von Schwarzkiefern zu pflanzen, die offenbar dem Sturmschutz dienten. Eine andere Art der Waldrandgestaltung bildet auf geeigneten Standorten die ein- oder zweireihige Pflanzung von Hainbuchen.

Allerdings findet man Waldränder dieser Art in der Praxis nur selten. Meist geht der Wald unvermittelt in die Nachbarschaft über, oft entwickeln sich die Randbäume, besonders die Buchen, derart, dass sie angrenzende Felder oder Weiden weit überragen und deren Ertrag schmälern. Erfolgreiche Waldrandgestaltung lässt sich offenbar nur dann verwirklichen, wenn sie sogleich nach der Verjüngung des Altbestandes begonnen wird. Auf basenreicheren Standorten steht dafür eine große Anzahl von Sträuchern und niedrig bleibenden Baumarten zur Verfügung, u. a. Schlehe (*Prunus spinosa*), Weißdorn (*Crataegus laevigata, C. monogyna*), Kornelkirsche (*Cornus mas*), Blutroter Hartriegel (*Cornus sanguinea*), Pfaffenhütchen (*Euonymus europaeus*), Hundsrose (*Rosa canina*), Gewöhnlicher Schneeball (*Viburnum opulus*). Sehr eingeschränkt ist dagegen die Artenauswahl auf nährstoffarmen, sehr trockenen Standorten. Hier ist man vorwiegend auf Sandbirke, Aspe, Vogelbeere und anspruchslose Weiden und Krautarten angewiesen. Die Pflege erfordert dort einigen Aufwand für Rückschnitt und Ergänzungspflanzungen.

Strukturen und Dynamik von Wäldern

Strukturelemente von Wäldern

Norbert Bartsch, Ernst Röhrig

N. Bartsch, E. Röhrig, *Waldökologie*,
DOI 10.1007/978-3-662-44268-5_12, © Springer-Verlag Berlin Heidelberg 2016

Struktureinheiten

Untersuchungseinheiten zur Struktur können ganz unterschiedlich groß sein. In der forstlichen Praxis wird als räumliche Einheit des Systems der **Bestand** angenommen, der sich in bewirtschafteten Wäldern mit der Bezeichnung »Unterabteilung« deckt und die Einheit für Planung, Vollzug und Kontrolle waldbaulicher Tätigkeiten ist. Der Bestand ist definiert als räumlich abgrenzbarer Teil eines Waldes, der sich durch Baumartenzusammensetzung und/oder Alter der Bäume von anderen Waldteilen unterscheidet und über eine Mindestgröße verfügt. Die nächsthöhere Wirtschaftseinheit, die »Abteilung«, dient in erster Linie einer allgemeinen Waldeinteilung und umfasst meist mehr als 10 ha. Einsicht in die räumliche Struktur eines Bestandes gewinnt man am besten durch die Betrachtung von **Grundriss** und **Aufriss** (◘ Abb. 12.2). Ein bewirtschafteter Bestand durchläuft von der Begründung bis zur Holzernte verschiedene natürliche **Altersstufen** mit bestimmten Maßnahmen der Bestandespflege (◘ Abb. 12.3). Bei größeren Untersuchungsobjekten, z. B. Naturwaldreservaten (s. Kap. 20), müssen repräsentative Flächenteile zur Aufnahme ausgewählt werden. Das kann in systematischer Weise (Gitternetz, Streifen) oder durch Zufallsstichproben geschehen. Die **Aufnahmeflächen** können als Kreise, Quadrate oder Rechtecke in verschiedener Größe gewählt werden. Die Einzelheiten mit den Vorzügen und Nachteilen der entsprechenden Wahl sind von Meyer und Pogoda (2001) sowie Newton (2007) dargestellt. Pretzsch (2001) beschreibt eingehend das Anlegen und die Aufnahme von forstlichen Versuchsflächen.

Systeme weisen ein Gefüge von Verbindungen zwischen den Bestandteilen auf, die **Struktur** (Schaefer 2012). Dabei sind vielfältige Strukturmerkmale möglich, ihre Wahl richtet sich nach dem Ziel der Betrachtung oder Untersuchung. Darstellungen von Waldstrukturen mögen die Anzahl und **Verteilung von Arten** und Artengruppen (Lebensformen, funktionelle Gruppen, Altersverteilung, Biodiversität) enthalten, sie können die **räumliche Anordnung** der Bäume oder anderer Lebewesen im Ökosystem zeigen oder **prozessorientiert** sein (Stoffflüsse, Auf- und Abbau organischer Substanz, trophische Strukturen). Dazu ist eine große Anzahl von Untersuchungsmethoden entwickelt worden. In allen Fällen spielt die zeitliche Komponente, die Veränderung des Systems im Ablauf kurzer oder langer Zeiträume, eine Rolle.

Im Rahmen einer Einführung in die Waldökologie kann dieses intensiv bearbeitete Gebiet nur kurz behandelt werden. Ausführliche Darstellungen bieten Husch et al. (2003), McElhinny et al. (2005), Pretzsch (2009) sowie Fortin und Dale (2011). Zudem werden wir in den folgenden Kapiteln auf die Zusammenhänge von Struktur und Funktion der Ökosysteme zurückkommen. Methoden zur Erfassung von Waldstrukturen nach verschiedenen Merkmalen beschreibt auch Newton (2007).

12.1 Grundlagen

»Die räumliche (dreidimensionale) Struktur eines Waldbestandes, sein horizontaler und vertikaler Aufbau zu einem bestimmten Zeitpunkt, prägt in entscheidendem Maße die weitere Bestandesentwicklung« (Pretzsch 2001). Das Bedürfnis, die Struktur der Baumschicht eines Waldbestandes zu kennen, ergab sich zuerst im Zusammenhang mit der Aufstellung von Regeln zur Durchforstung. Es wurden verschiedene **Baumklassensysteme** entwickelt (s. Röhrig et al. 2006; ◘ Abb. 12.1). Sie erwiesen sich bei der fortschreitenden Entwicklung der forstlichen Ertragskunde als wichtige Grundlage.

In der **waldökologischen Forschung** kommt Strukturuntersuchungen eine große Bedeutung zu, denn sie eröffnen den Zugang zu klimatologischen, physiologischen und produktionsbiologischen Fragen. Im Zusammenhang damit lassen sich Probleme der natürlichen Alterung von Bestandesgliedern sowie die Entstehung und Wirkung von Störungen (Sturm, Schnee, Schädlinge u. a.) bearbeiten. Die heute so bevorzugt behandelten Aspekte der Biodiversität, der Vielfalt von Pflanzen, Tieren und Mikroorganismen (s. ▶ Abschn. 20.2), lassen sich nur angehen, wenn man die Strukturen der betrachteten Waldökosysteme genauer kennt.

Abb. 12.1 Baumklassensystem nach Kraft (Originalzeichnung aus Kraft 1884). Grundlage des Systems ist die soziale Stellung des Baumes im Bestand, d. h. seine Konkurrenzsituation im Verhältnis zu seinen Nachbarn. Für die Klassifizierung ist hauptsächlich die Form der Krone maßgebend, daneben die Höhe im Vergleich mit den Nachbarn: *1* vorherrschende Bäume mit ausnahmslos kräftig entwickelten Kronen. *2* herrschende, in der Regel den Hauptbestand bildende Bäume mit verhältnismäßig gut entwickelten Kronen. *3* gering mitherrschende Bäume, Kronen zwar noch ziemlich normal geformt und in dieser Beziehung denen der zweiten Stammklasse ähnelnd, aber verhältnismäßig schwach entwickelt und eingeengt, oft schon mit beginnender Degeneration. *4* beherrschte Bäume, Kronen mehr oder weniger verkümmert, entweder von allen Seiten zusammengedrückt, einseitig oder fahnenförmig entwickelt; *4a* zwischenständige, im Wesentlichen schirmfreie, meist eingeklemmte Kronen, *4b* teilweise unterständige Kronen, der obere Teil der Krone frei, der untere Teil überschirmt oder infolge Überschirmung abgestorben. *5* ganz unterständige Stämme; *5a* mit lebensfähigen Kronen (nur bei Schattenbaumarten), *5b* mit absterbenden oder abgestorbenen Kronen

12.2 Erfassung der räumlichen Struktur

Der **Bestandesgrundriss** zeigt die horizontale Verteilung der Bäume in Bestandessschichten auf der Fläche. Bestandesteile, die sich durch unterschiedliches Alter oder verschiedene Baumarten wesentlich von anderen Teilen unterscheiden, werden je nach ihrer **Größe** und **Form** als Trupp, Gruppe und Horst, wenn sie langgestreckt sind, als Schmal- oder Breitstreifen bezeichnet (Abb. 12.4). Ein Horst nimmt eine Fläche von etwa 0,1–0,5 ha ein, eine Gruppe etwa 0,03 bis knapp 0,1 ha, ein Trupp besteht im mittleren bis höheren Bestandesalter aus drei bis fünf Bäumen. Breitstreifen (40–60 m Breite) und Schmalstreifen (20–40 m) können unter natürlichen Verhältnissen durch Störungen (v. a. Stürme) zustandekommen, sind aber meist Ergebnisse waldbaulicher Eingriffe (Saumschläge oder Ähnliches, s. Röhrig et al. 2006).

Der Bestandesgrundriss lässt zudem die Verteilung der Bäume auf der Fläche erkennen (s. a. ► Kap. 9). Abbildung 12.5 zeigt drei prinzipielle Möglichkeiten:

1. eine **regelmäßige Verteilung**, wie sie sich vor allem nach Pflanzungen auf der Freifläche

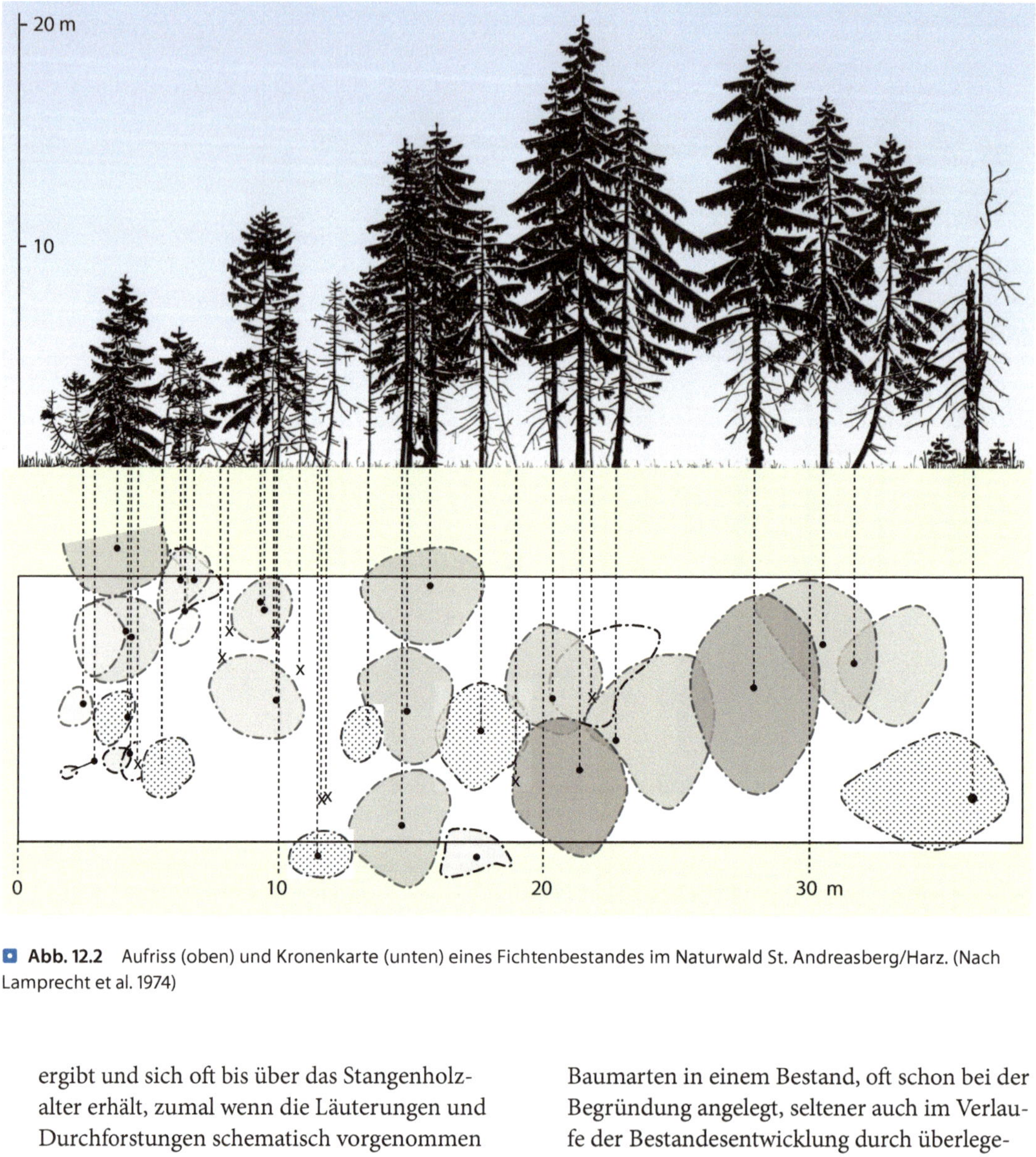

Abb. 12.2 Aufriss (oben) und Kronenkarte (unten) eines Fichtenbestandes im Naturwald St. Andreasberg/Harz. (Nach Lamprecht et al. 1974)

ergibt und sich oft bis über das Stangenholzalter erhält, zumal wenn die Läuterungen und Durchforstungen schematisch vorgenommen werden;

2. eine **zufällige Verteilung** (Poisson-Verteilung), bei der die Abstände zwischen Individuen nach einer zufälligen Wahrscheinlichkeit angeordnet sind; sie findet sich oft in dichten Naturverjüngungen und in alten Beständen und ist ökologisch weniger zufällig verteilt als vielmehr von kleinstandörtlichen Gegebenheiten und Konkurrenzbedingungen abhängig;
3. eine **geklumpte Anordnung**, meist in Form von Trupps und Gruppen verschiedener Baumarten in einem Bestand, oft schon bei der Begründung angelegt, seltener auch im Verlaufe der Bestandesentwicklung durch überlegenes Wachstum einer einzelnen Art entstanden.

Eine andere Art des Bestandesgrundrisses erhält man durch **Kronenkarten**, in denen die Baumkronen maßstabgerecht auf die Bestandesfläche projiziert dargestellt werden (Abb. 12.6). Dazu gibt es eine größere Anzahl von Methoden sowohl für terrestrische Verfahren (u. a. Laserscanning, s. Seidel et al. 2013) als auch für die Auswertung von Aufnahmen aus der Luft (s. Sala et al. 2000; Newton 2007). Aufwendige Methoden der direkten

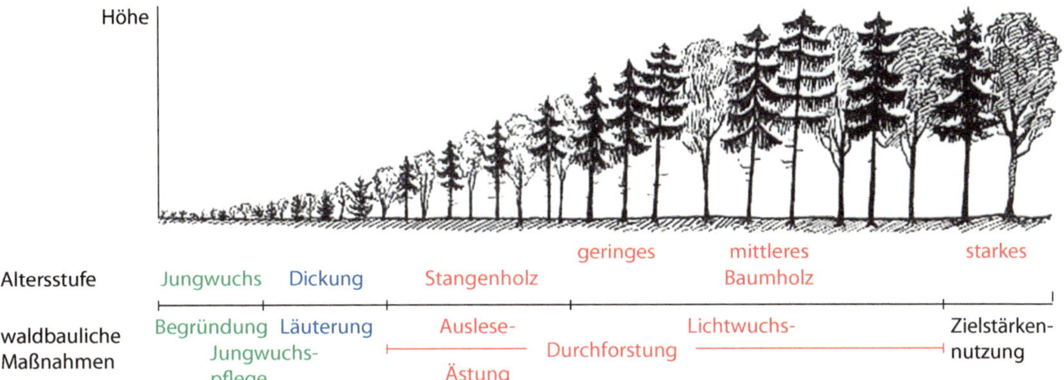

Abb. 12.3 Natürliche Altersstufen und deren waldbauliche Maßnahmen. (Nach Burschel und Huss 2003). Jungwuchs: von der Begründung (Naturverjüngung, Pflanzung oder Saat) bis zum Bestandesschluss. Dickung (Jungbestand): vom Bestandesschluss bis zur Derbholzgrenze (Durchmesser in Brusthöhe [BHD] in 1,3 m ab 7 cm). Stangenholz: mittlerer BHD bei der Mehrzahl der herrschenden Bäume 15–20 cm. Geringes Baumholz: mittlerer BHD bei der Mehrzahl der herrschenden Bäume 20–35 cm. Mittleres Baumholz: mittlerer BHD bei der Mehrzahl der herrschenden Bäume 35–50 cm. Starkes Baumholz: mittlerer BHD bei der Mehrzahl der herrschenden Bäume >50 cm

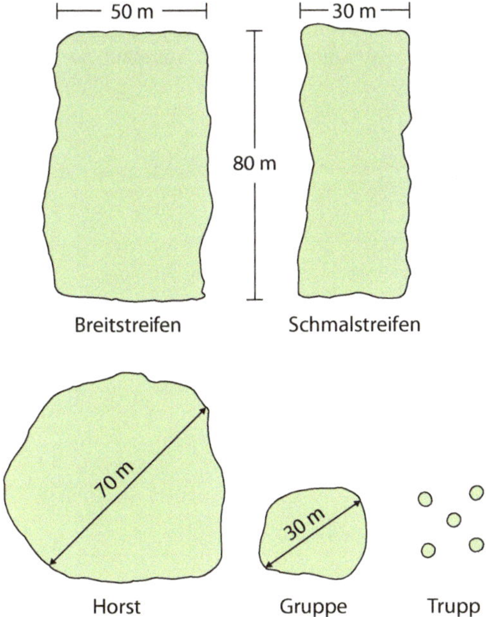

Abb. 12.4 Nach Größe und Form zu unterscheidende Teilflächen von Waldbeständen

Messung im Kronenraum und deren Auswertung schildern Lowman und Rinker (2004).

Kronenkarten sollen neben Lücken auch Doppel- und Mehrfachüberschirmungen zeigen, was bei der Auswertung von Luftbildern meist Schwierigkeiten bereitet. Aus den Kronenkarten lassen sich auch die Schirmflächengrößen der Bäume berechnen. Sie zeigen zudem den **Schlussgrad** des Bestandes, der ohne Berücksichtigung von doppelter und mehrfacher Überschirmung angegeben wird.

Wegen des Aufwands, den die Herstellung von Kronenkarten erfordert, wird der Schlussgrad für praktische Zwecke gewöhnlich geschätzt. Man gibt das Ergebnis entweder in Zehntel des vollen Kronenschlusses an oder in einer Schätzskala. Schätzfehler treten häufig in Abhängigkeit von der Hanglage des Bestandes auf und bei dessen heterogener Zusammensetzung nach Baumarten und Schichten.

Schätzung des Kronenschlussgrades

gedrängt: Die Kronen greifen tief in- und übereinander.
geschlossen: Die Abstände der Kronen lassen keinen Platz für weitere Kronen von mittlerer Größe.
licht: Die Abstände der Kronen lassen Platz für mindestens eine weitere Krone.
räumdig: Die Zwischenräume lassen Platz für mehrere weitere Kronen mittlerer Größe.

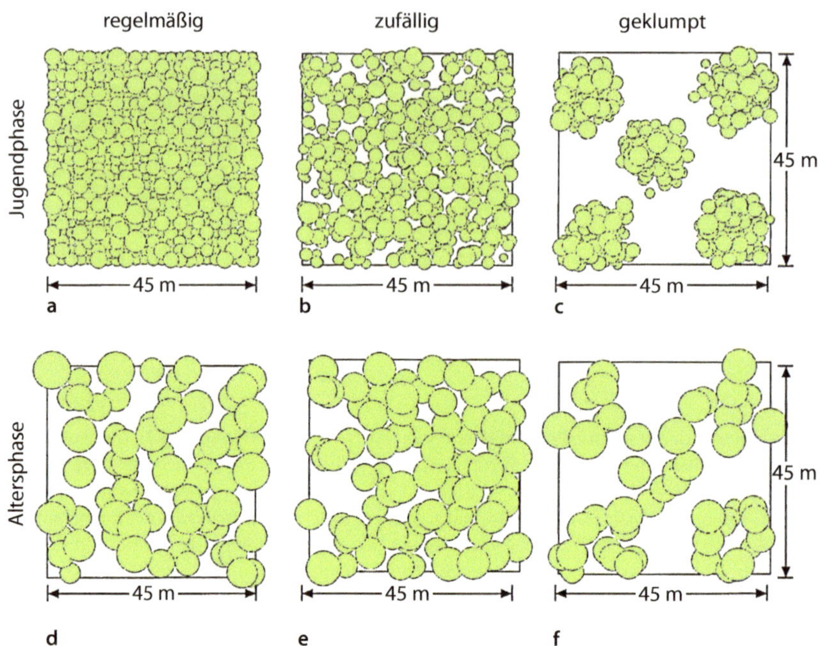

Abb. 12.5 Verteilungsmuster von Bäumen in der Jugendphase (**a**, **b**, **c**) und in der Altersphase (**d**, **e**, **f**). Dargestellt sind die Kronenkarten einer regelmäßigen, einer zufälligen und einer geklumpten Baumverteilung. (Nach Pretzsch 2002)

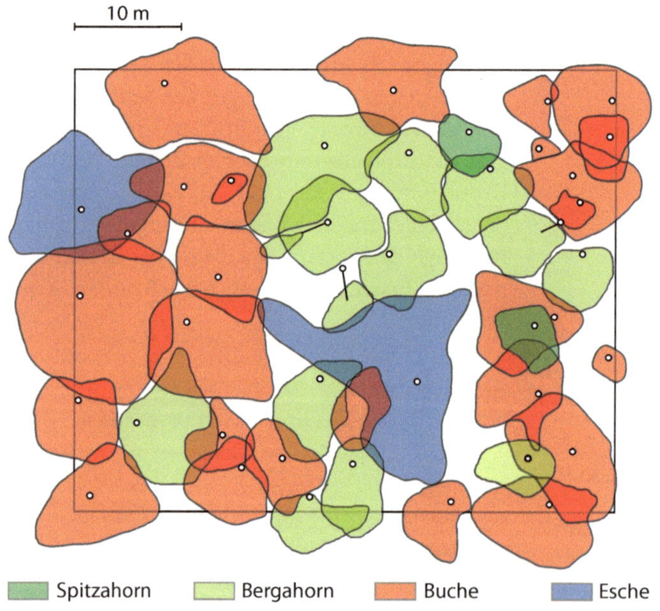

Abb. 12.6 Kronenkarte eines 125-jährigen Laubholzmischbestandes. (Nach Röhrig et al. 2006)

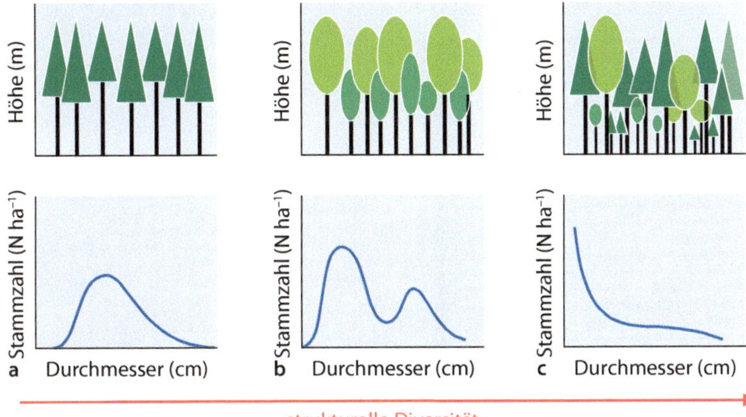

Abb. 12.7 Durchmesserverteilungen als Folge unterschiedlicher waldbaulicher Verfahren. (Nach Pommerening 2004). **a** Annähernd normalverteilte Durchmesserverteilung einschichtiger Bestände. **b** Zweigipflige Durchmesserverteilung, bei der die Kronen der herrschenden Bäume ausreichend Strahlung für eine zweite Baumschicht durchlassen. **c** Exponentiell abnehmende Durchmesserverteilung von Mischbeständen unbewirtschafteter Wälder und von Plenterwäldern

Der Schlussgrad ist eine Orientierungshilfe für waldbauliche Maßnahmen, insbesondere für Einschätzungen im Zuge von Naturverjüngungen, Voranbauten und dergleichen (s. Röhrig et al. 2006). Im Verlauf von natürlichen Sukzessionen und Störungen (▶ Kap. 15) und bei der Verjüngung nach dem Verfahren des Femelschlags entstehen Lücken im Kronendach, die in der Kronenkarte erkennbar sind.

Die **Bestandesdichte** lässt sich allenfalls für sehr junge Bestände durch die Baumzahl je Hektar angeben. Im Übrigen wird sie als Bestandesgrundfläche gemessen, das ist die ideelle Fläche, die sich ergibt, wenn man die Kreisflächen aller Bäume über 7 cm Durchmesser (Derbholzgrenze) in Brusthöhe (1,3 m über dem Boden) addiert (s. Kramer und Akça 2008).

Für die Bestandesbehandlung hat die Kenntnis der **Durchmesserverteilung**, des Anteils von verschiedenen Durchmesserstufen am Gesamtkollektiv, und ihrer Verlagerung in Abhängigkeit von Alter, Ausgangszustand und weiterer waldbaulicher Behandlung eine entscheidende Bedeutung. In mehr oder weniger gleichaltrigen Reinbeständen, wie sie sich aus Pflanzung, Saat und Naturverjüngung nach großflächiger Störung oder einem Großschirmschlag ergeben, sind die Durchmesser geschlossener Bestände meist eingipflig und annähernd normalverteilt um den Mittelwert (Abb. 12.7). Mischbestände, besonders, wenn sie ungleichaltrig sind, weisen meist eine zweigipflige Durchmesserverteilung auf. Das eine Kollektiv machen die vorwüchsigen (lichtbedürftigen, manchmal auch älteren) Baumarten aus, das andere die langsamwüchsigeren, manchmal auch jüngeren Arten. Typische zweigipflige Durchmesserverteilungen haben Unterbaubestände, z. B. Eichenbestände mit zur Schaftpflege Jahrzehnte später eingebrachten Buchen, Linden oder Hainbuchen. Plenterwälder und Urwälder (Westphal et al. 2006) zeigen eine große Variationsbreite der Durchmesser und eine mit zunehmendem Durchmesser mehr oder weniger exponentiell abnehmende Baumzahl. Die Durchforstungsarten und -stärken (s. Röhrig et al. 2006) haben einen entscheidenden Einfluss auf die Durchmesserverteilung. Für deren Darstellung gibt es verschiedene parametrische Anpassungsverfahren, von denen sich die Weibull-Funktion auch für Mischbestände bewährt hat (s. Pretzsch 2001). Abbildung 12.8 zeigt für Bestände im niedersächsischen Bergland die Höhenverteilung von Buche und Lärche in verschiedenen Altern.

Der **Bestandesaufriss** lässt die vertikale Struktur eines Baumbestandes erkennen (s. Abb. 12.2).

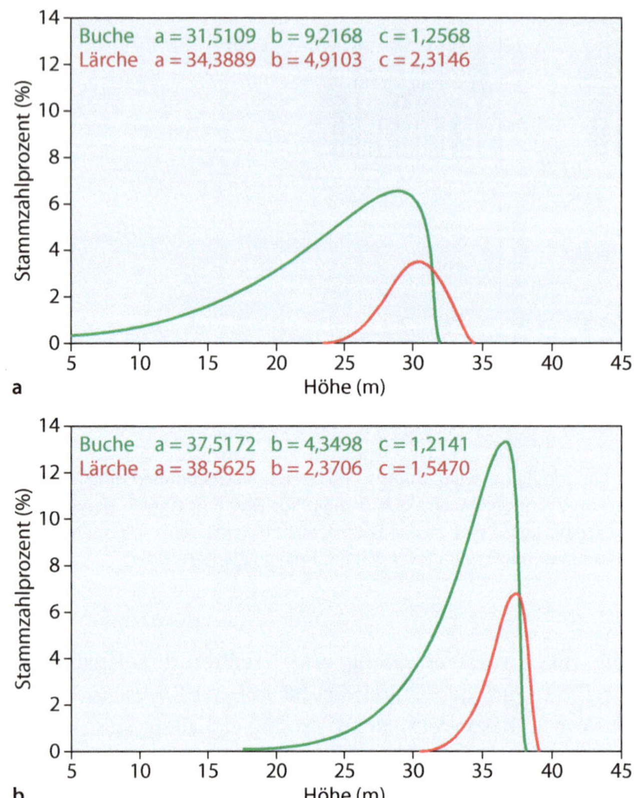

Abb. 12.8 Höhenverteilung nach der Weibull-Funktion für Buche und Lärche in zwei unterschiedlich alten Mischbeständen im niedersächsischen Bergland. (Nach Dippel 1988). **a** Alter: Buche 79 Jahre, Lärche 74 Jahre; Stammzahl ha^{-1}: 443. **b** Alter: Buche und Lärche 148 Jahre, Stammzahl ha^{-1}: 123. Die Parameter der Weibull-Funktion haben folgende Bedeutung: *a* linksseitiger Beginn, *b* Breite, *c* Form der Verteilung. Die notwendigen Bestandesparameter als Eingangsgrößen sind kleinster, zweitkleinster, mittlerer und größter Durchmesser sowie die Streuung der Durchmesser

Selbst in einfach aufgebauten Beständen besteht eine **Schichtung** mit unterschiedlichen Lebensbedingungen: Sie umfasst die Baumschicht mit ihren Schäften und Kronen und die Bodenschicht, die Streuauflage und den Wurzelraum. Die meisten Waldbestände weisen eine wesentlich stärkere Differenzierung auf. Unter der (oft selbst gestaffelten) Baumschicht kann sich eine Strauchschicht entwickeln, überwiegend befindet sich darunter eine Bodenvegetation, die aus Kleinsträuchern, Hochstauden, Kräutern, Gräsern und Moosen sehr verschiedenartig zusammengesetzt sein kann und meist in sich keine deutlich erkennbare Schichtung aufweist.

Für die Waldbehandlung von besonderer Bedeutung ist die **Schichtenbildung innerhalb des Baumbestandes.** Sie ist hauptsächlich von dem Charakter der bestandesbildenden Baumarten bestimmt. Bestände, die sich ausschließlich aus Lichtbaumarten (z. B. Kiefer) zusammensetzen, bilden, vor allem in höherem Alter, ein nahezu einschichtiges Kronendach aus, wenn auch einzelne vorwüchsige Bäume daraus hervorragen und andere etwas darunter zurückbleiben. In Beständen aus Schattenbaumarten, besonders auf frischen, nährstoffreichen Böden, ist die Differenzierung wesentlich größer. Es kann zur Ausbildung von verschiedenen Baumschichten kommen, so besonders in Beständen aus Buche und Edellaubbäumen (v. a. Ahorn, Esche, Wildkirsche) und in Auenwäldern mit Stieleiche, Ulme, Hainbuche u. a. Allerdings geht die vertikale Schichtung in hohem Bestandesalter

Abb. 12.9 **a** Plenterwald aus Tanne, Fichte und Buche in montaner Lage des Bayerischen Waldes. Der Derbholzvorrat beträgt 670 Vfm ha^{-1}, davon Tanne 350 Vfm ha^{-1}, Fichte 270 Vfm ha^{-1} und Buche 50 Vfm ha^{-1}. Der jährliche Zuwachs liegt bei 8,8 Vfm ha^{-1}. **b** Buchenplenterwald im Hainich (Thüringen) mit einem Derbholzvorrat von 380 Vfm ha^{-1}. In einem idealen Plenterwald besteht auf ganzer Fläche ein Nebeneinander von Bäumen aller Entwicklungsstufen von soeben gekeimten bis zu voll ausgewachsenen Bäumen. Diese Plenterstruktur wird erhalten durch ständiges Aufwachsen junger und durch Ausscheiden alter Bestandesglieder, wobei die Baumkronen vertikal gestaffelt sind und der Bestandesschluss ständig erhalten bleibt. Ein Plentergleichgewicht, bei dem im Zeitverlauf ebenso viele Bäume aus einer Durchmesserstufe ausscheiden (durch natürliche Mortalität, Aushieb oder Einwachsen in die nächsthöhere Durchmesserstufe), wie aus der nächstunteren Durchmesserstufe nachwachsen, lässt sich nur mit Baumarten aufrechterhalten, die zumindest in der Jugend über eine hohe Schattentoleranz verfügen (v. a. Tanne und Buche). In Buchenplenterwäldern ist zur Förderung des Nachwuchses eine geringere Vorratshaltung notwendig als in den Gebirgsplenterwäldern mit Tanne und Fichte

zurück, auch in geschlossenen Beständen aus Schattenbaumarten. Schichtenbildungen sind in ungleichaltrigen und gemischten Beständen meist ausgeprägt, aber schwierig zu erfassen. Als Hilfsmittel wird oft die Einteilung gewählt, die der Internationale Verband Forstlicher Forschungsanstalten (IUFRO) bei seinem Kongress 1956 in Oxford verabschiedet hat. Das Baumklassensystem der IUFRO enthält neben den Höhenklassen weitere soziale und waldbauliche Merkmale, die Entscheidungen zur Bestandespflege ermöglichen (s. a. Röhrig et al. 2006).

In manchen Beständen sind Schichten kaum erkennbar, weil der gesamte Stammraum mit Bäumen unterschiedlicher Höhen erfüllt ist (z. B. in **Plenterwäldern** oder in unregelmäßig zusammengesetzten Verjüngungsbeständen, Abb. 12.9).

Ein Bestandesaufriss, besonders wenn er in einem Profildiagramm dargestellt ist, kann einen guten Eindruck von der Ausbildung der **Kronen** eines Waldbestandes vermitteln. Sie sind die bestimmenden Elemente für eine große Anzahl von Funktionen für das Waldökosystem: Deren **Lichtabsorption** bestimmt zum größten Teil die Fotosynthese und damit den Zuwachs des Baumes und die Allokation in seine verschiedenen Organe (einschließlich der Blüten und Früchte). Die **Interzeption** von Niederschlägen und deren festen und gelösten Stoffen beeinflusst den Wasser- und Stoffhaushalt des Bestandes (s.a. ▶ Kap. 17 u. 18).

Je nach Kronenausbildung variiert auch die **Luftbewegung** innerhalb des Bestandes und der angrenzenden Umgebung. Die **Kronenform** spielt eine wichtige Rolle für die Stabilität des einzelnen Baumes und der Bestände bei Sturm, Schnee und Eisanhang. Schließlich bildet der Kronenraum für zahlreiche Lebewesen den bevorzugten oder ausschließlichen Lebensraum (Lowman und Rinker 2004).

Kronenparameter

Zur Kennzeichnung und **Bemessung der Baumkronen** wird eine Anzahl von Parametern verwendet, z. B. Brusthöhendurchmesser, Baumhöhe, Kronenlänge, Stellung im Bestand. Ökologisch besonders wichtig, aber in geschlossenen Beständen schwierig zu erfassen, ist die Differenzierung von Licht- und Schattenkrone, deren Grenzen im Allgemeinen dort liegen, wo die Krone ihre breiteste Ausladung aufweist. Bei der Modellierung geht Pretzsch (2009) davon aus, dass diese bei der Fichte bei etwa 60 % der Kronenlänge liegt, bei der Buche etwa bei 40 %. Das hängt aber stark von der Hanglage und der Konkurrenz der benachbarten Kronen ab (siehe unten). Auch die Kronenlänge ist ein wichtiges Merkmal, sie wird meist durch die Höhe bestimmt, in der sich der dritte lebende Kronenast befindet. Bei Lichtbaumarten sind die Kronenlängen geringer als bei mehr schattenertragenden Arten. Für wachstumskundliche Untersuchungen wird meist die Kronenmantelfläche verwendet. Pretzsch (2009) gibt für Ermittlung und Modellierung die zweckmäßigen Verfahren an, z. B. das Kronenformmodell TREEVIEW. Allgemeines zu Modellen der Kronenarchitektur findet man auch bei Sala et al. (2000).

In den meisten Fällen stehen die Baumkronen miteinander in mehr oder weniger enger Berührung, sie greifen oft ineinander, bedrängen sich und beeinflussen dadurch ihre Form (◘ Abb. 12.10). Die Kronenform ist in erster Linie von der baumarten- und altersspezifischen Fähigkeit zur Expansion der Kronen abhängig. Diese Zusammenhänge sind am Beispiel von Durchforstungen bei Röhrig et al. (2006) dargestellt. Pretzsch (2001) beschreibt den **Kronenkonkurrenzfaktor** (Verhältnis zwischen Kronenfläche der Bäume zur Bestandesfläche, s. a. ► Kap. 13) als Messzahl für den Konkurrenzdruck im Kronenraum und gibt ein Verfahren zu dessen Modellierung an. Auf ähnlichem Wege bestimmten auch schon Rouvinen und Kuuluvainen (1997) die lokale Konkurrenz in natürlichen alten Kiefernbeständen Finnlands. Kronenausdehnung und Kronenüberlappungen in einem 80- bis 100-jährigen Bestand mit Esche, Hainbuche und Winterlinde (*Tilia cordata*) schildern Frech et al. (2003), wobei die Hainbuche die tiefsten Kronenansätze und die Winterlinde die am meisten ausgeprägten Überlagerungen in andere Kronenbereiche zeigte.

◘ **Abb. 12.10** Kroneneinengung und Schaftkrümmung der Wildkirsche durch Konkurrenz benachbarter Buchen

12.3 Ökologische Komponenten

Die **fotosynthetische Leistung** in den Baumkronen hängt von verschiedenen Parametern der Blätter ab: ihrer Morphologie (Licht- oder Schattenblätter), ihrem Entwicklungszustand (Phänologie und Alter), ihrer Stellung in der Krone und dem Abgangswinkel (Blattneigung zur Vertikalen) und schließlich auch von ihrer Größe. Viele dieser Merkmale werden in spezifischen physiologischen und produktionsbiologischen Untersuchungen erhoben. Summarisch wird häufig die Blattfläche eines einzelnen Baumes oder eines Bestandes

Pipe-Theorie

Eine andere Methode zur Einschätzung der **Blattmasse** eines Baumes geht davon aus, dass sie proportional sein müsse zur **Querschnittsfläche** der wasserleitenden Gefäße im Stamm. Das ist der Kern der schon 1964 von Shinozaki et al. entwickelten und von Grier und Waring (1974) verbesserten **Pipe-Theorie** (s. a. Fujimori 2001). Angesichts der Schwierigkeiten, die wasserleitenden Gefäße bei allen Baumarten exakt zu bestimmen (sie decken sich nicht immer mit dem bei vielen Baumarten sicher zu erkennenden Splintholz), sind die Zusammenhänge mit der Blattmasse offenbar auch umweltabhängig (Berninger und Nikinmaa 1994; Mencuccini und Grace 1994). Mäkelä und Vanninen (2001) haben an 24 Kiefern verschiedenen Alters in Südfinnland erhebliche Abweichungen von den Postulaten der Pipe-Theorie gefunden und verlangen bedeutende Modifikationen. Bartelink (1997) dagegen fand in gleichaltrigen acht- bis 59-jährigen Buchenbeständen in den Niederlanden eine strenge Korrelation zwischen Blattfläche und Splintholzquerschnittsfläche. Das Verhältnis war beeinflusst von der Höhe der Kronenbasis.

festgestellt und als **Blattflächenindex** (*leaf area index*, LAI) dargestellt. Er kennzeichnet in gewissen Grenzen (siehe unten) die Strahlungs- und Niederschlagsinterzeption, die Evaporation und Transpiration sowie auch die Produktion an Biomasse. Als Blattflächenindex wird die (einseitige) frische Blattoberfläche in Bezug auf die Standfläche eines Baumes, meist aber auf die horizontale Fläche eines Bestandes verstanden und in Quadratmeter pro Quadratmeter oder in Quadratmeter pro Hektar angegeben. Für die Untersuchung bieten sich verschiedene Verfahren an: direkte Methoden (v. a. Aufsammeln der Blätter in Streufängen) sowie indirekte Methoden durch Messung der Lichtdurchlässigkeit der Kronen mittels fotografischer Verfahren. Doch sind alle diese Methoden mit gewissen Unsicherheiten behaftet (s. a. Planchais und Pontailler 1999; Newton 2007; Thimonier et al. 2010).

Der Blattflächenindex hängt von einer Anzahl von Faktoren ab, am stärksten von den Baumarten. Prinzipiell haben geschlossene Laubbaumbestände deutlich niedrigere Werte (etwa 3 bis 6) als solche aus Nadelbäumen, die bis auf mehr als 12 $m^2\ m^{-2}$ kommen können. Standorte und Witterung spielen dabei eine große Rolle. Bréda et al. (1995) haben in einem 35-jährigen Stieleichenbestand über sieben Jahre LAI, Transpiration und Stärkenzuwachs gemessen und dabei einen durchforsteten Bestandesteil mit einem ohne Eingriffe verglichen. Die Bestandestranspiration war in beiden Fällen im Frühjahr korreliert mit der Entwicklung des Blattflächenindices, in der zweiten Hälfte der Vegetationszeit stieg dieser weiter an, doch die Transpiration war wegen sommerlicher Abnahme der Bodenfeuchtigkeit mehr oder weniger reduziert. So zeigten sich deutliche Unterschiede von Jahr zu Jahr. Der Blattflächenindex erreichte sein Maximum etwa um die Mitte der Vegetationszeit (August), wenn er nicht durch abiotische oder biotische Einflüsse gestört wurde, und unterlag in dem undurchforsteten Bestand gewissen Variationen von Jahr zu Jahr (5 bis 6 $m^2\ m^{-2}$). Wegen der verschiedenen Einflüsse, denen der Blattflächenindex ausgesetzt ist, sollten dessen Werte nur mit Vorsicht in Modellrechnungen für die Beschreibung der Bestandesstruktur und deren Entwicklung eingebracht werden. Leuschner et al. (2006) untersuchten die Zusammenhänge von LAI und abiotischen Faktoren in geschlossenen Buchenaltbeständen im nördlichen Niedersachsen mittels Laubfängen: Der mittlere LAI lag bei 7,7 $m^2\ m^{-2}$ (Minimum 5,6 und Maximum 9,5, ◘ Abb. 12.11). Sie fanden keinen signifikanten Einfluss der jahreszeitlichen Niederschlagsmenge (520–1030 mm) und des aktuellen pH-Wertes (3 bis 7), doch gewisse Unterschiede in der Blattmasse.

Die Erfassung der räumlichen Bestandesstrukturen und die möglichen Voraussagen ihrer Entwicklung für den Waldbau (einschließlich der Naturwaldforschung), für die Stabilität der Bestände und nicht zuletzt für die Einschätzung des gegenwärtigen und künftigen Ertragspotenzials werden in neuerer Zeit immer deutlicher als dringend notwendig erkannt und zum Gegenstand wissenschaftlicher Untersuchungen gemacht. Dazu gibt es eine große Anzahl einschlägiger Literatur sowohl allgemeiner Art als auch auf bestimmte

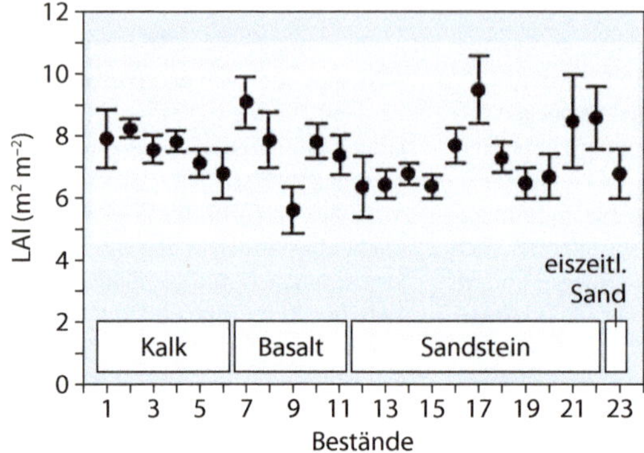

Abb. 12.11 Blattflächenindizes (LAI) von 23 Buchenaltbeständen auf Standorten mit unterschiedlichen geologischen Ausgangsmaterialien und Niederschlägen. Angegeben sind die Mittelwerte und die Standardabweichung für jeweils zehn Streusammler. Nach der in Hessen, Sachsen-Anhalt und Niedersachsen durchgeführten Untersuchung wird der Blattflächenindex vor allem durch altersabhängige physiologische Faktoren bestimmt, kaum hingegen durch Bodenchemie und Wasserverfügbarkeit. (Nach Leuschner et al. 2006)

Bestandestypen bezogen, u. a. Meyer und Pogoda (2001), Pommerening (2002) Fortin und Dale (2011) und vor allem Pretzsch (2001, 2002, 2009).

Für bewirtschaftete ältere Mischbestände und insbesondere bei der Bearbeitung von Naturwäldern stellt sich oft das Problem der Ungewissheit über die **Altersstruktur**. Die Durchmesserverteilung der Untersuchungsflächen gibt dabei nur einen ungewissen und oft irreführenden Anhalt. Die einzig sichere Methode, die Auszählung von Jahrringen an Stammscheiben oder Bohrkernen, ist destruktiv und daher meist ausgeschlossen, an Stubben und liegendem Totholz ist sie ungewiss. Gelegentlich ergeben sich Möglichkeiten, die Geschichte von Waldbeständen aufzuklären, insbesondere bei Aufzeichnungen über Katastrophen, bei Umwandlungen von Mittelwäldern in Hochwald oder bei frühen Unterbauten. Doch oft bleiben Unklarheiten, die sich nicht auflösen lassen.

Ein weiterer Aspekt ist die **trophische Struktur** in Waldbeständen (s. a. ▶ Kap. 14). Sie wird deutlich, wenn man den Fluss von Energie und Stoffen durch das Ökosystem betrachtet. Dabei kommt man zu einer Anordnung der Organismen nach der Rolle, die sie dabei spielen. Im Hinblick auf die Energieflüsse lassen sich die Lebewesen in zwei große Gruppen einteilen: **Autotrophe** Lebewesen ernähren sich ohne Bedarf an organischer Substanz, d. h. ohne Mitwirkung anderer Lebewesen. Fotoautotroph sind grüne Pflanzen, die die Biomasse aus anorganischen Verbindungen und Lichtenergie durch Fotosynthese aufbauen, chemoautotroph sind Bakterien, die hierfür die Energie aus der Oxidation anorganischer Verbindungen nutzen (z. B. bei der Nitrifikation). Diese Gruppe von Organismen wird in der trophischen Struktur als **Produzenten** bezeichnet. Ihnen stehen die **heterotrophen** Organismen gegenüber, die auf die Aufnahme und Verarbeitung organischer Stoffe und damit auf andere (lebende oder tote) Organismen angewiesen sind. Zu ihnen gehören die Tiere, die Pilze und die meisten Bakterien. Sie bilden als **Konsumenten** das notwendige Gegengewicht im Energie- und Stoffhaushalt. Allerdings steht ihnen keineswegs das gesamte Ergebnis der Aufbautätigkeit der autotrophen Organismen zur Verfügung, ein großer Teil wird bei der Respiration verbraucht.

Die Primärproduktion ist nicht von allen heterotrophen Organismen in gleicher Weise verwertbar, vielmehr bilden sich Sequenzen, die man als **Nahrungsketten** (*food chaines* oder *trophic chains*) bezeichnet. Es ist üblich, nach dem Grad der Aufbereitung verschiedene Gruppen zu unterscheiden:

- **Herbivoren** (auch Primärkonsumenten genannt) verwerten die organischen Stoffe der lebenden Pflanzen. In Waldökosystemen spielen darunter Insekten und Säugetiere die größte Rolle.
- **Carnivoren** (Fleischfresser) beziehen ihre Nahrung aus dem Verzehr von Tieren der verschiedensten systematischen Gruppen, zumeist als Räuber oder Parasiten, einige auch von toten Organismen (Aasfresser).
- **Omnivoren** stellen eine besondere Kategorie dar, denn sie ernähren sich von sehr verschiedenartiger Kost aus dem Pflanzen- und Tierreich.
- **Destruenten** verwerten abgestorbene pflanzliche und tierische Substanz und reduzieren sie zu anorganischen Stoffen. Hierzu gehören mehrere Gruppen von niederen Tieren, vor allem aber Pilze und Bakterien.

Innerhalb dieser Glieder der heterotrophen Organismen lässt sich eine Anzahl in ihrer Lebensweise

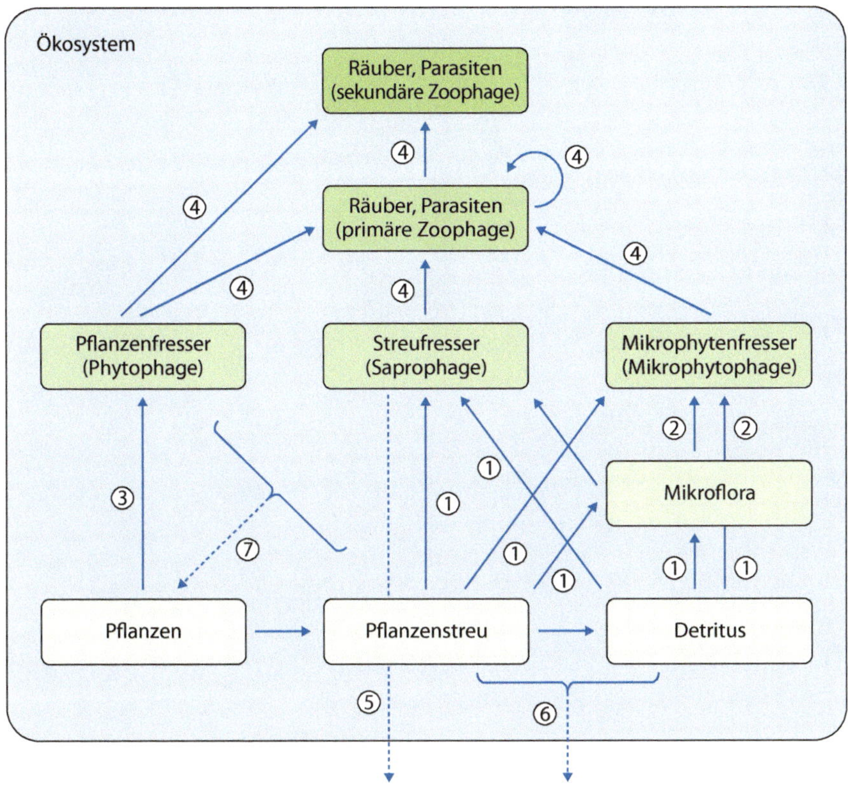

Abb. 12.12 Funktionelles Nahrungsnetz eines Waldökosystems. (Nach Schaefer 2012). Funktionen sind: *1* Zersetzung von Pflanzenstreu und Detritus, *2* Abweiden (*grazing*) von Mikroflora, *3* Fraß an Pflanzen, *4* Feinddruck als indirekte Wirkung, *5* Wirkung auf das Milieu Boden, *6* Wirkung auf den Nährstoffhaushalt, *7* Wirkung auf die Pflanzen

und ihren Nahrungsansprüchen verschiedener Gruppen unterscheiden, z. B. je nach der vertikalen Struktur der Bestände (Phyllosphäre, Stammraum, Bodenvegetation, Bodenraum), nach den Sukzessionsphasen (Kahlfläche bis Altbestand) und nach dem Grad der Spezialisierung auf bestimmte Substrate. Schaefer (1991) hat das für europäische Laubwälder dargestellt.

Die Nahrungsketten in einem Ökosystem lassen sich in Form von **Pyramiden** abbilden, das kann nach dem abnehmenden Grad der Biomassen oder dem Energiefluss geschehen. Kimmins (2004) gibt Beispiele für unterschiedliche Ökosysteme. Tatsächlich sind aber die verschiedenen Stufen miteinander eng verbunden, es besteht ein **Nahrungsnetz** (*food web*), wie es in Abb. 12.12 in vereinfachter Form dargestellt ist. Einzelheiten von trophischen Strukturen und deren Bedeutung für Stoffumsatz und Produktion werden in ▶ Kap. 14 und 19 behandelt.

Wettbewerb zwischen Bäumen

Norbert Bartsch, Ernst Röhrig

N. Bartsch, E. Röhrig, *Waldökologie*,
DOI 10.1007/978-3-662-44268-5_13, © Springer-Verlag Berlin Heidelberg 2016

Überall, wo Organismen zusammenleben, findet gegenseitige Beeinflussung statt. Fast allgegenwärtig in Waldökosystemen sind solche Wirkungen von Lebewesen aufeinander, die zumindest für einen Teil von ihnen **schädlich** oder gar lebensbedrohend sein können. Sie können sich äußern als: **Konkurrenz** um Wachstumsfaktoren, Wirkungen von Stoffwechselprodukten, die von lebender oder toter Pflanzensubstanz ausgehen (**Allelopathie**), **mechanische Wirkungen** an oberirdischen Organen und im Wurzelbereich (oft als Konkurrenz um Raum bezeichnet), **indirekte Einflüsse**, indem Pflanzenarten das Mikroklima beeinflussen und auch bevorzugte Biotope für Schädlinge bilden. Alle diese Einflüsse treten in den verschiedenen Entwicklungsstadien der Ökosysteme in unterschiedlicher Weise und Stärke auf, oft sind sie auf bestimmte Sukzessionsphasen beschränkt. Die Auswirkungen von Phytophagen, Räubern und Parasiten werden in diesem Zusammenhang nicht behandelt, sie werden in ▶ Kap. 14 geschildert.

Daneben gibt es auch **förderliche Interaktionen**, die nur einen Partner begünstigen (**Kommensalismus**), und solche, die beiden Partnern zugutekommen. Wenn die Beziehung für beide Partner vorteilhaft und existenzerleichternd ist, handelt es sich um **Mutualismus**, ist sie lebensnotwendig, um **Symbiose** (Mazancourt et al. 2005; Keddy 2007).

Konkurrenz und in minderem Ausmaß auch die anderen Formen der gegenseitigen Beeinflussung der Organismen in den Ökosystemen sind prinzipiell unter zwei Aspekten zu sehen: die **kurz-** und **mittelfristigen** Auswirkungen auf die Artenzusammensetzung und die Sukzession der Ökosysteme und die **langfristigen** Veränderungen der Arten im Zuge der Evolution.

13.1 Konkurrenz

13.1.1 Grundlagen

»Was für ein Buch könnte ein Kaplan des Teufels über das plumpe, verschwenderische, stümperhaft niedrige und entsetzlich grausame Wirken der Natur schreiben.« Das merkte Darwin an, als er 1856 daranging, sein 1859 beendetes Hauptwerk *On the Origin of Species* (s. ▶ Abschn. 7.2) zu verfassen (Desmond und Moore 1991). Angeregt wurde er dazu durch die Lektüre des Essays *On the Principle of Population* des Ökonomen Thomas Malthus (1766–1834) und fand durch zahlreiche Beobachtungen und Experimente seine Erkenntnis gestützt, dass die natürliche Selektion das unvermeidliche Ergebnis der raschen Vermehrung der Organismen als Folge der Konkurrenz von Individuen um Lebensgrundlagen ist.

Im Laufe der Zeit sind verschiedene Definitionen des Begriffs **Konkurrenz** aufgestellt worden. Wir verwenden hier zunächst eine kurze Fassung in Anlehnung an Keddy (2007): »Konkurrenz umfasst die negativen Wirkungen, die ein Organismus auf einen anderen ausübt, indem er den Zugang zu begrenzten Ressourcen einschränkt oder ausschließt.«

Ellenberg (1952, ähnlich auch Grime 2001) hat schon früh auf den Unterschied zwischen dem »physiologischen« und dem »ökologischen« Optimum einer Art hingewiesen, wobei er mit dem Letzteren die Begrenzung des möglichen Gedeihens vornehmlich durch die Konkurrenz um wesentliche Ressourcen durch vergesellschaftete Individuen bezeichnete (▶ Kap. 7).

Eine **Ressource** ist nach Tilman (1982) jede Substanz oder jeder Faktor, der von einem Organismus verbraucht wird und der mit Zunahme seiner Verfügbarkeit zu gesteigerten Wachstumsraten führt. Die wichtigsten Ressourcen sind Strahlung (Licht, Wärme), Wasser und Nährstoffe, auf manchen Böden auch Sauerstoff im Wurzelraum. In einem weiteren Sinne rechnet man auch den oberirdischen und unterirdischen Raum zur Ausdehnung der pflanzlichen Organe und den Lebensraum der Tiere hinzu (Grace und Tilman 1990; Tilman 1997; Kimmins 2004).

Gedeihen und Fortpflanzung der Arten auf bestimmten Standorten hängen davon ab, dass sie einem Kompromiss unterworfen sind zwischen Wachstum und Überlebenssicherheit (Larcher 2001). Beides wird stark von der Konkurrenz beeinflusst. Sie verursacht bei den Organismen einen **Stress**, ein gerichtetes, durch bestimmte Faktoren ausgelöstes Ereignis. Larcher hat diese Erscheinung ausführlich beschrieben. Er unterscheidet dabei den Stressfaktor und die Stressreaktion der betroffenen Pflanze. **Stressfaktoren** sind die durch die Konkurrenz hervorgerufenen Einschränkungen der benötigten Ressourcen (◘ Abb. 13.1), die **Stressreaktion** hängt ab von der Intensität, der Dauer der Einwirkung sowie dem Widerstand, den die Pflanze entgegensetzt. Das sind vorwiegend Anpassungen, wie etwa die Ausbildung von Toleranzen gegenüber verschiedenen Stressoren, tiefere Wurzelausbildung, Ergänzung verlorener Teile (◘ Abb. 13.2; s. a. Schulze et al. 2002; Keddy 2007). Die Auswirkungen des durch die Konkurrenz erzeugten Stresses hängen weitgehend ab von den Arteigenschaften, dem Entwicklungszustand, dem Alter und den Umweltbedingungen. In Populationen wird die Individuenzahl u. a. durch den Stress geregelt. Wesentlich dabei ist der **Aufwand** an Energie und Stoffen, den die Pflanze zur Minderung oder Überwindung der Konkurrenz zu investieren hat. Er führt zu Einbußen in der Vitalität, die sich in Verminderung der Stoffproduktion, Verschiebung der Stoffverteilung (Allokation) auf die verschiedenen Organe, Fruktifikation und dergleichen äußert. Einiges davon wird in den folgenden Abschnitten dieses Kapitels näher behandelt (s. a. Grime 2001; Sommer und Worm 2002).

Die Bemessung der **Intensität der Konkurrenz** ist mit genügender Sicherheit nur in Experimenten mit Variation der Konkurrenten möglich. Unter natürlichen Verhältnissen sind meist mehrere Formen und Faktoren beteiligt. Man ist hier auf die Treffsicherheit von Modellen angewiesen (siehe unten). Die meisten Erscheinungen der Konkurrenz in Pflanzenbeständen sind in ihrer Wirkung asymmetrisch, d. h., einer der Konkurrenten hat gegenüber den anderen eine **Dominanz**. Doch auch das ist in manchen Fällen nicht sicher nachzuweisen: So kann die Art A gegenüber der Art B mehr Wasser und Nährstoffe aufnehmen und in organische Substanz umsetzen, doch die Art B kann genügsamer sein und weniger Substanz erzeugen, aber bei zeitweiliger Trockenheit besser überdauern. Zudem verschieben sich die Verhältnisse im Laufe der Entwicklung einer Gemeinschaft häufig. Das wird besonders deutlich bei der Veränderung der Lichtverhältnisse, z. B. im Verlauf einer Sukzession (▸ Abschn. 15.2), und bei der wechselnden Belastung durch den Wildverbiss (s. ▸ Abschn. 14.3).

Die Konkurrenzkraft einer Pflanze ergibt sich nicht nur aus der Fähigkeit, **Ressourcenveränderungen** hervorzurufen (Effekt nach Goldberg), sondern auch durch die Fähigkeit, auf eine **Ressourcenverfügbarkeit** zu reagieren (Reaktion nach Goldberg) (Goldberg 1990). Beide Mechanismen müssen bei der Einschätzung der Konkurrenzkraft von Pflanzen berücksichtigt werden. Die am weitesten verbreiteten Konkurrenztheorien berücksichtigen jeweils nur einen Mechanismus: Grime (1973, 2001) ausschließlich den Effekt und Tilman (1982, 1997) ausschließlich die Reaktion (s. a. Silvertown und Charlesworth 2001).

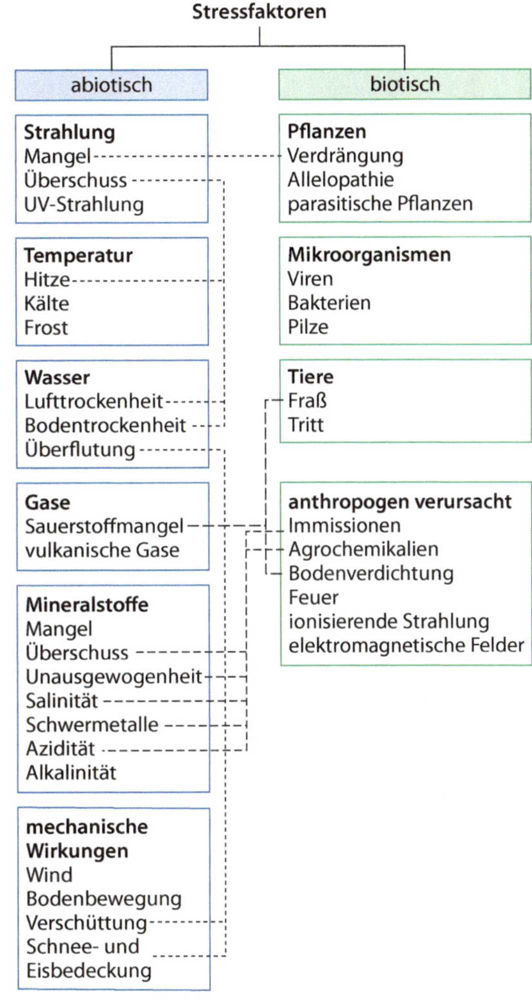

◘ **Abb. 13.1** Stressauslösende Umweltfaktoren und Beispiele für deren vielfältige Zusammenhänge. (Nach Larcher 2001)

Zwei Arten, die um dieselbe Ressource in dem gleichen Ausmaß konkurrieren, können nicht

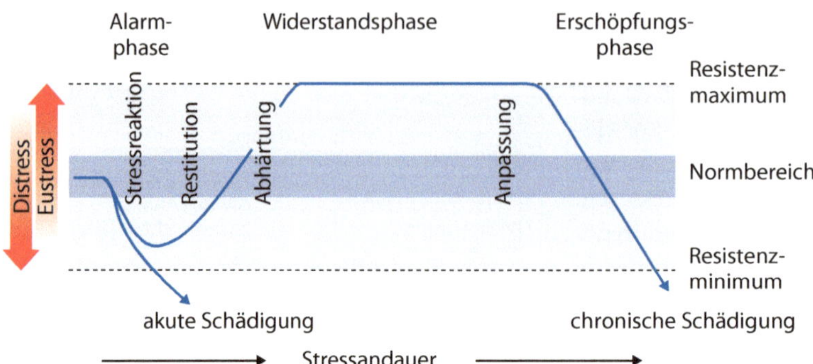

Abb. 13.2 Phasenmodell des Stressgeschehens (nach Larcher 2001). Durch Einwirkung von Stressfaktoren werden lebenswichtige Strukturen und Funktionen destabilisiert. Es kommt in der Alarmphase zu einer negativen Funktionsabweichung (Stressreaktion), die durch restabilisierende Gegenreaktionen aufgefangen (Restitution) und überkompensiert (Abhärtung) werden kann. Bei gleichbleibend andauernder Belastung stellt sich eine erhöhte Stressresistenz ein, die in eine Stabilisierung auf Normalniveau übergehen kann (Anpassung). Wird der Organismus durch eine exzessive Störung akut oder durch lang andauernde Belastung chronisch überfordert (Erschöpfung), kommt es zu irreversiblen Schädigungen

dauerhaft miteinander existieren. Ob dieser **konkurrenzbedingte Ausschluss** (*competitive exclusion*), wie es Laborexperimente zeigen, in der Natur wirklich vorkommt, ist ungewiss. Selbst lang andauernde Sukzessionsphasen mit einförmigem Flächenbewuchs durch *Pteridium aquilinum*, *Carex brizoides* oder *Calamagrostis epigejos* sind dafür kein Beispiel. Kimmins (2004) sowie Cotgreave und Forseth (2009) diskutieren diese Frage an verschiedenen Beispielen. Es besteht längerfristig in den Ökosystemen offenbar stets eine Differenzierung von **realisierten ökologischen Nischen** (Chase und Leibold 2003, s. a. ▶ Kap. 7) zwischen den beteiligten Arten. So entgehen viele Bodenpflanzen in den artenreichen Laubwäldern der Lichtkonkurrenz durch den Altbestand, indem sie die Wachstumsphase vor der Ausbildung des geschlossenen Altbestandes bereits mehr oder weniger vollständig abgeschlossen haben. Selbst in dicht geschlossenen Fichtenbeständen entwickelt sich von den Rändern oder aus der Nachbarschaft her die standorttypische Strauch- und Bodenvegetation, sobald Lücken im Kronendach entstehen oder der gesamte Altbestand durch eine größere Störung vernichtet wird. So kommt es zu einem Wechsel der Verfügbarkeit von Ressourcen, der verhindert, dass bestimmte Arten eine übermäßige Dominanz erlangen oder andere ausschließen, und es bleibt über längere Zeiträume betrachtet eine standortgemäße Biodiversität erhalten, sofern sich die grundlegenden ökologischen Bedingungen nicht ändern (▶ Kap. 20). Die Artenvielfalt wird zudem dadurch gefördert, dass in den meisten Ökosystemen eine **räumliche Differenzierung** von **Kleinstandorten** besteht, die für einzelne Arten spezielle Lebensräume schafft, z. B. *Allium ursinum* und *Anemone* sp. in Kalkbuchenwäldern oder *Calluna vulgaris* und *Vaccinium*-Arten auf Hochmooren. Die **Koexistenz** von Arten erfordert also eine begrenzte Ähnlichkeit der Lebensansprüche mit bisweilen sich überlappenden, aber nicht identischen ökologischen Nischen (Tilman 1994). Es kommt häufig zu einem Zusammenspiel mehrerer Ressourcen: So kann eine reichlichere Wasserversorgung in gewissem Umfang einen eingeschränkten Lichtgenuss ausgleichen. Ammer (1996a) gibt aus der Literatur und aus eigenen Untersuchungen viele Beispiele über die Konkurrenz in Baumverjüngungen durch die Bodenvegetation.

Konkurrenzindizes können aufzeigen, in welchem Ausmaß eine Pflanze ihren Wuchsraum mit anderen teilen muss. Häufigkeit, Nähe und Gestalt der Nachbarn sind dabei die maßgeblichen Einflussfaktoren. Weigelt und Joliffe (2003) haben über 50 in der Literatur genannte Konkurrenzindizes beschrieben und kritisch auf ihre Anwendbarkeit unter verschiedenen Verhältnissen geprüft. Waldbestände kommen in dieser Übersicht nahezu nicht vor.

Der Untersuchung von Prozessen bei der Konkurrenz in Waldbeständen liegt überwiegend die Konzeption von Zellen zugrunde. Das können von selbst entstandene (z. B. durch Sukzession) kleine Gruppen sein, meist sind es ausgewählte, um einen Zentralbaum angeordnete Kleinparzellen. Die moderne forstliche Ertragskunde hat sich weitgehend dahin entwickelt, den Bestand in solche Mosaike zerlegt zu untersuchen.

Ammer (1996a) teilt die für Waldbestände anwendbaren Indizes nach dem Vorbild früherer Autoren in drei Gruppen ein: **Indizes**,

- die die Überlappung von Einflusszonen analysieren,
- die potenziell verfügbare Flächen analysieren,
- die relative Höhen und Distanzen analysieren.

Nüßlein (1995) fügt noch eine vierte Gruppe ein, die Lichtexpositions-Indizes.

Pretzsch (2009) hat die Methoden der Ermittlung von Konkurrenzindizes in Waldbeständen ausführlich beschrieben. Danach quantifizieren sie die Raumbesetzung von Einzelbäumen im Gefüge ihrer Nachbarn durch Daten über Höhe, Durchmesser, Kronendimensionen und die Abstände zu den Nachbarn. Dazu werden unterschiedliche Verfahren dargestellt. Grote und Reiter (2004) simulieren in einem Modell die Blatt- und Zweigmasse der Kronen in Bezug auf Kronendimensionen.

Mehrere Modellansätze über Konkurrenzverhältnisse in Waldbeständen sind von Kimmins (2004) kritisch gewürdigt worden (s. ▶ Kap. 6). Burton (1993) hat schon frühzeitig einige wichtige Einwände gegen statische, d. h. einmalig erhobene, Konkurrenzindizes vorgebracht und Hinweise gegeben, wie diese Probleme zu umgehen oder wenigstens zu mildern sind.

Schütz (1989) empfiehlt zur Kennzeichnung der Konkurrenz in Mischbeständen die Verwendung einer Konkurrenzzahl, die gebildet wird aus der Untergrenze der Lichtkrone des Zentralbaumes und dem Höhenunterschied zwischen diesem und den Nachbarn. Diese Größen sollen ein bestimmtes Verhältnis ausdrücken, z. B., dass ein Unterschied in der Baumhöhe von 1 m die gleiche Konkurrenzwirkung hat wie die Verkürzung der Baumabstände um 1,5 m.

Abb. 13.3 Selbstdifferenzierung und Selbstausdünnung in einem durch Pflanzung begründeten Kiefernbestand, in dem keine Bäume im Rahmen von Durchforstungen entnommen worden sind. Durch Selbstdifferenzierung entwickeln sich Bäume in verschiedenen sozialen Klassen (Baumklassen s. ▶ Abb. 12.1) mit stark unterschiedlichen Durchmessern. Die Selbstausdünnung führt zum Absterben in der Konkurrenz unterlegener Bäume aus niedrigen sozialen Klassen

13.1.2 Intraspezifische Konkurrenz

Allgemein unterscheidet man zwischen intra- und interspezifischer Konkurrenz. **Intrapezifische Konkurrenz** besteht, wenn Individuen derselben Art miteinander in Wettbewerb treten. Die dabei auftretenden Phänomene werden als Teilgebiet der Populationsökologie betrachtet (▶ Kap. 8). Je nach Ausstattung eines Standorts mit Ressourcen und entsprechend den darauf gerichteten Ansprüchen der dort wachsenden Art kann die Populationsdichte nur bis zu einer bestimmten **Tragfähigkeit** (*carrying capacity*, meist mit dem Symbol *K* bezeichnet) ansteigen. Dann setzt, abgesehen von der Einwirkung von Krankheiten und Schädlingen, ein Ausscheidungsprozess ein, der zuerst die weniger vitalen Glieder der Population betrifft, während die verbleibenden Individuen durch den Gewinn von Wuchsraum an Substanz (an Höhe und vor allem an Durchmesser und Ausdehnung der oberirdischen Organe und der Wurzeln) zunehmen (Abb. 13.3). Die auf empirischer Grundlage aufgestellten Ertragstafeln für Reinbestände (z. B. Schober 1995) zeigen u. a. solche Zusammenhänge von Stammzahl, Grundfläche und Durchmesser der Bestände.

Selbstdifferenzierungsregeln

Für maximal bestockte gleichaltrige Bestände im Nordwesten der USA stellte Reineke (1933) einen Zusammenhang zwischen Stammdurchmesser (d_g) und Stammzahl pro Flächeneinheit fest. Nach dieser sogenannten **Bestandesdichteregel** nimmt die Stammzahl mit Zunahme des Mitteldurchmessers mit der Konstanten –1,605 ab (◘ Abb. 13.4; s. Pretzsch 2001).

Ohne Kenntnis der Bestandesdichteregel wurde für krautige Pflanzen eine ähnliche Grenzlinie entdeckt. Yoda et al. (1963) beobachteten bei zeitlich nacheinander angestellten Messungen reiner gleichaltriger Pflanzenbestände, dass das Ausscheiden von Individuen, die **Selbstausdünnung** (*self thinning*) oder **Selbstdifferenzierung**, nach Eintritt des Bestandesschlusses einer allgemeinen Regel folgt, sofern nicht andere, nicht dichteabhängige Faktoren (allgemeine Trockenheit, Schädlingsbefall o. a.) wirksam werden. Trägt man den Logarithmus der durchschnittlichen Bestandesmasse in Zeitabständen ihrer Entwicklung gegen den Logarithmus der Bestandesdichte auf, so erhält man im Diagramm (◘ Abb. 13.5) eine gerade Linie mit einer Neigung von $-1{,}5\left(-\frac{3}{2}\right)$. Die Formel dafür lautet:

$\ln m = \left(-\frac{3}{2}\right) \times \ln N$, mit m = durchschnittliche oberirdische Biomasse, k = von der Wuchsform abhängige Konstante, die die Höhenlage der Grenzlinie festlegt, N = Pflanzenzahl je Flächeneinheit.

Pretzsch (2001) konnte zeigen, dass die Bestandesdichteregel von Reineke als ein Spezialfall der Selbstdifferenzierungsregel von Yoda et al. (1963) anzusehen ist und beide Regeln einen gemeinsamen theoretischen Hintergrund haben.

Das **Masse-Dichte-Verhältnis** ist als ***–3/2 power rule*** (**Selbstausdünnungsregel**) in die ökologische Literatur eingeführt worden, nachdem Untersuchungen vieler Autoren ergeben haben, dass es in etwa einer Neigung der Geraden von –3/2 entspricht, auch wenn man Daten von Beständen verschiedener Baumarten in einem einzigen Diagramm einträgt und als Zeitlinie einzelner Arten im Laufe ihrer Bestandesentwicklung betrachtet. Die Skalen lassen sich in einem sehr weiten Rahmen von Dimensionen der Biomassen und Pflanzendichten erweitern. Die Übertragung des ursprünglich gewählten Parameters Gewicht pro Fläche auf andere Größen, z. B. Grundfläche oder Volumen, ist im Prinzip möglich, wenn sie auch zu gewissen Unsicherheiten führt.

Es scheint so, dass sich diese Regel auch auf Mischbestände anwenden lässt (White 1985), und zwar besser auf die Daten des Gesamtbestandes als auf seine Komponenten (Westoby 1984). In einer Untersuchung an älteren Mischbeständen von Buche mit Lärche fand Dippel (1989), dass sich über eine breite Altersspanne der mittlere Brusthöhendurchmesser mit sehr geringen Fehlern durch die Stammzahl schätzen lässt.

Die zahlreichen Untersuchungen über die Sicherheit von Aussagen der Selbstausdünnungsregel (s. a. Weller 1987, 1991; Zeide 1987; Lonsdale 1990) haben gezeigt, dass mehrere Bedingungen zu beachten sind. Das gilt nicht nur für die Streuung der einzelnen Parameter (Neigung der Geraden, Werte für die Konstante k), sondern auch für die Bedeutung der Standortverhältnisse. Die Bodeneigenschaften scheinen eher die Lage der Geraden als deren Neigung zu beeinflussen. Pretzsch (2001) konnte mit einem nach Beobachtungsdauer und standörtlicher Streuung einmaligen Datenmaterial eine tendenzielle Annäherung des Wachstums von Fichte, Kiefer, Buche und Traubeneiche auf den langfristigen ertragskundlichen Versuchsflächen in Bayern an die Bestandesdichteregel von Reineke nachweisen. Im Rahmen einer allgemeinen theoretischen Betrachtung und unter Verwendung von verschiedenen Modellberechnungen, bei denen auch die Bedeutung der Kronengrößen beachtet wurde, kommen Reynolds und Ford (2005) zu der Überzeugung, dass weitere Untersuchungen, nicht zuletzt auf der Basis von Einzelbaumdarstellungen, notwendig sind, um die Mechanismen der intraspezifischen Konkurrenz in Waldbeständen zu verstehen. Pretzsch (2001, 2009) gibt eine ausführliche Diskussion zu diesem Thema.

Die Wirkung der intraspezifischen Konkurrenz ist für **waldbauliche Ziele** überwiegend vorteilhaft: Sie eliminiert im Frühstadium der Bestandesentwicklung wenig angepasste Individuen. Ammer

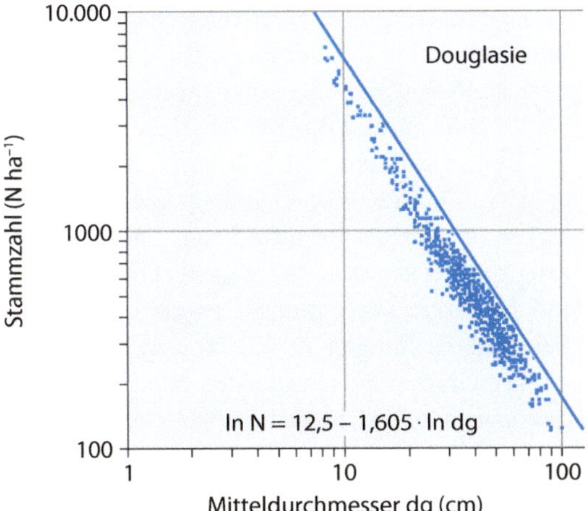

Abb. 13.4 Bestandesdichteregel für den Zusammenhang zwischen Stammzahl pro Hektar und Mitteldurchmesser am Beispiel von vollbestockten gleichaltrigen Beständen der Douglasie im Nordwesten der USA. (Nach Reineke 1933 in Pretzsch 2001)

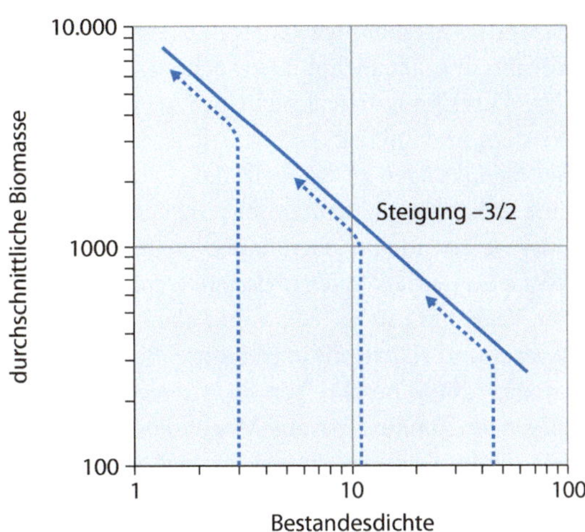

Abb. 13.5 Prinzip der Selbstdifferenzierungsregel von Yoda et al. (1963). Für den Zusammenhang zwischen Pflanzendimension (Größe, Biomasse) und Dichte (Anzahl pro Fläche) ergibt sich im doppelt-logarithmischen Koordinatensystem eine charakteristische Grenzbeziehung mit einer Steigung der Grenzlinie von –3/2

et al. (2010) zeigten an einer Buchensaat unter Fichtenschirm, dass Konkurrenz in stammzahlreichen gleich alten Verjüngungen bereits in den der Keimung folgenden Jahren einsetzt und im Wesentlichen um Strahlung geführt wird. Die sich in den ersten beiden Jahren ergebenden Höhenunterschiede zwischen den Buchen steigerten sich stetig und verfestigten sich in dauerhaft unterschiedlichen Zuwächsen. Dies bedeutet, dass initiale Größenunterschiede in vielen Fällen die Dominanzverhältnisse für das gesamte folgende Bestandesleben festlegen. Im weiteren Verlauf erfahren die Überlebenden durch einen immer noch dichten Jungbestand eine bessere Astreinigung ihrer Schäfte. Dennoch sind zur Erziehung von Beständen mit hohem Wertholzanteil oft Pflegeeingriffe (Läuterungen) erforderlich (Röhrig et al. 2006).

13.1.3 Interspezifische Konkurrenz

Fast allgegenwärtig in der Natur ist die Konkurrenz um Ressourcen zwischen zwei oder mehreren Arten, die **interspezifische Konkurrenz**. Sie prägt weitgehend das Erscheinungsbild der Vegetation eines Standorts und ist die wichtigste Triebkraft für die Entwicklung der Gemeinschaften und Ökosysteme im Verlauf der Zeit. Eine nicht mehr übersehbare Fülle von allgemeinen und speziellen Beschreibungen und Untersuchungen ist diesem Gebiet gewidmet. Die meisten dieser Untersuchungen wurden jedoch in annuellen oder semiariden Graslandökosystemen durchgeführt.

Nur in Untersuchungen unter kontrollierten Bedingungen ist es möglich, die konkurrenzbedingenden Faktoren Licht, Wasser und Nährstoffe eindeutig zu bestimmen (z. B. Violle et al. 2009). Doch in der Natur hat meist einer dieser Faktoren einen deutlich erkennbaren Einfluss, ist jedoch nur selten allein wirksam. Das wird besonders deutlich, wenn das Wirken der Wurzelkonkurrenz dargestellt werden soll.

Schon Fabricius (1927, 1929) untersuchte das Auflaufen und das Gedeihen von zwei- bis vierjährigen Kiefern, Fichten u. a. auf unberührten überschirmten Altbeständen und verglich die Ergebnisse mit denen, die er gewann, wenn er durch Stichgräben um die Mutterbäume die **Wurzelkonkurrenz** ausschaltete. Wenn auch die Untersuchungsmethoden heutigen Anforderungen in vieler Hinsicht nicht entsprechen, so konnte er die Wirkung der Wurzeln auf den Jungwuchs gut zeigen, besonders in einer mehrjährigen Untersuchung zur Verjüngung der Fichte. Dennoch ist die Messung der Wurzelkonkurrenz nicht nur sehr aufwendig, sondern im Hinblick darauf, welche Faktoren dazu beitragen, ungewiss. So kann dabei auch das Licht eine Rolle spielen, denn unter reichlichem Lichtgenuss wachsende Pflanzen haben meist eine höhere Wurzelmasse als solche, denen wenig Strahlung zur Verfügung steht. Sie können daher auch mehr Wasser und Nährstoffe aufnehmen. Bolte und Villanueva (2006) beschreiben an Beispielen den Einfluss von Konkurrenz auf Morphologie und Verteilung der Feinwurzeln von Buche und Fichte. Bei Coners et al. (1998) sowie Rewald und Leuschner (2009) finden sich Angaben zur Wurzelkonkurrenz in Mischbeständen mit Eiche, Buche und anderen Laubbaumarten und bei Beyer et al. (2013) zu Konkurrenzwirkungen auf die Mortalität der Feinwurzeln von Buche und Esche.

Im Folgenden werden nicht die einzelnen Einflussfaktoren und Kompartimente als Gliederung genommen, sondern wird der Entwicklungsgang der Gehölze (s. ► Abb. 12.3 in ► Abschn. 12.1) nachgezeichnet, indem zuerst die interspezifische Konkurrenz von jungen Forstpflanzen und dann die älterer Bestände behandelt wird.

■ Jungwuchs auf der Freifläche

Auf **Freiflächen** sind junge Forstpflanzen vielfachen Gefährdungen ausgesetzt. Ott (2002) hat das für Freiflächenaufforstungen mit Buche eingehend geschildert. Darunter spielt die Konkurrenz durch die Begleitvegetation eine wesentliche Rolle (s. Davis et al. 1998; Coll et al. 2003; Curt et al. 2005).

Die **Fichte** reagiert auf eine starke Konkurrenz durch Gräser (v. a. *Calamagrostis epigejos*) und den Farn *Pteridium aquilinum* mit nachlassender Stoffproduktion (kürzere Nadeln, weniger Seitentriebe), wahrscheinlich als Folge von Wasserkonkurrenz (Müller et al. 1998; Nilsson und Örlander 1999), doch sind die Wirkungen in der Regel nicht so stark, dass eine Freistellung durch Beseitigung der Konkurrenzvegetation notwendig wäre.

Anders liegen die Verhältnisse bei der **Kiefer**. In dichtem Bewuchs von *Calamagrostis epigejos*, *Deschampsia flexuosa* oder *Molinia caerulea* sind der Höhen- und vor allem der Durchmesserzuwachs als Folge von schwacher Nadelausbildung und geringen Stoffreserven unzureichend, sodass die Mortalität in der Verjüngung, die dann für biotische und abiotische Schädigung anfälliger ist, sehr stark zunimmt und das Betriebsziel eines wertvollen Bestandes nicht gesichert ist (z. B. Hornschuh et al. 2008). Zudem ist auch meist die Geradwüchsigkeit der Sprosse beeinträchtigt. Das beruht vorrangig auf Wasserkonkurrenz, meist in Verbindung mit zu starker Beschattung. Bergmann (1976) fand bei Untersuchungen in Kiefernjungwüchsen mit starker Graskonkurrenz in den Nährstoffgehalten der Nadeln keine Unterschiede zu Kiefern auf grasfreien Flächen.

Wasserkonkurrenz ist offenbar auch der ausschlaggebende Einflussfaktor für die **Douglasie** auf der Freifläche mit biomassereicher Begleitvegetation. Die Douglasie kann aufgrund hoher Transpiration bei warm-trockener Witterung ihren Wasserbedarf bei Bodenbewuchs nicht ausreichend decken. Hinweise darauf geben Huss und Siebert (1976), Knowe (1994) und Roberts et al. (2005). Anekonda et al. (2002) konnten eine genetische Variation in der Empfindlichkeit junger Douglasien gegenüber Trockenheit nachweisen. Hinzu kommt bei spätfrostgefährdeten Herkünften (s. Larsen 1978) die Erhöhung der Frostgefährdung durch eine Grasdecke.

Die **Eichenarten** sind wegen ihres tiefgreifenden Wurzelsystems auf der Freifläche und in größeren Bestandeslücken weniger empfindlich gegen Konkurrenz durch die Bodenvegetation (s. a. von Lüpke 1987). Gegenüber durch Herbizide vegetationsfrei gehaltenen Parzellen bewirkte Konkurrenz durch *Deschampsia caespitosa*, *Rubus idaeus* u. a. nur eine Verminderung der Anzahl der Jahrestriebe und von deren Länge (Collet und Frochot 1996). Große Schwierigkeiten bereiteten nur Naturverjüngung und Pflanzung von Stieleichen auf nicht überschirmten Flächen in den mit üppiger Bodenvegetation bestandenen Auenwald-Standorten (Kühne 2005).

Pflanzungen von **Buchen** auf Freiflächen gelten nach vielen Erfahrungen als sehr risikobelastet. Die Erfolge hängen weitgehend von den standörtlichen Verhältnissen und der Vorgeschichte ab, die im Hinblick auf die Konkurrenz wesentlich dadurch geprägt ist, welche Vegetationstypen zur Zeit der Pflanzung vorherrschend waren. Insbesondere eine

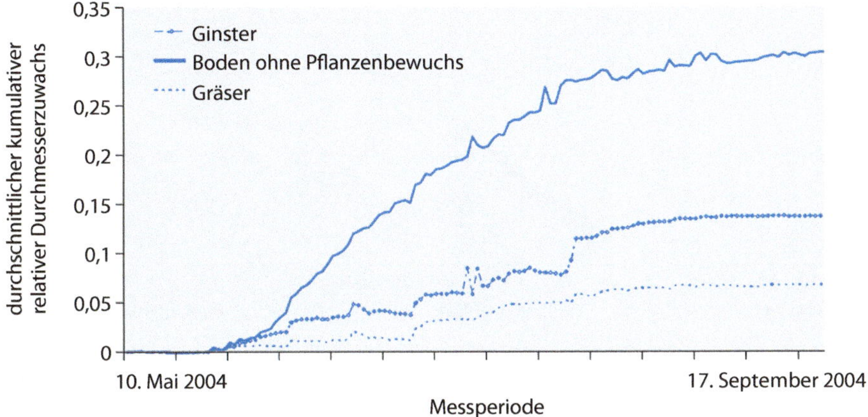

Abb. 13.6 Einfluss konkurrierender Bodenvegetation auf das Durchmesserwachstum von Buchenpflanzen (nach Provendier und Balandier 2008). Dargestellt ist der kumulative relative Durchmesserzuwachs vierjähriger Buchenpflanzen ohne Konkurrenz und mit Konkurrenz durch Gräser (*Holcus mollis, Holcus lanatus, Agrostis capillaris*) oder durch Ginster (*Cytisus scoparius*). Der relative Durchmesserzuwachs stellt das Durchmesserwachstum in Beziehung zum Durchmesser zu Beginn der Messung

dichte Grasvegetation führt zu starker Konkurrenz (Coll et al. 2003, 2004; Provendier und Balandier 2008; Abb. 13.6). In einer breit angelegten Studie hat Ott (2002) das Ergebnis von Buchenpflanzungen im Gebiet des Vogelsberges in Hessen durch einmalige Aufnahmen von 85 Pflanzungen auf basenreichen Basaltstandorten sieben bis neun Jahre nach großen Sturmwürfen untersucht. Neben anderen Einwirkungen stellte sich die Konkurrenz durch die (hier artenarme) Bodenvegetation als wichtigster Faktor für das Misslingen der Aufforstungen heraus. Sie war auf 90 % der Flächen dominierend und erreichte Höhen von 1–2 m, während 30 % der gepflanzten Buchen eine Höhe von 1 m noch nicht erreicht hatten. In 90 % der Fälle war *Calamagrostis epigejos* die wichtigste Konkurrenzart.

Anhaltende interspezifische Konkurrenz im Jungwuchs kann sich bis in die Altholzphase auswirken, u. a. durch Ästigkeit und schlechte Schaftformen. Oft treten in den durch Konkurrenz geschwächten Beständen noch **Nebenwirkungen** ein. Hierzu zählen der Befall mit Mehltau an Eichen und der mit Schüttepilzen an der Kiefer, die Gefahren durch Wildverbiss und durch Spätfrost, die Disposition für Schäden an den Sprossen durch Rüsselkäfer (beim Nadelholz) und Mäuse (beim Laubholz) (s. Altenkirch et al. 2002).

Verjüngung unter Schirm

Bei Verjüngungen unter einem Bestandesschirm verursachen die Baumkronen eine Verminderung der Einstrahlung und der Niederschläge am Boden (Interzeption). Wie stark diese Wirkung ist, hängt von mehreren Faktoren ab: von den am Oberstand beteiligten Baumarten, deren Dichtstand und Kronenausdehnung, der vertikalen und horizontalen Schichtung sowie der Hanglage und der Nachbarschaft. Die Interzeption, besonders die des Lichtes, betrifft die Verjüngungspflanzen und die sie umgebende Bodenvegetation. Beide Gruppen reagieren entsprechend ihren ökologischen Ansprüchen und den gegebenen Standortbedingungen. Während die Wasserkonkurrenz vor allem im ersten Verjüngungsstadium von großer Bedeutung ist (Madsen und Larsen 1997; Ammer 2002), bestimmt das Lichtangebot vorrangig die weitere Entwicklung der Verjüngungspflanzen. Hierzu gibt es eine Anzahl experimenteller Untersuchungen und zahlreiche Beobachtungen (Abb. 13.7). So hat Ammer (1996a) die Lichtkonkurrenz in dem von Burschel 1975 eingerichteten Bergmischwald-Projekt in den Bayerischen Alpen unter Verwendung verschiedener Untersuchungs- und Auswertungsansätze ausführlich dargestellt. Diese Ergebnisse und die mehrerer anderer Untersuchungen sind bei Röhrig et al. (2006) geschildert.

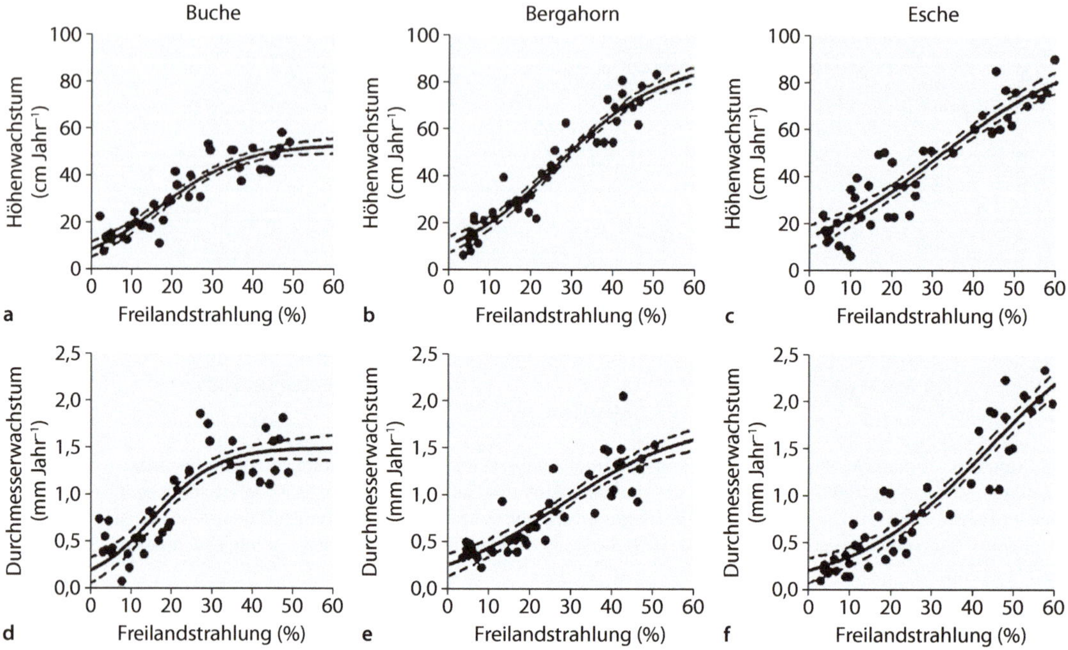

Abb. 13.7 Einfluss der Lichtverhältnisse (in % der Freilandstrahlung) auf das Durchmesser- und Längenwachstum von Pflanzen aus Naturverjüngung von Buche (**a**, **d**), Bergahorn (**b**, **e**) und Esche (**c**, **f**) in Südniedersachsen (nach Petritan et al. 2009). Dargestellt sind die Häufigkeitsverteilung und die angepassten Regressionslinien für den Längenzuwachs (**a–c**) und den Durchmesserzuwachs (**d–f**) der letzten fünf Jahre. Die durchbrochenen Linien zeigen die 95 %-Konfidenzintervalle an

Weichlaubholz im Jungbestand

Auf Freiflächen, besonders unter mittlerer Wasser- und Nährstoffversorgung, entwickeln sich häufig in Jungbeständen sog. **Weichlaubholzbäume**, besonders Birke, Salweide, Vogelbeere und Aspe. Sie erreichen schon in den ersten Jahren um ein Mehrfaches größere Sprosshöhen als die mit ihnen vergesellschafteten anderen Laubbäume. Dabei können sie mit drei bis sechs Pflanzen je Quadratmeter sehr dicht stehen. Dies führt zu Lichtkonkurrenz, besonders ausgeprägt bei der Salweide, aber auch bei den anderen Weichlaubholzarten. Es kann auch zeitweilig Wasserkonkurrenz auftreten. Durch mehrere Arbeiten ist man über den Entwicklungsgang solcher Mischbestände gut unterrichtet (Leder 1992; Ammer und Dingel 1997; Nüßlein 1999; Ott 2002; Ammer et al. 2005; Petersen et al. 2009).

Selbst bei sehr dichtem Stand tritt auf Freiflächen durch die Konkurrenz von Weichlaubhölzern keine nennenswerte **Mortalität** von Buchen und Eichen ein. Das **Höhenwachstum** der Traubeneichen ist im Allgemeinen weniger beeinflusst, allenfalls wenn mehrere hohe Weichhölzer in geringem Abstand wachsen. Die Buche zeigt keine Reaktion dieser Art. Beide Arten reagieren dagegen mit einer Verminderung des **Durchmesserwachstums** in dieser Entwicklungsphase. Der Schlankheitsgrad (Verhältnis Höhe zu Durchmesser) kann bei hoher Dichte des Jungbestandes bis auf 110 ansteigen. Die Substanzproduktion, besonders der Wurzeln, ist verringert, meist weniger als die Stickstoffaufnahme (Coll et al. 2004).

Die **Schaftqualität** von Buche und Eiche hängt meist stark von der Pflanzendichte und dem Grad der Überschirmung ab. Allgemein werden in Mischungen mit Weichlaubhölzern weniger starke und feinere Äste gebildet (Ott et al. 2003). Die Auswertung von Eichenpflanzungen auf 25 Standorten in Deutschland ergab, dass zur Schaftpflege eingebrachte Baumarten (Hainbuche, Winterlinde, Bu-

Voranbau

Eine große Bedeutung für die Einbringung der Buche in Fichtenbeständen – sei es zur Schaffung von Mischbeständen beider Arten oder zur gänzlichen Ablösung der Fichte – hat seit Ende des 20. Jahrhunderts der **Voranbau** der Buche gewonnen (◘ Abb. 13.8; Spiecker et al. 2004; von Teuffel et al. 2005; Röhrig et al. 2006; Ammer und Mosandl 2007). Meist werden dazu zwei- bis mehrjährige Baumschulpflanzen verwendet, aber auch Sämlinge oder Wildlinge (Leder und Gutsche 1997). Wenn die übrigen Bedingungen (Standort, Pflanzverfahren, Schutz gegen Wild) günstig sind, lässt sich auf mindestens mittelmäßigen Standorten niederer bis mittlerer Höhenlagen bei Lichtzutritt von 20–30 % der Freilandstrahlung ein gedämpftes, aber zügiges Höhenwachstum der Buche erreichen (Spellmann und Wagner 1993; Schmidt et al. 1996; Gralla et al. 1997; Drößler et al. 2005; ◘ Abb. 13.9). Durch die Lichtinterzeption der Fichtenaltbestände werden die Sprosshöhen weniger beeinflusst als die Durchmesser und die Erzeugung der Gesamtsubstanz. Für das Durchmesserwachstum unter verschiedenen Lichtverhältnissen geben Wagner und Müller-Using (1997) ein Beispiel (◘ Abb. 13.10).

che) bei nicht zu engen Pflanzverbänden die Überlebensrate und die Qualität der Eichen signifikant erhöhen können (Saha et al. 2012).

▪ Mischbestände im Stangen- und Baumholzstadium

In etwa gleich alten Mischbeständen im Stangen- und Baumholzstadium wirkt sich die Konkurrenz allgemein stärker auf das Durchmesserwachstum als auf das Höhenwachstum aus. Die Konkurrenz ist hauptsächlich durch die Unterschiede in den artbedingten **Wachstumsgängen** begründet. Diese sind meist, aber nicht immer, mit der **Schattentoleranz** verknüpft: Schattentolerante Arten haben im Verhältnis zu typischen Lichtbaumarten ein langsameres und länger anhaltendes Wachstum. Bei den mittelmäßig lichtbedürftigen Arten sind diese Übereinstimmungen nicht klar erkennbar. Besonders deutlich sind diese Zusammenhänge bei der Mischung von Kiefer und Lärche mit der Buche und der Kombination von Stieleiche mit Hainbuche, auf nährstoffreichen Böden auch in Buchen-Eschen-Ahorn-Beständen. Aber letztlich führen Unterschiede im Wachstum bei allen beteiligten Baumarten immer zu Konkurrenzerscheinungen, die sich im Laufe der Bestandesentwicklung umkehren können, indem die zunächst langsamer wachsenden Arten mehr und mehr die Oberhand gewinnen.

Die Konkurrenz ist wesentlich abhängig von den **Mischungsanteilen** und der **Anordnung** der Bäume auf der Fläche. Dadurch kommt es zur einseitigen oder gegenseitigen Beeinflussung in der arteigenen Kronenausbildung. Sie beruht in erster Linie auf Lichtkonkurrenz, bisweilen verbunden mit mechanischer Störung oder Behinderung für die Ausbreitung der Krone des benachbarten, unterlegenen Baumes. Über die Konkurrenz im Wurzelraum verschiedener Mischbestände besteht noch weniger Klarheit.

◘ **Abb. 13.8** Voranbau der Buche in einem Fichtenreinbestand im Sauerland (Nordrhein-Westfalen). Die Buche wurde vor zwölf Jahren als zweijährige Pflanze im Pflanzverband 1,3 × 1,3 m in Flächen von Trupp- bis Gruppengröße in den ca. 80-jährigen Fichtenbestand eingebracht. Die Fichte verjüngt sich bei ausreichendem Lichtangebot durch Naturverjüngung, sodass ein Mischbestand aus Fichte mit Buche die nächste Waldgeneration bildet

Die **Intensität** der Konkurrenz und ihre Auswirkung sind zu einem gewissen Teil standortbedingt. Die Fichte ist z. B. auf weniger günstigen und höher gelegenen Standorten der Buche im Baumholzalter

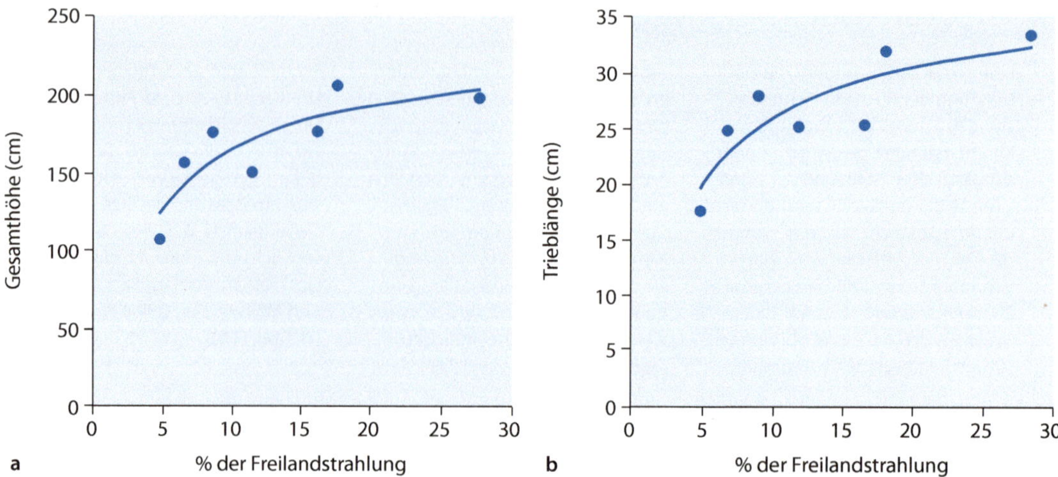

Abb. 13.9 Einfluss der Lichtverhältnisse (% der Freilandstrahlung) auf die Gesamthöhe **a** und den letztjährigen Zuwachs des Terminaltriebs **b** von sieben- bis 13-jährigen Buchen aus Voranbau in Fichtenaltbeständen im Harz (400–600 m ü. NN). (Nach Gralla et al. 1977)

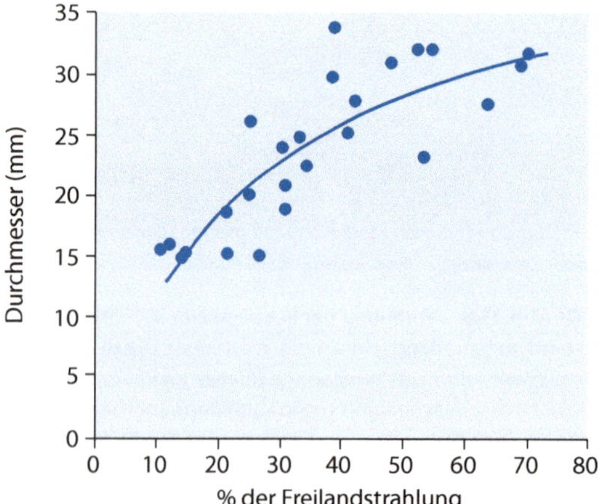

Abb. 13.10 Einfluss der Lichtverhältnisse (% der Freilandstrahlung) auf den Durchmesser der Sprossbasis von siebenjährigen Buchen eines Voranbaus in einem Fichtenaltbestand im Harz (500 m ü. NN). (Nach Wagner und Müller-Using 1997)

deutlicher überlegen als unter ökologisch günstigen Bedingungen. In trockenen Tieflagen kann die Traubeneiche der Buche lange Zeit überlegen sein oder sogar bis zum Lebensende mit der Buche im Höhenwachstum konkurrieren. Auch unter solchen Bedingungen ist die Konkurrenz nicht ausgeschaltet, aber sie ist weniger asymmetrisch.

Über die Konkurrenz in Mischbeständen im **Baumholzalter** gibt es mehrere Arbeiten mit verschiedenen Ausgangslagen. Bei Pretzsch (2009) sind die Zusammenhänge zwischen Konkurrenz und dem Wachstum von Einzelbäumen und Beständen eingehend dargestellt. Die Auswirkungen unterschiedlicher Baumartenmischungen auf die Produktivität werden in ▶ Abschn. 19.3.3 behandelt. Im Folgenden werden die Ergebnisse von zwei Untersuchungen in Wirtschaftswäldern vorgestellt, die Wuchsreihen umfassen, welche aus unterschiedlich alten Beständen desselben Mischungstyps auf demselben Standorttyp als zeitliche Abfolge ihrer Bestandesentwicklung (sog. Chronosequenzen) bestehen.

Beispiel Buchen-Lärchen-Mischbestand

Eine ausführliche Darstellung über Wuchsleistung und Konkurrenzverhältnisse von 53 Buchen-Lärchen-Mischbeständen unterschiedlichen Alters im südniedersächsischen Bergland legte Dippel (1989) vor. Hierbei handelte es sich um normal gepflegte Bestände I. und II. Ertragsklasse mit etwa gleichem Alter beider Arten ohne extreme Mischungsverhältnisse und mit gut vergleichbaren Standortverhältnissen. Etwa zehn Jahre später untersuchte Guericke (2001) mit erweiterter Fragestellung und Methodik 23 dieser Flächen. Dabei wurde der

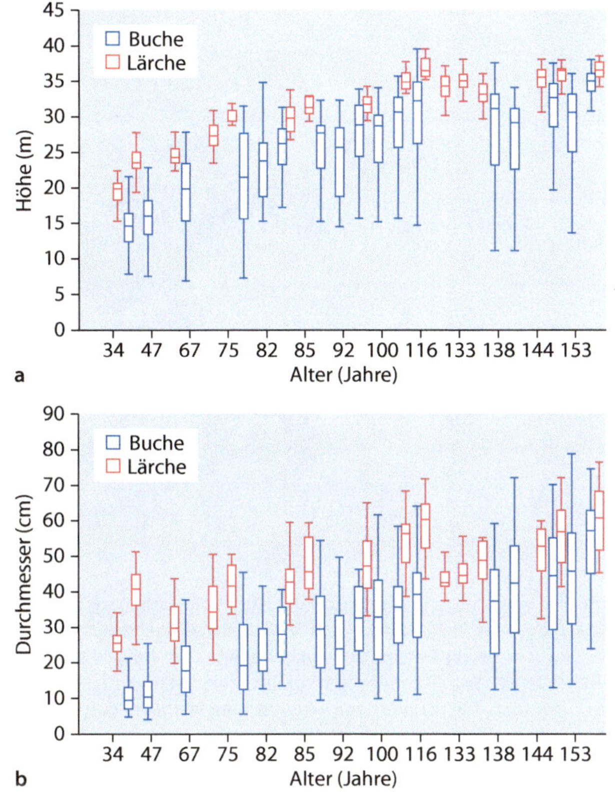

Abb. 13.11 Entwicklung der Höhen (**a**) und der Brusthöhendurchmesser (**b**) mit dem Alter für Buche und Lärche in Mischbeständen im Solling/Niedersachsen (nach Guericke 2001). Das Rechteck (*box*) des Boxplots entspricht dem Bereich, in dem die mittleren 50 % der Daten liegen. Als durchgehender Strich ist der Median in das Rechteck eingezeichnet. Jenseits des Medians liegen jeweils 50 % der Daten. Die vertikalen Linien (Antennen, *whisker*) reichen bis zum größten bzw. kleinsten Wert

Kronenausformung und deren Veränderungen in unterschiedlichen Altern besondere Beachtung geschenkt. Erfasst wurden Flächen im Altersrahmen von 40 bis 158 Jahren.

Stets hat die Buche deutlich höhere absolute Stammzahlen als die Lärche. Die prozentualen **Stammzahlen** der Lärche schwanken je nach Ausgangslage und Behandlungsweise der Bestände zwischen 10 % (Alter 40 Jahre) und über 30 % (Alter 136 Jahre). Sehr deutlich zeigt Abb. 13.11a die unterschiedlichen Lichtansprüche der beiden Baumarten: Die Lärche weist nur eine enge **Spreitung der Höhen** über alle Alter auf, die Buche dagegen eine viel weitere. Das wirkt sich auf die Horizontalstruktur der Bestände aus. Die Buche tritt aufgrund ihrer Wuchsdynamik frühzeitig und anhaltend in Konkurrenz zur Lärche. Weniger stark ausgeprägt ist, hauptsächlich wegen der bewussten Pflege der Lärche, die Spreitung der **Durchmesserverteilung** (Abb. 13.11b). Bereits ab einem Alter von 60 Jahren erreichen einige Buchen die Durchmesser der Lärchen.

Die untersuchten Flächen unterscheiden sich in der Überschirmung im Altersvergleich nur geringfügig (75–80 %). Der mittlere **Kronendurchmesser** der Buche liegt zwischen knapp 5 m bei einem Brusthöhendurchmesser (BHD) von 20 cm und 12,2 m bei einem BHD von 65 cm. Für die Lärche liegen die Kronengrößen nur zwischen 2,7 und 9,0 m. Die Ergebnisse bestätigen die straffe funktionelle Beziehung zwischen BHD und Kronendurchmesser (s. a. Pretzsch 2009). Bis zu einem Kronenradius von 3 m liegt der Kronenbreitenzuwachs der Lichtbaumart Lärche zwischen 30 und 60 cm

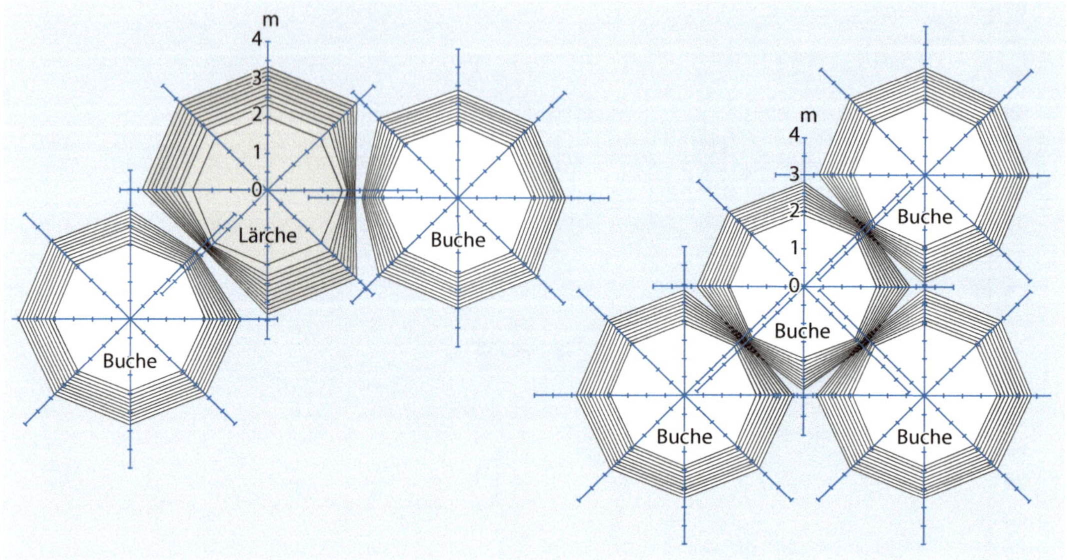

Abb. 13.12 Seitlicher Zuwachs der Kronen von Lärche und Buche im Mischbestand in der Baumholzphase nach Ergebnissen einer Waldwachstumsmodellierung für zehn Jahre (nach Guericke 2001). In der linken Bildhälfte ist eine Lärche mit zwei Buchennachbarn dargestellt. Während der Kronenbreitenzuwachs der Buchen mit zunehmender Annäherung an die Lärchenkrone nur unwesentlich zurückgeht, stellt die Lärche schon ab etwa 40 cm Abstand zur Buchenkrone ihr Kronenbreitenwachstum ein. Das Ergebnis ist eine seitlich eingeengte Kronenform. Die Baumgruppe in der rechten Bildhälfte besteht nur aus Buchen. Der Kronenbreitenzuwachs geht mit zunehmender Annäherung an die Nachbarkronen in geringerem Ausmaß als bei der Lärche zurück. Eine Überlappung der Buchenkronen ist bis etwa 80 cm Kronentiefe möglich

im Jahr. Mit weiter zunehmendem Radius nimmt der Zuwachs der Krone bei der Lärche stark ab auf Werte von weniger als 10 cm im Jahr. Die Schattenbaumart Buche breitet die Krone nur bis zu 40 cm im Jahr aus, vermag aber, bis ins hohe Alter nahezu konstante Zuwächse zu leisten und damit laufend konkurrenzfähiger zu werden. Die Buchenkronen schieben sich im Laufe der Bestandesentwicklung immer mehr in den Kronenraum der Lärche hinein. Hierzu trägt auch die unterschiedliche Reaktion von Lärche und Buche auf Seitendruck bei (Abb. 13.12).

In der **Vorratsentwicklung** lässt sich aus dieser Untersuchung eine Zunahme bei der Buche (im Anhalt an die Ertragstafel I. Ertragsklasse bei starker Durchforstung, s. Schober 1995) im Zeitraum von 40 bis 158 Jahren in der Größenordnung von 120 auf etwa 450 Vorratsfestmeter (Vfm, entspricht m^3) pro Hektar feststellen. Die Beimischung der Lärche erhöht die Bestandesvorräte in dieser Altersspanne auf rund 200 Vfm ha^{-1} bis annähernd 700 Vfm ha^{-1}. Bei guter Qualität der Lärche entstehen in derartigen Mischbeständen beträchtlich erhöhte Werterträge.

Beispiel Buchen-Edellaubholz-Mischbestand

Die Beimischung von Bergahorn, Esche und einigen anderen sog. **Edellaubbaumarten** in Buchenbeständen kann bei geeigneter Stärke und Qualität des Holzes das Betriebsergebnis bedeutend erhöhen. Das wurde in Deutschland erst in den 1950er-Jahren klar erkannt, als die mechanischen und dekorativen Eigenschaften auf dem Holzmarkt zu deutlich höherer Wertschätzung führten. Das erklärt, warum dieser Mischbestandstyp in seiner Wachstumsdynamik früher wenig wissenschaftlich bearbeitet wurde. Ansätze dazu findet man bei Faust (1963), Röhrig (1966), Wagenhoff (1975), Züge (1986) sowie Frank und Guericke (2008).

Nüßlein (1995) hat sich in einer umfangreichen Arbeit das Ziel gesetzt, den Wachstumsgang von Buchen-Edellaubholz-Beständen in der waldbaulich entscheidenden Phase des hauptsächlichen Höhenwachstums zu untersuchen, da hier die wesentlichen Konkurrenzkämpfe zwischen den Baumarten ausgetragen werden und die wichtigsten waldbaulichen Steuerungen zu erfolgen haben, wenn das Betriebsziel eines hohen Wertertrags im Alter erreicht werden soll. Er hat aus den Ergebnissen Empfehlungen für die Praxis abgeleitet.

Die Untersuchungen erfolgten mit einer Wuchsreihe von vier Entwicklungsstadien (s. a. ▶ Abb. 12.3 in ▶ Abschn. 12.1):
- zum Abschluss der Anwuchsphase (Dickungsstadium),
- zu Beginn der Höhenwuchsphase (schwaches Stangenholz),
- beim Maximum der Höhenwuchsphase (starkes Stangenholz),
- beim Übergang zur Reifungsphase (geringes Baumholz).

In Probekreisen wurden auf der Ebene von Einzelbäumen mit ihren Nachbarn die wichtigsten Wuchskonstellationen von Stamm und Krone durch Jahrringanalysen an Stammscheiben und Bohrspänen erfasst. Die Bestände befinden sich in der Bayerischen Rhön, ihre Böden bestehen vorwiegend aus tiefgründigen, nährstoffreichen (eutrophen) Braunerden mit hohem Skelettanteil.

◘ Tabelle 13.1 gibt einen allgemeinen Eindruck von der Zusammensetzung der vier Entwicklungsstadien. Die Buche weist mit Ausnahme der Dickung bei Weitem die höchsten Stammzahlen auf, danach folgen mit großem Abstand Esche, Bergahorn und Spitzahorn. Im Prinzip bestehen diese Verhältnisse bei allen aufgenommenen Probekreisen, doch auf den Aufnahmeflächen gibt es bei allen Baumarten beträchtliche Altersunterschiede und zudem einen Altersvorsprung der Buche. Das ist übrigens keineswegs die Regel in diesem Mischbestandstyp, sondern hängt weitgehend von der Art und der Geschwindigkeit des Verjüngungsganges ab.

Die Konkurrenz der Baumarten in Mischbeständen wird entscheidend durch deren **Höhenwachstum** in den einzelnen Entwicklungsstadien, vor allem den frühen, geprägt. Das wirkt sich in erster Linie für die Bäume der jeweils herrschenden Schicht aus, doch auch für die Bildung und Erhaltung einer Unterschicht, die von schattenertragenden Arten gebildet wird. Sie beeinflussen weitgehend die **Struktur** der Bestände. Bereits in der Dickungsphase hat die Buche einen hohen Anteil, der sich bis zur geringen Baumholzphase immer mehr vergrößert. Die Verhältnisse im Jungwuchs sind hier die Folge des Altersvorsprungs der Buche. Wenn er nicht gegeben ist, stellt sich die Dominanz der Buche erst später ein. Oft haben wir es vielmehr mit einer Vorausverjüngung der Edellaubbäume zu tun, zu denen sich die Buche erst mit Verzögerung einfindet (◘ Abb. 13.13).

Deutlich wird die unterschiedliche Entwicklung des **Höhenwuchses** der Arten im Laufe des Bestandeslebens (◘ Abb. 13.14). Sie gilt im Prinzip für diese Art der Mischbestände, ist aber im Einzelnen von den Alters- und Mischungsverhältnissen abhängig. Für etwa gleich alte Mischbestände hat Nüßlein den Schluss gezogen, dass »die Buche in den ersten Dekaden ihres Lebens recht deutlich, d. h. um zwei bis vier Meter in der Oberhöhe zurückliegt. Es führen in diesem Alter die Edellaubbäume das Feld an, wobei der Ausgleich der Höhen der Herrschenden und Vorherrschenden über dem Alter gezeigt hat, dass in den ersten 20 bis 30 Jahren der Ahorn an der Spitze steht, danach die Esche. Im weiteren Verlauf jedoch lassen die Edellaubbäume, beginnend mit 50 bis 60 Jahren, im Höhenwachstum spürbar nach; die Buche hingegen zeigt diese Tendenz nicht. Die Folge ist, dass mit etwa 65 Jahren zuerst die Esche, und bis zu fünf Jahre später auch der Ahorn in der Höhenentwicklung hinter die Buche zurückfällt.« In Beständen mit einem Altersvorsprung der Buche setzt diese sich noch früher an die Spitze. Auf Standorten mit ungünstigerem Wasserhaushalt (v. a. auf Muschelkalk) kann die Buche die Edellaubbäume in der Höhe bereits im Alter von 30 bis 40 Jahren überholen (Züge 1986).

Zur Überlegenheit der Buche im Baumholzalter trägt vor allem die große Plastizität mit dem starken **Ausladevermögen der Kronen** bei (Leuschner 1998a; Hagemeier 2002). Das wird in diesem Zusammenhang von Nüßlein eingehend dargestellt.

Tab. 13.1 Waldwachstumskundliche Kennzahlen für Buchen-Edellaubholz-Mischbestände in verschiedenen Stadien der Bestandesentwicklung in Nordbayern (nach Nüßlein 1995). Angegeben sind Mittelwerte von sechs Probekreisen je Entwicklungsstadium von N = Stammzahl, G = Bestandesgrundfläche in m^2 je Hektar (ha), V = Holzvorrat (Volumen) in Vorratsfestmeter Derbholz mit Rinde (VfmD) je ha, d_m bzw. h_m = Durchmesser bzw. Höhe des Grundflächenmittelstammes in cm bzw. m, d_o bzw. h_o = Durchmesser bzw. Höhe der 100 stärksten Bäume je ha in cm bzw. m

Stadium der Bestandesentwicklung	Alter (Jahre)	Baumart	N ha^{-1}	G (m^2 ha^{-1})	V (VfmD ha^{-1})	d_m (cm)	d_o (cm)	h_m (m)	h_o (m)
Dickung	28 (17–39)	Buche	4770	9,41	26,94	7,8	12,8	9,4	10,9
		Esche	9187	7,92	16,30	4,7	8,7	8,5	10,2
		Bergahorn	573	1,60	5,27	8,0	10,5	10,1	10,5
		Spitzahorn	107	0,26	0,76	6,5	6,5	9,6	9,6
		Mehlbeere	13	0,00	0,00				
		Linde	107	0,08	0,16	5,5	5,5	8,1	8,1
		Bergulme	613	1,32	4,52	8,1	11,3	9,6	10,6
		Salweide	40	0,11	0,31	7,1	7,1	9,1	9,1
		Gesamt/Mittel	*15.410*	*20,73*	*54,29*	*6,1*	*14,4*	*9,0*	*11,0*
Schwaches Stangenholz	37 (26–50)	Buche	4786	14,23	56,38	10,6	17,5	12,0	14,5
		Esche	1153	5,64	23,85	8,9	13,4	12,2	13,8
		Bergahorn	700	4,12	19,20	10,6	14,9	12,8	13,6
		Spitzahorn	93	0,46	2,00	8,9	8,9	12,3	12,3
		Linde	327	1,23	4,78	10,4	10,4	11,9	12,0
		Bergulme	167	0,73	3,15	10,5	10,5	12,0	12,0
		Vogelbeere	7	0,00	0,00				
		Feldahorn	7	0,00	0,00				
		Fichte	180	0,42	1,30	9,6	9,6	11,5	11,5
		Gesamt/Mittel	*7420*	*26,88*	*110,70*	*10,0*	*18,2*	*12,0*	*14,4*

Tab. 13.1 Fortsetzung

Stadium der Bestandes-entwicklung	Alter (Jahre)	Baumart	N ha^{-1}	G (m^2 ha^{-1})	V (VfmD ha^{-1})	d_m (cm)	d_o (cm)	h_m (m)	h_o (m)
Starkes Stangenholz	56 (39–69)	Buche	2121	15,28	110,67	17,5	24,6	18,7	21,3
		Esche	255	5,65	51,01	17,9	22,4	20,2	21,7
		Bergahorn	171	2,56	20,94	17,2	17,7	19,3	19,5
		Spitzahorn	303	4,68	38,80	17,7	20,7	19,4	20,0
		Eiche	9	0,32	3,19	21,8	21,8	21,5	21,5
		Bergulme	17	0,41	3,61	21,0	21,0	20,1	20,1
		Fichte	17	0,05	0,28				
		Birke	3	0,11	1,08	22,6	22,6	20,7	20,7
		Gesamt/Mittel	*2893*	*29,08*	*229,62*	*17,7*	*26,3*	*19,1*	*21,8*
Geringes Baumholz	71 (58–77)	Buche	1304	26,70	301,65	26,5	34,0	25,9	28,2
		Esche	248	9,31	108,01	22,1	25,8	25,1	26,2
		Bergahorn	67	2,98	35,21	24,9	24,9	25,1	25,1
		Spitzahorn	38	0,97	10,46	24,3	24,3	24,9	24,9
		Bergulme	10	0,40	5,04	28,2	28,2	26,5	26,5
		Gesamt/Mittel	*1668*	*40,38*	*460,40*	*25,0*	*34,5*	*25,7*	*28,0*

Abb. 13.13 Edellaubholz-Stangenholz mit wenigen unterständigen Buchen im Göttinger Wald (Niedersachsen)

Die **Holzvorräte** (s. Tab. 13.1) der von Nüßlein untersuchten Bestände liegen bis zum geringen Baumholz bedeutend über denen, die in der Ertragstafel von Schober (1995) für die Buche I. Ertragsklasse bei mäßiger Durchforstung angegeben sind. Im Weiteren, von Nüßlein nicht untersuchten Verlauf des Wachstums gleicht sich die Vorratshöhe wegen des geringer werdenden Wachstums der Edellaubbäume allmählich aus und ist im stärkeren Baumholz deutlich geringer als in gleich alten Buchenbeständen auf günstigem Standort. Das ist die Folge der Konkurrenz der Baumarten im Kronenraum: Esche und Ahorn vermögen etwa ab einem Alter von 80 Jahren ihre Kronen im Verhältnis zur Buche immer weniger auszubreiten. Dies führt dann dazu, dass sie im Höhen- und Durchmesserwachstum gegenüber der Buche zurückbleiben (Faust 1963; Nagel 1985). Das bedeutet für den praktischen Waldbau: Die Entwicklung der Edellaubbäume muss in der ersten Hälfte des Bestandeslebens durch Durchforstungen so stark gefördert werden, dass sie die zur Erzeugung von Wertholz notwendigen Stammstärken erreichen können.

Die mittleren Kronenvolumina in den vier Entwicklungsstadien der Bestände sind in Abb. 13.15 dargestellt. Je günstiger die soziale Stellung eines Baumes ist, umso größer ist das Kronenvolumen. Sehr deutlich zeigt sich in allen Baumklassen ein Zurückbleiben der Esche in der Kronenausbildung.

Die unterschiedliche Kronenentwicklung hat ihre Wirkung auf den **Durchmesserzuwachs** (s. Tab. 13.1), wobei zu beachten ist, dass die Buche in den untersuchten Beständen einen Altersvorsprung hat. In der Jugend ist der Ahorn der Esche überlegen, später gleichen sich die Durchmesser mehr oder weniger an. Die genauere Analyse der Entwicklung auf den Probekreisen zeigt, dass die Esche in der herrschenden Schicht im geringen Baumholz gegen die Buche in der Durchmesserentwicklung markant zurückbleibt und der Ahorn in dieser Hinsicht eine Mittelstellung zwischen der Esche und der Buche einnimmt. Die Buche ist also im geringen Baumholz den Edellaubbäumen deutlich überlegen, besonders in der Oberschicht.

13.2 Allelopathie

Zahlreiche höhere Pflanzen, aber auch Pilze und Mikroben, geben organische Substanzen ab, die auf andere Arten stimulierend oder hemmend wirken. Molisch (1937, 2007) hat dafür den Begriff **Allelopathie** geprägt, der heute überwiegend auf die Hemmung der Entwicklung höherer Pflanzen angewendet wird. Selten wirken solche Substanzen auch bei Individuen derselben Art (**Autotoxizität**).

Die Zahl allelopathisch wirkender Stoffe ist kaum übersehbar. Sie reicht von einfachen Kohlenwasserstoffen bis zu Substanzen mit komplizierten polyzyklischen Strukturen (Rice 1984; Reigosa et al. 2006; Zeng et al. 2008; Cheema et al. 2013). Alle Pflanzenteile (Holz, Rinde, Blätter, Früchte und Wurzeln sowie deren Abbauprodukte) können sie enthalten. Freigesetzt werden sie in Form von Dampf, aktiver Wurzelausscheidung oder Auswaschung aus lebenden oder toten Pflanzenteilen. Die Wirkungen bestehen in der Behinderung der

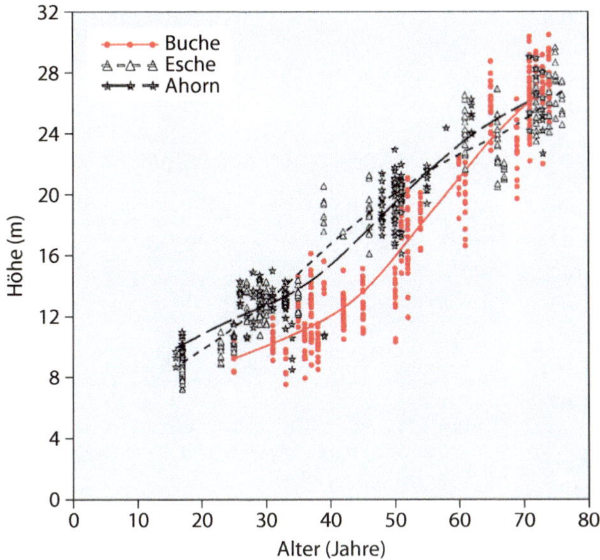

Abb. 13.14 Baumhöhen der Oberschicht (Baumklassen 1 und 2 nach Kraft, ▶ Abb. 12.1) in Abhängigkeit vom Alter für Buche, Esche und Ahorn in Buchen-Edellaubholz-Mischbeständen in Nordbayern. (Nach Nüßlein 1995)

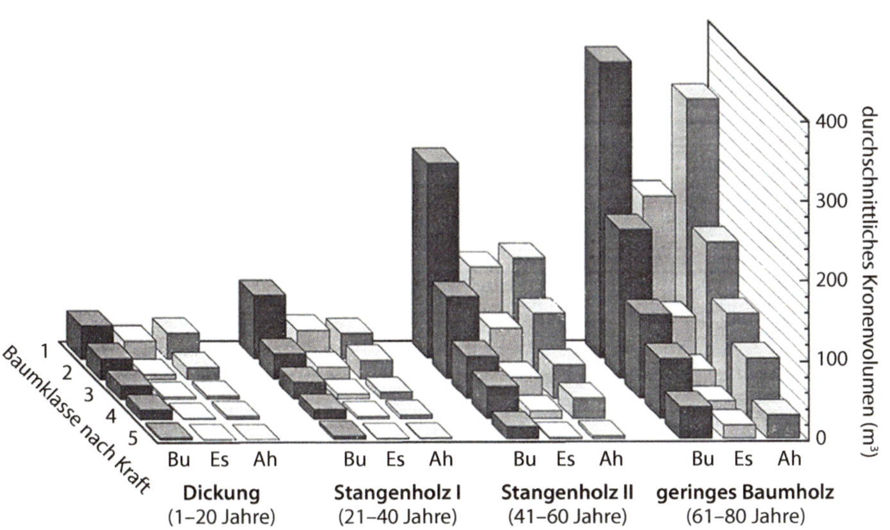

Abb. 13.15 Mittleres Kronenvolumen von Buche (*Bu*), Esche (*Es*) und Ahorn (*Ah*) in Abhängigkeit von der sozialen Stellung (Baumklassen nach Kraft, s. ▶ Abb. 12.1) in Altersstufen (s. ▶ Abb. 12.3) von Buchen-Edellaubholz-Mischbeständen in Nordbayern. (Nach Nüßlein 1995)

Samenkeimung sowie in der Schwächung empfindlicher Nachbarpflanzen bis zu deren Absterben. Crawley (1997) zählt eine große Anzahl von Wirkungswegen in den betroffenen Pflanzen auf und nennt darüber hinaus auch die Hemmung von Mikroorganismen in der Streu und im Boden, wodurch der Abbau organischer Substanz behindert wird.

Putnam und Tang (1986) geben eine ausführliche Liste von Kräutern und Gräsern mit allelopathischen Eigenschaften, die sich aus anderen Quellen noch ergänzen lässt. Dazu gehören aus den temperierten Wäldern Europas der Farn *Pteridium aquilinum*, die Gräser *Elymus repens*, *Holcus mollis*, *Molinia caerulea* und *Poa pratensis*, die Kräuter *Allium ursinum* und *Solidago* sp. und von den Kleinsträuchern *Calluna vulgaris*. Das bekannteste Beispiel unter den Waldbäumen bilden die Arten der Gattung *Juglans*. Bereits den Römern war bekannt, dass unter den Kronen von Walnussbäumen (*Juglans regia*) der Aufwuchs von Pflanzen gehemmt wird (Hock und Elstner 1995), ähnlich auch bei den mit den Nussbäumen verwandten *Carya*-Arten. Aus Blättern, unreifen Fruchthüllen, Rinde und Wurzeln wird eine gut wasserlösliche Verbindung in den Boden ausgewaschen und zu Juglon (5-Hydroxy-1,4-naphthochinon) hydrolysiert. Juglon hemmt die Zellteilung und damit das Wachstum von Pflanzenkeimlingen (Lüttge et al. 2010).

Die ökologische Bedeutung der Allelopathie ist in ihrem Ausmaß auf die Zusammensetzung der Gesellschaften und die übrigen Ökosystemfunktionen bisher noch wenig klar (s. a. Wardle et al. 1998). Viele der im Laboratorium unter kontrollierten Bedingungen erzielten Effekte ließen sich im Freiland nicht bestätigen. Es scheint so, als seien solche Wirkungen auf armen Standorten, besonders unter Koniferen, stärker ausgeprägt. Es kann auch sein, dass durch allelopathische Einflüsse die Bildung von Mykorrhiza erschwert oder unterdrückt wird und dass die an der Streuzersetzung beteiligten Mikroorganismen verschieden auf allelopathische Einflüsse reagieren. Ob der mehrfach beschriebene Baumartenwechsel in der Naturverjüngung (z. B. Tannenverjüngung unter Fichtenschirm oder umgekehrt) teilweise auf Allelopathie zurückzuführen ist, lässt sich nicht mit Sicherheit sagen.

13.3 Andere Formen der Beeinflussung

Neben der Konkurrenz und der Allelopathie gibt es eine Anzahl weiterer negativer Einflüsse im Bereich der höheren Pflanzen. Rankende Kräuter (z. B. *Galium aparine*) und Strauchartige wie die Waldrebe (*Clematis vitalba*) und besonders die Brombeere (*Rubus fruticosus*) werden in Naturverjüngungen und Pflanzungen durch Überwachsen und Niederdrücken schädlich (◘ Abb. 13.16). Sie einzudämmen, ist mühsam und oft nicht genügend nachhaltig.

◘ **Abb. 13.16** Auf Freiflächen kann sich die Brombeere (*Rubus fruticosus*) stark entwickeln und die Verjüngung der Forstpflanzen einschränken

Indirekte Wechselwirkungen innerhalb der Waldvegetation sind in jüngeren Entwicklungsstadien häufig. Dazu gehört vor allem, dass ein starker Bodenbewuchs die Frostgefahr erhöht (Larsen und Röhrig 1978, weitere Einzelheiten bei Röhrig et al. 2006). Die Infektionsgefahr durch Kiefernschütte (*Lophodermium seditiosum*) wird durch Bodenbewuchs verstärkt, ebenso der Befall junger Nadelbäume durch Rüsselkäfer (▶ Abschn. 14.3). Stark entwickelte Bodenvegetation bildet auch ein besonders günstiges Biotop für waldbewohnende Mäuse, v. a. Gelbhalsmaus (*Apodemus flavicollis*), Waldmaus (*Apodemus sylvaticus*) und Rötelmaus (*Clethrionomys glareolus*). Deren Fraßschäden an den Wurzelhälsen junger Laubbäume sind oft nachteiliger für die Forstplanzen als die Konkurrenz der Bodenvegetation und andere Schädigungen (Niemeyer et al. 1997; Altenkirch et al. 2002; Ott 2002).

Tiere in ihrer Bedeutung für Waldökosysteme

Norbert Bartsch, Ernst Röhrig

N. Bartsch, E. Röhrig, *Waldökologie*,
DOI 10.1007/978-3-662-44268-5_14, © Springer-Verlag Berlin Heidelberg 2016

Die Struktur der **Fauna** in den Ökosystemen lässt sich nach verschiedenen Aspekten betrachten und untersuchen: nach ihrer Taxonomie (Zugehörigkeit zu systematischen Gruppen), nach ihrer räumlichen und standörtlichen Verbreitung (geografische Areale, Bindung an ökologische Verhältnisse), ihrem zeitlichen Auftreten (jahreszeitlicher Wechsel, Vermehrungszyklen), ihrer Häufigkeit oder Seltenheit (Biodiversität), ihrer Lebensweise (Entwicklungsgang, Lebensdauer, Nahrungsweise, Verhalten) und nach ihren Beziehungen zu anderen Organismen (**Nahrungsketten** mit ihren Auswirkungen auf die Ökosystemfunktionen).

In ihrer **Artenzahl** übertreffen die Tiere den Bestand an Pflanzen um ein Vielfaches. Nach Angaben von Schaefer (1991) leben in den europäischen Buchenwäldern mehr als 6800 Tierarten. Davon entfallen 350 auf Protozoen, über 380 auf Würmer, 560 auf Spinnen und Bärtierchen, 70 auf Schnecken und über 5200 auf Insekten, während Wirbeltiere nur mit wenigen Arten vertreten sind.

Die Tierarten haben eine unterschiedlich große, insgesamt aber sehr wichtige Bedeutung in den Waldökosystemen, weil sie das Zusammenleben der Organismen und Populationen beeinflussen und die **Funktionen des Energie- und Stoffumsatzes** regeln. Wir werden uns nach einer allgemeinen Einführung auf drei Aspekte beschränken: die Rolle bei der Bestäubung und Samenverbreitung, den Fraß lebender Pflanzensubstanz und den Abbau toter Substanz bis zur Rückführung in den Elementkreislauf.

14.1 Allgemeine Funktionen

Im Hinblick auf die trophischen Beziehungen in den Ökosystemen gibt es eine Einteilung in drei Gruppen: Die **Produzenten** (im Wesentlichen die grünen Pflanzen), die mittels ihrer Fotosynthese organische Substanz aufbauen und speichern, die **Konsumenten** (Phytophage), die sich vom Verzehr dieser lebenden Substanz ernähren, und die **Destruenten** (Reduzenten, Zersetzer), die das tote Material letztlich zu anorganischem Material zurückführen. Daran sind auch Pilze und andere Mikroorganismen beteiligt. Man unterscheidet danach **primäre** und **sekundäre Produktion** (s. a. ▶ Kap. 19). In den Ökosystemen bestehen spezielle **Nahrungsnetze**, die sich aus bestimmten Komponenten zusammensetzen, oft in einer mehrgliedrigen Nahrungskette (s. ▶ Abb. 12.12) angeordnet. Crawley (1997), Schaefer (2003) und auch andere Autoren haben das ausführlich geschildert. Die Phytophagen sind mehr oder weniger vielen Räubern ausgesetzt. Diese halten jedoch nicht nur die Zahl der Pflanzenfresser in Grenzen, sondern auch die anderer Tiere. So entstehen auch unter Carnivoren oft Nahrungsketten, z. B. werden Raupen von räuberischen Insekten gefressen, die ihrerseits von Vögeln verzehrt werden, welche wiederum Opfer von größeren Vögeln oder Säugern werden. Bei der Darstellung von Nahrungsketten werden sie als Carnivore 1., 2. und 3. Ordnung bezeichnet. **Räuber** stellen den Beutetieren auf verschiedene Weise nach, töten sie und verzehren sie oft nur teilweise, die Reste werden von **Aasfressern** weiter verwertet. Weitere Feinde der Phytophagen, aber auch der Räuber, sind die **Parasiten**. Oft unterscheidet man dabei echte Parasiten, die in oder an Organismen leben und sie schwächen, ohne sie zu töten, von Parasitoiden, die rasch zum Tod des Wirtstieres führen (z. B. Eiablage von Schlupfwespen (Ichneumoniden) in Larven von Schmetterlingen und rindenbrütenden Käfern mit folgender Entwicklung der parasitischen Larve). Unter den **Destruenten** findet man verschiedene Typen, die sich von Kot, Blatt- und Nadelstreu, totem Holz oder abgestorbener Rinde ernähren. Sie bereiten die Zersetzung toten Materials vor oder besorgen sie.

Viele Tiere üben zugleich oder zeitlich versetzt verschiedene dieser Funktionen aus. So betätigen sich Ameisen als Pflanzenfresser wie auch als Räuber. Ein großer Teil der Waldvögel nimmt ebenso pflanzliche Nahrung auf (besonders Samen und Früchte) wie Insekten. Einige Säuger sind sowohl Räuber als auch Aasfresser, wie z. B. der Fuchs und der Bär. Wenige sind in ihrer Nahrungsaufnahme ausgesprochene Spezialisten (oligophag), wie die Kiefernschädlinge Kiefernspanner und Forleule und viele Parasiten. Die Mehrzahl der Phytophagen und Räuber sind weitgehend polyphag, d. h., sie sind in ihrer Nahrungswahl nicht sehr wählerisch. Allesfresser (Omnivoren), die sowohl pflanzliche als auch tierische Substanzen aufnehmen, sind seltener, z. B. das Wildschwein (*Sus scrofa*).

Die meisten Tiere leben in bestimmten **Straten** der Waldökosysteme, z. B. am Boden oder in bestimmten Teilen der Baumkrone oder der Stämme. Viele Tiere wechseln im Lauf der Entwicklung die Lebensräume, so suchen zahlreiche blattfressende Insekten zur Überwinterung als Larve oder Puppe die Streu oder den Boden auf. Eine große Rolle spielen die Eigenschaften der **Biotope**, besonders deren abiotische Faktoren (Wärme, Feuchtigkeit, Licht) und ihre biotische Ausstattung. Diese Zusammenhänge sind in der einschlägigen Literatur (u. a. Schwerdtfeger 1977; Schaefer 1991; Weisser und Siemann 2004) sowie auch in ornithologischen Werken, so besonders in Bauer et al. (2005), ausführlich dargestellt. Zusammen mit den Ansprüchen an die **Reviergrößen** hat das eine große Bedeutung für die **Biodiversität** der Tiere in den verschiedenen Ökosystemen.

Das Zusammenleben verschiedener Arten mit verschiedenen Funktionen (Koexistenz) in einem Lebensraum ist weitgehend das Ergebnis einer langfristig ablaufenden **Koevolution**. Während der Evolution (▶ Kap. 8) haben sich gewisse Interaktionen zwischen zwei Arten oder Artengruppen herausgebildet. Sie sind meist für beide Teile vorteilhaft oder gar lebensnotwendig. Dafür gibt es eine Unzahl von Beispielen, allein aus dem Gebiet der Bestäubung und Samenverbreitung, das wir im folgenden Abschnitt behandeln werden.

Räuber und Parasiten vermindern zweifellos die **Wirkung der Phytophagen** auf die Entwicklung und den Bestand der Biomasse. In welchem Ausmaß das geschieht, ist in den verschiedenen Ökosystemen unterschiedlich. Unter anderen Faktoren hat die Populationsdichte der einzelnen Phytophagen einen bestimmenden Einfluss. Die weitaus meisten von ihnen erreichen nie oder nur selten so hohe Individuenzahlen, dass sie die Phytomassen ihrer Nahrungspflanzen stark vermindern und dadurch ihr Gedeihen und ihre Fortpflanzung erheblich beeinträchtigen. Räuber und Parasiten, vor allem Spinnen, Käfer, Ameisen und andere Hautflügler, sowie viele Vögel und Säugetiere spielen dabei eine wichtige Rolle. Sie folgen in ihrer Populationsdynamik der von Phytophagen, von denen sie entsprechend viele vertilgen, und bewirken damit die Erhaltung eines fließenden **Gleichgewichts** zwischen den Primärproduzenten und den heterotrophen Organismen im System (Jervis 2005). Anders ist es bei den Phytophagen, in deren Lebenszyklen es zeitweilig zu **Massenvermehrungen** kommt (▶ Abschn. 14.3). Deren Populationsentwicklung verläuft so rasch und intensiv, dass ihre Gegenspieler nur eine sehr begrenzte Wirkung entfalten können (Schwerdtfeger 1977, 1981; Speight und Wainhouse 1989; Schaefer 1991; Weisser und Siemann 2004).

14.2 Bestäubung und Samenverbreitung

In den gemäßigten und in den borealen Regionen der Erde überwiegt bei den Waldbäumen die Windbestäubung der Blüten. **Pollenverbreitung durch Tiere** ist das Ergebnis von Koevolutionen bei Pflanzen (Farbe, Form, Größe der Blüten, Ausbildung von Nektar und anderer attraktiven Substanzen) und Tieren (Ausbildung der Mundwerkzeuge, spezielles Suchverhalten). Sie fördern den Genfluss innerhalb und zwischen den Baumpopulationen. Bei den Bäumen in den temperierten Zonen Europas ist die Bestäubung durch Tiere auf wenige Gattungen beschränkt, obligatorisch ist sie bei den Linden, den Wildobstbäumen und Weiden. Bei den Sträuchern und der Bodenvegetation ist Tierbestäubung häufiger. Die Baumflora Nordamerikas und des temperierten Ostasiens enthält weit mehr Insektenblüter, in den Tropen überwiegen sie bei Weitem, hier spielen auch Vögel, Fledermäuse und andere Wirbeltiere eine Rolle.

Vielfältig ist die Funktion der Tiere bei der Verbreitung von Diasporen (**Zoochorie**), wir sprechen hier vereinfacht von **Samenverbreitung** (s. Bonn und Poschlod 1998; Leins und Erbar 2008; ◻ Abb. 14.1). Bei den meisten Pflanzen der Bodenvegetation geschieht sie auf **passive** Weise. Die Samen sind mit Hafteinrichtungen verschiedener Art versehen, wodurch sie im Fell von Tieren wie Wildschwein, Rehwild, Rotwild u. a. verschleppt werden (s. Schmidt et al. 2004, 2005). Das geschieht auch bei sehr kleinsamigen Arten durch Ameisen und andere Insekten. Die **aktive Verbreitung** durch Vögel und Säugetiere (u. a. Fuchs, Dachs, Marder) geschieht entweder durch das Aufsammeln, Fortschleppen und Zusammentragen in Verstecken (meist in der Streu und im Boden, selten auch in oder an Bäumen), wie es vor allem Eichelhäher

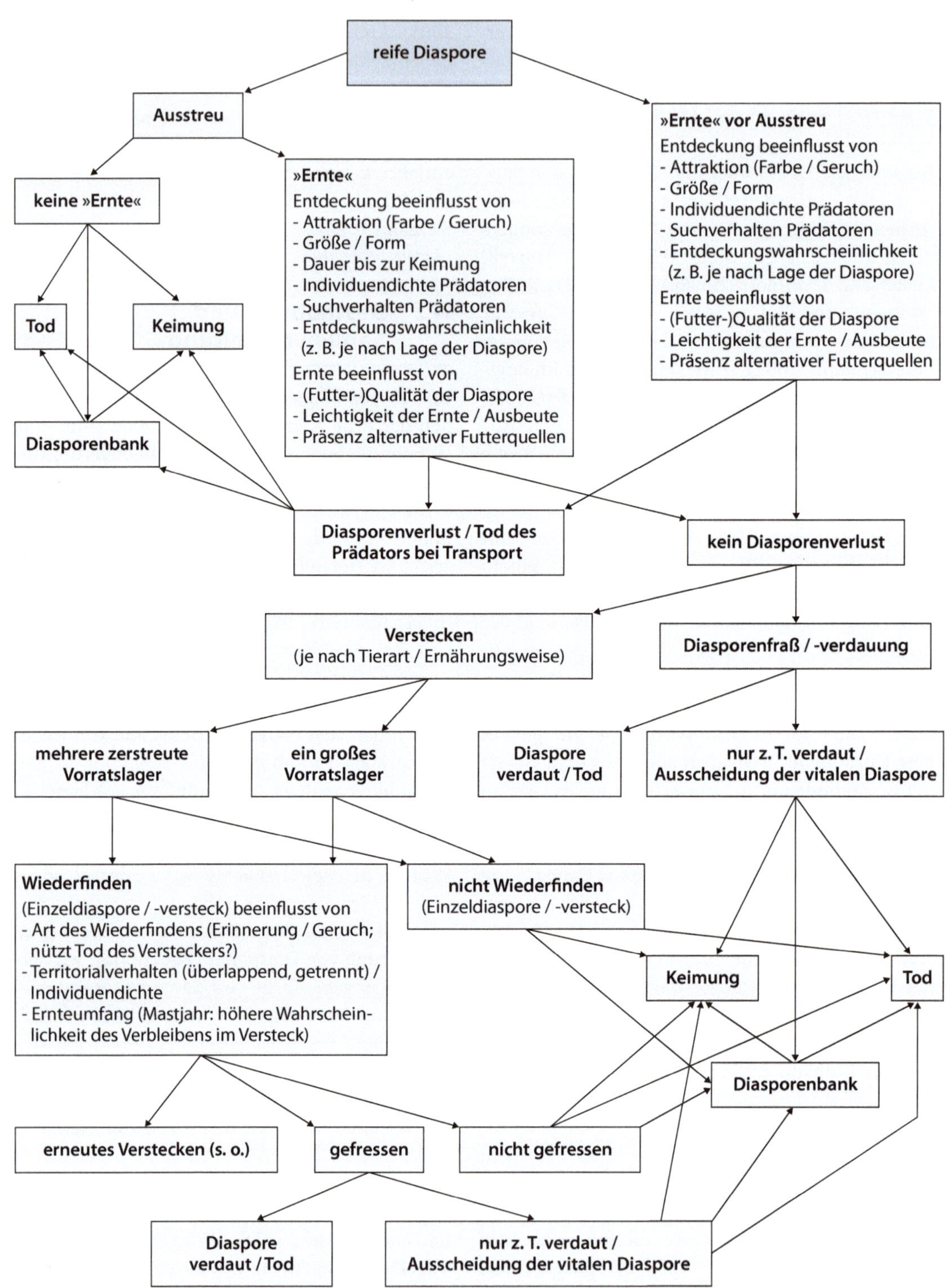

Abb. 14.1 Alternative Schicksalswege der von Nagern oder Vögeln zu Nahrungszwecken transportierten Diasporen (Samen und Früchte) (nach Bonn und Poschlod 1998). »Ernte« bezeichnet das Aufnehmen (Fraß oder Transport ohne Fraß) der Diaspore durch den Räuber

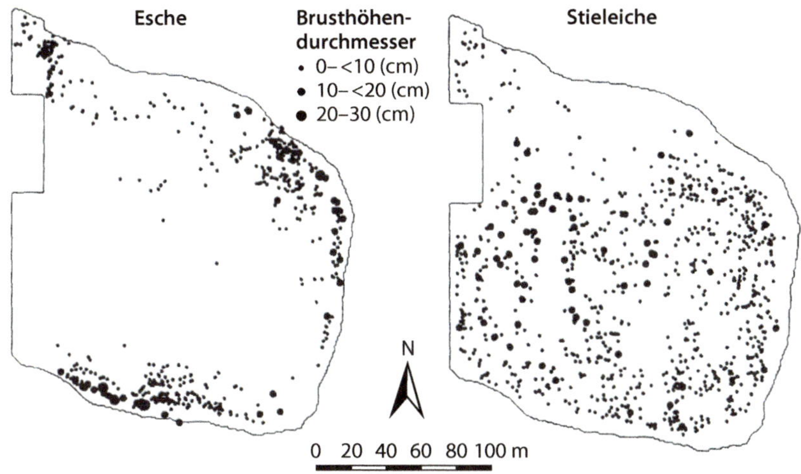

Abb. 14.2 Ausbreitung von Esche (links) und Stieleiche (rechts) auf eine Ackerbrache, die auf drei Seiten von Wald umgeben ist. Dargestellt ist die Verteilung der Bäume für drei Durchmesserklassen 38 Jahre nach Beginn der Samenausbreitung. Die Samen wurden von den Bestandesrändern aus verbreitet, die der Esche durch Wind, die der Eiche durch Tauben, Eichelhäher und Eichhörnchen. (Nach Fenner und Thompson 2005)

Samenverbreitung durch Ameisen (Myrmekochorie)

Zahlreiche Arten der Bodenvegetation (z. B. *Asarum europaeum*, *Corydalis cava*, *Galium aparine*, *Stellaria holostea* und Gräser) tragen an ihren Samen Lock- und Nährstoffe, sogenannte **Elaiosome**. Diese Samenanhänge bestehen aus parenchymatischen, mit Ölen verschiedener Zusammensetzung gefüllten Zellen. Die Samen werden von Ameisen, etwa von der Kleinen Roten Waldameise (*Formica polyctena*), in ihre Nester getragen. Die energiereichen Elaiosomen werden dort verzehrt, ohne dass die Keimfähigkeit der Samen verloren geht. Danach schleppen die Ameisen ihre Beute wieder hinaus und legen sie meist in der Nähe ab, doch sollen Transporte bis zu 70 m vorkommen (Gorb und Gorb 2003; Gösswald 2012).

(*Garrulus glandarius*), Eichhörnchen (*Sciurus vulgaris*) und einige Mäusearten mit Eicheln, Bucheckern, Kastanien und Haselnüssen tun. Einige Verstecke werden später nicht mehr aufgesucht, und die dort gelagerten Samen keimen im Frühjahr, sofern sie gesund überwintert haben und in einem geeigneten Keimbett lagen. Die Früchte von *Sorbus*-Arten, Kirschen und vielen Straucharten werden am Baum (seltener am Boden) verzehrt und später in einiger Entfernung mit dem Kot wieder ausgeschieden. Ihre Keimkraft leidet darunter nicht wesentlich oder wird durch den Verdauungsprozess sogar gefördert. Mittels Samenverbreitung durch Tiere können sich Baum- und Straucharten auf Kahlflächen und in locker bis licht stehenden Waldbeständen in beträchtlicher Entfernung von den Mutterpflanzen ansamen (Tiffney 2004; Abb. 14.2). Die Transportentfernungen können bei Tauben bis 50 m und beim Eichelhäher bis fast 2000 m betragen (Schafer 1991), doch verbleibt der größere Teil der Samen in wesentlich geringerer Entfernung (s. a. Harmer 1994; Hulme und Borelli 1999; Hulme und Hunt 1999; Schmidt et al. 2004).

Mehrere Untersuchungen gelten der Verbreitung von **Eicheln** durch Tiere (Bossema 1979; Sork 1993; Crawley 1997). Besonders gut ist die Rolle des Eichelhähers bekannt: Der Vogel nimmt im Laufe des Jahres sehr verschiedene Nahrung auf, im Herbst besonders Eicheln. Er bevorzugt große und reife Früchte, wegen ihrer Form und Farbe besonders Stieleicheln, und nimmt nur gesunde Exemplare auf. Ein einziger Vogel erbeutet im Herbst etwa 4600 Stück und versteckt sie im Boden, meist in lichten Beständen, in Bestandeslücken und an Waldrändern. Dazu hackt er kleine Löcher in den Boden, die er nach Ablage der Eicheln mit Laub

Abb. 14.3 Aus Verbreitung von Eicheln durch Eichelhäher (Hähersaat) entstandene Eichenverjüngung in einem Kiefernbestand

oder Humus abdeckt. Er überwindet für den Transport beträchtliche Entfernungen bis zu mehreren Kilometern. Da er trotz hervorragender Orientierung im Gelände viele seiner Verstecke später nicht mehr aufsucht, können manche Eicheln keimen und führen zu den bekannten Hähersaaten (Abb. 14.3).

Hähersaaten sind in der Literatur mehrfach beschrieben, so von Leder (1993a) in einem Kiefernaltbestand im westfälischen Münsterland. Die Dichte der Eichenverjüngung hängt nicht zuletzt von der Entfernung zu den Mutterbäumen ab, sie ist im Allgemeinen ungleichmäßig, im vorliegenden Fall war ein Viertel der Probekreise von 300 m^2 ohne Eichen. Die Form (Geradschaftigkeit, Verhältnis von Höhe zu Durchmesser) wird überwiegend von der Dichte des Schirmes bestimmt (Stähr und Peters 2000; Börner und Eisenhauer 2003). Es gibt Beispiele dafür, dass Hähersaaten durchaus eine genügende Anzahl qualitativ hochwertiger Eichen hervorbringen (s. Mosandl und Kleinert 1998; Schirmer et al. 1999) und ökonomisch vorteilhaft sein können (Stimm und Knoke 2004). Wenn Anzahl, Verteilung und Form nicht ausreichen, um einen Nachfolgebestand aus Eichen zu bilden, sind Ergänzungspflanzungen notwendig.

Vögel sorgen auch für die Verschleppung von **Bucheckern**. Doch daran haben Mäuse einen besonders hohen Anteil. Neben der Waldmaus spielen vor allem die Gelbhalsmaus und die Rötelmaus für die Verbreitung von Bucheckern eine große Rolle. Sie vermehren sich in Mastjahren sehr rasch und verzehren einen beträchtlichen Teil der Eckern, doch überlebt immer noch eine reichliche Menge, die durch Verschleppung im Bestand verteilt wird.

Die Samen der **Vogelbeere** und anderer *Sorbus*-Arten werden vor allem von Drosseln (Turdidae), Rötelmaus und Marder über deren Kot verbreitet. Sämlinge der Vogelbeere findet man bis zu 500 m vom Mutterbaum entfernt, doch die große Menge der Samen verbleibt in einem Umkreis von 50 m (Leder 1993b; Hillebrand 1997). Die Samen von **Wacholder** und **Eibe** werden regelmäßig von Tieren verschleppt. Auch **Kiefernsamen,** besonders die der Arve, werden von Tieren (Vögeln, Kleinsäugern, hauptsächlich aber von Wirbellosen) aufgenommen, teilweise verzehrt, zum Teil auch unversehrt verschleppt und keimen am Ablageort.

14.3 Fraß lebender Pflanzensubstanz

In Waldökosystemen hat der Fraß lebender Pflanzensubstanz (**Phytophagie** oder **Herbivorie**, vgl. Saprophagie in ► Abschn. 14.4) durch Tiere eine große Bedeutung für den Umsatz von Energie und Biomasse. Die Zusammenhänge sind in den einzelnen Ökosystemen sehr unterschiedlich. Sie werden generalisierend in Energie-, Biomasse- und Produktionspyramiden dargestellt, z. B. von Kimmins (2004) und Chapin et al. (2011). Ein Beispiel gibt Abb. 14.4. Die Phytophagen bewirken zusammen mit ihren Gegenspielern und den Abwehrmechanismen der Pflanzen (s. Fritz und Simms 1992) im Verlauf der Zeit ein gewisses, mehr oder weniger fließendes Gleichgewicht zwischen Aufbau und Abbau der organischen Substanz. Dabei spielt ein Teil von ihnen eine Rolle bei den größeren Veränderungen in den Waldökosystemen, wie sie sich durch stärkere Störungen im Zuge von Sukzessio-

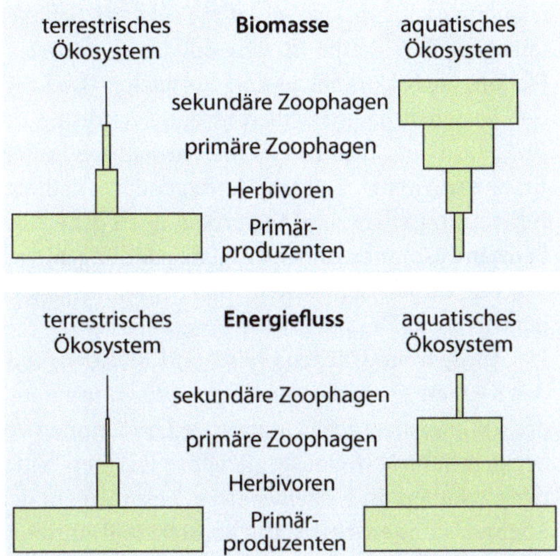

Abb. 14.4 Pyramiden von Biomasse (oben) und Energiefluss (unten) für terrestrische und aquatische Ökosysteme (nach Chapin et al. 2011). Die Breite des Kastens einer Ebene ist proportional zu seiner Biomasse oder seinem Energiegehalt. Die Energiepyramiden sind in terrestrischen und aquatischen Ökosystemen insofern strukturell ähnlich, als jeder Nährstofftransfer mit einem Energieverlust verbunden ist. Die Biomassepyramide ist in terrestrischen und aquatischen Ökosystemen gegensätzlich aufgebaut, weil in aquatischen Ökosystemen die pflanzliche Biomasse (Phytoplankton) überwiegend gefressen wird, in terrestrischen Ökosystemen hingegen nur zu einem geringen Anteil

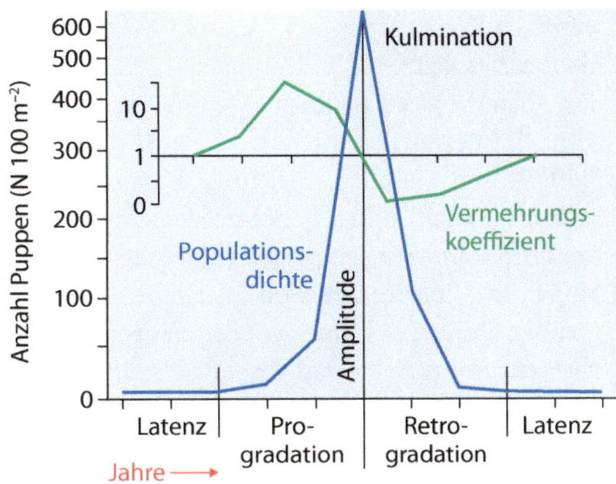

Abb. 14.5 Gradationstyp der Forleule im ostdeutschen Kieferngebiet (nach Schwerdtfeger 1981). Die Dauer der Gradation beträgt durchschnittlich 6 Jahre, von denen 3 Jahre auf den Anstieg (Progradation) und 3 Jahre auf den Abstieg (Retrogradation) entfallen. Der Vermehrungskoeffizient ($V = N_1/N_0$) ist bei steigender Dichte größer, bei sinkender kleiner als 1

nen in Form von Massenvermehrungen einstellen (▶ Abschn. 15.2). Doch sind es nur wenige Arten, die direkte Wirkungen ausüben und in Wirtschaftswäldern zu großen Schäden mit ökonomischen Einbußen führen (s. a. Paine 2006).

Voraussetzungen für das Entstehen von **Massenvermehrungen (Gradationen)** sind zum einen dichteunabhängige Faktoren wie die allgemeinen Standortverhältnisse (z. B. ärmere trockene Standorte bei mehreren Kiefernschädlingen, siehe unten), klimatische Bedingungen (Übereinstimmung von Austriebszeitpunkt der Knospen und Erscheinen der Eiraupen beim Eichenwickler) sowie eine geeignete Qualität der Nahrung (bei den meisten Arten frische Blätter und Nadeln mit relativ hohem Nährstoffgehalt). Zum anderen haben dichteabhängige Faktoren eine große Bedeutung, so die Nahrungsmenge im Fraßgebiet und das Vorhandensein von Gegenspielern (Räuber, Parasiten).

Die Massenvermehrungen geschehen in Zyklen von unterschiedlicher Dauer, die neben den vorher genannten Faktoren vor allem vom Vermehrungskoeffizienten der betreffenden Art abhängen. So stieg die Zahl der im Boden gefundenen Puppen des Kiefernspanners (*Bupalus piniaria*) bei einer Massenvermehrung in der Letzlinger Heide (Sachsen-Anhalt) während weniger Jahre von fünf auf mehr als 2500 auf 100 m^2 (Schwerdtfeger 1981). Einen typischen Verlauf bei einer Massenvermehrung zeigt Abb. 14.5 für die Forleule (*Panolis flammea*) in Ostdeutschland.

Wir werden hier nur auf einige in den temperierten Wäldern wichtige Schaderreger aus dem Tierreich eingehen und müssen im Übrigen auf die entsprechende Literatur verweisen, besonders auf Schwerdtfeger (1981), Schwenke (1972), Speight und Wainhouse (1989), Watt et al. (1997) und Altenkirch et al. (2002).

Häufige Massenvermehrungen in Beständen der **Kiefer** werden hauptsächlich von vier Insektenarten hervorgerufen: Die Forleule ist hauptsächlich in den ausgedehnten Kieferngebieten mit ärmeren Böden und trockenem Klima verbreitet, sie kommt gelegentlich auch in Schottland, besonders an der aus Nordamerika eingeführten Drehkiefer (*Pinus contorta*) vor (Watt et al. 1997). Der Fraß setzt früh ein, wenn die Knospen für den nächsten Austrieb noch nicht entwickelt sind. Kahlfraß bewirkt daher meist das Absterben des Baumes (Majunke et al. 2008). Ähnlich ist es bei dem Kiefernspinner (*Dendrolimus pini*), dessen Massenvermehrung in Brandenburg, Sachsen-Anhalt und Niedersachsen warme und trockene Sommer begünstigen (Majunke et al. 1999; Möller und Engelmann 2008). Auch beim Kiefernspanner kommt es immer wieder zu großflächigen Vermehrungen. Sein Fraß tritt etwas später im Jahr ein, wenn ein großer Teil der Knospen schon gebildet ist und sich dadurch kahlgefressene Bäume teilweise wieder erholen können, sofern die Vermehrung nicht länger anhält. Im östlichen Niedersachsen starben z. B. bei 10 % Restbenadelung 12 % der Kiefern ab (Habermann und Schmidt 2004). Die Kiefernbuschhornblattwespe (*Diprion pini*) bringt es in verschiedenen Regionen zu Massenvermehrungen, die jedoch selten zum Absterben kahlgefressener Bäume führen. Durch diese Massenvermehrungen treten bei den nicht abgestorbenen Bäumen Zuwachsverluste, Formveränderungen und häufig Sekundärschäden ein. Zur chemischen Bekämpfung (s. Altenkirch et al. 2002) greift man heute aber nur dann, wenn auf großer Fläche starke Verlichtungen oder Kahlflächen entstehen.

Das gilt auch für einen anderen weitverbreiteten Schädling, der sowohl die Kiefer als auch die **Fichte** befällt (seltener auch Laubbäume) und dabei große Schäden anrichten kann: die Nonne (*Lymantria monacha*), die in ganz Europa und bis nach Ostasien verbreitet ist. Sie tritt in Massen in Regionen mit 500 bis etwa 700 mm Jahresniederschlag und Lufttemperaturen im Frühsommer von 16–18 °C auf. Die Gradationen sind kurz (bei der Kiefer meist drei Jahre Anstieg und ein Jahr Abstieg, bei der Fichte jeweils ein Jahr länger) und häufig. In Mitteleuropa wurden von 1888 bis 1970 über 30 Gradationsjahre gezählt. Besonders empfindlich ist die Fichte, die nach Kahlfraß meist abstirbt, oft schon bei Nadelverlusten von 70–80 %, während die Kiefer sich etwas besser erholt. Bestandesstrukturen und waldbauliche Behandlung können die Entstehung großflächiger Massenvermehrungen der Nonne in gewissem Umfang beeinflussen (Waldmann 1999).

Der verwandte Schwammspinner (*Lymantria dispar*) hat ein ähnlich großes Verbreitungsgebiet und wurde in den 1960er-Jahren nach Nordamerika eingeschleppt, wo er örtlich schwere Schäden anrichtet. Die Raupe ist sehr polyphag, bevorzugt **Eichen**, auch Hainbuche und Rotbuche. Die Schäden bestehen hauptsächlich in der Zerstörung der Blüte und dem Blattverlust mit Zuwachseinbußen. Erst mehrmals aufeinanderfolgender Kahlfraß führt unmittelbar zum Absterben, doch gehört der Schwammspinner zu denjenigen Schädlingen, welche die Eichen schwächen und Sekundärschäden hervorrufen (Delb 1995).

Ähnlich sind Lebensweise und Schadwirkung des Kleinen Frostspanners (*Operophtera brumata*), dessen intensive, aber kurzfristige Gradationen vor allem in Jahren mit ausgeglichener warmer Witterung ablaufen. In Eichenwäldern, besonders in den Ebenen, können beträchtliche Schäden eintreten. Sie entstehen oft gleichzeitig mit den Massenvermehrungen des Eichenwicklers, die sich aber, anders als beim Frostspanner, meist über viele Jahre hinziehen. Die Schäden treten vor allem dann ein, wenn die Witterung zu einer engen zeitlichen Koinzidenz von Knospenaufbrechen und Erscheinen der Eiraupen führt. Das rasche Regenerieren der Eichen lässt gleich nach einem Fraß neue Triebe erscheinen, die jedoch bei feuchter Witterung stark vom Mehltau befallen werden und wenig assimilieren. Zudem werden spätere Ersatztriebe oft durch frühe Fröste abgetötet. So geschwächte Eichen sind besonders anfällig für Sekundärschädlinge – verschiedene Käferarten in Holz und Rinde, z. B. der Zweipunktige Eichenprachtkäfer (*Agrilus biguttatus*) – und Pilzbefall von Stamm und Wurzeln. Das sogenannte Eichensterben (Hartmann et al. 1998; Hartmann und Kontzog 1994; Habermann und Preller 2003) ist meist das Ergebnis einer solchen Komplexerkrankung, auch als »Kettenkrankheit« bezeichnet (■ Abb. 14.6).

Stadler et al. (2001) machen darauf aufmerksam, dass phytophage Insekten, besonders bei massenhaftem Auftreten, **indirekte Einwirkungen** innerhalb der Waldökosysteme haben können (s. a. Weisser und Siemann 2004). Die Ausscheidungen von Läusen und blattfressenden Schmetterlingen fördern das Wachstum epiphytischer Mikroorganismen (Bakterien, Pilze) an Blättern und Nadeln. Auch das den Boden erreichende Niederschlagswasser enthält höhere Konzentrationen an organischen Stoffen und geringere von Ammonium- und Nitrat-Stickstoff. Doch hängen die Wirkungen von

Abb. 14.6 Der Zweipunktige Eichenprachtkäfer gehört zu den Schädlingen, die zum Eichensterben (**a**) in Europa seit Anfang dieses Jahrhunderts beitragen. Der meist grün-metallisch glänzende Käfer von ca. 8–13 mm Länge (**b**) befällt vor allem ältere geschwächte Eichen an sonnigen Standorten und in wärmeren Regionen. Er legt seine Eier in den Rindenritzen der Eiche ab. Die Larven bohren sich unter die Rinde, wo sie enge Gänge (**c**) ausfressen, an deren Ende sie sich verpuppen

der Pufferfähigkeit der Bodenlösungen ab und bleiben meist nur kurzfristig erhalten (s. ► Kap. 18).

Zu Massenvermehrungen neigen auch die waldbewohnenden **Kleinsäuger**. Ihre Vermehrungszyklen werden durch die Mast von Eichen und Buchen angestoßen und brechen zusammen, wenn die Fruktifikation ausbleibt. Solche Zusammenhänge hat u. a. Crawley (1997) herausgestellt. Alle diese Arten leben bevorzugt in Beständen mit gut entwickelter Bodenvegetation und werden vor allem durch Fraß der **Samen** schädlich. Die Gelbhalsmaus bringt es bei Massenvermehrungen auf 40 Individuen pro Hektar, die täglich Hunderte von Bucheckern aufnehmen. Die etwas kleinere Waldmaus ist in ihrer Wirkung weniger ausgeprägt. Die größten Schäden werden von der Rötelmaus angerichtet, dem häufigsten Säugetier in europäischen Wäldern. Sie ist weit verbreitet und bringt starke Massenvermehrungen hervor (Bäumler und König 1985). Das Misslingen von Buchennaturverjüngungen ist oft dieser Art zuzuschreiben, zumal sie auch an Zweigen und Rinde junger Bäume frisst und dadurch viele von ihnen absterben lässt (Pigott 1985; Hansson 2002).

Rindenschäden an jungen Waldbäumen in bedeutendem Ausmaß verursachen vor allem die Larven des Großen Braunen Rüsselkäfers (*Hylobius abietis*). Hauptsächlich während der Vegetationszeit (Schwerpunkte: Frühjahrsfraß im Mai, Herbstfraß im August) benagen sie plätzeweise die Rinde und das Kambium, besonders von Fichte und Kiefer, aber auch von Laubbäumen. Wenn die Fraßstellen zahlreich sind, wird der Saftstrom der befallenen Pflanze unterbrochen, und sie stirbt rasch ab. Die durch den Rüsselkäfer angerichteten Schäden in Jungwüchsen können erheblich sein. Zum Schutz dagegen werden die Pflanzen vor dem Auspflanzen in insektizidhaltige Lösungen getaucht.

Eine andere Art von Rindenschäden wird an der Buche durch die Buchenwollschildlaus (*Cryptococcus fagi*, Abb. 14.7a) hervorgerufen. Die Larve setzt sich an Buchenstämmen (Stangenholz bis starkes Baumholz) fest, scheidet ein weißes Sekret (»Wolle«) aus und bohrt sich einen Zugang zum Parenchym, dessen Saft sie aufsaugt. Der Baum reagiert mit der Bildung eines Wundparenchyms, es kommt zu Rinden- und Kambiumnekrosen mit Überwallung von den Wundrändern her. Dadurch entstehen unter Beteiligung von Pilzen Rindenrisse, aus denen dunkel gefärbter Schleim austritt. Zurück bleibt eine Rindennarbe (Abb. 14.7b), die lange Zeit sichtbar ist, und im Holz eine T-förmige schwarze Schadstelle. Der Befall unterliegt offenbar einer langfristigen Periodizität, mehrere Jahrzehnte bleibt er wenig bedeutsam, bis er plötzlich wieder stark auftritt, zuletzt in den 1950er- und 1990er-Jahren in zahlreichen Buchenbeständen Europas. Besonders gefährlich wird er dadurch, dass in die Wunden oft *Nectria*-Pilze eindringen, die den Baum kränkeln lassen (rasche Welke der Blätter, Absterben von Zweigen) und oft zum Absterben bringen. Häufig werden befallene Bäume vom Sägehörnigen Werftkäfer (*Hylecoetus dermestoides*) besiedelt. Meist setzt rasch eine Weißfäule des Holzes ein, wodurch der Stamm wertlos wird. Die umfangreichen Untersuchungsergebnisse und Hypothesen zu dem Problem der »Buchenkomplexkrankheit« haben Eisenbarth et al. (2001), Lunderstädt (2002),

Abb. 14.7 Die Larven der Buchenwollschildlaus haben mehrere Drüsen, die eine weiße Wachswolle erzeugen, mit der ihre Körper bedeckt sind. An Stämmen sind sie als weiße Flecken oder Punkte sichtbar (**a**). Der Befall durch die Buchenwollschildlaus kann die Buchenrindennekrose auslösen, in deren Folge durch Pilzbefall (v. a. *Neonectria coccinea*) Rindennekrosen entstehen können. **b** frische Rindennekrose. **c** überwallte Rindennekrose

Petercord (2006), Niesar et al. (2007) und Bressem (2008) zusammengefasst.

Auf eine ähnliche Weise wird ein Insekt zum Überträger einer gefährlichen Erkrankung eines Baumes: Der Große Ulmensplintkäfer (*Scolytus scolytus*) überträgt die Sporen der Pilzgattung *Ophiostoma* (v. a. *O. novo-ulmi)*, deren Myzel sich in den Leitbahnen des Ulmenholzes ausbreitet und dabei Welketoxine ausscheidet, wodurch benachbarte Parechnchymzellen kollabieren und verstärkt Auswüchse (Thyllen) gebildet werden, die sich von Parenchymzellen des Holzes aus in die Tracheen vorwölben und diese verschließen. Das führt zur Unterbrechung des Transpirationssstroms und zu Welkeerscheinungen in der Krone. Befallene Ulmen sterben innerhalb von zwei bis fünf Jahren ab (s. Butin 2011). Das »Ulmensterben«, auch als »Holländische Ulmenkrankheit« oder »Ulmenwelke« bezeichnet, hat sich inzwischen in Europa, Nordamerika und Teilen von Asien so stark ausgebreitet, dass die Ulmenarten als Wald- und Alleebäume nahezu ausgestorben sind (Röhrig 1996a). Zur Bekämpfung des Ulmensterbens sind verschiedene Maßnahmen bekannt, die aber nicht ausreichend wirksam sind (Mackenthun 2004). Dies gilt auch für die seit 1928 in den Niederlanden und inzwischen weltweit durchgeführten Resistenzzüchtungen (Mittempergher und Santini 2004).

Von der zahlreichen rindenbewohnenden Käfern an Nadelholz sind die meisten Sekundärschädlinge, wie die beiden **Borkenkäfer** Buchdrucker (*Ips typographus*) und der kleinere Kupferstecher (*Pityogenes chalcographus*). Beide können aber zu bestandesgefährdenden Massenvermehrungen gelangen, wenn viel unentrindetes Fichtenholz auf der Fläche lagert und dadurch reichlich Brutmaterial bietet. Diese Fälle treten hauptsächlich nach großen Sturmwürfen ein, wenn das gefallene Holz nicht rasch genug aufgearbeitet wurde. Warm-trockene Frühjahrs- und Sommerwitterung begünstigt die Entstehung einer zweiten Generation und erhöht dadurch den Befallsdruck (Rouault et al. 2006). Dies wird auch als Auswirkung des Klimawandels (s. ► Kap. 22) erwartet (Jönsson et al. 2007). Unter günstigen Umständen greifen die Käfer auch geschwächte und gesunde Bäume an und erhöhen die Schäden. So entstehen in den Beständen sogenannte Käferlöcher (■ Abb. 14.8) oder große Kahlflächen (Bouget 2005; Lausch et al. 2011).

Abb. 14.8 Abgestorbene Fichten nach Befall durch Borkenkäfer (Käferloch) im Nationalpark Berchtesgaden

Pflanzenschutzmittel

Von den chemischen Bekämpfungsmitteln gegen Pflanzenschädlinge ist nur eine sehr begrenzte Zahl für die Anwendung in Wäldern amtlich zugelassen. Das jeweils gültige Verzeichnis der Biologischen Bundesanstalt für Land- und Forstwirtschaft in Braunschweig gibt dazu Auskunft. Eine größere Bedeutung hat das Häutungs-Hemmungspräparat **Dimilin** (Diflubenzuron). Vielfach werden zur Kontrolle und zur Bekämpfung von Phytophagen sog. **Biopestizide**, Präparate, die aus der Natur stammen, eingesetzt. Schmutterer und Huber (2005) geben eine umfassende Übersicht für dieses Gebiet. Wir beschränken uns hier auf eine kurze Darstellung der für den Wald wichtigsten Gruppen.

Viruspräparate werden zur Bekämpfung von Lepidopteren (Schmetterlingen) und Hymenopteren (Hautflüglern) eingesetzt. Unter den **Bakterienpräparaten** spielt *Bacillus thuringiensis* eine größere Rolle. Von diesem sind viele Stämme bekannt, doch nur wenige werden zurzeit genutzt. Das Bakterium produziert kristalline Proteine, die spezifisch auf verschiedene Insektenarten toxisch wirken, bei Pflanzen, Wirbeltieren und Menschen jedoch wirkungslos und vollständig biologisch abbaubar sind. Untersuchungen zur Bekämpfung einer Massenvermehrung des Schwammspinners in Südhessen ergaben, dass es prinzipiell dem Dimilin gleichwertig ist, doch war die Wirkung in Beständen mit dichterem Unterwuchs schwächer, weil es leicht abgewaschen wird (Gonschorrek 1995, 1996).

Von den **Pilzpräparaten** wird *Beauveria bassiana* gegen Maikäfer eingesetzt. Eine große Bedeutung haben dagegen für die Bekämpfung und die Kontrolle der Populationsdichte die **Pheromone** gewonnen. Dabei handelt es sich um Sekrete aus epidermalen Drüsenzellen von Arthropoden (Gliederfüßern), die von anderen Individuen derselben Art als Signale aufgenommen werden. Viele wirken als Sexuallockstoffe, besonders bei den Borkenkäfern, aber auch bei Schmetterlingen. Viele Einzelheiten dazu sind bei Schmutterer und Huber (2005) dargestellt. In der Praxis werden Pheromone meist in Lockstofffallen verwendet (Wehnert und Müller 2012; ◘ Abb. 14.9).

Holzbrüter können einigen wirtschaftlichen Schaden anrichten, wie der Gestreifte Nutzholzborkenkäfer (*Xyloterus lineatus*) an Nadelhölzern und die an Laubbäumen vorkommenden Arten *Xyloterus domesticus*, *Platypus cylindricus* (Eichenkernkäfer) und weitere.

Unter den **Wurzelfressern** stehen an erster Stelle die Maikäfer (*Melolontha hippocastani* und *M. melolontha*). Sie haben eine vierjährige Entwicklungszeit, wobei nur das dreijährige Engerlingsstadium schwere Schäden an den Baumwurzeln anrichtet. Massenvermehrungen treten in unregelmäßigen Abständen (alle 10 bis 15 Jahre) hauptsächlich in wärmeren Regionen ein. Über den Konsum lebender Wurzelmasse durch Nematoden (Fadenwürmer) und verschiedene Insektenlarven sind wenige exakte Daten bekannt. Einige Untersuchungen deuten darauf hin, dass die Schäden örtlich von Bedeutung sind (s. Weisser und Siemann 2004).

◘ **Abb. 14.9** Mit Pheromonen bestückte Lockstofffallen für Borkenkäfer. Pheromonfallen sind besonders geeignet, um den Flugverlauf und die Flugintensität zu dokumentieren. Sie können auch als Fallengürtel um einen Holzlagerplatz verwendet werden, um die ausschlüpfenden Käfer abzufangen, oder zur Bekämpfung in Waldbeständen. Hierzu werden sie in einem Sicherheitsabstand zu gesunden Bäumen aufgestellt

Den Pflanzen steht eine große Anzahl von **Abwehrmechanismen** gegen Phytophage zur Verfügung. Sie reichen von mechanischen Schutzvorkehrungen (Behaarung der Blätter, Dornen an den Schäften) über den Austritt von Harzen bis zu toxischen Abwehrstoffen aus dem sekundären Stoffwechsel (Phenole, Tannine u. a.). Aber und Melillo (2001) geben eine Übersicht solcher Stoffe. Sie sind oft nur in einzelnen Pflanzenorganen vorhanden (*Taxus*), häufig werden sie erst spontan beim Befall von Phytophagen gebildet. Dieses Gebiet ist Gegenstand umfangreicher Beschreibungen bei Bryant et

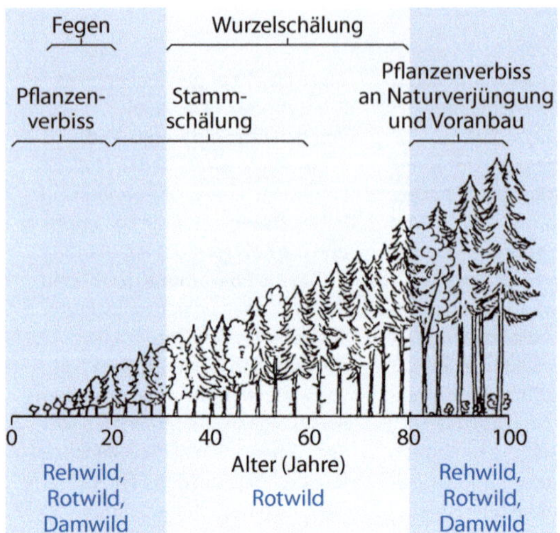

Abb. 14.10 Schadwirkungen des verbreitetsten Schalenwildes auf Waldbestände verschiedener Entwicklungsstadien. (Nach Speidel 1975 sowie Reimoser und Reimoser 1997)

al. (1991), Blanchette und Biggs (1992), Fritz und Simms (1992) sowie Crawley (1997).

Zur Abwehr von größeren Schäden durch Phytophage kann der **Waldbau** auf verschiedenen Wegen beitragen. Eine wichtige Voraussetzung ist die standortgerechte Baumartenwahl. Dabei sollen fremdländische Arten nicht grundsätzlich ausgeschlossen werden, wie Goßner und Ammer (2006) am Beispiel der Douglasie in Südbayern zeigen. Die Vermeidung von großflächigen Reinbeständen aus Nadelbaumarten, die sich auch aus anderen Gründen als unzweckmäßig erweisen, kann auch größere Schäden durch Phytophage verringern. Die Mischung von Baumarten dürfte besonders bei monophagen Schädlingen vorteilhaft sein, doch gibt es dazu bisher wenige belegte Befunde. Durchforstung kann, soweit sie die Vitalität der Bestände fördert, das Befallsrisiko mindern, doch auch hierzu gibt es nicht viele Beispiele (etwa die Entfernung geschwächter Fichten bei Massenvermehrung von Borkenkäfern, doch das soll nur in begrenztem Maß erfolgen). Die (zu erwartenden) ökologischen und wirtschaftlichen Schäden können so groß sein, dass eine **Bekämpfung** bei Massenvermehrungen nicht vermeidbar ist.

Eine fast allgegenwärtige Rolle spielen in den Wäldern Mitteleuropas die **Schalenwildbestände**, deren Artenzusammensetzung, Lebensweise und Verhalten in den Kulturlandschaften wesentlich anders sind als in den vom Menschen wenig berührten Regionen. Die Ausrottung des räuberischen Großwildes, die Veränderungen der Vegetation durch die Land- und Forstwirtschaft und die im Wesentlichen auf Trophäen ausgerichtete Jagd mit übermäßiger Hege sind die wichtigsten Ursachen für gravierende Schäden durch das Wild, dessen Populationsdichten vielerorts enorm zugenommen haben (Weisberg und Bugmann 2003; Ammer et al. 2010). Die 14 Beiträge des von Gordon und Prins (2008) herausgegebenen Werkes *The Ecology of Browsing and Grazing* unterrichten über alle ökologischen Aspekte dieses Themas.

Jagd

In Deutschland ist die Ausübung der Jagd durch Gesetze des Bundes und der Länder eingehend geregelt, obwohl nur etwa 0,4 % der Bevölkerung Jäger sind (ca. 340.000 Personen), dagegen 2 % in Frankreich und 9 % in Schweden. 50 Tierarten fallen unter das Bundesjagdgesetz, 35 von ihnen können (meist mit geregelten Schonzeiten) bejagt werden. Jährlich werden in Deutschland etwa 1,2 Mio. Rehe, 20.000 Stück Rotwild und 476.000 Wildschweine (nicht nur in Wäldern) erlegt (Schaller 2007; Ammer et al. 2010; Abb. 14.11).

Wenn auch das Jagdregal der Landesherren während der früheren Jahrhunderte manche Waldflächen vor der Zerstörung bewahrt hat und die Jagd auch heute noch direkt und indirekt den Waldbesitzern gute Einnahmen bringt, so überwiegen doch die nachteiligen Auswirkungen der Schalenwildbestände (Abb. 14.10) solche Vorteile bei Weitem. Daran sind hauptsächlich **Rotwild** (*Cervus elaphus*) und **Rehwild** (*Capreolus capreolus*) beteiligt, in manchen Gebieten auch eingebürgerte Dam- und Muffelwildbestände. Das Wildschwein richtet nur selten deutliche Schäden in Waldbeständen an. Rehe sind in allen Wäldern vorhanden, Rotwild nur in größeren zusammenhängenden Waldbeständen.

Schäden entstehen durch Verbiss an jungen Waldbäumen (Abäsen von Blättern, Nadeln, Knospen und Trieben durch alle Wildarten), durch Fegen (Abb. 14.12a) und Zerschlagen junger Bäume (Ablösung der Rinde und Beschädigung der Schäfte

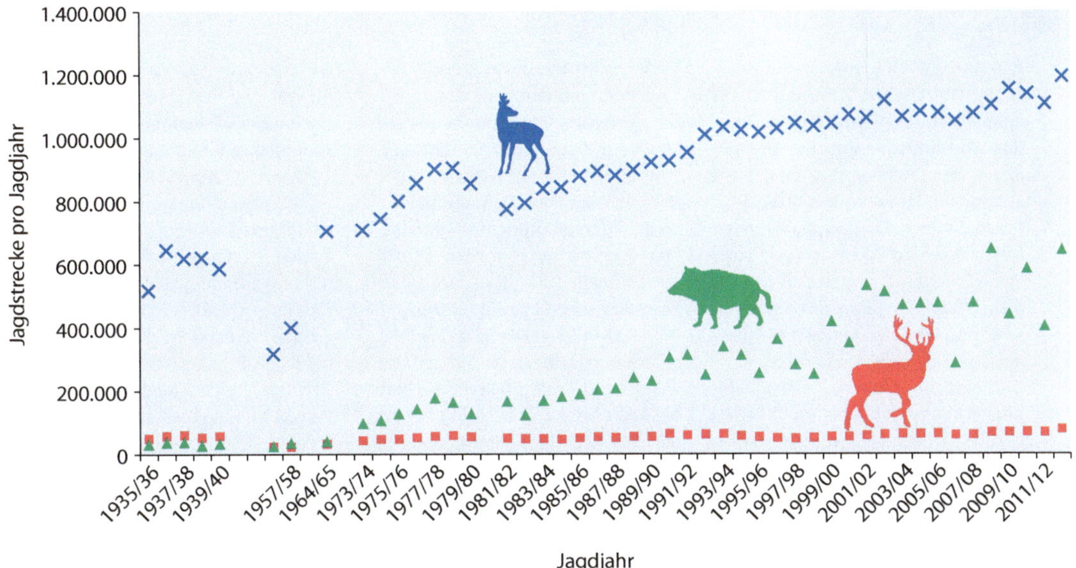

Abb. 14.11 Entwicklung der Jagdstrecken (Anzahl erlegter Tiere) von Rehwild, Rotwild und Wildschwein in den Jagdjahren (1. April bis 31. März des Folgejahres) 1935/1936 bis 2012/2013 für Deutschland. Die Daten von 1935/1936 bis 1939/1940 stammen aus den Jahrbüchern der Deutschen Jägerschaft, die von 1956/1957 bis 2012/2013 aus den Streckenstatistiken des Deutschen Jagdverbandes (DJV) (bis 1989 Daten aus BRD und DDR zusammengefasst). Zu berücksichtigen ist, dass die Fläche des Deutschen Reiches um etwa ein Viertel größer war als die der heutigen Bundesrepublik Deutschland

Abb. 14.12 **a** Mehrfach vom Rehbock gefegte junge Douglasie. **b** Verbiss durch Rehwild an junger Tanne

durch Rot- und Rehwild) sowie durch Schälen von Bäumen (Ablösen von Rindenteilen bis auf den Holzkörper, hauptsächlich durch Rotwild, aber auch durch Dam- und Muffelwild) während der Jungbestandsphase bis ins Baumholzalter. Die Wildschäden sind bei Grub et al. (2011) dargestellt.

Der **Verbiss** kann von Ort zu Ort sehr verschieden stark sein (Abb. 14.12b). Neben der Höhe des Wildbestandes und dem sonstigen Nahrungsangebot kommt es darauf an, ob eine Baum- oder Strauchart in dem Gebiet selten ist (solche werden oft bevorzugt verbissen) und ob sie aus

Untersuchungen zur Verbissbelastung

Eiberle (1966, 1969, 1989) hat in zahlreichen Arbeiten, z. T. zusammen mit anderen Autoren, von 1966 bis 1989 den Wildverbiss an verschiedenen Baumarten untersucht und die Wirkungen auf Zuwachs und Qualität sowie Grenzen einer tragbaren Verbissbelastung darzustellen versucht. Seine Ergebnisse sind sicherlich nicht allgemein gültig, doch entsprechen sie vielen Beobachtungen aus der Praxis. Bei den meisten Laubbäumen traten spürbare **Qualitätsverluste** erst bei mehrmaligem Verbiss deutlich zutage, doch stellte das die Regel dar. Bei der Tanne waren die Verminderung des Höhenzuwachses und der Schaftqualität besonders hoch. Odermatt (1996) hat die Ergebnisse von Eiberle kritisch betrachtet und in gründlichen Untersuchungen eigene Kriterien für die Verbissbelastung dargestellt. Doch war diese von Ort zu Ort und von Jahr zu Jahr so unterschiedlich, dass sich Grenzen der Tragbarkeit nicht allgemeingültig festlegen ließen. Suchant und Burghardt (2002) haben durch die Bildung einfacher Schadklassen ein Verfahren zur **monetären Bewertung** von Verbissschäden in Naturverjüngungen entwickelt. Dabei bleibt offen, wie man die Kosten der Entmischung durch den Ausfall einiger Mischbaumarten bewerten kann (s. a. Ammer et al. 2010). Methoden zur Ermittlung von Schäden an Waldbaumarten durch das Wild werden von Newton (2007) eingehend dargestellt.

Die **Zuwachsverluste** (oft zwei bis sechs Jahre Höhenwachstum gegenüber völlig unbeeinflussten Jungpflanzen) bedingen eine länger anhaltende Jungwuchsphase mit entsprechend höheren Pflegeaufwendungen zur Regulierung der Begleitvegetation und des Besatzes mit phytophagen Mäusen. Qualitätsverluste erfordern eine höhere Jungbestandspflege (Kech und Lieser 2006). Ott (2002) beschreibt, dass sich durch unterschiedlich starken Verbiss im Jungbestandskollektiv oft eine Differenzierung zwischen zurückbleibenden, zuvor stark verbissenen und normal erwachsenen Bäumen herausbildet. Das ist der Qualitätsentwicklung des Bestandes abträglich.

Naturverjüngung oder Pflanzung stammt (Baumschulpflanzen sind meist nährstoffreicher und werden stärker angenommen, das zeigt sich besonders bei Nachpflanzungen auf Kulturflächen). Auch die Bodenvegetation ist oft stark verbissen, besonders Arten mit höherem Stickstoffanteil. Man kann das beim Vergleich von gezäunten mit ungezäunten Flächen gut beobachten. Nadelbaumarten, besonders Tanne und Douglasie, werden hauptsächlich während des Winters verbissen, während Laubbäume (v. a. Ahorn-, Eichen-, Erlen- und Lindenarten) auch unter Sommerverbiss leiden. Der Verbiss beginnt meist, wenn die Pflanzen etwa 10 cm hoch sind, und erreicht seine höchste Intensität bei etwa 100-130 cm. Die Mächtigkeit einer Schneedecke kann diese Grenze erheblich verschieben. Der Verbiss bewirkt einen Zuwachsverlust und eine Verminderung der Schaftqualität durch die Beschädigung der Schaftachse und die Bildung mehrerer Ersatztriebe. Verbiss an niedrigen Bäumchen führt, vor allem wenn er wiederholt eintritt, zur Verminderung der Vitalität und damit zum Erliegen der Konkurrenz gegenüber weniger oder nicht verbissenen Arten (Fichte, Kiefer) und meist zum Absterben. Der Verbiss der Baum-, Strauch- und Bodenvegetation kann die Biodiversität erheblich einschränken.

Der Verbiss wirkt sich nachteilig auf die Erhaltung und Wiederbegründung von **Mischbeständen** aus. Das gilt sowohl für die Buchen-Edellaubholz-Bestände als auch für die Mischbestände mit Tanne. Ammer (1996b) bringt dafür überzeugende Hinweise aus dem bayerischen Bergmischwald. Ammer et al. (2010) haben den Wissensstand hierzu zusammengefasst und die Auswirkungen auch ökonomisch bewertet.

Das **Schälen** führt zu stärkeren (im Sommer) oder geringeren (im Winter) Rindenverletzungen (■ Abb. 14.13). Das betrifft besonders die Fichte aber auch andere Baumarten erfahren dadurch im unteren Schaftteil oft Wertminderungen. Waldbaulich bedeutsam sind diese Schäden vor allem, wenn sie die statische Festigkeit der geschälten Bäume vermindern und dadurch die Schnee- und Sturmbruchgefahr (besonders in Stangen- und schwachen Baumhölzern) erhöhen. Schälwunden an der Fichte werden meist rasch von fäulniserregenden Pilzen befallen (Rotfäule), wodurch der untere Stammteil vollständig entwertet wird. Bei der Buche treten oft Verfärbungen im Bereich der Schälwunde ein, seltener entwickelt sich Weißfäule.

Abb. 14.13 Frischer Schälschaden durch Rotwild an Fichtenstangenholz

Zur Abwehr von Schäden durch Wild wurden verschiedene technische Maßnahmen entwickelt, teilweise werden diese auch praktisch angewendet. Doch kommt es in erster Linie auf eine **Verminderung** der Schalenwildbestände an. In letzter Zeit sind in dieser Hinsicht regional gute Erfolge erzielt worden, doch es besteht weiter die Schwierigkeit, die »tragbare« Wilddichte zu bestimmen. Sie lässt sich am einfachsten dadurch ermitteln, dass man die Schäden selbst als Maßstab nimmt, die Wilddichte also so lange durch Abschuss vermindert, bis ökologische und wirtschaftliche Schäden nicht mehr ins Gewicht fallen. Auf die dabei auftretenden Probleme und praktischen Schwierigkeiten soll hier nicht eingegangen werden. Im Übrigen wird auf die umfangreiche Literatur zu diesem Thema hingewiesen, so auf Burschel (1975), Ellenberg (1975), Schulze (1997) und Ammer et al. (2010).

14.4 Abbau organischer Substanz

In allen Entwicklungsphasen eines Waldbestandes fällt eine große Menge von Totholz, Blattstreu und anderen absterbenden und abgestorbenen Resten der Primärproduktion zu Boden. Deren Abbau und Umsatz sind für die Aufrechterhaltung des Stoffkreislaufes unerlässlich (s. ▶ Abschn. 18.3.3). Dazu gehört auch die abgestorbene Wurzelmasse. Barnes et al. (1998) sehen die **Funktion der Fauna**:

- in der physikalischen Auflösung der abgestorbenen Gewebe durch Zerkleinerung und Aufschluss für den Angriff von Bakterien und Pilze,
- im selektiven Abbau des Materials, besonders Zucker, Zellulose und auch Lignin,
- im Umbau von Rückständen in Humus,
- in der Einmischung von Auflagehumus in die oberen Schichten des Mineralbodens und dessen Auflockerung mit der Verbesserung des Luft- und Wasserhaushalts,
- in der Bildung von komplexen Aggregaten aus organischer Substanz und Mineralbodensubstanz.

An den Abbauprozessen sind Mikroorganismen, Pilze, Insekten und auch Wirbeltiere in unterschiedlichem Ausmaß und mit saisonalen Veränderungen beteiligt. Einzelheiten sind von Schaefer (1991) eingehend geschildert (s. a. Kimmins 2004; Chapin et al. 2011).

Der **Abbau von Totholz** beginnt zunächst durch Pilze, meist schon am stehenden Stamm. Oft werden überalterte oder anderweitig geschwächte Bäume aber schon in diesem Zustand durch Insekten (Borkenkäfer, Holzwespen, Rüsselkäfer, Riesenholzameisen u. a.) und Vögel befallen, die den Abbauprozess beschleunigen. Meist erst in späteren Zersetzungsphasen spielen andere Tiergruppen (z. B. Bockkäfer) eine Rolle und schließlich die übrigen Destruenten (siehe unten).

Der Umbau von **Streu** und von anderem an den Boden gelangten toten Material geschieht durch Zerkleinern der Substanzen (Fragmentierung), überwiegend durch Tiere. Dabei spielt die Nahrungsqualität (Gehalt an Nährstoffen, Zellulose

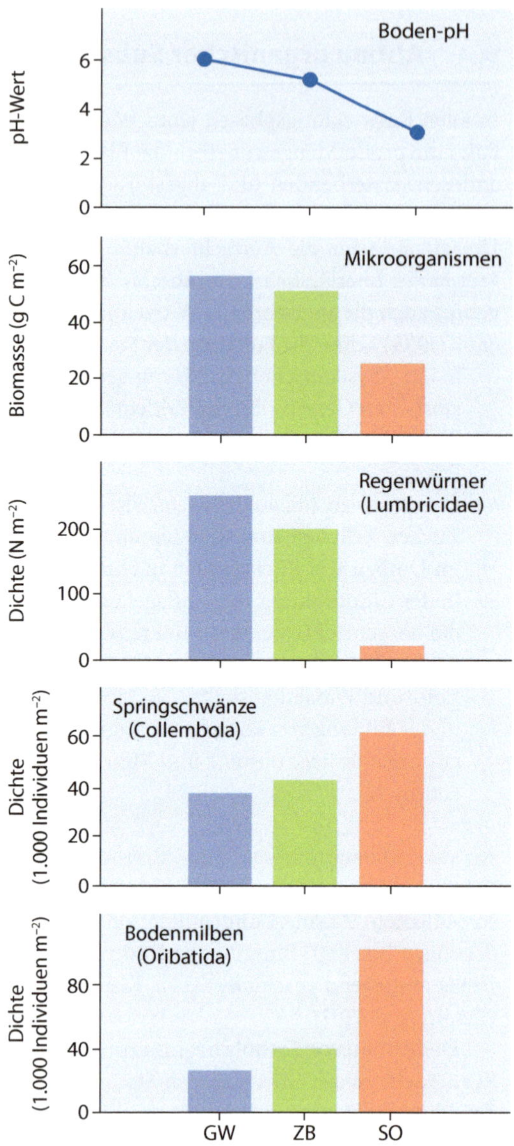

Abb. 14.14 Einfluss des chemischen Bodenzustands (Boden-pH) auf die Biomasse und Dichte von Gruppen der Bodenfauna im Auflagehumus und im oberen Mineralboden von Buchenbeständen im Göttinger Wald (GW, Muschelkalk), in Zierenberg (ZB, Basalt) und im Solling (SO, Buntsandstein). (Nach Schaefer et al. 2009)

und sekundären Pflanzenstoffen) eine Rolle, ebenso wie die Wärme und Feuchtigkeit der Substrate.

Die Tiere in Streu und Boden werden in der Literatur nach ihrer Körpergröße eingeteilt: Zur **Mikrofauna** (unter 0,1 mm Länge) gehören Protozoen und einige Nematoden, die hauptsächlich als Bakterienfresser tätig sind. Die **Mesofauna** (0,1–2 mm Länge) umfasst taxonomisch verschiedene Gruppen, vor allem Collembolen (Springschwänze) und andere Arthropoden sind in sehr großen Mengen an der Umsetzung von organischer Substanz bei fortgeschrittener Zersetzung beteiligt. Zur **Makrofauna** gehören die größeren Tiere. Vertebraten (Wirbeltiere) durchwühlen den Boden, fressen Insekten und haben allgemein Einfluss auf Artenzusammensetzung und Abundanz der Bodenfauna. Besondere Bedeutung für den Streuabbau kommt Regenwürmern zu. So verzehrt *Lumbricus rubellus* je nach Art der Streu und den ökologischen Verhältnissen 25–50 g Frischgewicht pro Tag. Regenwürmer begünstigen durch ihre Tätigkeit auch die mikrobielle Zersetzung des Materials. Insgesamt gesehen, ist die Wirkung der Makrofauna im Boden vielfältig: Die Dichtlagerung des Bodens wird reduziert, Bodendurchlüftung und Wasserhaushalt werden verbessert, der Humusgehalt des Bodens wird durch die Vermengung mit organischer Substanz erhöht. Die Dichte des Regenwurmbesatzes ist zugleich ein Anzeichen für den Bodenzustand: Nährstoffarme und vor allem stärker saure Böden weisen kaum Regenwürmer auf (Ammer et al. 2006; Ammer und Huber 2007). Durch Kalkung lässt sich die Dichte und Artenvielfalt der Regenwürmer erhöhen, vor allem dann, wenn eine Krautschicht günstige Ernährungsbedingungen bietet (Hölscher et al. 1999). Die Einbringung von Laubholz in Nadelholzreinbestände fördert den Regenwurmbesatz erst dann, wenn sich der chemische Bodenzustand (Basensättigung) verbessert hat (Ammer et al. 2006).

Die Populationsdichte der Bodenfauna ist stark von vielen standörtlichen Faktoren abhängig. Saisonale Schwankungen spielen eine ebenso große Rolle wie die chemische Zusammensetzung der Streu und des Bodens (Schaefer und Schauermann 2009; Abb. 14.14). So sind allgemein Streuarten der Laubbäume rascher und vollständiger abbaubar als solche von Nadelbäumen. Unter beiden Gruppen gibt es beträchtliche Unterschiede, so ist Buchenstreu weniger gut umzusetzen als die der Edellaubbäume. Tannen- und Douglasienstreu wird rascher umgesetzt als Streu von Fichte und Kiefer. Die Bodenfauna macht durch ihre Tätigkeit nur einen (wenn auch großen) Teil der in der Streu befindlichen Nährstoffe für die Pflanzen unmittelbar verfügbar. Ein anderer Teil wird in den Tieren festgelegt (immobilisiert) und erst mit deren Absterben freigegeben (s. hierzu ▶ Abschn. 18.3.3).

Prozesse der Walddynamik

Norbert Bartsch, Ernst Röhrig

N. Bartsch, E. Röhrig, *Waldökologie*,
DOI 10.1007/978-3-662-44268-5_15,

Sukzessionen, gerichtete Veränderungen von Struktur, Artenzusammensetzung und Funktionen in den Ökosystemen durch lokal oder regional wirkende Ereignisse im Zeitablauf, beschäftigen die Ökologie seit mehr als 100 Jahren. Beobachtungen und Experimente haben zu mancherlei Hypothesen über Entstehung und Verläufe dieser Erscheinungen geführt, von denen einige verworfen wurden, andere in veränderter Weise heute weitgehend anerkannt sind. Sukzessionen können auf unbesiedelten Flächen entstehen (**primäre Sukzession**), meist aber vollziehen sie sich auf bereits irgendwie bewachsenen Standorten (**sekundäre Sukzession**). Je nach ihrer Ausgangslage, bei sekundärer Sukzession auch nach der Art, Intensivität und Häufigkeit einer Störung, setzen sie sehr unterschiedliche Entwicklungen in Gang. Diese betreffen nicht nur den im Zeitablauf wechselnden Artenbestand (Biodiversität) der Systeme, sondern verändern auch die ökologischen Verhältnisse im Bestand, dessen Biomasse, Produktivität und Stoffkreislauf. Sukzessionen verlaufen gerichtet, sie durchlaufen mehrere aufeinanderfolgende Stadien, die von den verschiedenen Beobachtern etwas unterschiedlich benannt und abgegrenzt werden. Im Allgemeinen wird die Zeitdauer, die den Stadien zugemessen ist, im Verlauf der gesamten Sukzession immer länger, vor allem in Waldökosystemen, bis zu einem lange anhaltendem Zustand mit nur noch geringen Schwankungen (**Klimax**, s. ▶ Abschn. 16.4), bis dann durch eine (endogene oder exogene) **Störung** eine neue Sukzession einsetzt. Das alles hat auch gravierende Folgen für die forstliche Praxis, für den Umgang des Menschen mit natürlich belassenen und bewirtschafteten Wäldern.

15.1 Störungen

Veränderung ist ein grundlegendes Merkmal nicht nur der physikalischen Beschaffenheit unserer Erde, sondern auch der lebenden Organismen. Sie ändern im Lauf der Entwicklung Gestalt und Lebensansprüche (Autökologie, ▶ Kap. 7) und auch die Mengenanteile in ihren Biotopen sowie ihre genetische Struktur, die auf verschiedenen Wegen zur Evolution führt (Populationsökologie, ▶ Kap. 8).

Excurse

Störung

> *A disturbance is any relatively discrete event in time that disrupts ecosystems, communities or populations structure and changes resources, substrate availability, or the physical environment* (White und Pickett 1985).
> *We define disturbance as any factor that brings about a significant reduction of overstory leaf area index for more than a year.* (Waring und Running 1998).

Ähnlich definieren auch Barnes et al. (1998), Kimmins (2004), Gurevitch et al. (2006), Smith und Smith (2009), Chapin et al. (2011), Cotgreave und Forseth (2009), Schaefer (2012).

Die Veränderungen vollziehen sich je nach den beteiligten Arten und den äußeren Umständen in mehreren Schritten über längere oder auch kürzere Zeiträume hinweg und haben u. a. Einfluss auf die jeweiligen Areale der Arten und Gesellschaften von Pflanzen und Tieren.

Solche Entwicklungen werden überlagert oder überhaupt ausgelöst von örtlich und zeitlich umgrenzten Ereignissen, die als **Störungen** (*disturbances*) eines gegenwärtigen Zustands im System bezeichnet werden. Sie treten als einzelne Erscheinung auf, wenn auch bisweilen in kurzfristigen Wiederholungen.

Mit diesen Definitionen sind die wichtigsten Merkmale des Begriffs umrissen: ein zeitlich (und örtlich) umgrenztes Ereignis, das die Biomasse der zurzeit herrschenden Bestandesglieder für mindestens ein Jahr vermindert (das müssen nicht nur Bäume sein) und (damit) Struktur und Zugänglichkeit für Ressourcen (in erster Linie Licht, aber auch Wärme, Feuchtigkeit und Nährstoffe) verändert.

Störungen sind durch verschiedene Merkmale geprägt. Die **auslösenden Faktoren** reichen von biotischen Erscheinungen (Überalterung dominierender Glieder der Vegetation, deren Schädigung durch Tiere oder Pilze) und physikalischen Ereignissen (Feuer, Sturm, Schneebruch und dergleichen) bis zu Eingriffen des Menschen. Sehr unterschiedlich sind auch die **Stärken** von Störungen. Sie

Abb. 15.1 Borkenkäferbefall führte im Nationalpark Bayerischer Wald in den 1990er-Jahren zum großflächigen Absterben der Fichten

lassen sich unterscheiden in ihrer **Heftigkeit** (**Intensität**) wie auch in der **Schwere** der Auswirkung auf das betroffene Ökosystem. So mag z. B. ein Bodenfeuer sehr heftig sein, aber nur die Streu und den Unterwuchs vernichten. Störungen unterscheiden sich zudem in ihrer **Ausdehnung**, in der Größe der betroffenen Bestände oder ihrer Teile. Sie reicht von Lücken bis zu riesigen Flächen (Abb. 15.1). Von großer Bedeutung ist die **Häufigkeit** (Wiederkehr, **Frequenz**) von Störereignissen. Sie hängt weitgehend von der meteorologischen Situation der Region ab (Sturmhäufigkeit, Trockengebiete u. a.), ebenso von den dominierenden Arten. So durchlaufen subarktische Tundren und atlantische Heiden relativ kurze Zyklen einiger Jahrzehnte von Degeneration, Neuansiedlung und Reife. Auch für einige Nadelwälder sind solche Vorgänge beschrieben worden, die man als **Fluktuationen** bezeichnet. Bei einer Fluktuation schwankt die Dichte einer Art erheblich im Laufe der Generationen, es kommt aber im Gegensatz zur Sukzession zu keinem Artenwechsel. Sprugel (1976, 1984) schildert diese Erscheinung für die relativ kurzlebige Balsamtanne (*Abies balsamea*) in den Hochlagenwäldern der Whiteface Mountains im Nordosten der USA. Die natürlichen temperierten Laubwälder zeigen dagegen meist lange fast störungsfreie Perioden. Diese hier kurz umrissenen Merkmale von Störungen werden uns in den folgenden Abschnitten näher beschäftigen.

15.2 Sukzessionen

15.2.1 Grundlagen

Jede Störung löst eine Reaktion der Ökosysteme aus, die, wenn sie nicht zur Zerstörung oder völligen Umwandlung führt, häufig als **Sukzession** auftritt. Kurz gefasst, wird Sukzession gekennzeichnet als »die Ablösung einer Organismengemeinschaft durch eine andere« (Schaefer 2012). Präziser wird der Begriff in den meisten Lehrbüchern der Ökologie etwa so formuliert: Sukzession ist ein gerichteter, in aufeinanderfolgenden Stadien verlaufender Prozess, im Lauf dessen sich Struktur und Funktion im Ökosystem verändern (Chapin et al. 2011). Er äußert sich im Zeitverlauf in nahezu allen Aspekten der Ökosysteme, je nach Art, Stärke und Ausdehnung der Störung sowie den Ansiedlungsverhältnissen. Betroffen ist die Artenzusammensetzung, die ihrerseits die **Physiognomie** bestimmt: Lebensformen (▶ Kap. 1), Anteile der grünen Organe an der Biomasse (▶ Kap. 19), Lebensdauer der dominanten Arten. Der **Artenwechsel** als Folge von Zuwanderung (Migration) und Ausscheiden im Zuge von Konkurrenz und anderen Faktoren (▶ Kap. 13) wirkt sich auf die **Struktur** und die **Biodiversität** (▶ Kap. 20) aus. Allgemein weisen die frühen Stadien der Sukzession die höchste Artenvielfalt auf. Das ist entscheidend geprägt vom Wechsel der **abiotischen Bedingungen**: Licht, Wasserhaushalt, Bodenstruktur, Nährstoffversorgung, wobei die Bildung und der Umsatz von **Humus** eine besondere Rolle spielen (▶ Kap. 18). Der Biomassevorrat steigt in den frühen Stadien der Waldentwicklung (in unterschiedlichem Ausmaß und bis zu verschiedenen Stadien) an, während er in Waldbeständen mit hohem Alter zurückgeht und ohne Störung einem Gleichgewicht zustrebt (s. ▶ Abb. 16.4 in ▶ Abschn. 16.3). Schließlich verändern sich im Laufe der Sukzession auch die **Tiergesellschaften** (▶ Kap. 14). Darunter befinden sich auch einige bedeutsame Schädlinge: in den Jugendstadien vor allem Insektenarten, Kleinsäuger und Wild, in älteren Waldbeständen bei Massenvermehrungen Insekten und Wild, das erhebliche Schälschäden verursachen kann.

Ein Problem bei der Definition für Sukzession liegt in dem Wort »**gerichtet**«. Darüber gibt es seit der Einführung des Begriffs intensive Diskussionen. Unter dem Einfluss nordamerikanischer Ökologen – Cowles (1899) und vor allem Clements (1916, 1928, 1936) – beruhte die Sukzessionstheorie längere Zeit auf drei grundsätzlichen Annahmen: einem klaren Ausgangspunkt, einer deutlich erkennbaren Abfolge von Übergangsstadien und einem eindeutigen Endpunkt der Entwicklung (Klimax), der nach den ersten grundlegenden Ausführungen von Clements (1916) vom regionalen Klima bestimmt wird. In zahlreichen Büchern und Zeitschriftenbeiträgen ist diese Vorstellung durch theoretische und praktische Untersuchungen bei aller Anerkennung der grundlegenden Idee weitgehend revidiert worden (s. a. Mueller-Dombois und Ellenberg 1974; Barnes et al. 1998; Dierschke 1994; Kimmins 2004; Gurevitch et al. 2006). Es gibt je nach dem Zustand, in dem sich das System bei Beginn der Betrachtung befindet, ganz unterschiedliche Ausgangspunkte, auch spielen vorausgegangene Einflüsse eine große Rolle. Übergangsstadien lassen sich in sehr verschiedener Weise beschreiben, meist sind sie übrigens stochastischer Natur. Schließlich können die Endpunkte der Entwicklung, wenn es solche überhaupt gibt, nur ganz allgemein, nicht aber für jeden Bestand oder Standort beschrieben werden. Diese Frage wird uns in ▶ Kap. 16 näher beschäftigen.

Clements (1916) hielt das Klima für bestimmend bei Entstehung und Verlauf von Sukzessionen (**Monoklimaxtheorie**). In späteren Arbeiten unterschied er je nach dem Ausgangssubstrat verschiedene Substratreihen, die auf unterschiedlichen Wegen letztlich zur selben Klimax führen sollten. Kimmins (2004) und andere haben diese Konzeption in modifizierter Weise übernommen und unterscheiden für die **Erstbesiedlung** (primäre Sukzession, siehe unten) drei **Serien**: trockene, mittlere und feuchte. Das kann man aber nur als ein Gerüst für Untersuchungen an Einzelobjekten ansehen, zumal in vielen Waldökosystemen Übergänge zwischen diesen Serien bestehen. Kimmins (2004) gibt Beispiele für den Verlauf der Sukzessionen in den drei Serien aus British Columbia (Kanada), die letztlich alle zur Schlussgesellschaft mit den Schattenbaumarten Riesenlebensbaum und Westliche Hemlocktanne führen. Otto (1994) beschreibt Sukzessionen in Kiefernwäldern der Lüneburger Heide für drei unterschiedlich wasserversorgte Standorte: Auf armen trockenen Sanden bleibt eine Sukzession aus, bei besserer, aber noch suboptimaler Wasserversorgung bildet sich zumindest ein Unterstand aus Eiche, Birke und Vogelbeere, und bei guter Wasserversorgung auf nährstoffreichen verlehmten Sanden verläuft eine Sukzession über ein Eichenstadium in Richtung Buche (◘ Abb. 15.2; s. a. Leuschner 1994). Andere Substratreihen lassen sich nach den Nährstoffgehalten bilden: oligotrophe, mesotrophe und eutrophe Serien (Arbeitskreis Standortskartierung 2003).Tatsächlich wirken so viele Faktoren auf die Verläufe von Sukzessionen ein, dass sie selten zu gleichartigen Schlussgesellschaften führen. Wir werden das in den folgenden Abschnitten näher behandeln.

In den meisten Lehrbüchern der Ökologie werden auslösende und treibende Kräfte von Sukzessionen in zwei Kategorien zusammengefasst: Bei **autogenen Sukzessionen** sind systeminterne Vorgänge maßgeblich. Dazu gehört vor allem die altersbedingte Mortalität herrschender Bäume, die Lücken entstehen lässt. Aber auch Konkurrenz, anhaltender Insekten- und Pilzbefall können durch Schwächung oder Absterben Sukzessionen einleiten. **Allogene Sukzessionen** entstehen durch von außen einwirkende Kräfte: Feuer, Sturm und auch forstwirtschaftliche Eingriffe in Bestände (Läuterung, Durchforstung, Düngung) lassen Sukzessionen entstehen. Oft ist das deutlich erkennbar, doch in vielen Fällen ist es schwierig, autogene und allogene Wirkungen voneinander zu unterscheiden, weil sie vielfach gemeinsam wirken. So stürzen alte, geschwächte Bäume meist erst durch Windeinwirkung um und schaffen dadurch Bedingungen für eine natürliche Sukzession. Wichtiger ist die Unterscheidung zwischen **primärer** und **sekundärer Sukzession** (▶ Abschn. 15.2.2 und 15.2.3).

Zur Beschreibung und Analyse der komplexen Vorgänge der Walddynamik wurden anhand von Bestandesmerkmalen strukturell deutlich unterscheidbare **Phasen der Waldentwicklung** festgelegt (s. Meyer 1999). Waldentwicklungsphasen können gleichzeitig Sukzessionsstadien sein, wenn die dominierenden Arten wechseln. Die Vorgänge sind mehrfach in **Modellen** dargestellt worden. Ausgehend von den Verhältnissen in unbewirtschafteten Wäldern, hat Leibundgut (1978, 1993) ein Modell mit einer grafischen Darstellung (◘ Abb. 15.3) von

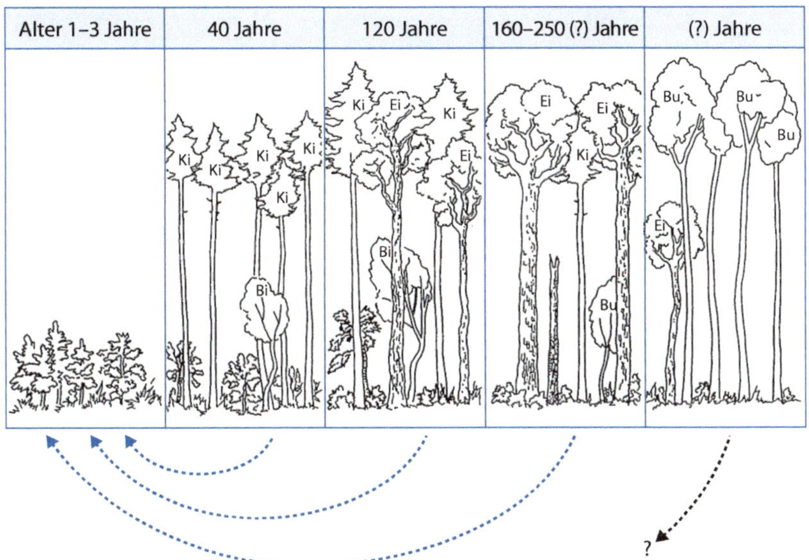

Abb. 15.2 Natürliche Sukzession in Kiefernwäldern auf reichen Sanden im atlantischen Klimaraum Niedersachsens (nach Otto 1994). Blaue Pfeile: Gefahr des Zurückwerfens der Sukzession durch Störungen (Kiefernschütte, Sturm) ist gering. Schwarzer Pfeil: Annahme eines hohen Windwurfrisikos in sehr hohem Alter der Buche mit der Folge kleinflächiger Störungslücken

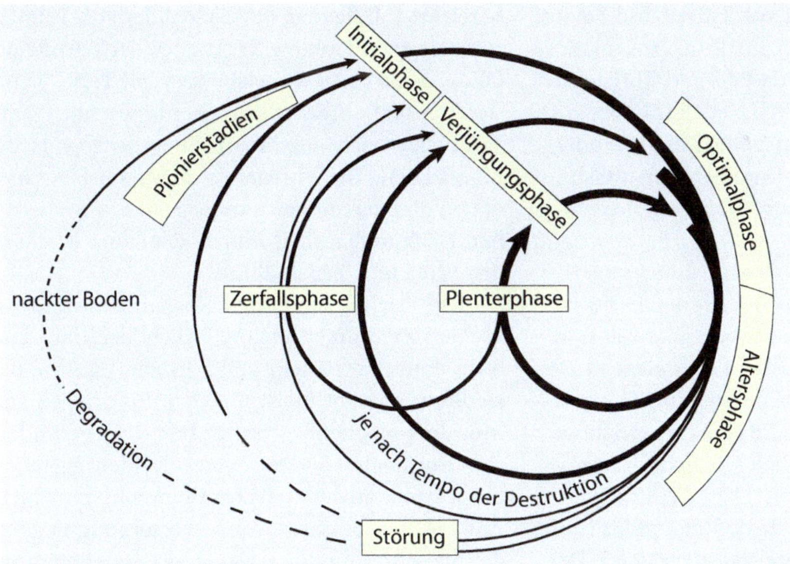

Abb. 15.3 Waldentwicklungsphasen in natürlichen Waldökosystemen. (Nach Leibundgut 1978; Schütz 1998)

Waldentwicklungsphasen aufgestellt, das in der europäischen Literatur häufig verwendet wird. Es werden hautsächlich drei Stadien unterschieden: Verjüngungs-, Optimal- und Altersstadium. Innerhalb dieser werden verschiedene Phasen mit unterschiedlicher Dauer durchlaufen. Das an die **Verjüngungsphase** (auch als **Pionierstadium** bezeichnet) anschließende **Optimalstadium** stellt (mehr oder weniger) geschlossene Bestände dar, deren Abschluss die Kulmination der Grundflächenhaltung bildet. Das darauf folgende **Altersstadium** mit Abnahme der Grundfläche geht in die Zerfallsphase über mit Beginn der Wiederverjüngung. In vielen, aber nicht allen Fällen entwickelt sich aus dem Optimal- oder dem Altersstadium eine **Plenterphase** von unterschiedlicher Dauer. Die Kriterien der Stadien und Phasen sind wegen der unterschiedlichen Wachstumsabläufe der beteiligten Arten und der räumlichen Übergänge quantitativ schwierig zu erfassen.

Meyer (1999) sowie Meyer und Tabaku (1999) beschreiben ein Verfahren zur Ausscheidung von Waldentwicklungsphasen, das sich in Naturwaldreservaten und in Buchen-Urwäldern in Albanien (Tabaku 1999; Meyer et al. 2003) und in der Slowakei (Drößler und Meyer 2006) bewährt hat. Es gewährleistet einen räumlichen Bezug der zur Festlegung der Phasen verwendeten waldwachstumskundlichen Parameter.

In Nordamerika wird für die verbale Beschreibung von Waldsukzessionen nach einer großen Störung meist das System von Oliver und Larson (1996) verwendet (ähnlich im Prinzip auch Bormann und Likens 1979 sowie Peet und Christensen 1980). Hierbei werden unterschieden (◘ Abb. 15.4):

1. **Bestandesbegründung** (*stand initiation* oder *establishment stage*) aus verbliebenen und zugewanderten Samen, aus verbliebenen Sprossen und Wurzeln.
2. **Stammausscheidung** (*stem exclusion stage*), wenn durch Schließung des Kronendaches die Pionierarten so gut wie ausgedunkelt sind. Beherrscht wird der Bestand überwiegend von den rasch wachsenden, raumbedürftigen Arten, es schieben sich im Konkurrenzkampf auch mäßig und erheblich schattenertragende Arten ein.
3. **Wiedereinwanderung des Unterstandes** (*understory reinitiation* oder *transition stage*). Der Oberstand lockert sich mit zunehmendem Raumbedarf des Oberstandes auf, es kommt mehr Licht an den Boden, und eine neue Verjüngung beginnt, Fuß zu fassen.
4. **Altholzstadium** (*old growth* oder *late successional stage*). Weitere Auflockerung des Oberstandes (Seneszenz, Schädlingsbefall, Sturmwurflücken), Nachwachsen des Zwischenstandes und des Unterstandes.

In den letzten Jahrzehnten sind auch für Sukzessionen **mathematische Modelle** entworfen worden. Eine knappe Übersicht häufiger verwendeter Bestandesmodelle haben wir am Ende von ► Kap. 6 gegeben. Ausführlich wird dieses Gebiet von Kimmins (2004) behandelt. Er zeigt auch Möglichkeiten und Grenzen für den Einsatz solcher Methoden im Rahmen der Sukzessionsforschung auf.

15.2.2 Primäre Sukzession

Durch Naturereignisse oder Tätigkeiten von Menschen entstehen Flächen, die zunächst **keinerlei Bewuchs** aufweisen: Hinterlassenschaften frischer Vulkanausbrüche, Hangrutschungen, Dünen, Abraumhalden von Bergbaubetrieben, Überflutungen, Torfabbau und durch verschiedene Ursachen entstandene Erosionsflächen. Die erstmalige Besiedlung dieser Flächen wird als **Primärsukzession** bezeichnet. Dale et al. (2005) schildern die Primärsukzession und weitere Reaktionen der betroffenen Ökosysteme (u. a. Auswirkungen auf Tiere, Nährstoffkreislauf, Mykorrhiza, Biomasse) nach dem Vulkanausbruch des Mount St. Helens (s. a. del Moral 1993). Die Primärsukzession auf Flugsanddünen und deren Auswirkungen auf u. a. Mikroklima, Nährstoffhaushalt und Bodenfauna beschreiben Fanta und Siepel (2010).

Die Flächen sind nach Korngrößen, mineralischer Zusammensetzung, Dichtlagerung und Nährstoffgehalten sehr verschiedenartig. Ihre **Besiedlung** beginnt meist mit dem Eindringen von Mikroorganismen; es entwickelt sich, besonders auf trockenen Böden, eine Flechtenvegetation mit symbiontisch stickstoffbindenden Algen. Auf Flächen besserer Wasserversorgung beginnt die oft sehr langsam verlaufende Besiedlung mit annuellen Gräsern und Krautartigen. Neben den Eigenschaften des Substrats hängt die Besiedlung wesentlich von der Verfügbarkeit von Diasporen der geeigneten Arten ab. Je weniger Wasser und Nährstoffe die Substrate enthalten, desto länger verbleiben sie im Stadium der Primärsukzession, wobei die Pflanzen- und Tierarten der Erstbesied-

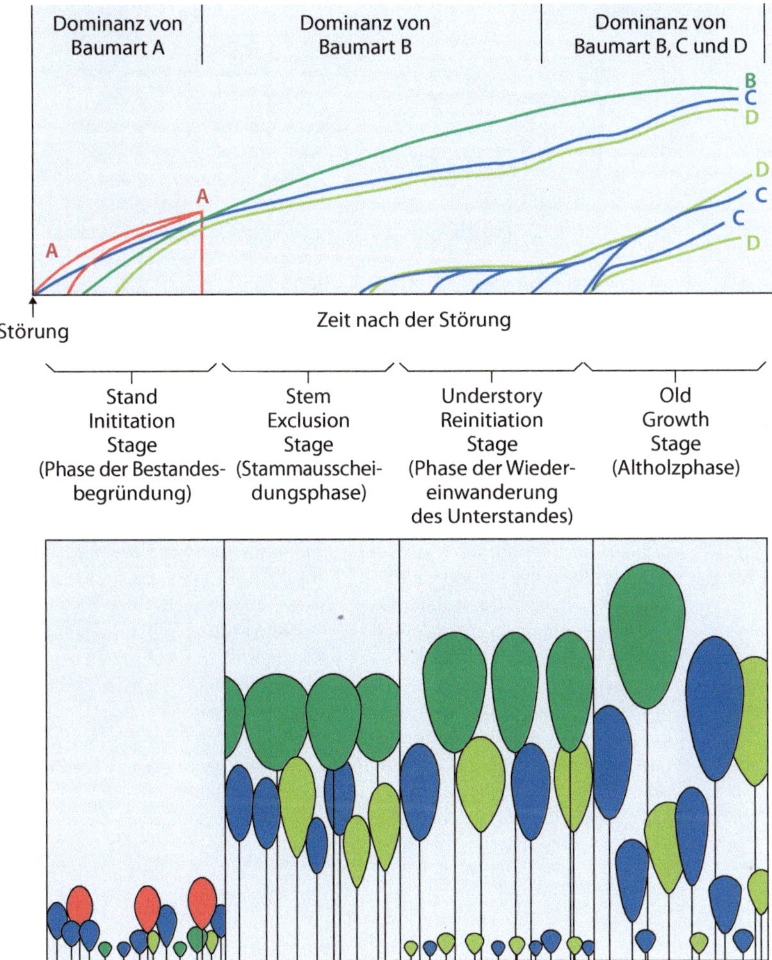

Abb. 15.4 Stadien der Waldentwicklung nach einer großflächigen Störung. (Nach Oliver und Larsen 1996; Barnes et al. 1998). **A** Pionierarten und erhaltener Unterwuchs, der auch andere Arten enthalten kann, **B** raumbedürftige, **C** intermediäre, **D** schattentolerante Arten

ler je nach den herrschenden Bedingungen von Zeit zu Zeit wechseln können, bis allmählich die Vorgänge einer sekundären Sukzession einsetzen, in der Stadien von aufeinanderfolgenden Abläufen der Besiedlung bei stetig sich verändernden abiotischen Lebensbedingungen unterschieden werden (Walker und del Moral 2003). Beispiele für solche Entwicklungen unter Mitwirkung des Menschen zeigen Abraumhalden verschiedenen Ursprungs (s. Heinze und Liebmann 1998; Lange 1998; Hüttl 1999).

Die **Besiedlung** einer Fläche nach Störung ist an Voraussetzungen gebunden:

1. Es muss für Diasporen ein geeignetes **Keimbett** vorhanden sein. Bei dichten und trockenen Streuauflagen stellt sich das oft nicht sogleich ein, es vergeht dann eine gewisse Zeit, bis solche Auflagen etwas besser zersetzt sind.
2. Zum Aufwachsen ist ein gewisses Maß von **Ressourcen** erforderlich, vor allem Licht.
3. Die Ansiedlung hängt von der Verfügbarkeit von **Samen** ab, sofern nicht Ausschläge aus verbliebenen Sprossen und Wurzeln vorhanden sind.
4. Die **Konkurrenz** durch stellenweise bereits vorhandene Vegetation (z. B. durch seitliche

Strategiemodelle

Nach dem Vorschlag von MacArthur und Williams (1967) werden typische Erstbesiedler »**r-Strategen**« (*r*-strategists) genannt. Die Bezeichnung »r» ist der Populationsdynamik (► Kap. 8) entnommen, in der dieser Buchstabe die Rate des Populationswachstums bezeichnet. Arten mit geringerer Vermehrungs- und Wachstumsrate heißen »K-Strategen« (*K-strategists*). Der Buchstabe »K« steht als Ausdruck der Populationsdichte, die sich im Einklang mit der Menge der verfügbaren Ressourcen befindet (der sog. Umweltkapazität oder »*carrying capacity*«). Diese Arten machen sich längere Zeit Konkurrenz um die Ressourcen, wodurch ihre Zahl auf der Fläche enger begrenzt ist. Die kurzlebigen r-Strategen breiten sich durch zahlreiche kleine Samen, die zudem eine längere Samenruhe ertragen, effizient aus und können sich in ihrer abiotischen Umwelt schnell etablieren, unterliegen aber als schattenintolerante Arten langfristig in der Konkurrenz den K-Strategen. Die langlebigen K-Strategen wachsen langsam, investieren weniger in die Reproduktion (wenige größere Samen bei seltenerer Fruktifikation) und sind schattentolerant. Aus den Eigenschaften folgt, dass r-Strategen die frühen und K-Strategen die späten Sukzessionsstadien bestimmen.
Es hat sich aber erwiesen, dass damit die Vielfalt der Überlebensstrategien nicht erfasst wird. Grime (1974, 2001; Grime et al. 2007) hat die Einteilung der Arten nach funktionellen Merkmalen erweitert (**C-S-R-Modell**, ◘ Abb. 15.5): **Konkurrenten** haben die Fähigkeit, Ressourcen rasch durch Wurzeln und Sprosse aufzunehmen und zu verwerten. Sie sind ausdauernd und setzen sich bei geringer Störungsrate und niedrigem Stress durch. **Stresstolerante** widerstehen durch ihre physiologischen Eigenschaften schwierigen abiotischen und biotischen Bedingungen. **Ruderalstrategen** sind besonders gut an Störungen angepasst. Bei kurzer Lebensdauer haben sie die Fähigkeit, rasch noch konkurrenzfreie Standorte zu besiedeln, rasch Ressourcen aufzunehmen und rasch zahlreiche Nachkommen zu erzeugen (◘ Tab. 15.1). Tatsächlich wird eine solche Klassifikation manchen Organismengruppen gerecht, doch gibt es in den meisten Fällen zahlreiche Überschneidungen und Kombinationen der genannten Merkmale (Crawley 1997; Schulze et al. 2002; s. a. ► Kap. 13). Zudem ist die Stresstoleranz von mancherlei verschiedenen Faktoren abhängig und nicht messbar (Crawley 1997, dort werden auch weitere Klassifizierungen beschrieben; s. a. Schaefer 2012 unter dem Stichwort »ökologische Strategie«). Noble und Slatyer (1980) schreiben den Pflanzen bestimmte vitale Eigenschaften (*vital attributes*) zu, die ihren Platz in der Sukzession bestimmen (Art der Vermehrung und Ansiedlung, Konkurrenz, Empfindlichkeit gegen Beschädigungen u. a.). Das Problem liegt darin, dass diese Eigenschaften in den verschiedenen Stadien der Sukzession ganz unterschiedliche Bedeutung haben.

Beschattung) darf nicht so kräftig sein, dass sie Neuansiedlung behindert oder unmöglich macht.

Das Zusammenwirken dieser Bedingungen führt zu ganz unterschiedlichen Arten und Graden der Besiedlung. Sind diese Bedingungen hinreichend erfüllt, so haben die **Pionierpflanzen** entscheidende Vorteile. Sie bilden in größeren Lücken und auf Freiflächen den weitaus größten Teil der Besiedlung. Gekennzeichnet sind sie durch ein relativ rasches Wachstum, besonders der oberirdischen Organe, eine hohe Produktion von Sporen und Samen, die meist durch den Wind, seltener auch durch Tiere (► Kap. 14) verbreitet werden. Viele krautige Pionierpflanzen fruchten nur einmal während ihres Lebens (Semelparie), einige erst im zweiten Lebensjahr. Die Lebensdauer der Pionierpflanzen ist im Allgemeinen geringer als die der später in die Sukzession eintretenden Pflanzen.

Zu den mittel- und nordeuropäischen **Pionierbäumen** zählen in erster Linie: Sand- und Moorbirke, Aspe, mehrere Weidenarten (besonders Salweide) und Vogelbeere, regional auch Grauerle (*Alnus incana*) und Grünerle sowie die Bergkiefer. Fast alle diese Arten sind sehr lichtbedürftig, haben ein rasches Höhenwachstum in der Jugend, das schon im zweiten Lebensjahrzehnt stark nachlässt, und neben der reichlichen Fruktifikation ein ausgeprägtes vegetatives Regenerationsvermögen. Eine Ausnahme von dieser Regel bilden in mancher Hinsicht die Vogelbeere, deren Schattenerträgnis und Lebensdauer wesentlich höher sind, sowie die Latschenkiefer mit ihrem langsamen Wachstum.

Connell und Slatyer (1977) haben auf der Basis empirischer Befunde besonders für die ersten Sta-

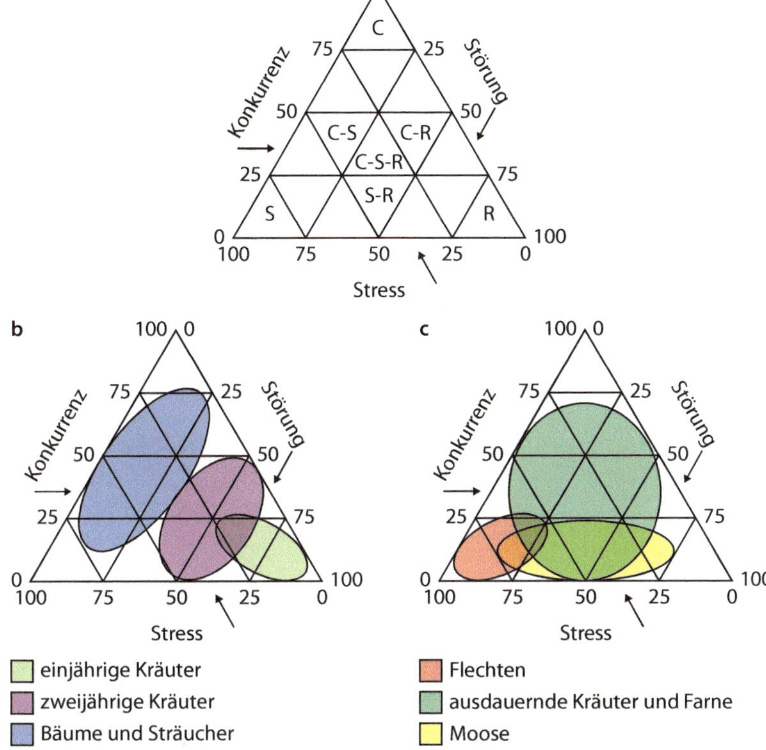

Abb. 15.5 Klassifikation der Überlebensstrategien nach der relativen Bedeutung von Störung, Konkurrenz und Stress. **a** Die drei Achsen ansteigender relativer Konkurrenz, Störung und Stress definieren sieben Überlebensstrategien: die Konkurrenten (*C*), die Ruderalstrategen (*R*), die Stresstoleranten (*S*) und vier Strategien aus Kombinationen dieser drei Grundtypen. **b** Einordnung von einjährigen und zweijährigen krautigen Pflanzen und von Gehölzen, **c** von Flechten, ausdauernden Kräutern und Moosen in Bezug auf Konkurrenz, Störung und Stress. (Nach Grime 1979; Bonan 2008)

Tab. 15.1 Einige Eigenschaften von r- und K-Strategen. (Nach Schaefer 2012)

Merkmale	r-Selektion	K-Selektion
Abiotische Faktoren	Variabler und/oder schlechter voraussagbar	Ziemlich konstant und/oder besser voraussagbar
Populationsgröße	Zeitlich variabel, meist weit unter der Umweltkapazität	Zeitlich relativ konstant, der Umweltkapazität stark angenähert
Intra- und interspezifische Konkurrenz	Unterschiedlich, oft gering	Meist intensiver
Konkurrenzfähigkeit	Geringer	Größer
Lebenszyklus	Tendenz zu rascher Entwicklung, hoher Zuwachsrate, früher Reproduktion, geringem Körpergewicht, kurzer Lebensdauer	Tendenz zu langsamer Entwicklung, geringer Zuwachsrate, später Reproduktion, großem Körpergewicht, langer Lebensdauer
Mortalität	Mehr durch dichteunabhängige Faktoren bedingt	Mehr durch dichteabhängige Faktoren bedingt

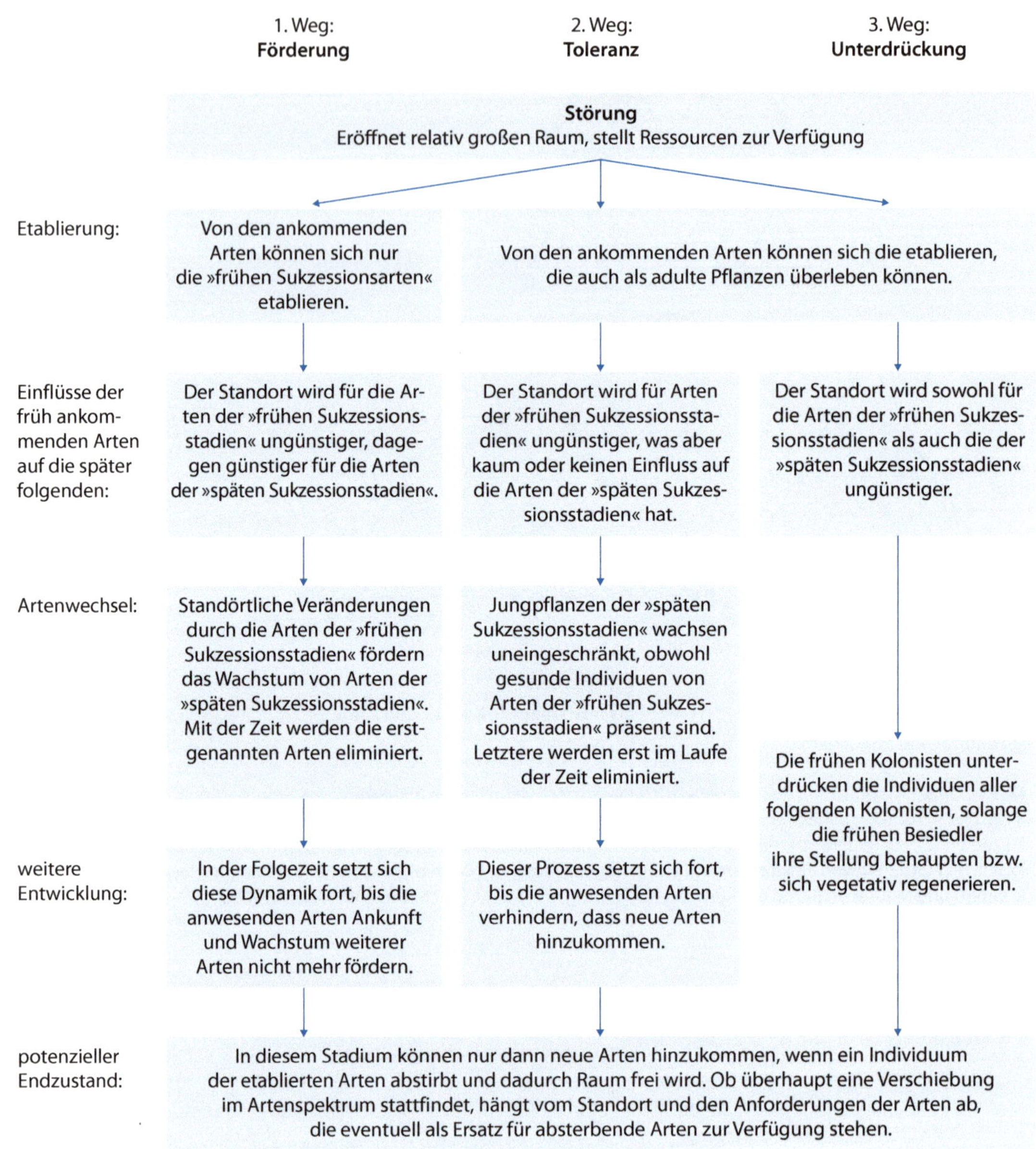

Abb. 15.6 Drei Strategien von Pflanzen in Sukzessionen. (Nach Connell und Slatyer 1977; Schulze et al. 2002)

dien der Sukzession Modellvorstellungen entworfen (Abb. 15.6), wonach drei mögliche Strategien der beteiligten Pflanzen dargestellt werden: Bei dem ersten Weg (***facilitation***, **Förderung**) wirken die Pionierarten positiv auf die Ansiedlung und Entwicklung von Arten, die in späteren Sukzessionsphasen die Gesellschaften beherrschen. Sie erschließen den Boden durch ihre Wurzeln, bilden Humus durch ihre ober- und unterirdische Biomasse und schaffen Frost- und Verdunstungsschutz für nachfolgende, in dieser Hinsicht empfindlichere Arten. Durch ihre kurze Lebensdauer geben sie immer wieder neue Ansiedlungsräume frei. Situationen der Förderung treten hauptsächlich in primären Sukzessionen auf. Ein zweiter Weg besteht darin, dass die angesiedelten Arten sich gegenseitig, jedenfalls einen gewissen Zeitraum über, tolerieren (***tolerance***, **Toleranz**). Die Konkurrenzvorteile von typischen Pionierpflanzen sind dann nicht so groß, dass sie den von Natur aus langsamer wüchsigen Arten mit zunächst geringeren Vermehrungs- und Ausbreitungsraten die Lebensmöglichkeiten stark streitig machen können. Das ist besonders dann gegeben, wenn die Nachfolgenden nicht durch vegetative Vermehrung oder intensiven Samennachschub eine Überlegenheit gewinnen. In einer dritten Situation wird die Fläche durch konkurrenzkräftige Arten so rasch und intensiv besiedelt, dass weitere Glieder der Sukzession wenige Chancen haben, sich anzusiedeln und am Leben zu bleiben (***inhibition***, **Behinderung**). So entwickelt sich ein lange anhaltendes Stadium, bestehend aus Gräsern (z. B. *Calamagrostis epigejos*, *Carex brizoides*, *Molinia caerulea*), dem Adlerfarn (*Pteridium aquilinum*) oder Sträuchern (Brombeere, Weißdorn., Schlehe u. a.). Erst nachdem sich durch Überalterung, Schädlingsbefall oder andere Ursachen (z. B. Bekämpfung) dieser Bewuchs auflockert oder abstirbt, wird der Weg für andere Arten der Sukzession frei.

Connell und Slatyer (1977) betonen, dass sich in der Natur Beispiele für die zuerst genannten Vorgänge reichlich finden, auch der dritte Weg lässt sich durch Beobachtungen belegen, wenn auch nicht mit genaueren Daten. Im Übrigen sind oft keine klaren Grenzen zwischen **Toleranz** und **Behinderung** zu ziehen, im Laufe der Zeit dürften sich Übergänge einstellen. Doch im Prinzip zeigt dieses Modell exemplarisch die Vielfalt der Sukzessionsabläufe während der ersten Phase.

Das Ende der Erst- oder Neubesiedlung tritt ein, wenn längerlebige Arten und Individuen den Boden so weit bedecken und beschatten, dass eine Samenkeimung und ein Aufwachsen von Pionierarten kaum mehr möglich sind. In der Praxis findet man allerdings besonders auf größeren Freiflächen oft ein Nebeneinander der verschiedenen Stadien.

15.2.3 Sekundäre Sukzession

Die Fälle von primärer Sukzession sind in Mitteleuropa selten. Viel häufiger entwickelt sich die Vegetation auf Flächen, die bereits in irgendeiner Weise besiedelt sind. Auf welche Art das geschieht, hängt in erster Linie vom **Ausmaß der Störung** ab: Je größer die betroffene Fläche ist, desto mehr stellen sich ökologische Bedingungen ein, die einer Freifläche gleichen, während in kleineren Lücken der Einfluss des nicht von der Störung betroffenen Nachbarbestandes erheblich bleibt. Eine allgemeingültige Abgrenzung von Freiflächen und Lücken lässt sich nicht geben.

Sukzessionen nach großflächigen Störungen

Stürme und Brände sind in den temperierten Wäldern der Erde die wichtigsten Ursachen für die Entstehung großflächiger Störungen mit tiefgreifenden Folgen. In weitaus geringerem Umfang können Bestände durch Schneelasten, Eisanhang oder Insektenkalamitäten schwer beschädigt oder zerstört werden.

▪ Feuer

In mediterranen Gebieten sind **Brände** häufiger als unter gemäßigten Klimaverhältnissen und dort entscheidend für den Sukzessionsverlauf. Die strauchartige Vegetation (s. Macchie in ▶ Kap. 5) und die Eichenwälder sind im Gegensatz zu den überwiegend nicht natürlichen Kiefernwäldern an häufige Feuer angepasst (Pausas et al. 2008). Entscheidend für den Verjüngungserfolg ist das Stockausschlagvermögen der Arten und die Förderung der Samenkeimung durch höhere Temperaturen (Luis et al. 2005; Baeza und Roy 2008; Santana et al. 2012), bei einigen Kiefernarten (z. B. bei Aleppokiefer und Drehkiefer) auch die Fähigkeit, verharzte Zapfen auszubilden, die sich erst bei großer Hitze öffnen und die Samen auf ein günstiges Keimsubstrat entlassen (Goubitz et al. 2004).

Waldbrände können in verschiedenen Formen auftreten (s. Whelan 1995). **Bodenfeuer** verbrennen den Auflagehumus, die Bodenvegetation und bisweilen auch die Strauchschicht, einschließlich der Jungpflanzen von Bäumen, deren ältere Exemplare einschließlich der gröberen Wurzeln im Oberboden meist durch ihre Rinde geschützt sind. Das gilt hauptsächlich für Arten mit relativ starker Rinde (Borke).

Abb. 15.7 Kontrolliertes Verbrennen von leicht entzündbaren Kronenteilen und Totholz zur Verhinderung eines Kronenfeuers in einem Pinienwald in Portugal

Intensive Bodenfeuer beschädigen oder töten viele oberflächlich verlaufende Wurzeln, doch kommt es bei den meisten Sträuchern und Waldbäumen oft zum Austreiben. Auch bleiben häufig im oberen Mineralboden liegende Samen unbeschädigt und treiben neu aus. Ihre weitere Entwicklung hängt von den ökologischen Bedingungen (Wasser- und Nährstoffhaushalt) und der dann einsetzenden gegenseitigen Beeinflussung ab.

Kronenfeuer entwickeln sich stets aus Bodenfeuern, wenn dafür geeignete Bedingungen herrschen: stärkere Hitzeentwicklung, geringe Luftfeuchtigkeit, Wind und dergleichen. Disponiert sind in erster Linie Nadelbäume, besonders Kiefernarten auf von Natur aus trockenen Standorten. Aber auch Nadelbaumbestände in subalpinen und borealen Zonen sind oft betroffen, v. a. wenn die Vorräte an Totholz hoch sind. Aus Nordamerika gibt es zahlreiche Berichte über verheerende Waldbrände, auch in Nationalparks (z. B. 1988 im Yellowstone-Nationalpark, Christensen et al. 1989, s. a. Aber und Melillo 2001). Barnes et al. (1998) geben eine Darstellung der Häufigkeit und Schwere von Waldbränden in verschiedenen Regionen der USA, Kürschner und Röhrig (1980) von einem großen Waldbrand in der Lüneburger Heide im Jahr 1975. Daran knüpfen sich viele Überlegungen, unter welchen Umständen und in welchem Ausmaß die Unterdrückung und Bekämpfung von großen Waldbränden zweckmäßig und erforderlich ist (Kimmins 2004; Goldammer et al. 2009; McKenzie et al. 2011; Abb. 15.7).

Durch den Brand wird der natürliche Prozess der **Mineralisation** von organischer Substanz, der in unberührten Wäldern über Jahrzehnte abläuft, auf Minuten oder Stunden verkürzt. Besonders betroffen sind das lebende Feinmaterial und vor allem die Streu. Nur bei sehr großer Hitze und Trockenheit ist auch die oberste Schicht des humusreichen Oberbodens beeinträchtigt (Kimmins 2004). Durch die nach dem Brand fehlende Streu wird in grobkörnigen Sandböden die Infiltrationsrate für Niederschlagswasser erhöht, der Boden wird trockener. Wo stärkere Humusauflagen vorhanden waren, können sich in der verbliebenen Ascheschicht hydrophobe Substanzen bilden, die das Eindringen von Wasser behindern.

Ein Waldbrand verändert die **chemischen Eigenschaften** des Bodens, besonders in den ersten Jahren nach dem Ereignis. Unmittelbar betroffen ist der Kohlenstoff (C), aber auch andere Elemente entweichen je nach der Brandtemperatur als Gase oder als Flugasche. Für Stickstoff (N) steigen die Verluste bei Temperaturen über 400 °C, für Schwefel (S) und Phosphor (P) bei mehr als 500 °C. Die nach dem Brand in der Asche als Oxide vorhandenen Elemente haben andere Extraktions- und Transportmechanismen als die aus biogener Mineralisation stammenden Stoffe (Beese und Divisch 1980). Die Nährstoffumsetzungen erfolgen in Abhängigkeit zu den Gehalten in der Asche und zu der Brandtemperatur. Im ersten Jahr nach dem Brand erhöht sich der Gehalt an pflanzenaufnehmbarem Calcium (Ca), P und Magnesium (Mg) und dadurch auch der pH-Wert. Im Laufe der Zeit werden auch andere Elemente je nach der Bodenverhältnissen in tiefere Bodenschichten ausgewaschen, damit erniedrigt sich dann der pH-Wert.

Das **Bodenleben** ist in den ersten Jahren nach dem Brand ebenfalls verändert: Die Meso- und Mikrofauna, die in der Streu und in den obersten Bodenschichten lebte, wird meist völlig abgetötet. Doch aus den darunter liegenden Bodenschichten wandern die Arten rasch wieder ein. Die Entwicklung der Flora und der Makrofauna hängt so sehr von den Verhältnissen der Bestände und des Brandes ab, dass sich nur wenige allgemeingültige Aussagen treffen lassen. Kimmins (2004) unterscheidet direkte und indirekte Wirkungen des Brandes, also Verluste durch den Brand selbst und Folgen, die

Waldbrand in der Lüneburger Heide

Im Raum Eschede (Lüneburger Heide) wurden im Sommer 1975 ca. 5000 ha Kiefernwald vernichtet. Noch im Herbst 1975 wurden auf einer inmitten des Brandgebiets gelegenen 2,5 ha großen Fläche folgende Varianten eingerichtet und langfristig untersucht: Sukzessionsfläche I (ungeräumt, gezäunt). Sukzessionsfläche II (geräumt, ungezäunt). Kiefernaufforstung (geräumt, gekalkt, ungezäunt), Kiefern-Fichten-Aufforstung (geräumt, gekalkt, ungezäunt), Eichen-Buchen-Aufforstung (geräumt, NPK-gedüngt, gekalkt, ungezäunt). Die Entfernung zu den vom Brand verschonten Beständen (überwiegend Kiefern mit wenigen Birken und Eichen) betrug in den verschiedenen Himmelsrichtungen zwischen 1800 und 4000 m. Der **Boden** auf der Fläche bestand aus einem 40–50 cm mächtigen Sand-Braunerde-Podsol ohne Grundwasseranschluss. Der abgebrannte 23-jährige Kiefernbestand stammte aus einer Streifensaat. Dazu war der 139-jährige Kiefernbestand zuvor kahl geschlagen und der Boden mit einem Waldpflug so bearbeitet worden, dass ca. 50 cm breite, nahezu humusfreie Saatstreifen (im Folgenden »Streifen« genannt) entstanden. Die dort abgeschälte, etwa 30 cm starke Humusschicht wurde jeweils neben den Saatstreifentreifen abgelegt. Sie bildete die im Folgenden »Balken« genannte Bodenoberfläche.
Die **Brandtemperatur** war, wohl wegen des raschen Verlaufs, nicht sehr hoch, sie wurde auf etwa 300 °C geschätzt (Kürschner und Röhrig 1980).

sich aus den Veränderungen der Lebensbedingungen ergeben. Für beides gibt es vielerlei Beispiele. Vom Brand betroffen sind neben Pflanzen hauptsächlich Tiere mit geringer Bewegungsfähigkeit. Indirekte Wirkungen sind allgemein gravierender, weil die meisten Tierarten an spezifische Habitate angepasst sind, von denen viele durch großflächigen Brand auf lange Sicht zerstört sind. Immerhin sind Beobachter erstaunt darüber, wie rasch nach dem Aufwachsen einer Vegetation sich Pflanzenfresser und auch deren Räuber auf den Brandflächen einfinden.

Fast alle Beschreibungen der Folgen von Waldbränden beruhen auf einmaligen Beobachtungen oder Messungen. Eine **Langzeitstudie** wurde nach einem Großbrand 1975 begonnen und zunächst jedes Jahr, später in Abständen von wenigen Jahren bis 1989 fortgeführt (Kürschner und Röhrig 1980). Der Juli und August 1975 waren in Norddeutschland ungewöhnlich heiß und trocken. Die Durchschnittstemperaturen lagen um 2–3 °C über dem langjährigen Mittel, es fielen so gut wie keine Niederschläge, und die relative Luftfeuchtigkeit stieg nicht über 50 %, selten lag sie bei nur 20 %. In Niedersachsen brannten zwischen dem 7. und 17. August über 8000 ha Wald ab, überwiegend Kiefernbestände, dazu kamen (in Deutschland ungewöhnlich) mehrere ausgedehnte, lang anhaltende Moorbrände.

Hetsch (1980) untersuchte von Mai 1976 bis Mai 1979 die **bodenphysikalischen** und **bodenchemischen Auswirkungen** des Brandes von 1975. Schon 1976 fiel auf, dass der Boden auf den Balken wenige Zentimeter unter der Oberfläche trocken war, während sich nach Niederschlägen dort Pfützen bildeten. Auf den ehemaligen Saatstreifen floss das Wasser normal ab. Diese Erscheinung hielt bis 1979 an. Hetsch fand die Beobachtung von Savage (1974) bestätigt, dass sich durch den Humusbrand wasserabstoßende (hydrophobe) Schichten von 5–20 cm Tiefe bilden, besonders bei geringer innerer Oberfläche von Sandböden. Auf den Saatstreifen, die kaum Humus enthielten, trat das nicht ein.

Das vollständige Verschwinden der Humusauflage sowie der Nadeln und der feineren Äste des verbrannten Bestandes durch Rauch und Flugasche führte (bis auf die verkohlten Bäume) zum völligen Verlust von Kohlenstoff, während vom Stickstoff ein Teil als Ammoniumsalze erhalten blieb, da N sich erst bei Temperaturen über 400 °C gänzlich verflüchtigt. Dadurch erhöhte sich zunächst der N-Gehalt in den obersten 0–10 cm starken Bodenschichten, ähnlich wie der P-Vorrat.

Von den durch den Brand freigesetzten **Nährstoffen** war nach vier Jahren noch etwa die Hälfte im Ökosystem verblieben. P hatte wenig Verluste, K war zum größeren Teil in den unteren Boden ausgewaschen, Mg in etwas geringerem Ausmaß, Ca wurde weitgehend im Oberboden gespeichert. Der pH-Wert war zunächst in den obersten Zentimetern auf 9 erhöht, ging dann aber zurück. In

10–30 cm Tiefe lag er bei 4,5. Das bestätigten auch Beese und Divisch (1980), z. T. mit Perkolationsversuchen an Bodenmonolithen. 20 Jahre nach dem Brand hat sich der Vorrat an den basischen Kationen K, Ca, und Mg auf den Sukzessionsflächen deutlich verringert, während die C-Vorräte etwas höher liegen als unmittelbar nach dem Brand (Wichmann und Schmidt 2000).

Auf frischen Brandflächen entwickeln sich zuerst bestimmte **Pilzarten** und Gametophyten einiger **Moose**. Butin und Kappich (1980) haben zwei Jahre (September 1975 bis Ende 1977) diese Vorgänge auf der Brandfläche in der Lüneburger Heide untersucht. Sie fanden zu unterschiedlichen Zeitpunkten 24 Pilzarten und drei Moose. Schon drei Wochen nach dem Brand zeigte sich eine Verfärbung des Bodens durch die Ascomyceten *Anthracobia melaloma* und *A. macrocystis* (runde orangefarbene Scheiben vom 2–5 mm Durchmesser) sowie in geringerem Ausmaß durch einige andere Arten. Etwas später entwickelten sich die ca. 20 cm großen Fruchtkörper der Wurzellorchel (*Rhizina undulata*). Basidiomyceten traten erst im Mai 1976 auf (*Pholiota carbonaria*, *Gymnopilus sapineus* u. a.).

Moose in Gestalt feiner, in der obersten Bodenschicht verteilter Protonemafäden von *Funaria hygrometrica* fanden sich schon 19 Wochen nach dem Brand. Das Moos wurde von 1977 an durch *Polytrichum juniperinum* abgelöst. Früh erschienen auch (zuerst in kleineren Bodenvertiefungen) die ersten Thalli des Brunnenlebermooses (*Marchantia polymorpha*), in den folgenden Jahren als dichte Teppiche. Offenbar waren alle Arten von außen zugewandert.

Jahn (1980) hat die natürliche Besiedlung der Waldbrandfläche mit Moosen und Gefäßpflanzen von 1975 bis 1979 getrennt nach Streifen und Balken untersucht. Der Sommer nach dem Brand (1976) war sehr trocken. Es entwickelte sich eine Krautschicht auf nur 15 % der Fläche, vor allem *Epilobium angustifolium* auf den Streifen. Zudem fand sie u. a. vereinzelt *Pteridium aquilinum*, *Deschampsia flexuosa*, *Carex pilulifera* und *Calluna vulgaris*. In den folgenden Jahren hatte sich, besonders auf den Streifen, bis zu 2 m hohes *Epilobium* ausgebreitet, ebenfalls etwas mehr als im Vorjahr *Pteridium* und *Calluna*. Auch waren jetzt die ersten Verjüngungspflanzen von Gehölzen zu finden: Salweide, Ohrweide (*Salix aurita*), Aspe und wenige Sandbirken. 1978 hatte *Epilobium* seinen Höhepunkt überschritten, *Calluna* hatte sich etwas, *Deschampsia* stark ausgebreitet. Auch die Holzgewächse hatten zugenommen, besonders Salweide und Aspe. Im letzten Jahr der Beobachtung (1979) war *Epilobium* weiter zurückgegangen, stark ausgebreitet hatte sich *Deschampsia*. Die Holzpflanzen, überwiegend Aspen, hatten einen Deckungsgrad von etwa 6 %.

Für den Zeitraum 1981 bis 1985 wurde die Entwicklung auf der Brandfläche durch jährliche Aufnahmen erfasst (Schenk 1989). Von den Moosen war nur noch *Polytrichum formosum* mit einem Deckungsgrad von 30–40 % vorhanden. In der Krautschicht hatten sich *Calamagrostis epigejos*, *Deschampsia flexuosa* und *Vaccinium myrtillus* stärker ausgebreitet. Die Gräser nahmen etwa 40–60 % der Deckung ein. *Calluna* war seit 1985 zurückgegangen. Eine starke Entwicklung hatte die Aspe genommen. Die aus der Verjüngung von 1976 stammenden Aspen hatten eine Höhe von bis zu 9,70 m erreicht, doch die meisten litten unter Triebsterben und waren daher wesentlich niedriger. Darauf hatte die Aspe mit intensiver Wurzelbrut reagiert (ca. 3000 Stück ha^{-1}). Die sich zunächst langsam entwickelnde Sandbirke war mit ca. 500 Stück ha^{-1} bis zu einer maximalen Höhe von 5 m herangewachsen. Auch hatten sich 40 Kiefern eingefunden mit Höhentrieben um 20–40 cm. Allerdings wurden sie durch den Rüsselkäfer *Brachyderes incanus* beschädigt. Die Salweide stagnierte bei Höhen von 20–50 cm und befand sich offenbar im Rückgang.

Fast 15 Jahre nach dem Brand hatte die Aspe, offenbar durch ein Triebspitzensterben, nur eine maximale Höhe von 11 m, mit dem Schwerpunkt bei 7–9 m. Die aus Wurzelbrut erwachsenen Aspen (ca. 10.000 Stück ha^{-1}) hatten nur 0,5–2,0 m erreicht. Die Zahl der Birken dagegen hatte sich verdoppelt, ihre Höhen waren etwa gleichmäßig auf Höhenklassen von 0,5–10 m verteilt. Insgesamt hatte sich der Deckungsgrad der Baumschicht von 1981 (10 %) bis auf 37 % verdichtet, davon Aspe 15 % und Birke 12 %. Der Deckungsgrad der Strauchschicht (z. T. aus Arten der Baumschicht) war von 10 auf 23 % angestiegen (Schmidt und Wichmann 2000; ◘ Abb. 15.8).

Abb. 15.8 Baumbestand aus überwiegend Sandbirke, Aspe (z. T. absterbend) und Kiefer einer Waldbrandfläche in der Lüneburger Heide 30 Jahre nach dem Brand

Nach Arten selektiv, doch sehr gründlich waren die Untersuchungen der **Tiersukzessionen** auf der Waldbrandfläche von 1975 bis 1978, zum Teil unter Vergleichen mit unberührten Kiefernwäldern im selben Gebiet. Winter et al. (1980) fanden, dass einige Rüsselkäfer (Curculionidae), so *Strophosomus capitatus* und *Hylobius abietis*, offenbar als Puppen oder Junglarven im oberen Mineralboden oder an Wurzelresten überlebt hatten, nicht aber die Schnellkäfer (Elateridae). Nach der Besiedlung der Brandfläche fanden sich an Pilzen Moderkäfer (Lathridiidae), an Moosen Collembolen und an *Epilobium* der Blattkäfer *Haltica oleracea*.

Nur ein geringer Teil (ca. 5 %) der sonst in Kiefernbeständen lebenden Laufkäfer (Carabidae) überlebte den Brand. Von Mai 1976 an wurden verschiedene Arten entdeckt, unter ihnen *Agonum quadripunctatum* (als räuberischer Laufkäfer ein typischer Brandfolger). Bis Ende 1977 besiedelten 16, bis Ende 1978 26 Laufkäferarten die Brandfläche (Winter 1980a). Die Sukzessionen von Spinnen (Araneae) und Weberknechten (Opiliones) hat Schaefer (1980) mit einer umfangreichen Liste dieser sonst in Wäldern selten untersuchten Tiergruppen beschrieben. Der Brand hatte fast deren gesamten Bestand vernichtet. Doch schon im Mai 1976 wurden wieder einige Spinnen gefangen. Bis 1977 erfolgte ein markanter Anstieg, besonders bei den Wolfsspinnen (Lycosidae) und den Kugelspinnen (Theridiidae).

Winter (1980b) hat sich auch mit den Auswirkungen des Waldbrandes auf die **Wirbeltiere** befasst. Bei der Breite dieses Gebiets konnte er nur allgemeine Angaben machen. Kreuz- und Erdkröte (*Bufo calamita*, *B. bufo*) wanderten erst von 1977 an in die Brandfläche ein. Von den 48 in Kiefernwäldern der Region vertretenen Vogelarten zeigten 15 einen Rückgang (nicht so Feldlerche, *Alauda arvensis*, Heidelerche, *Lullula arborea*, und Bachstelze, *Motacilla alba*). Trotz mancher Verluste wirken sich Waldbrände auf die Vogelwelt nicht nachhaltig aus. Unter dem Brand hatte der Bestand an Spitzmäusen (Soricidae) und Erdmäusen (*Microtus agrestis*) sehr zu leiden. Doch mit der Besiedlung der Fläche mit Vegetation nahmen die Populationen wieder zu. Beim Schalenwild, besonders bei Jungtieren, entstanden zum Teil durch die Lösch- und Aufräumarbeiten hohe Verluste. Doch auch hier erfolgte schon bald eine Zuwanderung.

Sturm

Wind ist ein ökologischer Faktor mit sehr vielfältigen Wirkungen. Je nach den atmosphärischen Verhältnissen und der Geländegestalt transportiert er Wärme und Feuchtigkeit. Somit beeinflusst er die physiologischen Funktionen der Pflanzengemeinschaften vor allem dadurch, dass er deren Evapotranspiration erhöht oder senkt. Viele Arten und Ökotypen sind an ihren natürlichen Standorten morpholgisch und physiologisch daran angepasst (z. B. durch Ausbildung der Kutikula, Regulierung der Spaltöffnungen). Durch das Zusammenwirken von Wind und hoher Einstrahlung kann es zur Schädigung durch Trocknis kommen und bei längerer Einwirkung zu vermindertem Wachstum, besonders der Höhentriebe (s. ▶ Kap. 4). Bei ständiger Einwirkung von stärkerem Wind verändert sich die Baumgestalt, es bilden sich krumme Schäfte und fahnenartig in der Hauptwindrichtung ausgerichtete Baumkronen, sog. Windfahnen, wie man sie bei locker stehenden Beständen im Hochgebirge oder an Meeresküsten beobachten kann.

Von besonderer Bedeutung ist das Auftreten von Windbewegungen mit der Stärke von **Sturm** und **Orkan** (Tab. 15.2). In Mitteleuropa sind Stürme ein wichtiger Auslöser von Sukzessionen. Dadurch kommt es zu Schäden in den Waldbeständen durch Umwerfen von Bäumen (**Sturmwurf**) und zum Abbrechen von Stammschäften (**Sturmbruch**). Häufig treten beide Formen auf denselben Flächen auf,

Tab. 15.2 Beaufort-Skala (Bft) der Windstärke mit Umrechnungen und Auswirkungen im Binnenland. (Aus Schönwiese 2013)

Bft	Bezeichnung	Windgeschwindigkeit		Auswirkungen im Binnenland
		($m\ s^{-1}$)	($km\ h^{-1}$)	
0	Stille	0–0,2	<1	Rauch steigt gerade empor
1	Leiser Zug	0,3–1,5	1–5	Rauch bewegt, Windfahne still
2	Leichte Brise	1,6–3,3	6–11	Wind am Gesicht spürbar, Blätter säuseln, Windfahne bewegt sich
3	Schwache Brise	3,4–5,4	12–19	Blätter und dünne Zweige werden bewegt, Wind streckt Windfahne
4	Mäßige Brise	5,5–7,9	20–28	Wind hebt Staub und loses Papier, Zweige und dünne Äste werden bewegt
5	Frische Brise	8,0–10,7	29–38	Kleine Laubbäume schwanken
6	Starker Wind	10,8–13,8	39–49	Starke Äste werden bewegt, Pfeifen in Telegrafenleitungen
7	Steifer Wind	13,9–17,1	50–61	Ganze Bäume werden bewegt, fühlbare Hemmung beim Gehen gegen den Wind
8	Stürmischer Wind	17,2–20,7	62–74	Wind bricht Zweige von Bäumen, Gehen erheblich erschwert
9	Sturm	20,8–24,4	75–88	Kleinere Schäden an Häusern (z. B. Dachziegel-Abwurf)
10	Schwerer Sturm	24,5–28,4	89–102	Bäume werden entwurzelt, bedeutende Schäden an Häusern
11	Orkanartiger Sturm	28,5–32,6	103–117	Verbreitet starke Sturmschäden
12	Orkan[a]	32,7–36,9	118–133	Schwerste Verwüstungen

[a]Skala wird hinsichtlich der Windgeschwindigkeit auch nach oben offen definiert (> 32,7 $m\ s^{-1}$ bzw. > 118 $km\ h^{-1}$)

doch meist überwiegt der Sturmwurf. Das ist meist standörtlich und witterungsbedingt: Bei feuchten Böden werden Bäume vorzugsweise geworfen, während bei stärkerer Verankerung im Boden bei Trockenheit oder gefrorenem Boden Stammbruch häufiger ist. Richter (2003) hat diese Beobachtung in 50 Fichtenbeständen in Nordrhein-Westfalen bestätigt. In seinen Untersuchungen war etwa die Hälfte der gebrochenen Bäume vorgeschädigt durch Rotfäule oder Fällungs- und Rückewunden.

Großflächige Sturmschäden hat es in natürlichen und von Menschenhand gestalteten Wäldern Europas immer gegeben. Gegen Ende des 20. und zu Beginn des 21. Jahrhunderts wurde Mitteleuropa von mehreren schweren Stürmen heimgesucht. Darüber gibt es eine große Zahl von Berichten. Wir geben hier nur eine allgemeine Übersicht aus einigen, z. T. auf Schätzungen aus terrestrischen Aufnahmen und aus Luftbildern beruhenden Erhebungen.

Sturmereignisse in Mitteleuropa in neuerer Zeit

13. Februar 1972: im norddeutschen Flachland und südwestlichem Harz, etwa 23 Mio. Fm, ganz überwiegend Kiefer, aber auch Fichte, Douglasie, Buche und Eiche.

26. und 27. Februar 1990: Orkan Vivian in Süddeutschland, Hessen, Rheinland-Pfalz, Schweiz und Frankreich, über 100 Mio. Fm, überwiegend Fichte, auch Tanne und Laubholz.

28. Februar und 1. März 1990: Orkan Wiebke in denselben Regionen. Zusammen mit »Vivian« um 180 Mio. Fm, besonders stark in Frankreich,

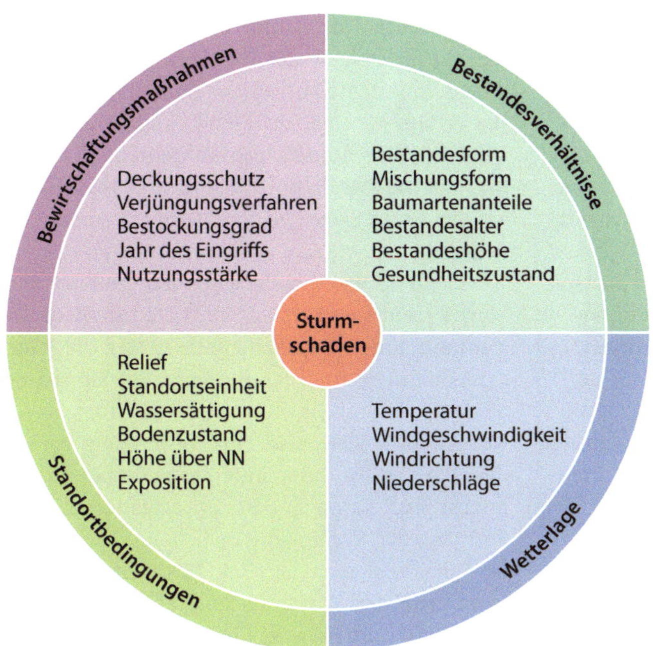

Abb. 15.9 Faktoren für die Entstehung von Sturmschäden in einem Waldbestand. (Nach König 1995)

dort viel Kiefer (Aquitanien), sonst ähnlich wie »Vivian«.
29. Juni 1997: sommerlicher Gewittersturm in Bayern, Thüringen und besonders in Niedersachsen, ca. 900.000 Fm, hauptsächlich Laubholz, weniger Fichte.
26. und 27. Dezember 1999: Orkan Lothar (der Sturm vom 27.12. wird in Frankreich »Martin« genannt, sein Schadgebiet liegt mehr im Süden des Landes), größte Schäden in Frankreich mit weit über 100 Mio. Fm, aber auch in Süd- und Südwestdeutschland. Betroffen sind Fichte, Tanne, Laubhölzer. Allein in Baden-Württemberg entstehen 40.000 ha Kahlflächen.
18. Januar 2007: Orkan Kyrill, überwiegend in Nordrhein-Westfalen (Sauerland), 31.000 ha, 18 Mio. Fm, zumeist Fichte (s. a. Majunke et al. 2008).

In zahlreichen Untersuchungen werden die **Ursachen** erörtert, die zu Sturmschäden führen. Auch in den neueren Arbeiten werden die Faktoren deutlich, die König (1995) für sein Erklärungsmodell anhand der statistischen Analyse von Sturmschäden durch »Vivian« und »Wiebke« in drei bayerischen Forstämtern auf Jura abgeleitet hat. Abbildung 15.9 zeigt die verschiedenen Einflussfaktoren für einen Sturmschaden. Ähnlich war zuvor Rottmann (1986) in seiner umfangreichen Studie vorgegangen. Er hatte dabei die Gewichtung der einzelnen Faktoren gutachtlich vorgenommen (z. B. bei den Standorteinheiten: wechselfeucht oder staunass = 3, flachgründig = 2, mittel- bis tiefgründig = 1) und hatte die komplexen Zusammenhänge einzelner Faktoren zu einer Gesamtwirkung kaum beachtet. Wegen dieser Umstände gelangte König mit seinen Methoden zu einer besseren Erklärung, zumindest für die von ihm bearbeiteten Flächen. Doch wird man kaum ein weitgehend gültiges Prognosemodell schaffen können. Man kann jedoch gewisse allgemein geltende Schlüsse aus den vorhandenen Daten verschiedener Untersuchungen ziehen:

1. Ein flächenhafter Sturmschaden bei **Sturmstärken** unter etwa 150 km h^{-1} ist wenig wahrscheinlich. Tatsächlich wurden oft Spitzenge-

schwindigkeiten von mehr als 200 km h^{-1} gemessen. Doch kommt es mehr darauf an, wie stark an- und abschwellende Böen die Bäume bewegen (Mayer und Schindler 2002). Damit im Zusammenhang steht auch die Tatsache, dass die Struktur des Windes weitgehend vom Relief der betroffenen Fläche abhängt (Schütz et al. 2006).

2. Einen entscheidenden Einfluss auf das Zustandekommen des Schadens hat die **Oberhöhe** des Bestandes. Das bestätigen viele Autoren, so auch Rottmann (1986), Coutts und Grace (1995), Winterhoff et al. (1995) und Dobbertin (2002). Es liegt nahe, daraus den Schluss zu ziehen, dass der Wirtschafter sich auf Standorten mit physiologisch begrenzter Wurzelausbildung mit geringeren Baumhöhen begnügen sollte.
3. Eindeutig ist auch die Erfahrung, dass die Gefahr von Sturmschäden umso höher ist, je kürzer die letzte vorangegangene **Durchforstung** zurückliegt, je stärker sie das Kronendach aufraute (Cameron 2002; Redde und von Lüpke 2004). Hier liegen sicherlich Gefahren bei der Zielstärkennutzung (s. Röhrig et al. 2006).
4. Unterschiedlich wird die Frage beantwortet, ob **Baumartenmischungen** und ausgeprägte vertikale **Struktur** das Sturmwurfrisiko deutlich vermindern. Die Mehrzahl der Autoren hält das für wahrscheinlich. Aber hier sind wohl die Einflüsse auch anderer Faktoren wirksam (s. a. König 1995; Quine et al. 1995; Dvorak et al. 2001).
5. Unzweifelhaft spielen die **Standortverhältnisse** dabei eine entscheidende Rolle, ob und welche Bestandesmischungen und -strukturen sich ohne Einbußen längere Zeit halten können (Redde 2002). Zudem ist es für die Stabilität der Hauptbäume unerlässlich, dass sie sich auf dem gegebenen Standort ihren genetischen Anlagen entsprechend entwickeln können. Das betrifft vor allem die Fichte, die auf dicht gelagerten, wechselfeuchten und nassen Böden mit zunehmendem Alter kein ausreichendes Wurzelsystem entwickelt.
6. Schäden an Stamm und Wurzeln, besonders **Rotfäule** bei der Fichte, erhöhen die Gefahren.

Tatsächlich ist die Beteiligung der **Fichtenbestände** an den Sturmschäden in den meisten Fällen überproportional. Der Grund dafür liegt auch darin, dass die meisten Länder Mitteleuropas einen hohen Anteil von Fichte aufweisen. Zum anderen haben die weitaus meisten schweren Orkane während des Winters stattgefunden, also während die Laubbäume unbelaubt sind. Im Übrigen gibt es keine Baumart, die unter extremen Bedingungen standhalten kann.

Vielfältig wie die Ursachen der großflächigen Sturmereignisse sind auch die Wege zur **Wiederbesiedlung**. Eine wesentliche Rolle spielen die Standortverhältnisse und der Bewuchs **vor Eintritt** der Störung. Auf vielen Sturmwurfflächen ist bereits, wenigstens stellenweise, eine Verjüngung vorhanden, die sich für die weitere Bestandesbehandlung nutzen lässt, sowie eine Bodenvegetation, die dem Fortgang der Verjüngung mehr oder weniger große Schwierigkeiten bereitet. Nach einem Sturmwurf kann der Vorrat an keimfähigen Samen im Boden (Diasporenbank) für die Wiederbesiedlung durch Bodenvegetation bestimmend sein (Dierschke 1994). Auf freien oder nur locker überschirmten Flächen in kurzer Zeit eine Sukzession ein, die meist mit kurzlebigen Arten (der Gattungen *Epilobium*, *Digitalis*, *Senecio* u. a.) beginnt und sich fortsetzt mit Arten von längerer Lebensdauer, die teilweise durch vegetative Vermehrung den Boden dicht bedecken: Arten der Gattungen *Calamagrostis*, *Deschampsia* und *Molinia* sowie *Vaccinium myrtillus*, *Rubus idaeus* und *R. fruticosus*. Sie beeinträchtigen die Verjüngung beträchtlich, während die sich oft einstellenden Pionierbaumarten (Sandbirke, Salweide, Aspe, Vogelbeere) die Verjüngung der später folgenden Baumarten durch Zurückhalten stark wüchsiger Bodenvegetation eher begünstigen (siehe unten).

Allgemein lässt sich aus den zahlreichen Untersuchungen über großflächige Verjüngungen ableiten: In der Streu liegende **Samen** spielen nur dann für die Verjüngung der Baumarten eine Rolle, wenn kurz vor dem Sturmschaden eine erhebliche Fruktifikation erfolgt ist. Die Samen der weitaus meisten Baumarten sind unter Freilandbedingungen nur relativ kurzlebig (s. Crawley 1997; Baskin und Baskin 2009) und tragen nur begrenzt zur Neubesiedlung von Waldflächen bei.

Größere Bedeutung haben dagegen Samen, die aus lebenden und wenig geschädigten Bäumen

Verjüngung naturnaher Fichtenwälder nach Sturm im Oberharz

Ausführlich und mit viel Datenmaterial wird die Verjüngung naturnaher Fichtenwälder im Oberharz beschrieben von Meyer und Petersen (2003), Weckesser et al. (2006) und Keidel et al. (2008). Die Untersuchungen wurden langfristig im Sukzessionsforschungsprojekt Quitschenberg (basenarme, gut wasserversorgte Podsol-Braunerden) und im Naturwald Bruchberg (feinerdereiche Podsole) durchgeführt. Die Standorte sind gut wasserversorgt und basenarm. Sturm und Befall durch Borkenkäfer zerstörten zunächst den größten Teil der Altbestände, in den folgenden Jahren verblieben nur noch Reste lebender Bäume sowie stehendes und liegendes Totholz (◘ Abb. 15.10). Ähnlich verlaufen die meisten großflächigen Sturmwurfereignisse in Fichtenbeständen.
Es zeigte sich, dass die Fichte unter den rauen Klimaverhältnissen des Oberharzes ein hohes Verjüngungspotenzial besitzt. Auf den Flächen wurden im Durchschnitt etwa 3000 Verjüngungspflanzen pro Hektar gezählt, die jedoch sehr unregelmäßig auf den Flächen verteilt (geklumpt) waren. Das hängt im Wesentlichen mit der Eignung der Kleinstandorte für die Etablierung der Verjüngung und der Konkurrenz der Bodenvegetation zusammen. Auf den freien und den mit Totholz bedeckten Flächenteilen sind mehr als zwei Drittel der Fichten nach Ablauf von zehn Jahren über 40 cm hoch und damit den Jugendgefahren weitgehend entwachsen. Beachtlich ist die Verjüngung der Vogelbeere, deren Anzahl an manchen Stellen höher war als die der Fichte. Allerdings ist die Baumart durch Wildverbiss stark gefährdet.

auf der Fläche oder von Pflanzen aus der **Nachbarschaft** (benachbarte Waldbestände, Wegränder, Freiflächen und dergleichen) eingetragen werden. Hieran sind verschiedene Medien beteiligt (Bonn und Poschlod 1998; Fenner und Thompson 2005): der Wind, die Aktivität von Tieren (▶ Kap. 14) und selten auch der Mensch, z. B. während der Räumung und Bearbeitung der Flächen (siehe unten). Die Besiedlung freier Flächen ist im Wesentlichen abhängig von der Nähe von Samenträgern, der Häufigkeit und Menge der erzeugten Samen sowie ihrer Verbreitungsweite. So fliegen die Samen der Birken bis ca. 150 m weit, die von der Aspe und von Weidenarten noch wesentlich weiter; Sämlinge von Vogelbeeren findet man im Umkreis von 50 m vom Mutterbaum entfernt, doch vereinzelt in noch wesentlich größerer Entfernung. Weitere Angaben zur Samenverbreitung der Waldbäume geben Röhrig et al. (2006).

Entscheidend für die Besiedlung ist der **Bodenzustand** nach dem Sturmereignis. Umgestürzte Bäume hinterlassen neben den Wurzeltellern vertiefte Mineralbodenflächen (Schulz 1998; ◘ Abb. 15.11) und damit teils günstige Ansamungsverhältnisse, zum Teil aber auch länger anhaltende Wasserlachen. Moderholz begünstigt ebenfalls die Verjüngung (Baier et al. 2007; Keidel et al. 2008; ◘ Abb. 15.12). Verstärkt wird die Heterogenität des

◘ **Abb. 15.10** Stehendes Totholz und Baumverjüngung eines naturnahen Fichtenwaldes im Hochharz nach großflächiger Störung durch Windwurf und Borkenkäferbefall

Oberbodens und der Streuauflage durch die Holzernte mit Maschinen. Dadurch entstehen kleinflächig wechselnde Bedingungen für die Keimung und das Aufwachsen von früh aufkommenden Arten. Der Humusabbau verläuft auf ärmeren Standorten langsamer, es siedeln sich zuerst *Deschampsia flexuosa*, *Pteridium aquilinum* und andere säuretolerante Arten an. Auf reicheren Böden mit rascherem Abbau findet man anspruchsvollere Erstbesiedler. Beispiele geben Kompa und Schmidt (2006) für verschiedene Buchenstandorte nach einem Orkan im

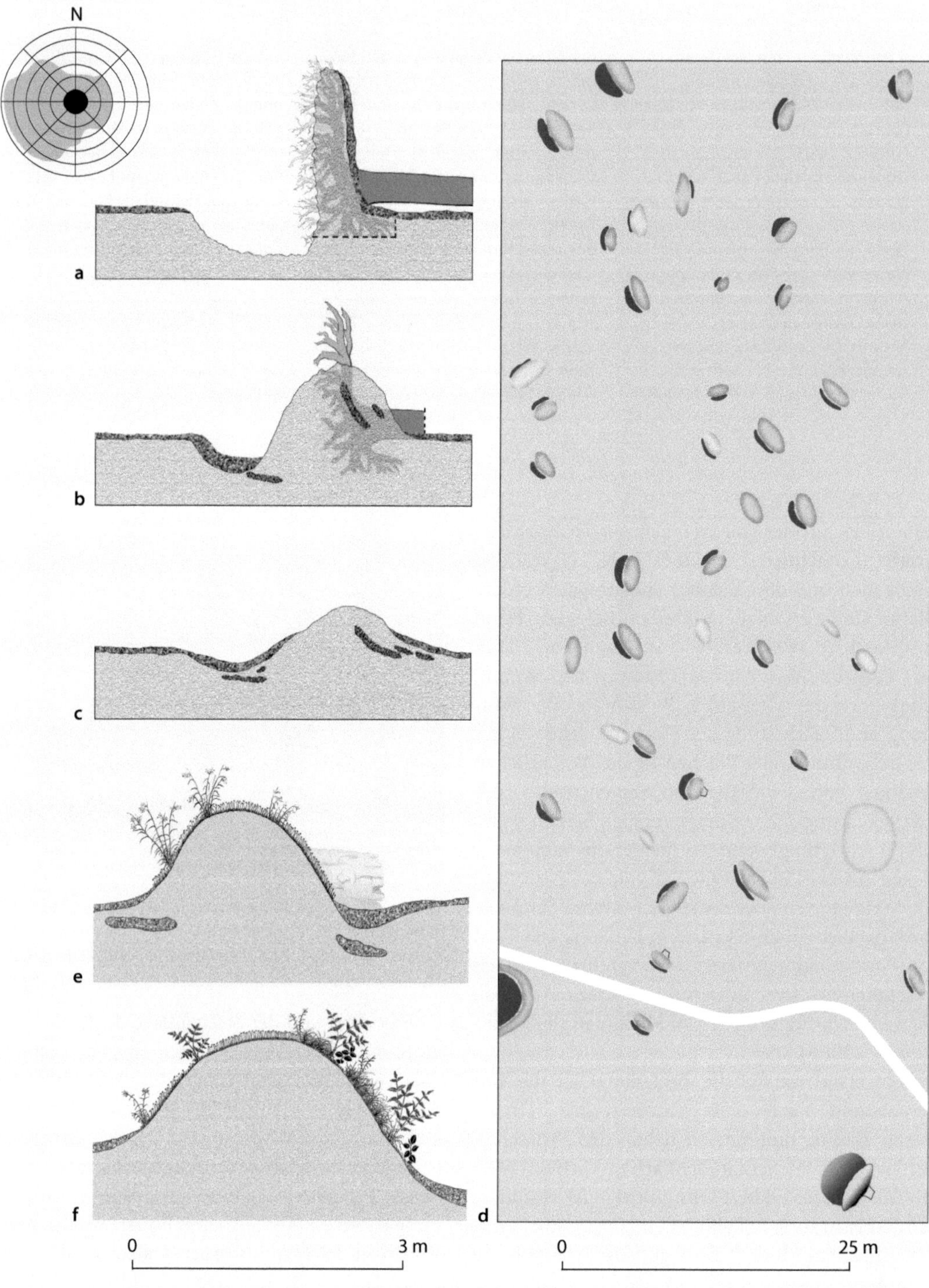

Abb. 15.11 Wurfböden im Buchenwald im Solling in verschiedenen Altersstadien unter Angabe der Häufigkeitsverteilung der Windrichtung (links oben) im Solling (nach Ellenberg et al. 1986). **a** frisch gefallene Buche, **b** mehrere Jahre später, **c** Jahrzehnte später, **d** Häufigkeit und Verteilung der Wurfböden, **e** mit dem Moos *Polytrichum formosum* und der Hainsimse *Luzula luzuloides* bewachsener Wurfboden (altersmäßig Stadium b), **f** mit dem Gras *Deschampsia cespitosa*, dem Farn *Dryopteris carthusiana* und Buchensämlingen bewachsener Wurfboden (altersmäßig zwischen den Stadien b und c)

Abb. 15.12 Verjüngung der Fichte auf stark zersetztem Baumstamm (Moderholz)

Jahr 1997 im südlichen Niedersachsen. Godefroid et al. (2005) zeigen die Entwicklung der Bodenvegetation nach Kahllegung eines Buchenbestandes mit Bezug auf funktionelle Gruppen (▶ Abschn. 9.3). Pontailler et al. (1997) schildern Sturmereignisse in Buchenwäldern in Nordfrankreich (Fontainebleau), die innerhalb eines Jahrhunderts in ziemlich gleichen Abständen auftraten und meist nur Lücken im Altbestand hinterließen. Meyer et al. (1999) berichten über einen Sturmwurf im Buchen-Edellaubholz-Bestand Naturwald Hünstollen bei Göttingen (Muschelkalk-Rendzina), nachdem sich reichlich Edellaubhölzer und zunächst wenig Buche als Verjüngung einfanden, die später aber durch den Verbiss des Edellaubholzes begünstigt wurde.

In mehreren Arbeiten werden die Wirkungen von **Flächenräumungen** (Aufarbeiten und Abtransport des Sturmwurfholzes) mit den Ansiedlungsverhältnissen auf unberührten Sturmwurfflächen (Belassung der liegenden Stämme) verglichen. Geräumte Flächen werden im Allgemeinen rascher und dichter besiedelt. Auch findet sich oft eine deutlich höhere Verjüngung von Baumarten, so im Universitätswald Landshut vorwiegend Fichte, aber auch Eiche, Roteiche und Tanne. Unter den Pionierbaumarten dominierte die Birke (Mössmer und Fischer 1999). Ähnliches berichten Angst et al. (2004) aus dem Schweizer Mittelland. Die Birke bildet je nach den Ansiedlungsbedingungen nach einigen Jahren, bisweilen zusammen mit Salweide und Aspe, einen mehr oder weniger dichten Vorwald, unter dem mehr schattenertragende Arten gedeihen können, doch gibt es auch gegensätzliche Erfahrungen. Schönenberger (2002) berichtet aus schweizerischen Gebirgsstandorten, dass die Verjüngungsdichte auf ungeräumten Flächen höher war.

Von großer praktischer Bedeutung ist die Frage, in welchem **Ausmaß** und mit welchem Artenspektrum sich die Waldbaumarten auf den Sturmwurfflächen verjüngen und in welchem Umfang Ergänzungspflanzungen vorgenommen werden müssen, damit ein standortgerechter Nachfolgebestand entsteht. Bis in die 1980er-Jahre wurden große Sturmschadensflächen grundsätzlich mit standortgerechten Baumarten wieder bepflanzt, oft nach bestimmten Verfahren der Bodenbearbeitung, wobei gut bestandene Teilflächen ausgelassen wurden oder nur Ergänzungspflanzungen erfuhren. Nach den Stürmen Vivian und Wiebke wurde angesichts des hohen Aufwands bei riesigen Flächen und auch im Zusammenhang mit der stärkeren Hinwendung der Forstleute zu einer mehr naturnahen Wirtschaftsweise die möglichst weitgehende Ausnutzung der **Naturverjüngung** empfohlen und auch praktiziert. Kenk et al. (1991) gaben ein ziemlich optimistisches Bild solcher Möglichkeiten, Burschel und Binder (1993) erörterten sie unter den relativ günstigen Bedingungen des bayerischen Bergmischwaldes. Reichliche Naturverjüngung auf Sturmwurfflächen in Baden-Württemberg (nördlicher Schwarzwald und Neckargebiet) beschreiben Schölch et al. (1994). Tanne, Fichte und Kiefer, die in höherer Dichte vorhanden waren als die ebenfalls zahlreich verjüngten Pioniergehölze, bildeten für die nächste Waldgeneration geeignete Verjüngungen. Standortwidrige Bestockungen waren nicht entstanden. Auf den untersuchten Flächen standen nach drei bzw. sieben Jahren 4200 bis 41.000 Verjüngungspflanzen ha^{-1}, ohne dass jedoch eine Differenzierung nach den Zahlen auf kleineren Teilflächen angegeben wurde. In einer sehr gründlichen Untersuchung differenzierte Schölch (1998) die Ergebnisse seiner Untersuchungen auf 24 Freiflächen (je etwa zur Hälfte aus Sturmschäden und aus Kahlhieben entstanden). Auf Flächen bis zum Alter von 15 Jahren ermittelte er 2700 bis 12.700 Pflanzen ha^{-1} und differenzierte nach Dichteklassen der Verjüngung auf den Probeflächen. Dabei ergab sich, dass nicht verjüngte Stichproben im Gitternetz 0–74 %, im Mittel aller Flächen 13 % ausmachten, dabei waren reichlich Pioniergehölze (Birke, Weiden) vorhanden. Auf den 15-jährigen Flächen waren 10–87 %, im Mit-

Abb. 15.13 Windwurflücke in einem Fichtenbestand im Sauerland nach dem Orkan Kyrill am 18./19. Januar 2007

tel 52 %, mit den für die Altbestände erwünschten Arten bestanden. In einzelnen Flächen beherrschte die Verjüngung nur eine einzige Baumart. Ausfälle und Verbiss gingen zurück, wenn die Pflanzen eine Höhe von mindestens 60 cm erreicht hatten. Pioniergehölze blieben allmählich im Wachstum zurück.

Diese Studie und mehrere andere Arbeiten (u. a. Ehring 2001; Aldinger et al. 2002; Kohnle et al. 2005) werfen eine Anzahl von Fragen auf. Da die Untersuchungen sich auf jüngere Störungsflächen beziehen (die älteren Arbeiten sind mehr beschreibender Art), lassen sich nur begrenzt Aussagen darüber machen, welche weitere Entwicklung die Verjüngungen nehmen werden. Dabei ist zu bedenken:

- Es werden meist weitere **Verluste** an Zielbaumarten durch konkurrierende Bodenvegetation, Mäusefraß und Wildverbiss eintreten.
- Die oft genannten **Dichten** der Verjüngungspflanzen (Maximum-Minimum-Mittel) haben wenig Aussagekraft. Sehr hohe Zahlen deuten im Allgemeinen auf stark geklumpte Verteilung auf einzelnen Parzellen hin. Besonders bei der Fichte bereiten überdichte Verjüngungen oft Pflegeprobleme. Wichtig für die Beurteilung des Verjüngungserfolgs ist die Angabe der kleinflächigen Verteilung.
- Häufig wird bei der Angabe der Verjüngungspflanzen nicht unterschieden zwischen solchen, die den Sturmschaden **überlebt** haben (Vorverjüngung), und den nachher hinzugekommenen. Das kann für die Entwicklung der Verjüngung und für die weitere Pflege wichtig sein.
- Schwierig zu beurteilen ist die künftige Qualitätsentwicklung des Verjüngungsbestandes. Das gilt vor allem für gering bestockte Bestandesteile.

Von großer Bedeutung können die **Pionierbaumarten** für die weitere Entwicklung der Verjüngung sein. Wenn sie nicht übermäßig dicht stehen, bieten sie Schutz vor stärkerer Ein- und Ausstrahlung und vor Windeinflüssen für die nachfolgenden, langsamwüchsigen Arten. Zudem können Birke und Vogelbeere durchaus Stammholzdimensionen erreichen. Man kann sie auf ärmeren Standorten in mäßigem Anteil in der künftigen Bestockung belassen, auf reicheren Standorten werden sie frühzeitig überwachsen (Leder 1993b, 1997).

Aus diesen Erwägungen wird deutlich, dass die **Naturverjüngung** auf großen Schadensflächen eine bedeutende Rolle spielen kann. Doch nur unter günstigen Umständen (reichliche flächendeckende Vorverjüngung der Baumarten des vorgesehenen Zielbestandes, weitgehender Ausschluss von Verbiss) kann sie längere Zeit sich selbst überlassen werden. In den meisten anderen Fällen ist eine sorgfältige Beurteilung kurz nach der Störung und einige Jahre danach notwendig, damit die erforderlichen Ergänzungspflanzungen sowie Pflege- und Schutzmaßnahmen vorgenommen werden können.

Lückenverjüngungen

Wenngleich großflächige Störungen tiefgreifende Wirkungen auf Ökosysteme und Landschaften haben, so sind in den temperierten Regionen die **kleinflächigen Veränderungen** im Kronendach nicht nur häufiger, sondern auch für die Regeneration der Waldökosysteme von größerer Bedeutung. Eine **Lücke** (*gap*) entsteht durch Öffnung des Kronendaches, z. B. durch Sturm, Schneebruch, Blitzschlag oder natürliches Absterben eines Baumes oder mehrerer nebeneinander stehender Bäume (Abb. 15.13). Am Boden wirkt sich das durch Veränderung von Licht, Wärme, Feuchtigkeit und Nährstoffumsatz aus. Dadurch wird eine Bodenbesiedlung in Gang gebracht oder die vorhandene nach Artenbestand und Wachstum verändert.

Solche Vegetationsmuster in Lücken werden oft als **Flecken** (*patches*) bezeichnet.

Lücken in Altbeständen werden auch vom Wirtschafter zur gezielten Einleitung von **Naturverjüngung** angelegt. Ein solches waldbauliches Verfahren nennt man **Femelschlag**. Geschichte, zeitlicher und örtlicher Ablauf, ökologische Bedingungen und praktische Folgerungen dieses Verfahrens sind bei Röhrig et al. (2006) ausführlich dargestellt.

Die Wirkungen der spontan oder mit waldbaulicher Absicht angelegten Lücken und die Besiedlung hängen von zahlreichen **Faktoren** ab:

- von Lückengröße und -form,
- von Dichte, Höhe und Kronenausbildung der Randbäume mit ihren ober- und unterirdischen Wirkungen,
- vom Vorkommen von Verjüngung und Bodenvegetation vor Entstehung der Lücke,
- von Hang- und Höhenlage der Flächen mit ihren bestimmenden Einflüssen auf die Umweltverhältnisse (Strahlung, Temperatur, Niederschlag, Luftbewegung),
- von den Jahreszeiten mit ihren typischen Veränderungen, u. a. Belaubung, Sonnenstand.

Lücken aus Störungen

Spontane aus **Naturereignissen** entstandene Lücken sind meist unregelmäßig in ihrer Form, sie nehmen Flächen von wenigen bis zu mehreren Hundert Quadratmetern ein. Je nach ihrer Größe gehen von ihren Rändern ökologische Einflüsse in die noch überschirmte Umgebung aus, die ihrerseits durch Beschattung und seitlich einwachsende Bewurzelung der Nachbarbäume Teile der Lücke erfasst (Müller und Wagner 2003).

Schon früher hatten einige Forscher über Beobachtungen und Erhebungen in Bestandeslücken berichtet (Watt 1919, 1947; Wiedemann 1927), doch genauere Erfassungen und Messungen sind bisher in Mitteleuropa selten geblieben – anders als in Nordamerika, wo vor allem Runkle (1981, 1982, 1992) eingehende Erhebungen über Entstehung, Ausdehnung und Wirkung von Bestandeslücken in den Laubmischwaldregionen dokumentiert hat. Ausführlich schildern Pickett und White (1985) dieses Phänomen. Auf die zahlreichen Einzeluntersuchungen aus Nordamerika soll hier wegen der dort andersartigen Verhältnisse nicht eingegangen werden. Zusammenfassungen findet man u. a. bei Barnes et al. (1998), Aber und Melillo (2001) sowie Kimmins (2004).

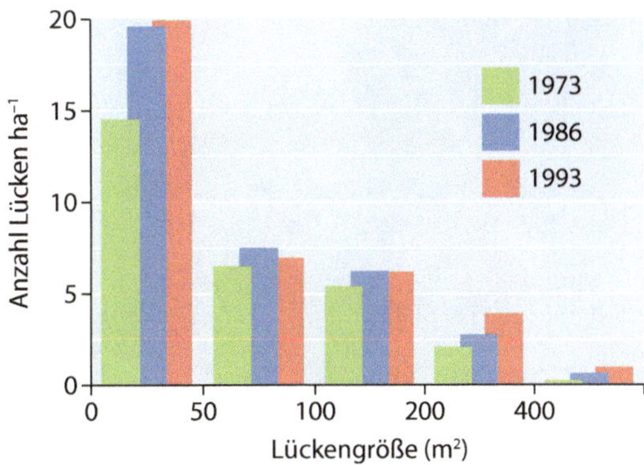

Abb. 15.14 Verteilung der Lückengrößen in einem subalpinen Fichtenwald mit einer Größe von 14,4 ha in den Karpaten für die Jahre 1973, 1986 und 1993. (Nach Holeska und Cybulski 2001)

Untersuchungen in südosteuropäischen Urwäldern (Korpel 1995; Tabaku und Meyer 1999; Drößler und Meyer 2006; Nagel und Diaci 2007 u. a.) beschreiben und analysieren deren Entwicklungsphasen und Lückenbildungen, gehen aber meist nicht näher auf die Besiedlung der Lücken ein (s. hierzu Nagel et al. 2010).

Holeska und Cybulski (2001) haben in einem subalpinen Fichtenaltbestand der Westkarpaten die **Lückenbildung** erfasst (Abb. 15.14). Veränderungen des Kronendaches ergaben sich im Zeitraum von 1973 bis 1993 durch die Entstehung neuer Lücken und die Veränderung von bereits bestehenden. Der seitliche Einwuchs in die Lücken durch die Nachbarbäume war (entsprechend den ökologischen Bedingungen) mit 3 cm pro Jahr nicht bedeutend. Eine Lückenschließung durch die Verjüngung fand kaum statt. Nur 23 Bäume aus der Verjüngung erreichten in den Lücken der insgesamt 14,3 ha umfassenden Fläche während der 20 Jahre eine Höhe von 10 m.

Eine Studie (Meyer et al. 2006) zeigt die **Entwicklung des Kronendaches** in einem Buchenaltbestand im niedersächsischen Tiefland (Abb. 15.15). Der 1977 durch einen Sturm vorhandene Lückenanteil von 18 % war 24 Jahre später auf

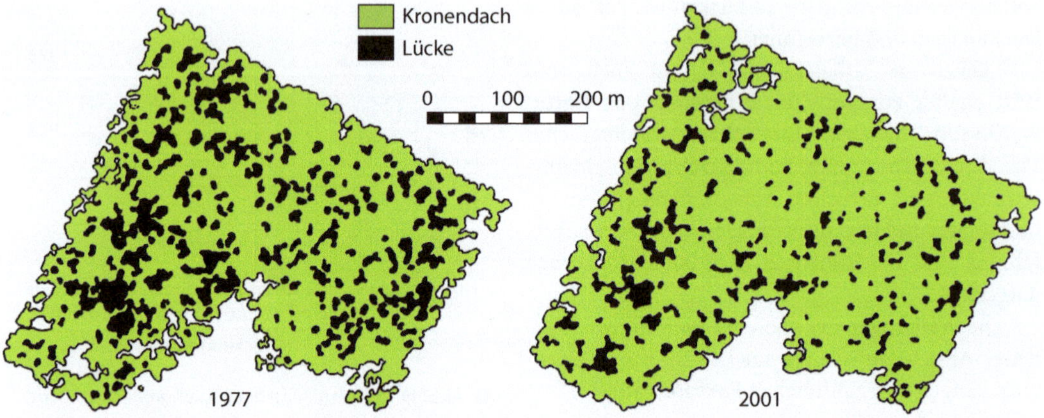

Abb. 15.15 Entwicklung der Lücken im Kronendach des Naturwaldes Lüßberg im östlichen Niedersachsen von 1977 bis 2001 (nach Meyer et al. 2006). Auf der Basis von Luftbildern wurden in dem über 180-jährigen Buchenbestand mit Traubeneichen alle Kronendachlücken über 20 m^2 Größe vermessen. Das durch den Orkan von 1972 aufgelockerte Kronendach hat sich bis 2001 deutlich geschlossen. Der Lückenanteil betrug 1977 18 %. Von der Naturwaldfläche waren 24 Jahre später nur noch 8 % nicht von Baumkronen überschirmt

8 % zurückgegangen. Die Altbäume am Lückenrand hatten ihre Kronen durchschnittlich um 9 cm pro Jahr in die Lücken ausgedehnt, und weitere Störungen waren ausgeblieben. Ähnlich sind die Ergebnisse 30-jähriger Vergleiche (1975 bis 2005) von Luftaufnahmen eines buchendominierten 150- bis 200-jährigen Bestandes in einem Naturschutzgebiet im nordwestlichen Ungarn (Kenderes et al. 2008). Die Lückenzahl stieg von 132 auf 178 je 25 ha, die durchschnittliche Lückengröße von 40 auf 93 m^2 (2,7 bzw. 7,0 % der Gesamtfläche). Die aufkommende Verjüngung auf den Lückenflächen wird als ausreichend angesehen, allerdings gab es viel Wildverbiss.

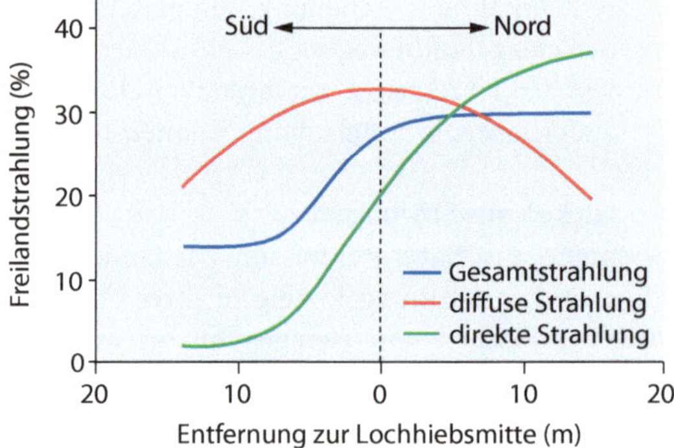

Abb. 15.16 Verteilung wichtiger Strahlungsgrößen am Boden einer Bestandeslücke von 30 m Durchmesser in Nord-Süd-Richtung in einem bis zu 35 m hohen Buchen-Edellaubholzmischwald in Südniedersachsen. (Nach Wagner 1999)

Abgesehen von den durch waldbauliche Eingriffe geschaffenen Lücken (Lochhiebe, siehe unten) gibt es nur wenige ökologische Untersuchungen in Bestandeslücken. Den größten Einfluss auf die Entwicklung von Baumverjüngung und Bodenvegetation hat offensichtlich der **Lichtzutritt** an den Boden. Als Beispiel für die Lichtverteilung kann die Untersuchung von Coates und Burton (1997) an 46 Lücken verschiedener Größe in Mischbeständen des Nordwestens von British Columbia (Kanada) dienen. Von diesen hatten 20 eine Größe von weniger als 40 m^2, 21 waren 90–600 m^2 groß und nur fünf größer. Die Lichtverhältnisse in Bodennähe waren abhängig von Größe und Form der Lücke und der Höhe der umgebenden Bäume Aber der Lichteinfall ist nicht gleichmäßig auf den Lückenflächen verteilt, vielmehr erhält der Nordrand (je nach der jahreszeitlichen Sonnenstellung z. T. auch der Ostrand) mehr Licht als der Süd- und Westrand (Abb. 15.16). Ritter et al. (2005) bestätigten diese Beobachtung durch eine Untersuchung in einem Buchen-Eschen-Bestand in Dänemark. Die von ihnen untersuchte Lücke hatte eine unregelmäßige Gestalt mit einem Durchmesser von 24 m und

Fallstudie in Lochhieben

Die ökologischen Untersuchungen zur Baumverjüngung von Mosandl (1984, 1991), Brunner (1993) und Ammer (1996a) im Rahmen eines 1976 begründeten Bergmischwaldprojekts beziehen sich auf vier kreisrunde Lochhiebe von 30 m Durchmesser in vorher geschlossenen Tannen-Fichten-Buchen-Bergahorn-Wäldern (Süd- bis Westhänge mit 23–31° Neigung, 940–1270 m ü. NN) in den nördlichen Kalkalpen (Wuchsbezirk Chiemgauer Alpen). Ebenfalls vier kreisrunde Lochhiebe von 30 m Durchmesser wurden 1989 in einem Buchenaltbestand auf dem Solling-Plateau im südlichen Niedersachsen in 500 m ü. NN angelegt (Lössfließerde über Buntsandstein). Zwei Lochhiebe wurden mit Dolomit (3 t ha^{-1}) gekalkt, und der Boden wurde mit einem Schwinggrubber bis in 10 cm Bodentiefe bearbeitet. In den Bestandeslücken wurden die mikroklimatischen Verhältnisse und die Auswirkungen der Auflichtung auf Nährstoffflüsse und -speicherung im Verlauf der Besiedlung durch Naturverjüngung und Begleitvegetation erfasst (Bauhus 1994; Vor 1999; Bartsch et al. 1999, 2002, 2004; Bartsch 2000).

Zur Einbringung von Traubeneiche, Lärche und Buche in Buchenaltbestände im südniedersächsischen Bergland auf nahezu ebener Lage in 280 m ü. NN (lössüberlagerter Buntsandstein) prüfte von Lüpke (1982, 1987) die Eignung verschiedener Verjüngungsformen. Hierbei verglich er die ökologischen Bedingungen einer großen Lücke von 40 × 60 m mit denen einer kleinen Lücke von 20 × 25 m, einer Schirmfläche aus reiner Buche (Bestockungsgrad 0,7) und einer Freifläche.

war durch den Kronenbruch einer riesigen Buche entstanden. Es zeigten sich für die **fotosynthetisch wirksame Strahlung** (**PAR**, *photosynthetically active radiation*) große lokale Unterschiede je nach Jahres- und Tageszeit in der Verteilung von direkter und diffuser Einstrahlung. Im zweiten Jahr der Untersuchung war der Lichtzutritt durch die Kronenentwicklung der Randbäume geringer. Die Autoren fanden außerdem, dass die **Bodentemperatur** in 5 cm Tiefe in der Mitte der Lücke bis zu 3 °C höher war als im Durchschnitt der Lücke. Die **Lufttemperatur** verhielt sich ähnlich. Die **Bodenfeuchtigkeit** war im Nordwesten der Lücke und in deren Mitte erhöht. An diesen Befunden sind sicherlich Kronen- und Wurzelausbildung der Nachbarbäume beteiligt, weniger die mäßig entwickelte Bodenvegetation, die nur in der Mitte, im Norden und im Osten der Lücke eine Deckung von 80 % erreichte. Die günstigsten Bedingungen fanden die Verjüngungspflanzen in der Mitte und am Nordrand der Lücke.

Die überragende Bedeutung des **Lichtes** betonen auch Mountford et al. (2006) bei der Untersuchung von 15 Lücken in der Größenordnung von 75–241 m^2 in Buchen-Eschen-Beständen Südenglands. Buchenverjüngung kam in den größeren Lücken vor, erreichte aber selten mehr als 5 % Deckung. Die mittlere Höhe und der jährliche Höhenzuwachs der Buchen waren positiv korreliert mit dem Lichteinfall in den Lücken. Die geringe Zahl des Jungwuchses mag mit der Samenproduktion zusammenhängen, die nicht erfasst wurde. Ähnliches berichten auch Emborg et al. (2000), Christensen et al. (2007) und Emborg (2007) von Untersuchungen in einem Buchenbestand mit Beimischung von Esche und Ulme im östlichen Dänemark, für den sie den Sukzessionszyklus in fünf Phasen bis über 200 Jahre darstellten. Beide Untersuchungen fanden an relativ basenreichen und frischen Standorten statt. Es ist aber davon auszugehen, dass auf armen und trockeneren Böden die Feuchtigkeitsverhältnisse mindestens eine ebenso große Bedeutung haben wie der Lichtzutritt.

Lochhiebe zu Versuchszwecken

Genauere Ergebnisse bieten die Untersuchungen, in denen Lücken bestimmter Größe (meist 30 m Durchmesser) zu **Untersuchungszwecken** angelegt worden sind, sog. **Lochhiebe**. Das Verhältnis des Durchmessers eines kreisrunden Lochschlags zur mittleren Höhe des umgebenden Bestandes (d:h) wird als Kenngröße des Lochhiebs bezeichnet. Geiger (1961, 2013) hat die klimatischen Bedingungen in Lochhieben aus älteren Untersuchungen dargestellt.

Die vielfältigen Ergebnisse der Untersuchungen in Lochhieben (mit Bezugnahme auf andere einschlägige Arbeiten) sind bei Röhrig et al. (2006)

zusammenfassend dargestellt. Hier werden nur grundsätzliche Zusammenhänge für die ökologischen Faktoren Licht, Temperatur und Wasserhaushalt wiedergegeben, und weiter unten wird auf Nährstoffverhältnisse, Bodenvegetation und Verjüngung näher eingegangen. Einzelheiten mit ausführlichen Daten aus den Arbeiten und dem Vergleich mit Flächen im Göttinger Wald in Südniedersachsen (Kalkboden) und in Zierenberg in Nordhessen (basenreiche Braunerde auf Basalt) bringen Bartsch und Röhrig (2009).

In der Mitte der Lochhiebe (d:h = 1) des Bergmischwaldes betrug die potenzielle Sonnenscheindauer 6–21 % der einer freien Fläche ohne Horizontabschirmung. Die Nordränder der Lücken waren mit 13–32 % deutlich bevorzugt. Die **Beleuchtungsstärke** (berücksichtigt war nur die diffuse Strahlung) erreichte in 1,5 m Höhe über dem Boden in der Lückenmitte um 50 % der Freiflächenwerte und ging fast linear bis auf 30 % am Bestandesrand zurück. Nahezu umgekehrt verhielt es sich mit der Beleuchtungsstärke am Boden. Wegen der Abschattung durch die üppig entwickelte Bodenvegetation, besonders in der Mitte der Lochhiebe, erreichte sie mit rund 25 % ihre höchsten Werte am Bestandesrand und die niedrigsten mit rund 5 % in der Lückenmitte.

In der Versuchsanlage im südniedersächsischen Bergland mit Traubeneiche, Buche und Lärche erreichte die Lichteinstrahlung in der großen Lücke (d:h = 1,45) in der Zeit der vollen Belaubung der umgebenden Bäume um 45 % (13–67 %) der Werte der Freifläche. Dabei konnte ein hellerer Teil am Nordrand von einem dunkleren am Südrand unterschieden werden. In der kleineren Lücke (d:h = 0,6) waren die Lichtverhältnisse mit durchschnittlich 18 % (9–32 %) ausgeglichener.

Boden- und **Lufttemperaturen** zeigen in den Lochflächen ähnliche räumliche und zeitliche Muster wie die Lichtverhältnisse. Sie sind je nach Jahreszeit und Messhöhe im und über dem Boden unterschiedlich stark ausgeprägt. Auf Durchschnittswerte in der Lufttemperatur für Tage und Monate wirken sich unterschiedliche Lochhiebsgrößen kaum aus, jedoch unterscheiden sie sich von Daten in voll überschirmten Waldflächen, besonders während der Vegetationszeit. Allgemein sind die Temperaturen in Bestandeslöchern am Tage höher und in der Nacht niedriger als in Waldbeständen mit geschlossenem Kronendach. Durch große Lochhiebe kann die Erwärmung durch Windeinfluss gemindert werden (s. Geiger 1961, 2013). Die größte Erwärmung findet an der unbewachsenen Bodenoberfläche und im Oberflächenhumus statt, schon wenige Zentimeter darunter werden die Unterschiede deutlich geringer.

Die **Niederschlagsmenge**, die den Waldboden erreicht, ist abhängig von der Lückengröße. Kleine Löcher (d:h < 1) erhalten meist weniger Niederschläge als eine Freifläche, da bei schrägem Einfall ein Teil auf der Leeseite (Regenschatten) in den Kronen der randständigen Bäume zurückgehalten wird. In größeren Löchern begünstigt eine höhere Windruhe das Absetzen des Niederschlags, sodass im Zentrum die Niederschlagsmenge des Freilandes etwas übertroffen werden kann, und zwar bei Schnee mehr als bei Regen. In der Mitte der Lochhiebe im Bergmischwald und im Solling (d:h = 1) lag der Regenniederschlag für Juni bis September knapp unter dem Wert der Freifläche.

In einer Bestandeslücke kann ein Teil des einfallenden Niederschlags durch die Bodenvegetation zurückgehalten werden, z. B. im Solling bei flächendeckendem *Epilobium angustifolium* während der Monate August und September bis zu 26 %. Höhere Niederschläge und geringe bis fehlende Bodenvegetation und Verjüngung erhöhen die Bodenfeuchtigkeit in den Bereichen der Lücke, die von den Wurzeln der Altbäume nicht erreicht werden. Der Wasserentzug durch die wenig entwickelte Bodenvegetation und den Jungwuchs wirkte sich in den ersten Jahren nach der Besiedlung der Lochhiebe im Solling nicht wesentlich auf den Bodenwasserhaushalt aus (Abb. 15.17).

Der **Nährstoffhaushalt** wird durch Lochhiebe in verschiedener Weise beeinflusst. Die Untersuchungen im Solling zeigen Auswirkungen v. a. auf Eintrag, Pflanzenaufnahme, Nitrifikation und Austrag im Sickerwasser, hingegen kaum auf die Streuzersetzung und N-Mineralisation. Im Solling betrugen die Sickerwasserausträge an N im Lochhieb zwischen 118 kg ha^{-1} $Jahr^{-1}$ im Jahr 1991 und 64 kg ha^{-1} $Jahr^{-1}$ im Jahr 1996, im Buchenaltbestand waren es nur etwa 1 kg ha^{-1} $Jahr^{-1}$. Auf dem basenarmen Standort des Sollings entkoppelt der Lochhieb den N-Kreislauf länger und stärker als auf basenreichen Kalk- und Basaltstandorten (Bartsch und Röhrig 2009), auf denen eine biomassereiche

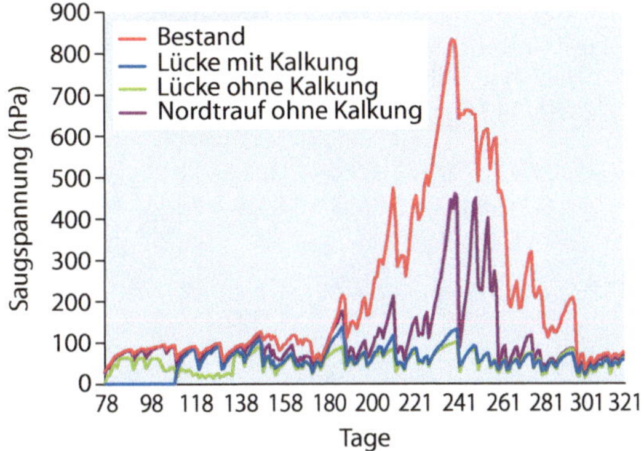

Abb. 15.17 Saugspannung (hPA) in 15 cm Mineralbodentiefe im geschlossenen Bestand und in verschiedenen Bereichen von Bestandeslücken ohne oder mit Kalkung in einem Buchenwald im Solling von März bis November des dritten Jahres nach Auflichtung und Kalkung. (Nach Bauhus 1994)

Bodenvegetation die fehlende N-Aufnahme des Baumbestandes kompensiert (Godt 2002; Schmidt 2002). Die Lochhiebe im Solling besiedelten sich ohne Kalkung hingegen stark zeitverzögert. Die Kalkung förderte die Entwicklung der Bodenvegetation und reduzierte dadurch die N-Austräge im Sickerwasser. Der Verlauf der Nitratkonzentrationen im Sickerwasser spiegelt die Vegetationsentwicklung in den Lochhieben wider (Abb. 15.18).

Lücken im Kronendach der Bestände fördern die Baumverjüngung (siehe unten), verbessern aber auch die Bedingungen für die Entwicklung der **Bodenvegetation**. Bei den Untersuchungen im Bergmischwaldprojekt nahm der Deckungsgrad der sehr artenreichen Bodenvegetation als Durchschnitt der vier Lochhiebe vom ersten bis zum fünften Jahr nach der Auflichtung von 10–15 auf 88 % in der Lückenmitte, 53 % am Lückenrand und 36 % unter den Randbäumen mit verminderter Vitalität zu. Die Artenzahl war in der Mitte der Lochhiebe am größten, dort entwickelten sich in den ersten Jahren bereits Arten mit hoher Konkurrenzkraft (v. a. *Rubus*). Die Lochhiebe im Solling auf bodensaurem Standort besiedelten sich nur sehr langsam mit Bodenvegetation. Diese erreichte erst in der sechsten Vegetationsperiode einen Deckungsgrad von 50 %. Die Kalkung mit Bodenbearbeitung führte bereits im zweiten Jahr nach der Auflichtung zu einem Deckungsgrad der Bodenvegetation von 80 %. In den gekalkten Lochhieben bestand sie aus stickstoff- und lichtbedürftigen Arten, zunächst v. a. aus *Epilobium angustifolium*, das in den folgenden Jahren verdrängt wurde von *Urtica dioica*, *Rubus fruticosus*, *R. idaeus* und Pioniergehölzen (v. a. Salweide), während ohne Kalkung die Arten des Buchenbestandes vorherrschten (v. a. Gräser, Moose). Auf dem im Vergleich zum Solling etwas besser nährstoffversorgten Standort im südniedersächsischen Bergland breiteten sich auf der größeren Lücke und der Freifläche Gräser aus und nahmen bereits im Jahr nach der Auflichtung etwa zwei Drittel der Fläche ein, während in der kleineren Lücke der Anteil der Gräser zunächst auch zunahm, in der dritten und vierten Vegetationsperiode aber zugunsten von *Epilobium angustifolium* und *Rubus idaeus* abnahm. Auf Kalkstandorten besteht die Bodenvegetation meist aus Arten, die auf Öffnungen des Kronendachs wenig reagieren und keine starke Konkurrenz für die Baumverjüngung sind (Schmidt 1997; Wagner 1999).

Die Auswirkungen von Lochhieben auf die **Verjüngung** sind bei Röhrig et al. (2006) zusammenfassend dargestellt. Wir gehen darauf mit einigen wesentlichen Ergänzungen nur kurz ein. Das **Samenangebot** hängt hauptsächlich von den in den Jahren nach der Auflichtung gegebenen Fruktifikationsverhältnissen der umgebenden Bäume ab. Diese können bei den beteiligten Arten und in einzelnen Jahren sehr unterschiedlich sein. Wagner (1999) gibt dazu einen Vergleich von Buche und Esche mit Einzelheiten über die Ausbreitung der Samen. Im Bergmischwaldprojekt gab es im Untersuchungszeitraum von 1977 bis 1981 nur ein Jahr, in dem keine Samen fielen. Allerdings fruktifizierten die Baumarten in unterschiedlicher Intensität. So kam es nur in einem Jahr zu einer Buchenmast, während die Fichte dreimal stark fruktifizierte. Mosandl (1984) zeigt die Samendichte der vier am Bergmischwald beteiligten Baumarten in Abhängigkeit von der Entfernung vom Zentrum einer Bestandeslücke. Während Tannensamen und Ahornfrüchte überall in gleicher Anzahl verbreitet wurden, ergab sich für Bucheckern und Fichtensamen ein straffe Beziehung zwischen Samendichte und Entfernung vom Lückenzentrum (Abb. 15.19). An keimfähigen Samen wurden durchschnittlich für einen Lochhieb maximal ermittelt für Fichte

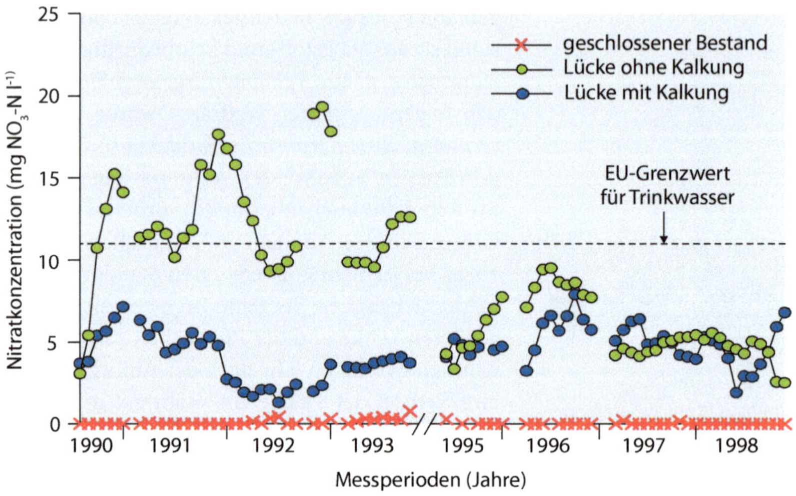

Abb. 15.18 Nitratkonzentrationen in der Bodenlösung unterhalb der Wurzelzone (Bodentiefe von 80 cm) im Bestand und im Zentrum von Bestandeslücken ohne oder mit Kalkung eines Buchenwaldes im Solling für die Jahre 1990 bis 1993 und 1995 bis 1998. Die Bestandeslücken von 30 m Durchmesser wurden im Oktober 1989 angelegt. Der Nitrat-Grenzwert der Europäischen Union für Trinkwasser ist als gestrichelte Linie angegeben. (Nach Bartsch et al. 2002)

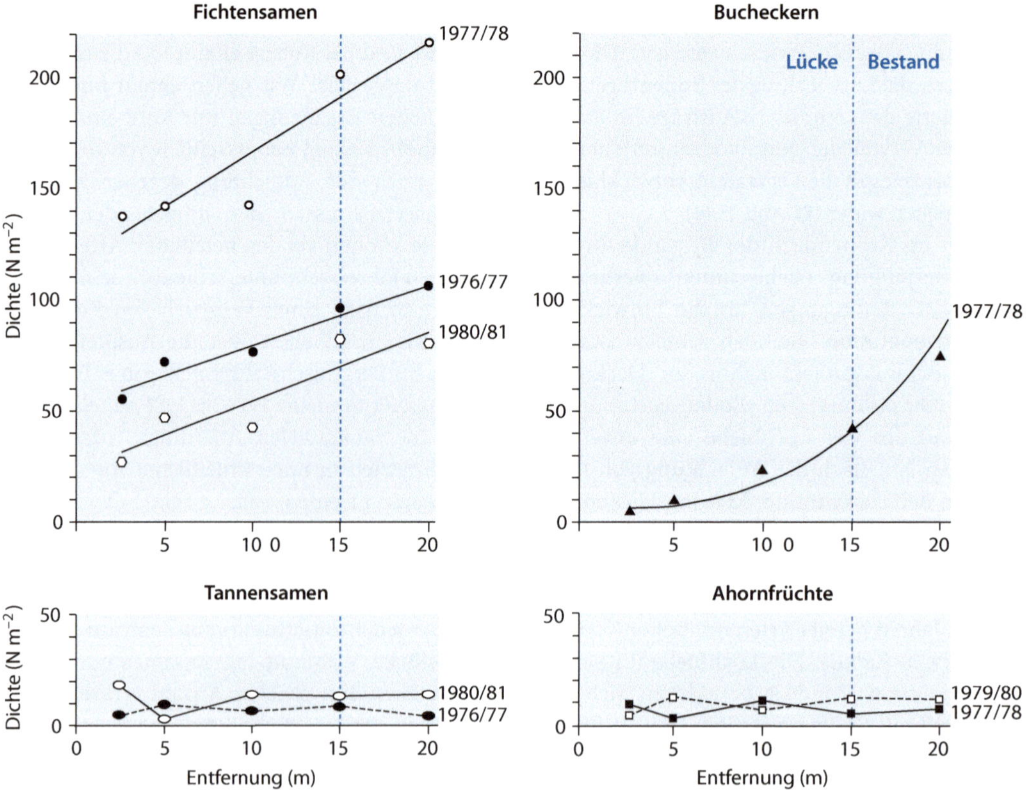

Abb. 15.19 Dichte (Anzahl m^{-2}) von Samen und Früchten von Fichte, Buche, Tanne und Ahorn mit der Entfernung vom Zentrum einer Bestandeslücke von 30 m Durchmesser in einem Bergmischwald in den Chiemgauer Alpen. (Nach Mosandl 1984)

285 Stück m^{-2}, für Tanne 3,9 Stück m^{-2} und für Bergahorn 8,8 Stück m^{-2}, an lebensfähigen Bucheckern waren es 22,7 Stück m^{-2}. Die Zahl der **Jungpflanzen** war im Durchschnitt (Lückenzentrum bis Bestandesrand) gering. Die höchste Dichte erreichte der Bergahorn mit zwischen rund vier und 14 Pflanzen m^{-2} in den vier Lochhieben, von denen ein geringer Anteil bereits vor der Auflichtung vorhanden war. Danach folgte die Fichte vor der Tanne, während die Buche in der Verjüngung nicht nennenswert vertreten war. Deutlich war die Abnahme der Pflanzendichte mit zunehmender Entfernung vom Altbestand. Die Sprosslängen waren hingegen am höchsten im Lückenzentrum, besonders beim Bergahorn. Dieser wies eine maximale Höhe von 134 cm auf, während die anderen Arten nach vier Jahren höchstens 20 cm erreichten. Die weitaus meisten Pflanzen blieben wesentlich niedriger. Die Gründe für diese Ergebnisse sind nach Mosandl (1984) vielfältig: unregelmäßige Fruktifikation mit keimfähigen Samen, Konkurrenz durch Bodenvegetation, Schäden durch Mäusefraß und Pilzbefall. Dazu kommen die klimatischen Bedingungen, die hier ohnehin nur ein mäßiges Wachstum der Jungpflanzen zulassen. So kommt er zu dem Schluss, dass die Naturverjüngung in den Lochhieben gescheitert ist: »Auf keiner der vier Parzellen ist auf der Lochfläche in absehbarer Zeit ein flächendeckender gemischter Jungwuchs zu erwarten.«

Der Buchenbestand im Solling fruktifizierte innerhalb von zehn Jahren sechs Mal in unterschiedlicher Stärke. Die Samendichte war im Zentrum der Bestandeslücke im Durchschnitt etwa 20 % niedriger als unter den Kronen der Buchen. Eine Besonderheit der Versuchsanlage im Solling war der dort mögliche Vergleich von ungekalkten und gekalkten Parzellen. Die **Kalkung** begünstigte zunächst die Entwicklung der Buchennaturverjüngung und einer im ersten Frühjahr nach der Lückenbildung ausgebrachten Saat. Ohne Kalkung waren die Pflanzendichten in den ersten drei Beobachtungsjahren um rund die Hälfte niedriger. Aus den folgenden Masten fanden sich Buchensämlinge fast ausschließlich auf den ungekalkten Lochhieben ein, auf denen die Bodenvegetation nur geringe Deckungsgrade einnahm. Auf den Bereichen der gekalkten Lochhiebe, die nicht von den Randbäumen überschirmt wurden, verdrängte die Bodenvegetation in den Folgejahren den Buchenjungwuchs, der sich zunächst in hoher Dichte entwickelt hatte (▪ Tab. 15.3).

▪ Tab. 15.3 Dichte (Anzahl m^{-2}) von Buchenpflanzen aus Naturverjüngung mehrerer Masten in unterschiedlichen Bereichen von Bestandeslücken (Durchmesser von 30 m) ohne oder mit Kalkung eines Buchenwaldes im Solling im zehnten Jahr nach der Auflichtung der Lücken (eigene Daten). Angegeben sind Mittelwerte von 32 Probequadraten à 1 m^2

Pflanzenhöhe (cm)	Bereich der Bestandeslücke		
	Südtrauf	Zentrum	Nordtrauf
Lochhieb ohne Kalkung			
0–10	5,59	1,94	2,88
11–30	7,59	2,72	3,94
31–50	0,25	1,59	1,06
>50	0,03	2,41	0,25
Summe	*13,46*	*8,66*	*8,13*
Lochhieb mit Kalkung			
0–10	0,56	0	2,28
11–30	6,78	0,28	12,22
31–50	3,41	0,06	5,28
>50	3,13	0,03	0,50
Summe	*13,88*	*0,37*	*20,28*

Pflanzungen unter ähnlichen Bedingungen wie die Naturverjüngungsversuche haben sich im Bergmischwald vorteilhaft entwickelt (Mosandl und El Kateb 1988; Mosandl 1991; Brunner 1993). Das gilt auch für den Versuch im südniedersächsischen Buchengebiet (von Lüpke 1982, 1987). Zu vergleichen sind hier die Entwicklung von Buche, Traubeneiche und Lärche auf der Freifläche, auf einer großen **Lücke** (durchschnittlich 45 % der Freilandstrahlung als PAR) und unter einem Buchenschirm (ca. 11 % PAR). Auf der großen Lücke hatten alle Baumarten in den ersten drei Jahren ein befriedigendes Höhenwachstum (ca. 10 % weniger als die Pflanzen auf der Freifläche), der Durchmesserzuwachs blieb demgegenüber zurück, am stärksten bei der Lärche (56 %), am wenigsten bei der Buche (17 %). Wo die Bodenvegetation belassen worden war, wirkte sich deren Konkurrenz auf das Höhenwachstum er-

Tab. 15.4 Jährlicher Höhenzuwachs (cm) von Traubeneiche und Buche auf unterschiedlich aufgelichteten Flächen in zwei Beobachtungsperioden. (Nach von Lüpke 1987)

Fläche	Bodenvegetation zu Versuchsbeginn	Traubeneiche		Buche	
		1.–4. Jahr	5.–8. Jahr	1.–4. Jahr	5.–8. Jahr
Freifläche	Ohne	27	66	7	32
	Mit	20	51	7	21
Große Lücke	Ohne	26	68	10	45
	Mit	24	55	9	36
Schirmfläche	Ohne	5	14	6	19
	Mit	7	13	6	19

heblich aus, sie führte auch zu Fraßschäden durch Mäuse, besonders bei der Buche, am wenigsten bei der Eiche. Auf der **Schirmfläche** blieb die Wirkung der Bodenvegetation gering. Die Verminderung der Strahlung auf 11 % PAR brachte bedeutende Einbußen in den Zuwachsgrößen bei Lärche und Eiche. Das setzte sich in den folgenden Jahren fort (Tab. 15.4). Auf der **Freifläche** fiel der Höhenzuwachs der Buche durch Spätfrostschäden deutlich zurück.

Die **Schattentoleranz** der Traubeneiche erwies sich in diesem Versuch und bei anderen Versuchen in verschiedenen deutschen Wuchsgebieten (Hauskeller-Bullerjahn 1997; von Lüpke 1998; von Lüpke et al. 1999) als relativ hoch. Die Pflanzenzahlen bei den Versuchen mit Pflanzung, Saat und Naturverjüngung verringerten sich erst bei weniger als 20 % PAR drastisch. Längerfristige Erhaltung der Eiche in Mischung mit der Buche erfordert allerdings ein höheres Lichtangebot durch stärkere Auflichtung des Kronendaches.

Stabilität von Waldökosystemen

Norbert Bartsch, Ernst Röhrig

N. Bartsch, E. Röhrig, *Waldökologie*,
DOI 10.1007/978-3-662-44268-5_16, © Springer-Verlag Berlin Heidelberg 2016

Im vorangegangenen Kapitel wurden Störungen behandelt, die in Waldökosystemen von Natur aus oder durch waldbauliches Handeln entstehen. In diesem Kapitel wird den Fragen nachgegangen, ob und unter welchen Umständen Wälder eine **Stabilität** gegen Störungen aufweisen (**Resistenz**) und unter welchen Bedingungen sie in gewissen Zeiträumen zu (ursprünglichen) Fließgleichgewichten zurückkehren (**Resilienz**). Schließlich wird die Frage behandelt, inwieweit Störungen das Erreichen einer Schlussgesellschaft des Sukzessionsvorgangs (**Klimax**) verzögern oder verhindern. Dabei zeigt sich, dass der Begriff »Stabilität« sehr verschieden aufgefasst werden kann, sowohl nach seinem Ausmaß wie auch im Hinblick auf die Dimensionen von Raum und Zeit. Das gilt sowohl für theoretische Betrachtungen in breiten ökologischen Zusammenhängen als auch für die praktische Waldwirtschaft unter den Aspekten des langfristigen Ertrags, der Nachhaltigkeit, der Biodiversität, des Naturschutzes und der Landschaftspflege.

16.1 Begriffe und deren Inhalte

Stabilität gehört seit Langem zu den am häufigsten verwendeten Vokabeln in der theoretischen und angewandten Ökologie. Dementsprechend vielfältig sind die in Lehrbüchern und Artikeln verwendeten Begriffsbestimmungen. Grimm und Wissel (1997) sprechen in ihrem kritischen Übersichtsreferat von 163 Definitionen in 70 verschiedenen Stabilitätskonzepten. Das geht so weit, dass manche Autoren diese Bezeichnung als sinnleer betrachten oder sie allenfalls als einen Oberbegriff für verschiedene Situationen gelten lassen wollen. Darin liegt keine befriedigende Lösung des Dilemmas, denn es gibt zweifellos, je nach Betrachtung, in zeitlichem und räumlichem Kontext Verhältnisse, die als (mehr oder weniger) gleichbleibend angesehen werden können. Eine alle Erscheinungen umfassende **Definition** soll hier nicht versucht werden, charakteristische Merkmale ergeben sich aus den folgenden Darstellungen (s. a. Schaefer 2012).

Wir werden eine Unterscheidung treffen zwischen den Wirkungen von **mechanischen Störungen** und deren Folgen an Bäumen und Beständen sowie den **ökologischen Vorgängen** in Waldökosystemen als Folge von Störungen verschiedener Art. So wird zunächst die Frage behandelt, welchen Grad von **Standhaftigkeit** Bäume und Bestände gegenüber abiotischen Einwirkungen unter bestimmten Bedingungen aufweisen. Danach werden wir uns der viel schwierigeren Frage zuwenden, ob – und wenn, in welchem Ausmaß – Waldökosysteme eine Beständigkeit im Hinblick auf ihre **ökologischen Funktionen** besitzen können.

Ereignisse und deren Folgen in Waldbeständen, die durch **Tiere** oder durch **Immissionen** verschiedener Art hervorgerufen werden, sind in den ► Kap. 14 und 21 auch unter dem Gesichtspunkt der Stabilität behandelt.

16.2 Mechanische Stabilität von Bäumen und Beständen

16.2.1 Sturm

Im ► Abschn. 15.2.3 wurden Sturmschäden, deren auslösende Faktoren und die danach folgenden Sukzessionen dargestellt. Hier sollen die Auswirkungen von Stürmen auf die unmittelbare Stabilität von Bäumen und Waldbeständen besprochen werden.

Zu unterscheiden sind Sturmbruch und Sturmwurf. Das Abknicken des Stammes in unterschiedlicher Höhe (**Sturmbruch**) tritt bei starker Verankerung durch das Wurzelsystem auf, wie sie auf mindestens mittelgründigen, nicht stärker verdichteten Böden meist gegeben ist. So fand Richter (1990) bei einer vergleichenden Untersuchung von Sturmschäden in 20 älteren Fichtenbeständen Nordrhein-Westfalens auf Pseudogley-Standorten 88 % Wurf- und 12 % Bruchschäden, auf Braunerdeböden dagegen 54 % bzw. 43 %. Brüche traten eher bei schwächeren Bäumen mit höheren h/d-Werten auf, auch waren sie in geschlossenen Beständen relativ häufiger als bei großflächigen Sturmschäden. Abgesehen von Faulstellen im Holz, die oft zu größeren Astabbrüchen führen, scheint auch der anatomische Aufbau des Holzes ursächlich zu sein. Meyer und Körner (2005; s. a. Meyer et al. 2008) fanden kürzere Stammbruchlängen bei

Abb. 16.1 Sturmbruch von Fichtenstämmen

Abb. 16.2 Sturmwurf einer flachwurzelnden Fichte auf staunassem Standort

Bäumen mit geringerer Holzdichte und größerem Splintholzanteil. Sie kommen zu dem Schluss, dass eine wahrscheinlich durch erhöhte N-Deposition verursachte Stimulierung des Wachstums der Fichte auf wenig sauren Böden das Risiko eines Stammbruches erhöht (Abb. 16.1).

Entscheidend ist in jedem Fall die Verankerung der dem Sturm ausgesetzten Bäume. Sie spielt auch beim **Sturmwurf** die ausschlaggebende Rolle. Dabei kommt es vor allem auf die Intensität des Wurzelwerkes in den mittleren und tieferen Bodenschichten und auf dessen Gesundheitszustand an. Dazu gibt es für nahezu alle Baumarten auf verschiedenen Standorten eine sehr umfangreiche Literatur (u. a. Nielsen 1990, 1991; Coutts et al. 1999; von Lüpke und Kuhr 2001; Polomski und Kuhn 2001; Gruber und Lee 2005).

Die Baumarten haben durchaus unterschiedliche Grundmuster ihres **Wurzelsystems** (▶ Abb. 2.12 in ▶ Abschn. 2.6), das aber durch Alter und Bodenverhältnisse oft stark abgewandelt ist. Allgemein ist auf schlecht drainierten und mangelhaft durchlüfteten Böden die Wurzelentwicklung stärker behindert, so besonders in Pseudo- und Stagnogleyböden (Abb. 16.2). Doch in dieser Hinsicht verhalten sich die Arten unterschiedlich: Tanne, Stiel- und Traubeneiche bilden auch unter ungünstigen Bodenverhältnissen tiefer reichende Wurzeln als Sandbirke und Fichte. Daher und wegen ihrer Anfälligkeit für Wurzelfäulnis (die in geringerem Ausmaß auch bei alten Tannen und Eichen vorkommt) ist die Fichte besonders für Sturmschäden prädestiniert. Daneben spielen noch andere Faktoren eine Rolle: Fichten erreichen im Alter beträchtliche Baumhöhen, besonders als Mischbaumart ragen sie meist über das Kronendach von Buchen und anderen Arten hinaus. Durch ihre ganzjährige Benadelung bieten sie gegenüber den Laubbaumarten das ganze Jahr über Angriffsflächen für heftige Stürme, die zudem ganz überwiegend im Winterhalbjahr auftreten. Auch ist bis in die jüngere Vergangenheit keine andere Baumart so häufig auf ungeeigneten Standorten angebaut worden. Die Sturmstabilität stellt also bei der Fichte ein besonderes Problem dar, das man bei der Baumartenwahl und der Bestandespflege besonders berücksichtigen muss.

Einflussfaktoren auf die Sturmstabilität

Die **Windgeschwindigkeit** (vor allem Spitzenwerte und Frequenz der Böen) bestimmt in erster Linie die einwirkenden Kräfte. Dabei spielen insbesondere die Geländeform, oft auch die Hanglage sowie die örtliche und regionale Stärke des Sturmes eine Rolle. Turbulenzen der Windströmung bringen kleinräumige Variationen. Bei stärkeren Stürmen beginnen die Bäume zu **schwingen**, und zwar meist asynchron, da sie sich in Durchmesser, Höhe und Kronengröße, in Mischbeständen auch je nach Baumart, unterscheiden. Das kann die Gefährdung erhöhen. Die ungleichmäßig schwingenden Kronen schlagen oft zusammen, wodurch die Sturmgeschwindigkeit in dichten Beständen örtlich vermindert werden kann. Man spricht dann von **Stützgefüge** oder **kollektiver Stabilität** (Mitscherlich 1974; Kimmins 2004).
Mit zunehmender **Bestandeshöhe** steigt die Sturmwurfgefahr, weil der Hebelarm länger wird (s. a. König 1995).
Der **Baumdurchmesser** hat keine unmittelbare Bedeutung, es sei denn, er ist mit einer festeren Verankerung durch ein kräftigeres Wurzelwerk verbunden. Eine generelle Bedeutung für die Sturmfestigkeit von Bäumen hat man früher dem Verhältnis von Höhe zu Durchmesser (**h/d-Wert**) beigemessen. Das mag bei dünnen, zwischenständigen Bäumen zutreffen. Doch gibt es inzwischen so viele andere Angaben, dass ein Zusammenhang zwischen diesem Wert und der Sturmgefährdung unwahrscheinlich ist (s. a. Preuhsler 1991; Richter 2003). Anders ist es bei Schneebelastung (s. ► Abschn. 16.2.2).
Lange, ausladende **Kronen** bilden große Angriffsflächen für den Sturm. Sie belasten den Baum umso stärker, je höher sie ihren Schwerpunkt haben, doch haben Astzahl und Dichte der Benadelung (Belaubung) einen großen Einfluss. Werden Laubbäume im Sommer vom Sturm betroffen, so können die Schäden beträchtlich sein (z. B. sommerlicher Gewittersturm am 29. Juni 1998 in Bayern, Thüringen und am niedersächsischen Harzrand).
Viele Untersuchungen und praktische Erfahrungen zeigen, dass Bestände nach einem **Durchforstungseingriff** zunächst labilisiert werden und erst nach einer Zeit von mehreren Jahren wieder auf ein Sturmrisiko zurückkehren, wie es vorher bestand, oder sogar an Sicherheit gewinnen (Winterhoff et al. 1995; König 1995). Bei Festlegung des Durchforstungsverfahrens ist die Bestandesstabilität gegen die Einzelbaumstabilität abzuwägen, da Durchforstungen grundsätzlich die Stabilität der freigestellten Bäume langfristig dadurch fördern, dass diese den zusätzlichen Wuchsraum zum Ausbau von Krone und Wurzelsystem nutzen können. Die Bedeutung von Art und Stärke von Durchforstungen für die Sturmgefährdung von Beständen ist bei Röhrig et al. (2006) eingehend dargestellt (s. a. Schütz et al. 2006).

16.2.2 Schnee

Schäden durch **Schneebruch** treten hauptsächlich in jungen bis mittelalten Beständen auf, und zwar bevorzugt dort, wo der Schnee in großen nassen Flocken fällt, nur zum Teil wieder abtaut und sich nach kurzer Zeit erneut Schnee auf Zweige und Nadeln legt. Nasser Schnee ist bis zu viermal schwerer als trockener feinkörniger Schnee. Typische Nassschneelagen sind die niederen bis mittleren Lagen der Mittelgebirge zwischen 300 und 500 m ü. NN, aber auch im Flachland können solche Schäden eintreten (■ Abb. 16.3). Eine umfassende Übersicht zu Schneebruchschäden in Nadelbaumbeständen gibt Rottmann (1985). Danach sind **Fichtenbestände** besonders im Alter von 30 bis 50 Jahren durch Stammbruch gefährdet, in höherem Alter kommt es eher zu Kronenbruch. In **Kiefernbeständen** treten die stärkeren Schäden meist etwas früher ein. Anders als bei der Gefährdung durch Sturm spielt hier der **h/d-Wert** eine wesentliche Rolle (Rottmann 1986; Thomasius et al. 1986; Valinger et al. 1993; Nykänen et al. 1997). Die **Kronenlänge** der Bäume ist zwar eng mit dem h/d-Wert gekoppelt, hat jedoch darüber hinaus auch eine gesonderte Bedeutung. Rottmann (1985) und Kramer (1988) weisen darauf hin, dass bei gleichem h/d-Wert der Anteil von durch Kronenbruch geschädigten Fichten umso mehr ansteigt, je kürzer die Kronen sind. Gleichmäßig ausgebildete Kronen sind weniger anfällig als asymmetrische. Das gilt ebenso für die Kiefer (Abetz und Prange 1976; Spellmann et al. 1984) und für belaubte Birken (Kohnle et al. 2014). Anders als Sturmschäden treten Bestandesschäden durch Schnee selten großflächig auf. Sie sind stärker von regionalen und örtlichen Gelände- und Witterungslagen sowie durch die jeweilige Bestandesstruktur bedingt. Häufig findet man

Abb. 16.3 Von Nassschnee niedergedrücktes Kieferstangenholz

Schneebruchlücken von geringerem Ausmaß mit unterschiedlichen Schädigungsgraden. Nadelbaumarten mit weicheren, biegsamen Zweigen und Ästen, wie Tannen und Douglasien, sind weniger anfällig gegen Schneebruch. Neben der zitierten Literatur findet man weitere Angaben, insbesondere über die Verringerung des Schneebruchrisikos durch Bestandespflege, bei Röhrig et al. (2006).

16.2.3 Eisregen

Relativ selten werden jüngere Bestände durch **Eisregen** geschädigt. **Eisanhang** entsteht dadurch, dass sich auf Zweigen und Ästen gefrierender Regen oder tauender Schnee ansammelt und dieser Vorgang sich bei wechselnden Temperaturen über und unter dem Gefrierpunkt mehrmals wiederholt. Nach Leder (1989) können sich an Zweigen von 1 m Länge Lasten von mehr als 14 kg bilden. Am 30.12.1988 entstanden in Ostwestfalen-Lippe durch ein solches Ereignis sehr beträchtliche Schäden an der Kiefer. Auch Buchen waren betroffen, doch heilten hier die Schäden rascher aus (Braun 1999).

Für den forstlichen Praktiker gelten Bestände als stabil, die das forstliche **Produktionsziel** ohne wesentliche Einbußen durch derartige Schäden erreichen. Hierzu wird das Risiko ökonomisch bewertet (s. Knoke 1998; Kölling et al. 2009). Zurzeit wird das Produktionsziel häufig nur in unbefriedigendem Maß erreicht. Neuere Erkenntnisse bei der standortgerechten Baumartenwahl und der Bestandesbehandlung lassen für die Zukunft Verbesserungen erwarten, wenn nicht die in den ► Kap. 21 und 22 geschilderten Gefährdungen neue schwierige Probleme bringen.

16.3 Ökologische Stabilität

Der Ausdruck »Stabilität« wird oft synonym mit »**Gleichgewicht**« verwendet. Dieser Begriff stammt aus der Physik und bedeutet einen Zustand, in dem alle auf einen Gegenstand gerichteten Kräfte zusammen null ergeben. Analog wird die Bezeichnung in der Thermodynamik, der Wirtschaft und der Politik verwendet mit der Unterscheidung in »stabil« und »labil«. In der Ökologie haben wir es nicht mit einem Gleichgewicht dieser Art zu tun. Vielmehr herrschen in den Ökosystemen komplexe, voneinander abhängige Strukturen (Arten, Entwicklungsstadien) und Funktionen (Wachstum, Stoffkreisläufe u. a.). Sie sind zudem abhängig von unterschiedlichen, zusammenwirkenden Umweltfaktoren und unterliegen verschiedenen Formen von Störungen, nach denen Sukzessionen ablaufen. Bei Beginn einer Sukzession lösen sich Stadien zunächst relativ rasch ab, mit weiterer Entwicklung jedoch langsamer, bis in Waldökosystemen meist ein Zustand erreicht ist, in dem bei oberflächlicher Betrachtung auf längere Zeit keine Veränderungen erkennbar sind. Ein Beispiel für ein lang anhaltendes Gleichgewicht der Biomasse geben Bormann und Likens (1979) für temperierte Wälder Nordamerikas nach Kahlschlag (Abb. 16.4). Doch auch hier kommt es zu Verschiebungen bei Artenzahl, Stoffflüssen, Verhältnissen im Boden und dessen Auflagen, die durch Witterung, Konkurrenz, Einwirkung von Tieren oder dergleichen hervorgerufen werden, ohne dass sie das System in eine andere Richtung drängen (Sukzession). Unter solchen Verhältnissen befindet sich das System in einem Zustand, der als **Fließgleichgewicht** (*steady state* im Sinne von Bormann und Likens 1979) bezeichnet wird (s. a. Chapin et al. 2011; Leps 2005; Schaefer 2012). Alle Strukturen und Funktionen in den Ökosystemen sind von solchen Schwankungen

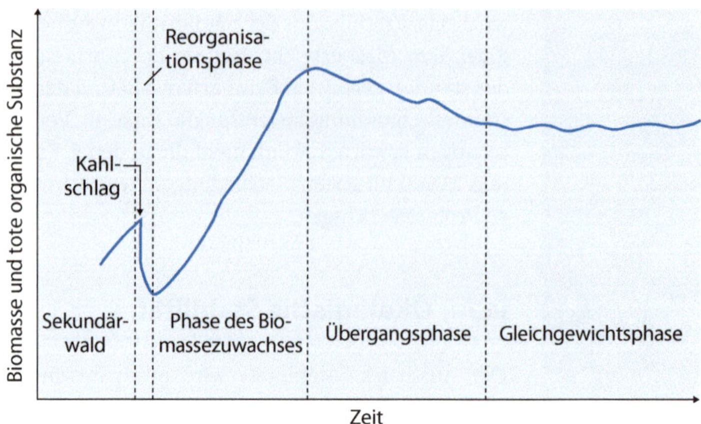

Abb. 16.4 Modell für die Biomasseentwicklung in Phasen der Waldentwicklung nach einer schweren Störung (nach Bormann und Likens 1979). Das Modell basiert auf Ergebnissen des Hubbard-Brook-Projektes (s. hierzu ▶ Abschn. 10.2), in dem langfristig der Wiederaufwuchs der Vegetation nach Kahlschlag untersucht wurde. Ein lang anhaltendes Fließgleichgewicht ohne regelmäßig wiederkehrende große Störungen (z. B. Feuer) ist typisch für Laubwälder der gemäßigten Zone

betroffen: Die **Arten** und deren Anteile wechseln im Zuge von Witterungsänderungen und gegenseitiger Konkurrenz ebenso wie das Auflaufen und Vergehen der **Baumverjüngung**. Auch die Produktivität der beteiligten Baumarten folgt der Witterung des vorangegangenen und des laufenden Jahres. **Bodenverhältnisse** und **Stoffkreislauf** sind dagegen kurzfristigen Veränderungen weniger unterworfen und reagieren eher langfristig. Entscheidend für die Charakterisierung von Gleichgewichtszuständen sind die Betrachtungsebenen von **Raum** und **Zeit**. Je enger die räumlichen Grenzen eines beobachteten Ökosystems gefasst sind, desto deutlicher fallen Veränderungen auf, wogegen bei ganzen Landschaften die Schwingungen meist weniger ausgeprägt sind. Mehr noch gilt das für den Zeitablauf. Die langfristige Erhaltung eines Fließgleichgewichts setzt eine anhaltend etwa **gleichbleibende Umwelt** voraus. Das ist aber nicht realistisch. Geht man man von einer Lebenserwartung für eine Baumgeneration von 200 bis 800 Jahren im unbewirtschafteten Wald aus, so muss man mit Veränderungen des Regionalklimas rechnen, ebenso mit Verschiebungen von Stoffeinträgen und ihren langfristigen Auswirkungen (Ulrich 1981c, 1987a, b). Auch **genetische Veränderungen** im Artenbestand werden eintreten und ihre Folgen haben.

Tatsächlich findet auch in Waldökosystemen mit langfristigem Fließgleichgewicht dieser Zustand ein Ende, wenn **Störungen** eintreten (s. ▶ Abschn. 15.1). **Reaktionen** von Ökosystemen auf Störereignisse können von geringfügigen Veränderungen der Waldstruktur (z. B. Würfe einzelner Bäume) bis zur Entstehung großer Freiflächen reichen.

In der Literatur werden für solche Reaktionen verschiedene Begriffe verwendet und z. T. in unterschiedlicher Weise erläutert, wir wählen hier die für Waldökosysteme am häufigsten gebrauchten. Dabei setzen wir die Bezeichnung »Elastizität« gleich mit »Resilienz« (so auch Schaefer 2012, anders als Kimmins 2004, neben älterer Literatur s. a. Chesson und Case 1986; Ulrich 1987a, b; Waring und Running 2007; Chapin et al. 2011).

Wenn ein Ökosystem einer Störung ausgesetzt ist, tritt zunächst eine Reaktion auf, die man als **Resistenz** bezeichnet. In der Autökologie bezeichnet die Resistenz die Widerstandsfähigkeit der Organismen gegen Schaderreger oder sonstige extreme Umwelteinflüsse oder Stressfaktoren, in der Synökologie die Erscheinung, dass in Gemeinschaften und in Ökosystemen bei Einwirkung eines Störfaktors nur geringe Veränderungen und Schwankungen erfolgen (Schaefer 2012). Die Resistenz ist teilweise artspezifisch, wie manche Abwehrmechanismen gegen Blattfraß, die Ausbildung dicker Borken älterer Kiefern gegen Bodenfeuer, Biegsamkeit der Äste gegen Schneedruck, oder sie geht auf Ökosystemkomponenten zurück wie die Abpufferung von Säureeinträgen in basenreichen Böden, die Mobilisierung von Gegenspielern bei Insektenbefall und das Herausdrängen von invasiven Arten durch Konkurrenz. Resistenzen sind niemals absolut, sondern stets mehr oder weniger graduell. Sie wirken immer nur in bestimmte Richtungen und reichen oft nicht aus, das Fließgleichgewicht des Systems im Ganzen auf längere Dauer aufrechtzuerhalten. Das gilt vor allem dann, wenn das Ökosystem von einem seltenen Störfaktor erfasst ist, an den es wenig angepasst ist (Chapin et al. 2011). Bei nur begrenzter Resistenz heilen die Schäden mit der Zeit aus, oder es entsteht ein anderes Fließgleichgewicht, wenn nicht überhaupt eine Sukzession einsetzt. Der Grad der Resistenz in Ökosystemen ist allenfalls im Nachhinein messbar, Voraussagen können nur aus Erfahrungen abgeleitet werden.

Sind bei unzureichender Resistenz Veränderungen im Ökosystem aufgetreten, so reagiert es mit **Regulationen** zur (möglichst weitgehenden) Wiederherstellung des ursprünglichen Zustands. Dieses Vermögen der Systeme wird **Resilienz** genannt. Es wird meist realisiert auf dem Wege der Sukzession (▶ Abschn. 15.2), häufig in mehreren Stadien. Kleinere Störungen können auch durch die Reaktion vorhandener Systemkomponenten ausgeglichen werden. Hierfür ist die Schließung einer Bestandeslücke durch die Kronen der Randbäume ein Beispiel. Das Ausmaß der Resilienz ergibt sich aus der Zeit, die zur Wiederherstellung des Zustands vor der Störung vergeht. Sie ist wiederum in erster Linie von der Art und Intensität der Störung abhängig. Zudem muss die Resilienz nach den verschiedenen Systemeigenschaften beurteilt werden: Im Allgemeinen erreichen jüngere Bestände den früheren Zustand eher als ältere, Ökosysteme auf reichlich mit Wasser und Nährstoffen versorgten Standorten eher als solche auf ärmeren und trockenen. Dabei spielen jedoch wieder Art und Stärke der Störung eine Rolle: Die Wiederherstellung der ursprünglichen Artenfülle auf reichen Standorten kann beträchtlich länger dauern als die eines artenarmen Bestandes bei ungünstigen Verhältnissen (s. a. Kimmins 2004). Bormann und Likens (1979) rechnen für die Wiederherstellung eines Fließgleichgewichts in Laubwäldern Nordostamerikas nach schwerer Störung mit Zeiträumen von mehreren Hundert Jahren.

DeAngelis (1980; DeAngelis und Gross 1992) zeigt mithilfe von Modellen den Zusammenhang der **Resilienzdauer** in Abhängigkeit von den nach der Störung in der Biomasse verbliebenen Nährstoffen des Bodens zuzüglich einer Zufuhr von außen. Doch entscheidend ist nicht die Biomasse selbst, sondern die Geschwindigkeit ihrer Umsetzung (s. a. Waring 1989 und Kimmins 2004). Dementsprechend unterscheiden Ulrich (1987a, b) sowie Puhe und Ulrich (2001) Ökosysteme mit hoher und geringer Elastizität (= Resilienz) nach den Pufferbereichen der Böden, nicht nach der Menge der vorhandenen organischen Substanz (s. ▶ Tab. 18.4 in ▶ Abschn. 18.2.2).

16.4 Klimax

Die Geschwindigkeit bei der Ablösung der Stadien durch andere nimmt im Laufe der Sukzession ab. Raschere Wechsel in der ersten Phase gehen in langsamer werdende Veränderungen über. Das hängt hauptsächlich damit zusammen, dass das Wachstum und die Konkurrenzfähigkeit späterer Sukzessionsarten langsamer steigen als bei den Frühbesiedlern und damit auch deren Einfluss auf die ökologischen Verhältnisse in den Ökosystemen. Allerdings gibt es auch Fälle, in denen das Stadium der Frühbesiedlung sehr lange anhält: Dichte Besiedlung durch ausdauernde, wurzelintensive Arten wie *Pteridium aquilinum*, *Calamagrostis epigejos*, *Carex brizoides* u. a. kann länger anhalten als das folgende Sukzessionsstadium. Connell und Slatyer (1977) bezeichnen diesen Vorgang als *inhibition* (Behinderung, s. ▶ Abschn. 15.2.1).

Sofern es nicht zu einer Unterbrechung der Sukzession durch eine erneute Störung kommt, verringern sich die Veränderungen so, dass allmählich ein Zustand eintritt, in dem sie nur noch durch genauere Erhebungen wahrnehmbar sind. So nehmen die Individuenzahlen im Oberstand mit zunehmenden Dimensionen der einzelnen Bäume ab, auch der Stoffumsatz wird geringer. Diese Periode, in der ein Fließgleichgewicht herrscht (s. ◻ Abb. 16.4), kann in Waldökosystemen mehrere Jahrzehnte anhalten,

Definition Klimax

Das Konzept der Klimax hat eine lange Geschichte. Ausführliche Darstellungen dazu findet man bei Dierschke (1994), Barnes et al. (1998), Kimmins (2004), Keddy (2007). Chapin et al. (2011) geben die weit akzeptierte Auffassung von Clements (1916) wieder: »*If there were no further disturbance, succession would proceed toward a climax, the endpoint of succession. At this point, the structure and rates of ecosystem processes approach a steady state in which resource demand by vegetation would be balanced by the rate of resource supply.*« (Wenn es zu keiner weiteren Störung kommen würde, würde die Sukzession zu einer Klimax führen, dem Endpunkt der Sukzession. An diesem Punkt nähern sich Struktur und Raten der Ökosystemeprozesse einem Gleichgewichtszustand, in dem der Ressourcenbedarf der Vegetation und die Rate der Resourcenverfügbarkeit ausgeglichen sein würden.) Schaefer (2012) definiert Klimax als »jedes verhältnismäßig stabile Stadium der Vegetationsentwicklung, gleichgültig ob es durch klimatische, edaphische oder anthropogene Faktoren bedingt ist«.

auch über mehr als eine Baumgeneration. Sie wird als **Kimax** bezeichnet.

Unter *steady state* ist ein Fließgleichgewicht zu verstehen, wie es in ▶ Abschn. 16.3 beschrieben wurde. Wieweit ein solches im Klimaxstadium eines Waldökosystems tatsächlich besteht, lässt sich nur durch längerfristige Beobachtungen und Messungen beurteilen. Im Hinblick auf die **Produktion** geht man davon aus, dass in diesem Stadium die Brutto-Primärproduktion der Gesamtökosystem-Respiration entspricht (▶ Kap. 19). Das muss nicht immer so sein, zumal mit zunehmendem Alter der Bestände als Folge des vermehrten Absterbens von Ästen und ganzer Bäume die Biomasse abnimmt und der Detritus (abgestorbene organische Substanz) ansteigt und damit auch die Gesamtrespiration. Dadurch werden wohl die Alterungsprozesse ausgelöst, die schließlich zum Zerfall der Bestände führen, eine Form der endogenen Störung.

Ulrich (1987a, b) benutzt die **Stoffhaushaltsgleichung** zur Definition des Fließgleichgewichts in Waldökosystemen. Die Gleichung gibt den Stoffumsatz durch den aus der Fotosynthese gespeisten **Aufbau** von organischer Substanz (Primärproduktion) und den bei der Verwertung der organischen Substanz durch die Sekundärproduzenten erfolgten **Abbau** wieder. Nur bei genügender Pufferkapazität werden die Schwankungen um den Mittelwert, die sich aus Veränderungen der Witterungsbedingungen ergeben und die von unterschiedlichen Stoffeinträgen bedingt sein können, ausgeglichen (Puhe und Ulrich 2001). Im anderen Fall verändert sich das Ökosystem, bisweilen in langen Zeiträumen.

Besonders in langlebigen Waldökosystemen spielt der Zeitablauf eine große Rolle. So sind durch oft lange zurückliegende waldbauliche Eingriffe Bestände entstanden, die unter den gegebenen Verhältnissen ein ausgeglichenes Fließgleichgewicht zeigen, obwohl sie für ihre weitere Entwicklung in eine andere Richtung weisen. Ein Beispiel dafür bilden viele von der Traubeneiche beherrschte Altbestände, die aus Pflanzungen entstanden sind, in deren Verjüngungsschicht sich aber eine allmähliche natürliche Umwandlung zu einer Dominanz der Buche zeigt. Der gegenwärtige Zustand darf also nicht als Endpunkt einer sich stets selbst reproduzierenden Entwicklung und somit als eine Zielgröße für die weitere waldbauliche Behandlung angesehen werden.

Trotz mancher Unsicherheiten und Zweifel an Einzelheiten (s. a. Crawley 1997; Kimmins 2004) wird am Konzept der Klimax schon aus praktischen Gründen festgehalten. Es bildet ein nützliches **Ordnungssystem** für die Beschreibung und für vergleichende Untersuchungen von Waldtypen unter verschiedenen Klima- und Bodenverhältnissen auf örtlicher, regionaler und weiter gefasster Ebene. Die **Klimaxgesellschaften** bilden das Gerüst für die **Klassifizierung** von Waldgesellschaften (▶ Kap. 9) und (mit den genannten Vorbehalten) auch für den Vergleich von »Naturwäldern« mit vom Menschen mehr oder weniger abgewandelten Waldformen. Ebenso mit gewissen Einschränkungen sind sie Weiser für das Verständnis von natürlichen Sukzessionen und gegebenenfalls für deren Steuerung durch waldbauliche Eingriffe.

16.5 Folgerungen

Unbestritten ist, dass waldbauliche Handlungen darauf ausgerichtet sein sollen, der **mechanischen Stabilität** der Bestände zu dienen. Das beginnt mit der **Wahl standortgerechter Baumarten**, nicht nur für das Endstadium der Sukzession, sondern auch für alle Zwischenstadien, in denen sie im Allgemeinen nützliche Funktionen als Vornutzungen und für die Bestandespflege (Astreinigung, Bodenbeschattung, Biodiversität u. a.) sowie für die Resilienz nach Störungen haben. Hierin liegt ein wesentlicher Grund für die allgemein verbreitete Forderung nach Aufbau und Pflege von **gemischten Beständen**, auch für solche Standorte, auf denen die Sukzession letztlich auf (nahezu) reine Bestände hinausläuft. In bewirtschafteten Wäldern liegt es in der Hand des Forstwirtschaftlers, in welcher Weise er die Mischung der Baumarten lenkt und der natürlichen Entmischung im Alter entgegenwirkt. Die oft diskutierte Frage, ob Mischbestände generell eine höhere Stabilität gegen mechanisch einwirkende Faktoren aufweisen, lässt sich nicht generell beantworten, weil zu viele Faktoren dabei mitwirken (s. a. Knoke et al. 2008). Sicher ist jedoch, dass die **Bestandesbehandlung** von großer Bedeutung ist (s. Röhrig et al. 2006).

Die **ökologische Stabilität** hängt weitgehend von den naturgegebenen Verhältnissen ab (► Abschn. 16.3). Prinzipiell wird sie gefördert durch einen ausgeglichenen Stoffhaushalt mit gleichgerichtetem Humusauf- und -abbau, durch Vermeidung stärkerer Stoffausträge (► Abschn. 18.2.3) und Vermeidung schädlicher Immissionen (► Abschn. 21.2). Einen wesentlichen Einfluss auf diese Verhältnisse hat die **Bestandesbehandlung**, insbesondere die Ausnutzung kleinflächiger Standortunterschiede bei der Begründung und der Pflege der Bestände mit Wechseln der Bestandesformen und -strukturen. Strukturelle Vielfalt ist unter allgemein günstigen Standortbedingungen leichter zu verwirklichen, aber auch ärmere und trockenere Standorte bieten oft mehr Möglichkeiten, als manchmal erwartet. Damit wird auch die Biodiversität gefördert (► Abschn. 20.2). Eine bewusst starke Förderung des Strukturreichtums stößt auf vielen weniger günstigen Standorten allerdings an natürliche Grenzen und kann dann zu unerwünschten Ertragsausfällen führen. Plenterwälder mit ihrer vielfältigen Struktur sind an besondere Bedingungen gebunden (Schütz 2001). In Urwäldern ist die Plenterphase eine von mehreren Waldentwicklungsphasen und daher nur auf Teilflächen und zeitlich begrenzt vorhanden (Meyer et al. 2003).

Eine den ökologischen Bedingungen entsprechende hohe Stabilität der Waldbestände ist die wichtigste **Aufgabe des Waldbaus**. Sie besteht heute in dem Streben, Nachhaltigkeit in einem weiten Sinn des Wortes zu sichern, und bezieht sich dabei auf alle Funktionen, die der Wald für die Gesellschaft zu erfüllen hat (◘ Tab. 16.1). Die Forschungsergebnisse der allgemeinen und der angewandten Ökologie haben ein vielseitiges Instrumentarium dazu geliefert, doch bleiben noch viele Unsicherheiten und offene Fragen. Die Lösung der Aufgaben unter gegebenen Bedingungen erfordert daher eine Anpassung der waldbaulichen Verfahren an die vorhandenen Erkenntnisse und

◘ **Tab. 16.1** Waldfunktionen im Spektrum heutiger vielfältiger Waldnutzung (Nach Kuusela 1994, erweitert)

Bezeichnung	Inhalte
Nutzfunktion	Produktion von Holz und anderen Waldprodukten in ihren betriebswirtschaftlichen und volkswirtschaftlichen Auswirkungen
Schutzfunktion	Regulierung der Wasserspende in Menge und Qualität, Schutz gegen Erosion, Lawinen, Überschwemmung, Wind, Lärm, Temperaturextreme, u.a. Schäden für die Landschaft. Schutz des Bildes der Kulturlandschaft
Sozialfunktion	Arbeitseinkommen für Beschäftigung im ländlichen Raum und bei der Holzverarbeitung. Förderung der Gesundheit der Bevölkerung in erholungsfördernder Umgebung
Kulturelle Funktion	Erhaltung und Bewahrung von Naturdenkmalen, seltenen Pflanzen, Tieren und Biotopen, Erhaltung von Biodiversität sowie natürlicher Waldtypen in Schutzgebieten verschiedener Kategorien, auch für Forschung und Lehre

Erfahrungen, ein »adaptives Management« (Kohm und Franklin 1997). Kimmins (2004, S. 518) versteht darunter eine Waldbewirtschaftung, die sich der Unsicherheit und der Risiken bewusst ist und durch den Vergleich der Voraussagen mit den tatsächlichen Ergebnissen lernt.

Ressourcen und Produktivität der Wälder

Wasserhaushalt von Bäumen und Waldökosystemen

Norbert Bartsch, Ernst Röhrig

N. Bartsch, E. Röhrig, *Waldökologie*,
DOI 10.1007/978-3-662-44268-5_17,

Ressourcen sind lebensnotwendige Energien und Stoffe (Licht, Wasser, Nährstoffe) oder Gegebenheiten der Umwelt (z. B. Raumstruktur), die ein Organismus für Existenz, Wachstum und Fortpflanzung benötigt (Schaefer 2012). In den vorangegangen Kapiteln spielten Ressourcen unter verschiedenen Aspekten eine wesentliche Rolle, u. a. im Zusammenhang mit Konkurrenz (▶ Abschn. 13.1) und Sukzession (▶ Abschn. 15.2). Die Ressource Licht ist für die Etablierung von Baumverjüngung und Bodenvegetation maßgeblich. Hierauf wurde v. a. in ▶ Kap. 7 (Autökologie der Bäume), ▶ Kap. 12 (Strukturelemente von Wäldern), ▶ Kap. 13 (Wettbewerb zwischen Bäumen) und im ▶ Abschn. 15.2.3 (Lückenverjüngung) eingegangen. In Teil IV geht es zunächst um die stofflichen Ressourcen Wasser (▶ Kap. 17) und Nährstoffe (▶ Kap. 18). Ressourcen bestimmen den Biomassezuwachs und somit die **Produktivität** von Wäldern (▶ Kap. 19).

Wasser kommt in den terrestrischen Ökosystemen in festem, flüssigem und gasförmigem **Aggregatzustand** vor. Wegen seiner besonderen chemischen und physikalischen Eigenschaften hebt es sich von anderen Verbindungen ab: In flüssigem Zustand hat es eine höhere Oberflächenspannung als die meisten anderen Flüssigkeiten. Adhäsions- und Kohäsionskräfte bewirken, dass Wasser in Kapillaren bis zu einer gewissen Höhe aufsteigen kann, und zwar umso stärker, je enger deren Durchmesser ist. Das spielt eine große Rolle bei der Wasseraufnahme aus dem Boden und bei der Wasserleitung im Pflanzengewebe. Wasser hat eine hohe Dichte, die ihr Maximum bei 4 °C erreicht. Es dehnt sich bei Abkühlung aus, dadurch hat Eis ein um etwa 9 % höheres Volumen als Wasser am Gefrierpunkt. Das ist u. a. bei Gefriervorgängen in Blättern und Sprossen bedeutungsvoll. Als Folge seines molekularen Aufbaus ist Wasser ein nahezu ideales **Lösungsmittel** nicht nur für Elektrolyte, sondern auch für viele andere Stoffgruppen. Ausführliche Darstellungen über Eigenschaften und Funktionen des Wassers in Atmosphäre, Boden und Pflanzen findet man bei Kramer und Boyer (1995), Baumgartner und Liebscher (1996) sowie Bonan (2008).

Wasser ist in den Pflanzenzellen sowohl im Plasma als auch besonders in den Vakuolen der Zellen vorhanden und findet sich hauptsächlich in den leitenden Gefäßen, aber überhaupt in allen lebenden und z. T. auch in toten Geweben und in den Hohlräumen der Böden. Die Bewegung des Wassers in den Ökosystemen wird getrieben von Gradienten, die ausgedrückt werden im Konzept des **Wasserpotenzials**. Wasserflüsse und die sie kontrollierenden Mechanismen werden auf den verschiedenen Organisationsebenen untersucht. Hierbei ist es aus messtechnischen Gründen meist notwendig, Erkenntnisse auf die nächsthöhere Ebene zu skalieren (■ Abb. 17.1). Diese Vorgänge werden in entsprechenden Lehrbüchern (z. B. Aber und Melillo 2001; Larcher 2001) eingehend beschrieben. Wir behandeln hier die Grundvorgänge des Wasserhaushalts von Waldbeständen und Wassereinzugsgebieten sowie die Auswirkungen von Wassermangel und Wasserüberschuss im Boden. Als **Wasserhaushalt** wird die Bilanz zwischen Vorräten und Vorratsänderungen (Flüssen) des Wassers in Kompartimenten des Ökosystems bezeichnet. Der Wasserhaushalt ist somit ein Teil des Stoffhaushalts (▶ Kap. 18), wird aber aufgrund der besonderen Eigenschaften und Funktionen des Wassers gesondert betrachtet.

17.1 Komponenten des Wasserhaushalts

17.1.1 Wasserhaushaltsgleichung

Die potenziell verfügbare Menge an Süßwasser auf der Erde wird mit etwa 3,6 Mrd. km^3 angegeben (Baumgartner und Liebscher 1996). Der größte Teil davon befindet sich in ständigem Umlauf. Der **Wasserkreislauf** vollzieht sich in allen drei Aggregatzuständen zwischen der Atmosphäre, dem Boden und den lebenden Organismen. Er wird in Form von Gleichungen dargestellt (z. B. Benecke und van der Ploeg 1978):

$$N - I - ET - A_o - A_{ob} - A_s = R$$

Dabei bedeuten: N = Niederschlag, I = Interzeption, ET = Evapotranspiration (Transpiration und Evaporation), A_o = Oberflächenabfluss, A_{ob} = oberflächennaher Abfluss, A_s = Tiefenversickerung, R = Rücklage = Vorratsänderung (Wasservorrat im Boden) (■ Abb. 17.2).

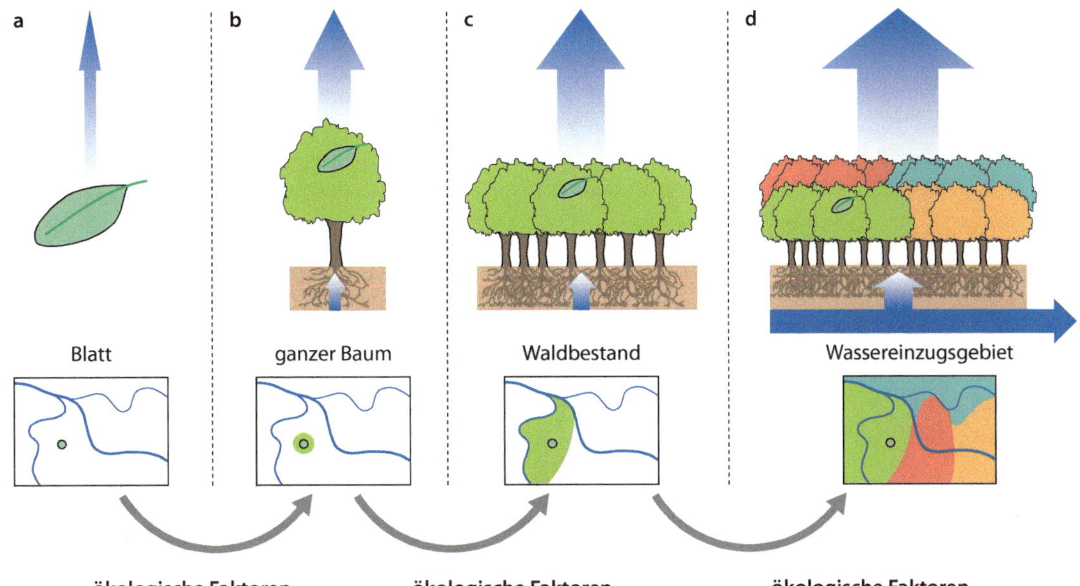

Einschränkende Faktoren für Wasserflüsse

ökologische Faktoren
- Blattgröße
- stomatäre Leitfähigkeit
- Mikroklima (Temperatur, Licht, Dampfdruckgefälle)
- Wassernutzungskoeffizient
- Blattgrenzschicht

hydrologische Faktoren
- atmosphärische Feuchte

ökologische Faktoren
- Splintholzeigenschaften
- Kronenrauigkeit
- Kronenarchitektur
- Kronengrenzschicht
- Durchwurzelungstiefe
- Blattdeposition von Nebel, Tau

hydrologische Faktoren
- Bodenwasserverfügbarkeit
- physikalische Bodeneigenschaften (Textur, Skelettanteil, u. a.)
- Wasserbindung im Boden
- Grundwassertiefe

ökologische Faktoren
- Variation der Pflanzenarten und Vegetationsformen
- Randeffekte (Advektion, Nebel/Tau-Eintrag)
- Kroneninterzeption
- Kopplung zwischen Transpiration und Wasserabfluss

hydrologische Faktoren
- hydrologische Flüsse
- Tiefendrainage
- Bodenwasserspeicherkapazität
- geohydrologische Verhältnisse

Abb. 17.1 Skalierung ökohydrologischer Prozesse vom Blatt (**a**) über den ganzen Baum (**b**) und einen Waldbestand (**c**) bis zum Wassereinzugsgebiet (**d**). (Nach Asbjornsen et al. 2011)

Einige dieser Messgrößen lassen sich mit modernen Methoden relativ zuverlässig ermitteln oder abschätzen, z. B. die Niederschläge und die Interzeption. Andere erfordern einen größeren Aufwand oder sind einer exakten Erfassung in Waldbeständen kaum zugänglich, wie die Transpiration. Die Aufstellung ganzer **Wasserbilanzen** (für Bestände oder Wassereinzugsgebiete) erfordert umfangreiche und langfristige Messprogramme, deren Ergebnisse unter Annahme nicht unmittelbar erfassbarer Größen in Modellen dargestellt werden (z. B. Hammel und Kennel 2001; Kimmins 2004). Die einzelnen Komponenten des Wasserhaushalts werden im Folgenden vorgestellt an Untersuchungen im Solling (Benecke 1984; Ellenberg et al. 1986; s. ▸ Abschn. 10.2), im Harz (Hauhs 1985), in Mittelhessen (Führer 1990; Hüser et al. 1996; Kennel 1998), im Fichtelgebirge (Tenhunen et al. 2001a; Matzner 2004) und in Brandenburg (Jochheim et al. 2004), ferner an Ergebnissen der nordamerikanischen Fallstudien Hubbard Brook/New Hampshire (Bormann und Likens 1979; Hornbeck et al. 1986; s. ▸ Abschn. 10.2) und Coweeta/North Carolina (Swank et al. 1988). Zusammenfassende Darstellungen des Wasserhaushalts und Ergebnisse von Fallstudien in Waldökosystemen finden sich u. a. bei Baumgartner und Liebscher (1996), Ehlers (1996), Larcher (2001), Kimmins (2004), Chang (2006), Bredemeier et al. (2011), Chapin et al. (2011) und Levia et al. (2011a).

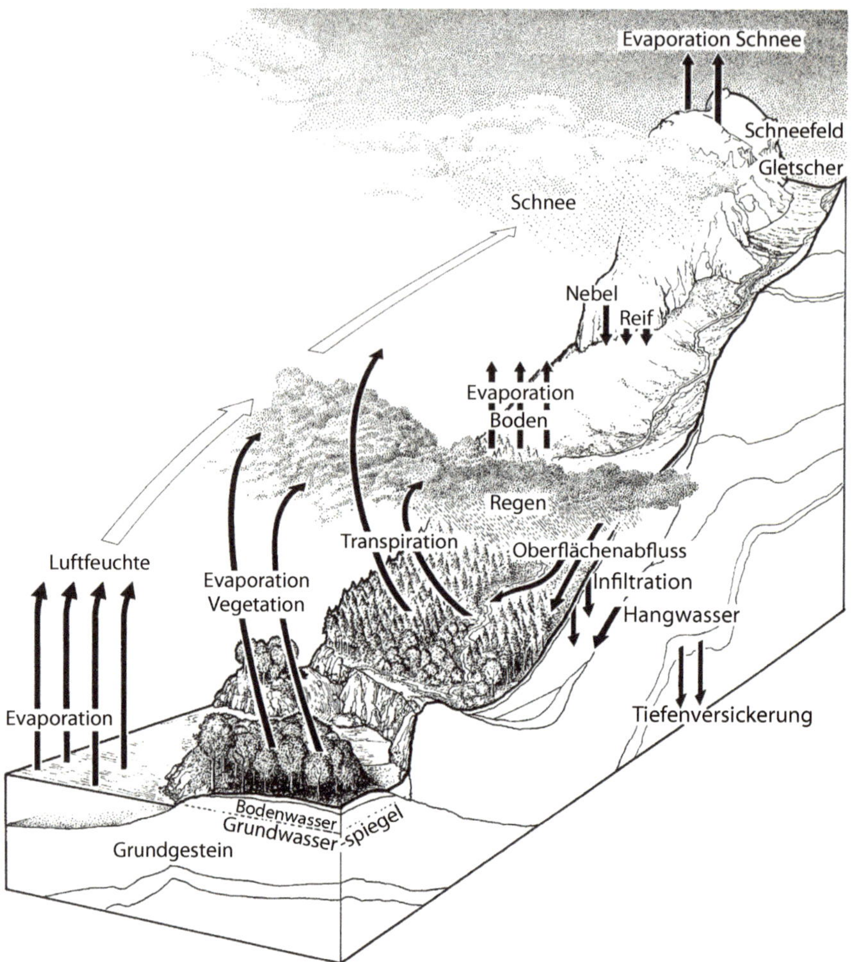

Abb. 17.2 Hauptkomponenten der Wasserbilanz

17.1.2 Niederschlag

Die **Niederschläge** in den geschlossenen Waldgebieten der Erde variieren von weniger als 300 bis über 6000 mm pro Jahr. In vielen Regionen schwanken die Mengen und deren Verteilung innerhalb des Jahresverlaufs und von einem Jahr zum anderen. Eine gute Vorstellung davon geben die Klimadiagramme im *Klimadiagramm-Weltatlas* von Walter und Lieth (1960–1967, s. ▶ Kap. 1). Für die regionale Betrachtung ist es von Bedeutung, dass die Niederschlagsmengen, variiert durch die Exposition, mit zunehmender Höhe des Ortes über dem Meeresspiegel ansteigen. In den meisten Waldregionen fällt der größte Teil als **Regen**. Dessen Intensität ist in mehrfacher Hinsicht wichtig, so für die Interzeption (s. ▶ Abschn. 17.1.3), für die Wasserführung der Flüsse, die Erosion, aber auch für das Überleben von Pflanzen und Tieren. Bei Sprühregen (Tröpfchengröße von weniger als 0,5 mm und Ergiebigkeit von etwa 0,5 mm (= 0.5 m^{-2}) pro Stunde) tritt rasch Verdunstung ein, die Interzeption bleibt im Vergleich zu Starkregen hoch.

Nebelniederschlag (Partikelgröße 0,01–0,1 mm) tritt überwiegend regional und örtlich auf, in tief gelegenen Tälern, in der Nähe größerer Gewässer. In Gipfellagen des Bayerischen Waldes und im pazifischen Küstenstreifen von Oregon macht er allerdings mehr als 30 % des Gesamtniederschlags aus. Er ist in manchen Regionen für das Pflanzenwachstum bedeutungsvoll. **Tau**, kondensierter Wasserdampf, der sich an festen Stellen absetzt, bringt mit maximal 1 mm pro Tag in den gemäßigten Breiten der Erde kaum einen Beitrag zur Wasserbilanz.

Bei Lufttemperaturen unter 0 °C sublimiert die Feuchtigkeit der Luft häufig zu Eiskristallen, die als **Schnee** zur Erde fallen. Im Harz kann Schnee um 25 % des Jahresiederschlags ausmachen, im Bayerischen Wald über 30 %. Das wirkt sich nicht nur auf die Zusammensetzung der Vegetation und ihre Stabilität (▶ Kap. 16) aus, sondern auch auf die Wasserlieferung aus Gebirgswäldern in die darunterliegenden Gebiete. Die Schneeschmelze kann zum Anschwellen der Flüsse und zu Überschwemmungen führen. In Waldgebieten verläuft die Schneeschmelze bedeutend langsamer als in unbewaldeten Gebieten.

Andere feste Niederschläge sind Eisregen, Hagel und Raureif. Während der **Eisregen** durch Gefrieren von Regentropfen beim Fall durch kalte Luftschichten entsteht, bildet sich **Hagel** in hohen Gewitterwolken, in denen die Hagelkörner bald in kalte Zonen emporgerissen werden, bald in wärmere Zonen absinken, wodurch sich ihr schaliger Aufbau erklärt. Hagelschäden können zu Verletzungen an dünnen Baumrinden führen, die länger sichtbar bleiben, in selteneren Fällen auch zu dauernden Schäden in Jungwüchsen. **Raureif** bildet sich aus unterkühltem Nebelniederschlag (sog. Duftanhang). Es kann dadurch in Nebellagen zu Ast- und Kronenbrüchen kommen.

Alle Arten von Niederschlag enthalten, wenn auch in unterschiedlichen und meist geringen Mengen, anorganische und organische **Stoffe** in Form von Gasen, Lösungen und Suspensionen. Sie haben einen Einfluss auf die Wasserstoffionenkonzentration. Der pH-Wert von reinem atmosphärischem Wasser beträgt ungefähr 5,6. Er würde sich ohne Beteiligung anderer Stoffe (Luftverunreinigungen, s. ▶ Kap. 21) durch Lösung von atmosphärischem Kohlendioxid im Wolkenwasser und Bildung von Kohlensäure einstellen (Baumgartner und Liebscher 1996; Elling et al. 2007). Durch den Gehalt an sauren Bestandteilen liegt der durchschnittliche pH-Wert des Niederschlags in Deutschland zwischen 4 und 5 (s. ▶ Kap. 21).

Der **pH-Wert** ist der negative Logarithmus der Wasserstoffionenaktivität, was bei verdünnten Lösungen der Konzentration von H-Ionen entspricht (Wild 1995). Der Neutralpunkt liegt bei pH 7, eine Lösung von pH 7 weist eine Wasserstoffionenkonzentration von 10^{-7} Mol $H^{+}\,l^{-1}$ auf.

Bisweilen wird die Frage erörtert, ob die **Entwaldung** einer Region die Niederschläge vermindert und ob **Aufforstung** sie erhöht. In den borealen und den gemäßigten Zonen der Erde bestehen keine Zusammenhänge zwischen Bewaldung und Niederschlägen in einer Region (s. Walter 1960; Geiger et al. 1995). Möglich sind sie aber in den Tropen (Mather 1990; Kimmins 2004).

17.1.3 Interzeption

Das Kronendach von Waldbeständen bildet mit seinen Spitzen, Kuppen und Vertiefungen eine reich gegliederte raue Oberfläche, die auch eine klimatische Grenzfläche darstellt (Geiger et al. 1995; Geiger 2013). Je nach Baumartenzusammensetzung und Kronendichte kann ein Teil des Niederschlags ungehindert bis zum Boden gelangen, der übrige Teil wird aufgefangen und verliert dabei zunächst seine Bewegungsenergie. Er benetzt die Baumkronen und fließt an den Blättern, Nadeln, Zweigen und Ästen zusammen, bis schließlich die Benetzungskapazität erreicht ist. Das dann überschüssige Wasser läuft als **Stammablauf** (= das am Stamm abwärts fließende Wasser) oder als **Kronendurchlass** (= Kronentraufe, das durch das Kronendach fallende Wasser) auf den Boden. Stammablauf und Kronendurchlass bilden den **Bestandesniederschlag**. Der ursprünglich einigermaßen gleichmäßige Regen ist dabei in seiner Stärke, Tropfengröße und Verteilung am Boden stark verändert worden (s. ▶ Abschn. 18.3.3). Die auf diese Weise an den Boden gelangende Niederschlagsmenge bildet den **Netto-Niederschlag**. Die Zurückhaltung von Niederschlag durch den Bewuchs heißt **Interzeption**. Der **Interzeptionsverlust** setzt sich zusammen aus dem geringfügigen Anteil von Wasser, der von den Pflanzen absorbiert wird, und dem weitaus größeren Anteil, der schließlich auf der Pflanzenoberfläche verdunstet.

Baumarten mit glatter Rinde an Ästen und am Stamm haben einen wesentlich höheren **Stammablauf** als solche mit rauer Borke. Bei Vergleichsuntersuchungen von Buche und Fichte im Solling fand Benecke (1984), dass der Stammablauf im Fichtenbestand erst bei starken Niederschlägen von mehr als 25 mm einsetzte und so geringfügig war, dass man ihn bei Bilanzierungen vernachlässigen kann. Im Buchenbestand war die erforderliche Mindestbenetzung der oberirdischen Pflanzenteile für den Stammablauf geringer als für den in der Kronentraufe abtropfenden Niederschlag, sodass es bei ca. 4,5 mm Bestandesniederschlag zu einem besonders hohen Anteil des Stammablaufs von rund 19 % kam, der sich mit zunehmender Niederschlagshöhe auf rund 14 % verringerte. Mehrere Autoren bringen unterschiedliche Daten über die Höhe des Stammablaufs, was sich aus den jeweiligen Bestandesverhältnissen erklärt (s. a. Benecke und van der Ploeg 1978; Kimmins 2004).

Unter ökologischen Gesichtspunkten sind für die Abschätzung des **Interzeptionsverlusts** vor allem folgende Gesichtspunkte wichtig: Schon während des Regens, besonders aber bei Unterbrechungen, verdunstet ein Teil des Niederschlagswassers. Schwache, oft unterbrochene Niederschläge führen demnach zu höheren Interzeptionsraten als anhaltend starke Regenfälle. Das ist alles weitgehend von der Strahlung, der Temperatur, der relativen Luftfeuchtigkeit und der Windbewegung abhängig. Der Einfluss der **Baumarten** auf die Höhe der Interzeptionsverluste lässt sich wegen der Vielfalt der möglichen Bestandesstrukturen nur in Rahmenwerten angeben. Bei den Nadelbaumbeständen unterscheiden sich die Interzeptionsverluste zwischen Winter und Sommer nicht wesentlich. Sie liegen bei Kiefernbeständen in einer Größenordnung von 25–30 %, bei Fichte, Douglasie und Tanne von 30 % bis knapp 40 %. Laubbaumbestände haben im Sommer höhere Interzeptionsverluste als im laublosen Zustand (◘ Abb. 17.3), besonders bei Niederschlägen mit geringer Intensität (Staelens et al. 2008, 2011). Da diese im Sommer in den gemäßigten Breiten häufiger sind und die Verdunstung im Winter geringer ist, wirkt sich die größere Oberfläche durch die Belaubung nicht voll auf die Interzeptionskapazität aus. Die Interzeptionsverluste geschlossener Buchenbestände über das Jahr liegen stets um etwa 10–15 % niedriger als in Fichtenbeständen unter gleichen Standortbedingungen (s. a. Benecke 1984; Peck und Mayer 1996; Larcher 2001; Herbst et al. 2008; Carlyle-Moses und Gash 2011).

Von Bedeutung kann ferner die Niederschlagsinterzeption durch die **Bodenvegetation** sein. Das gilt besonders für ältere Bestände aus Lichtbaumarten (Eiche, Kiefer, Lärche) mit starkem Bodenbewuchs von *Calamagrostis* sp., *Pteridium aquilinum*, *Vaccinium myrtillus*. Hierzu liegen nur wenige Daten vor, auch aufgrund von methodischen Unsicherheiten (s. Staelens et al. 2011). Bauhus (1994) ermittelte für eine überwiegend aus *Epilobium angustifolium* bestehende dichte Vegetationsdecke ohne Überschirmung durch den umgebenden Buchenaltbestand eine durchschnittliche Interzeptionsrate in den Sommermonaten von 7 %. Nach Leuschner (1987) beträgt die Interzeptionskapazität der Krautschicht in Wäldern mit geschlossenem Kronendach selten mehr als 0,3 mm. Schließlich ergeben sich Interzeptionsverluste durch die **Bodenstreu**. Sie werden je nach Zusammensetzung und Mächtigkeit der Streu mit 2–3 % eingeschätzt, manchmal auch höher (Gerrits und Savenije 2011). Fleck (1986) hat gezeigt, dass der Wassergehalt der Fichtenstreu unter Austrocknungsbedingungen während zehn bis zwölf Tagen etwa linear abnimmt, in der Buchenstreu dagegen exponentiell.

Die Interzeption von **Nebelniederschlägen** ist schwer abschätzbar (Kimmins 2004). Ähnlich ist es mit der Interzeption von **Schnee**, weil sich Evaporationsraten, Verwehungsanteile und Wasseräquivalentwerte kaum bestimmen lassen. Delfs (1967) ermittelte in reinen Fichtenbeständen des Stangen- und Baumholzalters, dass von 12 cm starkem Neuschnee etwa 80 % in den Kronen aufgefangen wurden. Ein Teil dieser Auflage verdunstet, ein weiterer Teil fällt später auf den Boden, wo er sich hauptsächlich in den Randbereichen der Kronen und in Bestandeslücken ansammelt (Beispiele bei Kimmins 2004; Varhola et al. 2010).

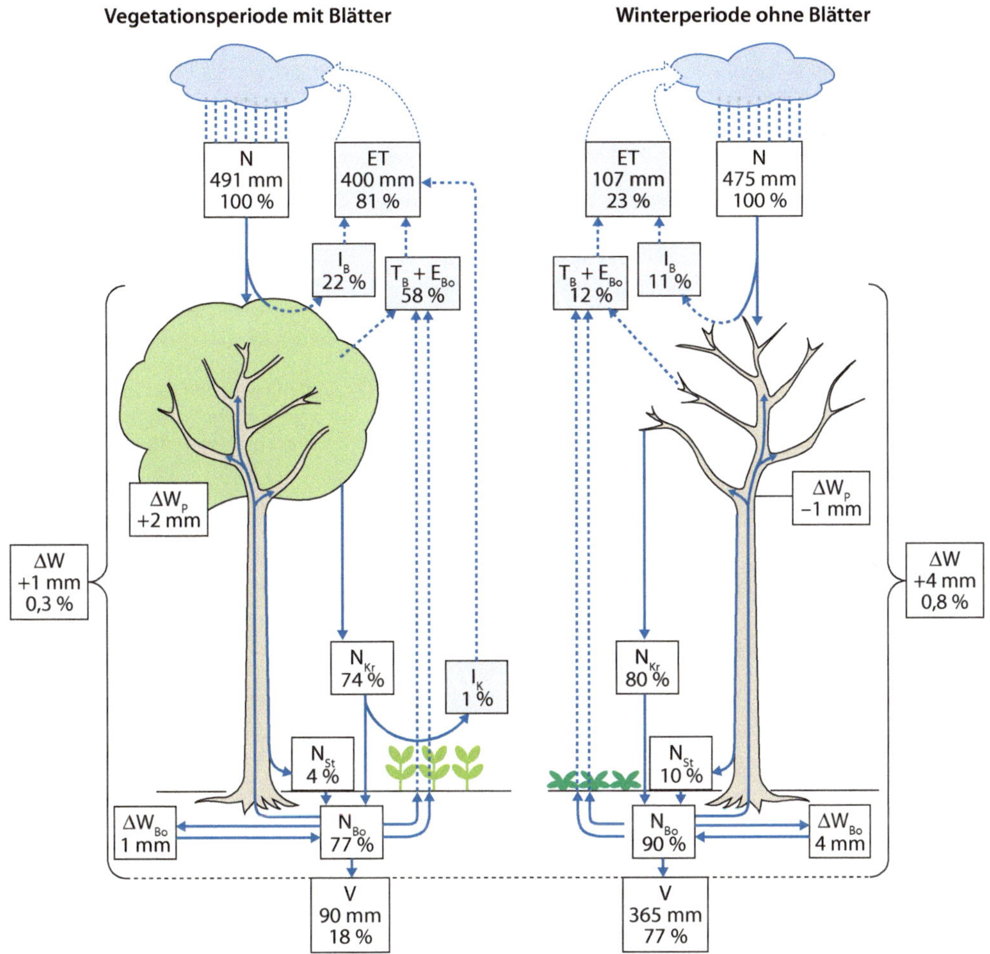

Abb. 17.3 Wasserbilanz eines Eichenmischwaldes in Belgien (nach Schnock 1971; Larcher 2001). Angegeben sind Mittelwerte über vier belaubte (links) und vier laublose Perioden (rechts). *N* Freilandniederschlag, N_{Kr} Kronentraufe, N_{St} Stammablauf, N_{Bo} Infiltration (in den Boden einsickerndes Wasser), *ET* Evapotranspiration, E_{Bo} Evaporation der Bodenoberfläche (Bodenverdunstung), I_B Interzeption durch die Baumschicht, I_K Interzeption durch die Krautschicht, T_B Bestandestranspiration, *V* Versickerung (Perkolation = Durchfluss des Wassers zum Grund- oder Stauwasser), ΔW gesamter Wasservorrat im Ökosystem, ΔW_P Wasservorrat in der Phytomasse, ΔW_{Bo} Wasservorrat im Boden. Im Jahresdurchschnitt fallen 966 mm Niederschlag auf das Kronendach, davon gehen 52,5 % durch Interzeptionsverdunstung, Transpiration und Bodenverdunstung an die Atmosphäre zurück, 47 % versickern, 0,5 % wird im Biomassezuwachs gespeichert

17.1.4 Evaporation

Überall dort, wo Wasser mit einer freien Oberfläche an nicht wassergesättigte Luft angrenzt, geht es vom flüssigen in den gasförmigen Zustand über, es **verdunstet**, und zwar umso stärker, je höher das Dampfdruckgefälle ist. Die Verdunstung von Wasser aus dem Boden oder über den Flächen von Gewässern bezeichnet man als **Evaporation**. Larcher (2001) gibt für die gemäßigten Zonen als Durchschnitt pro Tag in der Vegetationszeit rund 2 mm an, an Schönwettertagen im Sommer sind es bis zu 4 mm, im Winter nur 0,1–0,2 mm. Dieser Vorgang spielt sich bei frei fallendem Niederschlag ebenso ab wie bei Interzeptionswasser, es verdunsten das Wasser an den Blättern und Stämmen und die Feuchtigkeit an der Bodenoberfläche. Die Verdunstung von Schnee ist wegen der hohen Rückstrahlung von Energie (Albedo) wesentlich niedriger als die von Wasser.

Wasserpotenzial

Das Wasserpotenzial wird definiert als Energie pro Volumeneinheit Wasser. Bei 20 °C hat reines Wasser im offenen Gefäß das Potenzial 0. Im Boden und in den Pflanzen ist es verschiedenen Widerständen ausgesetzt. Symbol für das Wasserpotenzial ist der griechische Buchstabe Ψ (Psi), die Einheit ist die des Druckes, in der Regel Megapascal (MPa) oder bar (1 bar = 0,1 MPa). Da zum Transport des Wassers Energie aufgewendet werden muss, wird das Wasserpotenzial mit negativem Vorzeichen angegeben. In den hydrologischen Prozessen wird das Wasserpotenzial durch die Wirkung des durchströmten Materials reduziert. Das geschieht auf verschiedenen Wegen im Boden und in der Pflanze (◘ Abb. 17.4).

Das **Gesamtwasserpotenzial** setzt sich aus verschiedenen Komponenten zusammen, von denen das **Matrixpotenzial** (Saugspanung) das wichtigste ist. Es kommt zustande durch die Grenzoberflächenspannung des Wassers in den Kapillaren. Der dimensionslose **pF-Wert** (p von Potenz, F von Freier Energie des Wassers) kennzeichnet die Energie, mit der das Bodenwasser entgegen der Schwerkraft in der Bodenmatrix gehalten wird. Der pF-Wert ist definiert als dekadischer Logarithmus des Betrags des Matrixpotenzials in Hektopascal. Je höher der pF-Wert ist, desto trockener ist der Boden bzw. desto geringer ist sein Wassergehalt.

Eine geringere Rolle spielt das **osmotische Potenzial**, die Energiemenge, die notwendig ist, um osmotisch gebundenes Wasser in Lösungen für den Transport verfügbar zu machen. Einzelheiten sind u. a. bei Larcher (2001) sowie Fitter und Hay (2002) dargestellt.

Albedo

Der Anteil der einfallenden Strahlung (z. B. Sonnenstrahlung), der von einer Oberfläche (die nicht selbst leuchtet und nicht spiegelt) reflektiert wird, wird als Albedo bezeichnet. Das Rückstrahlungsvermögen ist bei hellen Flächen hoch (z. B. 0,95 bei Schnee) und bei dunklen oder rauen Flächen niedrig. Entsprechend hat Vegetation eine niedrige Albedo (0,05–0,25) und bedingt damit relativ höhere Temperaturen an der Erdoberfläche (Schaefer 2012).

Die Evaporation aus unbewachsenem, streufreiem Boden ist weitgehend von der Zusammensetzung der **Bodenporen** abhängig. Grobkörnige Böden trocknen bei stärkerer Einstrahlung und entsprechend hoher Temperatur oberflächlich rasch, doch nicht tief aus. In feinkörnigen Böden führt der Kapillaranstieg zu einer tiefer reichenden Austrocknung. Eine Streudecke mindert die Evaporation aus dem Boden erheblich, noch stärker eine Vegetationsdecke (s. a. Baumgartner und Liebscher 1996; Kimmins 2004). Das Ausmaß der Evaporation von Bäumen und Sträuchern ist so stark von den meteorologischen Bedingungen und den Bestandesstrukturen abhängig, dass sich kaum genauere Aussagen machen lassen (Chapin et al. 2011 mit dem Verweis auf Modelle von Waring und Running 2007).

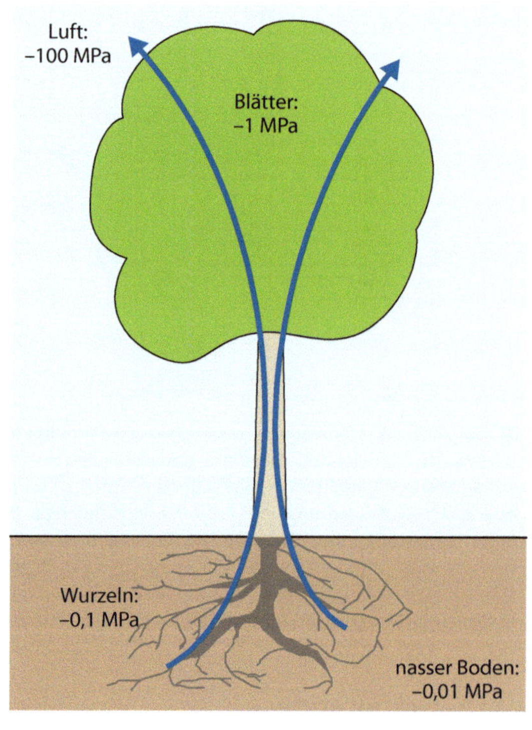

◘ **Abb. 17.4** Typische Wasserpotenziale entlang des Boden-Wasser-Atmosphäre-Kontinuums. (Nach Bonan 2002)

17.1.5 Transpiration

Der Wasserhaushalt der Pflanzen spielt sich in einem Kontinuum von Atmosphäre-Boden-Wasser-

Transpirationsmessung

Die Transpiration einzelner Assimilationsorgane und kleinerer Pflanzen lässt sich durch **Gaswechselmessungen** mit einem Porometer relativ sicher ermitteln (s. Willert et al. 1995). Die Bestimmung der Transpirationsraten von größeren Bäumen und von Waldökosystemen stößt dagegen auf Schwierigkeiten. Die Hochrechnung der an einzelnen Blättern oder Zweigen ermittelten Daten birgt große Unsicherheiten, v. a. wegen der hohen Variabilität der Einzelblätter und der Auswirkungen von Lichtflecken.

Eine Messmethode, mit der die Kronentranspiration und damit der Wasserverbrauch eines Baumes direkt quantitativ und zeitlich hochaufgelöst bestimmt werden kann, besteht in der Bestimmung des Saftflusses in den Stämmen (**Xylemflussmessung**). Köstner et al. (1998) und Jackson et al. (2000) beschreiben dazu verschiedene Methoden mit deren Vorzügen und Nachteilen. Köstner et al. (2004) haben ein solches Verfahren in Buchen-Eichen-Beständen im Fichtelgebirge angewendet, Heimann (1995) an Fichten im Wassereinzugsgebiet »Lange Bramke« im Harz und Patzner (2004) für Fichten-Buchen-Wälder in der montanen Höhenstufe der Nordalpen. Schipka et al. (2005) geben eine Übersicht für Buchenwälder. Oft wird die Transpiration in Waldbeständen durch Modelle ermittelt, in die verschiedene Einflussgrößen, z. B. meteorologische Daten, Blattflächen, Matrixpotenzial des Bodens, eingehen (s. a. Eddy-Kovarianz-Methode in ▶ Kap. 22). In solchen Ansätzen werden oft Transpiration und Evaporation zusammengefasst als Evapotranspiration, so auch im Solling-Projekt (Ellenberg et al. 1986).

Pflanze ab. Die Pflanze bildet durch ihr Gefäßsystem von der Wurzel bis zum Blatt die Verbindung zwischen dem Boden und der Atmosphäre. Die treibende Kraft für den Wassertransport in der Pflanze ist die Differenz des **Wasserpotenzials** zwischen Boden und Atmosphäre. Dadurch, dass der Spross dem niedrigeren Wasserpotenzial der Luft (Dampfdruckdefizit) ausgesetzt ist, wird ein Wassertransport durch die Pflanze in Gang gesetzt (Larcher 2001).

Als **Transpiration** bezeichnet man die Abgabe von Wasser aus der Pflanze über die Blätter. Wenn das Wasserpotenzial im Xylem der Wurzel unter das der umgebenden Bodenporen fällt, kommt ein Wasserfluss in die Wurzeln und von dort durch das Leitsystem der Pflanze bis zu den Blättern zustande. Um aus den meisten Böden den größten Teil des Haftwassers zu entnehmen, reichen negative Wasserpotenziale in den Wurzeln von wenigen Zehnteln MPa aus. Die Pflanze gibt Wasserdampf über die Kutikula und die Spaltöffnungen durch Diffusion ab; dabei sind kutikuläre und stomatäre Widerstände zu überwinden, aus denen sich die Blattleitfähigkeit für Wasserdampf ableiten lässt. Die maximale stomatäre Leitfähigkeit wird bestimmt durch anatomische Eigenheiten wie Größe, Bau, Anordnung und Dichte der Spaltöffnungen (Stomata) (Larcher 2001; s. a. Kumagai 2011). Die **kutikuläre Transpiration** macht bei Waldbäumen der temperierten Zonen im Allgemeinen nur wenige Prozent der Wasserabgabe aus, die meisten Pflanzen sind davor durch verschiedene Ausbildungen der Blattoberfläche (v. a. Wachsschichten) weitgehend geschützt (◻ Tab. 17.1). Nur bei Pflanzen auf feuchten, schattigen Standorten, sonst auch bei intensivem Verdunstungsanstoß und bei stark behindertem Wassernachschub aus dem Boden, z. B. bei Frosttrocknis, kann die kutikuläre Transpiration von gewisser Bedeutung sein.

Ein entscheidender Faktor für die Wasserbilanz von Waldökosystemen und Wassereinzugsgebieten ist die **stomatäre Transpiration**. Die Bewegung des Wassers aus dem Boden in die Pflanze beginnt, wenn deren Stomata offen sind und Wasserdampf aus den Interzellularräumen in die Atmosphäre diffundiert. Dadurch wird die Luft im Inneren trockener, die Evaporation aus den Zellwänden steigt. Das negative Wasserpotenzial führt zu einer zusammenhängenden Wassersäule von den Wurzeln bis zu den Blättern. Die Pflanzen sind in der Lage, durch die Regulierung der Weite ihrer Spaltöffnungen die Transpiration den Verhältnissen weitgehend anzupassen. Bäume können einer unausgeglichenen Wasserbilanz entgegenwirken, indem sie an sonnigen Tagen um die Mittagszeit durch die Bewegung der Schließzellen den Wasserverbrauch drosseln, um sie später wieder stärker zu öffnen. Einzelheiten zu diesen Vorgängen und deren Abhängigkeit von den Arteigenschaften der Pflanzen und den Umweltbedingungen werden von Larcher (2001) dargestellt. Unter den Baumarten gibt es deutliche Unterschiede. Auch die Blattmorphologie spielt eine Rolle: So schließen Schattenblätter die Stomata schon bei geringerem Transpirationsanstoß als Lichtblätter (◻ Abb. 17.5).

Tab. 17.1 Maximale (in Klammern) stomatäre und durchschnittliche kutikuläre Leitfähigkeiten für Wasserdampf (mmol H_2O m^{-1} s^{-1} bezogen auf die projizierte Blattfläche) funktioneller Pflanzengruppen. (Aus Larcher 2001)

Pflanzengruppe	Maximale Blattleitfähigkeit	Kutikuläre Leitfähigkeit
Holzpflanzen		
Waldbäume humider Tropen	250–400	5–6
Immergrüne Laubgehölze und sklerophylle Arten	100–200	(1) 2–5
Sommergrüne Bäume und Sträucher der gemäßigten Zone	170–350	3–4 (7)
Immergrüne Koniferen	um 230	1–3
Immergrüne Zwergsträucher	um 240	Um 5
Krautige Pflanzen		
Dikotyle Kräuter	400–500	5–8 (12)
Gräser und Seggen		
Wiesen	300–400	6–10
Steppen	um 350	3–6
Sukkulenten	100–120	0,3–0,5 (1)
Geophyten	(200) 400 (600)	
Annuelle Wüstenpflanzen	um 300	um 10

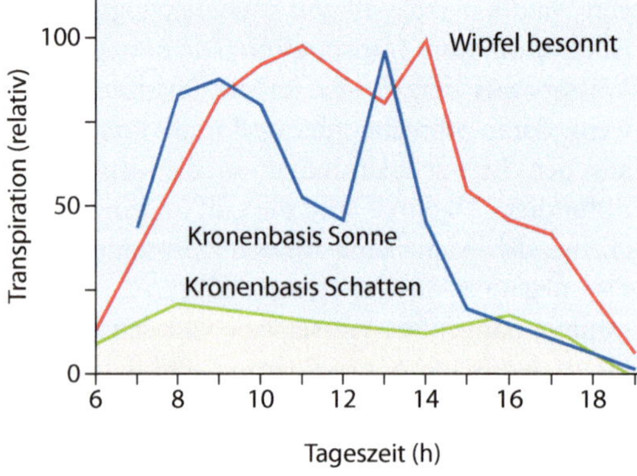

Abb. 17.5 Tagesgang der Transpiration von Fichtentrieben (relativ bezogen auf den Höchstwert am Baumwipfel an einem sonnigen Augusttag). Bei unzureichender Wasserversorgung schränken zuerst die Zweige am unteren Rand der Krone (Kronenbasis) und später die besonnten Wipfeltriebe ihre Wassergabe ein. (Aus Larcher 2001 nach Pisek und Tranquillini 1951)

Aus den mit unterschiedlichen Verfahren ermittelten Daten ergibt sich, dass Wälder durch Transpiration einen höheren **Wasserverbrauch** haben als die meisten anderen Pflanzenformationen. Nur Feuchtwiesen und einige Sümpfe liegen darin etwas höher. Waring und Running (2007) betonen, dass wegen des Stomatawiderstands die maximale Transpirationsrate in Waldbeständen nicht höher ist als 6 mm h^{-1}. Das entspricht der Angabe von Benecke (1984), der im Solling in einem Buchenaltbestand eine maximale Rate von 5,3 mm h^{-1} ermittelt hat. Die durchschnittliche Transpiration von Waldbeständen liegt wesentlich niedriger. Wälder passen sich in erheblichem Ausmaß dem Wasserangebot an und können auf Kosten der Assimilation, die eng mit dem Wasserhaushalt gekoppelt ist, artspezifisch ihren Wasserkonsum durch Herabsetzung der Transpiration einschränken. So berichten Lu et al. (1995) von Untersuchungen an 30-jährigen Fichtenbeständen mit 14 m Höhe an der Ostseite der Vogesen (1500 mm Jahresniederschlag), dass die Transpirationsrate bei normaler Wasserversorgung um 12.00 Uhr mittags maximal ca. 0,5 mm h^{-1} betrug, unter Trocknisbedingungen jedoch nur die Hälfte davon. Durchschnittswerte der jährlichen Transpiration von Nadel- und Laubholzbeständen geben Peck und Mayer (1996) an. Die Auswertung der Daten aus 245 Waldbeständen in zehn mittel- und nordeuropäischen Ländern ergab folgende Reihung für die jährliche Transpirationsrate: Fichte

Fallstudien zum Wasserhaushalt

Den Wasserhaushalt von **Buche** und **Traubeneiche** in einem Altbestand (90 % Buche und 10 % Traubeneiche) in der Lüneburger Heide (Sandboden mit geringer Wasserkapazität bei ca. 800 mm Jahresniederschlag) untersuchten Backes und Leuschner (2002) bei niedriger, mittlerer und höherer Bodenfeuchtigkeit über vier Jahre. Das Zusammenfügen der Ergebnisse der Untersuchung verschiedener Einzelfaktoren (Bodenfeuchtigkeit, Wasserstatus der Blätter u. a.) zeigte eine höhere Trockentoleranz der Traubeneiche im Vergleich zur Buche (s. a. Leuschner et al. 2004; Leuzinger et al. 2005). Das höhere Schattenerträgnis, zusammen mit der stärkeren Bodenbeschattung der Buche, wird dennoch dazu führen, dass die Buche im Laufe der Sukzession die Eiche aus dem Bestand verdrängt.

Jochheim et al. (2004) erfassten den Wasserhaushalt eines größeren Waldgebiets in Brandenburg mit **Kiefernbeständen** auf sandigen Standorten und **Laubholzbeständen** (Mischbestände aus Birke, Eiche, Buche u. a.) auf lehmigen Standorten. Bei durchschnittlichen Jahresniederschlägen von 482–712 mm (im Durchschnitt der vier Jahre 560 mm Jahr^{-1}) in den Jahren 1994 bis 1997 verbrauchte der Kiefernbestand für die Transpiration 300–354 mm Jahr^{-1} (durchschnittlich 340 mm Jahr^{-1}), der Laubholzmischbestand mit 237–314 mm Jahr^{-1} (durchschnittlich 283 mm Jahr^{-1}) weniger aufgrund geringerer Transpirationsraten in den Wintermonaten (Abb. 17.6). Das ist aber immer noch mehr als die Hälfte des durchschnittlichen Jahresniederschlags.

Pröbstle und Kreutzer (1991) haben für einen 83-jährigen, sehr dicht bestockten **Fichtenbestand** im Höglwald bei München (sandige Podsol-Braunerde, durchschnittlicher Jahresniederschlag 900 mm) die Transpirationsraten nach verschiedenen Verfahren berechnet und kommen bei der plausibelsten Methode auf Werte von 300–350 mm Jahr^{-1}.

(385 mm) > Buche (356 mm) > Eiche (338 mm) > Kiefer (314 mm) (van der Salm et al. 2007).

Wenn man verschiedene Baumarten miteinander vergleicht, muss man auf die Bezugsbasis achten: Je Einheit **Blattfläche** ist der Wasserverbrauch von Birken annähernd doppelt so hoch wie der von Buchen. Da jedoch die Blattfläche eines Birkenbestandes nur etwas mehr als die Hälfte von der eines Buchenbestandes beträgt, nähern sich bei **bestandesweiser** Betrachtung die Werte einander stark an (s. a. Kimmins 2004). Ähnlich fällt ein Vergleich von Kiefer und Fichte aus. Die Kiefer hat eine deutlich höhere Transpirationsrate je Einheit Nadelgewicht als die Fichte, doch die viel niedrigere Nadelmasse der Kiefer führt dazu, dass Kiefernbestände weniger Wasser durch Transpiration an die Atmosphäre abgeben als Fichtenbestände.

Problematisch sind allgemeine Angaben über den Wasserbedarf einzelner Arten auch deshalb, weil Bestände der genannten Arten auf unterschiedlichen **Standorten** mit verschiedenem Wasserhaushalt stehen können. Schipka et al. (2005) untersuchten die Transpiration von vier alten, geschlossenen Buchenbeständen (110 bis 132 Jahre) auf Cambisol- und Rendzinaboden in Sachsen-Anhalt und Niedersachsen (Höhenlagen 120–510 m ü. NN) mit einem Gradienten der Niederschläge von 550–1480 mm Jahr^{-1}. Die jährliche Transpirationsrate variierte mit 216–303 mm wesentlich weniger als der Jahresniederschlag. Die höchste Transpiration wurde bei Niederschlägen von 700–1000 mm beobachtet. Die Autoren halten es für wahrscheinlich, dass bei Niederschlägen unter 700 mm zeitweiliger Wassermangel die Transpiration einschränkt, während bei mehr als 1000 mm die Transpiration durch verminderte Einstrahlung von Sonnenenergie und/oder ein geringeres Sättigungsdefizit der Luft bei hier öfter bedecktem Himmel herabgesetzt ist.

Die **Bodenvegetation** kann, vor allem wenn die Bestände aus Lichtbaumarten zusammengesetzt sind, erheblich zur Gesamttranspiration beitragen. Müller (1967) fand in einem 55-jährigen Kiefernbestand mit geschlossener Bodenbedeckung von *Vaccinium myrtillus* auf einem stark podsolierten Sandboden in Nordostdeutschland einen Wasserverbrauch von 75–80 mm für die gesamte Vegetationszeit. Unter ähnlichen Bedingungen ermittelten Lüttschwager et al. (1999) für Ende Mai, dass *Calamagrostis epigejos* einen nahezu gleichen Anteil an der Bestandestranspiration hatte wie die Kiefer. Rechnet man die ermittelten Daten von *Brachypodium sylvaticum* hinzu, so übertraf die Grasdecke in ihrer Transpiration die Kiefer beträchtlich. Entsprechend kann auch *Pteridium aquilinum* wirken.

In vielen Arbeiten werden Evaporation und Transpiration zur **Evapotranspiration** zusammengefasst. Aus dem Solling-Projekt haben Ellenberg et al. (1986) umfangreiches Datenmaterial vorge-

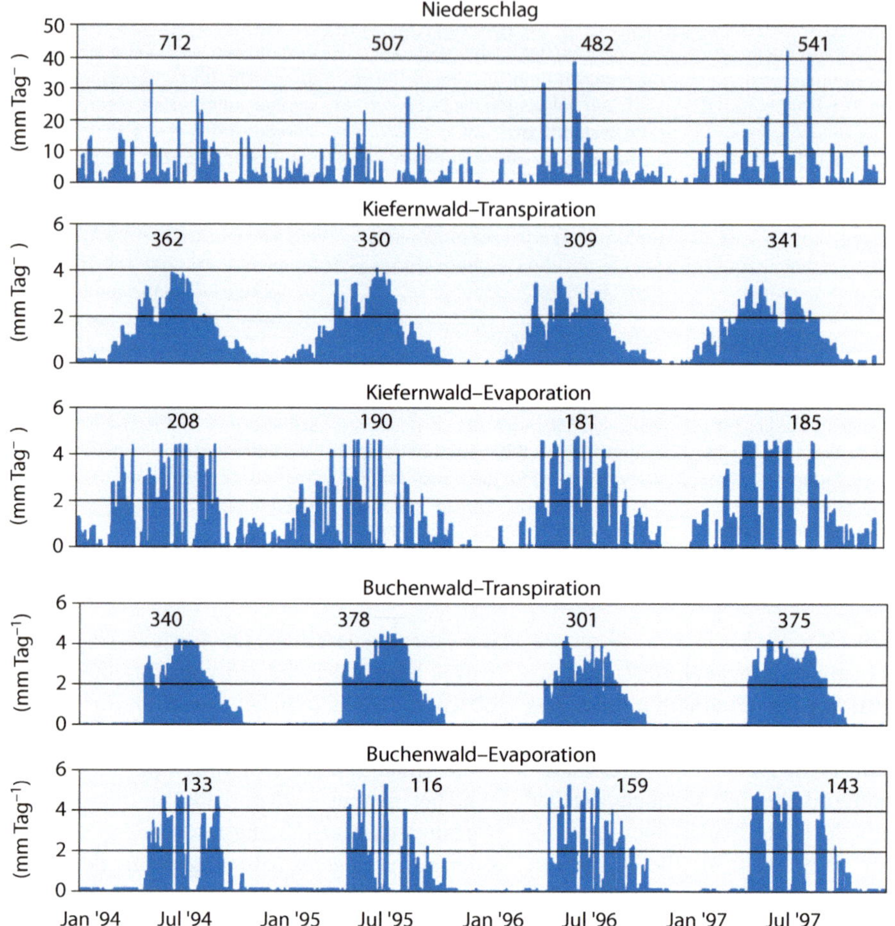

Abb. 17.6 Mit einem Prozessmodell geschätzte Wasserflüsse für die Simulationsperiode Januar 1994 bis Dezember 1997 in einem Kiefernwald auf sandigem Boden und in einem Buchenwald auf lehmigem Boden in Brandenburg östlich von Berlin (nach Jochheim et al. 2004). Die Zahlen in den Diagrammen geben die Jahressummen der Wasserflüsse an

legt, darunter die Ergebnisse von Messungen zum Wasserhaushalt in einem geschlossenen Buchenbestand von 123 Jahren (zu Beginn der Messungen im Jahr 1969) und einem 85-jährigen geschlossenen Fichtenbestand in einer Höhenlage von etwa 500 m ü. NN und durchschnittlichen jährlichen Niederschlagssummen von knapp über 1000 mm. Tabelle 17.2 gibt einen Ausschnitt aus der umfangreichen Zusammenstellung mit Ergänzung der prozentualen Anteile von Bestandesniederschlag und Evapotranspiration am Freilandniederschlag. Danach gelangen im 13-jährigen Mittel an den Boden des Buchenbestandes 83 % und im Fichtenbestand 73 % des Freilandniederschlags. Die Evapotranspiration war während dieses Zeitraumes bei der Buche um etwa 15 % niedriger als bei der Fichte. Die Daten für Freiland- und Bestandesniederschlag sowie für Evaporation zeigen beträchtliche Unterschiede von Jahr zu Jahr.

17.1.6 Wasserabfluss

Steuernde Prozesse des Abflussverhaltens nach einem Niederschlagsereignis zeigt Abb. 17.7. Von künstlich **versiegelten Flächen** (Straßen, Gebäudedächern und dergleichen), aber auch von tief gefrorenem und stark verdichtetem Boden fließt das

Tab. 17.2 Durchschnittliche Raten der Komponenten des Wasserhaushalts für den Buchenbestand (B) und den Fichtenbestand (F) des Solling-Projekts. (Aus Ellenberg et al. 1868)

Jahre	N	Baumart	BN	ET	P	I	
	(mm)		(mm)	(mm)	(mm)	(mm)	(%)
1969–1975	1060	Buche	873	287	588	187	17,7
		Fichte	755	334	423	305	29,2
Differenz		B–F	118	−47	165	−118	−11,5
Maximum	1479	Buche	1190	265	972	289	19,5
		Fichte	1132	273	881	347	23,5
Minimum	809	Buche	622	311	303	187	23,1
		Fichte	555	310	232	254	31,4
1976–1981	1025	Buche	850	276	572	175	17,1
		Fichte	747	328	419	278	27,2
Differenz		B–F	103	−52	153	−103	−10,1
Maximum	1545	Buche	1335	261	1057	210	13,6
		Fichte	1162	302	838	382	24,8
Minimum	705	Buche	588	269	322	118	16,7
		Fichte	523	310	247	182	26,0

N Freilandniederschlag, *BN* Bestandesniederschlag, *ET* Evapotranspiration, *P* Perkolation (Tiefenversickerung), *I* Interzeption

Niederschlagswasser nahezu ungehindert ab. Der **Oberflächenabfluss** bringt Nachteile für den Wasserhaushalt der Landschaft: Seine unregelmäßige Wasserspende kann zu Erosion und Überschwemmungen führen und ist oft verunreinigt. Bei mit Vegetation **bewachsenem Boden** hängt die Infiltration von Wasser von verschiedenen Faktoren ab. Während Interzeption und Evapotranspiration bei anhaltendem Starkregen kaum von Bedeutung sind, kommt dem Boden (Humusdecke, Porenverteilung, Durchwurzelung) die Schlüsselrolle zu (Neary et al. 2009). Dabei entstehen zwei Formen des Abflusses: Zum **oberflächennahen Abfluss** kommt es, wenn die Fähigkeit der oberen Bodenschichten nicht ausreicht, den Niederschlag voll aufzunehmen. Er verläuft in der (oberen) Wurzelzone, hauptsächlich in einer Schicht über schwerer durchlässigem Substrat. Am Gesamtabfluss kann er einen beträchtlichen Anteil einnehmen. Je nach den Bodenverhältnissen ist er auf engem Raum unregelmäßig verteilt und versickert oft in einiger Entfernung von seinem Entstehungsort. Diese Eigenschaften führen dazu, dass die Mengen des oberflächlichen Abflusses örtlich schwierig zu bestimmen sind. Er wird bei Untersuchungen in Wassereinzugsgebieten meist nicht getrennt vom Gesamtabfluss ausgewiesen.

Die wichtigste Komponente des Abflusses bei der Mehrzahl der Niederschlagsereignisse ist die **Tiefenversickerung**. Sie verläuft unter dem Einfluss der Schwerkraft bei geringer Hangneigung mehr oder weniger senkrecht im Boden und wird begrenzt durch festes Grundgestein oder durch wasserundurchlässige Bodenschichten. Je nach den Bodenverhältnissen und der Höhe der Niederschläge verläuft die Einsickerung (Infiltration) in geringen (2,5–12 cm pro Tag) oder hohen Raten (300–600 cm pro Tag). In Waldböden findet man meist mittlere bis hohe Werte. In geneigtem Gelände fließt das Sickerwasser mehr oder weniger rasch ab (Hangwasser) und tritt, soweit es nicht im Boden gebunden oder durch undurchlässige Schichten als Grundwasser gehalten wird, in Bäche und Flüsse aus.

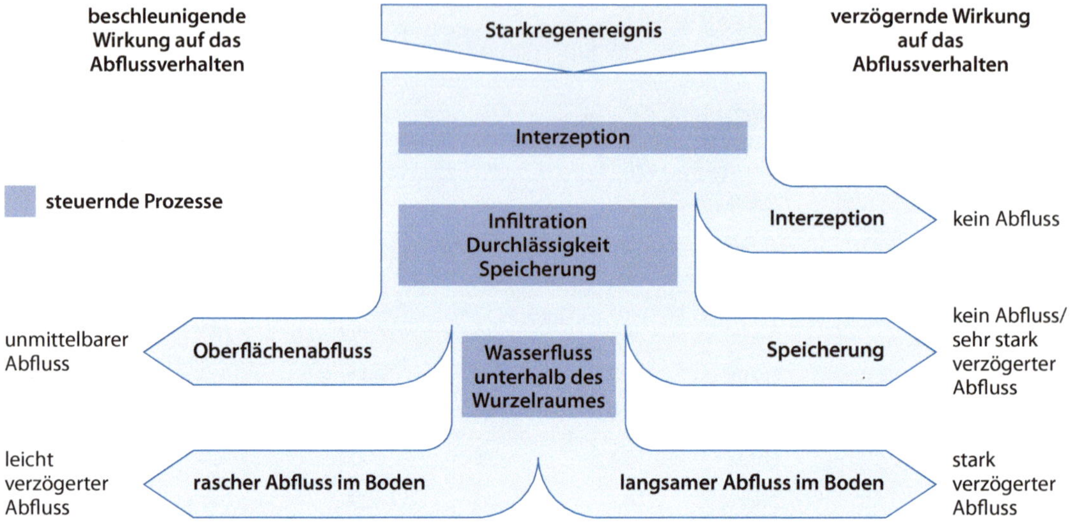

beschleunigende Wirkung auf das Abflussverhalten

Starkregenereignis

verzögernde Wirkung auf das Abflussverhalten

Interzeption

steuernde Prozesse

Infiltration
Durchlässigkeit
Speicherung

Interzeption — kein Abfluss

unmittelbarer Abfluss — Oberflächenabfluss

Wasserfluss unterhalb des Wurzelraumes

Speicherung — kein Abfluss/ sehr stark verzögerter Abfluss

leicht verzögerter Abfluss — rascher Abfluss im Boden

langsamer Abfluss im Boden — stark verzögerter Abfluss

Abb. 17.7 Steuernde Prozesse des Abflussverhaltens aus einem Waldökosystem nach einem Niederschlagsereignis. (Nach Lüscher und Zürcher 2003)

In der forstlichen Standortkunde wird zwischen Grundwasser und Stauwasser unterschieden. Als **Stauwasser** bezeichnet man oberflächennahes, gering mächtiges Grundwasser (s. ▶ Abschn. 17.1.7), das während der Vegetationszeit in der Regel ganz oder teilweise verschwindet und sich im Boden nur wenig seitwärts bewegt. Staukörper sind dicht gelagerte Bodenschichten in Tiefen von meist weniger als 150 cm. Der Staunässeleiter ist im Winter und im frühen Frühjahr oft bis zur Oberfläche mit Wasser gefüllt. Bei sehr hohen Niederschlägen bleibt dieser Zustand das ganze Jahr über bestehen. Sonst bewegt sich die Oberfläche des Stauwassers meist um 20–50 cm. Das Stauwasser ist arm an Sauerstoff. Böden dieser Art (Pseudogley) in unterschiedlicher Ausprägung (Tab. 17.3) engen den Wurzelraum der Waldbäume stark ein und führen zu erhöhter Sturmwurfgefahr, besonders bei der Fichte.

Der Anteil der **Tiefenversickerung** steht in engem Zusammenhang mit den übrigen Gliedern der Wasserhaushaltsgleichung. Abbildung 17.8 zeigt diese Zusammenhänge aus den Untersuchungen im Solling (s. a. Tab. 17.2). Daraus ergibt sich ein Anteil des Sickerwassers an der Niederschlagssumme im Buchenbestand von 54 %. Im Fichtenbestand liegt dieser Anteil bei nur 36 %, eine Folge der höheren Evaporation und vor allem der Interzeption. Larcher (2001) gibt aus verschiedenen Quellen zusammengefasst für Laubwälder in Mitteleuropa bei 600 mm Niederschlag einen Anteil des Abflusses von 33 % und für Nadelwälder in dieser Region bei 730 mm Niederschlag von 40 % an. Müller (2001) teilt Ergebnisse von vierjährigen Messungen und Berechnungen mithilfe eines Modells in je einem 95-jährigen geschlossenen Kiefernbestand (Blattflächenindex LAI von 5,8) und in einem 140-jährigen Buchenbestand (LAI 6,9) auf Sandboden in Nordostdeutschland mit. Hier fielen im Durchschnitt der vier Jahre 532 mm Niederschlag. Dabei betrug die Versickerungsrate, über die vier Jahre gemittelt, im Kiefernbestand 49 mm (=9 % des Jahresniederschlags), im Buchenbestand waren es dagegen 76 mm (=14 %). Im Jahr 1996 mit nur 498 mm Jahresniederschlag sank die Versickerung im Kiefernbestand auf nur 19 mm (=4 %), bei der Buche waren es 42 mm (=8 %). Die Überlegenheit der Buche bei den Versickerungsraten wird auf den höheren Stammablauf der Buchenstämme und die geringere Interzeptionsverdunstung zurückgeführt.

In vielen Arbeiten wird die Rolle des Waldes zum Schutz gegen **Hochwasser** behandelt. Eine gute Übersicht gibt ein Heft der Bayerischen Landesanstalt für Wald und Forstwirtschaft (LWF 2003; s. a. Schüler et al. 2002; Witzig et al. 2004). Je nach der geografischen Lage und den jeweiligen

Tab. 17.3 Einschätzung des Gesamtwasserhaushalts am Standort (nach Arbeitskreis Standortskartierung 2003). Gültig für die submontane Höhenstufe mit 650–750 mm Jahresniederschlag

Bezeichnung	Merkmale
	I. Böden ohne Stau- oder Grundwassereinfluss
Sehr trocken	In der VZ schon kurze Zeit nach Niederschlägen wegen sehr geringer nWSK (flachgründige oder sehr durchlässige Böden) deutlicher Wassermangel
Trocken	In der VZ regelmäßiger mehrfach auftretender länger anhaltender Wassermangel
Mäßig trocken	In der VZ vorübergehend (ein- bis zweimal im Jahrzehnt auftretend) deutlicher Wassermangel
Mäßig frisch	Geringe Gefahr von Trockenheit auf mittelgründigen bis tiefgründigen Böden
Frisch	Infolge hoher nWSK oder höherer Niederschläge ganzjährig gut mit Wasser versorgt; Wassermangel nur in ausgeprägten Trockenperioden; höherer Anteil von Grobporen im Boden, deshalb auch bei Wassersättigung bis nWSK kein Luftmangel in der VZ
Sehr frisch	Auch während längerer Trockenperioden ausreichende Bodenfeuchtigkeit; bei hohen Niederschlägen kann in tieferen Bodenschichten kurzzeitig Luftmangel auftreten; häufig Pseudogleyflecken im Unterboden, besonders in lehmig-tonigen Böden
	II. Böden mit Stauwassereinfluss
Wechseltrocken	Bei hoch anstehendem Staukörper ausgeprägter Wechsel zwischen Vernässung (im Winter und nach starken Sommerregen) und scharfer Austrocknung in der VZ; Trockenphasen überwiegen
Mäßig wechseltrocken	Bei weniger hoch anstehendem Staukörper mit geringerem Phasenwechsel
Mäßig wechselfeucht	Mäßig ausgeprägter Wechsel zwischen Vernässung und Austrocknung; keine starke Dichtlagerung des Bodens, daher Luftmangel nur in schwach durchwurzeltem Unterboden
Wechselfeucht	Deutlicher jahreszeitlicher Wechsel zwischen langer, intensiver winterlicher Nassphase mit starkem Luft-und Wärmemangel zu Beginn der VZ und nicht stark ausgeprägten sommerlichen Abtrocknungsphasen
Staunass	300 Tage im Jahr und mehr alle Bodenporen mit Wasser gefüllt; Übergang zu III
	III. Böden mit Grundwassereinfluss
Feucht	Oberboden nur zeitweise vollständig mit Wasser gefüllt (Schneeschmelze, sehr ergiebige Niederschläge außerhalb der VZ); Grundwasserstand 30–60 cm
Hangfeucht	Wasserzuzug durch Hanglage bei günstigem Lufthaushalt des Bodens
Grundfrisch	Wasserhaushalt vorwiegend vom Oberboden bestimmt, guter Lufthaushalt auch im Unterboden; Grundwasserstand tiefer als 160 cm
Grundfeucht	Mittlerer Grundwasserstand 80–120 cm; bei bodenabhängigem kapillarem Wasseranstieg ständige Wasserreserve auch in Trockenzeiten, geringe Vernässungsgefahr in Nassperioden
Nass	Grundwasserstand höher als 30 cm; permanente ganzjährige Wassersättigung nahezu des gesamten Porenvolumens aus Grundwasser, bei extremem Luft- und Wärmemangel

VZ Vegetationszeit (Mai bis September), *nWSK* nutzbare Wasserkapazität

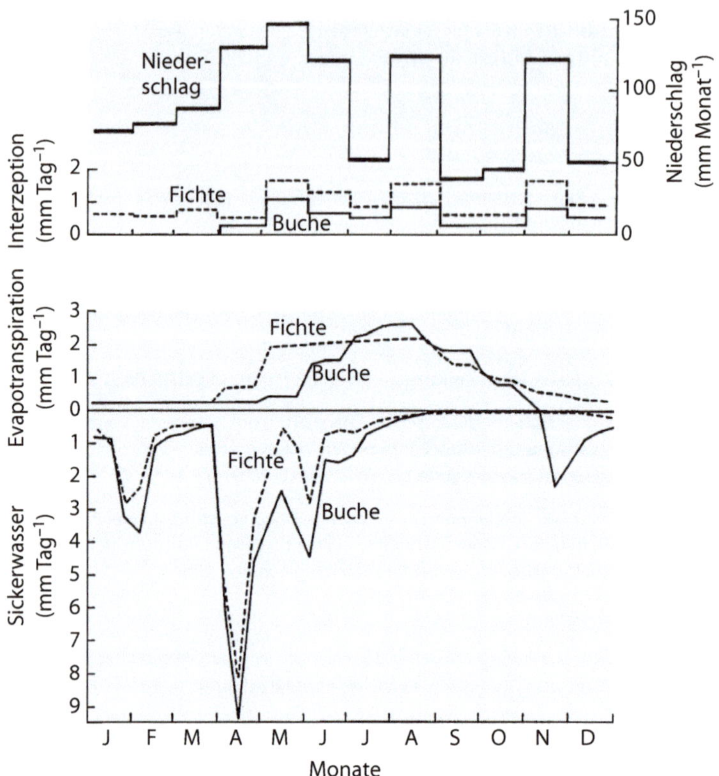

Abb. 17.8 Evapotranspiration, Versickerung, Interzeption und Niederschlag in Altbeständen von Buche und Fichte im Solling im Verlauf des Jahres 1969 bei einem Jahresniederschlag von 1064 mm. (Nach Benecke und van der Ploeg 1976)

Niederschlagsverhältnissen kann die positive Wirkung von Waldbestockungen bei kleineren Wassereinzugsgebieten als gesichert gelten, bei großen Einzugsgebieten sind die Ergebnisse widersprüchlich (Schleppi 2011).

17.1.7 Wasser im Boden

Bei der Aufstellung von Wasserbilanzen für Bestände und Wassereinzugsgebiete müssen die Veränderungen der Wasservorräte im Boden berücksichtigt werden. Die verschiedenen Methoden zur Bestimmung des **Bodenwassergehalts** sind dargestellt bei Jackson et al. (2000) und Blume et al. (2011). Der Boden erfüllt für die Ökosysteme eine Rolle als Speicher, Regler und Verteiler von Wasser (Benecke 1990). Der aktuelle Wassergehalt des Bodens, das Gewicht oder Volumen Wasser, das ein Boden enthält, sagt nicht viel darüber aus, wie viel Wasser den Pflanzen tatsächlich zur Verfügung steht. Ein mehr oder weniger großer Teil des Bodenwassers ist so fest gebunden, dass er von den Pflanzenwurzeln mit deren Saugkräften nicht aufgenommen werden kann. Die Bindungskräfte des Bodens bilden das **Wasserpotenzial** (s. ▶ Abschn. 17.1.5).

Das **Porenvolumen** ist eine wichtige Größe des Wasserhaushalts im Boden. In Sandböden mit ihrem hohen Anteil von groben Poren fließt das Wasser unter dem Einfluss der Schwerkraft rasch ab. Überwiegen jedoch Feinporen, wie in Lehm- und Tonböden, wird das Wasser stärker gebunden (Ehlers und Goss 2003; ▣ Abb. 17.9).

Wenn eine Bodenprobe voll mit Wasser gesättigt wird und man dann das Wasser durch die Schwerkraft abtropfen lässt, erhält man einen Wassergehalt, den man als **Feldkapazität** bezeichnet. Die Feldkapazität ist kein fester Wert, vielmehr

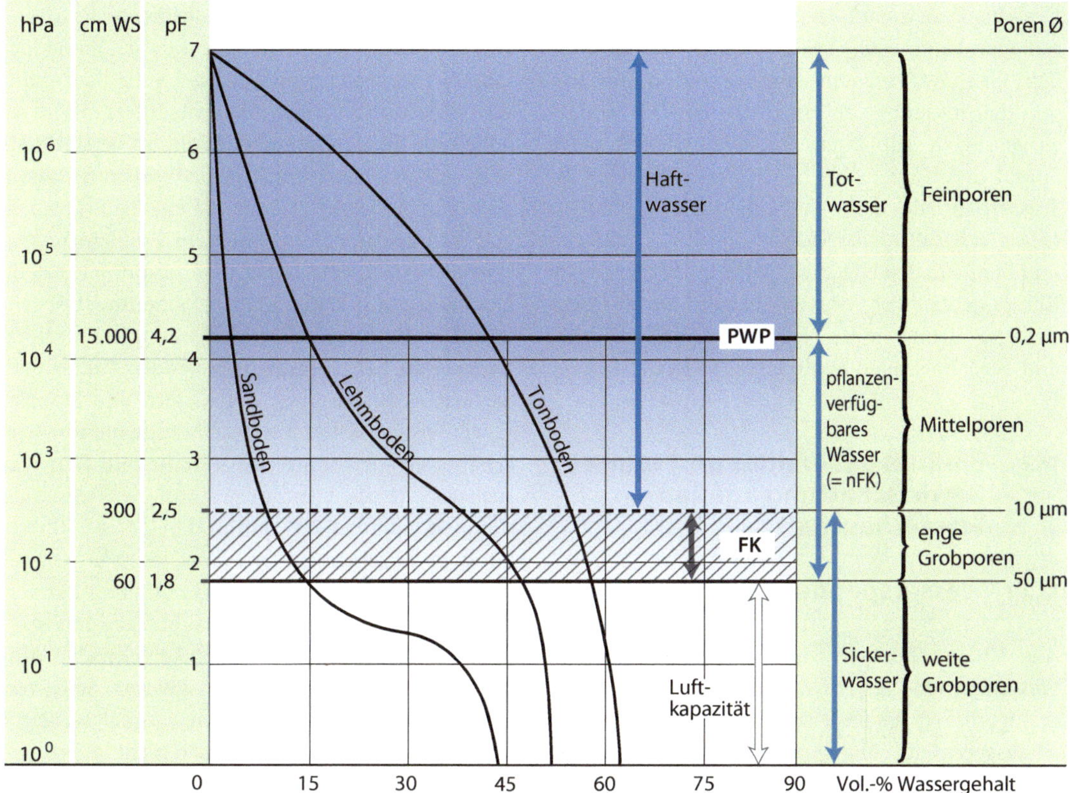

Abb. 17.9 Beziehung zwischen Wasserpotenzial (in hPa und cm WS) und Wassergehalt (Wasserspotenzial-, pF-Kurve) für Sand-, Lehm und Tonböden (nach Hintermaier-Erhard und Zech 1997). *FK* Feldkapazität, *PWP* permanenter Welkepunkt, *WS* Wassersäule

hat er eine gewisse Bandbreite (pF 1,8 bis 2,5). Bei Sandböden liegt er niedriger als bei Lehm- und Tonböden. Den höchsten Wassergehalt findet man in Tonböden. Der **permanente Welkepunkt** ist der Wassergehalt, bei dem die Pflanzen das Restwasser wegen der starken Saugspannung des Bodens nicht mehr aufnehmen können. Auch das ist kein Fixpunkt, weil der Turgorverlust bei den Pflanzenarten und deren Blattausbildung unterschiedlich rasch einsetzen. Man hat ihn konventionell bei pF = 4,2 festgelegt.

Im Freiland sind die Verhältnisse oft dadurch komplizierter, dass **Humusanteile** die Wasserpotenziale in verschiedenem Ausmaß erhöhen und dass die durchwurzelten Horizonte aus verschiedenen Bodenarten zusammengesetzt sein können. Leuschner (1998b) schildert die Zusammenhänge in einer Arbeit, in der er die Wasseraufnahme der Feinwurzeln in einem alten Buchen-Eichen-Wald und einem 30-jährigen Kiefern-Birken-Bestand auf Sandboden in der Lüneburger Heide vergleicht. Die humosen Horizonte tragen beträchtlich zur Wasserführung des Gesamtbodens bei, wenn sie genügend dick sind (in dieser Untersuchung unter Buche 8–10 cm) und einen großen Teil der Wurzelmasse enthalten. Ellenberg et al. (1986) zeigen die Jahresgänge der Saugspannung in je einem Buchen- und Fichtenbestand im Solling bei jährlichen Niederschlägen von 900–1200 mm. Sie schließen daraus, dass dort die Buche kaum jemals unter Wassermangel leidet, die Fichte allenfalls in Trockensommern.

Als **Grundwasser** bezeichnet man jenes Wasser, das Hohlräume im Boden zusammenhängend ausfüllt und dessen Bewegungsmöglichkeiten ausschließlich durch die Schwerkraft bestimmt werden. Über einer Grundwassersohle, die aus

Gesteinen oder stark verfestigten Bodenschichten bestehen kann, bewegt es sich auch seitlich. Über dem Grundwasserraum ist ein Kapillarraum ausgebildet, in dem es zu einem mehr oder weniger ausgeprägten kapillaren Wasseraufstieg kommt. Sofern die Wurzeln bis hierher reichen, wird ihr Wasserhaushalt dadurch wesentlich beeinflusst (s. a. Cech 2010). Die Neubildung von Grundwasser hängt von den Niederschlägen und den übrigen Komponenten des Wasserhaushalts ab. So kann sich der Grundwasserspiegel im Laufe der Jahre und der Jahreszeiten beträchtlich ändern.

17.2 Einfluss des Waldes und seiner Bewirtschaftung auf den Wasserhaushalt

17.2.1 Wasserspende

Alle Untersuchungen zeigen, dass die Höhe der **Wasserspende** aus bewaldeten Einzugsgebieten geringer ist als aus unbewaldeten. Das Ausmaß der Abflussverminderung hängt neben der Infiltration und Evapotranspiration offenbar im Wesentlichen mit der Höhe der Niederschläge zusammen. In Gebieten mit aridem Klimacharakter (geringe Niederschläge mit höherer Wärme und potenzieller Verdunstung) wird weniger Wasser ausgetragen (als Beispiel dienen die Angaben von Müller 2001 in ▶ Abschn. 17.1.6), während unter humiden Bedingungen mehr als 50 % versickern können. Wichtig ist aber auch, dass vor allem durch das langsamere Abschmelzen des Schnees in Waldgebieten der **Abfluss verzögert** wird und sich länger hinzieht (s. a. Witzig et al. 2004). Bei quantitativer Betrachtung ist allerdings zu beachteten, dass Schnee in Waldgebieten geringere Wasseräquivalente aufweist als solcher auf der Freifläche. Ferner gilt, dass der Wald in Regionen mit ozeanischem Klima starke und lang anhaltende Hochwässer in den Einzugsgebieten nur wenig vermindert (Führer 1990). Nicht jeder Boden erfüllt die Funktion eines Schwammes, längst nicht jeder Wald schützt vor Hochwasser. Oft, aber nicht immer, erhöht die Wasserspende aus dem Wald das Niedrigwasser der Bäche und Flüsse merklich, je nach Bodentyp und seinem Bewuchs.

Die Abnahme der **Bestandesdichte** führt erst bei stärkeren Eingriffen zu einer Erhöhung der Wasserspende aus dem Wald, denn die Baumzahlverminderung verringert zwar die Interzeption, erhöht aber die Evapotranspiration, oft verstärkt sie auch die wasserverbrauchende Bodenvegetation. Bosch und Hewlett (1982) haben die Ergebnisse von 94 Experimenten zu diesem Problem regressionsanalytisch verarbeitet und zusammengestellt. Daraus ergibt sich in grober Annäherung: Die größere Zunahme des Wasserabflusses nach Eingriffen findet man bei Nadelbaumbeständen (untersucht wurden meist Bestände aus Kiefern und Douglasien). Bei Reduktion der Bestandesdichte um 30 % erhöhte sich der Abfluss im Durchschnitt aller Versuchsgebiete um 100 mm pro Jahr, bei Reduktion um 60 % waren es 220 mm und bei 90 % 250 mm. Grob verallgemeinert brachten je 10 % weniger Bestandesdichte etwa 40 % mehr Abfluss. Für verschieden zusammengesetzte Laubholzbestände erhöhten sich die Abflüsse bei entsprechenden Auflichtungen nur um 90, 159 bzw. 220 mm. Selbstverständlich lassen derartige Daten – zumal, wenn die jeweiligen Niederschlagssummen nicht in Betracht gezogen werden – nur Tendenzen erkennen.

Ziemlich sichere Erkenntnisse über die Einflüsse der Bestandesbehandlung auf die hydrologischen Verhältnisse geben Vergleiche verschiedener **Wassereinzugsgebiete**. Schleppi (2011) beschreibt die Voraussetzungen, die für die Anlage und den Betrieb solcher Einrichtungen gegeben sein müssen. Er bewertet die Ergebnisse zahlreicher Studien dieser Art aus verschiedenen Ländern. Ausführlich beschreiben die Hydrologie von Wassereinzugsgebieten auch Landsberg und Gower (1997).

In dem gründlich untersuchten Wassereinzugsgebiet Krofdorfer Wald im mittleren Hessen (ca. 800 mm Jahresniederschlag) wurden u. a. ein innerhalb von fünf Jahren nach und nach geräumter Buchenaltbestand mit einem praxisüblich im Schirmschlag bewirtschafteten Bestand derselben Art und eine unberührte Kontrollfläche hydrologisch untersucht (Führer und Hüser 1991; Hüser et al. 1996; Kennel 1998). Dort betrug der Abfluss im Durchschnitt mehrerer Jahre 300–350 mm. Im kurzfristig geräumten Bestand erhöhte sich der Abfluss in den ersten vier Jahren (mit abnehmender Tendenz) um maximal 50 %, im fünften Jahr entsprach er den Werten aus der Kontrolle. Solange der Bestockungsgrad noch 0,6 betrug, war der Abfluss kaum unterscheidbar von dem der Kontrollfäche.

Wichtige Erkenntnisse haben die vergleichenden Untersuchungen im Hubbard-Brook-Projekt (s. ▶ Abschn. 10.2) geliefert. Bei einem durchschnittlichen Jahresniederschlag von 1200 mm ergab sich bei der Wasserspende (gemessen am Wehr des das Wassereinzugsgebiet entwässernden Baches) für drei Nutzungsvarianten (Hornbeck et al. 1997; Campbell et al. 2007; ◘ Abb. 17.10):

- Nach **Kahlschlag** mit anschließender dreijähriger **Herbizidbehandlung** zur Verhinderung des Aufwuchses von Bodenvegetation (Wassereinzugsgebiet W2) erhöhte sich der Abfluss in den ersten drei Jahren um rund 300 mm, danach nahm die Wasserspende immer mehr ab und hörte vom zwölften Jahr an auf.
- Bei den **Streifenkahlschlägen** (W4) war der Abfluss wesentlich geringer und hörte früher auf als in Variante W2.
- Die **Ganzbaumernte** (W5) zeigte entgegen den Erwartungen nur im ersten Jahr einen deutlich gesteigerten Abfluss.

Bei den Varianten des Kahlschlags war die Wasserspende über Jahrzehnte geringer als vor der Abholzung der Altbestände, da die Pionierbaumarten in den aufwachsenden Beständen höhere Transpirationsraten aufwiesen als die Bäume der Altbestände.

Die Ergebnisse stimmen mit anderen Untersuchungen über die Auswirkungen von Kahlschlag oder großflächigem Sturmwurf überein, bei denen der Abfluss nach Höchstwerten in den ersten Jahren nachließ. Je rascher sich die Vegetation auf der Fläche entwickelt, desto mehr verringert sich der Abfluss (Bosch und Hewlett 1982; Swank und Crossley 1988; Baumgartner und Liebscher 1996; Asbjornsen et al. 2011). Höhe und Verteilung der Niederschläge, Hangneigung und Bodenbeschaffenheit beeinflussen den Abfluss erheblich. Die Infiltrationsrate wird stark durch eine Bodenverdichtung als Folge von Holzernte mit schweren Maschinen eingeschränkt (Worrell und Hampson 1997; Hildebrand et al. 2000; Schüler et al. 2002).

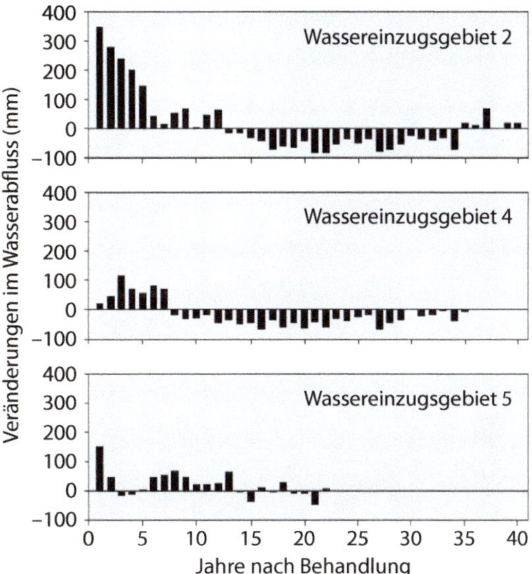

◘ **Abb. 17.10** Veränderungen im Wasserabfluss aus drei Wassereinzugsgebieten (W) des Hubbard-Brook-Projekts nach Kahlschlag mit Herbizideinsatz (*W2*), Streifenkahlschlag (*W4*) und Kahlschlag mit Ganzbaumernte (*W5*) (nach Campbell et al. 2007). Während die Ganzbaumernte sich nicht wesentlich auf die Wasserspende auswirkte, ging diese in den Kahlschlagvarianten mit dem Aufwachsen von Pionierbaumarten stark zurück. Die Pionierbaumarten (v. a. Birken und *Prunus pensylvanica*) weisen höhere Transpirationsraten auf als die Baumarten des durch Kahlschlag entfernten Altbestandes

Der Einfluss von **Durchforstungen** hängt von vielen Faktoren ab. Neben der Baumartenzusammensetzung, dem Alter der Bestände, deren Dichtstand vor dem Eingriff und dessen Art und Stärke spielen die in ▶ Abschn. 17.1 beschriebenen Komponenten des Wasserhaushalts entscheidende Rollen. Röhrig et al. (2006) geben u. a. Beispiele für die Auswirkungen unterschiedlich starker Eingriffe für vier Nadelbaumbestände (◘ Tab. 17.4). Vor allem kommt es auf den Zeitablauf an: Alle Wirkungen sind unmittelbar nach dem Eingriff stärker und vermindern sich je nach der weiteren Entwicklung der Biomasse. So kommt Mitscherlich (1971a) für Mitteleuropa zu dem Schluss, dass erst durch lichtungsartige Eingriffe eine spürbare Erhöhung der Abflussspende aus Waldbeständen zu erwarten ist. Auch Bäumler und Zech (1999) zeigten bei einer Untersuchung eines bewaldeten Bacheinzugsgebiets in den Tegernseer Alpen, dass selbst nach Ent-

Tab. 17.4 Kenndaten des Wasserhaushalts in unterschiedlich stark durchforsteten Reinbeständen. (Nach Lang 1970; Mitscherlich 1971a; Aussenac und Granier 1988; Hager 1988)

Baumart (Autor)	Alter (Jahre)	Messperiode	Durchforstung	Stammzahl (%)	Grundfläche (%)	Kronendurchlass (%)	Stammabfuss (%)	Interzeption (%)
Douglasie (Aussenac und Granier 1988)	19	2 Sommer nach dem Eingriff	Stark schematisch (jede 2. Reihe)	49	51	66	9	25
			Unbehandelt	100	100	52	13	35
Fichte (Hager 1988)	20	Mai–Oktober	Stark	38	41	76	–	24
			Mäßig	54	53	63	–	37
			Schwach	69	62	56	–	44
			Unbehandelt	100	100	51	–	49
Douglasie (Mitscherlich 1971a)	35	3 Jahre	Stark	64	69	62	5	33
			Mäßig	87	82	57	8	35
			Schwach	100	100	49	10	41
Fichte (Lang 1970)	56	Mai–Oktober	Stark	42	58	69	1	30
			Mäßig	79	78	63	2	35
			Schwach	100	100	58	2	40

Die Prozentangaben beziehen sich bei Stammzahl und Grundfläche auf die unbehandelten bzw. schwach durchforsteten Varianten, bei den Wasserhaushaltsdaten auf den Freiflächenniederschlag. In der Untersuchung von Hager wurde der Stammablauf nicht gemessen, da er als unbedeutend eingeschätzt wurde

nahme von 40 % der Bäume (bei sehr schonender Seilbringung der Stämme) die Abflussmenge nur im ersten Jahr nach der Maßnahme anstieg, danach jedoch wieder zur Höhe des Ausgangsbestandes zurückfiel. Sie halten das für die Wirkung der raschen Entwicklung der Bodenvegetation. Ähnliche Ergebnisse fanden Führer (1990) und Brechtel et al. (1992) im Krofdorfer Wald.

Der Wasserhaushalt bei einer Bestandesverjüngung im **Femelschlag** ist geprägt von der Größe der Kronendachöffnungen und dem Zeitraum, in dem die Verjüngung abläuft. Die Menge des Niederschlags, die den Boden erreicht, hängt von der Größe und Form der Lücke ab. Ritter et al. (2005) erfassten die mikroklimatischen Verhältnisse in einer durch Sturmwurf entstandenen unregelmäßig ausgeformten Kronendachlücke von 18 m Durchmesser in einem buchendominierten Naturwald in Dänemark. In der Lücke erreichten vom Freilandniederschlag 77 % im Winter und 90 % im Sommer den Boden. In der Randzone der Lücke waren es mit 79 % im Winter und 76 % im Sommer fast so viel wie unter dem Altbestand (78 % bzw. 74 %). Die Niederschlagshöhen zeigten, dass kleine Lücken (Quotient aus Lücke und Bestandeshöhe unter 1) meist geringere Niederschläge als die Freifläche erhalten, da bei schrägem Einfall ein Teil des Niederschlags auf aus Leeseite der Lücke (Regenschatten) von den Kronen der randständigen Bäume zurückgehalten wird. In größeren Lücken begünstigt eine gewisse Windruhe das Absetzen des Niederschlags, sodass in ihrem Zentrum etwas mehr Regen (noch ausgeprägter bei Schnee) an den Boden gelangt (s. Geiger 2013). Mit dem Aufwachsen von Bodenvegetation und Verjüngungspflanzen setzt eine stärkere Evapotranspiration ein und vermindert die Versickerungsrate in den Lücken. Bei Betrachtung des Gesamtbestandes ergeben sich beim Femelschlagverfahren keine wesentlichen Änderungen des Wasserhaushalts gegenüber geschlossenen Beständen. Dies liegt an dem mehrere Jahrzehnte andauernden Verjüngungszeitraum, der dazu führt, dass die Kronendachlücken stets nur einen geringen Flächenanteil haben.

17.2.2 Austrag von Sedimenten

Der Oberflächenabfluss in den ersten Jahren nach Kahlschlag ist umso stärker, je steiler die Hänge des Wassereinzugsgebiets sind. Bormann und Likens (1979) ermittelten im Hubbard-Brook-Projekt im ersten Jahr nach dem Kahlschlag einen Austrag von 380 kg ha^{-1} **fester Substanz**, wenn die Fläche mit Herbiziden vegetationsfrei gehalten wurde, gegenüber 26 kg ha^{-1} aus dem unberührten Laubwald. Das dürften Extreme für temperierte Laubwälder sein, im Allgemeinen findet man geringere **Bodenerosion,** und auch nur dort, wo der Boden sehr schwach mit Vegetation bedeckt ist. Beispiele geben Müller (1976) und Moeschke (1998). Meist wirkt die Waldvegetation einer Bodenabschwemmung und der Bildung von Steinschlag durch die Niederschlagsverminderung (Interzeption und Evapotranspiration) und die Durchwurzelung des Bodens entgegen. Eine mehrere Jahre anhaltende Erosionsgefahr besteht bei unpfleglicher Holzernte, wenn auf Böden mit hohem Anteil an Feinmaterial bei feuchter Witterung der Holztransport durch schwere Fahrzeuge tiefe Spuren hinterlässt (Hildebrand et al. 2000). Das durch Anschwemmung verlagerte Bodenmaterial wird als **Kolluvium** (lateinisch: das Zusammengeschwemmte) bezeichnet. Ausführliche Darstellungen der Entstehung, Bedeutung und Vermeidung des Seimentaustrags geben Thornes (1990), Chang (2006) und Morgan (2009).

17.2.3 Austrag von Nährstoffen

Versickerung und Oberflächenabfluss von Wasser aus Waldbeständen führen zugleich zum **Austrag** von gelösten und suspendierten Stoffen oder zu deren Verlagerung in tiefere Bodenschichten. Der Austrag kann, meist nur für kurze Zeit, mit einem substanziellen Verlust an Nährstoffen verbunden sein, v. a. dann, wenn großflächige natürliche Störungen auftreten oder Waldbestände durch Kahlschlag geerntet werden. Diese Zusammenhänge werden ausführlich in ▶ Kap. 18 dargestellt.

17.2.4 Wasserqualität

Das in Wäldern in den Boden versickernde oder oberflächlich abfließende Wasser enthält **organische** und **anorganische Stoffe**, die aus der natürlichen Umwelt oder aus menschlicher Tätigkeit stammen. Ihre Konzentration und die biologischen, physikalischen und chemischen Wirkungen sind die Kriterien, nach denen die **Qualität des Wassers** als Trinkwasser und für viele andere Verwendungszwecke bestimmt wird. Daher ist in aller Regel eine Aufbereitung des unmittelbar aus den Landschaften stammenden Wassers notwendig. Chang (2006) beschreibt eingehend die Formen der Verunreinigung von Wasser sowie Kontrolle und Maßnahmen zur Erhaltung und Verbesserung der Qualität des Wassers aus Waldgebieten.

Allgemein ist die Qualität des aus Wäldern stammenden Wassers besser als die des Wassers aus nicht bewaldeten Gebieten, vor allem im Vergleich zu landwirtschaftlich genutzten Flächen. Der Waldboden übt in mehrfacher Hinsicht eine **Filterfunktion** aus, deren Wirkung durch das Porengefüge, die organischen Anteile und die Tiefe des Bodenaufschlusses bestimmt wird. Das setzt allerdings voraus, dass der Boden nicht durch äußere Einflüsse belastet wird, wie es während der Zeit der hohen Säureeinträge der Fall war (s. ▶ Kap. 21). Durch die in den 1990er-Jahren begonnene drastische Verringerung der Schwefeleinträge haben sich die Verhältnisse entscheidend verbessert (Martinson et al. 2005). Dagegen kann der regional erhebliche Stickstoffeintrag unter bestimmten Umständen Auswirkungen auf die Wasserqualität haben.

Die Versorgung der Bevölkerung mit sauberem Wasser gehört weltweit zu den größten Aufgaben. Deshalb haben viele Länder Gesetze und Verordnungen zur Sicherung und Verbesserung der Verhältnisse erlassen. In Deutschland benennt das Wasserhaushaltsgesetz in der Fassung von 1987 die Gewässer als »Bestandteile des Naturhaushaltes« und verlangt die Erhaltung bzw. Wiederherstellung eines naturnahen Zustands und eine entsprechende Gewässerunterhaltung. Seit dem Jahr 2000 gibt es eine **Europäische Wasserrahmenrichtlinie** (Richtlinie 2000/60 EG vom 30.9.2000) und Berichte über deren Umsetzung in Deutschland und die Auswirkungen auf die Waldbewirtschaftung (Schüler 2005; Schulz und Baron 2005). Meesenburg et al. (2005) stellen ein Konzept zur Beurteilung von Auswirkungen forstlichen Handelns auf den Gewässerzustand nach den Forderungen der EU-Richtlinie vor. Die Europäische Richtlinie 2006/118EG vom 12.12.2006 enthält umfangreiche Regulierungen zum Schutz des Grundwassers vor Verschlechterung. Darin sind Höchstwerte für Nitrate (50 mg l^{-1}) und Pestizide (0,1 µg l^{-1}), einschließlich relevanter Stoffwechsel-, Abbau- und Reaktionsprodukte (0,5 µg l^{-1}), enthalten.

17.3 Wirkungen von Wassermangel und Wasserüberschuss

17.3.1 Wassermangel

Prognosen über den Klimawandel (s. ▶ Kap. 22) sagen für Mitteleuropa bei allgemeiner Erwärmung in bestimmten Regionen eine Verminderung der Sommerniederschläge voraus. Die Waldökosysteme werden also, besonders in ohnehin niederschlagsärmeren Regionen, häufiger einem trockenen Sommer ausgesetzt sein. Dadurch entsteht **Stress**. Er kann sich unter besonderen Umständen als Hitzestress äußern, häufiger ist jedoch **Trockenstress**, der vielfältige Wirkungen ausübt, vor allem die Produktion organischer Substanz vermindert und unter Umständen zum Tod der Individuen führt (Larcher 2001; Fitter und Hay 2002; Schulze et al. 2002).

Niederschlagsarmut allein bedingt noch keinen Trockenstress, vielmehr ist dazu auch in temperierten Regionen die Kopplung mit hoher Evaporation und vor allem mit Bodentrockenheit notwendig. Die erste Reaktion auf Wassermangel ist ein Rückgang des Turgors in den Zellen. Er ist verbunden mit einer Beeinträchtigung des Proteinstoffwechsels und der Bildung von Abscisinsäure, einem Phytohormon mit allgemein hemmender Wirkung, das in den Blättern den Spaltenverschluss einleitet (◘ Abb. 17.11; s. a. ▶ Abschn. 17.1.5). Mit dem völligen Schließen der Stomata wird die Fotosynthese eingestellt, dann welken die Blätter, ein Teil von ihnen vergilbt. Diese Vorgänge sind zunächst noch reversibel, erst bei anhaltender Trockenheit werden

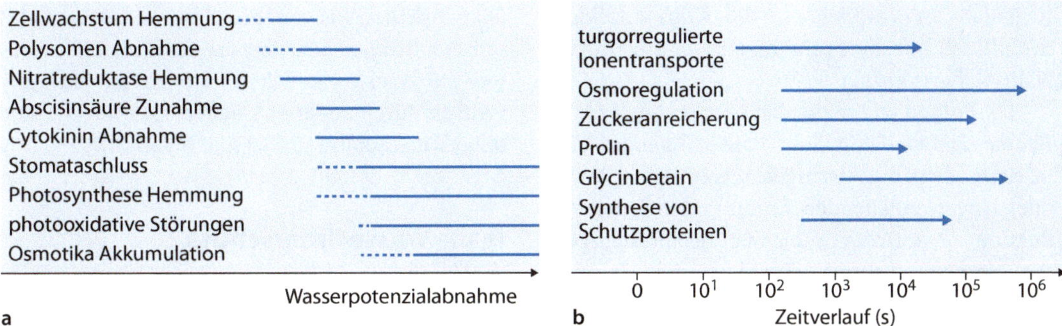

Abb. 17.11 Reaktionen von Pflanzen auf Dürrestress (nach Larcher 2011). **a** Empfindlichkeit von Zellfunktionen und Vorgänge bei Wassermangel. Die horizontalen Linien geben den Bereich an, in dem bei den meisten Pflanzen ein deutlicher Effekt eintritt, der Bereich mit schwachem Effekt ist gepunktet. **b** Zeitlicher Verlauf von stressbewältigenden Vorgängen in der Zelle

die Wachstumsvorgänge stark reduziert oder hören auf, schließlich vertrocknet die Pflanze, wenn ihre im Holzkörper gespeicherten Wasserreserven erschöpft sind. Bei der Buche kann während extremer Trockenheit die Transpiration kurzfristig zu über 60 % aus diesen internen Wasserreserven gespeist werden (Betsch et al. 2011).

Zum Bestehen des Konkurrenzkampfes und schließlich zum Überleben bei Trockenheit haben die Pflanzen am Standort verschiedene **Strategien** entwickelt (Abb. 17.12). Zur **Austrocknungsvermeidung** tragen vor allem die Blattorgane bei (Ausbildung einer dicken Kutikula, z. T. mit Haaren oder Wachsschichten) und der Abwurf eines Teiles der (älteren) Blätter. Larcher (2001) nennt zudem eine Anzahl weiterer Wirkungswege, z. B. die Einschränkung der Transpiration und die Bildung wasserreicher Überdauerungsorgane (Knollen und dergleichen). Letztere können beim Austreiben der Pflanzen als eine Art Wasserspender angesehen werden. Zur Austrocknungsverzögerung gehört auch die Ausbildung eines effektiven Wurzelsystems (Ausdehnung, Tiefe, Feinwurzelanteile). Intensität und Lebensdauer des Feinwurzelsystems sind ihrerseits von den Bodenverhältnissen und den Niederschlägen abhängig (Leuschner et al. 2004). Einen Beitrag zur Wasserversorgung der Pflanzen kann auch die Mykorrhizierung der Feinwurzeln leisten. Unterschiedlich bei den Arten ist auch der Rückgriff auf Wasserreserven in der Rinde und im Splintholz.

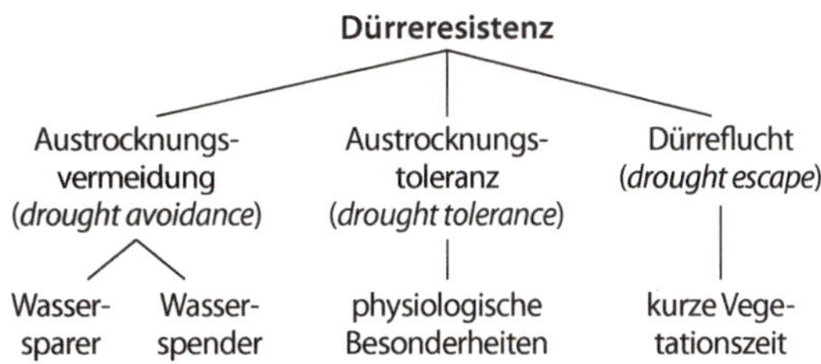

Abb. 17.12 Strategien von Pflanzen zur Ausbildung einer Dürreresistenz. (Nach Levitt 1972; Ehlers 1996)

Bei der Austrocknungstoleranz am Standort geht es vor allem um die Erhöhung des osmotischen Potenzials durch Bildung bestimmter Proteine und Kohlenhydrate. Die Reduktion der Blattfläche durch den Abwurf noch grüner Blätter kann kurzfristig die Toleranz gegenüber Trockenheit erhöhen. Tatsächlich sind die Vorgänge komplizierter und langfristiger. Larcher (2001) schildert, dass Blätter, die sich bei schlechter Wasserversorgung ausdifferenziert haben, in der Regel kleiner, stärker zerteilt und von geringerer Oberfläche sind. Meier und Leuschner (2008) hingegen fanden in alten Buchenbeständen entlang eines Gradienten der Niederschläge (520–970 mm $Jahr^{-1}$ im mittleren Deutschland) bei geringeren Niederschlagssummen größere Blätter und einen höheren Blattflächenindex als auf Standorten mit höheren Niederschlägen. Das hängt offenbar mit verschiedenen Faktoren zusammen: mit dem sommerlichen

Regenfall im Vorjahr, der die Knospenbildung beeinflusst, mit der Frühjahrstemperatur und der Nährstoffversorgung.

Die **Folgen** von zeitweiliger Trockenheit für die Bäume sind vielfältig. Sie bestehen in erster Linie in einer mehr oder weniger ausgeprägten, kürzer oder länger anhaltenden Einschränkung der Produktion organischer Substanz: Beeinträchtigung des Sprosswachstums (Stribley und Ashmore 2002), Verminderung der Zunahme an Höhe (Abflachung der Kronen) und der Durchmesser (die Jahrringchronologie gibt darüber für lange Zeiträume Auskunft). Zuwachsanalysen an Einzelbäumen in 22 Mischbeständen von Tanne und Fichte in Bayern und Niedersachsen ergaben, dass sich Trockenperioden bei beiden Baumarten mindernd auf den Durchmesserzuwachs auswirkten, wobei die Reduktion bei der Fichte in den extremen Trockenjahren 1976 und 2003 tendenziell stärker ausgeprägt war (Uhl et al. 2013).

Unter Umständen tritt bei Trockenstress eine verfrühte und verstärkte Samenbildung ein, und die Bildung von Tanninen und Kohlenhydraten wird vermindert, wodurch die Abwehrkräfte gegen den Befall durch Insekten sinken. Wenn durch Trockenheit die Anspannung des Wassertransportsystems in den Leitbahnen stark erhöht ist, kann der Kohäsionszug plötzlich abreißen. Es tritt dann Luft in die Gefäße ein (Embolie) mit einer Unterbrechung des Xylemstroms. In den meisten Fällen wird dieser Schaden im folgenden Jahr durch Bildung neuer Jahrringe geheilt (Larcher 2001; Bréda et al. 2006) und führt nur selten zum Absterben des Baumes.

Der Sommer 2003 zeichnete sich in Europa durch außerordentliche Hitze und Trockenheit aus (Einzelheiten bei Rebetez et al. 2006). Das gab Anlass zu zahlreichen Untersuchungen in verschiedenen Waldökosystemen. Dabei werden Unterschiede gegenüber früheren Perioden, besonders in der Transpiration und im Wachstum der Bäume und Bestände, sehr deutlich. Granier et al. (2007) geben eine europaweite Übersicht (s. a. Czajkowski et al. 2005 für die Buche, Hölscher et al. 2005 für einen Buchen-Edellaubholz-Mischbestand, Leuzinger et al. 2005 für einen Buchen-Eichen-Mischbestand).

Die jährlichen Erhebungen des Waldzustands lassen nur bedingt Schlüsse auf Trocknisschäden zu, weil die dabei festgestellten »Kronenverlichtungen« vielfach durch andere Ursachen zumindest mitbedingt sind (Seidling 2007; s. a. ▸ Kap. 21).

17.3.2 Wasserüberschuss

Vernässte und überflutete Standorte werden von den mitteleuropäischen Baumarten in sehr unterschiedlichem Grad ertragen. Beispiele für Baumarten mit einer hohen Resistenz gegen **Wassserüberschuss** sind Stieleiche, Feldulme (*Ulmus minor*), einige Pappel- und Weidenarten sowie Schwarzerle (Glenz et al. 2006; Hauschild und Hein 2009; ◘ Abb. 17.13). Entscheidend für die Überflutungstoleranz ist der Sauerstoffmangel, der bei übermäßiger Bodenvernässung eintritt. Langfristig staunasse Böden haben wegen ihres niedrigen Sauerstoff-Partialdrucks reduzierende Eigenschaften, durch welche die Nährstoffaufnahme behindert ist. Die Mechanismen, mit denen die Bäume diesem standhalten, sind nur im Groben bekannt. Durch Ausbildung spezieller Anaerobiose-Polypeptide und durch morphologische Entwicklungen, wie die Ausbildung von Durchlüftungsgewebe, vermögen sich einige Arten in derartigen Böden zu halten. Von großer Bedeutung für die Reaktion der Bäume ist die Häufigkeit von Überflutungsereignissen, da Bäume nach einem Hochwasser zwei bis drei Jahre zur vollständigen Wiederherstellung der biochemischen Prozesse und der Vitalität benötigen (s. Review von Glenz et al. 2006). Larcher (2001), Fitter und Hay (2002) sowie Schulze et al. (2002) führen dazu Einzelheiten und Beispiele an.

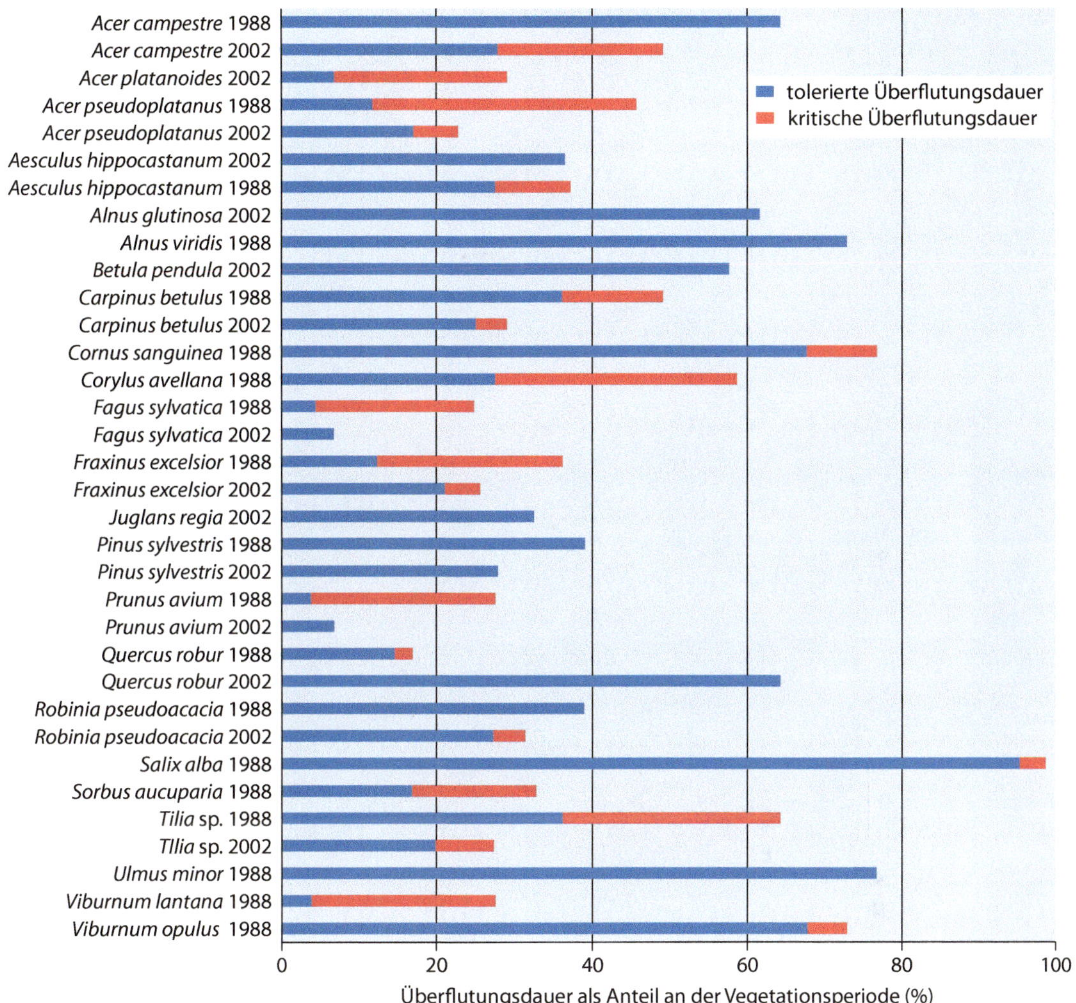

Abb. 17.13 Überflutungstoleranz von Bäumen und Sträuchern in der Rheinaue. (Nach Späth 1988, 2002; Glenz et al. 2006)

Stoffhaushalt von Waldökosystemen

Norbert Bartsch, Ernst Röhrig

N. Bartsch, E. Röhrig, *Waldökologie*,
DOI 10.1007/978-3-662-44268-5_18,

Waldökosysteme zeichnen sich durch bestimmte Strukturen und Funktionen aus (▶ Kap. 12). Diese können nur bestehen, solange ein ständiger Energiestrom in das Ökosystem fließt und dort gespeichert wird. **Speicherung und Fluss von Energie** sind untrennbar an das Vorhandensein von Stoffen – chemischen Elementen und deren Verbindungen – gekoppelt. **Energieflüsse** und **Stoffflüsse** zeigen grundsätzliche Unterschiede. Die zum Aufbau von organischer Substanz notwendige Energie entstammt einer einzigen Quelle, der Sonne. Ihr Energievorrat kann als unbegrenzt gelten. Die Sonnenenergie fließt über den Prozess der Fotosynthese in das Ökosystem und durchläuft in Form von komplexen Molekülen Nahrungsketten, bis die organischen Substanzen wieder zu einfachen anorganischen Komponenten abgebaut werden. Bei Zersetzungsprozessen wird Energie in Form von Wärme freigesetzt und geht dem Ökosystem in großen Teilen verloren. Die Stoffe hingegen haben verschiedene Quellen, sind nur begrenzt verfügbar und durchfließen **Kreisläufe**. Die zum Aufbau von Biomasse notwendigen Nährelemente erhalten die Ökosysteme aus der Atmosphäre, der Lithosphäre und der Hydrosphäre. Waldökosysteme nehmen Stoffe aus der Atmosphäre gelöst in Regen oder Nebel und als Gase oder Partikel auf. Verwitterung der Gesteine und Minerale ist eine weitere Hauptquelle für Nährelemente. Im Gegensatz zur Energie liegen die chemischen Elemente nach der Zersetzung organischer Stoffe wieder in pflanzenverfügbarer Form vor. Pflanzen können sie erneut mithilfe von Sonnenenergie zu organischen Molekülen zusammenfügen. Stoffe können aber auch über einen längeren oder kürzeren Zeitraum im Ökosystem gespeichert oder in ein anderes Ökosystem transportiert werden.

18.1 Stoffkreisläufe

Die Kreisläufe der Stoffe umfassen zahlreiche **Quellen** und **Senken**, die Ökosystemkompartimente, die durch Flüsse miteinander verbunden sind (s. ▶ Abb. 10.1 in ▶ Abschn. 10.1). Einige Elemente (O, N, C) fließen vorwiegend zwischen Organismen und der Atmosphäre, während bei anderen (z. B. P, K, Mg) der Austausch zwischen Organismen und dem Boden überwiegt. Der **ökosysteminterne Kreislauf** wird als **biogeochemischer Kreislauf** bezeichnet, weil die chemischen Elemente als Ionen oder Moleküle den Boden, das Wasser und die Luft sowie in organischen Molekülen die Organismen durchfließen. Zu unterscheiden hiervon sind der geochemische Kreislauf und der biochemische Kreislauf (Kimmins 2004). Der **geochemische Kreislauf** beschreibt die Stoffeinträge (Input) und die Stoffausträge (Output) für ein Ökosystem. Er ist nur bei globaler Betrachtung vollständig. Der **biochemische Kreislauf** kennzeichnet interne Umverteilungen von Nährstoffen in Organismen.

In ◘ Abb. 18.1 sind die drei Stoffkreisläufe mit den wichtigsten Flüssen dargestellt. Diese theoretische Einteilung in Zyklen kann im Folgenden nicht immer streng beibehalten werden. Um Wiederholungen zu vermeiden, werden Schnittstellen, an denen sich Zyklen berühren, nur einem Kreislauf zugeordnet.

Wir werden die drei Stoffkreisläufe anhand von Untersuchungsergebnissen von langfristig unbewirtschafteten Waldbeständen der gemäßigten Breiten auf der nördlichen Hemisphäre vorstellen. Zur **Quantifizierung** des Stoffhaushalts eines Ökosystems werden zum einen die Elementvorräte in einzelnen Ökosystemkompartimenten zu einem bestimmten Zeitpunkt (**Inventur**), zum anderen die jährlichen Transportraten der Elemente innerhalb des Ökosystems sowie zwischen Ökosystemen und Umwelt in einem bestimmten Zeitintervall (**Elementflüsse**) erfasst. Dieser Forschungsansatz wurde ab 1963 erstmals in einem großflächigen Waldökosystem, dem *Hubbard Brook Experimental Forest* in New Hampshire, von Likens, Bormann u. a. angewandt (Bormann und Likens 1979; Likens und Bormann 1995; McGuire und Likens 2011). In dem Wassereinzugsgebiet im nordöstlichen Laubwaldgebiet der USA wurden die Wirkungen verschiedener Varianten des Kahlschlags auf Wasserabfluss und Stoffumsatz erfasst, indem Einträge und Austräge bilanziert wurden. Im Rahmen des Internationalen Biologischen Programms (IBP) wurden ab 1964 u. a. umfassende Untersuchungen über Strukturen und Vorgänge in 117 Waldökosystemen durchgeführt. Eine zusammenfassende Darstellung findet sich bei Reichle (1981). Ellenberg et al. (1986) haben die Ergebnisse des Beitrags der Bundesrepublik Deutschland zum IBP, das Solling-Projekt in Niedersachsen, vorgestellt. Die Langzeit-

Nährstoffe

Als Nährstoffe werden 14 Elemente bezeichnet, die für Pflanzen zum Aufbau organischer Substanzen neben C, O und H unentbehrlich sind. Sechs Elemente (H, C, N, O, P, S) bilden die Hauptbestandteile von Pflanzengewebe und tragen zu 95 % zur Masse der Biosphäre bei. Mindestens 25 andere Elemente sind bisher als **essenziell** für bestimmte Lebensformen bekannt (Schlesinger und Bernhardt 2013). Nach den von den Pflanzen benötigten Elementmengen wird zwischen **Makro-** und **Mikronährstoffen** (Haupt- und Spurennährstoffen) unterschieden. Nützliche Elemente fördern Wachstum und Resistenz der Pflanzen (■ Tab. 18.1; Blume et al. 2010; Marschner 2012). Nach ihrem biochemischen Verhalten und ihrer physiologischen Funktion lassen sich die Elemente in vier Gruppen einteilen (■ Tab. 18.2).
Stickstoff ist der mengenmäßig häufigste Nährstoff, dessen Anteile 78,1 % der Erdatmosphäre, aber nur 0,03 % der Erdkruste ausmachen. Zur Bilanzierung des Elementhaushalts ist es notwendig, nicht nur Nährstoffe, sondern auch toxisch wirksame (z. B. Al und Schwermetalle) sowie funktionsschwache chemische Elemente zu betrachten, soweit diese allein aufgrund des mengenmäßigen Auftretens die Transportraten anderer Elemente beeinflussen können (z. B. Na, Cl).

studien in Hubbard Brook und im Solling haben zu einer klareren Vorstellung vom Zusammenwirken der Energie-, Wasser- und Nährstoffumsätze bei der Produktion wichtiger Organismengruppen geführt. Wir werden uns bei der Besprechung der Elementkreisläufe vorrangig auf die Ergebnisse dieser Studien stützen (Näheres zu den Studien s. ▶ Abschn. 10.2 und ▶ Kap. 17). Auswirkungen von Luftschadstoffen auf den Nährstoffhaushalt behandelt ▶ Kap. 21.

18.2 Geochemischer Kreislauf

18.2.1 Grundlagen

Der **geochemische Kreislauf** umfasst die Gewinne und die Verluste eines Waldökosystems an Elementen. Diese resultieren aus **Austauschprozessen** mit benachbarten Ökosystemen sowie mit Atmosphäre, Lithosphäre und Hydrosphäre. C, H, O, N und S gelangen gasförmig, in Wasser gelöst oder in Form von Partikeln in Ökosysteme. Als Gase werden vor allem N und S eingetragen. Neben dem atmosphärischen Eintrag weist S als zusätzliche Quelle die Mineralverwitterung auf. N und S finden sich zudem in gelöster Form im Niederschlag.

Um die Vorräte und Flüsse quantifizieren zu können, müssen die **Grenzen des Ökosystems** klar definiert sein (s. ▶ Kap. 10). Mit der Atmosphäre ist ein Waldökosystem durch die atmosphärische Grenzschicht verbunden, in der alle Einträge und Austräge von Stoffen und Gasen durch Struktur und Chemie der Bestandesoberfläche wesentlich beeinflusst werden (Ibrom 2001; Knohl et al. 2009; Burba und Andersen 2010). Die Grenze zwischen Ökosystem und Lithosphäre liegt an der Oberfläche der Gesteine und Minerale. Die durch deren Verwitterung freigesetzten Ionen werden als Eintrag in das Ökosystem betrachtet (Ulrich 1981a, b).

Die Elementzusammensetzung der Einträge und Austräge sowie die Verweildauer der Elemente im Ökosystem werden maßgeblich bestimmt durch meteorologische Faktoren (v. a. Niederschlag, Temperatur, Wind), geologische Kräfte (Oberflächen-, Sicker- und Grundwasser, Schwerkraft) und biologische Flüsse (Transport durch Tiere, Zersetzung). Wasser kommt als Transportmedium für chemische Elemente eine besondere Bedeutung zu. Gelöst im Niederschlag oder Nebel wird ein großer Anteil des Eintrags aus der Atmosphäre dem Ökosystem zugeführt, Oberflächenabfluss und Versickerung sind die Hauptsenken beim Stoffaustrag. Waldökosysteme sind wegen ihrer großen Oberfläche und deren Rauigkeit bevorzugte Senken für über die Luft verfrachtete Stoffe.

18.2.2 Elementeintrag

Für die meisten terrestrischen Ökosysteme ist der Eintrag von natürlichen Bestandteilen der Atmosphäre wie auch von Luftverunreinigungen ein wichtiger Vorgang, der dem Ökosystem kontinuierlich Elemente zuführt. Dieser **atmosphärische Eintrag** ist vor allem für Standorte vorteilhaft, an

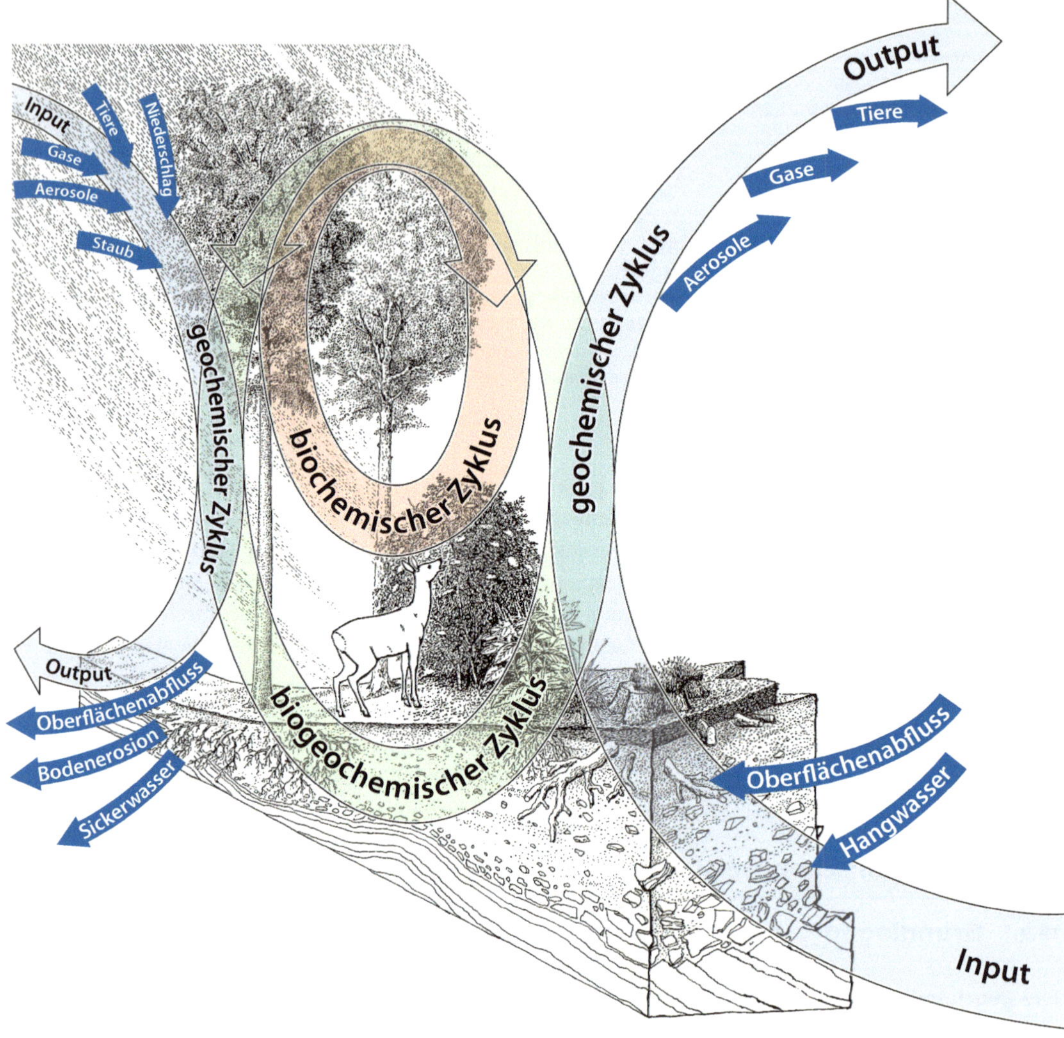

Abb. 18.1 Die drei grundsätzlichen Elementkreisläufe: geochemischer (zwischen Ökosystemen), biogeochemischer (innerhalb eines Ökosystems) und biochemischer Kreislauf (innerhalb eines Organismus). (Nach Kimmins 2004)

Tab. 18.1 Makronährelemente, Mikronährelemente und für das Pflanzenwachstum nützliche Elemente, angeordnet nach den abnehmenden Gehalten in der Pflanzensubstanz. (Nach Blume et al. 2010)

Makronährelemente	Stickstoff (N), Kalium (K), Calcium (Ca), Magnesium (Mg), Phosphor (P), Schwefel (S)
Mikronährelemente	Chlor (Cl), Eisen (Fe), Mangan (Mn), Zink (Zn), Bor (B), Kupfer (Cu), Molybdän (Mo)
Nützliche Elemente	Silicium (Si), Natrium (Na), Cobalt (Co), Selen (Se) und weitere

Tab. 18.2 Klassifikation der Pflanzennährstoffe nach ihrem biochemischem Verhalten und ihrer physiologischer Funktion. (Nach Marschner 2012)

Nährstoff	Aufnahme	Biochemische Funktion
Gruppe 1		
C, H, O, N, S	Als CO_2, HCO_3^-, H_2O, O_2, NO_3^-, NH_4^+, N_2, SO_4^{2-}, SO_2-Ionen aus der Bodenlösung, Gase aus der Atmosphäre	Hauptbestandteile von organischem Material, essenzielle Elemente von chemischen Gruppen in enzymatischen Prozessen, Aufnahme durch Oxydations-Reduktions-Reaktionen
Gruppe 2		
P, B, Si	Als Phosphate und Säuren aus der Bodenlösung	Esterbildung mit alkoholischen Gruppen, Phosphatester eingebunden in Reaktionen des Energietransfers
Gruppe 3		
K, Na, Ca, Mg, Mn, Cl	Als Ionen aus der Bodenlösung	Unspezifische Funktionen bei der Schaffung des osmotischen Potenzials, Spezifischere Funktionen bei der Enzym-Aktivierung, Überbrückung von Reaktionspartnern, Kontrolle der Membrandurchlässigkeit und von elektrochemischen Potenzialen
Gruppe 4		
Fe, Cu, Zn, Mo	Als Ionen oder Chelate aus der Bodenlösung	In prosthetischen Gruppen von Enzymen, Elektronentransport durch Änderung der Wertigkeit

denen die Nährstoffzufuhr über die Mineralverwitterung gering ist, z. B. für Böden mit hohem Quarzgehalt (Blume et al. 2010). Übersteigen die Einträge die Mengen, die im Ökosystem gebunden werden, können kritische Belastungsgrenzen (*critical loads*) überschritten werden. Im Jahr 2007 waren nur etwas mehr als ein Fünftel der untersuchten Ökosysteme keiner Gefährdung durch N-Eutrophierung ausgesetzt (UBA 2011; s. a. ▶ Kap. 21).

Deposition

Die mit den Luftmassen transportierten Stoffe gelangen auf unterschiedlichen Wegen aus der Atmosphäre in ein Waldökosystem. Allgemein unterscheidet man (u. a. Hedin 2000; Elling et al. 2007):

- **Trockene Deposition**: Partikel und Gase werden in trockenem Zustand direkt auf die Oberfläche von Vegetation, Boden oder Wasserflächen abgelagert. Soweit gröbere Staubteilchen (>2 µm) nicht anhaften, sinken sie durch Sedimentation nieder.
- **Nasse Deposition**: Die in Regen, Hagel oder Schnee gelösten oder als feste Partikel von Wasser umhüllten Stoffe werden als Niederschlag in die Ökosysteme transportiert und gelangen als Kronendurchlass (auch als Kronentraufe bezeichnet) oder als Stammablauf an den Boden. Kronendurchlass und Stammablauf bilden den Bestandesniederschlag.
- **Feuchte Deposition**: Der auch als Tröpfchendeposition oder okkulte Deposition bezeichnete Eintrag enthält in Wolken oder Nebel gelöste Elemente oder von Wasser umhüllte feste Partikel in Gestalt kleiner Tropfen und wird durch Ausfilterung der Vegetation abgelagert.

Um Elementflüsse berechnen zu können, wird nach Ulrich (1983) die Deposition in zwei Größen zusammengefasst. Die von Prozessen in der Atmosphäre bestimmten Einträge mit den Niederschlägen und die durch Sedimentation niedersinkenden gröberen Anteile der trockenen Deposition bilden die **Niederschlagsdeposition**. Sie wird im Freiland

Eintragsmessung

Niederschlagsdeposition und Kronendurchlass können mit **Regensammlern** vergleichsweise leicht aufgefangen werden. Hierzu werden lange schmale Rinnen aus Edelstahl mit einem Sammelbehälter (im Solling-Projekt 15,7 m lang und 160 mm breit = Auffangfläche von 2,5 m^2) und Kleinregensammler (Auffangfläche z. B. 50 cm^2) verwendet. Mit den Rinnen lässt sich nur ein Durchschnittswert für den Bestand ermitteln, durch Aufstellung einer größeren Anzahl von Kleinregensammlern auch die Streuung. Ständig offene Gefäße (◘ Abb. 18.2) nehmen die nasse und die trockene Deposition auf (sog. *bulk*-Sammler). Sammelsysteme mit Abdeckung und Heizung (zum Verflüssigen von Schnee und Graupel) erfassen nur die nasse Deposition, wenn die Abdeckung sich sensorgesteuert bei Niederschlagsereignissen öffnet und danach wieder schließt (sogenannte *wet-only*-Sammler). Der **Stammablauf** wird an einzelnen Stämmen durch Anlegen einer spiralförmigen Rinne mit einem Sammelbehälter erfasst (Thimonier 1998).
Wöchentlich bis monatlich werden die in den Auffangbehältern gesammelte Niederschlagsmenge und deren pH-Wert gemessen und die Konzentrationen der im Niederschlag enthaltenen Stoffe analysiert (s. a. Level-II-Untersuchungsprogramm in ▶ Kap. 21).
Die Einträge von Schwefeldioxid und Stickstoffdioxid und weiterer Gase lassen sich diskontinuierlich mit einfachen Passivsammlern oder mit kontinuierlich messenden Analysegeräten erfassen. **Passivsammler** informieren über eine mittlere Konzentration in einem bestimmten Zeitraum. Ihre Messtechnik basiert auf der molekularen Gasdiffusion. Das entsprechende Gas wird in dem Sammler mittels imprägnierter Filter oder eines absorbierenden Materials über einen bestimmten Zeitabschnitt quantitativ angereichert. Durch eine Laboranalyse wird die Konzentration des Gases während des Expositionszeitraums ermittelt (Cox 2003).
Bei der kontinuierlichen Messung wird der genaue zeitliche Verlauf der Konzentrationen dauerhaft in hoher Frequenz aufgezeichnet. Die Methode liefert die genauesten Ergebnisse, erfordert jedoch eine hochwertige Geräteausstattung. Das Umweltbundesamt veröffentlicht aktuelle Listen mit den für die Luftüberwachung in Deutschland eingesetzten kontinuierlich arbeitenden Messeinrichtungen (UBA 2011).

oder auf Messtürmen oberhalb der Baumkronen erfasst.

Die Deposition von kleinen Staubteilchen, Tröpfchen und Gasen an einer Vegetationsdecke wird als **Interzeptionsdeposition** zusammengefasst. Sie ist von der physikalischen und chemischen Beschaffenheit der Akzeptoroberfläche geprägt. Die Struktur der Baumkronen mit ihren Blättern bzw. Nadeln, Zweigen und Ästen erhöht stark die Oberfläche und die aerodynamische Rauigkeit. Aus dem Solling-Projekt ist bekannt, dass die Gesamtoberfläche eines Fichtenaltbestandes die überschirmte Bodenfläche um das 25-Fache, die eines Buchenaltbestandes im belaubten Zustand um das 18-Fache und im unbelaubten Zustand um das 6-Fache übertrifft (Ellenberg et al. 1986). Hinzu kommen Unterschiede in der Rauigkeit der verschiedenen Oberflächen (z. B. glatte oder raue Rinde). Größe und Rauigkeit der Oberfläche führen bei Baumarten zu unterschiedlichen Interzeptionsverlusten (s. ▶ Abschn. 17.1.3). Die Interzeptionsdeposition wird durch Niederschlag aus dem Kronenraum ausgewaschen und im Bestandesniederschlag aufgefangen. Die Erfassung der Interzeptionsdeposition ist dadurch erschwert, dass sich bei vegetationsbedeckten Oberflächen in die Atmosphäre gerichtete Flüsse sowie systeminterne Flüsse, v. a. Aufnahme und Abgabe von N durch Blätter und Nadeln (Harrison et al. 2000; Marques et al. 2001), untrennbar mit der Deposition aus der Atmosphäre überlagern. Die Interzeptionsdeposition lässt sich aus einer Kronenraumbilanz, der Differenz der Elementmengen in den Niederschlägen oberhalb (Freilandniederschlag) und unterhalb (Bestandesniederschlag) des Kronendaches unter Berücksichtigung von Quellen und Senken im Kronenraum (Ulrich 1994; Draaijers und Erisman 1995; Staelens et al. 2008) oder mithilfe von Depositionsmodellen (Spranger 2000; Meesenburg et al. 2009) außer für N relativ genau abschätzen. Die Gesamtdeposition als Eintrag aus der Atmosphäre in das Ökosystem ist die Summe aus Niederschlagsdeposition und Interzeptionsdeposition.

Die **Gesamtdeposition** mit ihren trockenen, nassen und feuchten Komponenten wird nur an wenigen Messstandorten komplett erfasst. Die

Abb. 18.2 Permanent geöffneter Regensammler zur Erfassung der nassen und trockenen Niederschlagsdeposition

Verfahren hierzu sind sehr aufwendig und kostenintensiv. Die ermittelten Eintragsraten sind standortspezifisch und räumlich sowie meteorologisch nicht ohne Weiteres übertragbar. Die flächendeckende Deposition zur kartenmäßigen Darstellung wird deshalb mithilfe von Modellen berechnet (Gauger et al. 2008; Wochele 2010; Builtjes et al. 2011).

Tabelle 18.3 enthält Beispiele des **Elementeintrags** für bewaldete Dauerversuchsflächen in verschiedenen Regionen Deutschlands. Unterschiede in den Eintragsraten zwischen verschiedenen Regionen sind vor allem auf die Entfernung in Windrichtung zum Meer (Na, Mg), zu emittierenden Industrieanlagen (S, N), zu Ballungszentren (N aus Verbrennungsmotoren) und zu Gebieten mit intensiver Landwirtschaft (N) zurückzuführen (s. ► Kap. 21). Ca und Mg werden auch als Kalkstaub (besonders aus der Kalk- und Zementproduktion sowie aus land- und forstwirtschaftlicher Düngung) verbreitet. Die beiden Messperioden für den Buchenbestand im Solling zeigen eine starke Verringerung der Protonen- und S-Einträge und eine schwächere der N-Einträge aufgrund von Maßnahmen zur Luftreinhaltung (s. ► Kap. 21). Die höhere Interzeption der Nadelbäume gegenüber den winterkahlen Laubbäumen erhöht die Raten der Gesamtdeposition.

Verwitterung

Die Verwitterung von mineralischen Boden- und Gesteinsbestandteilen ist für die Hauptnährstoffe Ca, Mg, K und P die wichtigste Quelle. Abgesehen von P handelt es sich bei diesen Elementen um **Kationen**, die in die Kristallgitter der Silikate eingebunden sind. Silikate sind in den Magmatiten mit einem Anteil von 80 % die häufigsten Minerale. Bei der chemischen Verwitterung werden Ionen in die Bodenlösung freigesetzt und die primären Minerale in stabilere Formen überführt. Die wichtigste Gruppe dieser Verwitterungsneubildungen (sekundäre Minerale) sind die **Tonminerale**. Sie können einen großen Teil der bei der Verwitterung von Silikaten frei werdenden Kationen in austauschbarer Form festhalten. Bei intensiver Verwitterung, wie sie unter dem Einfluss einer sauren Reaktion, hoher Niederschläge und hoher Temperatur vonstattengeht, können die Tonminerale in längeren Zeiträumen ebenso wie die primären Minerale unter Freisetzung von Ionen in ihre Gitterbestandteile zerfallen (Blume et al. 2010). Die an die negativ geladenen Oberflächen der Tonminerale sowie in organischen Komplexen austauschbar gebundenen Kationen sind die einzige leicht mobilisierbare Speicherform für Kationen in Böden und daher ökologisch von großer Bedeutung. Es lassen sich somit zwei unabhängige Quellen für den Übergang von Ionen in die Bodenlösung unterscheiden: die Hydrolyse von primären Mineralen bei Verwitterungsprozessen (= Eintrag) und der Kationenaustauschkomplex (= Ökosystemelement). Bei den Elementvorräten im Mineralboden wird zwischen Gesamtvorräten und leicht mobilisierbaren Vorräten unterschieden.

Bei der Kationenfreisetzung werden Wasserstoffionen (Protonen, H^+) gebunden, da nach dem Elektroneutralitätsprinzip die Bilanz von Kationen

Tab. 18.3 Raten der Freilanddeposition (FD) und der Gesamtdeposition (GD) verschiedener Waldökosysteme mit Buche (nach Meesenburg et al. 2009) und Fichte (nach Meesenburg et al. 1995) im Solling, mit Eiche und Kiefer in der Lüneburger Heide (Sellhorn, nach Meesenburg et al. 1995), mit Buche und Eiche im Steigerwald und mit Fichte im Fichtelgebirge. (Nach Matzner et al. 2004)

Ort	Baumart	Messperiode	Fluss	H_2O	H	Na	K	Ca	Mg	NH_4-N	NO_3-N	SO_4-S
				(mm)	(kg ha^{-1} Jahr^{-1})							
Solling	Buche	1981–1989	FD	1145	0,78	8,3	3,5	7,2	1,3	11,9	9,7	19,7
			GD	890	2,04	14,0	5,9	12,4	2,3	20,0	16,4	42,3
Solling	Buche	1990–2002	FD	1184	0,17	9,2	2,0	3,2	0,9	8,8	7,1	9,5
			GD	931	0,55	12,6	3,1	4,4	1,2	13,2	10,2	16,4
Solling	Fichte	1981–1994	FD	1142	0,54	9,4	3,1	6,2	1,3	11,2	8,8	16,7
			GD	830	2,95	18,6	6,6	12,8	2,7	23,8	19,2	60,1
Sellhorn		1981–1994	FD	766	0,22	13,6	4,3	4,4	1,8	12,5	7,1	13,5
	Eiche		GD	656	0,66	17,2	5,1	5,6	2,3	16,0	9,1	22,1
	Kiefer		GD	589	0,76	21,8	7,0	7,4	3,0	20,2	11,8	26,6
Harz	Fichte	1981–1994	FD	1331	0,47	9,2	2,7	5,4	1,5	11,1	8,4	17,0
			GD	1126	1,60	12,9	3,5	7,6	1,9	15,7	12,0	36,9
Steigerwald	Buche und Eiche	1995–2001	FD	814	0,19	3,0	2,8	3,4	0,5	5,8	5,1	5,7
			GD	620	0,22	4,1	4,1	5,0	0,7	n.b.	n.b.	8,4
Fichtelgebirge	Fichte	1993–2001	FD	1066	0,35	3,9	2,5	2,8	0,3	6,7	5,9	7,5
			GD	812	0,85	6,3	4,3	4,8	0,6	n.b.	n.b.	20,6

n.b. = nicht bestimmt

und Anionen ausgeglichen ist (Ulrich 1981a, b; Bredemeier 1987). Durch den Protonenverbrauch können natürliche und anthropogen bedingte Versauerungsprozesse im Boden abgepuffert werden (Ulrich 1985). Ulrich (1981a, b) grenzt pH-Bereiche, die durch bestimmte Pufferreaktionen gekennzeichnet sind, als **Pufferbereiche** ab und weist ihnen spezifische ökologische Funktionen zu. Ein Bodenhorizont wird nur dann in einem bestimmten Pufferbereich verbleiben, wenn die Rate der H^+-Belastung kleiner ist als die Rate der H^+-Abpufferung. Ist die Pufferrate unzureichend, sinkt der pH-Wert in der Bodenlösung ab, und der Boden gelangt in den nächstfolgenden Pufferbereich. Pflanzen und Bodenorganismen reagieren auf plötzliche und starke pH-Änderungen empfindlich. Im Stoffhaushalt von Böden bewirken pH-Änderungen direkte und indirekte Mobilisierungs- und Immobilisierungsvorgänge. In ◘ Tab. 18.4 sind die Pufferbereiche mit den pH-Werten, Pufferreaktionen und charakteristischen chemischen Bodeneigenschaften zusammengestellt.

Biologische Aktivitäten in der Rhizosphäre, wie Atmung und Ausscheidungen von Säuren und Komplexbildnern durch Wurzeln und Mikroorganismen, fördern die **chemische Verwitterung** (Blume et al. 2010; Neumann und Römheld 2012). Die Verwitterungsrate steigt an mit sinkendem pH-Wert und zunehmender Konzentration komplexer organischer Säuren in der Bodenlösung. Der Baumbestand hat maßgeblichen Einfluss auf diese Vorgänge. So ist unter Fichte die Verwitterungsrate zwei- bis dreimal höher als unter Buche, Eiche und Birke (Augusto et al. 2002). Der Baumeffekt beschränkt sich auf den Oberboden und die nähere Umgebung der Wurzeln.

Verwitterungsraten lassen sich aufgrund der Vielzahl der Mineralgemische im Boden und der einwirkenden Größen nur grob schätzen. Hierzu wurden verschiedene methodische Ansätze der Bilanzierung und Modellierung entwickelt (Matzner 1988; White et al. 1990; Kolka et al. 1996; Schaller et al. 2010; Soumya et al. 2011). Die in ◘ Tab. 18.5 angegebenen Verwitterungsraten von primären Mineralen beruhen auf der Auswertung von Eintrag/Austrag-Bilanzen und periodischen Bodeninventuren. Verglichen mit den Gesamtvorräten im Mineralboden sind die Verwitterungsraten sehr gering. Die Gesamtvorräte an Na, Ca und Mg und K im Mineralboden (bis 50 cm Bodentiefe) der Buchenfläche im Solling betragen 7300, 10.400, 15.500 und 10.600 kg ha^{-1} (Ellenberg et al. 1986). Die Elementfreisetzung durch Verwitterung primärer Minerale lässt sich somit als Elementfluss mit geringer Rate aus einem sehr großen Stoffpool charakterisieren.

▪ Einträge durch Störungen und Tiere

In bestimmten Regionen können besondere Ereignisse den Elementeintrag wesentlich bestimmen: Flussbegleitenden Auen werden regelmäßig durch **Überflutung** feste und lösliche Stoffe zugeführt, teilweise durch Erosion auch wieder genommen (Cushing et al. 1995). In ariden und semiariden Regionen können mit durch **Winderosion** aufgewirbeltem Bodenstaub beträchtliche Mengen an Ca, K und S verbreitet werden. **Vulkanausbrüche** bringen große Mengen an Staubteilchen und Gasen in die Atmosphäre, die über weite Distanzen transportiert werden können (Dale et al. 2005). Nährstofftransporte zwischen Ökosystemen können auch das Ergebnis von **Tierwanderungen** sein. So werden Vögel in den geochemischen Kreislauf einbezogen, wenn die Plätze der Nahrungsaufnahme und die der Rast in verschiedenen Ökosystemen liegen. In einem Waldgebiet in England führte dieses Verhalten von Krähen innerhalb von acht Wochen zu einem Eintrag an Na, K und Ca von 6,1, 9,5 und 89,2 kg ha^{-1}, während die jährliche Niederschlagsdeposition für diese Elemente 11, 4 und 24 kg ha^{-1} betrug (Weir 1969 in Kimmins 2004). Schalenwild kann Nährstoffe eintragen, wenn es sich im Sommer und im Winter in unterschiedlichen Waldgebieten aufhält (Flueck 2009; Jensen et al. 2011) oder zwischen Ackerflächen und Waldflächen wechselt (Seagle 2003; ◘ Abb. 18.3). In der Mehrzahl der Ökosysteme und bei Betrachtung auf Landschaftsebene sind Eintrag und Austrag durch Tiere jedoch ausgeglichen (s. a. Kimmins 2004).

▪ Stickstofffixierung

Die **Fixierung von Luftstickstoff** durch Organismen ist ein biologischer Prozess und wäre demnach dem biogeochemischen Zyklus zuzuordnen. Sie wird dennoch im Zusammenhang mit dem geochemischen Kreislauf besprochen, da sie zu einem Eintrag aus der Atmosphäre in das Ökosystem führt. Die biochemischen Abläufe bei der N-Fixierung sind bei Cooper und Scherer (2012) dargestellt.

Tab. 18.4 Einteilung des chemischen Bodenzustands nach Pufferbereichen. (Nach Ulrich et al. 1984; Ulrich 1988)

pH-Bereich[a]	Pufferbereich	Charakteristische Bodeneigenschaften
6,2–8,6 neutral	**Kohlensäure/Karbonat-Pufferbereich** Reagierende Bodenbestandteile: Karbonate (Calcit/Kalkgestein) Pufferreaktion (Beispiel): $CaCO_3 + H^+ \rightarrow HCO_3^- + Ca^{2+}$ Pufferrate: >2 kmol ha^{-1} $Jahr^{-1}$	Ca^{2+} dominierendes Kation in der Bodenlösung, Auswaschung von Ca, optimale Bedingungen für Bodenorganismen Humusform: Mull
5,0–6,2 schwach sauer	**Silikat-Pufferbereich** Reagierende Bodenbestandteile: Silikate (v. a. Feldspäte) Pufferreaktion: Silikatverwitterung unter Freisetzung von Kationen Pufferrate: 0,2–2 kmol ha^{-1} $Jahr^{-1}$	Weitgehende Bindung der freigesetzten Kationen an gleichzeitig gebildete Tonminerale Anteil von Al am Austauscherkomplex <20 %, geringe Auswaschung bei guter Nährstoffverfügbarkeit (ökologisches Optimum) Humusform: Mull und mullartiger Moder
4,2–5,0 mäßig sauer	**Austauscher-Pufferbereich** Reagierende Bodenbestandteile: Austauscherkomplex sowie Al-Oxide und Silikate Pufferreaktion: Bildung von Al^{3+} unter Verdrängung von Ca^{2+}, Mg^{2+}, K^+ Pufferrate: 0,2 kmol ha^{-1} $Jahr^{-1}$	Anteil von Al am Austauscherkomplex 20–90 % Auswaschung von austauschbarem Ca^{2+}, Mg^{2+}, K^+, nachlassende Nährstoffverfügbarkeit Humusform: typischer Moder
3,0–4,2 stark sauer	**Aluminium-Pufferbereich** Reagierende Bodenbestandteile: Al-Oxide und Silikate Pufferreaktion: Bildung von Al^{3+} Pufferrate: 0,2 kmol ha^{-1} $Jahr^{-1}$	Sehr geringe austauschbare Vorräte an Ca^{2+} und Mg^{2+} Auswaschung von Al^{3+} und Mn^{2+} Mobilisierung von Schwermetallen Begrenzung des Wachstums vieler Pflanzen Al-Toxizität Humusform: rohhumusartiger Moder
<3,2 (3,8) extrem sauer	**Eisen-Pufferbereich** Reagierende Bodenbestandteile: Silikate und Fe-Oxide Pufferreaktion (Beispiel): $Fe(OH)_3 + 3\,H^+ \rightarrow Fe^{3+} + 3\,H_2O$ Pufferrate: >2 kmol ha^{-1} $Jahr^{-1}$	Hohe Konzentrationen von H^+, Al^{3+} und Fe^{3+} in der Bodenlösung, starke Wachstumsstörungen Humusform: Rohhumus

[a]Messung mit Glaselektrode in wässriger Bodensuspension

Tab. 18.5 Schätzungen der jährlichen Elementfreisetzung (kg ha^{-1}) bis 1 m Bodentiefe aus chemischer Verwitterung primärer Minerale. (Solling: aus Matzner 1988, Hubbard Brook: aus Bormann und Likens 1979)

Ort	Gestein	Baumart	Na	Ca	Mg	K
			(kg ha^{-1} $Jahr^{-1}$)			
Solling	Löss/Buntsandstein	Fichte	0	0	4,3	3,1
Solling	Löss/Buntsandstein	Buche	0	0,4	3,2	0
Hubbard Brook	Moräne/Gneis	Laubmischwald	5,8	21,1	3,5	7,1

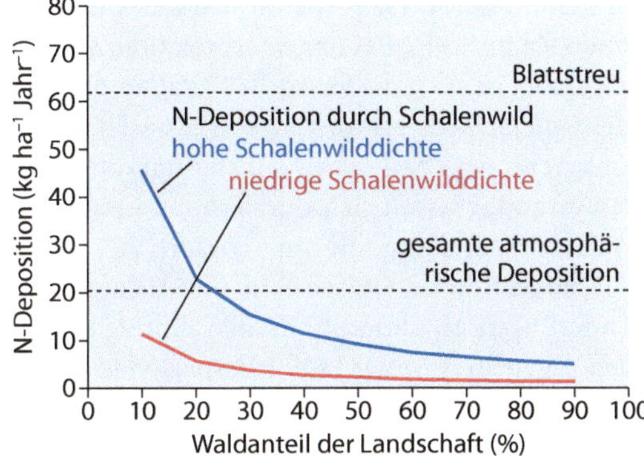

Abb. 18.3 Stickstoffeintrag des Schalenwildes (*Odocoileus virginianus*) durch Losung (Exkremente) in Wälder in Abhängigkeit vom Waldanteil einer Landschaft im östlichen Nordamerika (nach Seagle 2003). Die niedrige Schalenwilddichte entspricht 25 Tieren pro km^2, die hohe 100 Tieren pro km^2

Stickstoffmangel war in Mitteleuropa häufig ein wachstumsbegrenzender Faktor für Pflanzen. Durch hohe N-Emissionen aus Verkehr und Landwirtschaft sind die meisten Waldstandorte heute mit N gut bis überversorgt (s. ►Kap. 21). Der natürliche N-Mangel ist darin begründet, dass N in seiner dominierenden Form für höhere Pflanzen nicht verfügbar ist.

Arten von **Cyanobakterien** (früher als Blaualgen bezeichnet; *Nostoc*, *Calothrix*) und vor allem **Bakterien** besitzen das Enzym Nitrogenase, mit dessen Hilfe sie atmosphärisches N_2 in pflanzenverfügbares Ammonium umwandeln (Blume et al. 2010). Einige Arten leben frei (nichtsymbiotisch) im Boden oder auf verschiedenen Substraten, u. a. auf Blättern und Rinde, (z. B. *Azotobacter*, *Azotomonas*, *Clostridium*), während andere eine **Symbiose** mit den Wurzeln höherer Pflanzen eingehen. Todd et al. (1978) schätzen für einen Laubholzaltbestand in den Appalachen die jährliche N-Bindung durch freilebende Bakterien im Boden auf 8,5 kg ha^{-1}, in Grobstreu auf 1,7, auf Stämmen auf 1,0, in Blattstreu auf 0,6 und in der Phyllosphäre auf 0,2 kg ha^{-1}.

Zur symbiontischen Bindung von Luftstickstoff sind vor allem **Knöllchenbakterien** (*Rhizobium*-Arten) an Leguminosen befähigt. Von den Baumarten der gemäßigten nördlichen Breiten zählen Robinien und Akazien (*Acacia* sp.) zur Familie der Leguminosen. Nach Carlyle (1986) können Leguminosen zwischen 1 und 500 kg Luftstickstoff pro Hektar und Jahr binden. Die höheren Raten wurden für krautige, die niedrigeren für holzige Pflanzenarten ermittelt.

Erlen gehören zu den etwa 200 Pflanzenarten, die mithilfe von endosymbiontischen Strahlenpilzen (Actinomyceten) in Wurzelknöllchen freien Stickstoff in gebundene Form überführen. Die Stickstoffmengen, die Erlen durch Stickstofffixierung binden, werden nicht nur von Anzahl und Alter der auf der Fläche vorhandenen Erlen beeinflusst, sondern auch von den ökologischen Bedingungen im Ökosystem. Für einen Erlenbruchwald in Schleswig-Holstein wurde im feuchten Ufersaum eine jährliche N-Fixierungsrate von 70–85 kg ha^{-1} bestimmt, in einem stark entwässerten Erlenwald waren es 40–45 kg ha^{-1} (Dittert 1992). Bestände der nordamerikanischen Oregon-Erle (*Alnus rubra*) können über 300 kg N ha^{-1} $Jahr^{-1}$ fixieren, meist liegen die Werte aber zwischen 50 und 150 kg N ha^{-1} $Jahr^{-1}$ (Gordon und Wheeler 1983; McNeill und Unkovich 2007). Die **Robinie** erreicht N-Bindungsraten in gleicher Größenordnung. Abhängig von Bestandesalter und -dichte sowie den standörtlichen Verhältnissen kann die Robinie 35–150 kg

N ha^{-1} $Jahr^{-1}$ binden (Hoffmann 1961; Boring und Swank 1984; Danso et al. 1995).

Der **Umsatz** des fixierten Stickstoffs erfolgt durch den Abbau von Blättern und Wurzeln und durch Auswaschung aus den Wurzelknöllchen. Die positiven Wirkungen im Ökosystem liegen sowohl in der Stickstoffanreicherung im Boden als auch in einer Wuchsförderung der vergesellschafteten Pflanzen. Letztere kann auf stickstoffarmen Standorten beträchtlich sein (Fortin et al. 1983; Eruz et al. 1985), auf stickstoffreichen Standorten dagegen nur geringfügig (Binkley 1983). Nachteile sind zu erwarten, wenn die Vegetation die gebildeten Stickstoffmengen nicht vollständig aufnehmen kann. Der N-Überschuss kann entweder im Boden akkumuliert oder bei einer N-Sättigung des Bodens nach Nitrifikation als Nitrat (NO_3^-) ausgewaschen oder gasförmig (nach Denitrifikation) ausgetragen werden.

18.2.3 Elementaustrag

Durch Auswaschung, Erosion und als Gase verlassen Elemente das Ökosystem. In bewirtschafteten Ökosystemen ist auch die geerntete Biomasse dem Austrag zuzurechnen. Schließlich können Tiere durch Ortsveränderung Stoffe verlagern (siehe oben).

▪ Austrag im Gebietsabfluss und Sickerwasser

In den gemäßigten Klimazonen erfolgt der Elementaustrag vor allem durch **Auswaschung** von in Wasser suspendierten und gelösten Stoffen. Er lässt sich entweder im Gebietsabfluss eines Wassereinzugsgebiets (Likens 2013) oder unter Verwendung von Lysimetern im Sickerwasser eines Ökosystems (Ulrich et al. 1979) erfassen. Austragsmessungen auf der Ebene von Wassereinzugsgebieten werden an Hängen mit einer wasserundurchlässigen Schicht durchgeführt, an denen Stofftransporte mit dem Oberflächenabfluss und oberflächennahen Abfluss (Hangzugwasser) erfolgen. Der Einsatz von Lysimetern unterhalb der Wurzelzone eignet sich nur für weitgehend ebene Standorte mit wasserdurchlässigen Böden, ermöglicht jedoch eine wesentlich höhere räumliche Auflösung der gemessenen Austräge.

◘ Tabelle 18.6 enthält jährliche **Austragsraten** im Gebietsabfluss von Wassereinzugsgebieten und im Sickerwasser von Waldbeständen. Unterschiede in den Elementausträgen sind sowohl auf atmosphärische Einträge als auch auf ökosysteminterne Umsätze zurückzuführen, die vor allem von den standörtlichen Gegebenheiten (Boden, Grundgestein) und den damit zusammenhängenden Puffer- und Freisetzungsprozessen, aber auch von der Vegetation abhängen. Fichtenbestände weisen im Allgemeinen geringere pH-Werte im Oberboden auf als Buchenbestände. Hieraus ergeben sich im Sickerwasser unter Fichte höhere Konzentrationen an Sulfat und Nitrat sowie an den basischen Kationen Ca und Mg. Bei der Interpretation von Austragsraten ist auch die forstliche Nutzung zu beachten. Unterschiede im Austrag von N und basischen Kationen zwischen zwei Fichtenstandorten im Schwarzwald lassen sich durch Streunutzung und Waldweide erklären, die am Standort Villingen zu N-Mangel führten (Raspe et al. 1998). Langfristige Änderungen im atmosphärischen Eintrag spiegeln sich im Austrag wider (vgl. Messperioden für den Buchenbestand im Solling in ◘ Tab. 18.3 Einträge und in ◘ Tab. 18.6 Austräge).

Im Wassereinzugsgebiet Lange Bramke im Harz wurden sowohl der Sickerwasseraustrag als auch der Gebietsabfluss gemessen (Hauhs 1985). Für Na, Cl und K ergeben sich gute Übereinstimmungen. Al und S werden im Unterboden akkumuliert und sind daher im Gebietsaustrag reduziert, während Ca und Mg unterhalb der Messebene für die Versickerung hohe Freisetzungsraten aus Silikatverwitterung und Kationenaustausch aufweisen und sich im Gebietsaustrag anreichern.

In ungestörten Waldökosystemen ist die chemische Zusammensetzung im Gebietsabfluss über längere Zeiträume relativ konstant. Bei einigen Elementen zeigt sich jedoch eine ausgeprägte **Saisonalität**. Dies gilt vor allem für K und Nitrat. Hauhs (1985) fand bei seinen Abflussmessungen im Harz die höchsten Konzentrationen im Frühjahr. Während der Vegetationszeit waren sie positiv mit der Abflusshöhe korreliert. Die Ca- und Mg-Konzentrationen waren im Jahresverlauf nahezu konstant. Sie werden vollständig von bodenchemischen Prozessen innerhalb der Fließregion bestimmt. Diese Zusammenhänge ergaben sich auch für andere Wassereinzugsgebiete (Likens 2013). Austragsprozesse, die maßgeblich von Ökosystemkomponenten

Tab. 18.6 Austräge im Gebietsabfluss (Wassereinzugsgebiet) oder im Sickerwasser unterhalb der Wurzelzone (Lysimeter) von Versuchsflächen im Solling und im Göttinger Wald (nach Ellenberg et al. 1986; Hauhs 1985; Meesenburg et al. 2009), im Schwarzwald (Raspe et al. 1998), im Steigerwald und Fichtelgebirge (Matzner et al. 2004) und in Hubbard Brook (Likens 2013)

Ort	Baumart	Messperiode	Gestein	Bodentiefe	H	Na	K	Ca	Mg	N_{tot}	NO_3-N	SO_4-S	Al
		(Jahre)		(cm)	(kg ha^{-1} Jahr^{-1})								
Solling	Buche	1969–1983	Buntsandstein	90	0,47	12,00	3,40	10,10	3,20	4,70		40,00	17,60
	Buche	1981–1989	Buntsandstein	90	0,50	9,66	2,74	4,41	2,43	1,96	1,68	39,76	18,44
	Buche	1990–2002	Buntsandstein	90	0,22	11,72	1,56	2,40	1,70	1,68	1,12	24,69	10,52
Göttinger Wald	Buche	1990–2002	Muschelkalk			8,97	1,17	226,45	2,80	4,48	0,00	14,27	
Göttinger Wald	Buche	1981–1989		100	0,00	11,50	1,96	250,70	3,89	13,59	11,21	29,02	0,09
Solling	Fichte	1969–1983	Buntsandstein	90	0,41	19,30	3,80	14,60	5,90	16,00	13,30	95,00	52,00
	Fichte	1977–1979	Sandstein	80	0,46	9,50	3,70	8,70	2,80	< 0,40	2,40	34,50	11,40
	Fichte		Sandstein	Gebietsabfluss	0,01	9,70	4,70	19,60	10,10	< 0,20	1,90	22,40	< 0,5
Schwarzwald	Fichte	1988–1996	Granit	Gebietsabfluss	0,06	21,10	7,60	14,00	2,30	6,8[a]	6,80	17,00	3,50
Steigerwald	Buche und Eiche	1995–2001	Sandstein	60	0,07	6,40	4,40	7,70	6,30		6,00	12,40	2,40
Fichtelgebirge	Fichte	1993–2001	Granit/Gneis	90	0,40	9,40	4,10	9,20	2,20		17,50	39,70	26,90
Hubbard Brook	Northern Hardwood	1963–1974	Moräne/Gneis	Gebietsabfluss	0,10	7,20	1,90	13,70	3,10	16,4[b]	16,10	52,80	2,00

[a] nur Nitrat und Ammonium
[b] Messperiode 1976–1981

Tab. 18.7 Jährliche gasförmige Austräge an Lachgas (N_2O) aus Waldökosystemen

Ort	Baumart	Messperiode	N_2O-Austrag (kg N ha^{-1} $Jahr^{-1}$)	Quelle
Solling	Buche	1990–2000	1,92	Brumme und Borken (2009)
Solling (gekalkt)	Buche	1993–1995	0,41	Brumme und Borken (2009)
Göttinger Wald	Buche	1993–1995	0,16	Brumme und Borken (2009)
Solling	Fichte	März 1993–März 1994	0,26	Brumme et al. (1999)
Harz	Fichte	März 1993–März 1994	1,3	Brumme et al. (1999)
Börnhöved	Erle	März 1993–März 1994	7,3	Brumme et al. (1999)
Höglwald	Buche	1995	3,7	Papen und Butterbach-Bahl (1999)
	Fichte	1995	0,81	Papen und Butterbach-Bahl (1999)

bestimmt werden, werden im Zusammenhang mit dem biogeochemischen Kreislauf (▶ Abschn. 18.3) behandelt.

Gasförmiger Austrag

In Waldökosystemen sind am **Gasaustausch** zwischen Boden und Atmosphäre vor allem Kohlendioxid (CO_2, s. ▶ Kap. 21), Methan (CH_4), Distickstoffmonoxid (Lachgas, N_2O) und Distickstoff (N_2) beteiligt. Bei CO_2, CH_4 und N_2O handelt es sich um wichtige Treibhausgase (s. ▶ Kap. 21). Global betrachtet sind Waldböden eine Senke für CH_4 aus der Atmosphäre, die auf 1,8 bis $11{,}8 \times 10^6$ t C pro Jahr geschätzt wird (Borken 1996; Borken und Brumme 2009). Für N_2O haben Waldböden eine Quellenfunktion, die global zu einer Freisetzung von 2,4 bis $5{,}7 \times 10^6$ t N pro Jahr führt (Ullah und Moore 2011). Die weite Bandbreite der Werte ist darauf zurückzuführen, dass bisher nur wenige langfristige Messungen durchgeführt wurden, sodass die große zeitliche und räumliche Variabilität in den CH_4- und N_2O-Flüssen nur unvollständig erfasst ist. Unterschiede im Relief, in der Bodendurchlüftung und -versauerung, in den N-Vorräten und durch die Saisonalität der beteiligten Prozesse führen zu stark abweichenden Austragsraten (Brumme et al. 1999, 2009a; Groffman et al. 2000; Brumme und Borken 2009).

Lachgas entsteht im Boden durch die mikrobiellen Prozesse Nitrifikation und Denitrifikation (s. a. biogeochemischer Kreislauf, ▶ Abschn. 18.3, und Blume et al. 2010). Aus Messungen und einer Literaturauswertung ergeben sich nach Brumme et al. (1999) und Brumme und Borken (2009) unterschiedliche Austragsmuster für N_2O. Für die Mehrzahl der erfassten Waldbestände in den gemäßigten Zonen (21 von 29) ergab sich ein geringer N_2O-Austrag ohne saisonale Schwankungen von <1 kg N ha^{-1} $Jahr^{-1}$. Hierbei handelt es sich um Standorte mit Nadelholz und der Humusform Moder oder mit Laubholz und der Humusform Mull. Auf diesen Standorten sorgt die Bodenfauna stets für eine gute Bodendurchlüftung. Ein saisonales Muster mit insgesamt höheren N_2O-Austrägen wiesen Bestände (5 von 29, darunter der Buchenbestand im Solling) mit geringer Bodendurchlüftung bzw. zeitweiser Vernässung auf (Tab. 18.7). Eine N-Düngung oder die Zunahme der atmosphärischen N-Deposition erhöhen die gasförmigen N-Austräge, wenn die höhere N-Verfügbarkeit die Nitrifikations- und/oder Denitrifikationsaktivitäten steigert. Entsprechend wirkt sich die Entnahme von Bäumen bei Durchforstungen aus. Hierdurch verringert sich die N-Aufnahme des Waldbestandes. Kalkungen mindern die N_2O-Austräge, indem sie die Bioturbation der Bodenfauna (v. a. die Regenwürmer) fördern (Papen et al. 1998; Brumme und Borken 2009). Gasförmige N-Verluste haben nach den bisher vorliegenden Ergebnissen für die Gesamt-N-Bilanz der Standorte quantitativ eine geringe Bedeutung (Groffman et al. 2000).

Austrag nach Störungen

Natürliche Störungen in Waldökosystemen (s. ▶ Abschn. 15.1) und die Entfernung von Bäumen im

Rahmen der forstlichen Bewirtschaftung können die Austragsraten einzelner Elemente wesentlich erhöhen.

Durch **Feuer** verlassen Nährstoffe als Gase (N) und in Form von Partikeln im Rauch das Ökosystem. Nach Feuer nehmen zudem Oberflächenabfluss und Erosion auf den unbewachsenen und mit Asche bedeckten Böden zu. Abhängig von der Intensität des Feuers betragen N-Verluste durch Waldbrand bei der Mehrzahl der Untersuchungen zwischen 100 und 300 kg ha^{-1}, das entspricht 10–40 % des Vorrats in der oberirdischen Vegetation und Humusauflage. Neben N werden durch Feuer in abnehmender Reihenfolge K, Mg, Ca und P ausgetragen (Schlesinger und Bernhardt 2013).

Durch Verbrennung organischer Substanz werden zunächst auch Nährstoffe dem Boden zugeführt, die aufgrund fehlender Pflanzenaufnahme mittelfristig zu großen Teilen ausgewaschen werden. Ein Waldbrand in der nordwestdeutschen Tiefebene im August 1975 (s. a. ▶ Abschn. 15.2.3) führte zu einem vollständigen Verschwinden der Humusauflage sowie der Nadeln und schwachen Äste eines 23-jährigen Kiefernbestandes auf einem Braunerde-Podsol-Standort. Die Oxidation der organischen Substanz brachte eine deutliche pH-Wert-Erhöhung der obersten 10 cm des Mineralbodens und eine Anreicherung an K, Ca, Mg und P. Auffallend war auch eine Zunahme des Stickstoffs, der nach dem Brand durch unvollständige Oxidation der Humusauflage z. T. als Ammonium (NH_4^+) vorlag. Auf dem sandigen Substrat erfolgte nach dem Brand eine rasche Auswaschung, besonders von K und Mg, geringer von Ca. Eine erhöhte P-Löslichkeit führte zu einer P-Verlagerung aus dem Oberboden. Von den aus der Humusauflage und dem Bestand durch das Feuer auf dem Mineralboden abgelagerten Elementmengen waren vier Jahre nach dem Brand von K und Mg 80–90 %, von Ca etwa 30 % und von N bis zu 50 % durch Auswaschung verloren gegangen (Hetsch 1980).

■ Austrag durch Biomasseernte

Bei der **Ernte von Biomasse** werden erhebliche Nährstoffmengen aus dem Waldökosystem entfernt. Der Umfang des **Nährstoffentzugs** hängt von der Baumart, von der Nutzungsintensität und vom Standort ab. Der Einfluss der Baumart wird dadurch bestimmt, dass einerseits Laubgehölze in den Baumteilen höhere Elementgehalte als Nadelgehölze aufweisen, andererseits Nadelgehölze mehr Biomasse produzieren und früher geerntet werden als Laubgehölze (s. ▶ Kap. 19). Da die Hauptnährstoffe N, Ca, Mg und K überproportional in anderen Baumkompartimenten als dem Stammholz gespeichert sind (s. Elementvorräte im biogeochemischen Kreislauf), steigen die Nährstoffexporte bei zusätzlicher Nutzung von Kronen- und Wurzelteilen stark an (Müller-Using und Rademacher 2004; ◘ Tab. 18.8).

Für verschiedene Waldtypen auf basenarmen Standorten (Buntsandstein) im Pfälzer Wald wurden Biomasse- und Nährelemententzüge für praxisnahe waldbauliche Behandlungen und unterschiedliche Nutzungsintensitäten kalkuliert (Block et al. 2008). Der Einfluss verschiedener Durchforstungsverfahren war vergleichsweise gering. Die über die konventionelle Holzernte hinausgehende Nutzung von schwächeren Holzsortimenten als Energieholz (**Vollbaumnutzung** mit einer Erhöhung der Biomasseernte um das 1,3- bis 1,4-Fache gegenüber der reinen Stammholzernte) erhöhte die Nährstoffentzüge bei Laubholz (Buche, Traubeneiche mit Buche) um das 1,4- bis 1,9-Fache. In den Nadelholzbeständen (Kiefer mit Buche, Douglasie) waren die Biomasse- und Nährstoffentzüge etwas geringer. Bei Ca, K und N wies die Traubeneiche, bei Mg die Buche und bei P die Douglasie die höchsten Entzüge auf. Untersuchungen in bayerischen Fichtenbeständen ergaben, dass die Vollbaumnutzung die Ca- und Mg-Entzüge im Vergleich zur reinen Stammholznutzung um mehr als das 2-Fache erhöht (Raspe und Göttlein 2008).

Erhöhter Nährstoffentzug durch Vollbaumnutzung kann zu **Zuwachsreaktionen** führen, die im Vergleich zum Zuwachs bei reiner Stammholznutzung nach Untersuchungen in Skandinavien und Österreich bis zu 24 % betragen können (Meiwes 2009). Um die standörtliche Nachhaltigkeit zu gewährleisten, sollten daher auf nährstoffarmen Standorten (Sande, Sandsteine) Reisig, Nadeln/Blätter und Rinde im Bestand verbleiben. Die Rückführung der entzogenen Nährstoffe durch Ausbringung der Holzasche wird von Ettl et al. (2007) empfohlen (s. a. Hallenbarter et al. 2002; Schäffer et al.

Tab. 18.8 Biomasse und Gehalte von Makronährstoffen für Baumkompartimente von Buche, Eiche, Fichte und Kiefer. (Daten aus Literaturauswertung von Jacobsen et al. 2003)

Baumart	Biomasse	Gehalte (mg g^{-1})				
Kompartiment	(t ha^{-1})	N	P	K	Ca	Mg
Buche						
Blätter	3,95	26,01	1,46	8,66	8,88	1,25
Stammrinde	12,4	7,35	0,50	2,34	20,52	0,59
Stammholz	219	1,21	0,10	0,93	0,95	0,25
Reisig und Äste	54,2	4,27	0,48	1,50	4,02	0,36
Oberirdische Biomasse	289	2,48	0,22	1,25	2,30	0,30
Grobwurzeln	54,5	3,03	0,35	1,34	2,69	0,43
Feinwurzeln	3,93	7,15	0,60	2,18	5,29	0,74
Eiche						
Blätter	4,51	26,15	1,74	7,38	11,43	2,27
Stammrinde	17,9	5,16	0,30	2,00	21,49	0,65
Stammholz	132	1,56	0,08	0,95	0,46	0,09
Reisig und Äste	37,8	6,19	0,43	2,00	4,41	0,44
Oberirdische Biomasse	185	3,35	0,23	1,36	3,28	0,29
Grobwurzeln	46,7	3,71	0,27	2,16	4,07	0,40
Feinwurzeln	4,94	8,94	0,74	3,40	6,18	1,06
Fichte						
Nadeln	14,7	13,36	1,33	5,70	6,03	0,79
Stammrinde	14,3	5,17	0,65	2,83	8,17	0,77
Stammholz	165	0,83	0,06	0,46	0,70	0,11
Reisig und Äste	28,4	5,24	0,65	2,39	3,33	0,53
Oberirdische Biomasse	215	3,01	0,34	1,47	2,21	0,28
Grobwurzeln	43,8	4,14	0,37	1,38	1,59	0,30
Feinwurzeln	2,38	10,77	0,98	2,18	2,61	0,55
Kiefer						
Nadeln	4,49	14,46	1,32	5,03	4,08	0,87
Stammrinde	8,99	3,85	0,46	2,08	5,03	0,61
Stammholz	83,2	0,76	0,05	0,42	0,62	0,18
Reisig und Äste	17,1	3,61	0,34	1,67	2,07	0,43
Oberirdische Biomasse	113	2,10	0,22	1,02	1,36	0,31
Grobwurzeln	24,9	1,77	0,21	1,08	0,97	0,30
Feinwurzeln	3,24	7,44	0,62	1,47	2,83	0,45

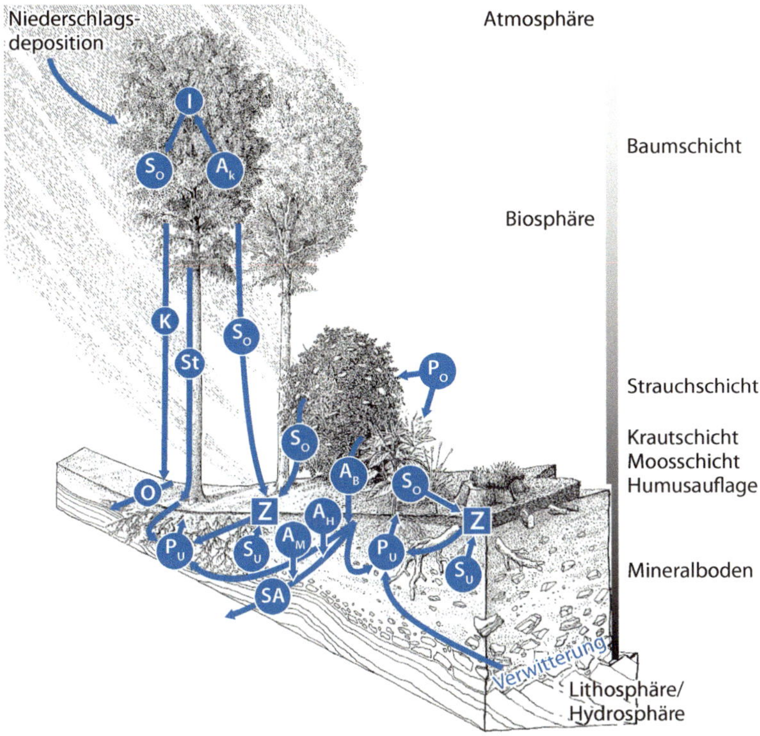

Abb. 18.4 Elementflüsse und Kompartimente des biogeochemischen Kreislaufs. A_B Auswaschung aus der Bodenvegetation, A_H Auswaschung aus der Humusauflage, A_K Auswaschung aus dem Kronenraum, A_M Auswaschung aus dem Mineralboden, *I* Interzeptionsdeposition, *K* Kronentraufe, *O* Oberflächenabfluss, P_O oberirdische Pflanzenaufnahme, P_U unterirdische Pflanzenaufnahme, *SA* Sickerwasser-Austrag, S_O oberirdischer Streufall, S_U unterirdischer Streufall, *St* Stammablauf, *Z* Zersetzung

2002). Als Alternative zur Energieholzgewinnung im Wald erlangen auf landwirtschaftlichen Flächen Kurzumtriebsplantagen mit schnell wachsenden Baumarten (v. a. stockausschlagfähige Pappeln und Weiden und auf schlechter wasserversorgten Standorten die Robinie) zunehmendes Interesse. Zu deren Anlage und Nutzung bestehen noch zahlreiche ökologische und wirtschaftliche Fragen (Bemmann und Knaust 2010).

18.3 Biogeochemischer Kreislauf

18.3.1 Grundlagen

Im **biogeochemischen Kreislauf** werden Stoffe zwischen lebenden (biotischen) und nicht lebenden (abiotischen) Kompartimenten eines Ökosystems ausgetauscht. Der Zyklus enthält Aufnahme und Speicherung von Elementen in Biomasse sowie deren Rückführung aus Biomasse durch Auswaschung und Zersetzung. Die an diesen Prozessen beteiligten Elementflüsse und Kompartimente in einem Waldökosystem sind in Abb. 18.4 dargestellt.

Die Menge der in der Vegetation festgelegten Elemente, die Elementvorräte, lässt sich aus Biomasseerhebungen und chemischer Analyse der Pflanzenbestandteile berechnen. Zur Erfassung der Raten der Elementrückführung werden die Massen und die chemische Zusammensetzung von Streu und Bestandesniederschlag bestimmt. Die Pflanzenaufnahme wird indirekt als Summe von Elementspeicherung und -rückführung in einem bestimmten Zeitintervall ermittelt (zu den Unsicherheiten derartiger Bilanzierungen s. Yanai et al. 2010). Wir werden zunächst Beispiele für Elementinventuren von Waldökosystemen vorstellen, bevor wir auf die Elementflüsse zwischen verschiedenen Ökosystemkompartimenten eingehen.

18.3.2 Elementvorräte

Die Verteilung (**Allokation**) von chemischen Elementen auf die verschiedenen Kompartimente der Vegetation hängt von einer Vielzahl standörtlicher und pflanzenspezifischer Faktoren ab (Baumart, pflanzenverfügbarer Nährstoffvorrat, verholzte oder grüne Pflanzenteile). Die saisonale Dynamik der Elemente wird bestimmt durch Menge und Rate des Biomassetransfers (z. B. Streufall) und Wassertransports, durch klimatische Bedingungen, die die Zersetzung des organischen Materials und die Elementaufnahme beeinflussen, durch Wurzelverteilung und Elementverfügbarkeit (z. B. durch Ionenantagonismen und -ungleichgewichte).

Zwischen den **Elementgehalten** und dem Anteil an stoffwechselaktivem Gewebe in den verschiedenen Baumkomponenten bestehen Zusammenhänge. Für die Hauptnährstoffe N, P, K und Mg lassen sich die oberirdischen Baumfraktionen entsprechend der Höhe ihrer Elementgehalte ordnen: Blätter/Nadeln > Stammrinde > Reisig und Äste > Stammholz (vgl. ◘ Tab. 18.8). Abweichend verhält sich Ca, dessen Gehalte in der Stammrinde bei Laubholz etwa doppelt so hoch sind wie in den Blättern, bei Nadelholz ist die Differenz zwischen Stammrinde und Nadeln geringer. Die in ◘ Tab. 18.8 dargestellten Elementgehalte der Hauptnährstoffe N, P, K, Ca und Mg in Baumkompartimenten von Buche, Eiche (Stiel- und Traubeneiche), Fichte und Kiefer sind das Ergebnis einer Auswertung, bei der Daten aus insgesamt 115 Beständen in Europa berücksichtigt wurden (Angaben zu den Beständen und Ergebnisse für weitere Baumarten und für Schwermetalle finden sich in Jacobsen et al. 2003). Die Elementgehalte weisen eine hohe Variabilität auf. In der Datenauswertung von Jacobsen et al. (2003) liegen die Variationskoeffizienten der Elementgehalte überwiegend zwischen 20 und 60 %. Von den untersuchten Faktoren war der Einfluss des Bestandesalters am deutlichsten ausgeprägt. Aufgrund zunehmender Kernholzanteile nehmen die K-, Mg- und P-Gehalte ab. Eine standörtlich bedingte Variabilität konnte nur für Buche und Fichte in einzelnen Kompartimenten nachgewiesen werden. Auf carbonathaltigen Böden oder Standorten mit der Humusform Mull wurden für die Buche höhere Ca-Gehalte (v. a. in der Rinde) festgestellt als auf sauren Standorten. Bei der Fichte sind zunehmende Jahresniederschläge mit niedrigeren N-Gehalten im Stammholz korreliert. Für diesen Zusammenhang gibt es allerdings keine kausale Erklärung. Die Elementgehalte, besonders die der Assimilationsorgane, dienen zur Beurteilung des Ernährungszustands und der Notwendigkeit einer Düngung von Waldbeständen (s. Röhrig et al. 2006) sowie zur Berechnung des Entzugs von Nährelementen mit der Biomassenutzung.

Die Elementgehalte in den Blättern zeigen eine **jahreszeitliche Dynamik**, die auf Stoffwechselprozessen beruht. Elemente mit hoher Mobilität kommen im Pflanzengewebe als Ionen frei in Lösung vor und können daher leicht an die jeweiligen Verbrauchsorte gelangen. Junges meristematisches Gewebe (v. a. Knospen, Wurzelspitzen) enthält daher viel P, K und Mg. So fand Wöhler (1988) in den Blättern von Buchenbeständen im Solling und im Göttinger Wald die höchsten K- und Mg-Gehalte kurz nach Blattaustrieb, die geringsten im Herbst. N, K, P und Zink werden aus den alternden Blättern im Spätsommer und Herbst mit dem Phloemsaft in die Achssysteme des Baumes verlagert, von wo sie im Frühjahr schnell in das teilungsfähige Gewebe transportiert werden können (Millard und Grelet 2010). Die Konzentrationen von Ca, Mg, B, Fe und Mn in den Blättern sind hingegen vor dem Blattfall am höchsten (White 2012b). Die Ca-Konzentrationen in Buchenblättern steigen von Mai bis September kontinuierlich an (Wöhler 1988). Ca wird überwiegend mit dem Transpirationsstrom im Xylem transportiert und lagert sich in älteren Pflanzengeweben ab (White 2012b).

Bei Nadelbäumen ergeben sich Zusammenhänge zwischen den Elementgehalten und dem **Nadelalter** (Szymura 2009). In der alternden Nadel werden stoffwechselinaktive (Na) oder störende (Al) sowie auf bestimmten Standorten im Überschuss vorhandene Elemente (Ca, Fe, Mn) abgelagert. Die N- und P-Konzentrationen hingegen sinken mit zunehmendem Nadelalter. Je nach Versorgungslage ist dies auch bei K und Mg

Mangelsymptome und Nährstoffgrenzwerte für Baumarten

In den Wäldern Mitteleuropas besteht ein natürlicher N-Mangel, der seit Mitte des vorigen Jahrhunderts durch den atmosphärischen Eintrag kompensiert wird. K-Mangel besteht in dichten Beständen auf kalkreichen Standorten, vor allem in Trockenphasen. Ca- und Mg-Mangel zeigen sich ebenfalls verstärkt bei Trockenheit und Dichtstand, vor allem auf sauren Böden, deren Ausgangsgestein arm an diesen Elementen ist (Augusto et al. 2002). Mangel an einem bestimmten Nährstoff lässt sich in vielen Fällen sichtbaren Symptomen an der Pflanze zuordnen, wobei sich auch Mängel überlagern und Witterungseinflüsse (Trockenheit, Nässe, Frost) und Pilzbefall zu ähnlichen Symptomen führen können (Hartmann et al. 2007; Butin et al. 2010; Butin 2011; Zorn et al. 2013). Zur Absicherung der Diagnose sind chemische Analysen erforderlich. Im Allgemeinen spiegelt sich der Ernährungszustand einer Pflanze in den **Elementkonzentrationen der Blattorgane** am besten wider (Römheld 2012). Grenzwerte für die Nährstoffversorgung von Waldbäumen hat van den Burg (1985, 1990) aus Literaturangaben zusammengestellt. Göttlein et al. (2011) haben daraus mithilfe statistischer Verfahren Ernährungskennwerte für die Hauptbaumarten hergeleitet. Konzentrationen der Hauptnährstoffe im mittleren Normalbereich, in dem das Wachstum nicht eingeschränkt ist und keine Mangelsymptome sichtbar werden, sind für verschiedene Baumarten in ◘ Tab. 18.9 zusammengestellt. Mangel an Hauptnährstoffen kann an Forstpflanzen zu folgenden **Symptomen** führen (Hartmann et al. 2007; Zorn et al. 2013):

Stickstoffmangel
Kleine, blassgrüne bis gelbliche Blätter oder Nadeln an verkürzten Trieben gleichmäßig am ganzen Baum, nicht nur an einzelnen Jahrgängen oder Ästen auftretend, mit jahreszeitlich frühem Wachstumsabschluss, bei Douglasie auch vorzeitiger Nadelabfall an älteren Trieben.

Phosphormangel
Zunächst normal bis allenfalls dunkel graugrün gefärbte Blattorgane, später violettrote bis kupferbraune, gelb gesäumte Verfärbung, Blätter in Länge und Gewicht stark reduziert. Höhenwachstum einige Zeit nicht reduziert (anders als bei N-Mangel), doch nach einigen Jahren Verlust der Apikaldominanz.

Kaliummangel
Meist nur an älteren Nadeln gelbe Spitzen mit allmählichem Übergang zum grünen Nadelteil. An Blättern von der Spitze über die Ränder fortschreitende Vergilbung mit allmählichem Übergang zur weniger vergilbten Mitte, später Verbräunung und Einrollen von Blattspitzen und -rändern. Nur bei extremem Mangel Reduktion des Höhenwachstums und der Apikaldominanz bei jüngeren Pflanzen.

Magnesiummangel
Goldgelbe bis rotbraune Nadelspitzen mit scharfem Übergang zum grünen Nadelteil (anders als bei Kaliummangel) (Kiefer) oder Gelbfleckigkeit bei älteren Nadeln (Fichte, Douglasie), auch vollständige Gelbfärbung, vor allem an der Nadeloberseite, von älteren zu jüngeren Nadeljahrgängen fortschreitend. Gelbbraune Chlorosen zwischen Blattadern.

◘ **Tab. 18.9** Mittlerer Normalbereich der Elementkonzentrationen in Blattorganen für ausreichende Ernährung von jungen Forstgehölzen. (Aus Göttlein et al. 2011 nach van den Burg 1985, 1990)

Baumart	N	P	K	Ca	Mg
	(mg g^{-1})				
Tanne	13,1–15,5	1,4–2	5,9–8,2	4,9–8,3	1,2–1,9
Fichte	16,2–18,8	2–2,4	6,8–8,6	5,8–7,7	1–1,3
Kiefer	15,4–18	1,4–1,8	5,5–6,8	2,7–3,7	0,9–1,1
Buche	20,0–22,3	1,4–1,7	6,9–8,7	8,1–11,8	1,3–1,9
Bergahorn	20,9–25	2,2–3,3	10,5–13,9	15,7–24,5	2,6–3,6
Traubeneiche	20,5–24,2	1,6–1,9	7,2–8,8	6,1–8,1	1,3–1,8

möglich (Wenzel 1989; Szymura 2009). Geringere Elementkonzentrationen in bestimmten Nadeljahrgängen können auf einer Zunahme des Nadelgewichts (Verdünnungseffekt) oder auf Nährstoffentzügen (Umlagerung oder Auswaschung) beruhen (Reemtsma 1979).

Die Elementgehalte der **Wurzeln** sind das Ergebnis verschiedener Stoffaustauschprozesse zwischen den Wurzeln und dem Spross sowie den Wurzeln und der Rhizosphäre. Sowohl das Elementangebot als auch Aufnahme- und Akkumulationsprozesse spielen dabei eine wichtige Rolle (Marschner und Rengel 2012; Neumann und Römheld 2012). Der Einfluss der bodenchemischen Umgebung, insbesondere der Bodenlösung, auf die Elementgehalte der Wurzeln geht aus vielen Untersuchungen hervor (u. a. Murach und Wiedemann 1988; Bauer et al. 2000; Jacobsen et al. 2003; Rademacher et al. 2009). Vor allem bei den Ca-Gehalten in Feinwurzeln zeigt sich eine hohe Standortabhängigkeit. Die N-Gehalte weisen von allen Elementen die geringsten Standortunterschiede auf.

Zur Bestimmung der **Elementvorräte des Baumbestandes** werden die in der Biomasseinventur ermittelten Vorräte an organischer Trockenmasse (= Gewicht nach Trocknung bei 105 °C) mit den Elementgehalten in den entsprechenden Baumteilen multipliziert. Für die Gesamtvorräte der Bestände auf basenarmen Standorten ergibt sich die Rangfolge N > Ca > K > P(Mg) > Mg(P). In den Beständen auf Kalk überwiegt der Ca-Vorrat. Verglichen mit dem Biomasseanteil der Blattorgane am Gesamtbestand (ca. 2 %, vgl. ◘ Tab. 18.8), sind relativ hohe Anteile der Hauptnährstoffe in den Blattorganen festgelegt. Ähnliches kann für die Wurzeln angenommen werden. Elementvorräte von Wurzeln, vor allem Feinwurzeln, lassen sich jedoch nur schwer exakt ermitteln. Hinzu kommen Fehlerquellen bei der Bestimmung der Elementgehalte durch unzureichende Trennung der Feinwurzeln von dem sie umgebenden organischen Material und anhaftenden Bodenteilchen. Das Stammholz mit Rinde erreicht Biomasseanteile am Gesamtbestand um 75 %, während seine Anteile an den einzelnen Hauptnährstoffen deutlich niedriger liegen. Dennoch enthalten die ausdauernden Baumteile die bei Weitem größten Elementvorräte. Hierbei ist jedoch zu beachten, dass diese Vorräte über lange Zeiträume angelegt wurden. Angaben über Elementvorräte in Ästen und Stämmen liefern somit nur wenige Informationen über Elementumsätze. Blätter und Feinwurzeln hingegen speichern nur vergleichsweise geringe Elementvorräte in ihrer Biomasse. Der Aufbau, das Absterben und die Zersetzung der Blätter und Feinwurzeln erfolgen in relativ kurzen Zeiträumen. Dadurch bestimmen diese Prozesse den internen Elementkreislauf in einem Waldökosystem.

Biomasse- und Nährstoffvorrat der **Kraut- und Strauchschicht** hängen stark von den Baumarten des Bestandes und den Standortverhältnissen ab. Trotz eines geringen Anteils an der oberirdischen Gesamtbiomasse eines Waldökosystems kann der Beitrag der Kraut- und Strauchschicht zum Nährstoffkreislauf bedeutend sein, da die Pflanzen in diesen Schichten im Allgemeinen höhere Elementgehalte und Umsatzraten als der Baumbestand aufweisen (Kimmins 2004; Schulze et al. 2009; Ellenberg und Leuschner 2010). Untersuchungen auf Level-II-Dauerbeobachtungsflächen (s. ▶ Kap. 21) in Niedersachsen und Brandenburg ergaben, dass der Anteil der Kraut- und Strauchschicht am oberirdischen Biomassevorrat maximal 2 % beträgt, während ihr Anteil am Nährelementvorrat bis zu 8 % bei Ca, 22 % bei N und 30 % bei K erreichen kann. Die höchsten Anteile wurden in Kiefernbeständen festgestellt (Bolte et al. 2004a; Bolte 2006; ◘ Tab. 18.10).

Die Elementvorräte im **Auflagehumus** stammen überwiegend aus biogenen Stofftransporten durch die Ablagerung von Streu (Blatt- und Wurzelstreu, Totholz und sonstige Bestandesstreu) und die Transportleistungen der Bodenfauna, hinzu kommen Stoffe aus dem atmosphärischen Eintrag. Als **Humus** bezeichnet man die Gesamtheit der von abgestorbenen Pflanzen- und Tiersubstanzen stammenden organischen Stoffe auf dem und im Boden. Humus ist einem stetigen Umsatz unterworfen. Wenn mehr Streu produziert als zersetzt wird, kommt es zur Ausbildung einer Auflage aus unterschiedlich stark zersetzter Streu über dem Mineralboden, dem Auflagehumus, und durch Wurzelstreu und bei Einarbeitung durch Bodenwühler zu einem humusreichen Horizont im oberen Mineralboden. Baumart, Bestandesalter und Standort (Temperatur und Feuchte, Bodenversauerung

Tab. 18.10 Oberirdische Biomasse- und Elementvorräte der Kraut- und Strauchschicht auf Level-II-Dauerbeobachtungsflächen in Niedersachsen (Ns) und Brandenburg (Bb). Angegeben sind die Höchstwerte im Frühjahr oder Sommer im Jahr 2002. (Aus Bolte et al. 2004)

Baumart (Alter in Jahren)	Lage	Humusform/ Bodentyp[a]	Arten[b]	Biomasse	N	P	K	Ca	Mg
				(kg ha^{-1})					
Buche (152)	Solling (Ns)	MO/p3B	*R. f., V. m.*	52	0,9	0,1	0,5	0,2	0,1
Buche (134)	Göttinger Wald (Ns)	MU/RR-CF	*A. u., A. n.*	653	22,7	2,3	20,5	16,3	2,7
Fichte (117)	Solling (Ns)	MO/p3B	*V. m., P. f., D. f.*	333	4,6	0,4	2,0	1,8	0,5
Kiefer (75)	Natteheide (Bb)	RO/B	*V. m., P. s., H. c., D. f.*	3403	46,0	3,8	19,5	18,9	5,1
Kiefer (81)	Weizgrund (Bb)	RM/B	*H. p., D. f.*	1762	27,1	2,3	13,1	4,5	1,6

[a]Humusform: *MU* L-Mull, *MO* typischer Moder, *RM* rohhumusartiger Moder, *RO* Rohhumus; Bodentyp: *B* Braunerde, *P* Podsol, *p3B* stark podsolierte Braunerde, *RR-CF* Rendzina-Terra fusca
[b]dominierende Arten in der Kraut- und Strauchschicht: *A. u. Allium ursinum, A. n. Anemone nemorosa, D. f. Deschampsia flexuosa, H. c. Hypnum cupressiforme, P. s. Pleurozium schreberi, P. f. Polytrichum formosum, R. f. Rubus fruticosus, V. m. Vaccinium myrtillus*

bzw. Basenversorgung, Bodenfauna) bestimmen Mächtigkeit und Aufbau der Humusformen Mull, Moder und Rohhumus (ausführliche Beschreibungen der Humusformen enthält die Forstliche Standortsaufnahme, s. Arbeitskreis Standortskartierung 2003). Die Mächtigkeit des Auflagehumus steigt mit sinkendem pH-Wert, abnehmender Nährstoffverfügbarkeit und geringer Aktivität von Bodenorganismen, v. a. Bodenwühlern. Der Rohhumus eines Fichtenbestandes enthält etwa doppelt so viel organische Substanz wie der Moder eines bodensauren Buchenbestandes. Für Buchenbestände auf Kalkstein mit der Humusform Mull und für weitere Laubbaumarten erreicht die organische Substanz im Auflagehumus nur die Größenordnung der jährlichen Laubstreu (Gärdenäs 1998). Nach der Bodenzustandserhebung für die Waldstandorte in Deutschland sind durchschnittlich 99 t C ha^{-1} und 6,8 t N ha^{-1} im Auflagehumus und Mineralboden bis 90 cm Tiefe gespeichert. Am C-Vorrat hat der Auflagehumus einen Anteil von 19 %, am N-Vorrat von 11 %. Von Mull- zu Rohhumusstandorten nehmen die C-Vorräte um etwa 19 % zu (Messungen bis 90 cm Bodentiefe). Die C-Vorräte steigen allerdings nur im Auflagehumus an, im Mineralboden nehmen sie ab. Die N-Vorräte sind hingegen auf Rohhumusstandorten (5,4 t N ha^{-1}) um 35 % (8,3 t N ha^{-1}) geringer als auf Mullstandorten. Eine höhere biologische Aktivität und Bioturbation sind ursächlich für die höheren N-Vorräte im oberen Mineralbodenhorizont der weniger versauerten Standorte (Wolff und Riek 1997). Das C/N-Verhältnis war in der Vergangenheit ein guter Weiser für die Humusform. Durch die hohen N-Einträge seit Mitte des vorigen Jahrhunderts (s. ▶ Kap. 21) sind die Unterschiede der C/N-Verhältnisse zwischen den Humusformen geringer geworden (Brumme et al. 2009a).

In Tab. 18.11 sind die Vorräte der Hauptnährstoffe im Bestand, im Auflagehumus und in der Hauptwurzelschicht des Mineralbodens für zwei **Buchenbestände** und einen **Fichtenbestand** gegenübergestellt. Die Vorräte an austauschbaren Kationen sind auf dem Kalkstandort im Göttinger Wald um ein Vielfaches höher als im Solling auf podsoliger Braunerde, während die N-Vorräte in

Tab. 18.11 Elementvorräte im Bestand, im Auflagehumus und im Mineralboden bis 50 cm Bodentiefe von Waldbeständen im Göttinger Wald und im Solling. (Daten für den Göttinger Wald aus Meiwes und Beese (1988) und für den Solling aus Ellenberg et al. (1986))

	Biomasse (kg ha^{-1})	N	P	K	Ca	Mg
Buche - Göttinger Wald, 116 Jahre, Muschelkalk						
Bestand[a]	384.700	1040	55	511	1738	126
Auflagehumus	3700	65	4	8	90	6
Mineralboden[b]		8360	1733	567	20.260	241
Buche - Solling, 122 Jahre, Löss über Buntsandstein						
Bestand[a]	312.075	737	105	331	370	83
davon Wurzeln	37.070	148	22	57	65	15
Auflaghumus	44.600	1010	60	71	116	29
Mineralboden[b]		8800	560	325	299	56
Fichte - Solling, 84 Jahre, Löss über Buntsandstein						
Bestand[c]	244.460	729	73	401	412	56
Auflagehumus	64.600	1250	79	89	114	34
Mineralboden[b]		7100	2630	188	190	43

[a]ober- und unterirdisch
[b]für N und P sind die Gesamtvorräte, für K, Mg und Ca die austauschbaren Vorräte angegeben
[c]nur oberirdisch (ohne Wurzeln)

beiden Buchenbeständen annähernd gleich sind. Beim Buchenbestand im Solling sind die austauschbaren Vorräte im Mineralboden an K, Ca und Mg etwa gleich groß wie die Vorräte im Bestand, beim Fichtenbestand sogar wesentlich geringer. Dies zeigt, dass die Böden im Solling bei pH-Werten im Al-Pufferbereich ihre Funktion als Nährstoffspeicher weitgehend verloren haben. Für den Buchenbestand auf Muschelkalk entspricht die Trockenmasse des Auflagehumus im Sommer etwa der des jährlichen Streufalls. Auf den bodensauren Standorten im Solling ist mehr als das 10-Fache (Buche) bzw. 15-Fache (Fichte) an organischer Substanz im Vergleich zum jährlichen Streufall in der Streuauflage akkumuliert. Vor allem N und P sind zu großen Anteilen im Auflagehumus festgelegt. Ohne forstliche Bewirtschaftung und andere Störungen erhöht sich in den Altbeständen im Solling die Mächtigkeit des Auflagehumus. Unter der Fichte hat die organische Substanz im Auflagehumus in einem Zeitraum von 30 Jahren von 48 auf 111 t ha^{-1} und unter Buche von 34 auf 56 t ha^{-1} zugenommen. Dabei wurden große Mengen an N und Ca, unter Fichte auch an P festgelegt und damit dem Nährstoffkreislauf entzogen. Als Ursache wird eine gehemmte Streuzersetzung aufgrund hoher atmosphärische N- und Säureeinträge angenommen (Meiwes et al. 2002).

18.3.3 Elementflüsse

Die zahlreichen Ergebnisse der weltweit durchgeführten ökosystemaren Analysen des Elementhaushalts (Übersicht in Levia et al. 2011a) zeigen, dass die daran beteiligten Prozesse in allen Waldökosystemen prinzipiell gleich sind. Die Raten der aus ihnen resultierenden Elementflüsse zwischen den Ökosystemkompartimenten sind aber je nach Artenzusammensetzung und Bestandesstruktur, Boden und Klima deutlich verschieden. In den folgenden Abschnitten werden die Elementflüsse zwischen den wichtigsten Kompartimenten der Waldökosysteme vorgestellt. Der Stofftransport erfolgt weitgehend als **Massenfluss**, wobei Wasser (Niederschlag, Bodenwasser) und Biomasse (Streu) die mengenmäßig bedeutendsten Transportmedien sind. Wir werden zunächst auf die wichtigsten Elementflüsse im Kronenraum (Bestandesniederschlag, Streufall) eingehen, bevor ökosysteminterne Prozesse in der Streuschicht (v. a. Zersetzung) und im Wurzelraum (v. a. Elementaufnahme) vorgestellt werden.

Interzeptionsdeposition

Die Niederschlagsdeposition als Eintrag aus der Atmosphäre wurde bereits im Zusammenhang mit dem geochemischen Kreislauf behandelt. Sie wurde von der **Interzeptionsdeposition** unterschieden, in der die im **Kronenraum** deponierten Gase und Aerosole (trockene Deposition) sowie ausgefilterte Nebel- bzw. Wolkentröpfchen (okkulte Deposition) zusammengefasst sind. Die Interzeptionsdeposition ist bisher einer direkten Messung nicht zugänglich (Matzner 1988), da im Kronenraum Depositionsvorgänge sowie Auswaschung und Aufnahme von Elementen durch die Pflanze gleichzeitig an denselben Oberflächen erfolgen. Verdunstungsverluste können bei Buche zu Konzentrationserhöhungen von ca. 20 % führen (Ellenberg et al. 1986). Ionen werden aus den Blättern, in geringerem Umfang auch aus der Rinde (Schaefer und Reiners 1992), durch wässrige Lösungen ausgewaschen. Ausgefilterte Ionen können direkt in den Stoffwechsel der Blätter einbezogen werden. Ein Teil der im Kronenraum deponierten oder aus der Pflanzenauswaschung stammenden Elemente kann durch Luftströmungen in die Atmosphäre zurückgeführt werden. Die bisherigen Kenntnisse über die Prozesse beim Stoffumsatz zwischen Baumkrone, Atmosphäre und Niederschlagswasser sind bei Parker (1983), Schaefer und Reiners (1992) und Levia et al. (2011b) beschrieben. Hinsichtlich der relativen Bedeutung der einzelnen Vorgänge für die Elementzusammensetzung des Bestandesniederschlags bestehen noch Unklarheiten (Pypker et al. 2011).

Obwohl Blätter und andere äußere Pflanzenteile durch **Kutikula** und **Stomata** gegen den unkontrollierten Austausch von Stoffen geschützt sind, können Elemente die äußere Pflanzenoberfläche in Lösung oder gasförmig durchdringen. Gase, v. a. SO_2 und NH_3, werden über die offenen Stomata aufgenommen. In Lösung können Ionen über die Kutikula und Stomata aufgenommen oder aus ihnen ausgewaschen werden (Eichert und Fernández 2012). Unter natürlichen Wachstumsbedingungen sind hiervon nur Ionen betroffen, die als Nährstoffe zentrale Funktionen haben und bei denen keine Überschuss-, sondern eher eine Mangelsituation vorliegt. Es sind dies P und N, v. a. als NH_4 (Ulrich et al. 1979). Bei den Elementflüssen werden nicht nur die aktive und die passive Absorption von Nährstoffen über Kutikula und Stomata als Blattaufnahme angesehen, sondern auch die Akkumulation von Stoffen durch Mikroorganismen in der Phyllosphäre (Parker 1983).

Bei der **Kronenauswaschung** (*leaching*) werden Substanzen durch Niederschlagswasser aus Blättern oder aus anderen äußeren Pflanzenteilen entfernt. Neben allen essenziellen Haupt- und Spurenelementen werden verschiedene organische Komponenten (Zucker, Aminosäuren, Phenole u. a.) aus den Pflanzenorganen gewaschen. Die Auswaschungsrate steigt mit der Dauer und Intensität des Niederschlags und mit dem Alter der Blattgewebe an (Tukey 1970; Wetselaar und Farquhar 1980; Eichert und Fernández 2012).

Die Auswaschung ist vorwiegend ein passiver Prozess. Kationen gelangen über Diffusion und Massenfluss aus den Interzellularräumen in die Auswaschungslösung. Bei durch Luftverunreinigungen unbelasteten Verhältnissen stammen fast keine Kationen aus dem Zellinneren und den Zellwänden (Smith 1990). Unter dem Einfluss von saurem Regen kann die Auswaschung von Kationen auch das Ergebnis von **Pufferreaktionen** sein, bei denen Protonen (H^+) aus dem Niederschlag durch Kationen (v. a. Ca^{2+} und Mg^{2+}, auch K^+ und Mn^{2+}) ersetzt werden, die an negativ geladene Austauscherplätze der Zellwände gebunden sind (Matzner 1988; Langusch et al. 2003; Borer et al. 2005). Johnson et al. (1985) geben an, dass die H-Pufferung die natürlichen Auswaschungsraten der Elemente K, Ca und Mg um das 2- bis 3-Fache erhöhen kann. Die Pufferung von Niederschlagsprotonen

Blattdünger

Die Fähigkeit der Pflanzen, Nährstoffe auch über oberirdische Organe aufzunehmen, führte zur Entwicklung von **Blattdüngern**. Ihre Anwendung konzentriert sich bisher auf landwirtschaftliche Nutzpflanzen und Zierpflanzen (Eichert und Fernández 2012). Eingesetzt werden sie auch in Baumschulen bei der Anzucht von Forstpflanzen. Besonders wirkungsvoll sind Blattdünger mit Spurennährstoffen (z. B. Mangan, Bor, Kupfer) und Kalium. In der Blattdüngung wurde auch eine Möglichkeit gesehen, immissionsbedingte, u. a. auf Blattauswaschung zurückzuführende Wuchsstörungen an Forstpflanzen auszugleichen (Buchner und Isermann 1984).

durch die Bäume ist abhängig vom pH-Wert des Niederschlags (Smith 1990). Elementverluste aus Buchenblättern als Folge von Pufferreaktionen sind bei pH-Werten unterhalb von 4,4 zu erwarten (Leonardi und Flückiger 1988). Zwischen der Kronenauswaschung und dem Boden scheint ein interner Umsatz zu erfolgen, bei dem Nährstoffvorräte aus tieferen in höhere Bodenhorizonte verlagert werden. Die Wiederaufnahme der ausgewaschenen Kationen kann durch eine damit verbundene vermehrte Protonenabgabe der Wurzeln zur Versauerung der Rhizosphäre führen (Ulrich 1983, 1986; Leonardi und Flückiger 1988; Neumann und Römheld 2012).

Fraßschäden durch Insekten können die Auswaschung begünstigen (Parker 1983; Michalzik 2011). An der Oberfläche der Blätter und auch an der Rinde entwickeln sich oft Flechten, Pilze und Bakterien (auch Luftstickstoff bindende Arten) (Redford et al. 2010). Über die Aktivitäten und Funktionen der **Mikroorganismen** an den Oberflächen der Baumkronen ist bisher wenig bekannt. Für N wird von einem nicht zu vernachlässigenden Einfluss auf die Zusammensetzung des Bestandesniederschlags ausgegangen (Stadler und Müller 2000; Krupa 2003). Untersuchungen in einem Fichten- und Buchenbestand im Solling ergaben, dass der Kronenraum eine relevante Quelle ist, aus der 20–30 % der organischen Substanz und 10–20 % des Stickstoffs im Kronendurchlass stammen. Die organische Substanz im Kronendurchlass setzt sich aus Polleneintrag, Exkrementen blattfressender Insekten, atmosphärischem Eintrag und auf den Blattorganen lebenden Mikroorganismen zusammen (Le Mellec et al. 2011).

Zur **Quantifizierung des Elementumsatzes** im Kronenraum ist eine Reihe von Methoden und Modellen entwickelt worden (Übersicht in Carlyle-Moses und Gash 2011). Am häufigsten wird ein Berechnungsweg nach Ulrich (1983, s. a. Staelens et al. 2008) verwendet, der eine Abschätzung des Elementumsatzes im Kronenraum aus der Niederschlagsdeposition (Freilandniederschlag) und dem unter dem Kronendach aufgefangenen Bestandesniederschlag erlaubt. Zur Messung des Bestandesniederschlags müssen die Kronentraufe und der Stammablauf getrennt erfasst werden, da ihre Transportraten stark voneinander abweichen können.

Die Bedeutung des **Stammablaufs** für den Elementfluss ist auf Bestandesebene gering. Laubbaumarten mit einem schrägen Astansatz, z. B. Buche und Ahorn, haben einen relativ hohen Stammablauf. In einem 130-jährigen Buchen-Eichen-Bestand im Steigerwald (Nordbayern) erreichte der Stammablauf der Buche 5,2 % und der Kronendurchlass 73 % des Freilandniederschlags. Die Konzentrationen von K und SO_4 im Stammablauf waren um 60 % und die H-Konzentrationen um 150 % höher als im Kronendurchlass, während andere Elemente für beide Flüsse annähernd gleiche Konzentrationen aufwiesen (Chang und Matzner 2000). Bei der Fichte lagen die Abflussraten des Stammablaufs bei weniger als 1 % des Freilandniederschlags (Bücking und Krebs 1986), weil ihre Äste waagerecht ansetzen, mit der Spitze nach unten hängen und somit das Wasser vom Stamm wegführen (Literaturübersicht in Levia und Frost 2003; Levia et al. 2011b).

▪ Tabelle 18.12 enthält die Elementkonzentrationen im Freilandniederschlag und in den Kronenraumflüssen für den Buchenbestand im Solling. Die Kronentraufe weist bei allen Elementen höhere Konzentrationen auf als der Freilandniederschlag. Ausnahmen bilden nur P und einige in der Tabelle nicht aufgeführte Schwermetalle (Co, Cu, Hg und

Tab. 18.12 Elementkonzentrationen im Freilandniederschlag (FN), in der Kronentraufe (KT) und im Stammablauf (SA) eines Buchenaltbestandes im Solling. (Aus Ellenberg et al. 1986; Messzeitraum: 1968 bis 1974, Zn und Pb 1974 bis 1979)

Fluss	H	SO_4-S	NO_3-N	NH_4-N	N_{org}	P	Cl	Na	K	Mg	Ca	Mn	Zn	Pb
	(mg l^{-1})												(µg l^{-1})	
FN	0,09	2,75	0,95	1,31	0,74	0,09	1,89	0,87	0,48	0,27	1,56	0,04	142	27
KT	0,18	5,85	1,42	1,60	1,08	0,08	4,00	1,62	3,09	0,55	3,96	0,50	104	31
SA	0,49	17,30	1,23	1,20	1,84	0,03	6,90	2,79	7,50	0,77	5,27	0,78	1322	68

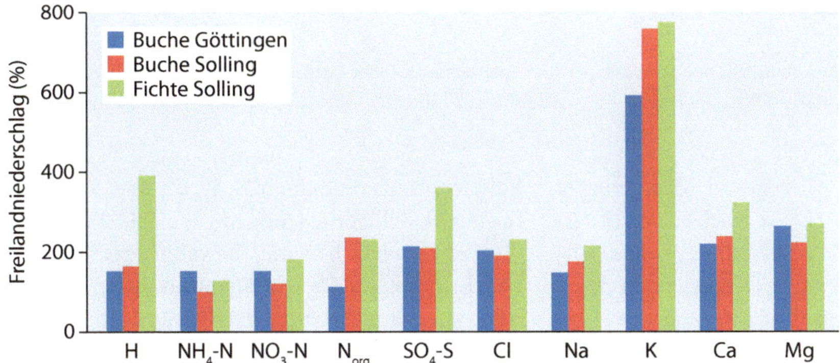

Abb. 18.5 Jährliche Transportraten von Elementen im Bestandesniederschlag (Kronentraufe und bei Buche zusätzlich Stammablauf) in Relation zu den Raten im Freilandniederschlag für Buchenaltbestände im Göttinger Wald und im Solling und für einen Fichtenbestand im Solling. (Daten aus Ellenberg et al. 1986; Meiwes und Beese 1988)

Fe). Die Konzentrationen erreichen ihr Maximum im Stammablauf, mit Ausnahme von Ammonium, Nitrat und P.

Aus den Elementkonzentrationen und Niederschlagsmengen ergeben sich die **Elementflüsse** im Kronenraum. In Abb. 18.5 sind die jährlichen Elementflüsse im Bestandesniederschlag in Prozent der Raten des Freilandniederschlags für zwei Buchen- und einen Fichtenbestand dargestellt. Die größte Anreicherung im Bestandesniederschlag wurde für K ermittelt, gefolgt von Ca und Mg. Es sind dies die Elemente, die am leichtesten aus der Krone ausgewaschen und bei Pufferreaktionen ausgetauscht werden.

Führer et al. (1988) und Schrijver et al. (2007) schließen aus der Auswertung zahlreicher Studien in Nordamerika und Europa, dass auf vergleichbaren Standorten Nadelholzbestände infolge der ganzjährigen Benadelung höhere Jahresfrachten im Bestandesniederschlag aufweisen als Laubholzbestände. Dies trifft vor allem für H, N und S zu (s. a. Hojjati et al. 2009). Bei Kiefern sind hingegen die Elementflüsse im Bestandesniederschlag geringer als in Vergleichsbeständen aus Laubholz (Parker 1983). Ursachen hierfür sind die Kronenstruktur und der geringe Blattflächenindex der Kiefern (Augusto et al. 2002).

Nährstoffrückführung aus der Streu

Die **Rückführung** der in der Streu, den organischen Überresten von Pflanzen, gebundenen Nährelemente in wieder pflanzenverfügbare Nährstoffe ist für Waldbestände mit geringen Stoffeinträgen eine wichtige Voraussetzung für eine hohe Produktivität. Über den Beitrag der Streu am Elementfluss in Waldökosystemen gibt es eine Vielzahl von Einzeluntersuchungen und einige zusammenfassende Darstellungen. Die überwiegende Mehrzahl der Untersuchungen befasst sich mit Produktion und Umsatz der oberirdischen Streu (Vogt et al. 1986;

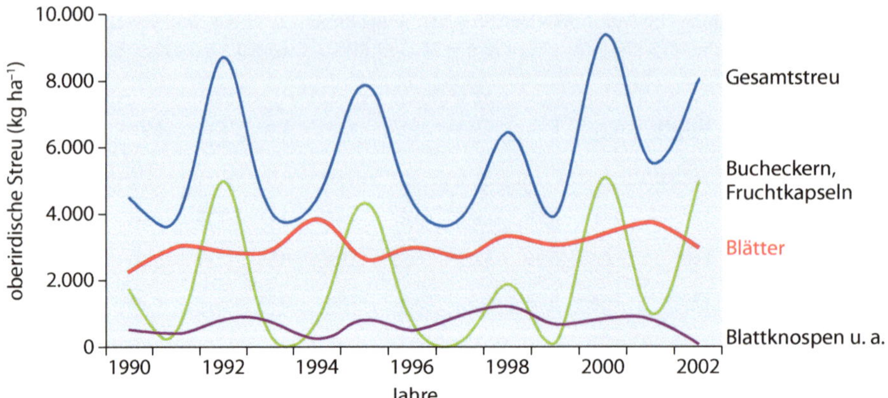

Abb. 18.6 Bestandteile des oberirdischen Streufalls im Buchenaltbestand Zierenberg in Nordhessen im Zeitraum von 1990 bis 2002. (Nach Khanna et al. 2009)

Rothe und Binkley 2001; Berg und Meentemeyer 2001; Augusto et al. 2002). Diese wird je nach Untersuchungsansatz in einzelne Streukomponenten sortiert, u. a. nach Blättern/Nadeln, Knospenschuppen, Blüten, Früchten, Rinden und Zweigen (meist bis 2,5 cm Durchmesser). In der Mehrzahl der Untersuchungen wurde nur die Blattstreu erfasst.

Die einzelnen **Streukomponenten** unterscheiden sich in den Elementgehalten entsprechend ihrer physiologischen Funktionen. Die höchsten Gehalte finden sich im Allgemeinen im Samen, die niedrigsten in den verholzten Teilen. Meiwes und Beese (1988) teilen die Streukomponenten eines Buchenbestandes auf Muschelkalk hinsichtlich des N-Gehalts in drei Gruppen ein: 1) Blüten und Samen mit 20–30 mg N g^{-1} Trockensubstanz (TS), 2) Blätter und Knospen mit rund 15 mg N g^{-1} TS, 3) Fruchtkapseln mit rund 5 mg N g^{-1} TS. Als besonders reich an P, K und Mg erwiesen sich die Samen. In der Blattstreu waren die Ca-Gehalte doppelt so hoch wie in den übrigen Streukomponenten. Die N- und P-Gehalte in der Blattstreu lagen wesentlich niedriger als Vergleichswerte in grünen Blättern. Dies beruht auf Nährstoffrückverlagerungen aus den Blättern in die Achssysteme des Baumes vor der Abszission (herbstlicher Blattfall nach Ausbildung einer Trennungszone). Bei den Elementen Ca, Mg, Mn, Fe und Al ergaben sich keine gesicherten Unterschiede zwischen den Gehalten in den grünen Blättern und in der Blattstreu. Die Blattorgane der Laubbäume weisen im Allgemeinen höhere Konzentrationen an N, K, Ca und Mg auf als die der Nadelbäume (Augusto et al. 2002).

Bei Laubbäumen mit schweren Früchten (Buche, Eiche) kann die **Fruktifikation** die Streumenge und -zusammensetzung stark verändern. In Mastjahren kann die Streumenge der Blüten und Früchte die der Blätter übertreffen (Abb. 18.6). Auf den Flächen des forstlichen Umweltmonitorings (s. ▶ Kap. 21) wurde festgestellt, dass in Mastjahren die Blattverluste bei visueller Ansprache der Kronenverlichtung zunehmen bzw. die Blattstreumengen deutlich niedriger liegen als in Jahren mit fehlender oder geringer Fruktifikation (Eichhorn und Paar 2000; BMELV 2014). Für den Zeitraum von 1981 bis 2004 ergab sich hingegen für einen Buchenaltbestand (Göttinger Wald, Muschelkalk) kein signifikanter Zusammenhang zwischen der Fruktifikation und der Blattstreumenge (Schmidt 2006).

Menge und chemische Zusammensetzung der Blattstreu werden wesentlich von der **Baumart** und von der Nährstoffversorgung des Bodens bestimmt. Der Anteil der Blattorgane an der oberirdischen Streu beträgt in der Mehrzahl der Untersuchungen zwischen 60 % und über 90 %. Die höchsten Werte weisen Nadelholzbestände auf (Pedersen und Bille-Hansen 1999; Bille-Hansen und Hansen 2001). Der Blattanteil nimmt mit dem Bestandesalter ab. Für Buche geben Lebret et al. (2001) an, dass der Anteil der Blätter an der oberirdischen Streu von Jungbeständen zu Altbeständen von 90 % auf 70 % zurückgeht.

Blattfraß

Insekten können bei Massenvermehrung die Elementflüsse zwischen Vegetation, Streu und Boden sowie die Nährstoffverfügbarkeit im Boden auf verschiedene Weise stark beeinflussen (Hunter 2001; Reynolds und Hunter 2004; Michalzik 2011). Bei routinemäßigen Streusammlungen werden durch **Insektenfraß** entstandenes kleinteiliges organisches Material und Kot bisher nicht berücksichtigt (Michalzik und Stadler 2005).

Fogal und Slansky (1985) wiesen für eine Massenvermehrung der Kiefernbuschhornblattwespe, Grace (1986) und Hollinger (1986) für den Befall verschiedener Eichenarten in Nordamerika mit Schmetterlingslarven nach, dass der Insektenfraß die Zusammensetzung und die saisonale Verteilung der oberirdischen Streu stark verändert und die Rückführung von N, P und K zum Boden durch Kot und Blattreste signifikant erhöht. Insektenfraß kann zudem die Netto-Primärproduktion und dadurch die Nährstoffaufnahme erhöhen, den Nährstofftransport aus den Pflanzenreserven zu den Orten der Blattverluste beschleunigen, die Blattauswaschung bei partiell geschädigten Blättern erhöhen und die Streuzersetzung und Nitrifikation durch höhere Transportflüsse in Kronentraufe und Streufall sowie durch den Insektenkot anregen (Hunter 2001; Schowalter 2011).

Die Veränderungen sind nur bei den relativ selten vorkommenden **Massenvermehrungen** der Phyllophagen (Blattfresser) quantitativ von Bedeutung. In den Buchenwäldern des Solling-Projekts belief sich der Verlust an frischer Blattsubstanz durch Insektenfraß (v. a. durch den Buchenspringrüssler (*Rhynchaenus fagi*)) im Untersuchungszeitraum 1968 bis 1972 auf jährlich etwa 5 % der gesamten Blattfläche (Funke 1972). Im Laubholzmischbestand von Hubbard Brook (USA) verzehrten Raupen 7 % der Blattsubstanz. Die aufgenommen Elementmengen entsprachen für N, P und K ca. 15 %, bei Ca ca. 6 % der jährlichen Transportraten mit der Blattstreu. 14 % der verzehrten Blattgewebe wurden in den Insekten gespeichert, 86 % fielen als Kot zu Boden (Gosz et al. 1972). Weitere Angaben finden sich bei Michalzik (2011).

Zusammenhänge zwischen der **Nährstoffversorgung** aus dem Boden und der Blattstreumenge und deren Nährstoffrückführung wurden in einigen Studien nachgewiesen, u. a. von Nordén (1994) für Laubholzmischbestände sowie von Vesterdal (1999) für die Buche und weniger ausgeprägt für die Fichte. Eine Studie (Meier et al. 2005) an 26 Buchenbeständen in Nordwestdeutschland zeigt hingegen keine einfachen Beziehungen zwischen der Blattstreu und den bodenchemischen Verhältnissen. Die Buchenbestände auf Kalkstandorten mit hohen Vorräten an austauschbaren Kationen weisen keine signifikant höheren Mengen und N-, K- und P-Gehalte der Blattstreu auf als die Bestände auf versauerten Sandstein-, Sand- oder Lössstandorten. Ein nachweisbarer Bodeneinfluss ergab sich nur für Ca mit höheren Konzentrationen in der Blattstreu auf Kalkstandorten.

Vogt et al. (1986) erstellten Korrelationen zwischen den aus Literaturangaben verfügbaren Streudaten, der jeweiligen **geografischen Breite** und **Klimafaktoren**. Die höchsten Blattstreumengen weisen die tropischen Laubwälder (5600–15.300 kg ha^{-1} $Jahr^{-1}$), die geringsten die borealen Nadelwälder (130–5725 kg ha^{-1} $Jahr^{-1}$) auf. Die Streuproduktion der Laubwälder zeigt sich stärker durch die geografische Breite beeinflusst als die der Nadelwälder. Positive Zusammenhänge ergeben sich bei den Laubwäldern zwischen den Streumengen und Temperatur- und Niederschlagsangaben. Hierdurch ließ sich die Variation in den Streumengen der Waldtypen um mehr als 50 % erklären. Meentemeyer et al. (1982) führten nach entsprechenden Berechnungen 70 % der Streuung auf die geografische Breite zurück (s. a. Berg und McClaugherty 2014).

Jährliche Flussraten der **Nährstoffrückführung** mit dem oberirdischen Streufall sind für Buchen- und Fichtenbestände in ◘ Tab. 18.13 angegeben. Auf gleichen Standorten liegen die Transportraten der Fichte um mehr als ein Drittel unter den Werten der Buche. Zwischen 8 % (bei N) und 5 % (bei Mg auf basenarmem Boden 2 %) der Vorräte der Hauptnährstoffe in der Biomasse werden über den Streufall jährlich dem Boden zugeführt. Die geringsten Biomasse- und Elementflüsse (v. a. bei Ca und Mg) weist der basenarme Standort im Solling auf. Wie Augusto et al. (2002) aus Literaturangaben entnehmen, ist der Nährstoffeintrag der oberirdischen Streu für N und P 10–50 % höher und für Ca,

Tab. 18.13 Biomassen und Elementmengen im oberirdischen Streufall in Altbeständen von Buche und Fichte

Baumart / Ort	Alter (Jahre)	Messzeitraum (Jahre)	Biomasse	Elementmengen			
				N	P	Mg	Ca
				(kg ha^{-1} $Jahre^{-1}$)			
Buche							
Solling[a] (Buntsandstein)	150	1990–2003	4894	67,5	4,3	2,9	27,4
		Nur Mastjahre (4)	7657[b]	111,1	8,1	4,9	33,5
		Ohne Mastjahre	3569[c]	48,1	2,7	2,0	24,6
Göttinger Wald[a] (Muschelkalk)	130	1990–2003	5032	63,3	3,4	4,9	82,5
		Nur Mastjahre (5)	8517[b]	97,9	6,0	7,1	98,9
		Ohne Mastjahre	3519[c]	44,0	1,9	3,9	70,3
Schönbuch[d] (Sandstein)	80	1972–1982	5000	44,0	3,1	3,9	58,3
Fichte							
Solling[e] (Buntsandstein)	85	1969–1970	3265	35,7	3,1	1,2	13,2
Schönbuch[d] (Sandstein)	90	1972–1982	5710	31,8	2,2	1,4	29,6

[a]aus Khanna et al. (2009)
[b]Maximum im Jahr 2000
[c]Minimum im Jahr 1993
[d]aus Bücking (1987)
[e]aus Ellenberg et al. (1986)

Mg und K 100–400 % höher bei Laubbäumen als bei Nadelbäumen.

In der Mehrzahl der Studien zum Elementhaushalt von Waldökosystemen wird auf die **verholzten Bestandteile** der Streu nicht eingegangen oder es werden nicht alle Bestandteile erfasst. Im Vergleich zur Blattstreu weisen Stamm- und Astholz, Feinreisig und verholzte Fruchtkapseln mit Ausnahme der Rindenanteile geringe Elementgehalte auf und werden langsamer zersetzt (Harmon et al. 1986; Müller-Using und Bartsch 2007, 2009). Angaben zum jährlichen Totholzanfall und Hinweise zu Abbauraten enthält ▶ Abschn. 20.2.4. Der Kenntnisstand über die Quellen- und Senkenfunktion von **Totholz** für C und verschiedene Nährstoffe ist gering. Ergebnisse liegen für einzelne Elemente und Baumarten in Nordamerika vor (Laiho und Prescott 2004; Morrison et al. 2004).

Die Bedeutung der Rückführung von Elementen aus **Wurzeln** einschließlich **Mykorrhizen** in den Boden ist lange unterschätzt worden. Zur Bestimmung von Produktion, Mortalität und Zersetzung der Wurzeln werden unterschiedliche Methoden angewandt (wiederholte Entnahme von Bohrkernen, Minirhizotrone, Isotope, Netzbeutel u. a., s. Smit et al. 2000; Majdi et al. 2005; Mancuso 2012), mit denen sich der Beitrag des Umsatzes von Wurzeln zum Elementhaushalt nur grob abschätzen lässt (Brunner und Godbold 2007).

Vogt et al. (1995) werteten die weltweit veröffentlichten Datensätze zur Streuproduktion der Feinwurzeln aus. Danach wird eine annähernd gleich große Menge an organischer Substanz über die unterirdische Streu dem Boden zugeführt wie durch die Blattstreu. Die durchschnittliche N-Zufuhr aus dem Feinwurzelumsatz für verschiedene Waldformationen beträgt zwischen 29 und 255 kg ha^{-1} $Jahr^{-1}$. Am geringsten ist der Beitrag der Wurzeln mit einem Drittel der N-Zufuhr aus dem oberirdischen Streufall in den Laubwäldern der kalt-gemäßigten

Fallstudie zur Nährstoffnachlieferung aus Totholz

Für einen Buchenaltbestand im Solling, in dem rund 40 Jahre keine waldbaulichen Eingriffe vorgenommen wurden und sich ein Totholzvorrat von 73 m^3 ha^{-1} (entspricht 15 % des lebenden Derbholzvorrats) angesammelt hatte (Müller-Using und Bartsch 2003, 2009), wurden die Elementumsätze im Totholz erfasst (Müller-Using und Bartsch 2007, 2008). Am Totholzvorrat hatte das starke Totholz (Durchmesser > 10 cm) einen Anteil von 12 %. Vom schwachen Totholz (insgesamt 8,8 m^3 ha^{-1}) entfielen 86 % auf die Äste (Durchmesser 1–10 cm) und der Rest auf das Reisig (Durchmesser <1 cm). Die Konzentrationen von C im starken Totholz blieben während der 28 Jahre andauernden Zersetzung konstant, während die Konzentrationen von N, P, K, Ca und Mg im Zersetzungsverlauf anstiegen. Dennoch setzte der Abbau der Totholzmasse im Zersetzungsverlauf Nährstoffe frei. Die Rate und der zeitliche Verlauf des Austrags waren bei den einzelnen Elementen unterschiedlich. Der N-Vorrat nahm in den ersten acht Jahren der Zersetzung um rund die Hälfte ab und verblieb danach über 20 Jahre nahezu unverändert. Besonders schnell wurden P und K freigesetzt. Bei Mg und Ca erhöhte sich der Vorrat bei mittlerer Zersetzung. Schwaches Totholz setzte Elemente entsprechend der Massenabnahme frei. In der Studie wurde auch die Nährstoffauswaschung aus Totholz erfasst (Kühne et al. 2008; ◘ Abb. 18.7). Generell nahm mit zunehmender Zersetzung die Menge an löslichen Stoffen im Perkolationswasser zu. Mit Ausnahme von Ammonium waren die Elementkonzentrationen gegenüber denen der Kronentraufe signifikant erhöht. Auf Ökosystemebene hat der Elementfluss aus Totholz nur dann eine gewisse Bedeutung, wenn Totholz einen großen Flächenanteil einnimmt. Die im Vergleich zu nordamerikanischen Studien (Spears et al. 2003; Hafner et al. 2005) stark erhöhten Konzentrationen an Ammonium und Nitrat sind auf die kontinuierlich hohen atmosphärischen Stickstoffeinträge und die dadurch bedingte Stickstoffsättigung im untersuchten Waldökosystem zurückzuführen. Die jährlich frei werden Elementmengen aus Totholz entsprachen für den Buchenbestand im Solling den Elementmengen, die jährlich vom Bestand in Holz und Rinde eingelagert werden.

Klimabereiche. In den sommergrünen Laubwäldern der warm-gemäßigten Klimabereiche übersteigt der N-Anteil aus der Wurzelstreu den aus der oberirdischen Streu durchschnittlich um 18 %, in den kaltgemäßigten immergrünen Nadelwäldern um 58 % (Vogt et al. 1986). Murach et al. (2009) haben die Nährstoffrückführung der ober- und unterirdischen Streu für Buchenaltbestände im Solling (basenarmer Buntsandstein) und im Göttinger Wald (basenreicher Muschelkalk) verglichen (◘ Tab. 18.14). Den größten Beitrag hat danach die Feinwurzelstreu bei N, P, K und Mg, weniger bei Ca. Auf dem sauren Boden des Sollings war der Feinwurzelumsatz stärker und dadurch die Rückführung von Mg und K um ein Mehrfaches höher als auf dem Kalkstandort.

Pilzhyphen der Mykorrhizen haben einen bedeutenden Anteil an der unterirdischen Streu (Fogel 1980; Fogel und Hunt 1983; Staddon et al. 2003; Godbold et al. 2006). Mykorrhizierte Feinwurzeln weisen höhere Elementgehalte (v. a. an N) und höhere Umsatzraten als nicht mykorrhizierte Feinwurzeln auf. Fogel und Hunt (1979) stellten für einen 50-jährigen Douglasienbestand fest, dass 40 % der unterirdischen Zufuhr an organischer Substanz im Boden auf die Mykorrhizen entfielen. Ihr Umsatz war um den Faktor 5 höher als der Umsatz der oberirdischen Streu. Für drei Pappelarten wiesen Godbold et al. (2006) nach, dass 62 % des Kohlenstoffs in der organischen Substanz aus dem Myzel der Mykorrhizen stammen.

Weitere Elementfreisetzungen aus Wurzeln einschließlich Mykorrhizen, die bisher nur unzureichend quantifiziert werden konnten, erfolgen durch Absonderung (**Wurzelexsudation**) von Assimilaten, organischen Säuren, Zuckern, Aminosäuren, Phenolen u. a. aus Wurzelhaube, Wurzelhaaren und Pilzhyphen (Bertin et al. 2003; Mukerji et al. 2006; Neumann 2007) sowie durch Wurzelfraß (Magnusson und Sohlenius 1980; Hunter 2001).

▪ Abbau organischer Substanz

Die Pflanzenrückstände werden durch biotische und abiotische Prozesse in ihre Bestandteile zerlegt. Sie dienen den Bodentieren und Mikroorganismen (Pilze, Bakterien) als Nahrung (Schaefer et al. 2009). Den Abbau organischer Substanz

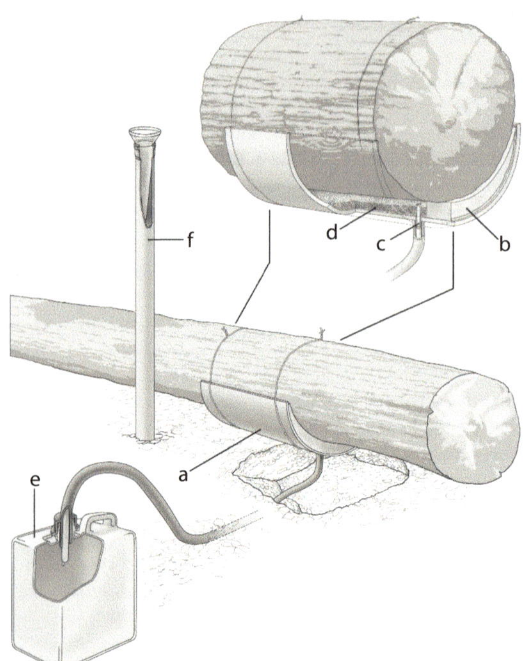

Abb. 18.7 Messmethodik zur Erfassung der Nährstoffauswaschung aus Totholzstämmen. (Nach Kühne et al. 2008). **a** Stammlysimeter aus Kunststoffhalbschalen zur Aufnahme des ausgewaschenen Wassers, **b** seitliche Abdichtung aus Styropan und Silikon, **c** Schlauch mit Abflussansatz aus Edelstahl, **d** Quarzsand und -kies zur physikalischen Filtrierung, **e** Auffangbehälter, **f** Regensammler

nennt man **Zersetzung**, die Umwandlung in Huminstoffe **Humifizierung**. Als **Mineralisierung** (Mineralisation) bezeichnet man den vollständigen mikrobiellen Abbau von organischem Material zu anorganischen Stoffen. Die biotische Streuzersetzung ist der wichtigste Prozess für die Rückkehr von fotosynthetisch gebundenem CO_2 in den globalen Kohlenstoffkreislauf und für die Rückführung von Elementen aus der pflanzlichen Biomasse in den biogeochemischen Kreislauf. Bei Elementen, die leicht aus organischem Material ausgewaschen werden können (v. a. K), hängt die Freisetzungsrate stark von der Perkolationsrate des die Humusschicht passierenden Wassers ab.

Die **Zersetzung** lässt sich als Kaskadenprozess beschreiben, in dem das abgestorbene organische Ausgangsmaterial (Detritus) eine Abfolge von physikalischen und chemischen Veränderungen bis zur Mineralisation durchläuft und bei dem schwer oder nicht zersetzbare Bestandteile als Humus im Boden gespeichert werden. Messbar ist die Zersetzung als Massenverlust, bei dem Kohlenstoff, u. a. als CO_2, und Nährstoffe freigesetzt werden. Pilze leiten häufig die Holzzersetzung durch Fäule im Wurzelstock und in Stammabschnitten bereits am lebenden Baum ein (z. B. Hallimasch (*Armillaria mellea*), Zunderschwamm (*Fomes fomentarius*), s. Butin 2011).

Der Streuabbau umfasst drei Hauptschritte. Der erste Schritt kurz vor oder nach Absterben der Pflanzenbestandteile besteht in **chemischen Reaktionen** organismeneigener Stoffe und dem Beginn der Auswaschung von Stoffen aus der Streu. Hierbei werden im Zellinneren hochpolymere Verbindungen in Einzelbausteine zerlegt, wie Stärke in Zucker, Eiweiß in Aminosäuren oder Chlorophyll in zyklische Kohlenwasserstoffe (Aromate).

Im zweiten Schritt finden eine hydrolytische Abspaltung der Makromoleküle, insbesondere der Polysaccharide, und eine **mechanische Zerkleinerung** der Pflanzenrückstände durch Primärzersetzer (Pilze und Vertreter der Makrofauna) statt. Auf Mull- und besseren Moderstandorten werden Pflanzenreste durch Regenwürmer in den Mineralboden eingebracht und mit diesem durchmischt (**Bioturbation**, s. Schaefer et al. 2009).

Im dritten Schritt werden die zerkleinerten Pflanzenrückstände sowie die Exkremente der Bodenlebewesen durch Sekundärzersetzer umgesetzt, v. a. von Vertretern der Mesofauna wie Milben und Collembolen. Letztendlich wird die bereits veränderte organische Substanz von Pilzen und Bakterien mineralisiert, d. h., sie wird in anorganische Stoffe zerlegt. Bei der **Mineralisation** wird ein Teil der Stoffe in der Biomasse der Mikroorganismen festgelegt (**Immobilisation**). Unter günstigen Vermehrungsbedingungen für die Destruenten, v. a. bei Bereitstellung eines hohen C-Angebots, mit Beginn verstärkter Zersetzertätigkeit im Frühjahr oder nach Wiederbefeuchtung stark ausgetrockneter Böden, kann in der mikrobiellen Biomasse ein hoher Anteil von N, P und K temporär immobilisiert werden (Ausmus et al. 1976; Recous et al. 1990; Vor 1999; Zeller et al. 2007). Der andere Teil, als Netto-Mineralisation bezeichnet, steht als Ionen den höheren Pflanzen zur Aufnahme zur Verfügung (s. a. Blume et al. 2010).

Für Kiefernnadeln und Birkenblätter haben Berg und Matzner (1997) ein **Modell** abgeleitet, das nach

■ **Tab. 18.14** Streuproduktion der Feinwurzeln (Durchmesser <2 mm) and potenzielle Nährstoffrückführung aus der Feinwurzelstreu in den Boden für Buchenbestände. (Aus Murach et al. 2009)

Bestand	Geologie	Feinwurzelstreu	N	P	K	Mg	Ca
		(kg ha^{-1} $Jahr^{-1}$)					
Solling[a]	Buntsandstein mit Löss	2600	39	1,9	9,0	1,4	2,1
	+ Kalkung	2300	29	1,4	8,8	4,1	6,5
Göttinger Wald[b]	Muschelkalk	1200	26	0,9	2,4	0,7	3,2

[a]bis 50 cm Bodentiefe
[b]bis 20 cm Bodentiefe

Bioturbation

Die Umlagerung von Humus- und Bodenschichten durch Tiere, v. a. durch **Regenwürmer**, ist ein zentraler Prozess der C- und N-Dynamik und eine der Voraussetzungen für die Humusform **Mull** (■ Abb. 18.8). Regenwürmer durchmischen Bodenschichten durch Fraß und Ausscheiden von Kot. Dadurch beeinflussen sie die Stabilität der Bodenaggregate, den Wasserfluss, die mikrobielle Aktivität, die Nährstoffmineralisation und das Pflanzenwachstum positiv (Schaefer et al. 2009). Für Brumme und Khanna (2009b) ist die Bioturbation durch Regenwürmer ein Schlüsselprozess des Stoffkreislaufs in Wäldern gemäßigter Zonen. Zwischen Artenvielfalt, Dichte und Leistungen der Regenwürmer und dem pH-Wert des Bodens besteht ein enger Zusammenhang, da energiereiche Streu und krautige Vegetation nur auf basenreichen Standorten als Nahrungsquellen zur Verfügung stehen.

den chemischen Veränderungen im Zersetzungsverlauf drei Phasen unterscheidet (■ Abb. 18.9). Die Initialphase ist gekennzeichnet durch eine schnelle Freisetzung wasserlöslicher Substanzen (v. a. Stärke, Pektine, Zellulose) und labiler C-Komponenten. Den Ablauf der Zersetzung bestimmt die Streuqualität, die sich durch die Verhältnisse von Lignin/N, C/N und N/P beschreiben lässt. Hoher N-Gehalt fördert den Streuabbau in der ersten Phase, hemmt ihn aber in den folgenden Phasen. Klimatische Faktoren (Temperatur, Feuchte) beeinflussen besonders die erste Phase. Der Abbau der Zellulose durch Pilze und Bakterien löst die pflanzliche Struktur auf. Hierdurch wird das schwer zersetzbare Lignin freigelegt, das durch Basidiomyceten in der zweiten Phase teilweise abgebaut wird. In dieser Phase hemmen hohe N-Konzentrationen den Ligninabbau, hohe Mn-Gehalte fördern ihn. In der dritten, der humusnahen Phase bleibt der Ligningehalt weitgehend konstant, und es findet kaum noch ein Massenverlust statt. Umfassend dargestellt sind die Zersetzungsvorgänge bei Laskowski et al. (2006) sowie Berg und McClaugherty (2014).

Die **Abbauleistungen** der Mikroorganismen werden durch die chemische Zusammensetzung von Streu und Boden (Paul 2007), Dichte, Zusammensetzung und Aktivität der Bodenfauna (Schaefer und Schauermann 2009; Schaefer et al. 2009) sowie die Boden- und Klimaverhältnisse gesteuert (Dyer et al. 1990; Cadisch et al. 1996; Schaefer et al. 2009). Über die chemische Zusammensetzung der Streu beeinflussen die **Baumarten** den Zersetzungsverlauf und die Humusform. Im Allgemeinen sind die Elementkonzentrationen in mehrjährigen Blattorganen, z. B. Nadeln von Fichten und Kiefern, niedriger als in Blättern, die nach einer Vegetationszeit abgeworfen werden (Hättenschwiler 2005). Die Element- und Ligninkonzentrationen der Streu können für eine Baumart weite Spannen einnehmen (Hättenschwiler 2005; Berg und McClaugherty 2014; ■ Abb. 18.10).

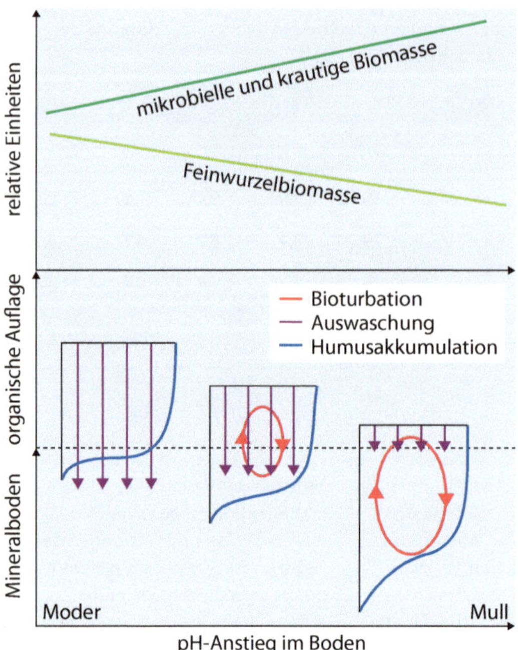

Abb. 18.8 Zentrale Prozesse in Böden von Buchenwäldern mit wenig sauren (Mull), mittleren und sauren Verhältnissen (Moder) und deren Einfluss auf die Humusform: Bioturbation, Auswaschung von organischem Kohlenstoff aus dem oberen organischen Horizont in den Mineralboden, Laubstreuakkumulation und Produktion von mikrobieller und krautiger Biomasse sowie Feinwurzelbiomasse. (Nach Brumme und Khanna 2009b)

Wie die Auswertung von 92 veröffentlichten Studien zur Streuzersetzung (Dyer et al. 1990) zeigt, kontrollieren in kühl-feuchten Gebieten die **Nährstoffgehalte** der Streu die Abbauraten, während unter warmen, gemäßigten und subtropischen Bedingungen die erste Zersetzungsphase so schnell durchlaufen wird, dass der **Ligningehalt** bessere Hinweise auf Abbauraten liefert. Streu mit hohen Gehalten an N und P stellt ein günstiges Nahrungsangebot für die Mikroorganismen dar, da sie diese Nährstoffe für ihren Baustoffwechsel benötigen. Streu mit engen C/N- und C/P-Verhältnissen weist hohe Zersetzungsraten auf (Abb. 18.11). Im Allgemeinen ist die Streu von Laubbäumen leichter zersetzbar als die von Nadelbäumen. Von den Laubbäumen stehen die Roteiche und die Buche den Nadelhölzern am nächsten.

Die meisten Studien erfassen den Streuabbau nur über einen kurzen Zeitraum und berücksichtigen nur die Blattstreu einer Baumart. Die Muster des Massenverlusts der Streu im Verlauf der Zersetzung, die Nährstoffdynamik sowie Zusammensetzung und Leistungen der Zersetzergemeinschaften können sich verändern, wenn Streu verschiedener Baumarten und Standorte gemischt wird. In einigen Untersuchungen verlief der Streuabbau mit zunehmender **Streuvielfalt** schneller, in anderen Fällen langsamer oder blieb unverändert. Die vorliegenden Studien mit Streumischungen von mehreren Baumarten können die Mechanismen der Effekte von Streuvielfalt nur ansatzweise aufzeigen (Hättenschwiler 2005; Jonard et al. 2008). Bei positiven Effekten von Streuvielfalt sind Makrozersetzer (Asseln, Regenwürmer u. a.) beteiligt (Schädler und Brandl 2004; Vos et al. 2011). Es gibt Hinweise darauf, dass die Beimischung von stickstoffreicher Blattstreu die Zersetzung von stickstoffarmer Streu fördert (Brandtberg und Lundkvist 2004; Hättenschwiler 2005; Richards et al. 2010). Die Auswertung von 30 Studien mit Streumischungen (Gartner und Cardon 2004) ergab, dass in einigen Mischungen mit Streu verschiedener Baumarten der Massenverlust um mehr als 65 % gegenüber den Werten der Streuproben von Einzelbäumen erhöht war, aber in der Mehrzahl der Studien die Förderung nur 20 % oder weniger betrug. Stark abweichende Zersetzungsraten lassen sich nur in wenigen Fällen auf die Zusammensetzung der Streuproben und Standortunterschiede zurückführen, ursächlich sind auch die Untersuchungsmethoden, die sich hinsichtlich Zusammensetzung, Vorbereitung und Lagerung der Streuproben, Zugänglichkeit für Bodenorganismen und Inkubationszeit unterscheiden.

Die **Mineralisierung** von N umfasst mehrere Schritte. In der Streu liegt N in hochpolymeren Eiweißstoffen (v. a. Proteinen) vor. Bei der **Ammonifikation** werden die Proteine in Aminosäuren zerlegt, aus denen Ammoniak (NH_3) abgespalten und in wässriger Lösung Ammonium (NH_4^+) gebildet wird. Diese Hydrolyse wird katalytisch durch Enzyme zahlreicher heterotropher Mikroorganismen gesteuert. Bei der **Nitrifikation** wird Ammonium unter aeroben Bodenbedingungen ebenfalls durch

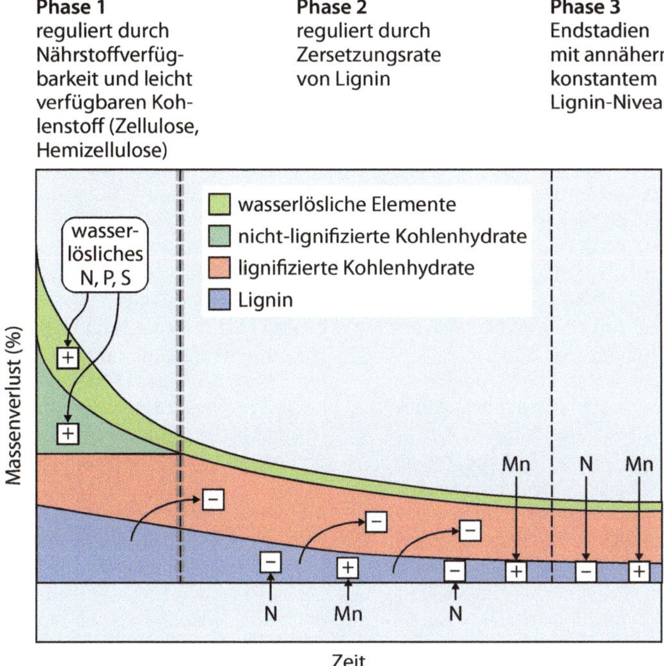

Abb. 18.9 Modell für chemische Veränderungen und deren Raten regulierende Faktoren während der Zersetzung. (Nach Berg und McClaugherty 2014)

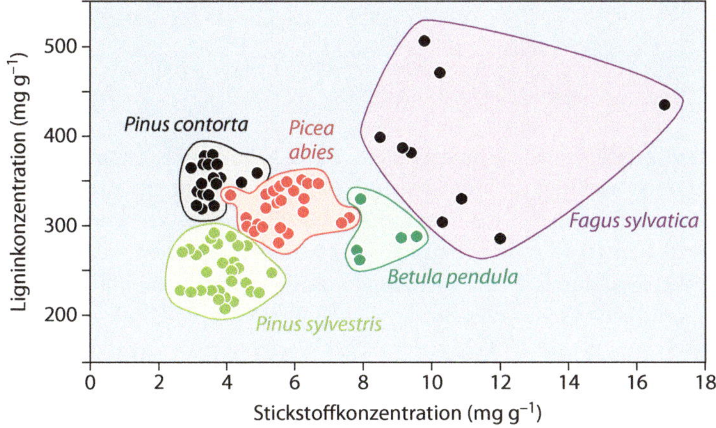

Abb. 18.10 Lignin- und Stickstoffkonzentrationen in frisch gefallener Blattstreu von fünf Baumarten für Proben aus geografisch weit auseinanderliegenden Beständen. (Nach Berg 2000; Hättenschwiler 2005)

enzymatische Prozesse über Nitrit (NO_2^-) zu Nitrat (NO_3^-) oxidiert, wobei Teile des N gasförmig als N_2O entweichen. Bei dem anaeroben Prozess der **Denitrifikation** reduzieren Bakterien Nitrat zu N_2O und Luftstickstoff (N_2), die als Gase entweichen und damit einen Austrag im geochemischen Kreislauf darstellen. Die Umsetzungen von N beeinflussen die Bodenazidität, weil für jedes durch Pflanzen oder andere Organismen aufgenommene Ammonium und Nitrat jeweils ein H^+bzw. OH^-

Methoden zur Erfassung von Abbauraten

Einen Überblick über Untersuchungsmethoden zur Streuzersetzung geben Graça et al. (2005). Durch Vergleich der Streufallmenge mit der Masse organischer Substanz in der Streuschicht kann man die Rate der Streuzersetzung und bei Einbeziehung der Elementgehalte auch die Mineralisationsrate abschätzen. Die durchschnittliche **Verweildauer** (*mean residence time*) R für die organische Substanz aus dem Streufall in der Streuschicht ergibt sich aus der Gleichung: R = M/L, wobei M für die Masse der organischen Substanz in der Streuschicht und L für die jährliche Streufallmenge steht. Hierbei wird angenommen, dass sich die Streuschicht in einem Gleichgewichtszustand (Anreicherung = Abbau) befindet. Obwohl man davon nicht einmal in ungestörten Altbeständen ausgehen kann (Gleixner et al. 2009), wurden derartige Berechnungen bei Vergleichen verschiedener Klimazonen und Vegetationstypen verwendet (Cole und Rapp 1981; Vogt et al. 1986). Eine weitere Methode zur Abschätzung der Mineralisationsraten ist die **Lysimetertechnik**, bei der das durch den Humuskörper perkolierende und ausgewaschene Wasser mit keramischen Platten oder Kerzen aufgefangen wird. Die Mineralisationsraten ergeben sich aus der Bilanz der über den Bestandesniederschlag der Humusschicht zugeführten Elementmengen und den im Perkolationswasser transportierten Elementmengen (Brumme et al. 2009c).
Zersetzungs- und Mineralisationsraten lassen sich mit der **Inkubationsmethode** bestimmen, bei der Streu- oder Bodenproben in Polyäthylen- bzw. Netzbeuteln (*litter bags*, Schaefer et al. 2009) oder in Kunststoff- bzw. Metallzylindern (Raison et al. 1987; Abb. 18.12) über bestimmte Zeiträume in Humus- und Bodenschichten im Freiland oder bei definierter Feuchte und Temperatur im Labor bebrütet werden. Polyäthylenbeutel verhindern das Eindringen aktiver Pflanzenwurzeln und Mykorrhizen in die Bodenprobe, lassen aber den Gasaustausch zu. Netzbeutel schließen je nach Maschenweite bestimmte Bodenorganismen aus.
Die Zersetzungsrate der Streu wird als konstanter relativer Gewichtsverlust pro Zeiteinheit betrachtet, der sich als exponentielle Gleichung darstellen lässt: $M_t = M_0 \times e^{-kt}$, mit M_t = Streumasse zum Zeitpunkt t (Gewicht nach der Inkubation), M_0 Masse zum Zeitpunkt 0 (Ausgangsgewicht), k = artspezifische Zersetzungskonstante und t = Inkubationszeit in Tagen (Bärlocher 2005). Genauere Abschätzungen lassen sich durch Modelle erreichen, die unterschiedliche Zersetzungsphasen berücksichtigen (Moorhead et al. 1996; Bärlocher 2005; Berg und McClaugherty 2014). Die Anreicherung der mineralischen Stickstoffkomponenten während der Inkubationszeit ergibt die Mineralisationsraten für Ammonium und Nitrat. Der kurzfristige Umsatz und der Verbleib von N in bestimmten Streu- und Bodenkomponenten lassen sich durch den Einsatz von stabilen Isotopen (^{15}N) verfolgen (Sala et al. 2000; Aber und Melillo 2001; Brumme et al. 2009d).

freigesetzt wird. Wenn mehr Nitrat gebildet als aufgenommen wird und Nitrat der Auswaschung unterliegt, verbleiben die Protonen im Boden, und er versauert. Wird umgekehrt Nitrat dem Boden über Denitrifikation entzogen, wirkt dies durch den Verbrauch von Protonen entsauernd. Die Einzelheiten der N-Umsetzung sind von Buscot und Varma (2005) dargestellt.

Die aus verschiedenen Waldökosystemen vorliegenden **N-Mineralisationsraten** lassen eine hohe räumliche und zeitliche Variabilität erkennen (Melillo 1981; Schmidt 2002). Temperatur und Wassergehalt des Bodens führen zu einer saisonalen Dynamik der N-Mineralisation. Für den bodensauren Buchenbestand auf Buntsandstein im Solling wurden jährliche Netto-Mineralisationsraten bis 20 cm Bodentiefe von 112 kg N ha^{-1} bei Einsatz von Polyäthylenbeuteln, 90 kg N ha^{-1} bei Einsatz von Stahlzylindern und 74 kg N ha^{-1} durch Auswaschung aus Bodensäulen bestimmt. Die Werte nehmen mit dem Grad der methodenbedingten Veränderung des natürlichen Bodengefüges zu. Für basenreiche Buchenbestände auf Muschelkalk (Göttinger Wald) bzw. Basalt (Zierenberg) wurden durch Auswaschung 99 bzw. 80 kg N ha^{-1} gemessen. Die N-Mineralisationsraten liegen in der Größenordnung des N-Eintrags durch die Streu von Blättern, Feinwurzeln und Bodenvegetation. Im Solling liegen je nach Bodenhorizont zwischen 12 und 51 % des N als Nitrat vor, während auf den basenreichen Standorten unter Beteiligung autotropher Nitrifizierer 87–100 % des mineralisierten N nitrifiziert werden (Brumme et al. 2009c). Eine Kalkung erhöhte im Solling den Nitrifikationsgrad (Vor 1999). Für den

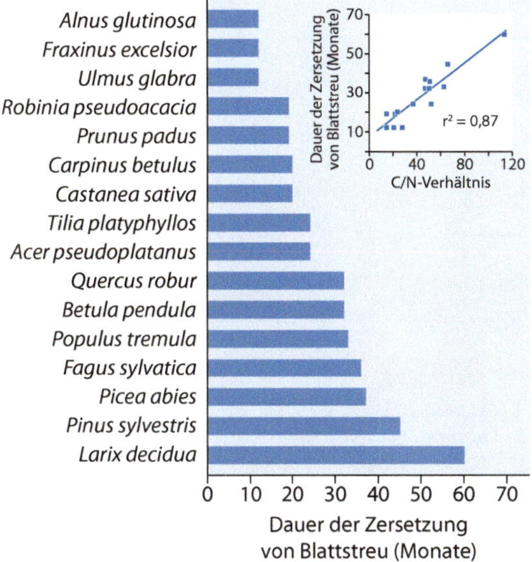

Abb. 18.11 Durchschnittliche Zersetzungsdauer von Blattstreu europäischer Waldbäume unter natürlichen Bedingungen. Die Dauer der Streuzersetzung ist positiv korreliert mit dem C/N-Verhältnis, d. h., je weiter das C/N-Verhältnis, desto langsamer verläuft die Zersetzung. (Nach Hättenschwiler 2005)

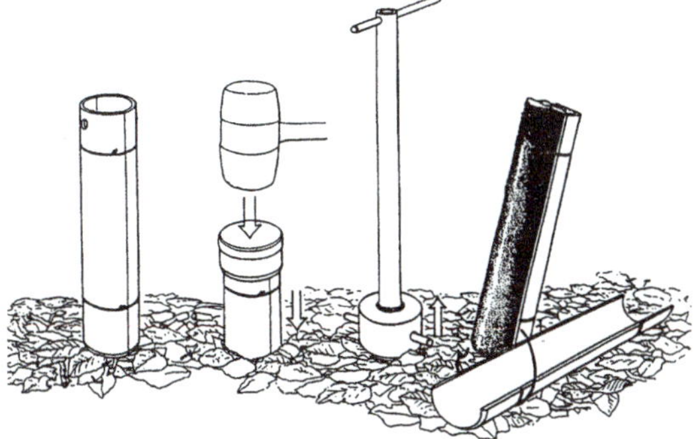

Abb. 18.12 Inkubationsmethode zur Bestimmung der Zersetzungs- und Mineralisationsraten in Böden. Dargestellt sind das Einschlagen und Herausziehen der Stahlrohre sowie das Öffnen der Halbschalen zur Entnahme der Bodensäule. (Nach Bauhus 1994)

Laubholzmischbestand Hubbard Brook gibt Likens (2013) jährliche Netto-Mineralisationsraten pro Hektar von 69,6 kg N, 42,4 kg Ca, 20,1 kg K und 6,1 kg Mg an. Für Fichtenbestände in Südschweden und Dänemark wurden Netto-Mineralisationsraten von 35–105 kg N ha^{-1} $Jahr^{-1}$ mit Nitratanteilen von 6–60 % gemessen. Standorte mit pH(H_2O)-Werten unter 4,0 wiesen die niedrigsten Mineralisationsraten auf (Persson und Wirén 1995).

Waldbauliche Maßnahmen beeinflussen den Nährstoffumsatz durch Auswirkungen auf Streumenge und -qualität (durch Baumartenwahl, Bestandespflege, Biomassenutzung), Temperatur, Feuchte (durch Auflichtung des Kronendaches) und bodenchemische Eigenschaften (v. a. durch Bodenbearbeitung und Kalkung). Wenn Fichtenreinbestände durch Buchen angereichert werden, hat dies nur geringe positive Auswirkungen auf die Streuzersetzung und den Nährstoffumsatz (Gruselle 2010). Bestandeslücken beeinflussen die N-Mineralisation in den Buchenbeständen im Solling und im Göttinger Wald unterschiedlich (Abb. 18.13). Während im basenreichen Göttinger Wald die Unterschiede zwischen geschlossenem Bestand, Bestandesrand und Lückenmitte gering sind, fallen im bodensauren Solling die Mineralisationsraten in der Lückenmitte deutlich niedriger aus als im Bestand. Bei einem Lückendurchmesser von 30 m erwärmt sich die Streuauflage nicht ausreichend, um die Zersetzertätigkeit zu erhöhen. Im niederschlagsreichen Solling führt die Wassersättigung in der Lücke zu anaeroben Verhältnissen, wodurch die Zersetzung gehemmt ist (Bauhus et al. 2004).

Nährstoffaufnahme der Pflanzen

Mit dem Prozess der Pflanzenaufnahme schließt sich der Elementkreislauf innerhalb eines Ökosystems. Die von den Pflanzen zum Wachstum benötigten Nährstoffe haben ihren Ursprung in Gesteinen der Erdkruste, atmosphärischen Gasen und Wasser. Pflanzenverfügbar werden die Elemente entweder direkt durch Mineralverwitterung, Niederschlag und N-Fixierung oder nach Zersetzung von organischer Substanz sowie durch Abwaschung abgelagerter Stoffe von Pflanzenoberflächen und Auswaschung aus Pflanzengeweben.

Pflanzen decken ihren Nährstoffbedarf ganz überwiegend über die **Wurzeln** durch Absorption von in Bodenwasser gelösten Nährelementen. In Böden mit im Verhältnis zum Pflanzenbedarf geringen Elementkonzentrationen in der Bodenlösung können Wurzeln durch Kontakt mit Bodenmineralen Nährstoffe direkt aufnehmen. Eine besondere Rolle kommt der **Mykorrhiza** bei der

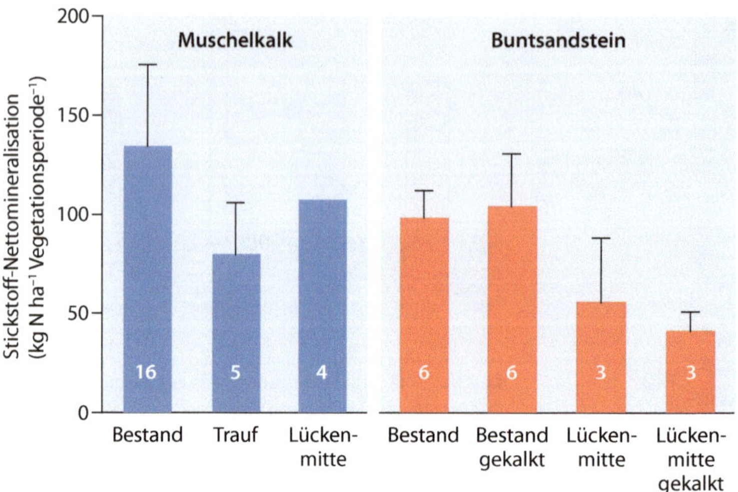

Abb. 18.13 Raten der Stickstoff-Nettomineralisation für Bestandeslücken mit und ohne Kalkung und geschlossene Bestände der Buche im Göttinger Wald (Muschelkalk) und im Solling (Löss über Buntsandstein). Dargestellt sind Mittelwerte mit Standardabweichungen aus Inkubationsversuchen mit Polyäthylenbeuteln oder Stahlzylindern im biologisch aktiven Oberboden, meist bis 20 cm bzw. 40 cm Bodentiefe inklusive Humusauflage. Die Ziffern in den Säulen geben die Zahl der Untersuchungsflächen bzw. -zeiträume an (meist Vegetationsperiode mit 30, zum Teil 38 oder 52 Wochen). Daten für den Göttinger Wald aus von Gadow (1975), Grimme (1977), Reichhardt (1982), Brumme und Beese (1991), Schmidt (2002), für den Solling aus Runge (1974), Ibrom und Runge (1989), Bauhus (1994), Vor (1999) und Schmidt (2002)

Elementaufnahme zu. Bei mykorrhizierten Wurzeln können die Aufnahmeraten im Vergleich zu nicht mykorrhizierten Wurzeln um ein Vielfaches höher liegen (v. a. bei P und N, weniger bei K). Der Einfluss der Mykorrhiza zeigt sich vor allem bei Elementen, die eine geringe Mobilität im Boden aufweisen und nur in geringen Konzentrationen in der Bodenlösung vorkommen (Näheres s. Read und Perez-Moreno 2003; White 2012a).

Die Baumarten unterscheiden sich in ihrem Vermögen, Nährstoffe aus unterschiedlichen Bodentiefen aufzunehmen. Allgemein wird angenommen, dass tiefwurzelnde Baumarten ein größeres **Bodenvolumen** erschließen und ihnen dadurch mehr Nährstoffe aus der Mineralverwitterung zur Verfügung stehen als flachwurzelnden Baumarten (Akselsson et al. 2005). In einigen Studien zeigten Fichten in Mischung mit Buche oder Kiefer in den Mischbeständen eine höhere Feinwurzeldichte in der Humusauflage und eine erhöhte N- und P-Aufnahme im Vergleich zu Reinbeständen. Die Mischbaumarten hatten in der Humusauflage geringere Feinwurzeldichten, durchwurzelten aber das Mineralbodenprofil stärker als die Fichte (Jones et al. 2005). Untersuchungen von Brandtberg et al. (2004) und Göransson et al. (2006, 2008) zur Wurzelaufnahme radioaktiver Isotope aus verschiedenen Bodentiefen in 25- bis 40-jährigen Beständen von Stieleiche, Birke, Buche und Fichte zeigen jedoch, dass die Feinwurzelverteilung die Nährstoffaufnahmekapazität der Bäume nicht ausreichend widerspiegelt. Es ergeben sich aber Hinweise, dass die Beimischung tiefwurzelnder Baumarten die Verfügbarkeit bestimmter Nährstoffe im Oberboden von Beständen aus flachwurzelnden Baumarten erhöhen kann. In einem Experiment in fünf Fichtenbeständen in Schweden förderten Birken die Verlagerung von K und Mg aus dem Mineralboden in den Auflagehumus, nicht aber die von P und Ca (Brandtberg et al. 2004).

Im Boden liegen die pflanzenverfügbaren Nährstoffe entweder austauschbar an Tonminerale und Humuskolloide gebunden oder als Salze in der Bodenlösung vor. Die positiv geladenen Kationen, u. a. NH_4^+, Ca^{++} und K^+, sind meist austauschbar gebunden, die Anionen, wie NO_3^- und Cl^-, und einige Kationen finden sich in der Bodenlösung. Während des Aufnahmeprozesses bleibt in der Bodenlösung und in der Pflanzenwurzel stets das Prinzip der Elektroneutralität durch Aufnahme oder Abgabe von H^+oder OH^- gewahrt (Ulrich et al. 1979).

Pflanzen können Nährstoffe auch über die Blattorgane aufnehmen, entweder als Gas über die Stomata (CO_2, SO_2, NH_3 und NO_2) oder in einem Wasserfilm gelöst über die Kutikula (s. Eichert und Fernández 2012).

Die Bedeutung der **Mobilität der Nährstoffe** für die Nährstoffverfügbarkeit wurde zuerst von Barber (1962) betont. Er unterscheidet drei Hauptprozesse, durch welche die Nährstoffaufnahme aus dem Boden bestimmt wird: Massenfluss, Diffusion und Wurzelinterzeption. Beim **Massenfluss** werden die Ionen in der gleichen Konzentration mit dem Wasser aufgenommen, in der sie in der Bodenlösung vorliegen. Der Massenfluss erfolgt entlang dem Gradienten des Wasserpotenzials und wird durch die Transpiration der Pflanze aufrechterhalten. Die über den Massenfluss aufgenommenen Elementmengen lassen sich daher aus der Transpirationsrate und der Elementkonzentration in der Bodenlösung abschätzen. **Diffusion** ist der Ionentransport entlang eines Konzentrationsgradienten. Die Ionen diffundieren aus der Bodenlösung zur Wurzeloberfläche. Anschließend können sie über spezielle Aufnahmemechanismen (aktiver Transport) in die Zellen eingeschleust werden. Unter **Wurzelinterzeption** versteht man das Vordringen der Wurzel in Bodenbereiche mit verfügbaren Nährstoffen, bei dem es durch einen Austauschmechanismus zur Aufnahme von Kationen ohne Transport durch die Bodenlösung kommen kann.

Im Allgemeinen besteht eine große Diskrepanz zwischen der Konzentration der einzelnen Elemente im Boden und dem Nährstoffbedarf der Pflanzen. Der Aufnahmemechanismus der Pflanzen ist daher selektiv. Bestimmte Ionen werden bevorzugt aufgenommen, andere werden diskriminiert oder nahezu ausgeschlossen. Die **selektive Aufnahme** von P, N und von Kationen (besonders K^+) ist häufig nachgewiesen worden. Na^+ und Cl^- werden durch aktive Vorgänge teilweise von der Aufnahme ausgeschlossen und dadurch in geringerem Ausmaß aufgenommen, als ihrer Konzentration in der Bodenlösung entspricht. Ca^{++} und Mg^+ werden hingegen hauptsächlich passiv durch Massenfluss und damit unselektiert aufgenommen. Die Mechanismen der Ionenaufnahme von Wurzeln und individuellen Zellen sowie der Ionentransport von den Wurzeln in den Spross sind bei White (2012a, b) dargestellt.

Die Rate der Pflanzenaufnahme über die Konzentrationsabnahme lässt sich in definierten Bodenlösungen bestimmen (Gessler et al. 1998). Für Bäume können Aufnahmeraten über die Transportraten im Streufall und in der Kronenauswaschung, die Speicherrate im ober- und unterirdischen Zuwachs sowie die Umsatzraten der Feinwurzeln geschätzt werden (Matzner und Ulrich 1983).

In ◘ Tab. 18.15 sind jährliche **Aufnahmeraten** von Nährstoffen durch Bäume in Altbeständen angegeben. Mengenmäßig am umfangreichsten ist die N-Aufnahme, die bei Buche und Fichte fast ausschließlich als Ammonium erfolgt (Gessler et al. 1998). An zweiter Stelle steht die Ca-Aufnahme, an dritter die K-Aufnahme. In den Beständen des Sollings ergibt sich eine andere Rangfolge, da die Aufnahmeraten für Ca und Mg auf dem bodensauren Standort vergleichsweise gering sind. Aktuellere Daten für den Zeitraum von 1990 bis 2002 gehen von einer durchschnittlichen Aufnahme durch Buchenwälder von mehr als 100 kg N ha^{-1} $Jahr^{-1}$ aus, von denen die Bäume 6 kg (Solling) bis 18 kg (Göttinger Wald) N ha^{-1} $Jahr^{-1}$ für den Zuwachs verwenden (Brumme und Khanna 2009b). Laubwälder weisen im Allgemeinen höhere Aufnahmeraten (v. a. an N und K) auf als Nadelwälder (Cole und Rapp 1981).

18.4 Biochemischer Kreislauf

Die interne Umverteilung von Nährstoffen **in der Pflanze**, der **biochemische Kreislauf**, ist während der Ontogenese einer Pflanze von besonderer Bedeutung bei der Samenkeimung, den Perioden intensiven vegetativen Wachstums, der Bildung von Blüten, Samen, Früchten und Speicherorganen sowie bei ausdauernden Pflanzen vor dem Blattfall. Hierbei überführen verschiedene physiologische und biochemische Prozesse Nährstoffe, die in Zellen oder Zellstrukturen festgelegt sind, in mobile Formen (White 2012b).

Durch interne Verlagerung wichtiger Elemente können Pflanzen Nährstoffe aus alternden Assimilationsorganen für das Wachstum von neuen Blättern und Reproduktionsorganen zurückhalten (Eichert und Fernández 2012). Dies ist ein

■ Tab. 18.15 Raten der Nährstoffaufnahme durch Bäume in Altbeständen

Bestand	Waldtyp	N	P	K	Mg	Ca
		(kg ha^{-1} Jahr^{-1})				
Solling[a] (Buntsandstein)	Buche	63	5,7	46	4,3	34
Solling[a] (Buntsandstein)	Fichte	56	4,2	31	2,7	29
Hubbard Brook[b] (Moräne/Gneis)	Northern Hardwood	88	8,9	69	10,4	67
14 IBP-Standorte[c] (gemäßigte Zone)	Laubwälder	75	5,6	51	13,2	85
13 IBP-Standorte[c] (gemäßigte Zone)	Nadelwälder	47	5,6	32	7,1	45

[a]Matzner (1988)
[b]Whittaker et al. (1974)
[c]Cole und Rapp (1981)

wesentlicher Aspekt bei der **Seneszenz** (Alterung) der Blätter. Bäume würden ohne diesen Mechanismus weit größere Elementmengen an v. a. N, P und K mit dem Streufall abgeben. Wie die Auswertung von mehr als 200 veröffentlichten Studien ergab, wird N zu 47 % in immergrünen und zu 54 % in blattabwerfenden Bäumen und Sträuchern bei der Seneszenz aus den Blattorganen in andere Pflanzenteile verlagert, bei P sind es jeweils 50 % (Aerts 1996). Die Mobilisierung der eingelagerten Nährstoffe macht Bäume beim Wachstumsbeginn im Frühjahr unabhängig von der Nährstoffaufnahme aus dem Boden, wenn niedrige Bodentemperaturen die Nährstoffaufnahme über die Wurzeln einschränken. Millard und Grelet (2010) geben z. B. an, dass die Sandbirke 40–50 % des N, das für das Sprosswachstum im Frühjahr benötigt wird, aus den Vorräten in den verholzten Pflanzenteilen mobilisiert. Die Rate der **Nährstoffrückführung** lässt sich aus der Differenz in den Elementgehalten von grünen Blättern und Blattstreu abschätzen.

Für eine interne Umverteilung von Nährstoffen in Feinwurzeln gibt es bisher keine Hinweise. Die Konzentrationen der Hauptnährstoffe in Feinwurzeln zeigen im Gegensatz zu Blättern keine ausgeprägte saisonale Variabilität und keine signifikanten Differenzen zwischen lebenden und toten Wurzeln (Murach et al. 2009).

18.5 Flüssebilanzen

In den vorangegangenen Abschnitten wurden Elementvorräte und Elementflüsse in Waldökosystemen vorgestellt. Auf Vorratsänderungen in einzelnen Kompartimenten kann man indirekt aus einer **Flüssebilanz** schließen. Die Bilanz eines Ökosystems vergleicht **Zuflüsse** (Eintrag, *input*), **Speicherung** (*pool*) und **Abflüsse** (Austrag, *output*) von Stoffen oder Energie. Eine grobe Elementbilanzierung für ein Ökosystem lässt sich durch Gegenüberstellung des Eintrags über die Niederschläge und des Austrags im Gebietsabfluss bzw. im Sickerwasser erstellen (zur Methodik s. Ulrich 1994; Meesenburg et al. 2009). Hierbei ist das Ökosystem ein nicht näher differenzierter Reaktionsraum, häufig als Black-Box-System bezeichnet, dessen Eigenschaften aus den Input/Output-Relationen abgeleitet werden. Die Bilanz für das Gesamtsystem gibt Auskunft darüber, welche Elemente in welchem Ausmaß im Ökosystem akkumuliert (Senkenfunktion), netto an die Umwelt abgegeben (Quellenfunktion) oder ohne Interaktionen durch das Ökosystem transportiert werden (■ Tab. 18.16).

Tab. 18.16 Bilanzierung der Ein- und Austräge für Waldökosysteme der Fichte und der Buche

Ort	Baumart	Messperiode	Eintrag/Austrag/Bilanz	H	Na	K	Ca	Mg	N_d	SO_4-S
				(kg ha^{-1} $Jahr^{-1}$)						
Solling[a]	Buche	1969–1983	Eintrag	2,04	14	5,9	12,4	4,2	20	42,3
			Sickerwasseraustrag	0,47	12,00	3,40	10,10	3,20	4,70	40,40
			Bilanz	1,57	2,00	2,50	2,30	1,00	15,30	1,90
Solling[a]	Fichte	1969–1983	Eintrag	3,80	17,40	8,10	21,10	4,20	30,00	85,00
			Sickerwasseraustrag	0,41	19,30	3,80	14,60	5,90	16,00	94,50
			Bilanz	3,39	−1,90	4,30	6,50	−1,70	14,00	−9,50
Solling[b]	Buche	1990–2002	Eintrag	0,55	12,60	3,10	4,40	2,20	27,89	16,40
			Sickerwasseraustrag	0,22	11,72	1,56	2,40	1,70	1,68	24,69
			Bilanz	0,33	0,88	1,54	2,00	0,50	26,21	−8,29
Göttinger Wald[b]	Buche	1990–2002	Eintrag	0,37	8,04	1,95	5,41	1,09	22,13	12,66
			Sickerwasseraustrag	0	8,96	1,17	226,45	2,79	4,48	14,27
			Bilanz	0,37	−0,92	0,78	−221,04	−1,7	17,65	−1,61
Villingen	Fichte	1988–1996	Eintrag	0,32	3,46	2,70	5,17	0,85	13,62	9,07
			Gebietsaustrag	0,15	4,50	2,30	4,80	1,80	0,40	9,40
			Bilanz	0,17	−1,04	0,40	0,37	−0,95	13,22	−0,33
Schluchsee	Fichte	1988–1997	Eintrag	0,42	4,34	2,27	4,57	0,84	11,82	8,78
			Gebietsaustrag	0,06	21,10	7,60	14,00	2,30	6,80	17,00
			Bilanz	0,36	−16,76	−5,33	−9,43	−1,46	5,02	−8,22

[a] Ellenberg et al. (1986)
[b] Meesenburg et al. (2009)
[c] Raspe et al. (1998, Orte im Schwarzwald)
[d] N_{tot} = Gesamt-N (Nitrat, Ammonium, organischer Stickstoff)

Tab. 18.17 Stickstoffbilanzen für drei Buchenwaldökosysteme für den Zeitraum von 1990 bis 2002. (Aus Brumme und Khanna 2009a)

Fluss	Solling	Zierenberg	Göttinger Wald
	(kg ha^{-1} Jahr^{-1})		
Ökosystembilanz für Stickstoff			
Pflanzenaufnahme	110–113	98–110	99–107
Eintrag – nasse und trockene Deposition	25	24	21
Austrag – Sickerwasser	1,7	21	4,5
– N_2O (Gasaustrag)	1,9	0,4	0,2
Eintrag – Austrag (Bilanz)	+21	+3	+16
Bodenbilanz für Stickstoff			
Streueintrag – oberird. Baumstreu	68	75	63
– Feinwurzelstreu	36–39	n.b.	18–26
– Bodenvegetation	< 0,4	36	21–31
– Gesamtstreueintrag	104–107	129–137	102–120
Netto-N-Mineralisation	74/90	80/128–167	99

Flüssebilanzen für bestimmte Ökosystemkompartimente (z. B. Kronenraum, Humusauflage, Mineralboden) geben Hinweise auf dort ablaufende Prozesse. Brumme und Khanna (2009b) stellten **Stickstoffbilanzen** für drei Buchenaltbestände in Südniedersachsen (Solling und Göttinger Wald) und in Nordhessen (Zierenberg) auf (Tab. 18.17). Die Buchenbestände erhielten gleiche atmosphärische Einträge und wuchsen unter ähnlichen klimatischen Bedingungen auf, unterscheiden sich aber in den bodenchemischen Verhältnissen. Die Standorte Zierenberg (Basalt) und Göttingen Wald (Muschelkalk) sind reich an basischen Kationen, weisen hohe pH-Werte im Boden sowie eine große Vielfalt und Dichte an krautigen Pflanzen und Zersetzern auf. Dies führte zu hohen Nährstoffumsätzen und der Humusform Mull sowie zu einem hohen oberirdischen Zuwachs der Bäume. Der Standort Solling (Löss über Buntsandstein) weist hingegen einen sauren Moder-Humustyp mit sehr niedrigen pH-Werten, einen schwachen Nährstoffumsatz, einen geringen oberirdischen Zuwachs der Bäume und wenig Bodenvegetation auf. Der Feinwurzelumsatz ist in dem sauren Boden stark erhöht. Die Eigenschaften der Standorte haben Auswirkungen auf die N-Bilanzen, v. a. bei folgenden Flüssen: Streueintrag der Feinwurzeln, Streueintrag der Bodenvegetation und Baumzuwachs. Die hohen Depositionsraten aus Luftverunreinigungen (s. ► Kap. 21) wirken sich unterschiedlich aus. Im Göttinger Wald finden sie sich fast vollständig im Baumzuwachs wieder, im Solling in der Humusauflage. Die hohen N-Austräge im Sickerwasser des Standortes Zierenberg zeigen einen Humusabbau im Mineralboden infolge der Säureeinträge aus den Luftverunreinigungen.

In Abb. 18.14 und 18.15 sind Vorräte und Flüsse der **Hauptnährstoffe** für den Buchen- und den Fichtenbestand im Solling (Angaben zu den Beständen s. ► Abschn. 10.2) dargestellt. Angegeben sind Jahresmittelwerte für den Messzeitraum von 1969 bis 1983. Die Transportraten im Freiland- und Bestandesniederschlag sowie im Streufall und der Austrag mit dem Sickerwasser wurden direkt ge-

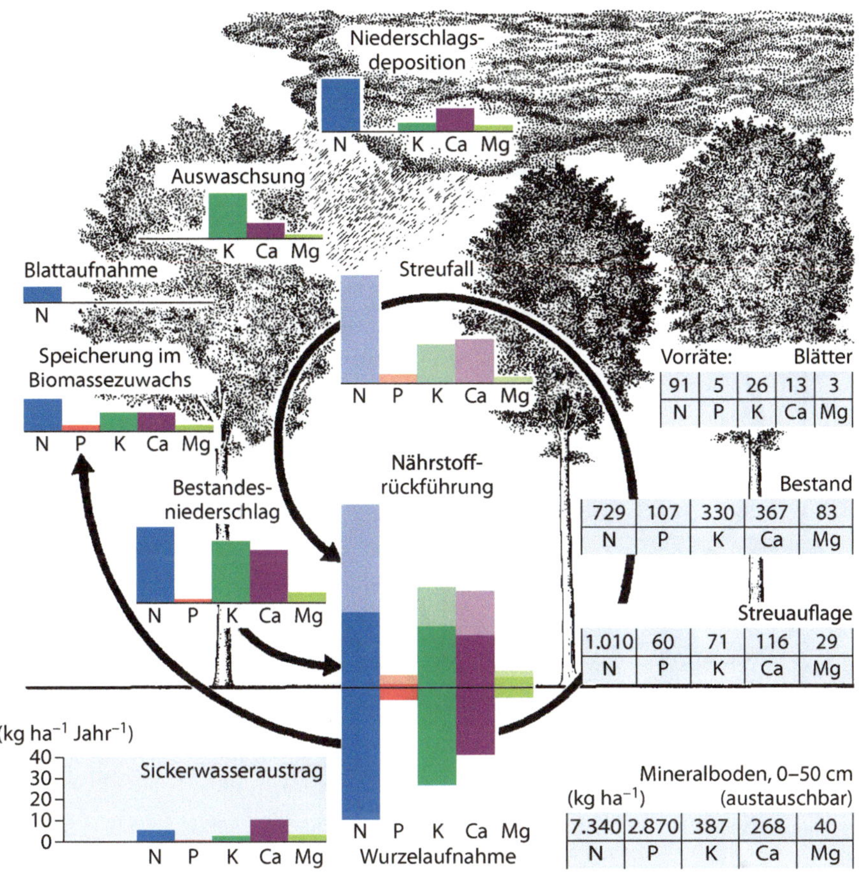

Abb. 18.14 Vorräte (kg ha^{-1}) und jährliche Flüsse (kg ha^{-1} $Jahr^{-1}$) der Hauptnährstoffe für ein 122-jähriges Buchenwaldökosystem im Solling. (Daten aus Ellenberg et al. 1986)

messen, die übrigen Flüsse wurden ab geleitet bzw. bilanziert (s. Ulrich 1983; Meesenburg et al. 2009; Brumme und Khanna 2009b). Aus der Zusammenstellung ergeben sich die Besonderheiten des Nährstoffhaushalts der bodensauren Waldökosysteme des Sollings. Die Ökosystembilanz ist für die Hauptnährstoffe positiv, d. h., die Depositionsraten aus der Atmosphäre übersteigen die Austragsraten mit dem Sickerwasser. Innerhalb der Ökosysteme ergibt sich für die Nährstoffe ein sehr bedeutender Umsatz, der sich aus den Flüssen Wurzelaufnahme, Streufall und Pflanzenauswaschung zusammensetzt. Die im laufenden Biomassezuwachs festgelegten Elementmengen werden bei N, Ca und Mg

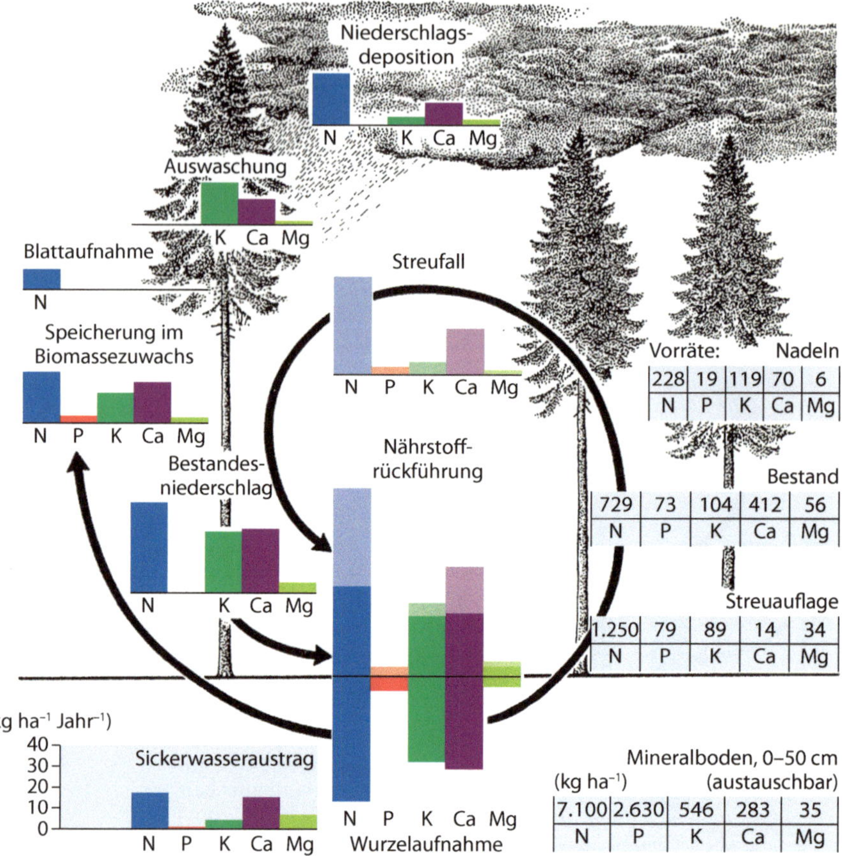

Abb. 18.15 Vorräte (kg ha^{-1}) und jährliche Flüsse (kg ha^{-1} $Jahr^{-1}$) der Hauptnährstoffe für ein 84-jähriges Fichtenwaldökosystem im Solling. (Daten aus Ellenberg et al. 1986)

vollständig und bei K zum überwiegenden Anteil aus dem atmosphärischen Eintrag gedeckt. Bei P ist die Vegetation fast vollständig auf die Nachlieferung aus der Streuzersetzung und aus dem Boden angewiesen.

Produktivität von Waldökosystemen

Norbert Bartsch, Ernst Röhrig

N. Bartsch, E. Röhrig, *Waldökologie*,
DOI 10.1007/978-3-662-44268-5_19,

Als **Produktion** im ökologischen Sinn bezeichnet man die Bildung von Biomasse bei einem Individuum oder in einem Ökosystem. **Produktivität** bezieht diesen Vorgang auf bestimmte Raum- und Zeiteinheiten. Die Produktion lebender Biomasse der höheren Pflanzen geschieht durch den Vorgang der Fotosynthese und die Umwandlung des dabei entstehenden Grundstoffes in zahlreiche weitere Substanzen, die für das Wachstum und die Vermehrung der Pflanzen erforderlich sind. Grüne Pflanzen sind demnach autotroph und bilden in Ökosystemen die Produzenten. Diese **Primärproduktion** ist die Grundlage für Wachstum, Gedeihen und Vermehrung zahlreicher anderer Organismen (vor allem von Tieren und Mikroorganismen; ▶ Kap. 14). Sie erzeugen auf diesem Weg ebenfalls Biomasse, die als **Sekundärproduktion** bezeichnet wird, weil sie vollständig (in verschiedenen Stufen) von der Leistung der autotrophen Pflanzen abhängig ist. Zu diesen heterotrophen Organismen gehören die Herbivoren, die unmittelbar von der Primärproduktion leben, die Carnivoren, Omnivoren und die Saprophyten, die tote Pflanzen und Tiere abbauen und schließlich in den Stoffkreislauf zurückführen. Hier wird die Primärproduktion in ihren Grundlagen und ihrer praktischen Bedeutung für die Forstwirtschaft besprochen.

19.1 Grundlagen

Die von der Sonne ausgehende **Strahlung** trifft die Obergrenze der Atmosphäre mit hoher Intensität. Sie reguliert die globale und regionale Luftbewegung und die Luftdruckverteilung sowie den Wärme- und Wasserhaushalt der Erde. Zugleich ist sie die primäre Energiequelle für Aufbau und Wachstum von organischer Substanz. Sie bestimmt zusammen mit den Wasser- und Nährstoffverhältnissen die primären Lebensbedingungen der Organismen.

Die Sonnenstrahlung setzt sich aus einem breiten, kontinuierlichen Spektrum elektromagnetischer Wellen mit unterschiedlichen Längen und Energiegehalten zusammen (◘ Abb. 19.1). Man unterscheidet die **kurzwellige Strahlung** (ca. 200–2.500 nm), in deren Bereich das **sichtbare Licht** (360–720 nm) liegt, das ungefähr mit der **fotosynthetisch wirksamen Strahlung** (PAR, meist auf 400–700 nm bezogen) übereinstimmt. Ein weiterer großer Teil der kurzwelligen Strahlung fällt in den Bereich des nahen Infrarots (IR) und ein kleiner Anteil auf das Ultraviolett (UV), schließlich enthält die Sonnenstrahlung auch einen gewissen, weniger energiereichen Teil langwelliger Strahlung. Kimmins (2004) schildert die Bedeutung der IR- und UV-Strahlung nicht nur für Pflanzen, sondern auch für waldbewohnende Tiere.

Beim Durchdringen der Erdatmosphäre vermindert sich die von der Sonne ausgehende Strahlungsenergie durch Vorgänge der Reflexion (Wolken, Rückstrahlung von der Erdoberfläche) und Absorption (Wasserdampf, Gase, Staub). Es gelangt dadurch je nach den atmosphärischen Verhältnissen nur knapp die Hälfte der Sonnenenergie an die Vegetation. Im groben Durchschnitt verteilt sich hiervon wiederum jeweils eine Hälfte auf das direkte Sonnenlicht und auf die diffuse Himmelsstrahlung. Das variiert jedoch stark nach geografischer Lage, Hanglage und Jahreszeit am beobachteten Ort. Diese **Einstrahlung** erwärmt die Vegetation sowie die Land- und Wasseroberflächen. Vor allem liefert sie die Energie für die Fotosynthese der grünen Pflanzen (siehe unten). Der Einstrahlung steht die **Ausstrahlung**, die Abgabe von Strahlungsenergie an die Atmosphäre durch langwellige Strahlung (Wärmeabgabe), gegenüber. Von dieser geht nur ein Teil an den Weltraum zurück. Der andere wird, hauptsächlich durch Absorption (Wasserdampf, Kohlendioxid und andere Spurengase), in der Atmosphäre zurückgehalten (s. ▶ Abschn. 22.2). Dadurch entsteht eine Art Treibhaus, weil kurzwelliges Licht durchdringt, während langwellige Strahlung weitgehend zurückgehalten wird. ◘ Abbildung 19.2 zeigt diese Zusammenhänge. Gleichartige Darstellungen mit wenig abweichenden Prozentzahlen geben auch Kimmins (2004), McKnight und Hess (2009) und Chapin et al. (2011). Ohne diesen **natürlichen Treibhauseffekt** würde die mittlere Jahresdurchschnittstemperatur an der Erdoberfläche um rund 34 °C niedriger sein als heute und die Erde wahrscheinlich kein pflanzliches Leben aufweisen. Seit mehreren Jahrzehnten wird eine globale Veränderung des Erdklimas beobachtet, die sich u. a. in Mitteleuropa in einem ständigen Anstieg der mittleren Temperaturen äußert (s. ▶ Abschn. 22.2).

Ein Teil der kurzwelligen Einstrahlung wird von den Pflanzen für die **Fotosynthese** genutzt. Erst durch diesen Vorgang wird das Leben der

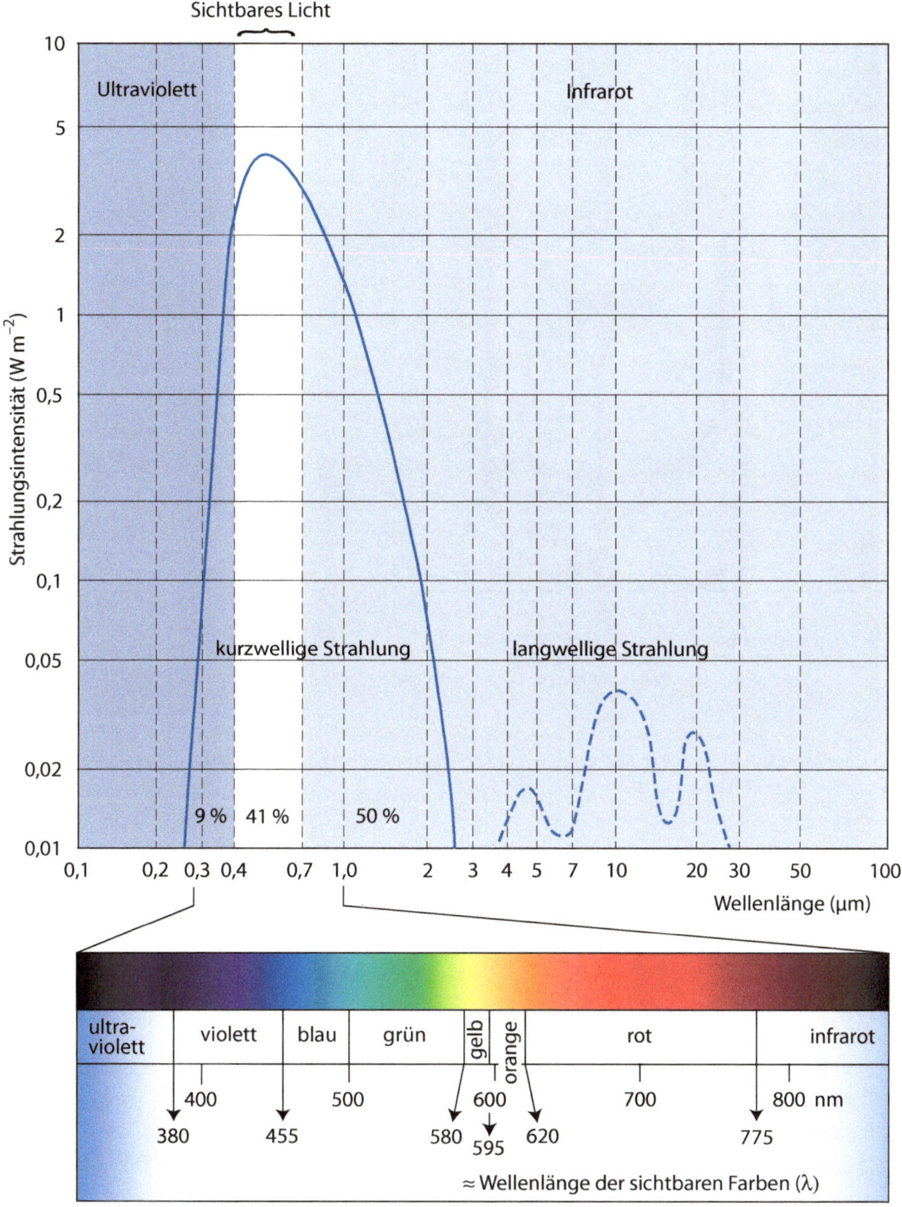

Abb. 19.1 Spektrale Verteilung der kurzwelligen Sonneneinstrahlung und der langwelligen Wärmestrahlung der Erde (nach Landsberg und Gower 1997; Barnes et al. 1998). Die von der Sonne ausgehende Strahlung bildet eine wesentliche Grundlage für das Leben auf der Erde. Sie umfasst, wenn sie in die Biosphäre eintritt, ein breites Spektrum von elektromagnetischen Wellenlängen (etwa 290–3000 nm; 1 nm = 10^{-9} m). Als sichtbares Licht bezeichnet man den Spektralbereich von 370 (blaues Licht) bis 760 nm (rotes Licht) (meist auch als Bereich von 400–700 nm gemessen oder berechnet). Darin befindet sich die fotosynthetisch wirksame Strahlung (PAR). Jenseits davon erstrecken sich die kürzeren Wellenlängen der ultravioletten (UV) und die längeren der infraroten (IR) Strahlung, die teilweise auch für das Wachstum wesentlich sind

Landpflanzen auf der Erde möglich. Dabei wird Strahlungsenergie durch Chlorophylle in den grünen Pflanzenteilen (ganz überwiegend in den Blattorganen) absorbiert und in chemisch gebundene Energie umgewandelt. Die meisten Chlorophylle absorbieren Licht im Bereich von 400–

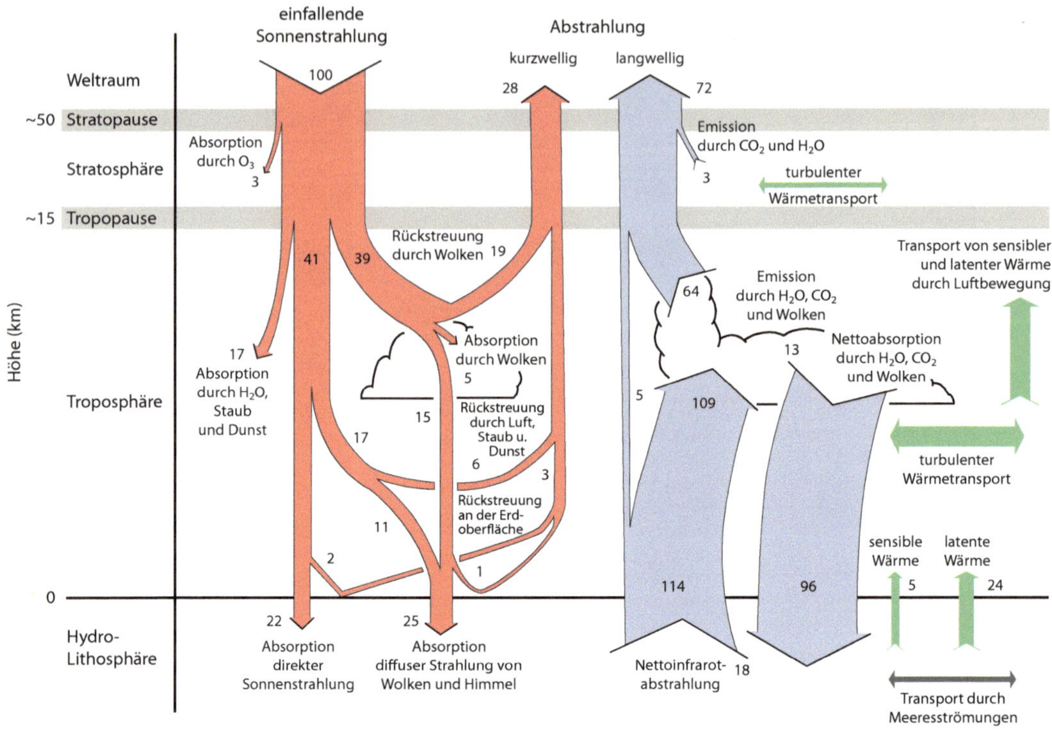

Abb. 19.2 Aufbau der Atmosphäre und ihre Absorptions- und Reflexionseigenschaften. Zahlenangeben in Prozent bezogen auf die einfallende Sonnenstrahlung. (Nach Elling et al. 2007)

480 nm (blau) und 550–700 nm (gelb bis rot). Die Pflanzen nehmen nach der Grundgleichung

$$6\,CO_2 + 6\,H_2O \rightarrow C_6H_{12}O_6 + 6\,O_2$$

Kohlendioxid aus der Luft auf und geben Sauerstoff an diese ab (fotosynthetischer Gaswechsel). Das aufgenommene CO_2 wird zunächst in Kohlenhydrate umgewandelt, das Rohmaterial für die weiteren biochemischen Prozesse und Substanzen, und zu den Orten des Wachstums und der (vorübergehenden oder dauerhaften) Speicherung geleitet. Ein geringerer Teil wird zur Bildung von mechanischen oder chemischen Abwehrstoffen gegen Herbivorie verwendet (Crawley 1997; Larcher 2001).

Diese komplizierten Vorgänge werden in Lehrbüchern der Botanik und Pflanzenökologie ausführlich beschrieben. Dabei wird den Unterschieden innerhalb des Pflanzenreiches und den Begrenzungen in der fotosynthetischen Effizienz durch morphologische Eigenschaften der Blätter und Kronen bei den Bäumen Rechnung getragen und die Wirkung verschiedener ökologischer Bedingungen erörtert (Aber und Melillo 2001; Larcher 2001; Kimmins 2004; Chapin et al. 2011 u. a.).

Die Ergebnisse der Fixierung von Sonnenenergie unter Bildung von Biomasse durch die Fotosynthese werden als **Brutto-Primärproduktion** (**BPP**, englisch GPP) bezeichnet. Sie ist nicht unmittelbar messbar, doch gibt es indirekte Methoden und Modelle dazu (s. Sala et al. 2000; Aber und Melillo 2001; Waring und Running 2007). Auf dem Wege des Gasaustauschs in den grünen Pflanzenteilen wird die BPP durch die **Respiration** (**R_a**, Atmung der Pflanzen) vermindert. Das Resultat ist die **Netto-Primärproduktion** (**NPP**). Die NPP wird in Gewichtseinheiten auf einer bestimmten Flächeneinheit (Blatt, Baum, Ökosystem) zu einem festgelegten Zeitraum ausgedrückt (z. B. kg ha^{-1} $Jahr^{-1}$). Sie ist die erste Eingangsgröße für die Bestimmung der Produktivität von Arten: $NPP = BPP - R_a$. Die **Netto-Ökosystemproduktion** (NEP) berücksich-

Autotrophe Respiration

Die **Atmung der Pflanzen** (autotrophe Respiration) liefert die Energie, die notwendig ist für die Ionenaufnahme, für das Wachstum und für die Erhaltung der morphologischen und physiologischen Prozesse der Pflanzen. Man unterscheidet daher den respiratorischen Aufwand für die Ionenaufnahme, die **Wachstumsrespiration**, die im Zuge der Biosynthese die für das Wachstum erforderlichen Substanzen (Zellulose, Proteine, Aminosäuren, Lignin u. a.) bereitstellt, und die **Erhaltungsrespiration**, denn die Pflanzen benötigen Energie für die Regulierung verschiedener Gradienten und zur Ergänzung oder für den Ersatz von Geweben, besonders bei und nach Stressbelastung. Sie kann den größeren Teil der Respiration ausmachen (Roy et al. 2001; Chapin et al. 2011).

Der **Anteil**, den die Respiration der BPP entzieht, kann zwischen 15 und 90 % liegen, je nach den Umweltverhältnissen (Temperatur, besonders in der Nacht), der Pflanzenart sowie deren Größe, Morphologie und Entwicklungszustand. Kimmins (2004) gibt für temperierte Wälder eine Spanne von 30–70 % an. Waring et al. (1998) nennen einen Wert von 50 % als häufig. Roy et al. (2001) beziffern Anteile von Respirationsverlusten bei Blättern, Ästen mit Zweigen und Wurzeln. Doch sind solche Werte mit Unsicherheiten behaftet, (s. a. Ceschia et al. 2002). Ungewiss sind zudem die Respirationsverluste der Wurzeln, die meist unberücksichtigt bleiben.

tigt auch die heterotrophe Respiration (R_h) der Organismen (Bakterien, Pilze, Tiere), die organische Verbindungen als Kohlenstoffquelle nutzen. Weitere Verluste können durch Herbivorie (Fraß an lebenden Pflanzenteilen), Verschleppung von Früchten und dergleichen, Feuer, Erosion, Auswaschung und Eingriffe des Menschen eintreten. Bei langfristiger Betrachtung großer Areale ergibt sich die Netto-Biomproduktion (NBP). Chapin et al. (2011) führen das näher aus.

Der **Ertrag** der Primärproduktion im ökologischen Sinn bezieht sich auf die (wie auch immer nutzbare) Menge der während eines bestimmten Zeitraums auf einer Fläche erzeugten Biomasse. Für Wälder wird der Ertrag meist als Volumen je Hektar angegeben, seltener in Gewichtseinheiten.

Lovett et al. (2006) gehen für **Netto-Ökosystemproduktion** von folgendem Ansatz aus:

$$\Delta C_{org} = BPP + I - R_e - E - Ox_{nb}$$

Hierbei sind: ΔC_{org} = Differenz im Vorrat von organischer Substanz im Ökosystem, BPP = Brutto-Primärproduktion, I = Import von organischem C (z. B. durch Streufall), R_e = Gesamt-Respiration von organischem und totem Material E = Export von organischem C (z. B. durch Ernte, Auswaschung), Ox_{nb} = nicht-biologische Oxidation (z. B. Feuer).

Ein geringer Teil des ausgewaschenen Kohlenstoffs gelangt unter die Wurzelzone, er wird nicht zum organischen C-Vorrat gerechnet.

19.2 Netto-Primärproduktion und Biomasse

Die Untersuchung von Bildung und Verteilung von Biomasse in Organismen und Ökosystemen ist Gegenstand der **Produktionsökologie**. Die Ausgangsgröße dafür ist die NPP. Sie bestimmt letztlich auch den Ertrag von bewirtschafteten Wäldern. Zudem ist sie ein grundlegendes Element für den Kohlenstoffhaushalt der Ökosysteme und Biome (s. Rötzer et al. 2010). Prinzipiell ist die NPP umso größer, je höher die Assimilationsleistung der Blätter ist, je vollständiger das Licht durch ein mehr oder weniger ausgedehntes Geflecht von Pflanzenteilen dringt und je länger die Pflanzen eine positive Gaswechselbilanz aufrechterhalten (Larcher 2001). Dabei spielen die Blattmorphologie (Licht- und Schattenblätter, s. ▶ Abschn. 7.2) und die jeweils vorhandene Blattfläche (Blattflächenindex, LAI, s. ▶ Abschn. 12.3) eine gewichtige Rolle. Karnosky et al. (2007) erwähnen, dass mit Erhöhung der CO_2-Konzentration der Blattflächenindex steigen kann.

Die Höhe der NPP hängt von mehreren, zum Teil miteinander verbundenen Faktoren ab. Einen Eindruck von den Unterschieden in den Biomen der Erde gibt ◘ Abb. 19.3. Daten der NPP geben u. a. Fujimori (2001), Larcher (2001) sowie Schlesinger und Bernhardt (2013) an (s. ◘ Tab. 19.1). Die weitaus meisten publizierten Daten beziehen sich auf die oberirdische Produktion.

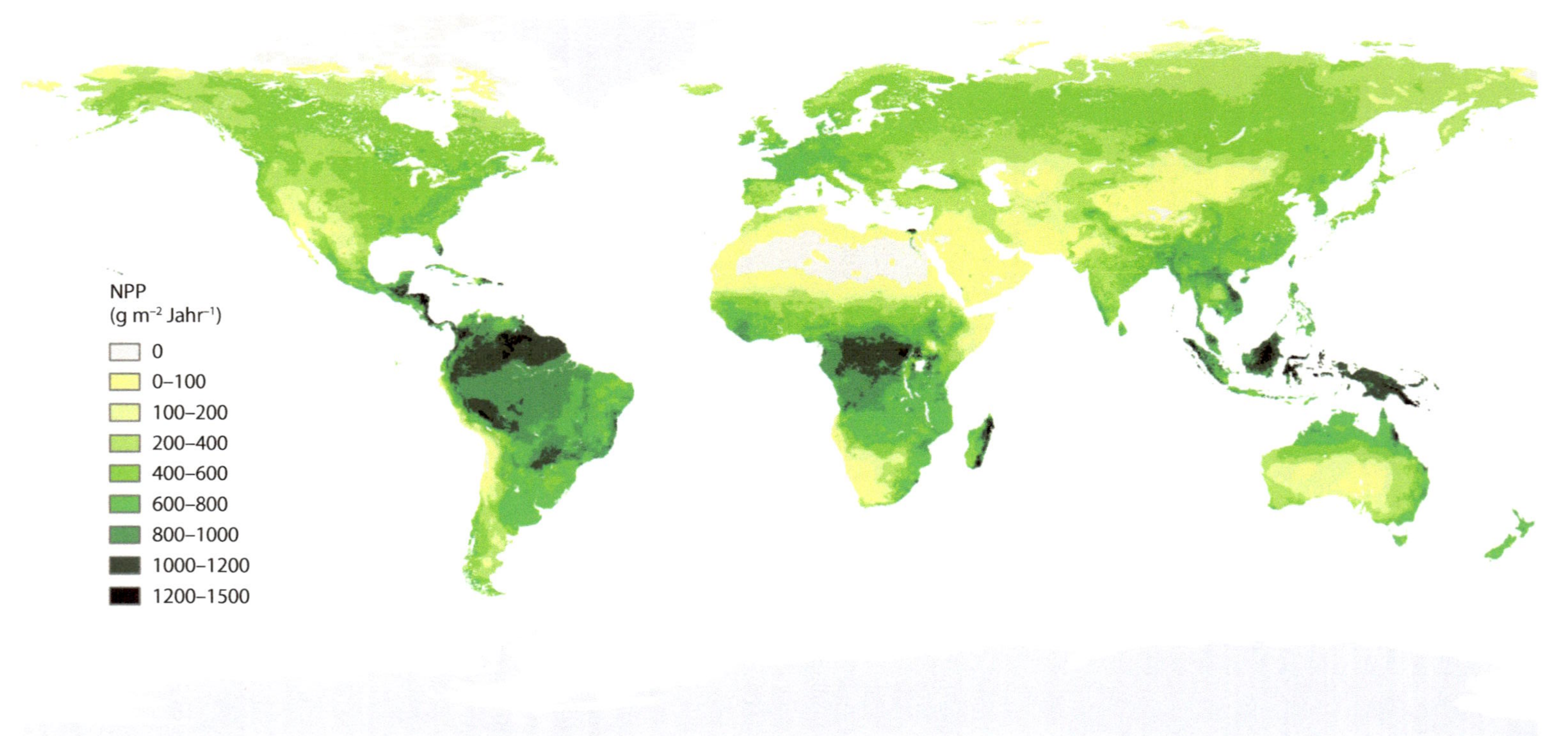

Abb. 19.3 Jährliche Nettoprimärproduktion (NPP) terrestrischer Ökosysteme (g Trockensubstanz m^{-2} Jahr^{-1}). (Nach Haberl et al. 2007)

Tab. 19.1 Jährliche Netto-Primärproduktion (NPP), Biomasse und Kohlenstoff (C) in terrestrischen Ökosystemen. (Aus Schlesinger und Bernhardt 2013)

Biome	Fläche	NPP	Gesamt-NPP	Biomasse	Gesamt-C in Pflanzen
	(10^6 km^2)	(g C m^{-2} Jahr^{-1})	(10^{15} g C Jahr^{-1})	(g C m^2)	(10^{15} g C)
Tropische Wälder	17,5	1250	20,6	19.400	320
Temperate Wälder	10,4	775	7,6	13.350	130
Boreale Wälder	13,7	190	2,4	4150	54
Mediterrane Hartlaubgehölze	2,8	500	1,3	6000	16
Tropische Savannen/ Grasland	27,6	540	14,0	2850	74
Temperates Grasland	15,0	375	5,3	375	6
Wüsten	27,7	125	3,3	350	9
Arktische Tundra	5,6	90	0,5	325	2
Landwirtschaftliche Flächen	13,5	305	3,9	305	4
Eis	15,5				
Summe	**149,3**		**58,9**		**615**

Ganz allgemein steigt die Produktion von den kühleren Zonen zu den wärmeren und von den trockeneren Regionen zu den feuchteren an. Larcher (2001) merkt an, dass auf 41 % der Festlandsfläche ein **Wassermangel** produktionsmindernd wirkt und auf nur 8 % ungünstige Temperaturen (kältebedingte Verkürzung der Vegetationszeit und Wärmemangel im Sommer) vorherrschen. Eine Erhöhung der NPP ist zu erwarten mit einer Verlängerung der Vegetationszeit (früherer Blattaustrieb und späterer Abschluss des Wachstums im Jahr) als Folge des Klimawandels (► Kap. 22). Fabian und Menzel (1998) zeigen, dass in den letzten vier Jahrzehnten des vorigen Jahrhunderts der Frühjahrsbeginn fünf Tage früher und der Herbstbeginn neun Tage später eintrat als zuvor.

Im groben Vergleich liegt die **Produktivität** von Wäldern in den einzelnen Biomen nicht niedriger, sondern im Allgemeinen höher als die der meisten landwirtschaftlich genutzten Flächen (Tab. 19.1). Das ist umso mehr bemerkenswert, als Wälder, zumindest in Mitteleuropa, meist die standörtlich ungünstigeren Flächen einnehmen. Die höhere Produktivität mag u. a. damit zusammenhängen, dass Wälder einen höheren Blattflächenindex aufweisen als die meisten anderen Ökosysteme. In Mitteleuropa haben geschlossene Nadelwälder Blattflächenindizes von 8 bis 12 und mehr, geschlossene Buchenwälder dagegen nur von 5 bis 8. Leuschner et al. (2006) fanden in einer Gradientenuntersuchung in Buchenbeständen nur geringe Einflüsse von Niederschlagsmengen und Bodensäure auf die Höhe des LAI. Es gibt offenbar keine linearen Beziehungen zwischen LAI und Produktivität, doch zweifellos baumartenbezogene Untergrenzen. Höhere Indexwerte führen wegen der gegenseitigen Beschattung nicht zu gesteigerter Effizienz, wenngleich die Blätter im Inneren der Krone und unter deren Dach das schwächere Licht besser ausnutzen können, zumal sie weniger unter Hitze, trockener Luft und Wind leiden (Larcher 2001).

Von großer ökologischer und praxiswirksamer Bedeutung ist die Verteilung der erzeugten **Biomasse** auf die einzelnen **Kompartimente** der Bäume (► Kap. 2) und der Ökosysteme. Als solche gelten hier das **Stammholz** (als dessen Untergrenze meist ein Brusthöhendurchmesser von 7 cm angesetzt wird), das **Ast**- und **Zweigholz** (für das es keine festgelegten Durchmessergrenzen gibt), die **Blatt**- bzw. **Nadelmasse** und die sonstigen oberirdischen Teile des Baumes (Samen, Früchte, Knospenschuppen und dergeichen, meist zusammengefasst), ferner die **Unterschicht**, einschließlich der Bodenvegetation, und die **Wurzeln**. Das Volumen des Stammholzes wird gewöhnlich aus dem Mittendurchmesser und der Formzahl (die den Grad der Abholzigkeit im Stammholzbereich angibt) ermittelt. Die Gewichte der Baumkompartimente, auch des Unterwuchses mit der Bodenvegetation, werden meist nach Trocknung (in der Regel bei 105 °C) bestimmt. Die Blattmengen werden gewöhnlich durch systematisch angeordnete Fangbehälter in den Beständen ermittelt. Indirekte Methoden zur Abschätzung der Blattmengen sind bei Newton (2007) beschrieben. Bei den immergrünen Nadelbäumen ist die Methode der Fänge am Boden problematisch wegen des jahreszeitlich verschiedenen Abfallens der Nadeln unterschiedlicher Jahrgänge (Albrektson 1988). Sichere Ergebnisse erhält man allenfalls durch Wägung der Nadelmasse an gefällten Bäumen (Lehtonen 2005). Hier können auch indirekte Methoden mit Auswertung von Kronenfotos hilfreich sein. Verfahren zur Erfassung von Wurzelbiomassen im Freiland sind von Smit et al. (2000), Bolte et al. (2003) und Mancuso (2012) ausführlich dargestellt. Die Schätzung der unterirdischen Netto-Primärproduktion beschreiben Sala et al. (2000).

Rademacher et al. (2009) geben folgende Rahmenwerte der Biomassen (in t ha^{-1} = Mg ha^{-1} = 10^6 g ha^{-1}) für 25 über 100-jährige Buchenbestände in Mitteleuropa an: Blätter 3–5, Stämme 174–602, Äste 32–122, Feinwurzeln 2–6 und Grobwurzeln 26–84. Der Anteil des **Stammholzes** an der Biomasse ist von den Baumarten, vom Bestandesalter und von der Behandlung der Bestände (v. a. Begründungs- und Durchforstungsverfahren) abhängig. Bei Nadelbäumen mit einer bis zur Krone durchgehenden Stammachse (monokorm) ist er generell höher als bei den meisten Laubbäumen. Mit zunehmendem Alter wächst der Stammholzanteil bis etwa zur Hälfte der Lebenszeit. Im weiteren Verlauf verschiebt sich das Verhältnis von Stammholz zum Astholz, und zwar umso mehr, je lockerer der Bestandesschluss wird (Rademacher et al. 2009 für Buchenbestände). Das Stammholz in Altbeständen der gemäßigten Breiten Mitteleuropas nimmt Anteile von etwas über 70 bis knapp 90 % der oberirdischen Biomasse ein. In Beständen von 100 Jahren und etwas darüber liegt der Anteil des Stammholzes bei der Buche bei etwa 70 %, bei der Eiche um ca. 60 %, ähnlich bei der Kiefer. Bei Fichte und Douglasie mit ihrer mehr monokormen Schaftform ist er generell höher. Der Anteil an Ästen und Zweigen liegt in Buchenaltbeständen bei etwa 15 %, in Eichenbeständen um 20 %. Bei solchen Angaben ist zu beachten, dass sie sich auf Altbestände beziehen. Im Laufe der Bestandesentwicklung verändern sich nicht nur die Biomassen, sondern auch die Anteile der Kompartimente.

Die **Blatt- bzw. Nadelmengen** sind ebenfalls je nach Baumart, Alter, Standort und Bestandesbehandlung unterschiedlich, bei den Nadelbäumen sind sie generell höher als bei den Laubbäumen. Bei diesen sind die Schwankungen je nach der Witterung (und auch durch starke Fruktifikation und Befall mit Schädlingen) beträchtlich. Ellenberg et al. (1986) berichten aus dem Solling-Projekt, dass die gefallenen Blattmengen der Buchen über den Zeitraum von 1967 bis 1976 in Beständen im Alter von 56 bis 120 Jahren in annähernd gleicher Größenordnung (ca. 3 t ha^{-1} $Jahr^{-1}$) lagen, mit Ausnahme von geringeren Mengen in einem Trockenjahr. Detaillierte Untersuchungen gibt es vor allem für die Nadeln der **Kiefer**. Deren Lebensdauer ist örtlich sehr verschieden und auf besseren Standorten höher als auf ärmeren. Für die Biomasseproduktion des Baumes spielen nur die jüngeren Nadeln (ein bis drei Jahre) eine Rolle. Wenn ältere Nadeln am Baum bleiben, können sie den Biomassezuwachs eher vermindern (Drenkhan et al. 2006). Der jährliche Nadelfall ist großen Schwankungen ausgesetzt. Er ist zudem höher auf guten Standorten und verringert sich mit Zunahme des Bestandesalters (Albrektson 1988).

Die Blattmasse von älteren, geschlossenen **Laubbaumbeständen** liegt ziemlich gleichmäßig in einer Größenordnung von 3 t ha^{-1} (z. T etwas darüber) und nimmt etwa 1 % oder wenig mehr der oberirdischen Bestandesmasse ein. Diese Werte werden schon bald erreicht, wenn der Bestandesschluss eingetreten ist, ebenso wie der

Blattflächenindex von etwa 4–6,5. Die **Nadelbaumbestände** haben oft, aber längst nicht immer, höhere Nadelmassen. Für einen 95-jährigen Fichtenbestand hoher Ertragsleistung im Solling werden 17,8 t Nadelmasse je Hektar angegeben, davon entfielen 2,9 t auf einjährige Nadeln (Ellenberg et al. 1986). Die Kiefer ist wesentlich schwächer benadelt. Für verschiedene Bestände in Schweden, Polen, Deutschland und Belgien werden etwa 6,5 t ha^{-1} genannt (Albrektson 1984; Janssen et al. 1999).

Die Ermittlung der Biomasse von **Grobwurzeln** wird wegen des hohen technischen Aufwands selten vorgenommen, daher gibt es wenig zuverlässige Daten (Fehrmann et al. 2003). Für Grobwurzeln (über 5 mm Durchmesser) setzen Ellenberg et al. (1986) bei der Buche etwa 5–10 % der Gesamtproduktion an. Für sechs Mischbestände aus Fichte und Buche im Solling wurden Verhältnisse von Grobwurzeln (ab 2 mm Durchmesser) zu oberirdischer Biomasse bestimmt (Bolte et al. 2004b). Es liegt für die Buche bei 0,10 und für die Fichte bei 0,16. Nach älteren Untersuchungen in Reinbeständen sind die Wurzel/Spross-Verhältnisse der Fichte um 1,2- bis dreimal höher als die von Buchen gleicher Dimension (Pellinen 1986; Drexhage und Gruber 1999). Zur Produktion von **Feinwurzeln** liegen zahlreiche Untersuchungen vor (u. a. Murach 1984; Vogt et al. 1995; Bauhus und Bartsch 1996; Murach et al. 2009). Danach betragen die Biomassen der lebenden Feinwurzeln in älteren Waldbeständen zwischen 2000 und 5000 kg ha^{-1}.

Sehr unterschiedlich sind die Beiträge der **Bodenvegetation** (Krautschicht mit niedriger Baumverjüngung) zur Biomasseproduktion der Waldbestände. Dichte und Entwicklungszustand der Bodenvegetation hängen nicht nur von den Bodenverhältnissen (und dem Verbiss durch das Wild), sondern vor allem vom Lichtzutritt am Boden ab. Daneben spielen auch der Zeitpunkt des Neuaustriebs nach der Winterruhe sowie Menge und Verteilung der Niederschläge eine Rolle. Ellenberg et al. (1986) geben eine sehr genaue Darstellung der Verhältnisse in den artenarmen Buchen- und Fichtenbeständen des Solling-Projekts. Danach betrug die ober- und unterirdische Biomasseproduktion der Bodenvegetation in den Jahren 1968 bis 1972 zwischen 20 und 30 kg ha^{-1} $Jahr^{-1}$, zu der Buchenjungpflanzen in Mastjahren einen hohen Beitrag leisteten. Sie ist somit auf den bodensauren Standorten im Vergleich zur Baumschicht vernachlässigbar klein. Schulze et al. (2009) haben die Biomasseproduktion der Bodenvegetation für drei Buchenbestände mit unterschiedlicher Nährstoffversorgung untersucht. Als maximale Werte der ober- und unterirdischen Biomasse fanden sie im Solling (basenarmer Standort) 14–30 kg ha^{-1} $Jahr^{-1}$, in Zierenberg (mäßig basenreich) 938 (*Mercurialis perennis* dominiert) bis 1.915 kg ha^{-1} $Jahr^{-1}$ (*Urtica dioica* dominiert) und im Göttinger Wald (basenreich) 256 (*Anemone nemorosa* dominiert) bis 1.907 kg ha^{-1} $Jahr^{-1}$ (*Allium ursinum* dominiert).

In zahlreichen **Modellen** wird versucht, Zusammenhänge der Netto-Primärproduktion mit verschiedenen Faktoren (z. B. Bestandesstruktur, ökologische Bedingungen) darzustellen, u. a. von Duplat und Tran-Ha (1997; Höhenwachstum von Eiche in Frankreich), Röhle et al. (2004; Umweltfaktoren), Kimmins (2004; Produktionsmodell FORECAST) sowie Ammer und Wagner (2005; für Biomassen der Feinwurzeln der Fichte). Pretzsch (2009) hat seine eigenen Modellansätze (SILVA in mehreren Versionen) und viele andere Möglichkeiten ausführlich dargestellt.

19.3 Forstlicher Ertrag

19.3.1 Grundlagen

Die biologische Produktion in Waldbeständen ist für das Gebiet des Waldbaus von mannigfachem Interesse, nicht zuletzt für die gegenwärtig viel diskutierten Probleme der Biodiversität (▶ Abschn. 20.2) und die Rolle von Wäldern im Kohlenstoffhaushalt der Erde (▶ Abschn. 22.3). Unmittelbar berühren die Forst- und Holzwirtschaft diejenigen Teile der Netto-Primärproduktion, die verwertbares Holz liefern, das den forstlichen Ertrag der Wälder unter dem Einfluss waldbaulicher Behandlungsverfahren darstellt. ◼ Tabelle 19.2 gibt einen allgemeinen Eindruck von den Leistungen an Stammholzvolumen wichtiger Baumarten in jeweils zwei Ertragsklassen.

Tab. 19.2 Jährliche Volumenleistungen (Vfm Derbholz ha^{-1} $Jahr^{-1}$) verschiedener Baumarten im Reinbestand der I. und II. Ertragsklasse (EKl.) bei mäßiger Durchforstung im Durchschnitt der üblichen Produktionsdauer (Jahre) (nach Schober 1995)

Laubbäume	Produktionsdauer	Zuwachs		Nadelbäume	Produktionsdauer	Zuwachs	
	(Jahre)	(Vfm Derbholz ha^{-1} $Jahr^{-1}$)			(Jahre)	(Vfm Derbholz ha^{-1} $Jahr^{-1}$)	
		I. EKl.	II. EKl.			I. EKl.	II. EKl.
Pappel-Hybriden	60	13,2	10,6	Sitkafichte	70	17,6	13,9
Buche	140	8,6	7,8	Douglasie	80	17,3	13,5
Roteiche	100	8,4	6,9	Tanne	120	13,5	10,9
Schwarzerle	80	8,2	6,3	Fichte	100	12,2	9,6
Stiel-/Traubeneiche	180	6,8	5,5	Europ. Lärche	140	7,2	5,6
Esche	120	5,3	3,8	Kiefer	140	7,0	5,9
Birke	80	4,9	3,6				

Forstliche Einheiten

Die bisher betrachteten Daten über die Biomasse lassen sich nicht unmittelbar auf den forstlichen Ertrag beziehen, vielmehr ist eine Umrechnung von Gewichtsangaben auf Volumen erforderlich, denn dieses ist die Grundlage der Ertragsberechnung. Dazu ist die **Raumdichte** des Holzes zu berücksichtigen, die bei den einzelnen Baumarten sehr unterschiedlich ist. Für die meisten Nadelhölzer liegt die durchschnittliche Raumdichte mit 340–400 kg m^{-3} niedriger als für viele Laubhölzer. Daraus ergibt sich, dass Laubholzbestände bei meist geringerer Volumenleistung je Hektar oft etwa die gleiche Menge an Gewicht produzieren wie Nadelhölzer (s. a. Kramer 1988). Das ist jedoch eine sehr allgemeine Aussage, Artenzusammensetzung und Standorte spielen dabei eine große Rolle.

In der forstlichen Praxis wird das **Volumen** (Vorrat) des Einzelbaumes bestimmt über den Durchmesser (Brusthöhendurchmesser in 1,3 m Höhe, BHD), die Baumhöhe und eine Formzahl, die die Abholzigkeit (Abnahme des Durchmessers mit der Baumhöhe) berücksichtigt. Sie fällt je nach Baumart verschieden aus (um 0,5) (s. Kramer und Akça 2008). Die nutzbaren Holzvorräte und -erträge werden in Kubikmeter (= Festmeter) gemessen. Die Mehrzahl der Ertragstafeln gibt sie in **Vorratsfestmeter** mit Rinde (Vfm m. R.) an. In Deutschland und in vielen anderen Ländern liegt die untere Grenze des hierbei berücksichtigten Holzes (Derbholz) bei einem Durchmesser von 7 cm. Die Rindenanteile sind je nach Baumart und Alter sehr unterschiedlich. Als Nutzvolumen für das Stammholz kann nur das Derbholz ohne Rinde und ohne die Ernteverluste (verbleibendes Stockholz und Fällungsabfälle) gelten. Daraus ergeben sich die in manchen Berechnungen verwendeten **Erntefestmeter** (Efm o. R.). Sie liegen im groben Durchschnitt bei 75 % der Mengen für die Vorratsfestmeter mit Rinde. Ungeachtet dessen gilt beim Holzverkauf das Maß des Vorratsfestmeters. Schichtholz (Brennholz, Zellstoffholz und dergleichen) wird in Stößen nach Kubikmeter mit Rinde verkauft.

Im Niederwaldbetrieb und für **Kurzumtriebsplantagen** mit rasch wachsenden Baumarten (Abb. 19.4) in kurzen Erntezeiträumen wird der Biomasseertrag in t ha^{-1}, meist als Trockenmasse (atro), gemessen (zur Biomasseermittlung in Kurzumtriebsplantagen s. Röhle 2013). Hier werden je nach Baumarten und -sorten, den Produktionszeiträumen und Standorten Biomassen von 12 bis über 40 t ha^{-1} erzeugt (Bungart und Hüttl 2004; Bemmann und Knaust 2010; Kawaletz und Ammer 2012).

Abb. 19.4 Kurzumtriebsplantagen mit schnellwachsenden Pappeln. **a** Zweijährige Kurzumtriebsplantage mit dem Pappelklon »Max« in Südniedersachsen. **b** Ernte eines zwölfjährigen Pappelbestandes des Klons »Max« auf einem relativ schlechten Acker mit einer Pflugsohle bei 20–25 cm über dem Grundgestein. Dennoch betrug der Biomassezuwachs 7,8 t Trockenmasse ha^{-1} Jahr^{-1} bei einer mittleren Pflanzenhöhe von 9 m und einem mittleren BHD von 7,5 cm. Begründet wurde die Kurzumtriebsplantage mit 14.400 Pflanzen ha^{-1}

Die grundlegenden Vorgänge des Zuwachses von Waldbeständen sind in der einschlägigen Lit eratur dargestellt, u. a. in den Lehrbüchern von Wiedemann (1959), Assmann (1961), Mitscherlich (1975), Kramer (1988) und Pretzsch (2009).

Schon seit Beginn des 19. Jahrhunderts war man darum bemüht, die Holzvorräte der Wälder verschiedener Baumarten auf unterschiedlichen Standorten zu erfassen und ihre Reaktion auf bestimmte Eingriffe abzuschätzen. Die **Zuwachsreaktionen** an Derbholzvolumen des verbleibenden und des bei Durchforstungen ausscheidenden Bestandes bildeten dabei den wichtigsten Aspekt. Pretzsch (2009) hat den Fortschritt der Waldwachstumskunde in Deutschland geschildert. Im Laufe der Entwicklung wurden neben unmittelbar praxisorientierten Daten auch grundlegende Fragen des Wachstumsgangs unter dem Einfluss von Groß- und Regionalklima, Bodenbeschaffenheit, Standraum, Konkurrenz u. a. behandelt und schließlich in Modellen dargestellt. Dadurch lassen sich die Ergebnisse unterschiedlicher waldbaulicher Verfahren simulieren und mehr oder weniger genau in ihrem Ergebnis prognostizieren. Erst später traten Aspekte des Wertzuwachses und der ökologischen Bedingungen und Einflüsse hinzu.

Ein entscheidendes Mittel für viele Untersuchungen auf diesem Gebiet ist das Netz langfristig angelegter und periodisch aufgenommener **Versuchsflächen**, in denen meist mehrere Varianten der Bestandesbehandlung miteinander in Vergleich gesetzt werden. In Deutschland gibt es über 1000 solcher Flächen, von denen die ältesten bereits 130 Jahre lang in Beobachtung stehen (Nagel et al. 2012). Auch in anderen Ländern gibt es derartige Versuchsflächen, doch sind sie weniger zahlreich und nicht so lange untersucht. Die langfristigen Versuchsflächen werden in Deutschland nach einem **Standardprogramm** aufgenommen, wobei die an den einzelnen Bäumen gemessenen Daten in Mittelwerte und bestimmte Kennzahlen umgerechnet werden (sog. DESER-Norm, s. Johann 1993).

Die Daten aus solchen periodischen Standardaufnahmen bilden die Grundlagen für die meisten gebräuchlichen **Ertragstafeln**, die in der forstlichen Praxis eine große Rolle spielen. Nicht alle Angaben in der Ertragstafelsammlung von Schober (1995), der in Deutschland am häufigsten benutzten, beruhen auf solchen langfristigen Messungen in regional weit verstreuten Dauerversuchsflächen. Einige (z. B. Eiche, Birke, Erle) sind aus einmaligen Bestandesaufnahmen, z. T. auch in eng begrenzten Wuchsräumen, zusammengestellt. Die in der Sammlung von Schober verzeichneten Tafeln geben Daten der Bestandesentwicklung für Zeitabstände von fünf oder zehn Jahren an und sind nach Behandlungsvarianten (Nieder- und Hochdurchforstung verschiedener Stärkegrade) jeweils für etwa gleichaltrige reine Bestände einer Baumart

Tab. 19.3 Waldwachstumskundliche Daten für Buche bei mäßiger Durchforstung aus der Ertragstafel von Schober (2005)

Ertrags-klasse	Alter (Jahre)	Stamm-zahl ($N\ ha^{-1}$)	Mittlere Höhe (m)	Mittlerer Durchmes-ser (cm)	Grund-fläche ($m^2\ ha^{-1}$)	Vorrat (Volumen) ($Vfm\ ha^{-1}$)	Durchschnittlicher jährl. Gesamtzu-wachs ($Vfm\ ha^{-1}\ Jahr^{-1}$)
I	80	579	26,9	25,1	28,8	369	6,8
	140	168	37,3	50,2	33,3	617	8,6
II	80	730	23,2	22,0	27,8	308	5,5
	140	216	32,7	43,7	32,5	533	7,2
III	80	1004	19,5	18,4	26,9	250	4,1
	140	276	28,2	38,2	31,7	451	5,7
IV	80	1471	15,8	15,0	25,9	190	3,0
	140	364	23,7	32,8	30,7	369	4,4

gegliedert. Ihre Einteilung nach **Ertragsklassen** (meist drei, seltener auch bis sechs) bildet einen ersten systematischen Versuch, das Wachstum der Baumarten nach (noch nicht näher definierten) Unterschieden der Standorte zu differenzieren (Näheres bei Röhrig et al. 2006). Die Erkenntnis der Tatsache, dass vor allem klimatische Einflüsse auf Wachstum und Ertrag einen großen Einfluss ausüben, hat zur Aufstellung von regionalen Tafeln geführt (z. B. Assmann und Franz 1965 für Fichte, Lembcke et al. 1975 für Kiefer). Die in Frankreich und in Großbritannien verwendeten Ertragstafeln weichen von den deutschen beträchtlich ab. Einzelheiten über die Methodik bei der Aufstellung solcher Tafeln und ihre Anwendbarkeit für die jeweiligen Verhältnisse bei der Planung und dem praktischen Vollzug hat Kramer (1988) eingehend beschrieben. Die Ertragstafelsammlungen machen Angaben über Stammzahl, Mittelhöhe (einige auch über Oberhöhe), Grundfläche, mittleren Brusthöhendurchmesser, Derbholzformzahl und Derbholzmasse von verbleibendem und bei Durchforstungen ausscheidendem Bestand sowie Zuwachsgrößen in der jeweiligen Zeitperiode. Tabelle 19.3 enthält einen Auszug aus einer Ertragstafel.

19.3.2 Wirkungen von Durchforstungen

Die Auswirkungen verschiedener Durchforstungen auf den Volumen- und Wertertrag von Rein- und Mischbeständen verschiedener Baumarten sind in Röhrig et al. (2006) und ausführlich von Pretzsch (2009) beschrieben.

Die klassischen Arten und Grade der Durchforstungen umfassen sechs Typen (Abb. 19.5). Ziele der Niederdurchforstung sind die Erhaltung und Pflege eines einschichtigen geschlossenen Bestandes. Bei der Lichtung wird der Kronenschluss zur Pflege der besten Bäume dauerhaft unterbrochen. Sie entspricht einer sehr starken Niederdurchforstung. Ziel der Hochdurchforstung ist die Erhaltung eines mehrschichtigen Bestandes mit Pflege der guten Bäume im Oberstand.

Der Einfluss dieser Formen der Durchforstung auf den **Volumenertrag** ist von vielen Faktoren abhängig. Neben der Baumart und der Ertragsfähigkeit auf verschiedenen Standorten spielen der Ausgangsbestand vor Beginn der Eingriffe und der Durchforstungsrhythmus eine Rolle: Je länger die zeitlichen Abstände der Eingriffe auseinanderliegen, desto stärker breiten sich die Bäume im Kronen- und Wurzelraum aus. Die Standraumerweiterung führt zu einem höheren Wachstum der

a Niederdurchforstung

schwache Niederdurchforstung (A-Grad)

1 3(2)4 1 4 4 2 4 1 4 3 2 4 1 3 4 1 4 4 1 2 4 1 5 3(2) 1 4 4 1

mäßige Niederdurchforstung (B-Grad)

starke Niederdurchforstung (C-Grad)

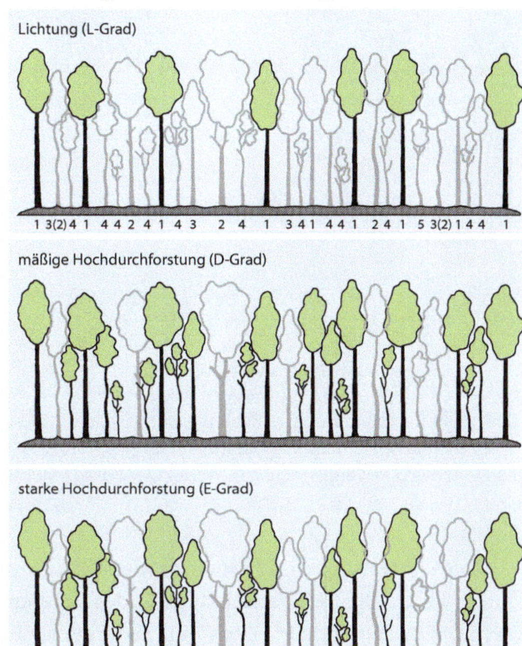

Abb. 19.5 Schematische Darstellungen der Durchforstungsarten und -grade nach der Anweisung des Vereins der Deutschen Forstlichen Versuchsanstalten von 1902, erweitert durch Wiedemann (1935). **a** Niederdurchforstung: Schwache Niederdurchforstung (A-Grad): Sie beschränkt sich auf die Entnahme abgestorbener oder absterbender Bäume der Baumklasse 5 (vgl. ▶ Abb. 12.1 in ▶ Abschn. 12.1). Mäßige Niederdurchforstung (B-Grad): Entnahme der Klasse 5 und stark bedrängender Vorwüchse und kranker Bäume der Klassen 2 bis 4. Starke Niederdurchforstung (C-Grad): Entnahme aller beherrschten (Klassen 3–5) und der schlechten herrschenden Bäume (Klasse 2), selten auch guter herrschender Bäume (Klasse 1). **b** Lichtung und Hochdurchforstung: Lichtung (L-Grad): sehr starke Niederdurchforstung, sodass der Bestandesschluss dauerhaft unterbrochen ist. Mäßige Hochdurchforstung (D-Grad): Entnahme der Bäume in Klasse 5, eines großen Teiles der schlechten herrschenden (Klasse 2) und einzelner guter herrschender Bäume (Klasse 1). Der lebensfähige Unterstand (Klasse 3 und 4) wird geschont. Starke Hochdurchforstung (E-Grad): Durch Eingriffe in die herrschenden Bäume (Baumklassen 2 und 1) werden Zukunftsbäume unter Erhalt des Unter- und Zwischenstandes gezielt gefördert

Beispiel Durchforstungsversuch Buche

Ein klassisches Beispiel für eine kontinuierliche Einhaltung der Regeln für die drei Formen der Niederdurchforstung in Buchenbeständen gibt Pretzsch (2009) anhand der umfangreichen Daten des Versuchs Fabrikschleichach 15 in Bayern für den Zeitraum von 1871 bis 2000 (ab Alter 48 Jahre). Im Vergleich zum A-Grad (Abb. 19.6) stieg die Volumenproduktion im B- und im C-Grad um 18 bzw. 10 % an. Pretzsch wertet das Ergebnis wie folgt: Es zeigt sich die bekannte Tatsache, dass die Gesamtproduktion im Wesentlichen die gleiche ist, obwohl verschiedene Durchforstungsgrade zu unterschiedlicher Ressourcenverteilung zwischen den Bäumen und zu verschiedenen Durchmesserverteilungen und Vornutzungserträgen führen.

Bäume, bei starkem Wachstum aber auch zu einer höheren Abholzigkeit. Deshalb sind nur sehr allgemein Aussagen möglich. Undurchforstete Flächen bringen die geringste Gesamtwuchsleitung. Aber auch starke Niederdurchforstungen wirken sich auf diese kaum aus.

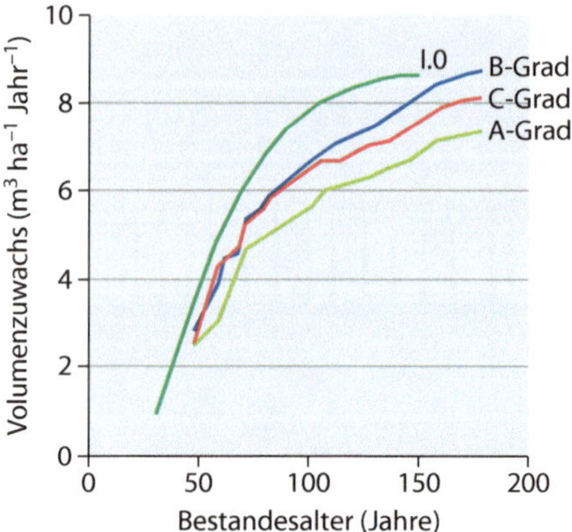

Abb. 19.6 Entwicklung von Volumenvorrat (**a**) und Volumenzuwachs (**b**) mit dem Bestandesalter für die Buche bei unterschiedlichen Druchforstungsarten und -graden (vgl. Abb. 19.5) aus dem Durchforstungsversuch Fabrikschleichach im Steigerwald im Vergleich zu den Werten der Ertragstafel. (I. Ertragsklasse; Schober 1995 nach Pretzsch 2009)

Der **Wertertrag** eines Bestandes wird bestimmt durch die Qualität (Geradschaftigkeit des unteren Stammteils, Freiheit von Ästen und anderen Schäden) sowie die Dimension der Bäume. Bei guter Qualität können daher eine starke Durchforstung und die Lichtung den Anteil von wertvollen Stämmen fördern. Hochdurchforstungen bringen im Allgemeinen eine etwas geringere Volumenleistung als Niederdurchforstungen bei etwa gleicher Grundfläche. Je nach der Qualität des Bestandes bringen sie aber eine Erhöhung des Wertertrags.

Diese grundsätzlichen Betrachtungen auf der Basis älterer Versuche einschließlich der Daten von Ertragstafeln haben jedoch nur allgemein orientierenden Wert. Dafür sind zwei Gründe maßgeblich: Schon seit der Mitte des 20. Jahrhunderts und verstärkt in den letzten Jahrzehnten sind zahlreiche andere Durchforstungsregeln entwickelt worden, für die nur ein relativ kurzfristiges Datenmaterial besteht, dafür aber reichlich Diskussionsstoff. Manche dieser neueren Entwicklungen scheinen unter den heutigen ökonomischen Bedingungen plausibel, doch zur Einschätzung ihrer Gültigkeitsbereiche für bestimmte Baumarten und der ihnen gemäßen Standorte besteht noch Bedarf an Forschungsergebnissen. Der zweite Grund dafür, klassische Formen der Durchforstung nur als allgemeine Richtschnur anzusehen, liegt in dem Wandel der Umweltbedingungen, der offensichtlich einen bedeutenden und nicht genug übersehbaren Einfluss auf das Waldwachstum hat (s. ► Abschn. 19.4).

Es ist dennoch meist nützlich, die Daten des zu durchforstenden Bestandes mit denen einer passenden Ertragstafel zu vergleichen, um einen allgemeinen Rahmen zu finden, in dem sich die Leistung des Bestandes bewegen kann. Ein Durchforstungsziel wird man daraus allenfalls langfristig ableiten können. Entscheidend sind zunächst der gegenwärtige Zustand des Bestandes und die Zielvorstellungen des Waldbesitzers. Dabei wird sich oft herausstellen, dass der konkrete Bestand schon wegen seiner Entstehung, seiner gegenwärtigen Struktur und seiner Mischung keiner verfügbaren Tafel entspricht. Dennoch können Vergleiche einiger Parameter unter Berücksichtigung der Standortverhältnisse für die Zielsetzung vorteilhaft sein, insbesondere dann, wenn die bisherige Leistung der hauptsächlich vertretenen Baumarten des Bestandes periodisch deutlich hinter Werten vergleichbarer Tafeldaten zurückbleibt oder sie übertrifft.

19.3.3 Wuchsleistungen von Mischbeständen

Die Vorzüge und Nachteile von Mischungen mehrerer Baumarten in einem Bestand werden bereits seit Beginn einer geregelten Forstwirtschaft von Wissenschaftlern und Praktikern lebhaft diskutiert. Lange Zeit standen die Fragen nach dem Volumenertrag weit im Vordergrund. Erst seit Mitte des vorigen Jahrhunderts gewannen andere Aspekte (Bodenzustand, Bestandesstabilität, Diversität, Ästhetik, ökonomische Aspekte bei der Bestandesbegründung, Bestandespflege und Wertleistung) mehr und mehr an Gewicht. Dabei gilt es zu berücksichtigen, dass Mischbestände sehr verschieden gestaltet sein können. Es kommt hauptsächlich an auf

- die beteiligten Baumarten und deren Reaktion auf die jeweiligen Standortverhältnisse,
- die Mischungsart und -form,
- mögliche Altersdifferenzen der Baumarten,
- Unterschiede im Wachstumsgang der Baumarten,
- Art und Stärke der Eingriffe.

Hierdurch ergeben sich unterschiedliche **Konkurrenzsituationen** im Kronen- und Wurzelraum. Für viele Einflussfaktoren gibt es hauptsächlich Beobachtungen und Erfahrungen für eine bestimmte Situation oder für kurze Zeiträume mit meist unvollständigen Daten. Aber auch daraus lassen sich häufig wertvolle Hinweise gewinnen. Frühe Untersuchungen über Buchen-Fichten-Mischbestände hat Wiedemann (1942 und 1951 mit Ergebnissen anderer Untersuchungen) veröffentlicht. Pretzsch hat die bisherigen Ergebnisse von ertragskundlichen Untersuchungen in Mischbeständen in mehreren Arbeiten (u. a. Pretzsch 2004; Pretzsch et al. 2013a, b) an einem breiten Material dargestellt (siehe unten).

Aus allen Untersuchungen und Erfahrungen lässt sich der Schluss ziehen, dass höhere Wuchsleistungen in gleichaltrigen Mischbeständen als in Reinbeständen dann zu erwarten sind, wenn die **ökologischen Ansprüche** der beteiligten Baumarten (ihre potenzielle ökologische Nische, s. ▶ Abschn. 7.2) deutlich unterschiedlich sind. Dabei hat meist das Licht eine große Bedeutung. Ein Beispiel dafür ist die Mischung von Lärche mit Buche (Dippel 1989; Guericke 2001, 2002). Das gilt bis zu einem Alter, in dem die Kronenkonkurrenz noch nicht zu stark ausgeprägt ist (s. ▶ Abschn. 13.1.3). Das gilt offenbar in ähnlicher Weise für die gleichaltrige Mischung von Traubeneiche mit Buche.

In einer ausführlichen Studie haben Pretzsch et al. (2013a) die Produktivität von reinen **Buchen**- und reinen **Eichenbeständen** (überwiegend Traubeneiche) mit der von 37 benachbarten Mischbeständen dieser Arten unter sehr verschiedenen Standortbedingungen (norddeutsches Pleistozän bis Schweizer Jura und Pfälzer Wald mit Höhenlagen von 300–585 m ü. NN) z. T. über längere Zeiträume verglichen. Das wichtigste Ergebnis war die signifikante Abhängigkeit der Wachstumsverhältnisse von den Standorten. Die Mischungsreaktion kann sich insgesamt auf ungünstigen Standorten auf Zuwachsgewinne von ca. 30 % gegenüber dem Reinbestand belaufen und auf mittleren Standorten auf Zuwachsgewinne von 10–20 %. Auf fruchtbaren Standorten hingegen ergaben sich Zuwachsverluste von 5–10 %, die vor allem auf die Eiche zurückzuführen sind. Offen bleibt die Frage, inwieweit sich die waldbauliche Behandlung der Bestände, z. B. die Förderung der Eiche, auswirkt.

Ein Vergleich der Produktivität von Rein- und Mischbeständen aus **Buche** und **Fichte** ist besonders schwierig, weil die Ausgangsbedingungen sehr variabel sind: Oft handelt es sich um die Auspflanzung von lückigen Naturverjüngungen der Buche mit Fichte in ganz unterschiedlichen Flächengrößen. In zunehmendem Ausmaß werden Fichtennaturverjüngungen nach größeren Sturmschäden in Altbeständen durch Buchenpflanzungen ergänzt. Schließlich wird die Buche in Fichtenaltbeständen vorangebaut (s. ▶ Abschn. 13.1.3). Auf derartige Bestände wird wegen des Altersunterschieds der beiden Baumarten hier nicht eingegangen. Pretzsch hat in mehreren Arbeiten (Pretzsch 2004, 2005, 2009; Pretzsch und Schütze 2005; Pretzsch et al. 2010; Dieler und Pretzsch 2013) die ertragskundlichen Fragen der Mischung beider Arten unter Berücksichtigung anderer Veröffentlichungen auf der Grundlage statistischer Analysen von 23 langfristigen Versuchsflächen eingehend dargestellt. Das Material stammt größtenteils aus Vergleichsanbauten reiner und gemischter Bestände aus geografisch sehr unterschiedlichen Regionen in Mitteleuropa. Auch hier spielen die standörtlichen Verhältnisse eine überragende Rolle: Die Gesamtproduktion als Trockensubstanz lag in den Mischbeständen zwischen −46 und +138 % im Vergleich zu den Reinbeständen. Auf armen

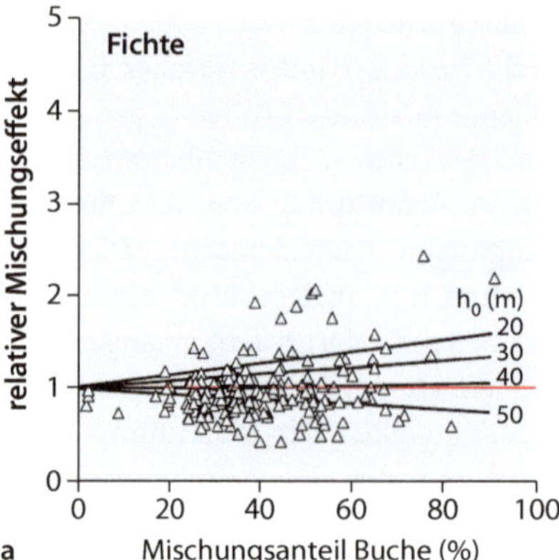

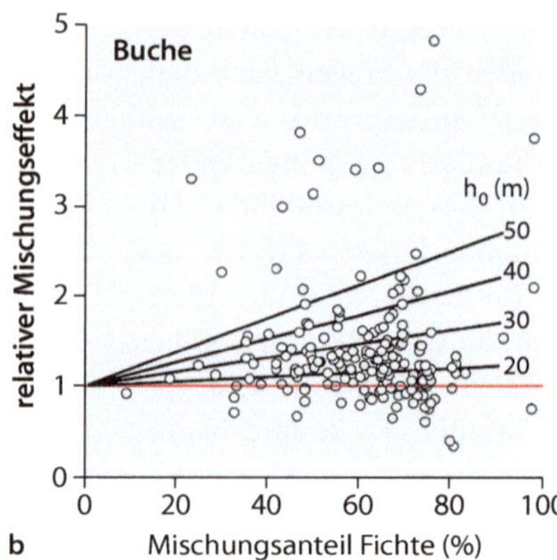

Abb. 19.7 Relative Mischungseffekte auf die Produktivität für Buche und Fichte in Abhängigkeit von den Standortbedingungen (nach Pretzsch et al. 2010). Für die Studie wurden Langzeitversuchsflächen mit Rein- und Mischbeständen von Buche und Fichte in Polen, in der Schweiz und in Deutschland auf 23 Standorten (insgesamt 207 Messreihen) ausgewertet. Produktivität und Mischungsverhältnisse wurden als oberirdische Trockenmasse berechnet. **a** Relativer Mischungseffekt für die Fichte in Abhängigkeit von der Buchenbeimischung und dem Standortindex (h_0) der Fichte. **b** Relativer Mischungseffekt für die Buche in Abhängigkeit von der Fichtenbeimischung und dem Standortindex (h_0) der Buche. Ein relativer Mischungseffekt von 1,0 zeigt eine gleichbleibende Produktivität in Misch- und Reinbeständen, ein Mischungseffekt >1,0 eine höhere und ein Mischungseffekt <1,0 eine geringere Produktivität der Mischbestände. Die Oberhöhe (h_0) ist ein Weiser für die Standortbedingungen: Je höher die Bäume sind, desto besser ist der Standort für das Baumwachstum

Standorten hatte die Beimischung der Buche einen positiven Effekt, der mit dem Mischungsanteil der eingebrachten Buchen anstieg. Im Gegensatz dazu hatte auf Standorten mit hoher Leistung der Fichte die Einmischung der Buche eine negative Auswirkung auf die Gesamtproduktion (Abb. 19.7). Im Wesentlichen kommen die Unterschiede durch Konkurrenz oder Begünstigung im Kronen- und Wurzelraum zustande. Dazu tritt eine Anzahl weiterer Faktoren (Streuqualität und -menge, Selbstausdünnung, Einfluss von Trockenperioden u. a.), die für die komplizierten Vorgänge des Wachstums dieser vielfältigen Mischungen mitverantwortlich sind.

Ein Problem für die Beantwortung der Frage des Ertrags von Rein- gegenüber Mischbeständen besteht in der Beurteilung der **Standortverhältnisse**. Meist werden diese (so auch bei Pretzsch) nach der Höhenbonität der Reinbestände charakterisiert. Tatsächlich gibt es auch innerhalb der jeweiligen Ertragsklassen erhebliche ökologische Unterschiede in den Substraten, der Gründigkeit der Bodenhorizonte, der Wasserversorgung u. a. Die **Ertragsleistung** lässt sich bemessen nach der Trockensubstanz (das ist ökologisch aussagekräftiger) oder nach dem Volumen (das ist für waldbauliche Kennzeichnung wichtiger).

Von Bedeutung ist ferner das **Alter**, auf das die Mischungen bezogen werden. Die Entwicklungsphase bzw. das Sukzessionsstadium (s. ▶ Abschn. 15.2), in der sich der Bestand befindet, hat für die waldbauliche Behandlung der Mischung wesentliche Bedeutung, insbesondere im Hinblick auf die Ziele des Wirtschafters, die auf die Gewinnung unterschiedlicher Holzsortimente ausgerichtet sein können. In dafür geeigneten Mischungsformen wird z. B. die Fichte bereits beim Erreichen schwächerer Durchmesser entnommen und die Buche länger wachsen gelassen. Das alles ist eine Frage der jeweils möglichen **Stammholzqualität**, die ihrerseits oft nicht nur von der Herkunft und dem Standort bestimmt wird, sondern vor allem von der Bestandesbehandlung (Mischungsart und -form, Durchforstung). Hier stoßen ertragskundliche und ökonomische Erwägungen oft aufeinander (Knoke et al. 2005; Knoke 2008; Knoke et al. 2008).

Schließlich wird die Frage, ob und welche Mischungen gewählt werden, nicht nur vom Ertrag, sondern von einer Anzahl weiterer Gesichtspunkte entschieden, die sich unter **Nachhaltigkeit** zusammenfassen lassen (s. ► Abschn. 20.1). Dazu gehört vor allem die Stabilität der Bestände, ihre in den meisten Fällen höhere Resistenz und Resilienz gegenüber Störungen und Schädigungen verschiedener Art. Das ist jeweils nach der Anfälligkeit der Standorte und der Baumarten zu betrachten. Auch ästhetische Gesichtspunkte sprechen in den meisten Fällen für die Wahl von gemischten Beständen.

19.4 Auswirkungen von Umweltveränderungen auf die Produktivität

Katastrophale Ereignisse (s. a. Störungen in ► Abschn. 15.1) können die Produktivität von Ökosystemen schlagartig fast vollständig ausschalten, bevor eine Erholung eintritt und das vorherige Niveau der Produktivität nach unterschiedlich langen Zeiträumen in verschiedenen Ökosystemen wieder erreicht oder sogar überschritten wird. Dies zeigten die langfristigen Studien nach dem Ausbruch des Mount St. Helens in Washington/USA am 18. Mai 1980 (Dale et al. 2005; ► Abb. 19.8)

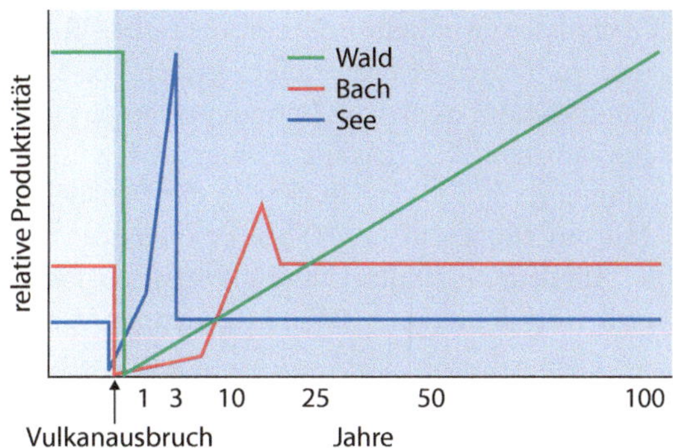

Abb. 19.8 Erwartete Entwicklung der Produktivität der Wälder, Seen und Flüsse nach dem Vulkanausbruch des Mount St. Helens im Jahr 1980. (Nach Dale et al. 2005)

Witterungsereignisse und starke Fruktifikation führen zu kurzfristigen Schwankungen des Höhen- und des Durchmesserwachstums (s. Drobyshev et al. 2010). Daneben kommt es auch zu **periodischen Abweichungen** vom durchschnittlichen Zuwachs der Bäume, die über mehrere Jahre anhalten. Man hat dies zunächst ausschließlich mit Witterungserscheinungen und Schädlingsbefall zu erklären versucht. Schweingruber (1993, 1996) hat die Zusammenhänge durch die Dendrochronologie anhand von Jahrringanalysen auf eine wissenschaftliche Grundlage gestellt (s. ► Kap. 3). Pretzsch (2009) stellt die Methoden für die Diagnose von Zuwachs- und Wachstumsstörungen in Waldbeständen und ihre Anwendungsfelder vor.

Um die Mitte des 19. Jahrhunderts, mit der rasch zunehmenden Industrialisierung Mitteleuropas, wurde man darauf aufmerksam, dass zunächst rings um Hüttenbetriebe, dann aber zunehmend regional in Gebieten mit stärkerem Ausstoß von Gasen aus Bergwerks- und Verhüttungsanlagen schwere Schäden an Nadelbäumen mit **Zuwachsverlusten** und Absterben von ganzen Beständen auftraten. Elling et al. (2007) haben die Geschichte dieser »Rauchschäden«, ihrer Ausbreitung und ihrer Erforschung eindrucksvoll geschildert, ebenso die Ausweitung auf viele Gebiete in West-und Ostdeutschland im Gefolge der seit den 1970er-Jahren stark zunehmenden und über große Entfernung transportierten Luftschadstoffe im Zuge der industriellen Entwicklung (s. a. Pretzsch 1992, 1999).

Die bald einsetzende »Waldschadensforschung« beschrieb die Symptome dieser als »**neuartige Waldschäden**« bezeichneten Erscheinung und stellte als Ursache Emissionen von Schwefeldioxid und anderen Bestandteilen der Luft in unzuträglichen Konzentrationen fest. Schwefeldioxid machte mengenmäßig den weitaus größten Anteil aus, der überwiegende Teil davon galt als durch menschliche Einwirkung entstanden. Auch andere Gase waren daran beteiligt (s. Eigenschaften und Schadwirkungen in ► Kap. 21).

Elling et al. (2007) haben die Erkenntnisse aus Zuwachsmessungen und dendrologischen Untersuchungen allgemein dargestellt. Kenk (1983) und Kenk et al. (1985) zeigten, dass der periodische jährliche Derbholzzuwachs von **Tannenbeständen** bis Anfang der 1980er-Jahre auf vier Versuchsflächen unabhängig vom Alter beträchtlich absank. Für die **Kiefer** stellt Pretzsch (1989) in immissionsbelasteten Lagen (Braunkohlekraftwerk) erhebliche Zuwachsverluste fest. Utschig (1989) ermittelte in **Fichtenbeständen** der Mittelgebirge Bayerns je nach dem Grad der Nadelverluste Zuwachsrückgänge von 30–70 %. Das entspricht auch den

Ergebnissen in mittel- und norddeutschen Regionen. Im Gegensatz dazu stellt Pretzsch (1996) im Voralpenraum in diesem Zeitraum einen positiven Zuwachstrend fest. Regionale Unterschiede im Zusammenhang mit dem Rückgang der Benadelung sind von Elling et al. (2007) beschrieben.

Mit dem steigenden Umweltbewusstsein kam es auch auf politischer Ebene zu bedeutenden Verbesserungen auf dem Gebiet der Schwefelemissionen, wodurch die Schäden zunächst in Westdeutschland, nach 1990 in ganz Deutschland entscheidend vermindert wurden. Die Emissionen von Stickstoff gingen in diesem Zeitraum nicht zurück (s. ▶ Kap. 21). Drastisch zeigt sich seit den bisher vergangenen zwei Jahrzehnten (teilweise schon früher) ein anhaltender Trend zur **Zuwachssteigerung** bei den meisten Baumarten in Europa. Spiecker et al. (1996) haben zahlreiche Berichte aus vielen Ländern zusammengestellt (s. a. Spiecker 1999, 2001). Betroffen sind sowohl der Höhen- als auch der Volumenzuwachs. Diese Erscheinung wurde durch Messungen in vielen Regionen Mitteleuropas, in den südlichen Teilen der skandinavischen Halbinsel und teilweise in einigen Gebieten Südeuropas aufgedeckt. Zuwachssteigerungen sind in größeren Höhenlagen offenbar weniger ausgeprägt, betreffen jedoch alle Altersstufen der Bestände. Der Trend zu erhöhtem Zuwachs ist in zahlreichen Arbeiten bestätigt worden (s. a. Untheim 1996, 2000; Dittmar et al. 2003). Bezogen auf eine Inventur für Bayern gibt Pretzsch (1999) an, dass diese für den Zeitraum von 1971 bis 1987 »im Landesdurchschnitt für alle Hauptbaumarten beträchtliche Zuwachsanstiege [erbringt]. Für die Baumartengruppe Fichte/Tanne liegen die wirklichen Zuwächse bei 131 % der Ertragstafel, für Kiefer/Lärche bei 143 %, für Buche bei 112 % und für Eiche bei 127 % der Erwartungswerte der Ertragstafel«.

Über die **Ursachen** dieses Zuwachsanstiegs gibt es bisher mehr Vermutungen als klare Einsichten. Es wird für wahrscheinlich gehalten, dass die sommerliche Erwärmung der Atmosphäre und des Bodens sowie die Verlängerung der Vegetationszeit eine Rolle spielen. Auf Standorten, in denen Stickstoff das Wachstum limitiert, tragen wahrscheinlich die seit Jahrzehnten anhaltenden hohen Stickstoffeinträge (s. ▶ Kap. 21) zur Zuwachssteigerung bei. Ein positiver Effekt soll auch vom Rückgang der Schwefeleinträge ausgehen. Es scheint, dass schwefelsaure Einträge höhere phytotoxische Wirkungen auf die Waldbäume ausüben als die Bodenversauerung, die durch die Maßnahmen gegen Schwefelemissionen stark vermindert, aber keineswegs drastisch zurückgegangen ist. Die überwiegende Zahl der Waldböden befindet sich im Al-, bzw. im Al/Fe-Pufferbereich mit geringer Basensättigung (Puhe und Ulrich 2001). Die Erholung der Böden von der immissionsbedingten Versauerung erfolgt offenbar sehr langsam (Brumme und Khanna 2009b). Das zeigen auch die Ergebnisse des »Dachprojekts« im Solling (Lamersdorf et al. 1999, Näheres s. ▶ Kap. 21). Offenbar werden Schwefelvorräte lange Zeit im Boden gespeichert (Matzner et al. 2001; Wunderlich et al. 2006). Die weitere Entwicklung der Böden unter diesem Aspekt und der fortgesetzte Eintrag von Stickstoff bringen zugleich die Gefahr der Verarmung an Kationen mit sich. Magnesiummangel bleibt für viele Standorte eine zunehmende Gefährdung. Die deutlichen Zuwachssteigerungen auf vielen Standorten sind angesichts der Befunde der Bodenuntersuchungen wahrscheinlich nicht von Dauer. Sie sind aber wohl ein Zeichen dafür, dass die ökologischen Ansprüche vieler Baumarten bisher überschätzt wurden oder ihre Anpassungsfähigkeit an Säurebelastung und geringere Nährstoffdarbietung unterschätzt wurde (Hildebrand 2003, s. a. ▶ Kap. 21). Die Wirkungen von weltweiten und regionalen Klimaveränderungen sind in ▶ Kap. 22 dargestellt.

Globale und anthropogene Einflüsse auf Wälder

Naturschutz und Biodiversität

Norbert Bartsch, Ernst Röhrig

N. Bartsch, E. Röhrig, *Waldökologie*,
DOI 10.1007/978-3-662-44268-5_20, © Springer-Verlag Berlin Heidelberg 2016

Der Naturschutz, getragen von einer großen Anzahl staatlicher und privater Organisationen, entfaltet seine Aktivitäten auf drei, teils miteinander verbundenen Arbeitsgebieten: **Artenschutz, Biotopschutz** und **Flächen-** bzw. **Gebietsschutz**. Er hat im Laufe der vergangenen Jahrzehnte ständig an Einfluss in der Öffentlichkeit gewonnen, obwohl er, weniger in allgemeinen Zielsetzungen als in vielen Einzelfällen, auf Widerspruch und Widerstand stößt. Das betrifft den Wald weniger als viele andere Zweige der Volkswirtschaft. Sind doch bedeutende öffentliche Waldflächen unter völligen oder teilweisen Schutz gestellt worden, und der Waldbau folgt vielen Naturschutzzielen in Grundsätzen einer »naturnahen Waldwirtschaft«. Jedoch gibt es auch auf diesem Gebiet mancherlei Differenzen (▶ Abschn. 20.1).

Wesentliche Pfeiler des weltweiten Umweltschutzes sind die Erhaltung und Förderung der biologischen Vielfalt (**Biodiversität**) in verschiedenen Ebenen: von der genetischen Differenzierung bis zu den Ökosystemen und Landschaften. Wir behandeln dieses Gebiet wegen seiner methodischen Besonderheiten in einem eigenen (▶ Abschn. 20.2).

20.1 Naturschutz

20.1.1 Grundlagen

Natur ist ein Begriff mit äußerst komplexem Inhalt. Die Herleitung aus dem lateinischen *natura* (»Beschaffenheit«) bezeichnet nur einen Teil des Begriffs. So spricht man umfassend von der Natur eines Menschen oder von der Natur einer Landschaft, bei der auch der unbelebte Teil eingeschlossen ist. Im allgemeinen Sprachgebrauch versteht man unter Natur heute die belebte Umwelt des Menschen. So kann man den Begriff am besten dialektisch umfassen, etwa in den Gegensatzpaaren natürlich – künstlich, Natur – Kultur, Natur – Technik oder, weiter gefasst, Natur – Mensch. Der Bedeutungsgehalt variiert mit dem Selbstverständnis des Menschen und seiner Fähigkeit, seine Umwelt zu erfassen in Kategorien wie ökologisch, ökonomisch, ethisch, religiös, ästhetisch, sozial (Dirzo und Mendoza 2008; Gorke 2010; Wobus et al. 2010; Herrmann 2013; Haber 2014).

Was ist natürlich?

Der Begriff »**Natürlichkeit**« ist im Hinblick auf die Ökosysteme kaum exakt zu fassen. Schaefer (2012) bezeichnet Natürlichkeit als das Fehlen des menschlichen Einflusses auf ein ökologisches System und unterscheidet nach dem **Grad der Beeinflussung**:

- natürlich: ohne menschlichen Einfluss entstanden und nicht vom Menschen beeinflusst (z. B. Hochmoor);
- naturnah: ohne direkten Einfluss des Menschen entstanden und in geringem Maß von ihm beeinflusst (z. B. Buchenwälder);
- halb-natürlich: unter menschlichem Einfluss entstanden und von diesem Einfluss abhängig, aber nicht absichtlich geschaffen (z. B. Trockenrasen, Zwergstrauchheiden);
- naturfern: vom Menschen geschaffen und vollständig von ihm abhängig (z. B. landwirtschaftliche Kulturen).

Peterken (2001) bringt eine ausführliche Diskussion im Hinblick auf die Wälder der temperierten Zonen unter verschiedenen Aspekten von Raum und Zeit: Er unterscheidet Wälder aus standortheimischen Baumarten (in verschiedener Weise bewirtschaftet oder auch unbehandelt) von solchen, die anders zusammengesetzt sind. Ferner behandelt er gesondert das Problem der »Urwälder« und differenziert zwischen historisch alten und rezenten neugeschaffenen Wäldern, wobei er die Grenze bei etwa 1600 Jahren zieht, weil zuvor kaum Veränderungen durch den Menschen angenommen werden können. Seine Differenzierungen überschneiden sich teilweise und sind an vielen Beständen nicht immer sicher zu ermitteln.
Kimmins (2004) weist unter Bezug auf Peterken darauf hin, dass schon der amerikanische Philosoph Henry David Thoreau (1854, deutsche Ausgabe 1971) geglaubt hat: »*mankind and nature form an ecological unity.*« (Menschheit und Natur formen eine ökologische Einheit.)

Sehr unterschiedliche Haltungen des Menschen zur Natur sind im Wechsel von Zeit und Raum entstanden. In der Schöpfungsgeschichte der Bibel (Moses 2, 15) heißt es: »Und Gott der Herr nahm den Menschen und setzte ihn in den Garten Eden, dass er ihn bebaute und bewahrte.« In der Geschichte der Menschheit hat dieses Gebot stets eine bedeutende Rolle gespielt, was die Bewohner der Erde aber nicht daran hinderte, die Natur für bestimmte Zwecke zu missbrauchen. Aber erst mit Beginn des 19. Jahrhunderts brachten die Selbstgewissheit über die vermeintlich umfassenden Erkenntnisse von Naturgesetzen und die darauf gegründete sich rasch entwickelnde Technik den Menschen in einigen Regionen der Erde ganz neue Möglichkeiten, die Kräfte der Natur in ihren Dienst zu nehmen. Je mehr die Technik in das tägliche Leben eindringt, desto mehr entfernen sich Lebens- und Anschauungsweise von der Natur. Zugleich mit dem Wachstum der Bevölkerung beginnt eine zunehmende **Umweltzerstörung**. Doch bald entwickelte sich der Widerspruch gegen den als bedenklich, oft auch als bedrohlich empfundenen Fortschritt. Es entstand ein neues Naturgefühl, das sich in Literatur, Malerei, teils auch in der Architektur äußerte und auch weite Kreise der Bevölkerung in Gestalt von Begeisterung für Naturschönheiten erfasste. Es wurden Wandervereine gebildet, man verbrachte Ferien »auf dem Lande«, besonders die waldreichen Regionen wurden zu Zielen von kurzen oder längeren Aufenthalten. Freilich handelte es sich dabei nur selten um reine Naturlandschaften, sondern um verschiedene Ausprägungen von **Kulturlandschaften**, die in weiten Teilen der Erde das Lebensgefühl der Bewohner (und Besucher) wesentlich beeinflussen. Man kann Kulturlandschaften definieren als »vom Menschen und seinen Werken sowie durch natürliche Landschaftselemente beeinflusste Landschaften mit ihrer spezifischen Entwicklung, Struktur, ihrem Artengefüge und Aussehen« (Stinglwagner et al. 2009). Besonders Naturdenkmale und Reste ursprünglicher Wirtschaftsweisen bedürfen der Erhaltung und des Schutzes, bisweilen auch einer gewissen Renaturierung (s. ▶ Abschn. 11.3).

So entwickelte sich gegen Ende des 19. Jahrhunderts vor allem aus der städtischen Bevölkerung die Forderung nach einem Schutz der Natur (s. Haber 2014), die bald zu Aktivitäten des **Naturschutzes** führte, der heute als ein Teilgebiet des allgemeinen Umweltschutzes eine bedeutende Rolle im öffentlichen Leben spielt. Eine große Zahl von öffentlichen und privaten Organisationen bis zu lokalen und speziellen Zielen dienenden Einrichtungen widmet sich dem Naturschutz (BfN 2012), ebenso eine kaum noch übersehbare Fülle von Büchern, Tagungs- und Kongressberichten sowie Zeitschriftenartikeln.

Naturschutz zielt in erster Linie auf die Erhaltung der freilebenden Pflanzen- und Tierarten (Bundesnaturschutzgesetz 2010, s. Schumacher und Fischer-Hüftle 2011) und der von ihnen gebildeten (meist sich immer wieder verändernden) Lebensgemeinschaften. Darüber hinaus geht es um die Vielfalt (s. ▶ Abschn. 20.2), Eigenart und Schönheit der Landschaften. Das alles soll **nachhaltig** gesichert werden. Dazu gehört auch die Fürsorge für die Zukunft. So bestimmt das Grundgesetz der Bundesrepublik Deutschland in Artikel 20a: »Der Staat schützt auch in Verantwortung für die künftigen Generationen die natürlichen Lebensgrundlagen und die Tiere […].«

Wenn auch ethische und ökologische Ziele im Vordergrund stehen, so erfüllt der Naturschutz vielfach auch **ökonomische** Bedürfnisse, indem solche Pflanzenarten erhalten und gefördert werden, die für den Menschen unmittelbar nützlich sind: Rohstoffe für Pharmazie, Kosmetik, Ersatz für Kunststoffe in Handwerk und Industrie. Zu den ökonomischen Nutzwirkungen gehört schließlich auch die gepflegte Natur als Wirtschaftsfaktor in Formen des Tourismus im weitesten Sinn des Wortes, auch wenn dabei mancherlei Konflikte auftreten. Anders als die Ökologie, deren Aussagen und Interpretationen grundsätzlich wertfrei sind, gibt der Naturschutz **Wertungen** im Hinblick auf seine Zielsetzungen ab. Die Gesamtheit der Auswirkungen menschlicher Einflüsse auf Ökosysteme wird als **Hemerobie** bezeichnet. Stinglwagner et al. (2009) teilen sie in sechs Stufen ein (s. a. Schaefer 2012).

Eine Übersicht über die verschiedenen Aktivitäten des Naturschutzes gewinnt man am besten, wenn man von den Objekten ausgeht, die zu schützen oder zu fördern sind: die Arten, die Biotope und die Landschaften im engeren oder weiteren Sinn. Die genetische Diversität (Mannigfaltigkeit

Nachhaltigkeit

Der Begriff der **Nachhaltigkeit** hat im Lauf der geschichtlichen Entwicklung viele Wandlungen und Erweiterungen erfahren (Röhrig et al. 2006; Michelsen und Adomßent 2014). In ihrer schlichtesten, geläufigsten Form ist mit forstlicher Nachhaltigkeit der Grundsatz gemeint, in einem Wald nicht mehr Holz zu nutzen, als nachwächst. Steinsiek (2011) hat die Ausweitung der Begriffsbedeutung seit seiner ersten Erwähnung durch den sächsischen Oberberghauptmann Han(n)s Carl von Carlowitz in seiner 1713 erschienenen Schrift *Sylvicultura oeconomica oder Haußwirthliche Nachricht und Naturmäßige Anweisung zur Wilden Baum-Zucht* (Neuausgabe: Hamberger 2013) kurz dargestellt. Grober (2010) hat kulturhistorische Aspekte der Nachhaltigkeit ausführlich geschildert. Aus forstwirtschaftlicher Sicht hat Speidel (1984) den Begriff umfassend definiert; ◘ Tab. 20.1 zeigt die Kriterien, die später Erweiterungen erfuhren, u. a. im Hinblick auf Biodiversität (s. ► Abschn. 20.2) und Kohlenstoffspeicherung (s. ► Abschn. 22.3).

◘ **Tab. 20.1** Prinzip der forstlichen Nachhaltigkeit. (Nach Speidel 1984)

Nachhaltigkeit	
Statische Nachhaltigkeit (= Fortdauer eines Zustands)	*Dynamische Nachhaltigkeit* (= Fortdauer eines Leistung)
1. Waldfläche (Flächennachhaltigkeit)	1. Zuwachs (Nachhaltigkeit der Holzerzeugung)
2. natürliche Hilfsquellen (waldbiologische Nachhaltigkeit)	2. Holzerträge: a) Masse b) Qualität
3. Holzvorrat (Vorratsnachhaltigkeit)	3. Gelderträge: a) Roherträge b) Reinerträge
4. Wert des Holzvorrats (Wertnachhaltigkeit)	4. Rentabilität
5. Betriebsvermögen (Substanzerhaltung)	5. Wertschöpfung
6. Kapital (Kapitalerhaltung)	6. Erfolgskapital (diskontierte Reinerträge)
7. Arbeitskräfte	7. Arbeitsleistung
	8. Infrastrukturleistungen: a) Wasserspende b) Schutzwirkung c) Erholungsleistung
	9. Vielfachnutzung (*multiple use*) (insbesondere Holzerträge und Infrastrukturleistungen

des Genoms oder der Genotypen einer Gemeinschaft) wird in ► Abschn. 20.2.2 behandelt.

20.1.2 Kategorien des Naturschutzes

▪ Artenschutz

Am Beginn der Bestrebungen des Naturschutzes stand der **Schutz von Pflanzen- und Tierarten**. Auch heute noch nimmt die Erhaltung von Arten in ihrer genetischen Vielfalt in überlebensfähigen Anteilen der Geschlechter eine wichtige Rolle ein. Nach dem Vorbild der *Red Data Books* in Nordamerika werden auch in Deutschland (und in anderen europäischen Ländern) sog. **Rote Listen** aufgestellt, die sowohl bestimmte Regionen (in der Regel die Bundesländer) als auch das ganze Bundesgebiet umfassen. Die ständig aktualisierten und vom Bundesamt für Naturschutz veröffentlichten Ausgaben sind mit Angaben über die Methodik der Aufstellungen versehen (Ludwig et al. 2006). Zwischen von Natur aus seltenen und durch menschliche Einflüsse bedrohten Arten wird nicht unterschieden. Auch bleiben natürliche Fluktuationen im Artenbestand unbeachtet, wie sie bei Tieren und manchen Pflanzenarten vorkommen. Daher ist die Wirkung des Schutzes durch Aufnahme von Arten in die Roten Listen ungewiss, zumal kaum gezielte Untersuchungen darüber vorliegen. Das gilt allenfalls für diejenigen Fälle, in denen gezielte Nachstellungen die Ursache der Gefährdung sind. Dabei sind die Gründe für die Einstufung in die Kategorien durchaus unterschiedlich (s. a. Grubb 1987). Oft sind es Veränderungen im Vorkommen von Schädlingen, wobei das Wild eine große Bedeutung hat. Veränderungen der Standortverhältnisse (z. B. durch Düngung, Entwässerung) und die Entwicklung von Konkurrenten, besonders im Zuge von Sukzessionen (► Abschn. 15.2), haben einen großen, doch nicht immer nur vorübergehenden Einfluss. Gefährdungen von Arten und Gemeinschaften können eintreten durch das massenweise Auftreten gebietsfremder Arten (Neophyten) (s. a. Kowarik 2010). Bei den eingeführten bzw. eingeschleppten Arten werden unterschieden (BfN 2012):

- **Archaeophyten**: Arten, die vor 1492 (Entdeckung Amerikas als Zeitmarke für den Beginn des globalen Handels) eingebracht wurden und sich etabliert haben, d. h. sich natürlich vermehren, z. B. Esskastanie (*Castanea sativa*).
- **Neophyten** im engeren Sinne: Arten, die nach 1492 eingebracht wurden und sich etabliert haben, z. B. Douglasie. Sie können angesehen werden als nicht invasiv, d. h. ohne unerwünschte Auswirkungen auf die heimischen Arten, z. B. Roteiche (*Quercus rubra*), oder als invasiv, d. h. mit unerwünschten Auswirkungen, z. B. Spätblühende Traubenkirsche (*Prunus serotina*), die in manchen Gebieten durch ihr intensives Ausschlagvermögen bei minderwertiger Schaftform zu einem starken Konkurrenten in Waldbeständen geworden ist (Annighöfer et al. 2012; Vor et al. 2015).

Biotopschutz

Zum Naturschutz gehört auch der **Schutz seltener oder gefährdeter Lebensräume**, um den darin wohnenden Arten die notwendigen Lebensmöglichkeiten zu sichern. Solche Biotope können kleine oder größere Flächen umfassen oder einzelne Individuen. Im Wald gehören dazu vor allem Habitatbäume und das Totholz. Als **Habitatbäume** werden lebende Bäume bezeichnet, die Greifvogelhorste oder Höhlen, Stammrisse und dergleichen aufweisen und somit die Vogel- und Fledermausfauna begünstigen (◘ Abb. 20.1). Bestimmte Pilze und Käfer sind an Strukturelemente alter Bäume gebunden (Brin et al. 2011; Floren et al. 2014; Müller et al. 2014), u. a. der Eremit (*Osmoderma eremita*), dessen Larven sich vom Mulm ernähren, welcher durch Pilze in Stämmen, v. a. alter Buchen und Eichen, entsteht.

◘ **Abb. 20.1** Habitatbaum mit Spechthöhlen

Totholz (◘ Abb. 20.2) bietet zahllosen Tieren und Mikroorganismen (darunter vielen seltenen Arten) Nahrung, Schutz und Fortpflanzungsmöglichkeiten. ◘ Tabelle 20.2 gibt Beispiele für die Besiedler verschiedener Totholzstadien an der Buche. Schätzungen zufolge sind etwa 25 % aller einheimischen Käfer Totholzbewohner. Das liegende Totholz liefert ständigen Nachschub von organischer Substanz und kann die natürliche Verjüngung mancher Arten begünstigen.

Meyer et al. (2009a) haben dieses Thema in einer ausführlichen Studie behandelt, die eigene Ansätze

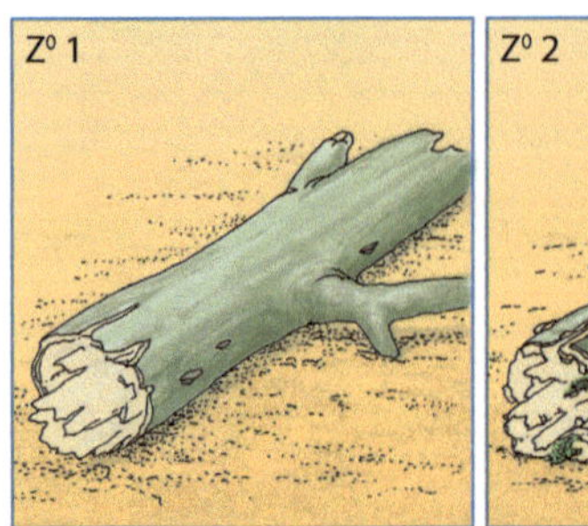

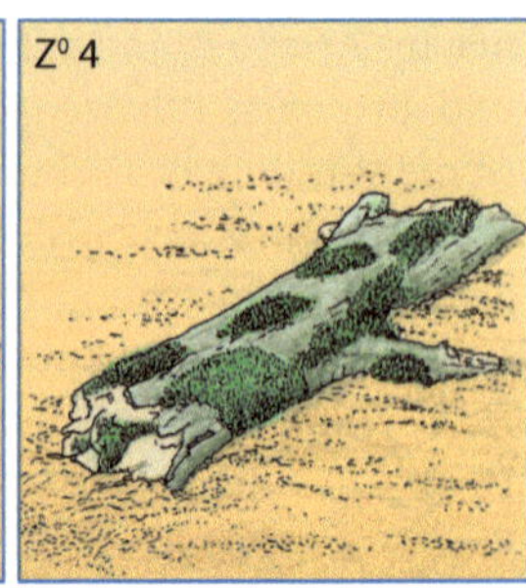

Abb. 20.2 Zersetzungsgrade (Z^0) für liegendes starkes Totholz der Buche (nach Müller-Using und Bartsch 2003): *Z^0 1* frisch abgestorben, Kambium noch grün, *Z^0 2* Rinde lose, meist feine Längsrisse und Verfärbungen im Holz, *Z^0 3* Ausweitung der Längsrisse zu Furchen, Holz mit der Hand brechbar, *Z^0 4* Stammform aufgelöst, Holz ohne feste Struktur

Tab. 20.2 Tot- und Altholzstrukturen der Buche und ausgewählte Besiedler. (Nach Assmann et al. 2007)

Tot- bzw. Altholzstruktur	Besiedler und Funktionen
Stehendes Totholz	Zahlreiche Totholzkäfer (u. a. Pochkäfer, Schwarzkäfer, Bockkäfer, Hirschkäfer, Schnellkäfer), Pilze (u. a. Zunderschwamm), Spechte
Liegendes Totholz	Pilze, Schnecken (u. a. Raubschnecken, Schließmundschnecken, Nacktschnecken), Käfer
Pilzbesiedler	Vor allem Käfer (u. a. Kurzflügelkäfer, Schwammkäfer), Zweiflügler, Schnecken
Kleinstgewässer in Baumhöhlen	Xylosaprophage und semiaquatische Gruppen
Saft- und Schleimflüsse	Eigene Zönosen mit Hefepilzen, Bakterien u. a. und davon lebende Zweiflüglerlarven
Rindenrisse	Überwinterung und Austrocknungsschutz, Tagquartier für nachtaktive Insekten (u. a. Rindenwanzen), Nahrungshabitat für Käfer (u. a. Prachtkäfer, Stutzkäfer, Feuerkäfer), Sommerquartier für Fledermäuse
Großhöhlen	Höhlenbrüter der Vögel (Schwarzspecht, Hohltaube, Waldkauz), Insekten (Hornissen, Bienen, Wespen, Eremit, Schnellkäfer, Zwergkäfer), Säugetiere (u. a. Eichhörnchen, Siebenschläfer, Fledermäuse)

für eine nachhaltige **Totholzbereitstellung** in Wirtschaftswäldern und die umfangreichen einschlägigen Untersuchungen umfasst. Totholz entsteht in erster Linie an alten, geschwächten und kranken Bäumen, oft auch als Folge von Konkurrenz durch Nachbarn. Bestandesaufbau und Bewirtschaftung haben ihren Anteil daran. In Wirtschaftswäldern werden je nach der Art der Aufbereitung des eingeschlagenen Holzes meist nur 80 % genutzt, der Rest bleibt als Totholz zurück, sofern er nicht als Brennholz gewonnen wird. In ertragreichen älteren Buchenbeständen kann so in 30 Jahren ein Totholzaufbau von 25 $m^3\ ha^{-1}$ entstehen.

Die meisten Autoren, so auch Müller-Using (2005), unterscheiden beim Totholz vier bis fünf **Zersetzungsphasen** (s. Abb. 20.2). Die Zersetzung erfolgt durch Fragmentation, Auswaschung, Respiration und biologische Transformation und ist von vielen Faktoren abhängig: Baumart, Dimension, Kernholzanteil, Temperatur und Feuchtigkeit des Materials und seiner Umgebung. Eine breite Übersicht der Zersetzungsraten europäischer Baumarten liefern Rock et al. (2008). Müller-Using und Bartsch (2009) geben für liegende Buchenstämme Zeitspannen an (Tab. 20.3).

Christensen et al. (2005) legen eine aus Literaturstudien und örtlichen Untersuchungen zusam-

Tab. 20.3 Zersetzungsdauer von liegenden starken Totholzstämmen der Buche unter den klimatischen Bedingungen des Sollings (500 m ü. NN, 1032 mm mittlerer Jahresniederschlag, 7,0 °C Jahresmitteltemperatur). (Aus Müller-Using und Bartsch 2009)

Zersetzungsgrad[a]	Durchlaufzeit (Jahre)
1	3,6
2	5,4
3	9,11
4	15,7
Insgesamt	33,8

[a]s. Abb. 20.2

mengestellte Darstellung über **Totholzmengen** in 86 Buchenwäldern ohne forstliche Bewirtschaftung aus fast ganz Europa vor. Sie differenzieren dabei zwischen ebenen bis submontanen und montanen Buchenwäldern sowie länger bestehender und jüngerer Unterschutzstellung. Es verwundert nicht, dass die Spannweiten mit fast 0–550 m^3 ha^{-1} (im Mittel 130 m^3) sehr groß sind und dass der Anteil der toten Bäume an der Gesamtstammzahl in den alten Reservaten 30–37 %, in den jüngeren nur 13–23 % beträgt. In den montanen Buchenwäldern fand sich relativ mehr Totholz als in den ebenen und submontanen. Liegendes Totholz überwog mit 3–456 m^3 ha^{-1} bei Weitem. Das hängt sowohl mit der längeren Lagerung zusammen als auch mit der Häufigkeit von Sturmwürfen. In standörtlich vergleichbaren bewirtschafteten Buchenwäldern Europas erreichen die Totholzmengen höchstens ein Zehntel der Werte der unbewirtschafteten Wälder.

Meyer et al. (2009a) geben für Totholz mit Durchmessern über 10 cm in Buchennaturwäldern in Niedersachsen 10–166 m^3 ha^{-1} (im Mittel 36 m^3) an, in den Wirtschaftswäldern waren es im Mittel 24 m^3 ha^{-1}. Jakoby et al. (2010) stellen ein Simulationsmodell für Totholzinseln in Wirtschaftswäldern vor. Diese sollten etwa 0,06–0,1 ha groß sein, um wirkungsvoll zu werden. Die in den Beständen festgestellten Totholzmengen sind das Ergebnis von Abbau und Nachlieferung. Gerade diese Prozesse sind überaus variabel, und daher sind die wenigen Daten aus Beobachtungen und Simulationsrechnungen (s. Meyer et al. 2009a) allenfalls für den einzelnen Bestand, nicht aber für unterschiedliche Bestandestypen aussagefähig. Je nach dem Bestandesalter, dem Entwicklungsstadium und den äußeren Einflüssen kann die jährliche Nachlieferung in Buchennaturwäldern zwischen weniger als 1 m^3 ha^{-1} bis über 12 m^3 ha^{-1} liegen.

Müller und Bütler (2010) werteten die für europäische Wälder vorliegenden Angaben zu den aus Naturschutzsicht erforderlichen Totholzmengen aus. Für boreale Nadelwälder werden sie überwiegend mit 20–30 m^3 ha^{-1}, für den Bergmischwald mit 30–40 m^3 ha^{-1} und für Buchen- und Eichenbestände niedriger Lagen mit 30–50 m^3 ha^{-1} angegeben. Die Vielfalt der bestandesbildenden Baumarten ist nur einer von vielen Gründen, warum die oft diskutierte Frage »Wie viel Totholz braucht der Wald«, wenn er seiner natürlichen Artenvielfalt einigermaßen entsprechen soll, nicht mit der Angabe bestimmter Totholzmengen zu beantworten ist. Vielmehr sind Konzepte erforderlich, die den Gegebenheiten gerecht werden. Dazu gehören der Arten- und der Biotopschutz, wie sie in den strikten Naturwaldreservaten gehandhabt werden. Daneben gibt es zahlreiche Möglichkeiten zur Totholzanreicherung in den Wirtschaftswäldern, die zu keiner wesentlichen Beeinträchtigung der Erträge führen. Mehrere Bundesländer haben dazu Vorgaben entwickelt (Meyer et al. 2009a).

Flächenschutz

Eine wesentliche Rolle spielt die Ausweisung mehr oder weniger großer Flächen mit unterschiedlicher Intensität des Schutzes. Grundlagen dafür bietet in Deutschland das **Bundesnaturschutzgesetz** in der Fassung vom 29. Juli 2009, das am 1. März 2010 in Kraft getreten ist. Viele der **geschützten Flächen** umfassen überwiegend Wälder, jedoch nehmen bei den Nationalparks und den Biosphärenreservaten auch Wasser- und Wattflächen bedeutende Anteile ein. Tabelle 20.4 zeigt die Merkmale der fünf **Schutzgebietskategorien** nach deutschem Recht, wie sie das Bundesamt für Naturschutz (BfN 2012) ausführlicher vorstellt. Mose (2007) beschreibt mit zehn Fallstudien Schutzgebiete in Europa, Suc-

Tab. 20.4 Kategorien der Schutzgebiete in Deutschland nach nationalem und europäischem Recht und deren Anteile an der Landesfläche. (Aus BfN 2012)

Schutzgebiete	Schutzziel	Anteil an der Landesfläche[a] (%)	Stand (Monat/Jahr)
Nach deutschem Recht			
Naturschutzgebiet (NSG) § 23 BNatSchG[b]	Rechtsverbindlich festgesetztes Gebiet mit hohen Schutzauflagen; Erhaltung, Entwicklung oder Wiederherstellung von Biotopen sowie der daran gebundenen Tier- und Pflanzenarten	3,7	12/2010
Nationalpark (NTP) § 24 BNatSchG	Einheitlich zu schützende großräumige Gebiete von besonderer Eigenart in einem vom Menschen nicht oder wenig beeinflussten Zustand, daher möglichst ungestörte natürliche Dynamik	0,54	10/2011
Biosphärenreservat § 25 BNatSchG	Erhaltung, Entwicklung oder Wiederherstellung einer durch hergebrachte vielfältige Nutzung geprägten Landschaft und der darin historisch gewachsenen Arten- und Biotopvielfalt, dient auch zur Entwicklung und Erprobung nachhaltiger Wirtschaftsweisen	3,7	10/2011
Landschaftsschutzgebiet (LSG) § 26 BNatSchG	Erhaltung, Entwicklung oder Wiederherstellung der Leistungs- und Funktionsfähigkeit des Naturhaushalts eines großräumigen Gebiets auch aus Gründen der Erholung.	28,3	12/2010
Naturpark (NP) § 27 BNatSchG	Großräumige Gebiete aus überwiegend Landschaftsschutzgebieten oder Naturschutzgebieten, die sich besonders für die Erholung (Tourismus) eignen	26,8	10/2011
Nach europäischem Recht			
Vogelschutzgebiet Vogelschutzrichtlinie von 1979 (92/43/EWG) und 2009 (2009/147/EG)	Beide Richtlinien der Europäischen Union (EU) sehen die Schaffung eines EU-weiten Schutzgebietsnetzes Natura 2000 für bestimmte bedrohte Arten und Lebensraumtypen von gemeinschaftlichem Interesse vor	11,2	12/2010
Fauna-Flora-Habitat-Richtlinie (FFH) von 1992 (92/43/EWG)		9,3	12/2010

[a]Flächen können mehreren Schutzkategorien unterliegen
[b]Bundesnaturschutzgesetz in der Fassung vom März 2010

cow et al. (2012) stellen die Großschutzgebiete in Deutschland vor. Es kann kein Zweifel daran bestehen, dass es sich in Mitteleuropa fast in allen Fällen nicht um ursprüngliche Biome, sondern um Teile von Kulturlandschaften handelt (s. a. Gundermann und Suda 1996; Meyer et al. 2011a, b). Die heutigen Waldstrukturen sind häufig noch stark geprägt durch historische Nutzungsformen, u. a. durch die Waldweide (s. Review von Bergmeier et al. 2010).

Teilweise überlagernd mit den Einheiten der vorgenannten Flächenschutzkategorien wurden seit Mitte des 20. Jahrhunderts Waldflächen ausgewiesen, auf denen der Wald sich selbst überlassen und dessen eigendynamische Entwicklung erforscht werden soll. Sie werden als **Naturwaldreservate**, in einigen Bundesländern auch als Naturwälder oder Bannwälder bezeichnet. Meyer et al. (2007) geben die Definition, Zielsetzung und Behandlung der Naturwaldreservate (NWR) an:

- NWR dienen vorrangig dem Schutz und der Erforschung sich selbst überlassener Wälder, der Lehre und der Umweltbildung.
- Forstliche Eingriffe sind in den NWR ausgeschlossen (Ausnahmen: Verkehrssicherung, Forst- und Brandschutz).
- Die Methoden zur Erforschung von NWR sind grundsätzlich zerstörungsfrei.
- NWR sind verwaltungsintern oder öffentlich-rechtlich dauerhaft gesichert.
- Ge- und Verbote im Umgang mit NWR sind schriftlich und bindend fixiert.
- NWR sind nach Kriterien der standörtlichen und/oder vegetationskundlichen Repräsentativität ausgewiesen worden.
- Die Einhaltung einer Mindestfläche von in der Regel 20 ha in einer kompakten und möglichst nicht zerschnittenen Flächenform wird angestrebt.

Im Jahr 2007 gab es in Deutschland 716 Naturwaldreservate mit einer Gesamtfläche von etwa 31.000 ha (◘ Abb. 20.3), die sich in den (nach der potenziellen natürlichen Vegetation festgestellten) herrschenden Baumarten und deren Mischungen sehr unterschiedlich verteilen: So nehmen Buchenwälder bodensaurer Standorte mit 216 NWR (34 %) und solche basenreicher Standorte mit 106 (17 %) den weitaus größten Teil ein, doch sind auch seltenere Waldgesellschaften (z. B. Ahorn-Linden-Hang- und Schluchtwälder) gut vertreten (Meyer et al. 2007). Inzwischen gibt es eine reiche Literatur über Geschichte, Standorte, Flora, Fauna und Entwicklung der Naturwaldreservate (u. a. Bücking 2007; Dorow et al. 2007; Meyer et al. 2007; Schmidt und Schmidt 2007). Meyer et al. (2006) geben eine ausführliche Beschreibung der Naturwaldreservate in Niedersachsen.

Eine Kategorie besonderer Art bildet das Schutzgebietssystem **Natura 2000** entsprechend der europäischen **Flora-Fauna-Habitat-Richtlinie** (FFH) 92/43/EWG von 1992 in Verbindung mit der **Vogelschutzrichtlinie** (RL 79/409 EWG von 1979 und 2009/147/EG von 2009). Die Richtlinie sieht die Schaffung eines EU-weiten Schutzgebietssystems für bestimmte bedrohte Arten und Lebensraumtypen (in Anlehnung an vegetationskundliche Einheiten) vor. Die Länder der EU wurden aufgefordert, Natura 2000-Gebiete auszuweisen und die Anforderungen der Richtlinie zu gewährleisten (Auswahl, Bewertung nach drei Stufen, gegebenenfalls Verbesserung der bestehenden Verhältnisse, Managementplan, Überprüfung im sechsjährigen Turnus). Die Benennung der Natura 2000-Gebiete verlief in den einzelnen Ländern schleppend, das Projekt stieß auf deutlichen Widerstand in der Öffentlichkeit und bei den Eigentümern der vorgesehenen Regionen. Es lässt erhebliche Aufwendungen an Geldmitteln und Bürokratie erwarten, zumal die Anforderungen nicht klar genug definiert sind (Beck und Lappe 2005; Ellwanger und Schröder 2006; Aldinger 2007; Erb 2007; Sippel 2007).

20.1.3 Ökologische versus ökonomische Aspekte

Bei vielen Übereinstimmungen zwischen den Vorstellungen, Zielen und Verfahren in den Bereichen Forstwirtschaft und Naturschutz kommt es auch zu mannigfachen Konflikten. Die Gründe dafür sind manchmal allgemeiner Art (Verbote sind zentrale Elemente des amtlichen Naturschutzes), meist aber objektbezogen. Das schildert Reichholf (2010) sehr anschaulich mit vielen Beispielen. Wir können nur Grundsätzliches aufzeigen, spezielle Fälle lassen sich hier nicht behandeln. Zudem sind die Meinungen der Naturschützer und die Forderungen an die Waldwirtschaft keineswegs einheitlich, sie reichen von fundamentalistischen bis zu pragmatischen Zügen.

Betrachten wir zunächst die **ökologischen Fragen**. Weit verbreitet ist ein Idealbild des Waldes als ein Gefüge aus ungleichaltrigen Bäumen mit einer reichen Struktur aus verschiedenen Baumarten, Sträuchern und Arten der Bodenvegetation. Ein-

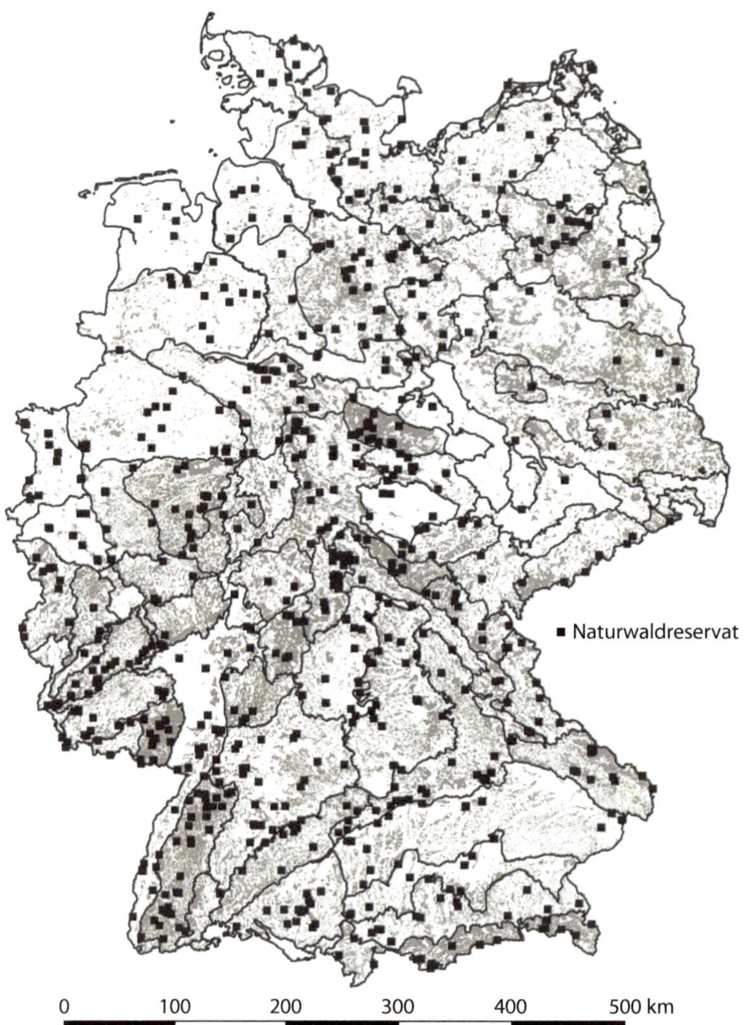

Abb. 20.3 Naturwaldreservate in Deutschland im Jahr 2007. (Nach Meyer et al. 2007)

griffe des Menschen sollen möglichst wenig stören. Doch ein solcher Zustand ist nicht auf allen Waldstandorten erreichbar und im Lauf der Sukzession nicht in allen Stadien der Waldentwicklung zu jedem Zeitpunkt realisiert. Wenn auch der Vorgang der Sukzession durch viele Naturschützer als gegeben anerkannt wird, so ist diese Grundvorstellung weitgehend statischer Art: als ob sie geradlinig von eine Phase zur anderen verliefe oder einem bestimmten Mosaik-Zyklus folge (Kritik dazu bei Schmidt 1998). Sukzessionsverläufe und Stabilität von Waldökosystemen sind in ▸ Kap. 15 und 16 geschildert. Statische Vorstellungen zeigen sich auch an der Leitidee der potenziellen natürlichen Vegetation, die vielen Vorstellungen der Schutzgebiete zugrunde liegt. Zur Kritik dieses Begriffs und zu den Einschränkungen seiner Anwendung s. ▸ Abschn. 9.2.

Oft wird von Seiten der Naturschützer verlangt, dass künftig nur einheimische Baumarten das Bestandesgefüge beherrschen sollen (unter weitgehendem Ausschluss der Fichte außerhalb ihres natürlichen Areals). Das ist schon im Hinblick auf die möglichen Folgen der Klimaänderungen nicht genügend flexibel gedacht. Tatsächlich gibt es bereits zahlreiche Überlegungen, trotz der Unsicherheiten

◘ **Abb. 20.4** Beispiele für Waldübernutzungen und Waldschäden in historischer Zeit. **a** Der Hauberg (auch Hackberg) war eine für das Siegerland typische Form der genossenschaftlichen Waldbewirtschaftung. Sie diente der Gewinnung von Gerblohe und Holzkohle für die regional bedeutsame Eisenerzverarbeitung sowie zur Beschaffung von Brennholz. Zusätzlich zur forstwirtschaftlichen Nutzung fand aber auch eine landwirtschaftliche Nutzung statt, wie der Anbau von Roggen und Buchweizen im Jahr nach der Holzernte sowie die spätere gemeinschaftliche Beweidung (Allmende). **b** Ansicht der Bergstadt Wildemann im Harz im Jahr 1654 mit der Silberhütte am Fuß des Hüttenberges aus südöstlicher Richtung. Ganz offensichtlich leidet der Wald an den südlichen Einhängen unter der toxischen Wirkung des Hüttenrauches. (Aus Zeiller 1654)

von Prognosen über den Verlauf eines Klimawandels, bisher fremdländischen Baumarten einen gewissen Raum zu gewähren (Bolte et al. 2009a; Schmiedinger et al. 2009).

Auch hinsichtlich der Waldaufbauformen ist eine größere Gestaltungsfreiheit notwendig. Wie praktische Erfahrungen und wissenschaftliche Untersuchungen zeigen, sind lichtbedürftigere Arten (Eichen, Esche, Ahorne u. a.) der Buchenkonkurrenz nicht gewachsen, wenn ihnen nicht durch waldbauliche Eingriffe im mittleren und höheren Alter der nötige Wuchsraum geschaffen wird. In mehr oder weniger plenterartigen Strukturen mit nur kleinen Kronendachöffnungen bleiben sie stark zurück. Deshalb sind Verfahren mit größeren Kronendachlücken wie Lochhieb und Femelschlag notwendig (s. a. Nüßlein 1995; Hauskeller-Bullerjahn et al. 2000; Aldinger 2007; Petritan et al. 2007, 2010).

Konflikte gibt es auch auf dem Gebiet der **Ökonomie** (s. a. Barbier 1993, 1995). Nutzungsverluste, die sich aus strikten Naturschutzflächen ergeben, gelten als Folgen der multifunktionalen Aufgaben des Waldes. Allenfalls mögen dem in geringem Umfang Einnahmen durch den Tourismus entgegenstehen. Über die Bedeutung solcher Gebiete und deren Schutz besteht in manchen Fällen (z. B. bei Errichtung eines Nationalparks) Konfliktstoff, doch kein prinzipieller Dissens (s. a. Knoke und Moog 2005). Anders ist es dagegen oft, wenn Nutzungsbeschränkungen in Wirtschaftswäldern zur Diskussion stehen, so bei der Baumartenwahl, den Produktionszeiten, der Eingriffsart und der Menge von Habitatbäumen und Totholz. Noch deutlicher werden solche Konflikte, wenn es um bestimmte kostenträchtige Pflegemaßnahmen geht, wie etwa Anstauung von Wasser zur Wiederherstellung von Moorstandorten, Freihalten von Halbtrockenrasen, Wiederherstellung durchgewachsener Mittelwälder und besonders bei der Erfüllung der Anforderungen für Natura 2000-Gebiete. Hierfür stehen übrigens z. T. Kompensationsbeiträge aus verschiedenen Förderprogrammen zur Verfügung (Aldinger 2007; Loboda 2008; Grohe 2010).

Zum besseren Verständnis der Zusammenhänge ist ein kurzer **historischer Rückblick** erforderlich: Um das Ende des 18. Jahrhunderts waren die ursprünglichen Laubwälder Mitteleuropas in einem trostlosen Zustand. Ungeregelte und übermäßige Holznutzung, Vieheintrieb und Streunutzung hatten in vielen Regionen zumeist locker mit schwächeren Weichlaubbäumen bestandene oder überhaupt baumfreie Flächen hinterlassen (◘ Abb. 20.4). Diese Verhältnisse sind häufig dargestellt worden, sowohl regional als auch in großen Überblicken (Hilf und Röhrig 1933/1938; Kremser 1990; Mantel 1990; Hasel und Schwartz 2006; Küster 2013). Schon Cotta hatte zu Beginn des 19. Jahrhun-

■ **Abb. 20.5** Fichtenreinbestand aus Reihenpflanzung im Solling (Niedersachsen)

derts den reinen Nadelwald als Übergangslösung betrachtet, später sollte wieder ein ertragreicher Mischwald begründet werden (Heyder 1986). Diese Auffassung verstärkte sich in der 2. Hälfte des 19. Jahrhunderts, teils aus naturphilosophischen und ästhetischen Anschauungen, mehr noch getragen von praktischen Erfahrungen mit höherer Anfälligkeit von Nadelholzreinbeständen gegen Sturm, Waldbrand und Insektenschäden. Den besten Ausdruck der damaligen Vorstellungen gab Karl Gayer in seinem Buch *Der gemischte Wald* (1886) und in seinen weiteren Schriften. Seine Auffassungen sind vielfach diskutiert worden, u. a. von Heyder (1986) und Burschel (1987). Gayer war nicht festgelegt auf eine bestimmte Betriebs- oder Verjüngungsform, doch bevorzugte er ganz eindeutig den Femelbetrieb.

Die **Neubegründung von Wäldern** auf den devastierten Flächen geschah fast ausschließlich durch Pflanzung von Fichten und Kiefern in Reinbeständen (■ Abb. 20.5). Das war unter den gegebenen Umständen (nährstoffarme Standorte, mangelhafte oder fehlende Überschirmung, relativ einfache Anzucht der Pflanzen dieser Baumarten und daher in ausreichender Verfügbarkeit) naheliegend. So entstanden vielerorts ausgedehnte Nadelholzreinbestände in regelmäßigen Verbänden.

Das alles war nur möglich, nachdem in den einzelnen Herrschaftsgebieten **Forstorganisationen** mit einem für diese Aufgaben geeigneten Personal aufgebaut worden waren. Dieses erfuhr seine Ausbildung zuerst in »Meisterschulen«, die bald ergänzt wurden durch Forstakademien, die Vorläufer der späteren Forstlichen Fakultäten an mehreren Universitäten. Dort lehrte während des 19. Jahrhunderts eine Anzahl bedeutender Persönlichkeiten, die großen Einfluss auf die Praxis hatten (z. B. Hartig, Cotta, Pfeil, Gayer). Auch diese Entwicklungen sind in den zuvor erwähnten Werken ausführlich beschrieben.

Kurz nach dem Ersten Weltkrieg kam es zu heftigen Auseinandersetzungen über den künftig einzuschlagenden Weg im Waldbau, ausgelöst durch die Publikation des Eberswalder Professors Alfred Möller (1922) mit dem Titel *Der Dauerwaldgedanke: Sein Sinn und seine Bedeutung*. Das Werk geht aus von der naturphilosophischen Vorstellung des Autors über den Wald als einen Organismus und seinen Beobachtungen der Waldwirtschaft des Kammerherrn von Kalitsch im Waldgut Bärenthoren (am Südrand des Fläming, südwestlich von Berlin). Dort sah er ein Vorbild für die ihm vorschwebende Waldbehandlung. Als oberste Gebote des Waldbaus galten ihm: die Stetigkeit des Waldwesens unter Vermeidung von Kahlschlägen, die Förderung und Verwendung der Naturverjüngung und die jährliche Auszeichnung der Holzernte auf der ganzen Fläche. Wir können hier die ausgiebige Diskussion, an der sich Praktiker und Wissenschaftler intensiv beteiligten, nicht näher behandeln, die Grundzüge hat Huss (1990) geschildert, eine ausführliche Darstellung gibt Heyder (1986).

Nach Ende des Zweiten Weltkrieges wurden die Grundgedanken von Möller wieder aufgenommen und nun in einem umfassenden Konzept erweitert. Am 30. Mai 1950 kam es zur Gründung der **Arbeitsgemeinschaft Naturgemäße Waldwirtschaft** (ANW) mit einem Aufruf von Willy Wobst, der das Programm der Vereinigung darstellte (Wobst 1954). Die geschichtliche Entwicklung und die gedanklichen Grundlagen naturgemäßer Waldwirtschaft hat er später geschildert (Wobst 1979). Den Titel der Arbeitsgemeinschaft gab eine Schrift von Krutzsch und Weck (1935) *Bärenthoren 1934: Der naturgemäße Wirtschaftswald*. Auch hierüber kam es zu ausgiebigen Diskussionen in der Literatur, die einige Zeit fast unübersehbar war. Die Grundzüge sind bei Röhrig et al. (2006) dargelegt.

Inzwischen haben die Auseinandersetzungen über die Prinzipien der naturgemäßen Waldwirtschaft nahezu aufgehört. Die Richtlinien der Landesforstverwaltungen entsprechen ihnen heute weitgehend, wobei den Forstbetrieben je nach den Standort- und Bestandesverhältnissen in der Praxis gewisse örtliche und zeitliche Spielräume bleiben. Sehr klar werden die in den Landesforsten zu verfolgenden Ziele von Otto (1992, 1995) in 13 Punkten umrissen. Dazu gehört in erster Linie die Vermehrung von Laub- und Mischwald entsprechend der ökologischen Zuträglichkeit der Baumarten in betonter Ausrichtung auf die natürlichen Waldgesellschaften, wobei ein gewisser Anteil fremdländischer Arten nicht ausgeschlossen wird. Die natürliche Verjüngung wird eindeutig gegenüber anderen Verjüngungsformen bevorzugt. Besonders betont wird die Strukturvielfalt der Bestände. Dabei soll die Zielstärkennutzung erst nach längeren Übergangszeiten bei guter Alters- und Flächenstruktur der Bestände einsetzen. Im Übrigen wird eine Annäherung an die Mosaikstruktur von Naturwäldern angestrebt. Waldschutz soll sich soweit irgend möglich auf rein biologische Maßnahmen beschränken. Die Forsttechnik soll auf die genannten Ziele reduziert, Düngungen sollen nur bei erheblichen Bodenstörungen vorgenommen werden. Einen nach wie vor heiklen Punkt bildet die Erfüllung der Forderung nach einer »ökologisch verträglichen Wildbewirtschaftung« (Ammer et al. 2010). Darüber hinaus wird dem Naturschutz in weiteren Aspekten Rechnung getragen, z. B. durch einen gezielten Artenschutz und die Erhaltung alter Bäume im Bestandesgefüge. Ganz ähnliche Grundsätze, in Einzelheiten z. T. genauer präzisiert, haben Winkel und Volz (2003) in einem *Kriterienkatalog zur guten forstlichen Praxis* zusammengestellt. Dazu gehören neben den zuvor genannten Kriterien auch die Vermeidung einer Fragmentierung von Waldteilen, möglichst abgestufte Waldränder und die Beschränkung der Dichte von Waldwegen und Rückelinien auf das unbedingt notwendige Maß. Walentowski et al. (2010) betonen am Schluss ihrer ausführlichen Studie über die naturschutzadäquate Behandlung der europäischen Buchenwälder im Hinblick auf die in Deutschland entwickelten Konzepte: »Die Sicherung der biologischen Vielfalt in und von Wäldern erfordert sowohl eine gute forstliche Praxis in bewirtschafteten Wäldern als auch ein repräsentatives Netz von nutzungsfreien Schutzgebieten.« Diese Voraussetzungen sind in Deutschland weitgehend erfüllt.

Erst im Laufe der Zeit wird sich erweisen, wie sich die gravierenden Sparmaßnahmen, insbesondere die Reduzierung des Forstpersonals bei einschneidender Vergrößerung der Reviere, auf die verordneten Regeln der Waldwirtschaft auswirken werden. Meyer et al. (2009b, 2011b) schlagen eine Abstufung der Naturschutzaufgaben nach Dringlichkeit und zu erwartendem Erfolg vor.

20.2 Biodiversität

20.2.1 Grundlagen

Unsere Erde weist eine große Mannigfaltigkeit (Diversität) auf. Sie zeigt sich in der Vielfalt der abiotischen Verhältnisse: Land- und Wasserflächen, Oberflächengestalt, Klima- und Bodenverhältnisse u. a. (**Geodiversität**). Diese bildet zusammen mit ihren lang- und kurzfristigen Veränderungen eine wesentliche Grundlage für die **Vielfalt der Lebewesen**, die allgemein **Biodiversität** genannt wird. Die Entstehung von Diversität im erdgeschichtlichen Kontext ist in Boenigk und Wodniok (2014) dargestellt. Die Zahl der zurzeit beschriebenen Arten lässt sich nur grob schätzen, es werden Zahlen von 5–30 Mio. Arten angegeben, von denen weniger als 2 Mio. beschrieben sind (Lanzerath et al. 2008; Schaefer 2012; ◘ Abb. 20.6).

Das **Aussterben** von Arten im Zuge der Evolution ist ein Vorgang, der oft dargestellt worden ist (u. a. Wilson 1995; Reichholf 2005; Dirzo und Mendoza 2008), auch der Artenverlust und die Ausbreitung von Arten als Folge menschlicher Tätigkeit

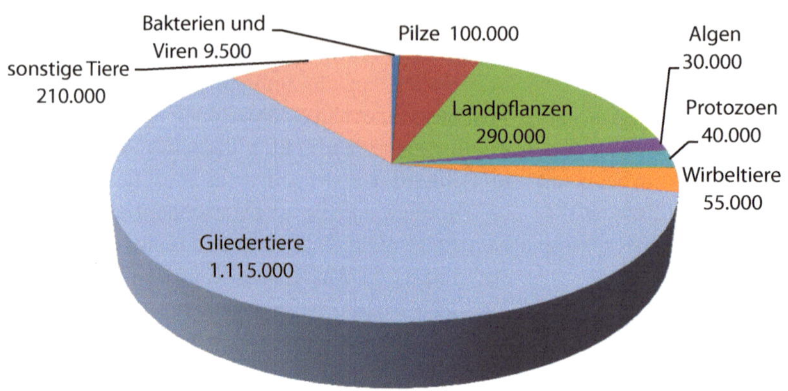

geschätzte Artenzahlen: ca. 14 Mio.

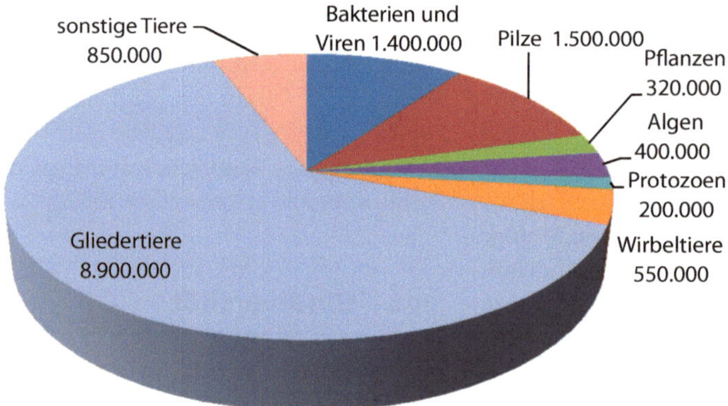

Abb. 20.6 Globale bekannte (oben) und geschätzte (unten) Artenzahlen verschiedener Organismengruppen. (Nach Lanzerath et al. 2008; Schaefer 2012)

sind in vielen Fällen dokumentiert (u. a. Ellis et al. 2012). Doch erst seit der Mitte des vorigen Jahrhunderts ist die breite Öffentlichkeit hierauf aufmerksam geworden. So kam es 1992 zur Verabschiedung des Übereinkommens über die Biologische Vielfalt (*Convention on Biological Diversity*, CBD) bei der Konferenz der Vereinten Nationen für Umwelt und Entwicklung (UNCED) in Rio de Janeiro und zur Gründung vieler Organisationen und Vereinigungen sowie zur Verabschiedung zahlreicher Resolutionen und Gesetze (s. ▶ Abschn. 20.2.7).

Inzwischen gibt es mehrere **Definitionen** des Begriffs »Biodiversität«. Allgemein gebräuchlich ist die Formulierung im Anhalt an die Erklärung von Rio: »Die Variabilität unter lebenden Organismen jeglicher Herkunft, darunter unter anderem Land-, Meeres- und sonstige aquatische Ökosysteme und die ökologischen Komplexe, zu denen sie gehören; dies umfasst die Vielfalt innerhalb der Arten und die Vielfalt der Ökosysteme.« Heute wird der Begriff in verschiedener Weise gebraucht. Im Vordergrund der Bestrebungen zur Wahrung der biologischen Vielfalt stehen die Arten der Lebewesen. Neben die Erfassung der Zahl und Häufigkeit der Arten in einem System ist die Ermittlung ihrer genetischen Struktur getreten. Zunehmend wird auch die Vielfalt der Altersstadien und von Strukturelementen sowie der Funktionen der Arten einer Untersuchungseinheit mit einbezogen (▶ Kap. 7, s. a. Scherer-Lorenzen et al. 2005). Daraus entwickeln sich Fragen nach der biologischen, ethischen und ökonomischen Bedeutung der Vielfalt im Allgemeinen und in bestimmten Konstellationen.

20.2.2 Genetische Diversität

Unter **genetischer Diversität** versteht man die Mannigfaltigkeit des Erbguts (Genom) einer Population, das die genetische Ressource (genetisches Potenzial) einer Population ausmacht (Schaefer 2012). Sie wird bestimmt durch Veränderungen der genetischen Struktur in Verbindung mit äußeren Einflüssen (Henrich 2003). Kimmins (2004), Müller-Starck et al. (2005) und Scherer-Lorenzen et al. (2005) haben das im Einzelnen beschrieben. Bergmann et al. (2013) haben Zusammenhänge zwischen Artendiversität und genetischer Diversität aufgezeigt. Die genetische Diversität lässt sich mithilfe molekularbiologischer Verfahren (DNA-Marker, Isoenzyme) und quantitativer äußerer Merkmale (Wachstumsrate, Schaftform und dergleichen) erfassen (s. Newton 2007 und ▶ Abschn. 8.2).

Die Bedeutung der genetischen Vielfalt liegt vor allem darin, dass sie die **Anpassung** der Populationen an sich verändernde abiotische und biotische Verhältnisse, wie z. B. Klimaveränderungen, Auftreten von Schädlingen und Konkurrenten, bedingt, in manchen Fällen das Überleben seltener Arten sichert und Inzuchtdepressionen vermindert.

Für die Verjüngung von Waldbeständen und deren weitere Behandlung ergibt sich die Forderung, eine hohe genetische Vielfalt der Nachkommenschaft zu ermöglichen. Das gilt nicht nur im Hinblick auf die Anpassung an gegebene ökologische Verhältnisse, sondern ebenso für die Anpassungsfähigkeit der neuen Waldgeneration gegenüber möglichen Veränderungen. Inwieweit deren rascher Verlauf (z. B. der des Klimawandels) die Möglichkeiten der Waldbäume zur Anpassung überfordert, ist nicht bekannt.

20.2.3 Artendiversität

Angaben über die Biodiversität von ökologischen Systemen beruhen auf der zahlenmäßigen Erfassung der vorhandenen Arten und enthalten grundsätzlich zwei Komponenten: die Zahl der Arten in einer Untersuchungseinheit (**Artenreichtum**) und die relative Häufigkeit der Arten (**Abundanz**). Es macht einen bedeutenden Unterschied, ob alle vorhandenen Arten in gleicher Anzahl (gleichmäßig) auf einer Fläche vorhanden sind oder, wie in den meisten Fällen, in unterschiedlicher Häufigkeit (Magurran 2004; Leps 2005; Magurran und McGill 2011).

Nach Whittaker (1972, 1977, s. a. Schulze et al. 2002) wird unterschieden zwischen:

- **α-Diversität** (alpha-D.) = diskrete Artenzahl innerhalb einer Lebensgemeinschaft, z. B. einer Vegetationseinheit, eines Biotops;
- **β-Diversität** (beta-D.) = für den Vergleich der Artenzahlen zwischen verschiedenen Lebensgemeinschaften, z. B. im Verlauf von Umweltgradienten oder zur Erfassung der Ähnlichkeit der Artenzusammensetzung von Waldbeständen mit unterschiedlichen Behandlungen, auch geeignet für den zeitlichen Vergleich der Artenzahlen in einem Bestand (Maß für den Artenumsatz);
- **γ-Diversität** (gamma-D.) = diskrete Zahl von Arten in den Biotopen einer großen räumlichen Einheit (Landschaft, Region);
- **δ-Diversität** (delta-D.) = für den großräumigen Vergleich der Artenzahlen auf der Organisationsebene der Landschaft.

Für die zahlenmäßige Erfassung der Biodiversität ist eine große Fülle von Verfahren entwickelt worden, die zumeist in **Diversitätsindizes** (s. Kasten) ihren Ausdruck finden. Überwiegend werden dabei Artenzahlen und Gleichmaß ihrer Verteilung verwendet. Eine grundlegende Voraussetzung ist eine hinreichende Größe der zu untersuchenden Fläche. Die Aufnahmeflächen müssen in sich ökologisch genügend homogen sein und sich auf eine entsprechend hohe Zahl von Einzelparzellen verteilen. Kaum jemals wird sich die Diversitätsuntersuchung auf den gesamten Artenbestand (Pflanzen, Tiere, Mikroorganismen) erstrecken, vielmehr werden gewöhnlich nur bestimmte Bestandteile (Baumarten, Bodenvegetation, systematische oder funktionelle Gruppen) untersucht. Auch die Zielsetzung der Arbeit muss vorher feststehen: Vergleich unterschiedlicher ökologischer Verhältnisse

Indizes für die Berechnung von Diversität

Die am häufigsten verwendeten Maßzahlen für die **α-** und die **γ-Diversität** einer Lebensgemeinschaft sind der aus der Informationstheorie abgeleitete **Shannon-Wiener-Index** (H_S, nicht korrekt Shannon-Weaver-Index, s. Schaefer 2012)

$$H_s = -\sum_{i=1}^{S} p_i \ln p_i$$

und der **Simpson-Index** (*D*)

$$D = 1 - \sum_{i=1}^{S} p_i^2$$

S = Gesamtzahl der Arten (*richness*)

p_i = relative Häufigkeit pro Fläche der i-ten Arten (Abundanz)

$\ln p_i$ = natürlicher Logarithmus von p_i

Der H_S-Wert steigt mit zunehmender Artenzahl und zunehmender Gleichverteilung der Arten an. In Beständen aus einer Art ergibt sich der Wert 0. Wenn alle Arten in einem Bestand gleich verteilt sind, erreicht der Index seinen höchsten Wert.

Die **Äquitabilität** (*evenness, E*) ist ein Maß für die Gleichverteilung der Arten einer Lebensgemeinschaft. Hierbei wird der mit einem Diversitätsindex ermittelte Wert zu der bei der Artenzahl maximal möglichen Diversität (bei gleicher Individuenzahl der Arten) ins Verhältnis gesetzt, z. B. für den Shannon-Wiener-Index:

$$E = \frac{H_s}{\ln S}$$

Für die **β-** und die **δ-Diversität** werden häufig verwendet der **Sörensen-Index** (SI_S)

$$SI_s = a\,(2a + b + c)^{-1}$$

und der **Jaccard-Index** (SI_J)

$$SI_J = a\,(a + b + c)^{-1}$$

a = Anzahl der Arten, die in beiden miteinander verglichenen Stichproben (h, j) vorkommen

b = Anzahl der Arten, die ausschließlich in der Stichprobe h vorkommen

c = Anzahl der Arten, die ausschließlich in der Stichprobe j vorkommen

Anstelle von Arten können auch andere Ebenen der Biodiversität (z. B. Habitate, Ökosysteme, funktionelle Gruppen) eingesetzt werden (Hotes 2010).

und forstlicher Eingriffe, Einfluss von Wild oder anderen Störfaktoren.

Zahlreiche Indizes sind in einer großen Zahl von Arbeiten beschrieben und z. T. auf ihre Anwendbarkeit für die Untersuchungsziele kritisch bewertet worden. Das Standardwerk für diese Fragen ist *Measuring Biological Diversity* von Magurran (2004, s. a. Magurran und McGill 2011). Für die Wahl der Indizes gibt Magurran (2004) den Rat, das Ziel der Untersuchung vor Augen zu haben: Was soll wie genau erfasst werden (Flächengröße, bewirtschaftete oder naturbelassene Fläche, welche Wirkungen?). Generell geben die Indizes nur begrenzt ökologische Auskünfte (s. a. Newton 2007).

20.2.4 Ökologische Zusammenhänge

Global betrachtet, ist die Artendiversität auf der Erde äußerst ungleichmäßig. Ganz allgemein erkennt man den Einfluss der **geografischen Breite**: Von den humiden Tropen zu den borealen Biomen, in Afrika (z. T. auch in anderen Kontinenten) unterbrochen durch Trockengürtel, nimmt die Artenvielfalt ab (◘ Abb. 20.7). Nicht so deutlich ausgeprägt ist der Zusammenhang der Varietät der Biodiversität mit der Höhenlage der Biome. Das hängt weitgehend mit den Temperatur- und Feuchtigkeitsverhältnissen zusammen, doch sie geben allein keine gültige Erklärung. Hinzu kommen Effekte des Klimawandels auf Arten und Lebensräume (s. Essl und Rabitsch 2013 sowie ▶ Kap. 22). Eine große Rolle spielt auch die Florengeschichte (▶ Kap. 3). Dies zeigen u. a. die unterschiedlichen Zahlen für die Baumarten in den systematischen Einheiten (Taxa) für die feucht-gemäßigten Regionen der nördlichen Hemisphäre (Ricklefs und Schluter 1993; ◘ Tab. 20.5).

Zahlreiche Faktoren bewirken das Ausmaß der Artendiversität in den Lebensgemeinschaften und Ökosystemen auf **regionaler** und **örtlicher Ebene**. Vor allem sind es die Feuchtigkeits- und Nährstoffverhältnisse sowie der jeweilige Lichtgenuss, insgesamt die ökologischen Nischen der beteiligten Arten (▶ Kap. 7). In Mitteleuropa sind Waldgesellschaften oft von Natur aus auf frischen, nährstoff-

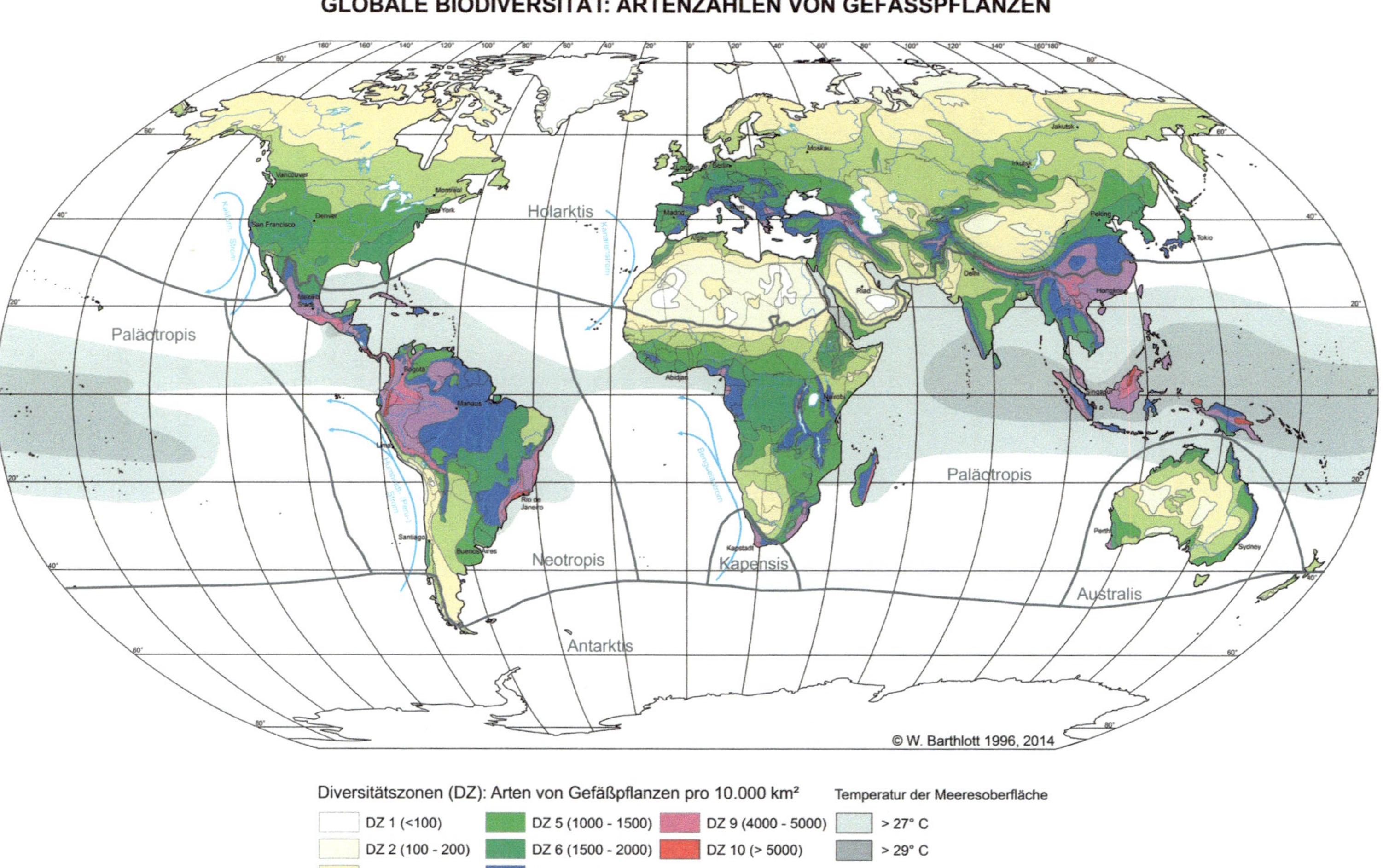

Abb. 20.7 Karte der globalen Verteilung des Artenreichtums der Gefäßpflanzen. (Nach Barthlott et al. 1996, 2007)

Tab. 20.5 Anzahl der Baumarten in den systematischen Einheiten für die feucht-gemäßigten Regionen der nördlichen Hemisphäre. (Aus Ricklefs und Schluter 1993)

Systematische Einheit (Taxon)	Nord-, Mittel- und Osteuropa	Zentralasien	Westliches Nordamerika	Östliches Nordamerika	Gesamte nördliche Hemisphäre
Subklassen	5	9	6	9	10
Ordnungen	16	37	14	26	39
Familien	21	67	19	46	74
Gattungen	43	177	37	90	213
Arten	124	729	68	253	1166

reichen Standorten artenreich. Dafür gibt die vegetationskundliche Literatur zahlreiche Beispiele (s. Dierschke 1994). Doch tragen auch relativ trockene Standorte oft eine artenreiche Vegetation, z. B. die Halbtrockenrasen. Ein reiches Stickstoffangebot (auch durch Eintrag, s. ▶ Kap. 21) kann auf sonst weniger nährstoffreichen Böden die Ansiedlung bestimmter Arten (v. a. *Rubus* sp. und *Urtica dioica)* stark fördern, die ihrerseits bei massenhaftem Auftreten die Artenvielfalt vermindern.

Ganz allgemein haben **Konkurrenzfaktoren** eine große Bedeutung für die Artenvielfalt (▶ Kap. 13), die auch von der Ausbreitungsbiologie (Häufigkeit der Fruktifikation und deren Ausbreitung, vegetative Vermehrung, Wachstum u. a.) bestimmt werden (Storch et al. 2007).

Zu den Auswirkungen **forstlicher Bewirtschaftung** auf die Biodiversität liegen für die Wälder der gemäßigten Zonen nur wenige auf bestimmte Organismengruppen begrenzte Studien vor. Die Mehrzahl der in die Auswertung von Paillet et al. (2010) einbezogenenen 120 Vergleiche von bewirtschafteten und unbewirtschafteten Wäldern in Europa bezieht sich auf boreale Wälder. Danach weisen unbewirtschaftete Wälder insgesamt eine leicht höhere Artenzahl auf als bewirtschaftete, mit sehr unterschiedlichen Effekten auf die Artengruppen: Während bei Bewirtschaftung der Artenreichtum von Moosen, Flechten, Pilzen und holzbewohnenden Käfern in borealen Wäldern abnimmt (Bindung an Totholz und alte Bäume, s. Müller et al. 2014), erhöht sich der Artenreichtum von Gefäßpflanzen in borealen und temperierten Wäldern (s. a. Goßner et al. 2006, 2013). Zur Erhöhung der Biodiversität in Wäldern werden Konzepte der Waldbewirtschaftung diskutiert, die Strukturelemente alter Wälder (Bauhus et al. 2009) stärker berücksichtigen und eine geringere Eingriffsintensität bei größeren Auflichtungen (auch Kahlschlag) vorsehen (Schulze et al. 2014).

Die **zeitliche Komponente** der Biodiversität wird durch Störungen der Biotope und Ökosysteme bestimmt, die Sukzessionen auf kleinem Raum oder auf größeren Flächen hervorrufen (s. ▶ Abschn. 15.2, dazu auch Kimmins 2004; Dornelas et al. 2011). Je nach Größe und Lage bewirken kleine Lücken im Bestand (z. B. durch Ausfall einzelner Bäume durch Sturmwurf oder Einzelstammnutzung) keine größeren Veränderungen, zumal sie den Lichtzutritt nicht wesentlich beeinflussen. Bei größeren Lücken dagegen erhöht sich die Biodiversität. Das gilt hauptsächlich für die Bodenvegetation und die Verjüngung. Meist findet man auf größeren Flächen unter vergleichbarem Standort die höchste Artendiversität im Übergang von der Erst- oder Wiederbesiedlung bis zur stärkeren Stammausscheidung (s. ▶ Abschn. 13.1.2). Hier ist noch ein größerer Teil der Frühbesiedler vorhanden, aber die Arten späterer Sukzessionsphasen haben bereits Fuß gefasst (Buche, Tanne, Eibe). Wenn langlebige und konkurrenzfähige Arten im Verlauf der Sukzession die Oberhand gewinnen, nimmt die Artenfülle wieder ab, besonders beim Überwiegen der Schattenbaumarten im Oberstand. Erst mit Beginn eines Rückgangs von überalterten Bäumen und der Auflockerung des Kronendaches nimmt die Diversität wieder zu, nicht zuletzt auch durch das Entstehen von Totholz (s. ▶ Abschn. 20.1.2).

Die Organismen eines Ökosystems üben je nach ihren biologischen Eigenschaften bestimmte Funktionen aus, die sich teilweise überlappen oder ergänzen: Wachstum, Streubildung, Bodenerschließung, Nährstoffentzug oder -anreicherung u. a. Sie werden nach bestimmten Kriterien in funktionelle Gruppen eingeteilt (▶ Abschn. 9.3) und bestimmen je nach ihren speziellen Eigenschaften und ihren Anteilen in Raum und Zeit den Ablauf der ökologischen Prozesse. Scherer-Lorenzen et al. (2005), Körner (2005) und Weisser (2010) erörtern diesen Aspekt der **funktionellen Diversität**. Hypothetisch sind zwischen Biodiversität und Ökosystemfunktionen mehrere Zusammenhänge möglich (◘ Abb. 20.8).

In den vergangenen zwei Jahrzehnten nahm die Zahl experimenteller Arbeiten zu den funktionellen Konsequenzen von Biodiversität stetig zu. Es fanden sich Einflüsse von Pflanzendiversität auf Nährstoffkreisläufe, auf die Diversität der vorkommenden Tiere und auf die Interaktionen von Pflanzen und ihren Bestäubern. Nach Weisser (2010) wurde bisher nur eine geringe Anzahl biogeochemischer Variablen und biotischer Interaktionen in die Untersuchungen einbezogen, und die Tiere und Mikroorganismen wurden weitgehend vernachlässigt. Nach den bisherigen Ergebnissen sind die meisten **Ökosystemfunktionen** nicht von einer sehr hohen Biodiversität abhängig. Es gibt aber Hinweise, dass sich die Anzahl der benötigten Arten stark erhöht, wenn mehr als eine Ökosystemfunktion gleichzeitig betrachtet wird (Hector und Bagchi 2007). Ob es Arten gibt, die keine Funktion in den Ökosystemen haben (redundante Arten), ist eine offene Frage, auf die Gitay et al. (1996) ausführlich eingehen. Eine funktionelle Rolle können redundante Arten erhalten, wenn sie beim Ausfall bestimmter Arten deren Stelle im System übernehmen. Aufgrund ihrer Komplexität gibt es zum Zusammenhang zwischen Biodiversität und Ökosystemfunktionen nur wenige Untersuchungen in Waldökosystemen, wohl aber werden funktionelle Artengruppen gebildet (▶ Abschn. 9.3).

Vielfach erörtert wird der Zusammenhang zwischen Biodiversität und **Produktivität** der Ökosysteme. Die meisten Arbeiten, die fast ausschließlich nur kurzlebige Pflanzenarten (v. a. Gräser) berücksichtigen, zeigen, dass mit zunehmender Pflanzenartenvielfalt die Produktivität des Systems zunehmen kann (Weisser 2010). Aus den Darstellungen

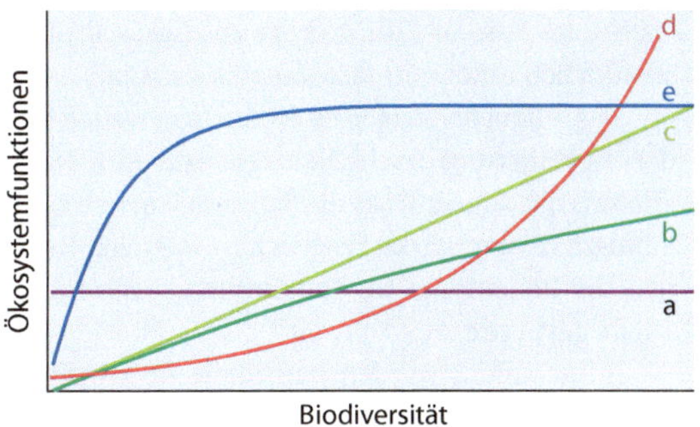

◘ **Abb. 20.8** Hypothetische Zusammenhänge zwischen der Biodiversität und Ökosystemfunktionen (nach Weisser 2010). Die Nullhypothese (**a**) geht von keinem Einfluss auf ökologische Funktionen aus. Bei einem linearen Zusammenhang zwischen Biodiversität und der Prozessrate einer betrachteten Funktion (**b**) leistet jede Art den gleichen Beitrag. Dieser Beitrag kann kleiner (**b**) oder größer (**c**) sein. In Experimenten wurde oft eine Sättigungskurve beobachtet (**e**): Wenn eine gewisse Anzahl von Arten im System vorhanden ist, bringt das Hinzufügen weiterer Arten keinen zusätzlichen deutlichen Funktionsgewinn. Eine zunehmende, exponentiell ansteigende Bedeutung von Arten (**d**) wurde bisher nicht beobachtet

in ▶ Kap. 19, nach denen mehrere Faktoren für die Biomasseproduktion bestimmend sind, ergibt sich, dass allgemeine Aussagen nicht möglich sind, sondern stets die bestimmenden Ursachen geprüft werden müssen, die gleiche, über- oder unterlegene Gesamtproduktivität bedingen (s. Kimmins 2004; Scherer-Lorenzen et al. 2005).

20.2.5 Ökonomische Bedeutung

Die **ökonomische Bedeutung** der Biodiversität ist in den letzten Jahrzehnten immer deutlicher in Erscheinung getreten, v. a. in den Industrieländern. Das ist die Folge von bereits geschilderten Entwicklungen: Verminderung der noch einigermaßen naturnahen Teile der Landschaft, Übernutzung der agrarischen Flächen, Verengung der genetischen Vielfalt bei den in der Landnutzung verwendeten Arten, Immissionen (s. ▶ Abschn. 21.2), Verschmutzung von Böden und Wasser. Biodiversität wird daher mehr und mehr zu einem ökonomischen Gut. Baumgärtner (2008), Becker (2008) sowie Grunewald und Bastian (2015) erörtern dieses Problem ausführlich unter verschiedenen Aspekten.

Das offenbar steigende Bedürfnis weiter Teile der Bevölkerung nach Naturgenuss und Naturerlebnis hat den Sinn für die Schönheit artenreicher Landschaften gestärkt. Dadurch ist in vielen Regionen die Bedeutung des **Tourismus** als Einnahmequelle gestiegen.

Immer mehr werden natürliche **Rohstoffe** sowohl in Industrie und Handwerk als auch für die Herstellung von Medikamenten und Kosmetika verwendet. Dabei greift man auf bisher wenig bekannte Arten zurück, die nur dort erhalten geblieben sind, wo eine hohe natürliche Biodiversität vorhanden ist. Die Entdeckungen solcher Organismen haben immer mehr zugenommen. Das gilt nicht nur für Arten ferner Kontinente, sondern auch für einheimische Arten, deren Bedeutung bisher nicht genügend bekannt war (und noch ist) (s. Lanzerath 2008).

Das betrifft auch **Nahrungsmittel** in ihren verschiedenen Arten und Sorten. Der ökonomische Wert, den die noch erhaltene Biodiversität darstellt, ist kaum abzuschätzen, wird aber offenbar weiter zunehmen. Aus allen diesen Gründen sind die Erhaltung der Biodiversität und ihre vernünftige Nutzung von großer Bedeutung für die jetzt lebende und die künftige Bevölkerung.

20.2.6 Ethische Aspekte

Biodiversität und auch ganz allgemein der Naturschutz hätten kaum die große Aufmerksamkeit einer breiten Öffentlichkeit erlangt, wenn es sich dabei nur um Zahlen und deren Zusammenhänge handeln würde und nicht zugleich (für manche Menschen sogar vorrangig) um ethische Fragen. Unter **Ethik** versteht man einen Komplex sittlichen Verhaltens sowohl des einzelnen Menschen als auch von menschlichen Gesellschaften. Das ist je nach Tradition, Lebensumständen und persönlichen Haltungen in unterschiedlicher Weise ausgeprägt und unterliegt auch einem gewissen zeitlichen Wandel. Ethische Normen spielen eine wesentliche Rolle im Umgang der Menschen untereinander und auch mit der Natur in ihrer Vielfalt. Hampicke (1993) bemerkt hierzu: »Die menschliche Geschichte ist eine endlose Kette von Versuchen, andere Menschen nicht nur zu Taten, sondern auch zu Bewertungen zu zwingen.« Die **Werte** oder Normen werden wesentlich bestimmt von der Grundhaltung und dem Selbstverständnis der Menschen als Glieder der Gesellschaft und als Teil der Natur, die ihr Leben ermöglicht. Betrachtungen und Regeln darüber gibt es schon lange und bei vielen Völkern in unterschiedlicher Form und mit verschiedenen Aspekten. Wir folgen hier in kurzer Übersicht der ausführlichen Darstellung von Lanzerath (2008, ähnlich auch bei Birnbacher 2001 sowie Oermann und Weinert 2014). Lanzerath (2008) unterscheidet prinzipiell vier Positionen:

- **anthropozentrisch**: Es bestehen Grenzen der Verfügungsgewalt über die Natur, die Schutzpflichten werden jedoch aus der Sicht des Menschen und seiner Bedürfnisse (einschließlich der ästhetischen) gesehen.
- **pathozentrisch**: Schutzpflichten bestehen auch gegenüber Lebewesen, die Schmerzen zu empfinden vermögen (Tierschutz).
- **biozentrisch**: Das Prinzip geht von einem Existenzrecht aller Lebewesen aus, zu deren Schutz der Mensch verpflichtet ist.
- **holistisch**: Das Prinzip geht von der Integration menschlicher und nichtmenschlicher Natur aus, durch die der Mensch keinen Vorrang hat.

Alle diese Sichtweisen fordern von der Menschheit in unterschiedlicher Intensität Beschränkungen ihrer Aktivitäten im Hinblick auf die Erhaltung und Funktionsfähigkeit der Arten, Gemeinschaften und der höheren ökologischen Einheiten, die zu Opfern der ökonomischen Zweckmäßigkeit werden können, auch wenn die Biodiversität selbst ein ökonomisches Gut darstellt (▶ Abschn. 20.2.5). Die Bedeutung der Biodiversität ergibt sich allein schon aus der Verpflichtung der gegenwärtigen Bevölkerung gegenüber künftigen Generationen, auch wenn deren Lebensbedingungen nicht sicher bekannt sind.

In der **Praxis** des Diversitätsschutzes überwiegen heute die Elemente der anthropozentrischen Auffassungen, zumal biozentrische und holistische Ideen nicht ganz frei von mystischen, kaum begründbaren Elementen sind. Entscheidend ist vor allem die Tatsache der steten Wandlungen der Natur. Sie erfordern oft Eingriffe zur Erhaltung und Verbesserung der natürlichen Funktionalität. So betont Lanzerath (2008). »Eine Bewertung der Biodiversität erfordert aufgrund der Relation zwischen normativen und deskriptiven Elementen eine enge Verbindung zwischen naturwissenschaftlicher Forschung sowie ökonomischer, rechtlicher und moralphilosophischer Betrachtung herzustellen.« In diesem Sinn fordert Kimmins (2004) als ethisches Prinzip der Waldwirtschaft, »*that foresters should resist both current practices and suggested change in practices that are inconsistent with the ecology and sociology of the new balance of desired values*«.

20.2.7 Rechtliche Regelungen

Ausgehend von dem **Übereinkommen über die biologische Vielfalt** von 1992 (CBD, s. ► Abschn. 20.2.1) ist eine Fülle von Gesetzen und Verordnungen zur Erhaltung und Förderung der Biodiversität in vielen Ländern erlassen worden, dazu zahlreiche mehr oder weniger verpflichtende Richtlinien und Anweisungen.

Die CBD stellt drei fundamentale Prinzipien heraus: die Erhaltung der biologischen Vielfalt, die nachhaltige Nutzung ihrer Bestandteile und die gerechte Aufteilung der sich aus der Nutzung der genetischen Ressourcen ergebenen Vorteile. Spranger (2008) behandelt viele juristische und ökonomische Aspekte des Biodiversitätsschutzes auf internationaler Ebene. Die für Deutschland maßgeblichen gesetzlichen Bestimmungen sind in der Textsammlung *Naturschutzrecht* enthalten, die das Bundesamt für Naturschutz im Internet bereithält. Den rechtlichen Handlungsrahmen kommentiert Köck (2010) im Hinblick auf das Management der Biodiversität in Kulturlandschaften. Das Bundesnaturschutzgesetz setzt sich die **Ziele**, biologische Vielfalt, Leistungs- und Funktionsfähigkeit des Naturhaushalts sowie Vielfalt, Eigenart und Schönheit und Erholungswert von Natur und Landschaft zu schützen, zu erhalten und zu pflegen. Damit wird zunächst ein allgemeines qualitatives Ziel formuliert, das näherer Konkretisierung bedarf, u. a. in Landschaftsplänen.

Neuartige Waldschäden

Norbert Bartsch, Ernst Röhrig

N. Bartsch, E. Röhrig, *Waldökologie*,
DOI 10.1007/978-3-662-44268-5_21,

Die meisten Waldbäume haben einen langen natürlichen Lebenszyklus. Von der Keimung bis zum Alterstod sind sie zahlreichen, meist altersspezifischen Gefährdungen ausgesetzt. Das gilt nicht nur für Individuen, sondern auch für Bestände und selten auch für ganze Waldregionen.

In den 1970er-Jahren wurde die Öffentlichkeit auf eine Erscheinung aufmerksam gemacht, die im Gegensatz zu den bisher bekannten Störungen etwa gleichzeitig in weiten Teilen Mittel- und Nordeuropas sowie in Nordamerika **großflächig** eintrat: Nadel- und auch Laubwälder zeigten Vergilbungen und in unterschiedlichen Graden Verluste von Blattorganen (Kronenverlichtungen), begleitet vom Rückgang der Vitalität und, vor allem bei den Nadelbäumen, einer höheren Anfälligkeit gegen Sekundärschäden (Sturmwurf, Borkenkäferbefall), die zum Absterben von Bäumen, Baumgruppen und ganzen Beständen führten.

In Analogie zu den früher bekannten lokalen Rauchschäden führte man diese Erscheinungen auf Immissionen von **Schadstoffen** zurück, zumal man erkannt hatte, dass die industrielle Entwicklung eine starke Erhöhung solcher Stoffe in der Atmosphäre und deren Ausbreitung auf weite Entfernungen bewirkte. Intensive Maßnahmen von Politik und Industrie führten zu einem raschen und teilweise radikalen Rückgang von SO_2-Emissionen und zu einem so deutlichen Rückgang der äußerlich sichtbaren Schäden, der sogenannten **neuartigen Waldschäden**, dass die Öffentlichkeit das Interesse daran rasch verlor. Nicht verloren gegangen sind dagegen die zahlreichen wissenschaftlichen Erkenntnisse, die im Zuge der Untersuchung dieses Phänomens gesammelt werden konnten.

21.1 Luftverunreinigungen und Schadsymptome

Als der Mensch begann, durch Verhüttung von Erzen Metalle zu gewinnen (seit der Bronzezeit) und in größerem Ausmaß **fossile Brennstoffe** zu verfeuern (seit Beginn der Industrialisierung), löste er durch Freisetzung von Gasen und Partikeln Schäden an der Vegetation aus.

Der wahrscheinlich älteste Bericht stammt von Plinius dem Älteren (23–79 n. Chr.), der eine Empfehlung des griechischen Geografen Strabo erwähnt: Man solle Schmelzöfen für Silber möglichst hoch im Gelände bauen, um den verderblichen Rauch in die Höhe zu leiten (Fabian 1992). Historisch belegt sind Schäden aus Steinkohlefeuerungen in Europa bereits für das 14. Jahrhundert. Im Zuge der Industrialisierung kamen Schäden durch Rauch von Hüttenwerken, Gießereien und anderen technischen Anlagen hinzu (s. Guderian und Braun 2000, die auch den Fortgang der Bemühungen um Eindämmung der Schäden schildern). Ausführlich bis in die Gegenwart berichten darüber Elling et al. (2007).

Heute bezeichnet man den Ausstoß von Stoffen jedweder Art in die Erdatmosphäre und ihre Ausbreitung in der Luft als **Emissionen**. Emissionen werden, anders als das bei den klassischen Rauchschäden beobachtet wurde, oft über weite Entfernungen transportiert und können Schäden auch weit von ihrem Ursprung hervorrufen. Weil dieses Phänomen erst in der zweiten Hälfte des vorigen Jahrhunderts erkennbar wurde, und vor allem wegen der früher nicht so bekannten Vielfalt der beteiligten Stoffe, hat man den Begriff »**neuartige Waldschäden**« geprägt (Rat von Sachverständigen für Umweltfragen 1983).

Emissionen können **natürlichen Ursprungs** sein, z. B. Stäube aus Feinsand, Blütenpollen und vor allem Aschen und Gase bei Vulkanausbrüchen. Sie sind jedoch vorübergehend und selten und spielen im Vergleich zu anthropogenen Emissionen global eine geringe Rolle. Meist enthalten Emissionen Puffersubstanzen, die gegenüber den Säurebildnern gewisse antagonistische Wirkungen ausüben. Die Emissionen lassen sich nach ihren physikalischen Eigenschaften in Aerosole und Gase einteilen. **Gasförmige Emissionen** sind vor allem:

- Schwefeldioxid (SO_2) aus der Verbrennung schwefelhaltiger fossiler Brennstoffe;
- Stickoxide (NO_x, v. a. NO und NO_2), ebenfalls aus Verbrennungsvorgängen, überwiegend aus dem Autoverkehr;
- Ammoniak (NH_3) aus bakterieller Zersetzung organischer Substanz, vor allem Ausscheidungen bei der Tierhaltung;
- Methan (CH_4), ebenfalls aus bakterieller Zersetzung organischer Substanz, auch bei einigen Industrievorgängen und durch Viehhaltung und Reisanbau;

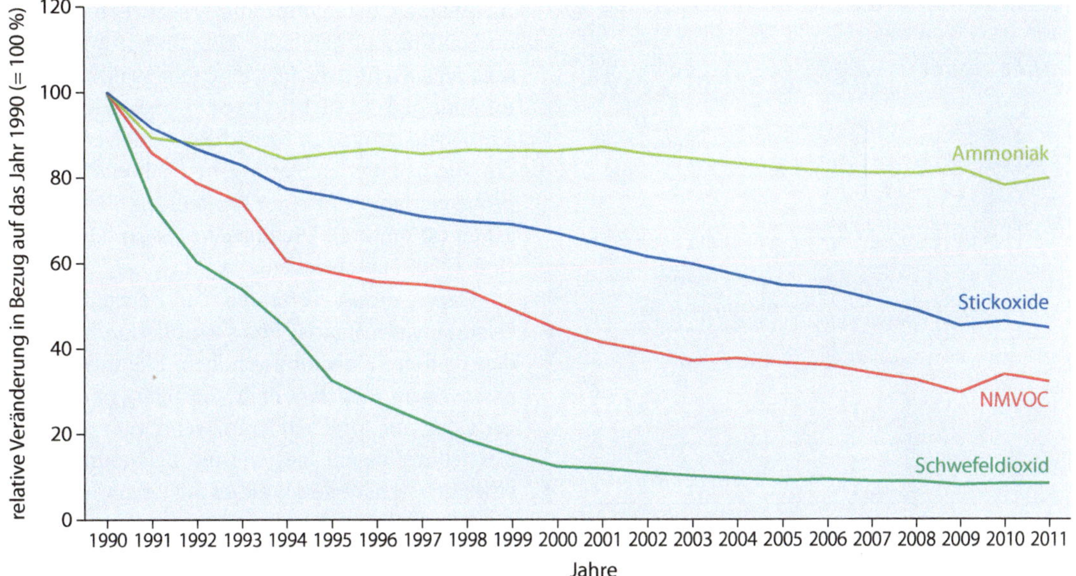

Abb. 21.1 Entwicklung der Luftschadstoffe Schwefeldioxid, Stickoxide, Ammoniak und flüchtige organische Verbindungen (NMVOC, ohne Methan) sowie des Luftschadstoffindizes der Emissionen als deren Mittelwert von 1990 (= 100 %) bis 2011 (nach Daten des Umweltbundesamtes (UBA 2011))

- Ozon (O_3) aus fotochemischen Reaktionen mit Vorläuferverbindungen, z. T. im Zusammenhang mit dem Autoverkehr.

Als **Aerosole** werden Partikel von 0,01–100 µm Durchmesser in der Luft bezeichnet. Elling et al. (2007) geben eine Übersicht der jährlichen anthropogenen Staubemittentengruppen in Deutschland von 1990 bis 1999. Grobstaub (2–10 µm) wird unter der Wirkung der Schwerkraft bald sedimentiert, Feinstaub (<2 µm) kann mehrere Tage in der Atmosphäre verweilen, über weite Strecken transportiert und an den Blattoberflächen durch molekulare Diffusion aufgenommen werden (Sala et al. 2000). Aerosole können sehr unterschiedliche chemische Substanzen sein, darunter auch Schwermetalle (besonders Blei, Zink, Chrom, Kupfer, Kobalt, Cadmium) aus industriellen Verbrennungsprozessen. Daneben können verschiedene weitere Stoffe emittiert werden, u. a. radioaktive. Sie sind bei Friedrich (2000) und Obermeier (2000) vollständig aufgeführt.

Durch mehrere Gesetze und **Verordnungen** (Großfeuerungsanlagenverordnung 1983, CA-Luft 1982/85, Katalysatorverordnung von 1987, Verordnung über bleifreies Benzin 1985/1986 u. a.) sind die Emissionen in Deutschland erheblich zurückgegangen. Das betrifft vor allem S und Schwermetalle. Die N-Emissionen wurden dagegen nur wenig vermindert (Abb. 21.1).

Die Emissionen treffen nur teilweise unverändert auf die Ökosysteme (z. B. SO_2). Zumeist sind sie bis dahin verschiedenen **Umwandlungen** durch Reaktionen mit natürlichen und anthropogen verursachten Bestandteilen der Atmosphäre (O_2, Puffersubstanzen, Vorläufer der O_3-Bildumg u. a.) ausgesetzt und bilden neue Substanzen (s. Staehelin et al. 2000). Im Niederschlagswasser entstehen durch Reaktionen mit den Gasen CO_2, SO_2 und NO_x Kohlensäure (H_2CO_3), Schwefelsäure (H_2SO_4) und Salpetersäure (HNO_3). Regen ist durch die Bildung von Kohlensäure mit einhergehender Dissoziation von Protonen natürlicherweise schwach sauer (pH-Wert von 5,6). Säuren aus Emissionen (v. a. Schwefelsäure, Salpetersäure) können den pH-Wert des Regens stark absenken und damit die Protonenkonzentration um ein Vielfaches erhöhen, man spricht dann von »**saurem Regen**«. Ulrich et

Tab. 21.1 Einschätzung des Kronenzustands im Rahmen der Waldzustandserhebung. (Nach Elling et al. 2007)

Stufe	Nadel-/Blattverlust (%)	Vergilbung (%)
0	0–10	0–10
1	11–25	11–25
2	26–60	26–60
3	61–99	> 60
4	100	

Kombinations-Schadstufen				
Nadel-/Blattverluststufe	Vergilbungsstufe			
	0	1	2	3
0	0	0	1	2
1	1	1	2	2
2	2	2	3	3
3	3	3	3	3
4	4			

Schadstufe 0	ungeschädigt	
Schadstufe 1	schwach geschädigt	Warnstufe
Schadstufe 2	mittelstark geschädigt	deutlich geschädigt
Schadstufe 3	stark geschädigt	
Schadstufe 4	abgestorben	

al. (1979) berichten von Untersuchungen im Solling, nach denen der Freilandniederschlag mehrere Jahre lang pH-Werte von etwa 4,0 aufwies.

Der Verlauf der Schädigung von Waldökosystemen wird durch die Art der **Deposition** bestimmt (s. ▶ Abschn. 18.2.2). Der jeweilige Beitrag der verschiedenen Depositionswege zur Schadwirkung ist nicht generell zu beziffern. Er hängt von verschiedenen Faktoren ab. Im Einzelnen sind von Bedeutung: Art und Menge der Emission, Lage der betroffenen Waldökosysteme, geografische Situation (Höhen- und Hanglage), Exposition (u. a. Übergang zu unbewaldeten Flächen), Baumartenzusammensetzung und Bestandesstruktur, Entfernung zu den hauptsächlichen Emissionsquellen. Auch können jahreszeitliche Veränderungen der Witterung (Luftbewegungen, Niederschläge) eine wesentliche Bedeutung haben (s. Guderian 2001a, b).

Während man noch die Ursachen und die Bedeutung der Immissionen (s. ▶ Abschn. 21.2) in umfangreichen Untersuchungen zu klären versuchte, einigte man sich, zunächst in Deutschland, dann für das Gebiet der Europäischen Union, auf einheitliche Kriterien für die Kennzeichnung und Ausprägung der **Symptome**. Alljährlich nehmen im Spätsommer geschulte Aufnahmetrupps Waldschadensinventuren (ab 1990 als **Waldzustandserhebungen** bezeichnet) vor. Dabei werden der Kronenzustand nach Blatt- bzw. Nadelverlust und die Verfärbung der Blattorgane nach einem Stichprobenverfahren in einer fünfteiligen Skala begutachtet (Tab. 21.1). Die Einzelheiten sind bei Elling et al. (2007) beschrieben.

Gegen dieses Verfahren zur Beurteilung des Gesundheitszustands von Waldbeständen wurden mehrere **Einwände** erhoben. Ellenberg (1995) weist darauf hin, dass man von Blatt- und Nadelverlusten nur sprechen kann, wenn man eine klare Vorstellung davon hat, wie die Belaubungsdichte eines ungeschädigten Baumes auf einem bestimmten Standort aussehen kann. Selbst wenn man den Blattflächenindex (s. ▶ Abschn. 12.3) messen würde, blieben noch erhebliche Spielräume nach Standort und Baumalter. Auch das Kriterium Vergilbung unterliegt zahlreichen Einflüssen, v. a. Witterung, Schädlingsbefall. Elling et al. (2007) haben einen Teil dieser Faktoren dargestellt. Eingehend werden von ihnen Veränderungen des Erscheinungsbildes für Tanne, Fichte, Buche und die Eichenarten geschildert. Danach liegt in den meisten Fällen ein Komplex verschiedener Ursachen vor (Abb. 21.2; s. a. Larcher 2001; Elling et al. 2007).

21.2 Immissionen und deren Wirkungen

Die an einem bestimmten Ort zu einer bestimmten Zeit zugeführten Schadstoffe werden **Immissionen** genannt (Larcher 2001).

Gase wie SO_2 und NO_3 können die Blattorgane der Pflanzen direkt aufnehmen. Die dabei ablaufenden Prozesse führen zu wirksamen Entgiftungsprozessen, wie sie u. a. von Elling et al. (2007) beschrieben werden. Primäre Abtötung, wie sie früher angenommen wurde, findet auf diese Weise nicht statt, allenfalls eine Blattnekrose oder zeitweise Nadelvergilbung durch Kationenverarmung, besonders an Magnesium.

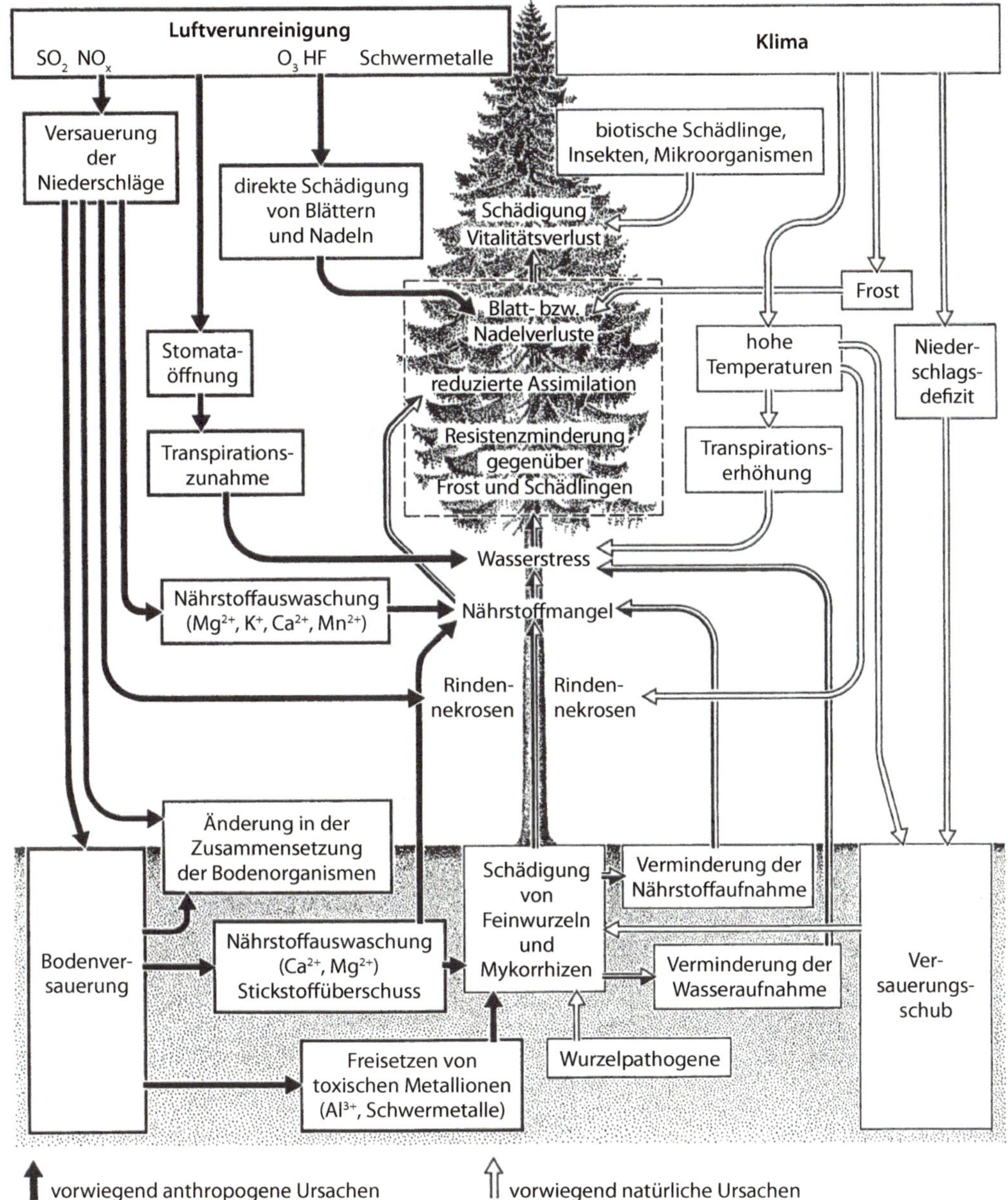

Abb. 21.2 Wirkungszusammenhänge bei der Entstehung der neuartigen Waldschäden

Ozon und andere Fotooxidantien unterliegen sehr komplexen Bedingungen für ihr Entstehen und ihren Verbleib in der Luft sowie ihren Wirkungen auf die Blattorgane. Elling et al. (2007) stellen die Vorgänge ausführlich vor, s. a. Hertel et al. (1993), Luwe und Heber (1995), Sandermann et al. (1997), Broadmeadow (1998), Tuovinen et al. (2009). Da die Konzentrationen durch gesetzliche Vorschriften (Katalysator bei Verbrennungsmotoren u. a.) stark vermindert sind, bleiben Schäden an Waldbäumen durch Ozon örtlich begrenzt auf den Verlust älterer Nadeln und fleckenhafte Blattnekrose

Forstliches Umweltmonitoring

Das **forstliche Umweltmonitoring** (◘ Abb. 21.3) erfolgt durch standardisierte Erhebungen in drei Intensitätsstufen. Auf der untersten Intensitätsstufe (**Level I**) werden die **Waldzustandserhebung** (WZE) und die **Bodenzustandserhebung** im Wald (BZE) durchgeführt. Die zweite Intensitätsstufe (**Level II**) dient für zusätzliche Erhebungen zur Aufklärung von Ursache-Wirkung-Beziehungen, Identifizierung von Schlüsselprozessen und Bestimmung von Stoffflüssen. Die dritte Intensitätsstufe (**Level III**) umfasst intensive Fallstudien zur Waldökosystemforschung sowie experimentelle Untersuchungen.
Die **WZE** wird jährlich seit 1984 in Deutschland und seit 1986 auch in anderen europäischen Ländern auf Stichprobenpunkten eines systematischen flächendeckenden Gitternetzes (16 × 16 km im europäischen Netz, 8 × 8 km in der Mehrzahl der deutschen Bundesländer) durchgeführt. Die Methodik der Schätzung von Benadelungs- und Belaubungsgraden wurde durch zusätzliche Informationen über Standort und Waldbestand ergänzt.
Die **BZE** untersucht an ca. 2.000 Stichprobenpunkten des Level-I-Programms in Deutschland den Zustand und die Veränderungen von Waldböden. Dabei werden länderübergreifend harmonisierte Methoden angewandt.
Die **Dauerbeobachtungsflächen Level II** sind Teil eines europäischen Programms, das sich ursprünglich der Aufklärung von Schäden an Wäldern durch Luftschadstoffe widmete. Die Untersuchungen wurden ausgeweitet auf Belaubung, Phänologie und Zuwachs der Waldbäume, die Waldbodenvegetation und Einflussgrößen wie Nährstoffversorgung, Bodenzustand, atmosphärische Deposition und Witterung. In 42 europäischen Ländern sind rund 700 Level-II-Flächen eingerichtet.
Für die europaweite Koordination wurde das Netzwerk »International Co-operative Programme on the Assessment and Monitoring of Air Pollution Effects on Forests (ICP Forests)« eingerichtet (s. Lorenz und Becher 2012).
Die **Bundeswaldinventur** erfasst die großräumigen Waldverhältnisse und forstlichen Produktionsmöglichkeiten auf Stichprobenbasis nach einem einheitlichen Verfahren in ganz Deutschland. Sie soll alle zehn Jahre wiederholt werden.

Maßeinheiten für Immissionen

Konzentrationen von Immissionen als Säuren, Basen und Salzen in Lösung werden entweder als Volumenanteile (Verdünnungsverhältnis als ppm = 1:10^6 oder ppb = 1:10^9) oder als gravimetrische Maßeinheit (Menge pro Volumen, z. B. mg m^{-3} oder µg l^{-1}) angegeben. Wenn die biochemische und phytotoxische Wirksamkeit betrachtet werden soll, müssen volumetrische in gravimetrische Maßeinheiten oder in stoffmengenbezogene (= molare) Konzentrationsgrößen (Mol l^{-1}) umgerechnet werden, weil chemische Verbindungen in der Zelle als Molekül oder Ion wirken (Larcher 2001).
Für die Berechnung einer **kritischen Eintragsrate** (*critical load*), z. B. von S und N, wird eine Massenbilanz berechnet; darin wird der Eintrag Stoffflüssen gegenübergestellt, in denen der eingetragene Stoff verbraucht, gebunden oder ausgetragen wird (s. a. ► Kap. 18).
Die Angaben der Massenbilanz sind raum- und zeitbezogen, z. B. kg ha^{-1} Jahr^{-1}.

sowie bei ungünstigen Witterungseinflüssen auf zeitweilige Beeinträchtigung des Gaswechsels ohne schwerwiegende Folgen (Götz 1996; Sandermann et al. 1997).

Der entscheidende Weg zur Entstehung der sog. neuartigen Waldschäden führt über den **Boden**. Die Deposition der Schadstoffe erfolgt mittels der vorher geschilderten Vorgänge, wobei neben der trockenen Deposition der saure Regen eine herausragende Rolle für die Versauerung der Böden spielt. Wild (1995) und Blume et al. (2010) beschreiben die Quellen von Bodenazidität umfassend.

Ausführlich werden die **Folgen der Protoneneinträge** in den Boden bei Elling et al. (2007) dargestellt (◘ Tab. 21.2). Einleitend (S. 138) bemerken sie dazu: »Die Zufuhr von H^+-Ionen verursacht im Boden eine Kaskade von Prozessen […], die im Bereich von pH 8,0–2,5 (bei Messung in Wasser) das chemische Milieu von Böden in komplexer Weise verändern. Alle diese Veränderungen haben Einfluss auf die Ionenzusammensetzung und -stärke der Bodenlösung, welche die Umwelt der Wurzeln und Bodenbiota darstellt.«

Abb. 21.3 Schwerpunkte des forstlichen Umweltmonitorings. (Nach Meining et al. 2013)

Tab. 21.2 Folgen von Protoneneinträgen für terrestrische Ökosysteme und Nachbarsysteme. (Nach Elling et al. 2007)

Im Ökosystem	
Abiotische Wirkungen	– Verlust von basischen Kationen (Ca^{2+}, Mg^{2+}, K^{+}) und Rückgang der Basensättigung
	– Abnahme des pH-Wertes und Freisetzung von Kationensäuren (Mn^{2+}, Al^{3+}, Fe^{3+})
	– Abnahme der Kationenaustauschkapazität
	– Lösung von Schwermetallen
	– Abnahme der P-Löslichkeit
	– Bildung von Auflagehumus und steilen chemischen Gradienten im Boden
Biotische Wirkungen	*Direkt*
	– Auswaschung von Nährstoffen
	– Erosion der Kutikula
	Indirekt
	– Schädigung der Feinwurzeln
	– Behinderung der Aufnahme basischer Kationen
	– Nährstoffmangel und Nährstoffungleichgewichte
	– Erhöhtes Risiko bei Trockenheit und Windwurf
	– Verminderung der biotischen Vielfalt - Pflanzengesellschaften - Bodenbiota (Regenwürmer)
In Nachbarsystemen	
	– Versauerung und Vergiftung des Grundwassers und der Oberflächengewässer
	– Erhöhte Emissionen von Lachgas (N_2O) und NO_x

Eine große Bedeutung haben die **Pufferreaktionen** des Bodens. Böden können eine große Anzahl verschiedener Puffersubstanzen enthalten, z. B. Karbonate, Silikate, austauschbare Kationen, die je nach Verwitterungs- und Aziditätsgrad des Bodens eindringende Säuren abpuffern können. Ulrich (1981a, b) grenzt die Böden in Mitteleuropa nach ihrem chemischen Zustand ökologisch in Pufferbereiche ein, die in relativ abgrenzten Wert-Bereichen wirksam sind (s. ▶ Tab. 18.4 in ▶ Abschn. 18.2.2). Mit der Versauerung der Bodenlösung durch vermehrtes Auftreten von Protonen und mobilen Nitrat-Anionen ist bei geringer Basensättigung und geringer effektiver Kationenaustauschkapazität eine vermehrte **Auswaschung** von Ca, Mg, K, Al und auch Schwermetallen verbunden. Je nach den atmosphärischen Bedingungen, der Intensität und Dauer der Immissionsbelastung sowie den Bodenverhältnissen kann die Versauerungsfront auf den Oberboden beschränkt bleiben, aber auch bis in tiefe Bodenschichten reichen (Ulrich 1986, 1999; Ulrich und Malessa 1989; Rehfuess 1989, 1999; Hildebrand 2003).

Schwierig zu beurteilen ist die Wirkung des **Aluminiums**, das in sehr unterschiedlichen Verbindungen auftritt, die zumeist in der Bodenlösung beweglich sind. Al-Toxizität ist vor allem für Feinwurzeln und auch für Mykorrhizen mehrfach beschrieben worden (Godbold 1994; Rapp und Jentschke 1994; Lukac und Godbold 2011). Doch bleiben immer noch manche Unklarheiten, v. a. welche von den Al-Spezies tatsächlich toxisch wirken und auf welche Baumarten, möglicherweise in bestimmten Ca/Al- oder Mg/Al-Verhältnissen.

Ebenso gibt es noch Unsicherheiten bei der Beurteilung der Schädlichkeit von **Schwermetallen** im Humus und im Boden. Elling et al. (2007) haben diese Probleme ausführlich beschrieben. Offenbar sind Waldbäume relativ resistent gegen die meisten Schwermetalle. Eher werden toxische Wirkungen auf die Bodenlebewesen im Humus angenommen, wodurch es zu einer verminderten Streuzersetzung kommen kann.

Intensive Versauerungen sind hauptsächlich das Ergebnis lange anhaltender Immissionen von schwefelsauren Substanzen. Seit deren drastischer Reduzierung ist die Säurebelastung erheblich zurückgegangen, im Bestandesniederschlag des Fichtenaltbestandes im Solling von 1975 bis 2011 von über 100 kg ha^{-1} auf 7,2 kg ha^{-1}. Heute bilden die Immissionen von **Stickstoffverbindungen** eine wesentliche Quelle für die Versauerung nährstoffarmer Böden und für weitere unerwünschte Veränderungen der Humus- und Bodendynamik (Beispiele aus dem Solling geben Meiwes et al. 2002). Die Höhe der N-Immissionen hat in den letzten Jahren zwar ebenfalls nachgelassen, jedoch längst nicht in dem Ausmaß wie die der S-Immissionen. In Regionen mit intensiver Massentierhaltung kann neben Stickoxiden auch Ammoniak eine wesentliche Rolle spielen. Die Höhe der Immissionen von NO_x streut in Deutschland je nach geografischer Lage und der Zusammensetzung der Waldbestände in weitem Rahmen, es werden Werte von 15 bis über 100 kg ha^{-1} $Jahr^{-1}$ gemessen (s. hierzu ▶ Tab. 18.3 in ▶ Abschn. 18.2.2).

Elling et al. (2007) setzen die Stickstoffmenge, die gut wachsende Baumbestände jährlich in Biomasse festlegen, mit 5–15 kg ha^{-1} an. Doch macht Rehfuess (2000) darauf aufmerksam, dass noch große Kenntnislücken bestehen über die Dynamik der Wurzelentwicklung, die (nach Standort und Bestand sehr unterschiedliche) mikrobielle Biomasse im Boden und die mikrobielle Aktivität sowie die gasförmigen Ausscheidungen aus dem Boden (Näheres s. ▶ Kap. 18).

Der Eintrag von Stickstoff beeinflusst im Humus das Verhältnis von C zu N. Das **C/N-Verhältnis** liegt unter nährstoffarmen Bodenverhältnissen (mit Moder und Rohhumus) meist um oder über 20, bei reicheren Böden (Mull) deutlich enger. Sofern der Säureeintrag, besonders nach der Reduzierung der Schwefelemissionen, geringer geworden ist, sinkt mit der Verbesserung des Humuszustands meist auch das C/N-Verhältnis. Doch sind diese Veränderungen nicht immer eindeutig erklärbar, sie hängen mit den unterschiedlichen Puffereigenschaften zusammen (Rehfuess 2000; Brumme und Khanna 2009b).

Eine **Stickstoffsättigung** des Bodens (s. a. Eichhorn 1995; Aber und Melillo 2001) liegt vor, wenn für Stickstoff die Einträge über einen längeren Zeitraum höher liegen als dessen Entzug durch Biomasseproduktion und Immobilisation in Humus und Boden (Matzner et al. 2001). Wie die Auswertung von Langzeitstudien in Wäldern Deutschlands ergab, ist die Fähigkeit der Böden, überschüssigen Stickstoff zu speichern, oftmals eingeschränkt, wenn das C/N-Verhältnis der organischen Substanz unter 25 fällt (Borken und Matzner 2004). Dann kann es zum Nitrataustrag in das Grund- und Quellwasser mit einhergehender Bodenversauerung kommen. Bei der bayerischen Nitratinventur wurden 2001/2002 für 399 Probeflächen im Wald mithilfe modellierter Sickerwasserspenden die Austräge an Nitrat berechnet (Mellert et al. 2007). Danach liegt das mittlere Niveau der Nitratkonzentrationen im Sickerwasser von Wäldern in Bayern mit knapp über 5 mg l^{-1} in einem ähnlichen Bereich wie in Dänemark. Wesentlich höher ist die mittlere Nitratkonzentration mit fast 30 mg l^{-1} in den Niederlanden. Der EU-Trinkwassergrenzwert von 50 mg Nitrat l^{-1} wurde in Bayern in 12 %, in Dänemark in 9 % und in den Niederlanden in 9,5 % der Bestände überschritten. Nach den Berechnungen von Mellert et al. (2007) muss in Bayern ein Drittel der untersuchten Waldbestände als stickstoffgesättigt gelten (nach BML 2000 bei einem N-Austrag von >5 kg ha^{-1} a^{-1}). Mellert et al. (2007) konnten mithilfe von Regressionsmodellen zeigen, dass drei wichtige Vorhersageparameter die natürliche Prädisposition für Nitratausträge widerspiegeln. Der Substrattyp (Rang 1) und der Bestandestyp (Rang 2) erwiesen sich als die entscheidenden Prädikatoren des Nitrataustragsrisikos unter Wald in Bayern. Die Niederschlagshöhe ist sowohl bei den Nitratkonzentrationen als auch bei den Frachten von entscheidender Bedeutung (Rang 3). Der Waldanteil als Depositionsindikator rangiert in den Regressionsmodellen erst an vierter Stelle. Ein erheblicher Anteil der Varianz bleibt durch die Modelle allerdings unerklärt. Wegen der örtlichen und zeitlichen Variation im Bestandesaufbau (Überschirmungsgrad, Waldentwicklungsphase) sind selbst bei gleichartigen Standorten und Baumarten klare Aussagen über längere Zeiträume nicht sicher zu treffen. Allgemein stellen Nieder et al. (2000) fest, dass »Wälder auf eine Verringerung der N-Einträge innerhalb weniger Jahre mit einem deutlichen Rückgang der Nitratkonzentrationen im Sickerwasser reagieren können«. Doch halten die Autoren eine Erhöhung der Austräge bei sauren Böden mit Rohhumus bei gleichbleibenden N-Einträgen in Zukunft für möglich. Laubbäume filtern durch die geringere und nur halbjährig vorhandene Belaubung weniger Stickstoff aus der Luft und schöpfen als tiefwurzelnde Baumarten das Nitrat wirkungsvoller als Nadelbäume aus dem Sickerraum ab. Waldbauliche Umbaumaßnahmen können zwar das Grundproblem der anhaltenden Belastung der Wälder mit Stickstoff nicht beseitigen, sie tragen aber dazu bei, die Folgen der Belastung abzumildern (Mellert und Kölling 2006).

Der schwerwiegende Einfluss von Schadstoffimmissionen auf die Waldböden zeigte sich deutlich durch die in mehreren Ländern der EU angelegten und längerfristig beobachteten **Untersuchungsprogramme** NITREX (*Nitrogen Saturation Experiments*) und EXMAN (*Experimental Manipulation of Forest Ecosystems*, s. Wright und Rasmussen 1998).

In Deutschland wurden EXMAN im Höglwald/Bayern (Kreutzer et al. 1998) sowie EXMAN und NITREX im Solling/Niedersachsen als »Dachprojekt« (Bredemeier et al. 1999) installiert. In der Zeitschrift *Forest Ecology and Management* (1998, Bd. 181, u. a. Bredemeier et al. 1998) wurden 29 Beiträge aus den beteiligten Ländern veröffentlicht, darunter auch eine kritische Betrachtung der Faktoren, die als mögliche Begrenzung der Aussagekraft von Resultaten anzusehen sind (Gundersen et al. 1998).

Der **Rückgang der Emissionen** seit Ende der 1980er-Jahre wirkte sich je nach Standort unterschiedlich auf den chemischen Bodenzustand aus. Für Buchenbestände im Solling (Buntsandstein), im Göttinger Wald (Muschelkalk) und in Zierenberg (Basalt) fassten Brumme et al. (2009b) die Ergebnisse langfristiger Untersuchungen bis 2002 zusammen. Im stark versauerten Boden des Sollings ging die Auswaschung nahezu aller Ionen zurück, obwohl das Verhältnis von basischen Kationen zu Al und das Säurebindungsvermögen (Al-

Dachprojekt

Das Dachprojekt im Solling dient der **experimentellen Manipulation** von Quantität und Qualität der Bestandesniederschläge. Es wurde im Winter 1989/1990 in einem damals 57-jährigen Fichtenbestand auf einer podsoligen, schwach pseudovergleyten sauren Braunerde mit Lössauflage und Rohhumus angelegt. Der Bestand wies zur Zeit der Anlage vergilbte Nadeln im Kronenbereich auf, ein Zeichen für Magnesiummangel (Bredemeier et al. 1993, 1999).

Für das Dachprojekt wurden drei transparente, 300 m² große Dächer unter dem Kronenraum (3,5 m über dem Boden) des Fichtenbestandes errichtet (Dächer D1 bis D3). Eine vierte Messparzelle diente als Referenzfläche ohne Dach (D0) (◘ Abb. 21.4). In einem Experiment (D1) wurden die Auswirkungen von entsauertem, vorindustriellem Regen auf Boden, Wurzeln, Bestand und Stoffausträge getestet. Die über die Dachkonstruktion aufgefangenen Bestandesniederschläge wurden hierfür in einer Entsalzungsanlage demineralisiert und anschließend mit einer Nährstofflösung versetzt unter dem Dach verregnet. Die Zusammensetzung des Regens entsprach etwa vorindustriellen Bedingungen, d. h. einer Verminderung des Schwefeleintrags von über 80 % und des Stickstoffeintrags von 90 % gegenüber den Einträgen um 1990. In einem Austrocknungs- und Wiederbefeuchtungsexperiment (D3) wurde die zeitliche Niederschlagsverteilung verändert, um lange Trockenperioden zu simulieren und systeminterne Versauerungsschübe im Boden zu induzieren (s. hierzu Borken und Matzner 2009). Unter dem Dach D2 wurde der aufgefangene Bestandesniederschlag in gleicher Menge und in gleicher chemischer Zusammensetzung nahezu zeitgleich wie auf der unbedachten Referenzfläche D0 verregnet. Es diente zur Abschätzung der Effekte der Dachkonstruktion und der Beregnungsanlage (u. a. auf Strahlung, Bodentemperatur, Bodenvegetation, Humusauflage; s. hierzu Bredemeier et al. 1993; Gundersen et al. 1998; Lamersdorf und Borken 2004; Martinson et al. 2005).

Mit Beginn der experimentellen **Reduzierung der S- und N-Einträge** im September 1991 gingen die S- und N-Konzentrationen in der Bodenlösung unter Dach D1 zurück. Nach fünfjähriger Beregnung mit vorindustriellem Niederschlag war N in der Bodenlösung in 10 cm Mineralbodentiefe nicht mehr nachweisbar, und die S-Konzentration der Bodenlösung hatte sich halbiert (◘ Abb. 21.5). Langfristig förderte die geringe N-Zufuhr das Feinwurzelwachstum (Lamersdorf und Borken 2004; Martinson et al. 2005). Die simulierten Trockenphasen (Experiment D3) zeigten Auswirkungen auf den N-Haushalt, führten aber nicht zur Bodenversauerung durch stärkere Nitrifikation als Folge der Wiederbefeuchtung (Lamersdorf et al. 1998).

◘ **Abb. 21.4** Die Versuchsfläche »Dachprojekt« im Solling (Niedersachsen) mit einer von drei unterhalb der Kronen der Fichten aufgestellten Dachflächen. Im Bildvordergrund stehen Auffangbehälter für den Niederschlag (trichterförmig mit Sammelgefäß) und für die Nadelstreu

kalinität) sich kaum verändert hatten, u. a. als Folge davon, dass zuvor gebundene S-Ionen in Lösung gegangen waren. Auf dem basenreichen Standort Göttingen Wald nahmen die Konzentrationen von S, N und basischen Kationen in der Bodenlösung nur in der oberen kalkfreien Bodenschicht ab. Der basenreiche, aber kalkarme Standort Zierenberg, für den die Bodenlösung erst ab einer Bodentiefe von 20 cm erfasst wurde, wies eine Erhöhung der Konzentrationen von Al, H und Nitrat auf, v. a. als Folge eines Abbaus des Humusvorrats und hoher Niederschläge.

Die **Maßnahmen der Forstwirtschaft** zur Vermeidung von Immissionswirkungen hat von Lüpke (2001) zusammengefasst. Neben der Auswahl stresstoleranter Baumarten und Herkünfte sowie dem Aufbau von arten- und strukturreichen Wäldern lassen sich die Auswirkungen von Schad-

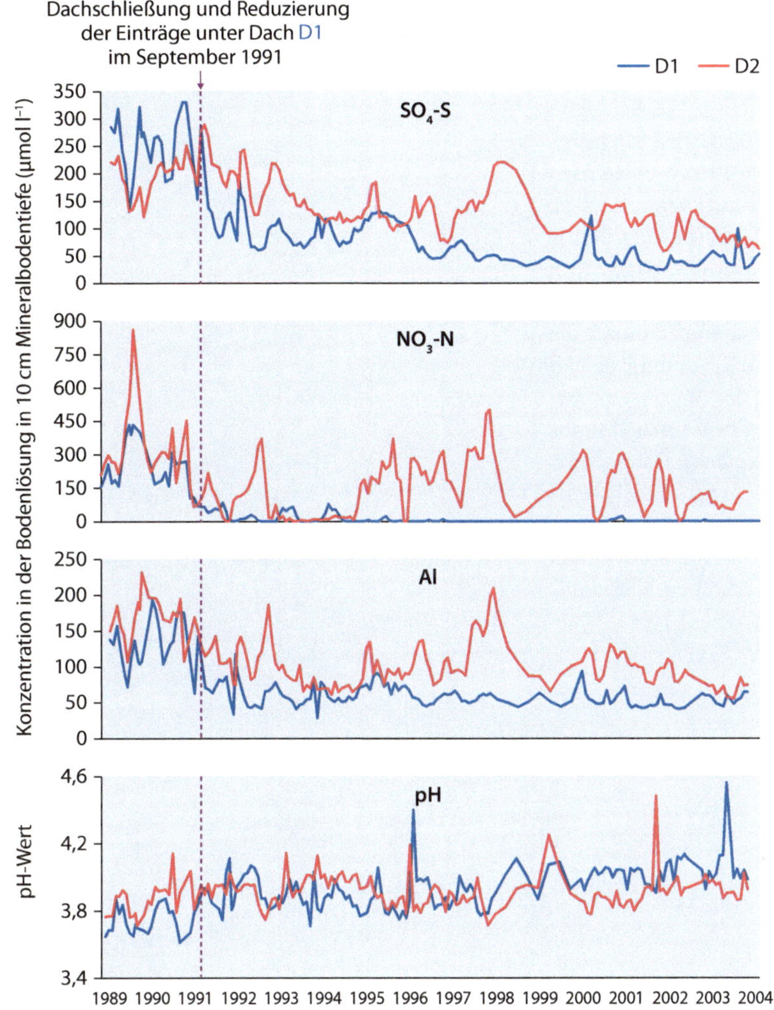

Abb. 21.5 Mit dem »Dachprojekt« im Solling wurde experimentell nachgewiesen, dass sich Waldböden nach starker Reduzierung der Schwefel- und Stickstoffeinträge rasch erholen können. Dargestellt sind die Auswirkungen der Beregnung mit Niederschlag, dessen Schwefel- und Stickstoffkonzentrationen auf vorindustrielles Niveau eingestellt wurden, auf die Konzentrationen von Sulfat (SO_4-S), Nitrat (NO_3-N) und Aluminium (Al) und sowie auf den pH-Wert in der Bodenlösung in 10 cm Bodentiefe unter dem Dach D1 im Vergleich zu den Werten des Kontrolldachs D2, unter dem aufgefangener Bestandesniederschlag unverändert verregnet wurde. (Nach Lamersdorf und Borken 2004)

stoffen auf die Bäume und deren Standort abschwächen, indem man nutzungsbedingte Belastungen für den Nährstoffhaushalt (Nährstoffexport durch Biomassenutzung) und die Bodenstruktur (Verdichtung durch Befahrung) gering hält und die Vitalität der Bäume durch waldbauliche Maßnahmen steigert. Dazu gehört vor allem eine **Schutz- und Kompensationskalkung**, die eine weitere immissionsbedingte chemische Degradation der Waldböden verhindern soll (s. Beese und Meiwes 1995; Hildebrand 1996). Von 1984 bis 1995 wurden 20 % der Waldfläche in Westdeutschland mit einer solchen Schutzkalkung versorgt. Hierbei werden (gemessen am gesamten Säurevorrat des Bodens) geringe

Kalkmengen von 3–4 t ha^{-1} in Form fein gemahlener Karbonate oder Industriekalke über dem Kronendach per Hubschrauber ausgebracht oder im Bestand vom Waldweg aus verblasen. Da versauerte Böden oft auch an Mg verarmt sind, wird Mg (mindestens 15 % $MgCO_3$) beigefügt, oder es werden magnesiumhaltige Kalke (Dolomit) verwendet (s. Hüttl und Schaaf 1997). Die Pufferwirkung hält je nach den Eintrags- und Bodenverhältnissen zwölf bis 25 Jahre an. Das Ziel, eine weiter fortschreitende Versauerung zu unterbinden, wurde durch die Kalkungen weitgehend erreicht. Erwartungsgemäß beschränkt sich eine Erhöhung der Austauschkapazität und der Basensättigung auf den Auflagehumus und die oberste Mineralbodenschicht. Häufig wurde auch eine Anregung des Feinwurzelwachstums im Auflagehumus festgestellt. Selten sind negative Effekte wie ein Humusabbau, verbunden mit einem Anstieg der Nitrifikation und erhöhten Nährstoffausträgen, zu beobachten.

Wälder im Klimawandel

Norbert Bartsch, Ernst Röhrig

N. Bartsch, E. Röhrig, *Waldökologie*,
DOI 10.1007/978-3-662-44268-5_22,

Bald nach den »neuartigen Waldschäden« trat mit noch viel größerer Resonanz eine andere Erscheinung in das Interesse der breitesten Öffentlichkeit: der **Klimawandel**. Menschliche Aktivitäten bewirken eine fortschreitende Anreicherung der Erdatmosphäre mit CO_2 und anderen **klimawirksamen Gasen**, wodurch die Erde erwärmt wird. Davon sind offenbar alle Lebensbereiche der Erdbevölkerung und neben den aquatischen auch terrestrische Ökosysteme in verschiedenster Weise betroffen durch Trockenheit, Überflutung, häufigere und stärkere Stürme und andere negative Einwirkungen. Daher gilt dieser Entwicklung ein bevorzugtes Interesse von Wissenschaft, Publizistik und Politik. Für die Forstwirtschaft ergeben sich daraus mannigfaltige Probleme.

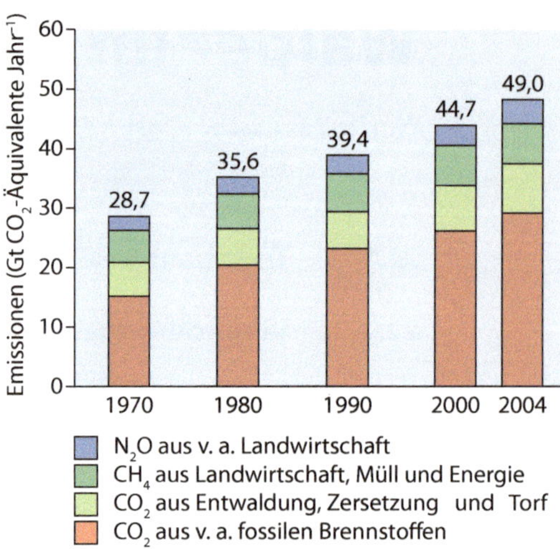

Abb. 22.1 Emissionen anthropogener Treibhausgase von 1970 bis 2004. (Nach IPCC 2007)

22.1 Treibhausgase

In ► Abschn. 19.1 sind die Ein- und Ausstrahlungsverhältnisse der Erde knapp dargestellt. Die langwellige **Ausstrahlung** von der Erdoberfläche geht nur zu einem Teil (je nach den meteorologischen Verhältnissen) in den Weltraum zurück, der andere wird durch Wasserdampf und in der Luft befindliche stark reaktive Gase in der Atmosphäre zurückgehalten. Sie sind weitgehend durchlässig für kurzwellige Strahlung, mindern aber den Durchtritt langwelliger Strahlung. Weil sie auf diese Weise die Erwärmung der Erdatmosphäre fördern, werden sie Treibhausgase genannt. Ohne den **Treibhauseffekt** würde an der Erdoberfläche eine Durchschnittstemperatur von –19 °C herrschen statt derzeitig 15 °C.

Zu den **Treibhausgasen** gehört neben dem weniger wirksamen, unregelmäßig verteilten Wasserdampf wegen seiner relativ hohen Konzentration in der Troposphäre das Kohlendioxid (CO_2). Methan (CH_4) und Distickstoffoxid (N_2O) sind als Spurengase mit weit geringeren Konzentrationen vertreten, tragen aber im Vergleich zum CO_2 bei gleicher Stoffmenge um den Faktor 6 (CH_4) bzw. 350 (N_2O) stärker zum Treibhauseffekt bei. Zusammen mit weiteren weniger häufigen Spurengasen haben sie aufgrund ihrer hohen Wirksamkeit und ihrer langen Verweildauer in der Atmosphäre für die Erderwärmung die gleiche Bedeutung wie das CO_2 (Ali 2013; Cowie 2013). Die Treibhausgase sind seit dem Fortschreiten der Industrialisierung in ständigem Anstieg begriffen, global um 70 % von 1970 bis 2004 (IPCC 2007; ◘ Abb. 22.1).

Als wichtigste **Ursachen** für den **CO_2-Anstieg** von 240 ppm auf 392 ppm im Jahr 2012 (Le Quéré et al. 2013) gelten die Verbrennung von fossilen Stoffen (v. a. Industrie und Verkehr) sowie Veränderungen der Landnutzung, insbesondere die Umwandlung von Wald zu landwirtschaftlichen Flächen und zu Brache. Änderungen in der Landnutzung haben auch direkte biophysikalische Effekte (u. a. Albedo, Rauigkeit der Oberfläche) auf das Klima in Bodennähe (Luyssaert et al. 2014). Rollinson (2007) beziffert die Anteile der wichtigsten Quellen: Elektrizitäts- und Wärmeerzeugung 25 %, Änderung der Landnutzung, insbesondere Waldrodung, 18 %, Transport 14 %, Landwirtschaft 13 %. Insgesamt hat die CO_2-Emission seit der Industrialisierung um 30 %, von 1970 bis 2004 sogar um rund 80 %, zugenommen. Als Durchschnitt der Jahre 2003 bis 2012 betrugen die globalen CO_2-Emissionen aus Verbrennung und Zementherstellung 8,6 Gt C $Jahr^{-1}$ (Gt = Gigatonne = 10^9 t) und aus Landnutzungsänderung 0,8 Gt C $Jahr^{-1}$. Von diesen werden 4,3 Gt C $Jahr^{-1}$ (45 %) in der Atmosphäre, 2,6 Gt C $Jahr^{-1}$ (27 %) in den Ozeanen und 2,6 Gt C $Jahr^{-1}$ (27 %) in den Landökosystemen gespeichert (Le Quéré et al. 2013). Die weitere Entwicklung hängt vor allem von ökonomischen und technologischen Veränderungen ab.

Chemische Zusammensetzung der Atmosphäre

Der sensibelste Bereich des globalen Raumes ist die **Atmosphäre**, der hauchdünne Luftmantel der Erde. Die innerste Hülle ist die **Troposphäre**, die Wetterzone der Lufthülle. Das Aufnahmevermögen der Atmosphäre für Wasserdampf aus der Verdunstung, aber auch für zugeführte Fremdstoffe, ist auf die Troposphäre beschränkt. Hierfür verantwortlich ist die **Tropopause**, die Temperaturumkehrschicht in Höhen von 10 km (in mittleren Breiten) bis 18 km (über subtropischen und äquatorialen Gebieten). Bis zur Tropopause nimmt die Lufttemperatur bis −55 °C ab, bleibt in der **Stratosphäre** zunächst in etwa gleich, um dann in der oberen Stratosphäre bis zu deren Obergrenze auf etwa 0 °C anzusteigen (Larcher 2001; Häckel 2012; Schönwiese 2013). Die chemische Zusammensetzung atmosphärischer Luft in Bodennähe zeigt ◘ Tab. 22.1. Einige Spurengase spielen bei nur geringen Konzentrationen in der Luft (etwa unter einem Volumenpromille) eine sehr bedeutende klimatologische Rolle aufgrund ihrer Strahlungseigenschaften und ihrer zum Teil großen atmosphärischen Verweilzeit.

◘ **Tab. 22.1** Zusammensetzung trockener (wasserdampffreier) und reiner (aerosolfreier) atmosphärischer Luft in Bodennähe nach Volumenanteilen geordnet (% bzw. ppm = 10^{-6} bzw. ppb = 10^{-9}). (Nach Schönwiese 2013)

Gas, chem. Formel/chem. Symbol	Volumenanteil	Verweilzeit
Stickstoff, N_2	78,084 %	> 1000 Jahre
Sauerstoff, O_2	20,946 %	> 1000 Jahre
Argon, Ar	0,934 %	> 1000 Jahre
Kohlendioxid, CO_2	0,037 % = 370 ppm	5–15 Jahre
Neon, Ne	18,18 ppm	> 1000 Jahre
Helium, He	5,24 ppm	> 1000 Jahre
Methan, CH_4	1,75 ppm	15 Jahre
Krypton, Kr	1,14 ppm	> 1000 Jahre
Wasserstoff, H_2	0,52 ppm	2 Jahre
Distickstoffoxid, N_2O	0,31 ppm	120 Jahre
Xenon, Xe	0,09 ppm = 90 ppb	> 1000 Jahre
Kohlenmonoxid, CO	50–100 ppb	60 Tage
Ozon, O_3	15–50 ppb	< 4 Minuten
Stickoxide, NO_x (= NO + NO_2)	0,5–5 ppb	~1 Tag
Schwefeldioxid, SO_2	0,2–4 ppb	1–4 Tage
Ammoniak, NH_3	0,1–5 ppb	~5 Tage
Propan, C_3H_8	0,2–1 ppb	?
Dichlordifluormethan, CF_2Cl_2	~0,5 ppb	100 Jahre
Trichlorfluormethan, $CFCl_3$	~0,3 ppb	50 Jahre
Chloridfluormethan, $CHClF_2$	~0,1 ppb	13 Jahre

Waldrodungen

Wie die Auswertung von Satellitenfotos im Auftrag der FAO ergab, ist weltweit die Waldfläche zwischen 1990 und 2005 um 1,7 % zurückgegangen (jährlich um 0,11 %). Von 1990 bis 2000 wurden jährlich 3 Mio. ha Wald in andere Landnutzungsformen umgewandelt, in den folgenden Jahren bis 2005 waren es bereits 6 Mio. ha $Jahr^{-1}$ (Lindquist et al. 2012). Am stärksten gehen die Waldflächen in den Tropen Südamerikas, Südostasiens sowie West- und Zentralafrikas zurück, vor allem zugunsten landwirtschaftlicher Nutzung, aber auch als Folge von Holznutzung.

Die **Entwaldung der Tropenwälder** setzt große Kohlenstoffmengen frei, die sich allerdings nur mit großen Unsicherheiten quantifizieren lassen (s. Solomon et al. 2007). DeFries et al. (2002) geben auf der Basis von Satellitendaten an, dass hierdurch in den 1980er-Jahren 0,7 (0,4–1,0) Gt C $Jahr^{-1}$ und in den 1990er-Jahren 1,0 (0,5–1,6) Gt C $Jahr^{-1}$ in die Atmosphäre gelangt sind (s. a. Grace 2005). Guo und Gifford (2002) folgerten aus einer Literaturauswertung, dass die Umwandlung von Naturwäldern oder Weideland in Plantagen aus Laubbäumen keinen Effekt auf die C-Vorräte hat, wohingegen die Umwandlung in Nadelholzplantagen die C-Vorräte um 12–15 % reduziert. In Europa und Nordamerika, aber auch in Teilen Asiens, hat die Waldfläche in den letzten Jahrzehnten hingegen zugenommen, hauptsächlich als Folge von **Aufforstungsprogrammen** oder der natürlichen Wiederbewaldung von Grenzertragsböden. In Deutschland z. B. ist die Waldfläche in den westlichen Bundesländern von 1987 bis 2002 um ca. 54.000 ha (0,7 %) angestiegen (BMELV 2002).

Methan tritt in weitaus geringen Konzentrationen auf, ist aber um ein Vielfaches klimawirksamer als CO_2. Die wichtigste natürliche Quelle von Methan sind Feuchtgebiete (v. a. Moore). Hinzugekommen sind Quellen durch menschliche Aktivitäten, vor allem durch Landwirtschaft (Großviehhaltung, Reisanbau) und Energiegewinnung. Die Bedeutung der Moore ist abhängig von deren Erhaltungszustand. Moore können sowohl Senken (bei Aufbau von Torf, aber auch in den ersten Jahrzehnten nach Abtorfung und Aufforstung) als auch Quellen (v. a. nach Wiedervernässung vor Ausbreitung der Torfmoose) von Treibhausgasen sein (Laurila et al. 2005; Höper 2007; Drösler et al. 2012). Zurzeit werden jährlich annähernd 0,6 Gt CH_4 emittiert, davon rund ein Viertel aus natürlichen Feuchtgebieten und ein Zehntel aus Reisfeldern. Doch bestehen noch große Unsicherheiten (Houghton 2011). Der jährliche Anstieg der Methankonzentration beträgt etwa 0,8–1,0 % (Ali 2013).

Stickoxide werden hauptsächlich bei der Verbrennung von fossilen Stoffen frei, aber auch Böden, besonders nach Stickstoffdüngung, geben bei Erwärmung Stickoxide ab (Brumme und Borken 2009 ; Chapin et al. 2011). Daneben können Ozon sowie industriell erzeugte Gase (Kohlenwasserstoffe, Aerosole u. a.) klimawirksam sein (s. Houghton 2011; Ali 2013).

22.2 Veränderungen des Erdklimas

Das **Klima der Erde** wird von mehreren langfristig oder in kürzeren Zeiträumen wirkenden Verhältnissen geprägt. Hieran sind folgende **Prozesse** beteiligt (s. Bonan 2008, 2011; Newman et al. 2011; Cowie 2013):

- Verschiebung der Kontinente und Ozeane sowie der Gebirge,
- Exzentrizität der Erdumlaufbahn um die Sonne,
- Änderung der Strahlungsaktivität der Sonne,
- natürliche und vom Menschen verursachte Variabilität der Erdatmosphäre.

Nur die Auswirkungen der letztgenannten Veränderungen auf das Erdklima lassen sich beeinflussen. In den vergangenen Jahrzehnten sind immer weitere Versuche unternommen worden, diese Auswirkungen möglichst genau zu erfassen. Dennoch überzeugen die Ergebnisse der Berechnungen mittels verschiedener, meist sehr komplizierter Modelle nicht uneingeschränkt, weil von zahlreichen Annahmen ausgegangen werden muss, u. a. von demografischen, ökonomischen und technologischen Einflüssen (zu den Modellansätzen und deren Einschränkungen s. Gramelsberger und Feichter 2011; Newman et al. 2011). Verschiedene **Szenarien** rechnen bis zum Ende des 21. Jahrhunderts mit **Erwärmungen** von 1–6 °C, wenn die Konzentrationen der

Instrumente der Klimapolitik

Das **Intergovernmental Panel on Climate Change (IPCC)** wurde 1988 von der Weltorganisation für Meteorologie (WMO) und dem Umweltprogramm der Vereinten Nationen (UNEP) eingerichtet, um Entscheidungsträgern und anderen am Klimawandel Interessierten eine objektive Informationsquelle über **Klimaänderungen** zur Verfügung zu stellen. Seine Aufgabe besteht darin, die aktuellen wissenschaftlichen, technischen und sozioökonomischen Kenntnisse zu dem Thema zusammenzutragen und zu bewerten. Das Themengebiet reicht vom Risiko menschengemachter Klimaänderung über ihre beobachteten und projizierten Auswirkungen bis hin zu Anpassungs- und Minderungsoptionen. Durch die Anerkennung von IPCC-Berichten und die Verabschiedung ihrer Zusammenfassung für politische Entscheidungsträger bestätigen Regierungen die Rechtmäßigkeit der wissenschaftlichen Inhalte (s. a. Beck 2009; Petersen 2011; Bolle 2012).

Die Erkenntnisse des ersten IPCC-Sachstandsberichts von 1990 spielten eine entscheidende Rolle bei der Erstellung der Klimarahmenkonvention der Vereinten Nationen (UNFCCC), die auf dem Gipfel von Rio 1992 zur Unterzeichnung freigegeben wurde und 1994 in Kraft trat. Der zweite IPCC-Sachstandsbericht aus dem Jahre 1995 lieferte wichtige Argumente für die Verhandlungen zum **Kyoto-Protokoll** (benannt nach dem Ort der Konferenz in Japan), ein 1997 beschlossenes Zusatzprotokoll zur Ausgestaltung der UNFCCC. Das 2005 in Kraft getretene Abkommen legt erstmals völkerrechtlich verbindliche Zielwerte für den Ausstoß von Treibhausgasen in den Industrieländern fest. Bis Dezember 2011 haben 193 Staaten sowie die Europäische Union das Kyoto-Protokoll ratifiziert, nicht aber die USA. Das Kyoto-Protokoll sieht vor, den jährlichen **Treibhausgasausstoß** der Industrieländer innerhalb der sogenannten ersten Verpflichtungsperiode (2008 bis 2012) um durchschnittlich 5,2 % gegenüber dem Stand von 1990 zu reduzieren. Für Schwellen- und Entwicklungsländer sind keine Reduktionsziele beziffert. Mehrere Folgekonferenzen führten nicht zu einer zweiten Verpflichtungsperiode. Strittig sind vor allem der Umfang und die Verteilung der künftigen Treibhausgasreduktionen, die Einbindung von Schwellen- und Entwicklungsländern in die Reduktionsverpflichtungen sowie die Höhe der Finanztransfers (▶ http://de.wikipedia.org/wiki/Kyoto-Protokoll, s. a. Pflüglmayer 2004; Wicke 2005; Douma et al. 2007).

Als weiteres Klimaschutzinstrument wurde 2007 bei der UN-Klimakonferenz auf Bali **REDD** (**R**educing **E**missions from **D**eforestation and **D**egradation) eingeführt, das die Erhaltung großflächiger Wälder als **Kohlenstoffspeicher** finanziell attraktiv machen soll. Die Grundidee von REDD sind leistungsbasierte Kompensationszahlungen für mess- und überprüfbare Emissionsreduzierungen durch **Waldschutzmaßnahmen**, die von Nationalstaaten oder lokalen Organisationen durchgeführt werden. Die Überarbeitung des REDD-Modells, die als REDD+ bezeichnet wird, bezieht neben den Waldschutzmaßnahmen die Kohlenstoffspeicherung über nachhaltigere Waldbewirtschaftungsformen und die Verbesserung der Wirtschaftslage der Menschen in den betroffenen Gebieten mit ein (s. a. Loft 2009; Ashton et al. 2012; Brown 2013).

Ziel der internationalen Klimapolitik ist es, die globale Erwärmung auf weniger als 2 °C gegenüber dem Niveau vor Beginn der Industrialisierung zu begrenzen. Das sogenannte **2-Grad-Ziel** ist eine politische Festsetzung, die auf Grundlage wissenschaftlicher Erkenntnisse über die wahrscheinlichen Folgen der globalen Erwärmung erfolgte. Zunächst verschrieben sich die deutsche Bundesregierung und später die Europäische Union, im Dezember 2010 alle Mitgliedstaaten der Klimarahmenkonvention der Vereinten Nationen diesem Ziel.

Treibhausgase nicht drastisch vermindert werden. Es wird bereits diskutiert, den Zeitabschnitt, in dem der Mensch zu einem der wichtigsten Einflussfaktoren auf die biologischen, geologischen und atmosphärischen Prozesse auf der Erde geworden ist, als neue geochronologische Epoche anzusehen und diese als **Anthropozän** zu bezeichnen (Crutzen 2002).

Das Intergovernmental Panel on Climate Change (IPCC) nennt eine Anzahl von zurzeit beobachteten deutlichen Anzeichen einer Veränderung des Klimas: die Vergrößerung und die Zunahme glazialer Seen, die größere Instabilität von Permafrostböden, den früheren Eintritt der Vegetationszeiten, die Verschiebung der Areale vieler Arten polwärts und mit der Höhenlage und einige andere (Parry et al. 2007; Field et al. 2012). Risbey und O'Kane (2011) gehen auf Unsicherheiten vieler Erhebungen und Aussagen ein.

Mit der Erwärmung gehen noch andere Veränderungen des Klimas einher, besonders in der Verteilung des **Niederschlags** über die Jahreszeiten. Diese Erscheinungen treten nicht gleichmäßig in allen Regionen der Erde auf, sie sind vielmehr unterschiedlich ausgeprägt oder fehlen ganz. Allgemein wird für das 21. Jahrhundert mit einer Erhöhung der Jahresdurchschnittstemperatur gerechnet (bis über 0,4 °C je Dekade). Für Europa wird vorausgesagt, dass die **Temperaturerhöhung** in den nördlichen Bereichen besonders während der Wintermonate und in Mittel- und Südeuropa vorwiegend im Sommer auftritt. Die durchschnittlichen jährlichen Niederschläge werden im nördlichen Europa (mit deutlichen regionalen Unterschieden) ansteigen, und zwar hauptsächlich in den Wintermonaten. Weiter südlich werden sie abnehmen, besonders in den Sommermonaten (Parry et al. 2007).

Ausmaß und Wirkungen der Klimaveränderungen hängen nicht nur von meteorologischen Faktoren, sondern auch weitgehend von ökonomischen Verhältnissen und technologischen Entwicklungen im betrachteten Zeitraum ab. Dazu wurden vom IPCC vier **Szenarien** unter der Bezeichnung SRES (**S**pecial **R**eport on **E**mission **S**cenarios) entwickelt. Kurz gefasst bedeuten sie:

- **A1**: sehr rasches Bevölkerungswachstum bis Mitte des Jahrhunderts, dann verlangsamt; rasche ökonomische Entwicklung des Pro-Kopf-Einkommens; Technologie nach drei Untergruppen: A1 F1 = von fossilen Stoffen abhängig, A1 T = andere Energieträger, A1 B = gemischt.
- **A2**: gleichmäßiges Bevölkerungswachstum, ökonomische Entwicklung regional unterschiedlich, Pro-Kopf-Einkommen der Bevölkerung gering, schwacher Anstieg der Technologie.
- **B1**: Bevölkerungswachstum wie A1, ökonomische Entwicklung geringer als A1, Technologie mehr umweltbewusst.
- **B2**: Bevölkerungswachstum gleichmäßig, geringer als in A2 ansteigend; mäßiges Ansteigen der Ökonomie; technologische Entwicklung rascher als A2.

Die Schätzungen der **CO_2-Konzentrationen** für das Jahrhundertende sind sehr vage, wobei davon ausgegangen wird, dass keine zusätzlichen, grundlegend neuen Maßnahmen zur Emissionsminderung eingesetzt werden. Als mittlere Spanne für die CO_2-Konzentrationen werden 540–970 ppm (10^{-6}) angenommen (Griffiths und Jarvis 2005). Am niedrigsten liegen sie bei dem Szenario B1 mit 540 ppm, am höchsten bei A1 F1 mit 958 ppm. Man erkennt daraus, dass es besonders intensiver Anstrengungen bedarf, wenn man den Werten vom Beginn der Industrialisierung nahekommen will.

Unter Anwendung des WETTREG-Verfahrens stellen Spekat et al. (2007) regional differenzierte **Prognosen** für Deutschland bis zum Jahr 2100 vor. Dabei handelt es sich um eine Methode, welche die Vorteile der dynamischen Modelle mit den Möglichkeiten eines statistischen Wettergenerators zur Erzeugung von Zeitreihen verbindet. Auf dieser (oder ähnlicher) Basis sind weitere regionale Prognosen entwickelt worden (s. a. Cumming et al. 2005; Manthey et al. 2007; Kölling et al. 2009). Spekat et al. (2007) legen einen Vergleich der räumlichen Muster der Klimaverhältnisse in Deutschland für die IPCC-Szenarien A1 B, A2 und B1 vor, bei dem Jahresgang der Temperatur und des Niederschlags sowie abgeleitete Größen wie Tageshöchsttemperaturen, Hitzewellen und Extremniederschläge geschildert werden. Detailliert gehen sie auf die Entwicklung in elf deutschen Naturräumen (Nordwestdeutsches Tiefland bis Alpen) in Text und grafischen Darstellungen ein (▫ Abb. 22.2). Für den Naturraum »Zentrale Mittelgebirge und Harz« werden zum Beispiel im Vergleich zu den weiter westlich gelegenen Regionen ein etwas kühleres Klima und weniger Frosttage, dagegen eine höhere Zahl der Sommertage vorausgesagt. Die Sommerniederschläge liegen im Harz deutlich niedriger als zuvor, im hessischen Bergland dagegen nicht. Diese Verhältnisse kehren sich bei den (deutlich höheren) Winterniederschlägen um.

22.3 Kohlenstoffspeicherung in Waldökosystemen

Über den **Kohlenstoffhaushalt** in der Atmosphäre und in Biomen sowie über die Verteilung der Kohlenstoffmengen in den Kompartimenten gibt es eine Fülle von Angaben, die auf unterschiedlichen Untersuchungsmethoden und Modellen beruhen. Eine grobe Orientierung gibt ▫ Abb. 22.3, die Schätzungen der wichtigsten Vorräte und Flüsse enthält. Wir werden hier die Rolle der Vegetation, und dabei vor allem die des Waldes behandeln. Weitergehende und zusammenfassende Darstellungen enthalten Sheppard et al. (1999), Schulze (2000), Griffiths und Jarvis (2005), Freer-Smith (2007), Hoover (2008), Ciais et al. (2008), Brumme und Khanna (2009a), Le Quéré et al. (2013) sowie die Berichte des IPCC; die Methoden zur Erfassung der Vorräte und Flüsse des Kohlenstoffhaushalts sind in Hoover (2008), Ravindranath und Ostwald (2008) sowie Newman et al. (2011) ausführlich beschrieben.

Mehr als 75 % des Kohlenstoffs in terrestrischen Ökosystemen sind in **Wäldern gespeichert** (über 1240 Gt), davon mehr als die Hälfte in der organischen Substanz des Bodens (Lal 2005). Das organische Bodenmaterial kann den größten C-Vorrat über die längste Zeitperiode speichern und ist dadurch eine Schlüsselkomponente, wenn Änderungen in der Landnutzung einen Beitrag zur Verringerung des Anstiegs der CO_2-Konzentrationen in der Atmosphäre leisten sollen (Godbold et al. 2006; Schlesinger und Bernhardt 2013). Totes organisches Material, das den Saprophagen als Nahrung dient (Detritus), ist die Hauptquelle von C im Boden (Übersicht in Vogt et al. 1986). Der Biomasseeintrag in den Boden durch die Feinwurzeln beträgt durchschnittlich 30–40 % des oberirdischen Streueintrags (Godbold et al. 2003). Einen wesentlichen Anteil der unterirdischen Streu haben die Pilzhyphen der Mykorrhiza. Für drei Pappelarten wiesen Godbold et al. (2006) nach, dass dies der dominante Weg (62 % des Eintrags) ist, auf dem Kohlenstoff in den Boden gelangt.

Im Vordergrund steht die Frage: Wann sind Wälder **Senken**, wann **Quellen** im CO_2-Haushalt der terrestrischen Ökosysteme? Das muss unter regionalen (hier nur für temperierte und boreale Wälder) und zeitlichen Dimensionen sowie unter dem Aspekt der waldbaulichen Behandlung der Ökosysteme betrachtet werden. Wälder gelten allgemein als Senken. Voraussetzung dafür ist, dass in den Waldökosystemen die CO_2-Aufnahme durch die Fotosynthese höher ist als die Gesamtabgabe durch die verschiedenen Prozesse der Respiration und starker Ereignisse wie Waldbrand und andere tiefgreifende Störungen (Ciais et al. 2005). Die Wälder in Europa stellen eine Senke für Kohlenstoff dar, die mit zunehmendem Breitengrad abnimmt und von 6,6 t C ha^{-1} $Jahr^{-1}$ bis rund 1 t C ha^{-1} $Jahr^{-1}$

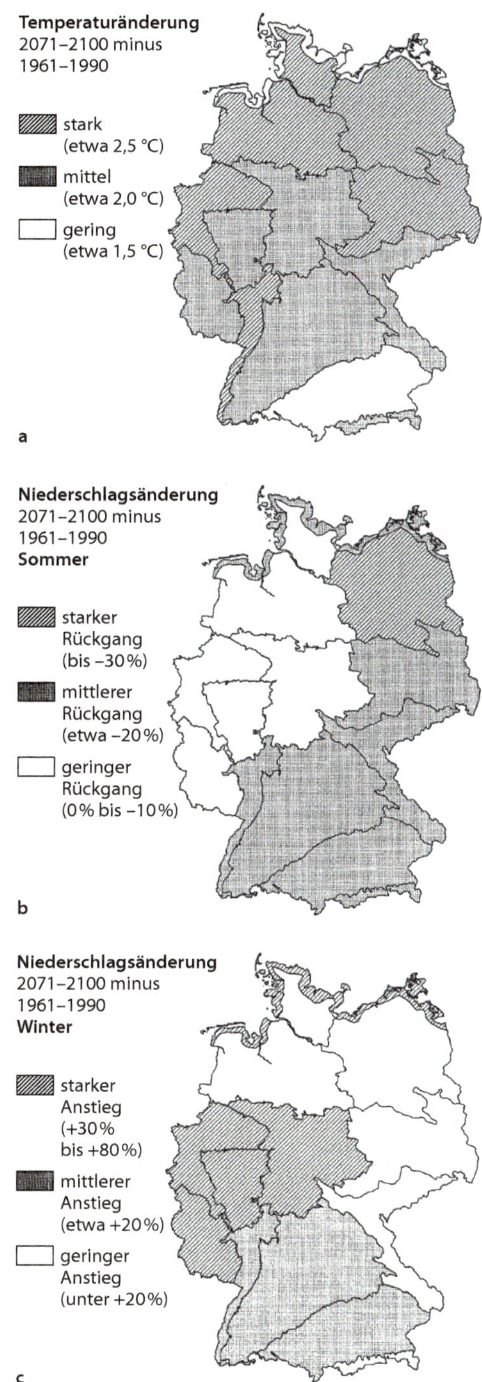

Abb. 22.2 Vereinfachte Kartendarstellung der Temperaturtrends (**a**) und der Niederschlagsänderungen im Sommer (**b**) und im Winter (**c**) in den Naturräumen Deutschlands als Differenz zwischen den Perioden 2071 bis 2100 (WETTREG-Simulation für Szenario A1 B) und 1961 bis 1990. (Nach Spekat et al. 2007)

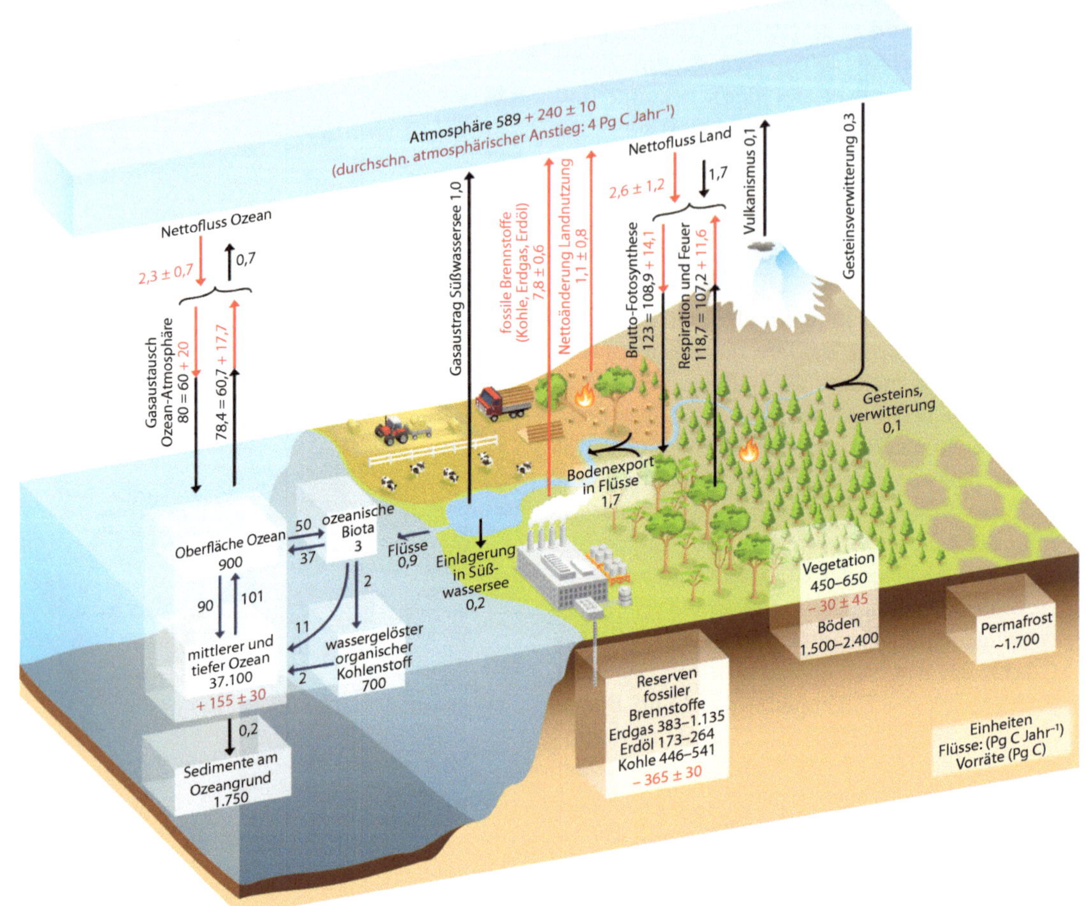

Abb. 22.3 Vereinfachtes Schema des globalen Kohlenstoffkreislaufs (nach IPCC 2014). Die Zahlen geben die Kohlenstoffvorräte in Pg C (1 Pg= 10^{15} g) und die jährlichen Kohlenstoffflüsse in Pg C $Jahr^{-1}$ an. Schwarze Zahlen und Pfeile sind Schätzungen der Vorräte und Flüsse für die Zeit vor der Industrialisierung (um 1750). Die roten Zahlen und Pfeile geben die anthropogen verursachten Flüsse als Durchschnitt der Jahre 2000 bis 2009 an, ebenso die Kohlenstoffsenken durch die Aufnahme von anthropogenem CO_2 durch Ozeane und terrestrische Ökosysteme. Rote Zahlen in den Speichern zeigen Veränderungen der Kohlenstoffvorräte für die industrielle Zeit von 1750 bis 2011 auf

reicht (Datenbasis aus 15 Wäldern zwischen 1996 und 1998 mittels Eddy-Kovarianz-Messungen, Valentini et al. 2000). Für die Zukunft sind solche (z. T. reichlich hohen) Angaben schon deshalb ungewiss, weil der Klimawandel eine Verschiebung einiger Waldtypen nach Norden erwarten lässt (Dresner et al. 2007). Für die Wälder der gemäßigten Zonen wird eine abnehmende Senkenleistung durch zurückgehende N-Depositionen und vermehrte Sommertrockenheit und Stürme erwartet (Naaburs et al. 2013).

Die **C-Speicherung** in Waldökosystemen umfasst mehrere Komponenten. Verhältnismäßig einfach lässt sich die C-Speicherung des stehenden Holzvorrats bestimmen. Meist werden traditionelle Inventurverfahren angewendet mit Umrechnung des Volumens auf C-Vorräte (annähernd 2:1). Die **Biomasse** der Wälder Mitteleuropas wirkt seit Jahrzehnten als Kohlenstoffsenke, da der Holzzuwachs die geerntete Holzmenge übertrifft. Von der als Holz vorhandenen Netto-Primärproduktion (NPP) werden zurzeit beim Nadelholz nur 50 %

Eddy-Kovarianz-Methode

Mit der mikrometeorologischen Messmethode werden die Strukturen der turbulenten Strömung in der bodennahen Atmosphäre aufgelöst und die mit ihr verbundenen Nettotransporte des Energie-, Wasser- und Gasaustauschs zwischen Boden bzw. Vegetation (z. B. den Baumkronen) und der angrenzenden Atmosphäre quantifiziert. Hierbei wird angenommen, dass die vertikalen Flüsse auf räumlich begrenzten Turbulenzen, sogenannten Eddies, beruhen, deren Größe aus hochfrequenten Messungen der vertikalen Windgeschwindigkeit, der Temperatur und der Feuchte bestimmt werden kann. Durch gleichzeitige Messung der Gaskonzentrationen in den Luftpaketen kann der Austausch von CO_2, Wasser und anderen Komponenten (O_3, Schwefel, Partikel u. a.) auf Ökosystemebene berechnet werden (Näheres s. Baldocchi 2003; Aubinet et al. 2012; ◻ Abb. 22.4).

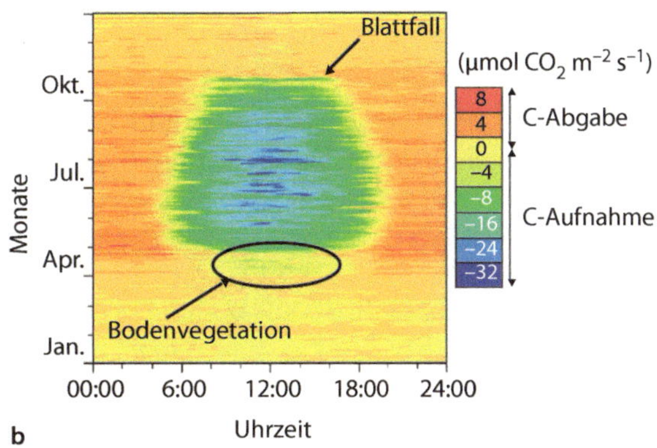

◻ **Abb. 22.4** **a** Messebene der Eddy-Kovarianz-Methode mit Windmesser und Gaschromatografen über den Kronen eines Buchenmischwaldes im Nationalpark Hainich. **b** Jahres- und tageszeitliche Variation der mit der Eddy-Kovarianz-Methode gemessenen Netto-CO_2-Aufnahme eines Buchenmischwaldes im Nationalpark Hainich (nach Knohl et al. 2003). Im Winter ist der Wald eine Netto-CO_2-Quelle, weil keine Fotosynthese stattfindet. Im Sommer ist der Wald tagsüber aufgrund der Fotosynthese eine Senke für CO_2, nachts aufgrund von Respiration eine Quelle für CO_2. Deutlich spiegelt sich die Verkürzung der Tageslänge ab Ende Juni wider. Zu erkennen ist eine geringe C-Aufnahme vor dem Blattaustrieb durch die Bodenvegetation (Frühjahrsgeophyten). Die Gesamtaufnahme an CO_2 im Jahr 2000 betrug ca. 470 g C m^{-2} $Jahr^{-1}$, das entspricht 4,7 t C ha^{-1} $Jahr^{-1}$

und beim Laubholz 34 % genutzt (s. a. ▸ Kap. 19). Während der letzten 50 Jahre hat sich in Europa (Daten aus 15 Staaten der EU) der Biomassevorrat durchschnittlich um den Faktor 1,75 und die NPP um den Faktor 1,67 erhöht. Der in den Bäumen gespeicherte Kohlenstoff (2,3 Gt C in den 15 EU-Staaten) entspricht 10 % der Emissionen fossiler Brennstoffe in diesen Ländern (Ciais et al. 2008). Bis zur Jahrhundertwende werden durch günstigere Wachstumsbedingungen (CO_2-Konzentration, Temperatur, regional auch Niederschlag, N-Deposition) und die sich daran anpassende Waldbewirtschaftung Zuwachssteigerungen der Wälder Mittel- und vor allem Nordeuropas erwartet, die zu einer Verdoppelung des C-Speichervermögens in der Bestandesbiomasse führen können. Pussinen et al. (2009) weisen allerdings auf die Probleme derartiger Modellsimulationen hin (s. a. Newman et al. 2011).

Große Unsicherheit besteht über die Mengen und Veränderungen des Kohlenstoffs im **Boden**. Neben erheblichen analytischen Schwierigkeiten gibt es viele, teilweise miteinander korrelierte Einflüsse (Boden, Klima, Baumarten u. a.), die zeitlich und kleinstandörtlich wechseln. Man verfügt daher über nur wenige sichere Daten aus Untersuchungen und Modellberechnungen. Böden enthalten im Durchschnitt über alle Biome 57–69 % des Gesamt-

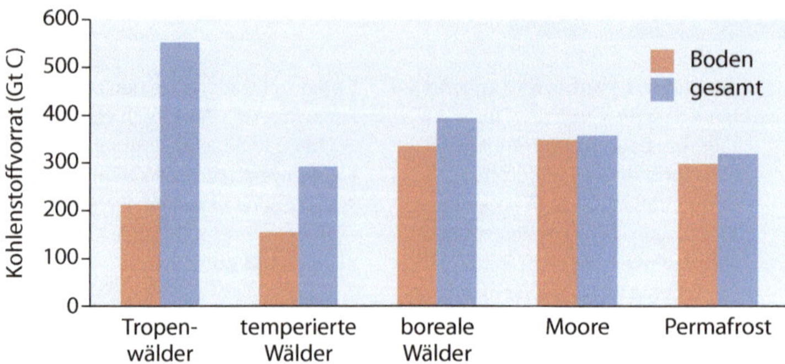

Abb. 22.5 Kohlenstoffvorräte im Boden und im gesamten Ökosystem (Biomasse und Boden) ausgewählter Biome. (Nach Reichstein 2007)

vorrats an C der Waldökosysteme (Czimczik et al. 2005; Reichstein 2007). Die Biome unterscheiden sich sowohl im Gesamtvorrat an C als auch in der Verteilung von C in Boden und Vegetation. In Wäldern der gemäßigten Zonen sind rund 60 % des C im Boden gespeichert (Lal 2005; Abb. 22.5).

Die Untersuchungen von Mund und Schulze (2006) in Buchenwäldern Thüringens auf nähstoffreichen Standorten zeigen deutlich geringere Werte (ca. 30 %). Brumme und Khanna (2009b) geben für einen Buchenbestand auf podsoliger Braunerde im Solling einen jährlichen Anfall von 3,9 t C ha^{-1} an, davon 67 % in der Streu und in den Feinwurzeln. Bei einem Abbau von 1,6–2,6 t C ha^{-1} $Jahr^{-1}$ ergibt sich eine jährliche Akkumulationsrate von 1,3–2,3 t ha^{-1}. Eine etwas höhere Rate (1,44 t C ha^{-1} $Jahr^{-1}$) gibt Schulze (2000) für Buchenwälder an. Das liegt alles weit unter den Anteilen des Kohlenstoffs im Boden.

Ähnlich schwierig ist die Bedeutung von **Strukturen** und **Sukzessionen** im Zuge des Klimawandels zu beurteilen. Mit der Freilage des Bodens nach der Entfernung des Baumbestandes durch Holznutzung oder nach natürlicher Lückenbildung setzt ein Abbau der Humusauflage, bisweilen auch der organischen Substanz im Oberboden ein, der zu erheblichen Kohlenstoffverlusten führen kann. Das ist umso stärker ausgeprägt, je mehr eine Bodenbearbeitung zur Verbesserung der Naturverjüngung oder des Pflanzungserfolgs eingesetzt wird (s. a. Jarvis und Linder 2007). Mit dem Aufwachsen der jungen Waldgeneration kehren sich die Verhältnisse nach etwa fünf bis 15 Jahren wieder um, je nach den standörtlichen Verhältnissen, den Baumarten und dem sonstigen Bewuchs. Jarvis und Linder (2007) geben dafür Beispiele für Fichte und Sitkafichte im nördlichen Großbritannien. In Buchenverjüngungen sind die Auswirkungen offenbar geringer (Bauhus et al. 2004; Hedde et al. 2008). Von der Mitte des Produktionszeitraums an bilden die weitaus meisten Waldökosysteme eindeutige Senken für Kohlenstoff. Sie sind in jüngeren Beständen höher als in alten, in denen die Produktivität des Baumbestandes nachlässt (Eggers et al. 2007; Rollinson 2007).

Über die Wirkung von **Durchforstungen** auf den C-Haushalt gibt es kaum aussagefähige Untersuchungen, zumal die Bedingungen äußerst vielfältig sind. Ein Beispiel bringen Nilsen und Strand (2008) von einem Fichtenbestand in Schweden, der mit 22 Jahren in drei verschiedenen Graden z. T. stark aufgelichtet wurde. 33 Jahre später ließen sich keine signifikanten Wirkungen auf die Speicherung von Kohlenstoff in Humus und Mineralboden feststellen. Vielleicht war die Beobachtungszeit noch zu kurz.

Im Hinblick auf die **Strukturen** von behandelten und (längere Zeit) unberührten Buchenbeständen ergab eine Untersuchung im Hainich und in umgebenen Flächen Thüringens einen ansteigenden Trend der gespeicherten Kohlenstoffmengen mit abnehmender Intensität der Eingriffe (Mund und Schulze 2006; Abb. 22.6). Die Autoren geben dazu Daten über die 16 verglichenen, z. T. verschieden alten Bestände und die C-Gehalte von lebendem und totem Holz, Streu

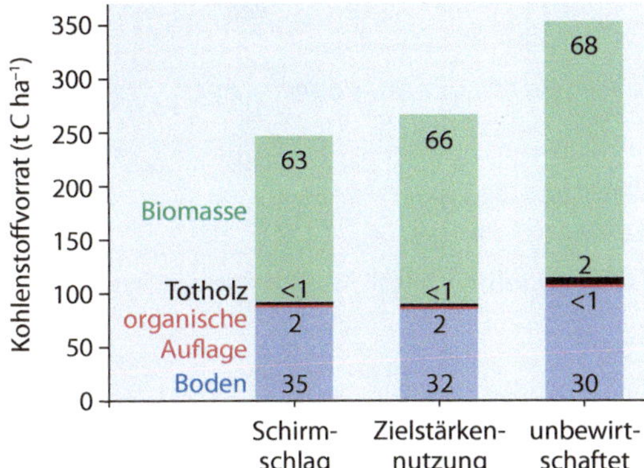

Abb. 22.6 Gespeicherte Gesamtkohlenstoffmenge in unterschiedlich bewirtschafteten Buchenwäldern des Hainich-Dün-Gebiets in Thüringen. Die Werte in den Säulen geben die Anteile (%) der einzelnen Kompartimente am Gesamtkohlenstoff an. (Nach Mund und Schulze 2006)

und Feinwurzeln an. Zwischen Schirmschlag und Plenterwald gab es kaum Unterschiede im Kohlenstoffvorrat. Dagegen erwies sich der 35 Jahre unbewirtschaftete Wald in allen Segmenten als deutlich kohlenstoffreicher (Schirmschlag:Plenterwald:Naturwald = 246:266:352 t C ha^{-1}). Daraus lässt sich schließen, dass zumindest mäßig starke Eingriffe in die Struktur von Buchenbeständen keine nachteiligen Folgen für den Kohlenstoffhaushalt haben (s. a. Bauhus et al. 2004), auch wenn die Bestände zeitweilig kleinräumige Variationen aufweisen (Bartsch und Röhrig 2009). Nicht berücksichtigt wird bei diesen Kohlenstoffbilanzen die positive Auswirkung, die eine Substitution von energieaufwendig produzierten Baustoffen und von fossilen Energieträgern durch Holz hat.

22.4 Auswirkungen auf Wälder

Wälder reagieren aufgrund lokaler Standortverhältnisse und spezifischer Anpassungspotenziale auf das erhöhte CO_2-Angebot und auf Klimaänderungen unterschiedlich (Bolte et al. 2009b; Tab. 22.2).

Die erhöhte CO_2-Konzentration in der Atmosphäre hat wahrscheinlich mit zur Steigerung des **Zuwachses** der Waldbäume in den vergangen Jahrzehnten beigetragen (Karnosky et al. 2007, s. a. ▶ Abschn. 19.4). Die Fotosyntheseleistung und damit die NPP wird durch eine »CO_2-Düngung« nur dann gesteigert, wenn andere Ressourcen nicht limitiert sind (Newman et al. 2011).

Mehrere Autoren weisen darauf hin, dass durch den Klimawandel die Gefahr von **Sturmschäden** in den Wäldern zunehmen wird. Majunke et al. (2008) geben an, dass ab Mitte der 1950er-Jahre eine Zunahme erkennbar ist. Albrecht et al. (2009) betonen die Bedeutung der Variabilität des Luftdrucks zwischen Azorenhoch und Islandtief, die wahrscheinlich noch z. T. durch Erhöhung von Windgeschwindigkeiten verstärkt wird, besonders in den Wintermonaten. Verschiedene Ansätze und Modellrechnungen führen zu unterschiedlichen Ergebnissen. Insgesamt fanden sie für den bisherigen Witterungsverlauf keinen signifikanten Zusammenhang zwischen erhöhter Sturmhäufigkeit und anthropogen bewirktem Klimawandel.

Der Klimawandel erhöht die **biotischen Risiken** für Bäume durch Pilze und Insekten (Beispiele finden sich bei Delb 2011 und Pontuali 2011). Die Populationsdynamik der Borkenkäfer wird direkt beeinflusst, weil die Schwarmaktivität und die Entwicklungsrate der Käfer durch die Temperatur kontrolliert werden (s. Jönsson et al. 2007) und indirekt dadurch, dass durch Trockenheit oder Sturmschäden vermehrt Brutmaterial zur Verfügung steht. Simulationen für Fichtenwälder in Österreich ergaben bei verschiedenen Klimaszenarien eine Verdoppelung des Schadholzanfalls durch Borkenkäfer (Seidl et al. 2008).

Erhöhte Wärme und Trockenheit im Sommer können das **Waldbrandrisiko** in dafür disponierten Wäldern erhöhen (Badeck et al. 2004; Wohlgemuth et al. 2008). Möglicherweise wird durch milde Winter und eine Verlängerung der Vegetationszeit die **Frosthärte** bei einigen Baumarten beeinträchtigt. Das gilt vor allem für mehr boreale Regionen, doch ist das Ausmaß dieser Gefahr nicht näher erkennbar (Hänninen 2006).

Es ist mit Sicherheit anzunehmen, dass mit ausgeprägtem Wandel des Klimas auch Veränderungen bei der **Biodiversität** von Waldökosystemen eintreten werden (Essl und Rabitsch 2013). Sie können sowohl in Abnahmen wie in Zunahmen

Tab. 22.2 Auswirkungen des Klimawandels auf Wälder in Zentraleuropa. (Aus Bolte et al. 2009)

Klimatische Änderungen		Wirkung auf Bäume und Waldökosysteme
Erwärmung	Höhere Mitteltemperaturen	– Erhöhte Evaporation (Abnahme von Wasserressourcen)
		– Erhöhte Mobilisierung und Verluste von Kohlenstoff in Waldböden (Humus- und Torfzersetzung)
		– Günstigere Bedingungen für die Vermehrung von Schadinsekten
	Häufigere Hitzeperioden	– Schäden an Blatt-/Nadelgewebe
		– Waldbrand (und Dürre)
		– Erhöhte Mortalität, Probleme der Waldverjüngung (und Dürre)
	Kürzere Kälte- und Frostperioden	– Verringerung der Kohlenstoffsenken durch
		– Winterliche Mobilisierung von Kohlenhydratreserven
		– Windwurf durch Winterstürme
	Verlängerung der Vegetationsperiode	– Höhere Produktivität (bei ausreichender Wasser- und Nährstoffverfügbarkeit)
Niederschlagsverteilung	Dürre	– Geringere Produktivität, höhere Mortalität, höhere Anfälligkeit für biotische Gefahren
	Starke Niederschläge	– Flutschäden (Sauerstoffmangel)
		– Höhere Mortalität durch starke Wechsel im Wasserhaushalt
Windereignisse	Sturm	– Windwurf und -bruch
		– Erhöhte Evapotranspiration
Biotische Interaktionen	Variation in der intra- und interspezifischen Konkurrenz	– Veränderte Produktivität und Vitalität, erhöhte Mortalität (?), veränderte Gemeinschaftsstruktur (u. a. Bestandesstruktur)
	Wechsel bei den symbiontischen Verhältnissen (u. a. Mykorrhiza, Bestäubungssysteme)	– Veränderte Bedingungen für Produktivität und Reproduktion
	Angriffe durch biotische Gegenspieler	– Abnehmende Produktivität, höhere Mortalität, höhere Anfälligkeit für biotische Gefahren

bestehen (s. ► Abschn. 20.2) Walther et al. (2005) und Körner (2012) geben Beispiele für die Alpenregion.

In zahlreichen Artikeln werden die **Konsequenzen für die Forstwirtschaft** im Hinblick auf den Klimawandel erörtert. Die meisten dieser Hinweise und Empfehlungen beziehen sich auf die Baumartenwahl und sind mehr oder weniger spekulativ. Es fehlen sowohl genügend genaue Erkenntnisse über die in den nächsten Jahrzehnten eintretenden regionalen Klimaänderungen – besonders der Extreme, die bedeutender sein können als die Mittelwerte – als auch über die oft unterschätzte Anpassungsfähigkeit der Baumarten. Ein Beispiel für die regionale Risikoabschätzung der Fichte in Niedersachsen geben Spellmann et al. (2007). Mithilfe von WETTREG werden fünf Risikoklassen der klimatischen Wasserbilanz bis 2050 gebildet und in Karten

CO_2-Düngung

Über die geologischen Perioden hinweg haben Pflanzen sich daran angepasst, mit sehr geringen CO_2-Konzentrationen auszukommen. Während der letzten Eiszeit vor 18.000 Jahren überlebten 250.000 Arten der höheren Pflanzen in ihren Rückzugsgebieten bei CO_2-Konzentrationen von nur 180 ppm (Körner 2006). Die Industrialisierung führte zur Erhöhung der CO_2-Konzentration auf derzeit 380 ppm. Da bei geringen CO_2-Konzentrationen die Fähigkeit der Pflanzen zur Assimilation von C limitiert ist, sind bei einem CO_2-Anstieg höhere Fotosyntheseraten zu erwarten. C_3-Pflanzen (die mehr als 95 % des weltweit terrestrisch in Biomasse gespeicherten C-Vorrats von ca. 650 Mrd. t bilden, s. Roy et al. 2001) sind erst bei CO_2-Konzentrationen von über 1000 ppm CO_2-gesättigt (Newman et al. 2011). Nahezu alle Experimente (Review in Körner 2006) zeigen eine kurzfristige Erhöhung der **Fotosyntheseraten** bei steigendem CO_2-Angebot, die langfristig meist wieder zurückgeht, wenn auch nicht immer auf den Ausgangswert (zu den Ursachen s. Newman et. al. 2011).

Aus einer erhöhten C-Assimilation ergibt sich nicht eine adäquate Steigerung der **Biomasseproduktion** und der C-Speicherung. Der Zuwachs wird auch bestimmt durch die Verfügbarkeit anderer Ressourcen (Wasser, Nährstoffe, Licht, Temperatur, Standraum), durch genetische Festlegungen bei der C-Allokation und durch den Entwicklungszustand der Pflanze. Körner (2006) hat die veröffentlichten Studien zur experimentellen CO_2-Anreicherung ausgewertet und dabei aufgezeigt, dass diese die Effekte einer CO_2-Düngung unrealistisch **überschätzen**. Für Bäume in Beständen mit geschlossenem Kronendach bestimmen die Bodenbedingungen und die Baumart den Effekt der CO_2-Anreicherung (Abb. 22.7).

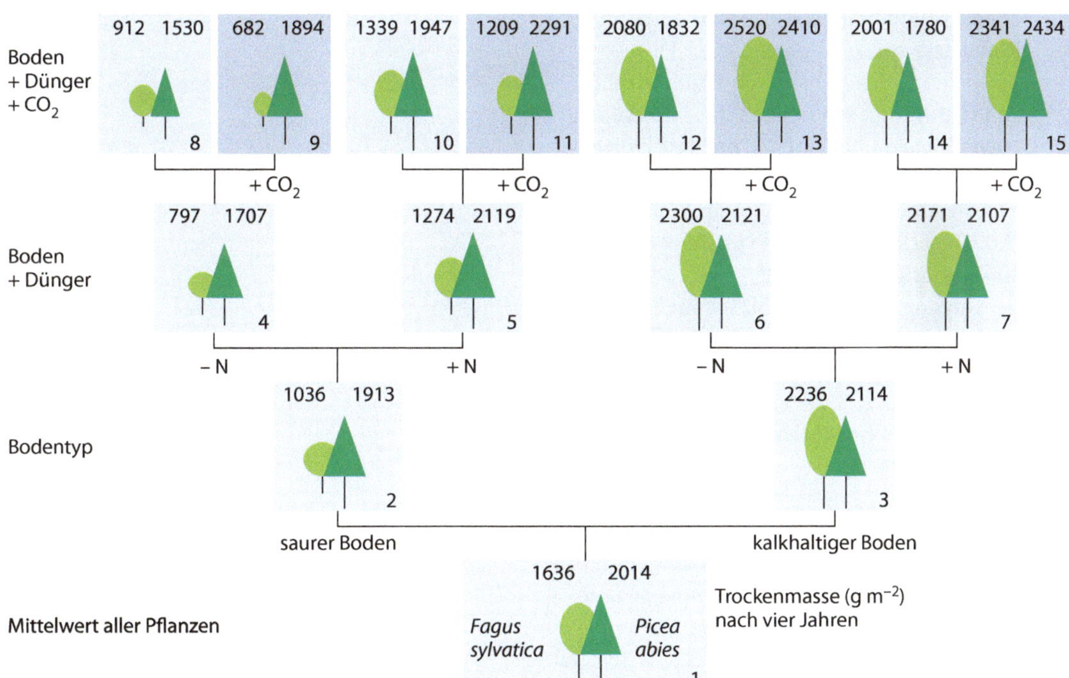

Abb. 22.7 Auswirkungen einer über vier Jahre andauernden Kohlendioxid- und Stickstoffdüngung auf die Biomassen (Trockenmasse in g m^{-2}) von Fichten- und Buchen-Jungpflanzen in zwei Substraten (saurer sandiger Lehm einer Braunerde, kalkreicher sandiger Lehm eines Fluvisols) (nach Körner 2006 aus Daten von Spinnler et al. 2002). Das Experiment zeigt Interaktionen zwischen den Baumarten und den Bodentypen. Bei der Fichte erhöhte die CO_2-Düngung auf beiden Böden die Biomasse, bei der Buche nur auf dem kalkreichen Boden. Auf dem sauren Boden reagierte die Buche auf die CO_2-Düngung negativ. Beide Baumarten profitierten von der N-Düngung nur auf dem sauren Boden

dargestellt. Damit ist für eine wichtige Baumart ein bedeutender Risikofaktor abgegrenzt.

Im Übrigen ist man bei der **Baumartenwahl** vorerst auf gut begründbare Erfahrungen und Beobachtungen angewiesen und auf den in Mitteleuropa weit verbreiteten Grundsatz, Mischbestände bewährter Baumarten zu begründen und zu pflegen (s. hierzu Röhrig et al. 2006). Will man bei den gegenwärtigen Kenntnissen und unsicheren Erwartungen im Zusammenhang mit dem Klimawandel Konsequenzen für die Forstwirtschaft in Mitteleuropa ziehen, so drängen sich folgende Möglichkeiten auf (s. a. Millar et al. 2007; von Lüpke 2009; Bolte et al. 2009a, b):

- Risikominderung durch Baumartenvielfalt (s. von Lüpke 2004, 2009), durch Auswahl von Provenienzen, die an zukünftige Klimaverhältnisse angepasst sind (s. Czajkowski und Bolte 2006), und durch hohe genetische Diversität in den Waldbeständen (s. Hosius et al. 2006; Kownatzki 2012);
- Vermeidung des Anbaus von Baumarten an den standörtlichen Grenzen ihrer fundamentalen Nischen und Umbau von Nadelholzbeständen durch Einbringung von Laubholz auf risikoreichen Standorten (s. von Lüpke 2004, 2009; Spiecker et al. 2004, von Teuffel et al. 2005; Röhrig et al. 2006);
- Verjüngung der Wälder mit schonenden Verfahren (kleinflächig, langfristig, bodenpfleglich) (s. Röhrig et al. 2006);
- Neuaufforstungen, die in Mitteleuropa allerdings nur in sehr begrenztem Umfang realisierbar sind (s. Jandl et al. 2007; Routa et al. 2012).

Ebenfalls diskutiert wird die **Senkung der Produktionszeit**. Schnellwüchsige Baumarten, u. a. Aspe, Birke, Vogelkirsche, Douglasie, Küstentanne, Fichte (auf gutwüchsigen Standorten), lassen sich auch in Produktionszeiten von 35 bis 60 Jahren bewirtschaften. Durch eine plantagenmäßige Waldbewirtschaftung sind allerdings die multifunktionalen Ziele, insbesondere im Hinblick auf Naturschutz und Erholung, nicht einzuhalten. Sie wird daher in Deutschland auf kleine Flächen begrenzt bleiben (von Lüpke 2009).

Wieweit die Bereitstellung von Schwachholz in **Kurzumtriebsplantagen** auf landwirtschaftlichen Böden mit allen ihren Aufwendungen eine positive Ökobilanz aufweist, ist in vielen Fällen unsicher (s. Bungart und Hüttl 2004; Bemmann und Knaust 2010). Eine **Substitution** von Stahl, Zement und Kunststoff durch langlebiges Holz verspricht Einsparungen von CO_2-Emissionen (s. Matthews et al. 2007), weniger jedoch die energetische Verwendung von Holz (s. Böttcher et al. 2012; Schulze et al. 2012).

Waldökologie

Norbert Bartsch
Ernst Röhrig

Erratum zu:
Bartsch/Röhrig, Waldökologie (ISBN: 978-3-662-44267-8)

Auf S. VI stand der Autorenname Leuschner ohne r geschrieben. Das ist mit diesem Erratum korrigiert worden, sodass dort jetzt korrekt „Leuschner" steht.

Die Online-Version des Originalbuches finden Sie unter
DOI 10.1007/978-3-662-44268-5

Norbert Bartsch
Georg-August-Universität Göttingen
Abteilung Waldbau und Waldökologie der gemäßigten Zonen
Göttingen, Deutschland

Ernst Röhrig
Georg-August-Universität Göttingen
Abteilung Waldbau und Waldökologie der gemäßigten Zonen
Göttingen, Deutschland

N. Bartsch, E. Röhrig, *Waldökologie*,
DOI 10.1007/978-3-662-44268-5_23,

Waldökologie

Norbert Bartsch
Ernst Röhrig

Erratum zu:
Bartsch/Röhrig, Waldökologie (ISBN: 978-3-662-44267-8)

Auf S. VI stand der Autorenname Leuschner ohne r geschrieben. Das ist mit diesem Erratum korrigiert worden, sodass dort jetzt korrekt „Leuschner" steht.

Die Online-Version des Originalbuches finden Sie unter
DOI 10.1007/978-3-662-44268-5

Norbert Bartsch
Georg-August-Universität Göttingen
Abteilung Waldbau und Waldökologie der
gemäßigten Zonen
Göttingen, Deutschland

Ernst Röhrig
Georg-August-Universität Göttingen
Abteilung Waldbau und Waldökologie der
gemäßigten Zonen
Göttingen, Deutschland

N. Bartsch, E. Röhrig, *Waldökologie*,
DOI 10.1007/978-3-662-44268-5_23,

Serviceteil

N. Bartsch, E. Röhrig, *Waldökologie*,
DOI 10.1007/978-3-662-44268-5, © Springer-Verlag Berlin Heidelberg 2016

Glossar forstlicher Begriffe*

Abholzigkeit – s. Schlankheitsgrad und Formzahl.

Altersstufe – Die natürliche Altersstufe (= Entwicklungsstufe) gibt den erreichten Entwicklungsstand des Bestandes an (s. ▶ Abb. 12.3).

Anwuchs – Kultur aus Pflanzung bzw. Saat oder Naturverjüngung von Beginn der Begründung bis zum Abschluss der Nachbesserungen (s. a. Verjüngung).

Aufforstung – Künstliche Begründung von Waldbeständen mit dem Ziel der nachhaltigen Erhaltung (Wiedererhaltung) oder der Verbreitung (Neuaufforstung) von Wald.

Bannwald – s. Naturwald.

Baumholz – Die natürliche Altersstufe des Bestandes, in der die Brusthöhendurchmesser der herrschenden Bäume über 20 cm erreichen (s. ▶ Abb. 12.3).

Baumklasse – Einteilung der Bäume eines Bestandes nach Merkmalen der relativen Baumhöhe und der sozialen Stellung im Verhältnis zu den Nachbarbäumen (s. ▶ Abb. 12.1).

Baumschule – Betrieb für die Anzucht von Holzgewächsen.

Bestand – Ein Kollektiv von in gegenseitiger Wechselwirkung stehenden Bäumen von ausreichender Einheitlichkeit nach Artenzusammensetzung, Entwicklungsstand, Alter und Struktur, um es von anderen Beständen zu unterscheiden, und von ausreichender Ausdehnung, um ein typisches Waldinnenklima zu entwickeln. Der Bestand ist in der Forsteinrichtung die kleinste Einheit für Planung und Durchführung forstlicher Maßnahmen (Mindestfläche ca. 1 ha).

Bestandespflege – Die Bestandespflege umfasst die waldbaulichen Maßnahmen Läuterung, Durchforstung, Ästung und Düngung. Diese fördern nach Abschluss der Bestandesbegründung die Entwicklung des Bestandes auf ein festgelegtes Ziel (z. B. Wertholzproduktion) hin.

Bestockung – Allgemeine Bezeichnung für den Baumbestand einer Fläche und waldbaulich die Grundfläche der Bäume einer Bestandesfläche (vgl. Bestockungsgrad).

Bestockungsgrad – Der Bestockungsgrad ist das Verhältnis von gemessener Bestandesgrundfläche (oder Vorrat) je Hektar zu dem dem Standort, der Bonität und der Durchforstungsweise entsprechenden Wert der Ertragstafel. Er ist u. a. für die Ermittlung der Durchforstungsansätze erforderlich.

Betriebsart – Waldbauliches Konzept zur Begründung, Pflege, Holzernte und Verjüngung von Beständen nach allgemeinen waldbaulichen Grundregeln, die zu für die Betriebsart spezifischen, von der Verjüngung geprägten Aufbauformen des Waldes führen (Niederwald, Mittelwald, Hochwald; s. ▶ Abb. 11.6).

Bodenbearbeitung – Bodenbearbeitungen können bei der Bestandesbegründung notwendig sein, um die Keimungs- und Anwuchsbedingungen der Verjüngungspflanzen zu verbessern, vor allem auf Standorten mit mächtigen Humusauflagen. Hierbei überwiegen Verfahren, die den Mineralboden plätze- oder streifenweise freilegen. Vollflächiges Fräsen, Eggen oder Pflügen werden seltener nach großflächigen Störungen und meist nur oberflächennah durchgeführt, um den Humus- und Nährstoffverlust gering zu halten.

Bonitierung – Die forstliche Bonitierung ist die Einschätzung und Kennzeichnung der Produktivität bzw. Leistungsfähigkeit eines Bestandes mithilfe von verschiedenen Bestandesmerkmalen (meist durch Alter und Höhe) oder indirekt über den Standort. Die Ertragsklasse (angegeben in römischen Ziffern, wobei I die höchste Leistung bedeutet) stuft als relative Höhenbonität die Leistung auf dem gegebenen Standort als sehr gut bis schlecht ein. Die absolute Höhenbonität gibt an, welche Bestandeshöhe (Oberhöhe oder Mittelhöhe) ein Bestand in einem bestimmten Alter (meist 100 Jahre) erreicht.

Brusthöhendurchmesser – In der praktischen Forstwirtschaft wird der Durchmesser eines stehenden Baumes in 1,3 m Höhe gemessen und als Brusthöhendurchmesser (BHD, $d_{1,3}$) bezeichnet.

Chronosequenz – Räumliche Abfolge von Ausprägungen der Vegetation, die als »falsche Zeitreihe« zeitliche Entwicklungsphasen eines Vegetationstyps repräsentieren, z. B. Freifläche, Jungwuchs, Jungbestand, Altbestand als Abbild der Waldsukzession.

Dauerwald – Zum durch Reinbestände, Altersklassenwald und Kahlschlag geprägten Waldbau seiner Zeit veröffentlichte Alfred Möller (1922) einen Gegenentwurf, nach dem »die Stetigkeit des Waldwesens die Grundlage jeder richtigen, wahrhaft zweckmäßigen Waldbehandlung« ist. Weitere Ziele sind Wahrung der Bodenkraft, Mischbestände, Ungleichaltrigkeit der Bestände und einzelstammweise Holznutzung. Die Vorstellungen führten u. a. 1950 zur Gründung der »Arbeitsgemeinschaft naturgemäße Waldwirtschaft« und beeinflussten die aktuellen Waldbaurichtlinien in Deutschland. Auch in einigen anderen Ländern gibt es Bestrebungen zu einer Art Dauerwald, der als *continuous cover forestry* bezeichnet wird.

Dendrochronologie – Die Jahrringchronologie dient der Bestimmung des Alters von Bäumen über die Zahl der Jahr-

---

* Unter Verwendung von Brünig und Mayer (1980); Burschel und Huss (2003); Helms (1998); Hintermaier-Erhard und Zech (1997); Kramer und Akça (2008); Pretzsch (2002); Röhrig et al. (2006); Wagenitz (2003); Schäfer (2012).

ringe und den jährlichen Holzzuwachs über die Breite des Jahrringes.

Derbholz – Der oberirdische Holzkörper (Stamm und Äste) eines Baumes, dessen Durchmesser mit Rinde über 7 cm beträgt. Der Derbholzvorrat eines Baumes oder eines Bestandes wird angegeben in Vorratsfestmeter mit Rinde pro Hektar (Vfm m. R. ha^{-1}) oder in Kubikmeter (m^3 ha^{-1}).

Diaspore – Ausbreitungseinheit einer Pflanze (Samen, Frucht, Spore), aus der sich eine neue Pflanze entwickeln kann. Die Vorräte aller Ausbreitungseinheiten im Boden werden als Diasporenbank (Samenbank, Samenpotenzial) bezeichnet. Manche Samen können im Boden für mehrere Jahre, bei bestimmten Arten auch über Jahrhunderte keimfähig bleiben.

Dichte – Anzahl von Individuen einer Population oder Gesellschaft bezogen auf eine Flächeneinheit.

Düngung – Im Gegensatz zur Landwirtschaft geht es in Mitteleuropa bei der Ausbringung von Nährelementen selten um die Erhöhung und qualitative Verbesserung des Ertrags durch direkte Pflanzenernährung. Im Vordergrund stehen Erhaltung oder Verbesserung des Nährstoffhaushalts von Wäldern, die durch menschliche Einflüsse gestört sind. Neben der auf sehr nährstoffarmen Böden eingesetzten Startdüngung (Hauptnährstoffe) zur Behebung von Anwuchsschwierigkeiten und der Kompensationskalkung (s. Kalkung) spielt die Meliorationsdüngung im Zusammenhang mit tiefgehender Bodenbearbeitung zur grundlegenden und langfristigen Verbesserung des Bodens eine gewisse Rolle.

Durchforstung – Durchforstungen sind Hiebseingriffe zur Bestandespflege im Stangen- und Baumholz (s. Altersstufe). Hierbei steht im Gegensatz zur Läuterung die Förderung ausgewählter Bäume, die dem Wirtschaftsziel entsprechen (Zielbäume), im Vordergrund (positive Auslese). Die Konkurrenzsituation des Zielbaumes wird verbessert durch die Entfernung bedrängender Nachbarbäume von im Vergleich zum Zielbaum schlechterer Qualität (Standraumerweiterung), wodurch sich die Qualität des Bestandes insgesamt verbessert. Durchforstungen reduzieren die Baumzahl früher und stärker als bei ungestörter natürlicher Dynamik.

Durchforstungsart – Bei der Niederdurchforstung (s. ▶ Abb. 19.5) erfolgen die Baumentnahmen vorwiegend in den beherrschten Baumklassen (s. ▶ Abb. 12.1), bei der Hochdurchforstung in den herrschenden Baumklassen.

Durchforstungsstärke – Die Stärke des Eingriffs bei einer Durchforstung wird verbal gekennzeichnet (schwach, mäßig, stark; s. ▶ Abb. 19.5) oder zahlenmäßig angegeben durch Grundfläche bzw. Bestockungsgrad nach dem Eingriff.

Durchmesser – Der mittlere Durchmesser eines Baumquerschnittes an einer bestimmten Messstelle (s. a. Brusthöhendurchmesser).

Durchmesserverteilung – Aus der Verteilung der Anzahl der Bäume auf Durchmesserklassen (Klassengröße oft 4 cm) lassen sich Rückschlüsse auf die natürliche Entwicklung oder die waldbauliche Behandlung des Bestandes ziehen.

Edellaubbaum – Bäume aus meist wertvollem Hartholz mit ausgeprägter Befähigung zum Stockausschlag (Bergahorn, Esche, Ulme, Linde, Wildkirsche, Elsbeere).

Ertragsklasse – s. Bonitierung.

Ertragskunde (Waldwachstumskunde) – Die Ertragskunde befasst sich mit den quantitativen Wachstumsvorgängen von Einzelbäumen und Waldbeständen und dem Ertrag an Holzmasse unter verschiedenen natürlichen und wirtschaftlichen Bedingungen. Die Ergebnisse des ertragskundlichen Versuchswesens mit langfristig angelegten Versuchsflächen wurden in Ertragstafeln für Reinbestände zusammengeführt. Der vorrangig an der Holzproduktion orientierte Ansatz wurde durch das veränderte Interesse am Wald durch Einbeziehung von Holzqualität, Wertleistung, Stabilität, Naturnähe, Struktur, Biodiversität und Erholungswert erweitert. Ziele der aktuellen Waldwachstumsforschung sind neben der quantitativen Erfassung und Analyse des Waldwachstums dessen modellhafte Nachbildung, die Aufdeckung von Gesetzmäßigkeiten und deren theoretische Fundierung.

Ertragstafel – In der forstlichen Praxis werden die Wuchsleistungen der Wirtschaftsbaumarten nach Ertragstafeln eingeschätzt, in denen das Bestandeswachstum aus Daten von Versuchsflächen verschiedener Regionen in Tabellenform dargestellt ist. Das Prinzip der Ertragtafel basiert auf der Annahme, dass die Gesamtwuchsleistung (s. Wuchsleistung) eines Bestandes nur von der Höhe und die Höhe wiederum vom Standort und vom Alter abhängig ist. Ertragstafeln enthalten die Altersentwicklung mittlerer Bestandeskennwerte (u. a. Höhe, Durchmesser, Grundfläche, Vorrat und Zuwachs des Bestandes), getrennt nach Ertragsklassen oder Bonitäten und waldbaulicher Behandlung (insbesondere Durchforstungsart). Sie dienen als Arbeitsgrundlage zur Beurteilung, Planung und Kontrolle forstwirtschaftlicher Maßnahmen der Bestandespflege und Holzernte.

Femelschlag – Verfahren der Bestandesverjüngung, bei dem in unregelmäßiger Verteilung und Flächengröße Schirm- und Löcherhiebe geführt werden, welche durch nachfolgende Hiebe erweitert werden. Hierdurch entstehen je nach Länge des Verjüngungszeitraums mehr oder weniger ungleichaltrige Mischbestände.

Flora – Die Gesamtheit der Pflanzenarten eines Lebensraumes oder einer Region im Gegensatz zur Vegetation, der Gesamtheit seiner oder ihrer Pflanzengesellschaften.

Fluktuation – Starke Schwankung in der Dichte einer Art in einem Lebensraum.

Formzahl – Formzahlen geben das Verhältnis des tatsächlichen Baumvolumens zu einem aus Grundfläche und Höhe berechneten Zylinder wieder. Mit diesem Faktor wird das Produkt aus der Grundfläche und der gemessenen Höhe multipliziert, um den Volumeninhalt des Baumstammes bis zur gemessenen Höhe zu erhalten. Für die Mehrzahl der Baumarten liegt die Formzahl um 0,5, d. h., das Volumen des Baumes entspricht aufgrund der Durchmesserabnahme mit der Baumhöhe etwa der Hälfte des Volumens der Bezugswalze.

Forsteinrichtung – Die mittelfristige, im Abstand von etwa zehn Jahren erstellte forstliche Planung und Vollzugsanalyse für einen Forstbetrieb. Die Ergebnisse der Zustandserfassung und Planung werden als Karten, Tabellen und Texte in einem Forsteinrichtungswerk (Betriebswerk) zusammengefasst.

Fruktifikation – Fruchtbildung von der Bestäubung bis zur Samenreife.

Grundfläche – Die Fläche des Stammquerschnittes in 1,3 m Höhe (Brusthöhe), auch als Kreisfläche bezeichnet. Die Bestandesgrundfläche ist die Summe der Grundflächen der Einzelbäume eines Bestandes je Hektar.

h/d-Verhältnis – s. Schlankheitsgrad.

Hochwald – Ein aus überwiegend generativer Verjüngung hervorgegangener Wald, bei dem Bäume im relativ hohen Alter genutzt werden (vgl. Nieder- und Mittelwald).

Holzsortiment – Für unterschiedliche Verwendungen wird das eingeschlagene Stammholz baumartenspezifisch nach Standards der Rundholzsortierung nach Länge und Qualitätskriterien sortiert in Stammholz unterschiedlicher Qualitätsklassen, Industrieholz (u. a. für Papier, Spanplatten) und Brennholz.

Hutewald – Bei dieser Form der Waldweide lieferten starke Bäume (v. a. Eiche und Buche) mit großen Kronen Früchte (Eicheln, Bucheckern) als Grundlage der Schweinemast.

Jungwuchspflege – Waldbauliche Maßnahmen in der Altersstufe des Jungwuchses (s. ▶ Abb. 12.3) zur Erreichung des Verjüngungszieles, v. a. Mischungsregulierung, Beseitigung konkurrierender und/oder schlecht geformter Pflanzen.

Kahlschlag – Durch die Entnahme aller Bäume eines Bestandes in einem Kahlhieb entsteht ein Kahlschlag, auf dem ein neuer Bestand gepflanzt oder gesät wird. Im ökologischen Sinn spricht man von Kahlschlag, wenn die Seitenlängen der entstandenen Freifläche mehr als das Doppelte der Baumhöhe des Altbestandes aufweisen.

Kalkung – Im Wald dient die Kalkung der Standorterhaltung. Durch die oberflächliche Ausbringung von Kalk soll die Säurebelastung der Waldböden durch atmosphärische Stickstoff- und Schwefeleinträge neutralisiert und damit der Boden vor weiterer Versauerung und Nährstoffverarmung geschützt werden. Ein Standardverfahren der Kompensationskalkung (Bodenschutz-, Erhaltungskalkung) ist die ganzflächige Ausbringung von gemahlenem Kalk (3–4 t ha^{-1}) mit Magnesiumanteilen mit einem Hubschrauber.

Kronenmantelfläche – Oberfläche einer Baumkrone, die für Nadelbäume als Kegel- oder Paraboloidmantelfläche, für Laubbäume als Paraboloid- oder Kegelschnittmantelfläche aus Kronenbreite und Kronenlänge bestimmt wird.

Kronenschirmfläche – Überschirmte Fläche des Bodens durch eine Baumkrone.

Kronenschlussgrad – Der Anteil der Überschirmung des Bodens durch die Baumkronen dient als Maß für die Bestandesdichte. Er ist ein wichtiger Weiser für waldbauliche Maßnahmen und ökologische Zustände. Er wird aus Luftbildern in Prozent oder allgemein in der Praxis terrestrisch in Stufen okular geschätzt.

Läuterung – Hiebseingriff im Jungbestand (s. Altersstufe) zur Erhöhung der Wertleistung des Bestandes durch Aushieb von Bäumen, die deutlich schlechter und/oder konkonkurrenzkräftiger sind als die Nachbarbäume (negative Auslese), in Mischbeständen auch zur Regulierung der Baumartenanteile, selten auch zur reinen Dichtereduzierung.

Lichtbaumart – Baumart mit relativ hoher Lichtbedürftigkeit und geringem Schattenerträgnis (Kiefer, Birke, Aspe).

Lichtung – Das Durchforstungsverfahren mit starker Auflichtung führt zu wenigen starken, gleichmäßig auf der Fläche verteilten Bäumen. Neben einem stärkeren Zuwachs der verbliebenen Bäume lässt sich durch die Lichtung ein hoher Brennholzbedarf decken. Lichtungshiebe sind für Baumarten geeignet, die im Alter auf kräftige Freistellungen durch Kronenausbreitung und Zuwachssteigerung reagieren können, v. a. die Buche.

Lochhieb – Entnahme von Baumgruppen im Altbestand zur Einleitung der Verjüngung, wodurch Lücken im Kronendach mit Durchmessern bis zu einer Baumhöhe (etwa 30 m) entstehen.

Mast – Die großen Früchte der Waldbäume, vor allem von Buche und Eiche, werden als Mast bezeichnet, Jahre starker Fruktifikation als Mastjahre. Der Begriff wird gelegentlich für die Fruktifikation von Waldbäumen allgemein verwendet.

Mischbestand – Ein Bestand aus zwei oder mehr Baumarten, die jede einzeln und besonders im Zusammenwirken die Struktur und die ökologischen Verhältnisse des Bestandes wesentlich beeinflussen.

Mittelwald – Kombination aus Niederwald und Hochwald mit weitständiger Oberschicht (meist generativ aus Pflanzung oder Naturverjüngung) und durch regelmäßigem Aushieb (meist nach rund 20 Jahren) niedrig gehaltener Unterschicht (überwiegend vegetativ aus Stockausschlag).

Nachbesserung – Auspflanzung von großen Fehlstellen in den ersten Jahren nach der Kulturbegründung.

Naturverjüngung – Begründung eines Bestandes durch Selbstansamung oder vegetative Vermehrung (Stockausschlag, Wurzelbrut). Für die forstlich genutzten Baumarten wurden entsprechend ihrer Lichtbedürftigkeit unterschiedliche Verfahren zur Einleitung der natürlichen Verjüngung entwickelt, u. a. Schirmschlag, Femelschlag, Saumschlag.

Naturwald – Aus der forstlichen Bewirtschaftung genommene Waldfläche zur Erforschung der eigendynamischen Waldentwicklung. Andere Bezeichnungen sind Bannwald, Totalreservat, Naturwaldreservat, Naturwaldzelle, Naturwaldparzelle oder Prozessschutzfläche. Naturwälder dienen vorrangig dem Schutz und der Erforschung sich selbst überlassener Wälder, der Lehre und der Umweltbildung. In ihnen sind forstliche Eingriffe ausgeschlossen. Naturwälder mit einer angestrebten Mindestfläche von 20 ha wurden nach Kriterien der standörtlichen und/oder vegetationskundlichen Repräsentativität von den Forstverwaltungen der deutschen Bundesländer ausgewiesen.

Naturwaldreservat – s. Naturwald.

Niederwald – Bei der Betriebsart Niederwald erfolgt die Verjüngung aus Stockausschlag oder Wurzelbrut nach Nutzung der Bäume in geringem Alter (etwa 20 Jahre) und mit geringer Höhe.

Oberhöhe – Die Oberhöhe ist die durchschnittliche Höhe der Bäume der oberen Bestandesschicht (z. B. der 100 höchsten Bäume), die im Vergleich zur Mittelhöhe (durchschnittliche Höhe aller Bäume eines Bestandes) von Durchforstungen weniger beeinflusst wird und daher zur Bonitierung geeigneter ist.

Plenterwald – Im Gegensatz zum schlagweisen Hochwald, in dem alle Altersstufen bestandesweise getrennt nebeneinander vorkommen, gibt es im Plenterwald alle Altersstufen und Durchmesserklassen auf jeder Flächeneinheit in einem unmittelbaren räumlichen Neben- und Untereinander. Waldbauliche Eingriffe dienen gleichzeitig als Ernte-, Verjüngungs- und Pflegemaßnahme. In Urwäldern ist die Plenterphase ein zeitlich begrenztes Entwicklungsstadium.

Podsol – Saurer, nährstoffarmer Bodentyp mit schwer abbaubarer Streu (Rohhumus), der gekennzeichnet ist durch Lösungs- und Auswaschungsprozesse (Aluminium, Eisen, Huminstoffe) im Oberboden (dadurch aschgrau gebleicht oder violett schimmernd) und darunter liegenden Anreicherungshorizonten (grauschwarz), die sich bis zum Ortstein verfestigen können. Die Bildung von Podsol (Posolierung) wird durch hohe Niederschläge, niedrige Jahrestemperatur sowie kalk- und silikatarme, quarzreiche Ausgangsgesteine (v. a. Sande, Qaurzite) begünstigt, ebenso durch nährstoffexportierende Landnutzung (Streunutzung, Plaggenwirtschaft).

Primärwald – Wald, der nur in geringem Maß vom Menschen beeinflusst wurde und dadurch die natürliche Baumartenzusammensetzung aufweist (vgl. Definition von Urwald in ▶ Kap. 1). In den gemäßigten Breiten wird der Begriff auch für Wälder verwendet, die zwar zum Holzeinschlag genutzt wurden, auf denen aber zu keiner Zeit Landwirtschaft betrieben wurde (historisch alte Waldstandorte).

Pseudogley – Von Stauwasser bzw. Staunässe geprägter Bodentyp mit wechselfeuchter, d. h. saisonaler Trockenheit bzw. Vernässung aufgrund eines stauenden Horizonts. Stagnogley weist fast ganzjährig Stauwasser auf, Gley ganzjährig Grundwasser.

Qualitätsholz – s. Wertholz.

Reinbestand – Bestand aus einer Baumart (mindestens 80–90 % der Grundfläche). Geringe Anteile eingemischter Baumarten, die keinen wesentlichen ökologischen Einfluss ausüben, verändern nicht den Charakter des Reinbestandes.

Saumschlag – Verjüngungsverfahren für Mischbestände mit Baumarten unterschiedlicher Lichtbedürfnisse mit Aushieb aller Bäume auf einem schmalen Streifen (Saum) am Rand eines Altbestandes.

Schattenbaumart – Baumart mit einer relativ großen Toleranz gegenüber Beschattung, vor allem in der Jugend. Schattentolerante Baumarten (Buche, Tanne, Eibe) bilden bei geringem Lichtangebot Schattenblätter aus, die dünner (nur einschichtiges Palisadenparenchym) und großflächiger als Lichtblätter sind, schwaches Licht besser ausnutzen und sehr früh ihre Lichtsättigung erreichen.

Schirmfläche – s. Kronenschirmfläche.

Schlankheitsgrad – Der Schlankheitsgrad, auch h/d-Verhältnis und h/d-Wert genannt, ist der Quotient aus Baumhöhe (h) und Brusthöhendurchmesser ($d = d_{1,3}$), der reziproke Wert ist die Abholzigkeit, die Durchmesserabnahme je laufendem Meter Stammlänge. Der Stamm ist vollholzig, wenn die Durchmesserabnahme je laufendem Meter Stammlänge weniger als 1 cm, und abholzig, wenn sie mehr als 1 cm beträgt. Der Schlankheitsgrad ist ein Weiser für die Vitalität und Stabilität von Bäumen und Beständen. Er ist vor allem von der sozialen Stellung des Baumes und von seinem Wuchsraum abhängig.

Schlussgrad – Der Schlussgrad (Bestandesschluss, Kronenschluss) gibt den Grad der Überschirmung des Bodens durch die Baumkronen eines Bestandes an.

Sekundärwald – Wald, der nach Beseitigung des Primärwaldes durch den Menschen (v. a. durch Kahlschlag und Brandrodung) oder nach Katastrophen entstanden ist.

Standort – Der forstliche Standort umfasst die Gesamtheit der für das Wachstum der Waldbäume bedeutsamen abiotischen Faktoren, wie sie im Gelände durch Lage, Klima und Boden – nicht durch den Wettbewerb der Bäume untereinander – bedingt sind und soweit sie für längere Zeit einigermaßen konstant bleiben oder einem regelmäßigen Wechsel (z. B. periodische Überflutung) unterworfen sind.

standortgerecht – Eine Baumart ist standortgerecht (standortgemäß), wenn sie auf einem Standort ihr natürliches Lebensalter erreicht, ein arteignes Wachstum zeigt, sich natürlich verjüngen kann und den Standort nicht nachhaltig verschlechtert.

Stratifizierung – Vorbehandlung des Saatgutes für die Beendigung der Keimruhe. Baumartenspezifisch wird das feucht gehaltene Saatgut unterschiedlich langen kalten und warmen Perioden ausgesetzt.

Umtriebszeit – Mittlere Zeitspanne von der Begründung eines Bestandes bis zum Abschluss der Endnutzung der Bäume. Die Umtriebszeit ist der mittlere, planmäßige Produktionszeitraum, in dem eine Baumart oder ein Bestandestyp das geplante Produktionsziel (Betriebsziel) erreichen kann.

Unterbau – Begründung einer zweiten, dienenden Bestandesschicht aus Schattenbaumarten zur Schaft- und Bodenpflege eines Hauptbestandes aus Lichtbaumarten, z. B. Unterpflanzung eines 40-jährigen Eichenbestandes mit Buche. Er soll zu keiner Zeit in die Kronenschicht des herrschenden Bestandes einwachsen.

Verhagerung – Verarmung des Waldbodens an Humus und Feinboden durch starke Austrocknung und Windeinwirkung.

Verjüngung – Der Vorgang der Verjüngung als Summe der natürlichen Ereignisse und waldbaulichen Maßnahmen zur Erzielung und Förderung der Verjüngungspflanzen, auch der künstlich (Pflanzung, Saat) oder natürlich wiederbegründete Bestand im jugendlichen Alter und die Population der Verjüngungspflanzen.

Volumen – Inhalt eines stehenden Stammes (nur Derbholz), berechnet aus Baumhöhe, Brusthöhendurchmesser und Formzahl.

Voranbau – Einbringung durch Pflanzung oder Saat von Baumarten, die einen Alters- und Wachstumsvorsprung benötigen, in einen Altbestand vor dessen allgemeiner Verjüngung, z. B. Buchen- oder Tannenvoranbau, oft im Rahmen eines Waldumbaus zur Begründung von Mischbeständen.

Vorrat – Das auf der Bestandesfläche vorhandene Holzvolumen (Holzmasse) (s. a. Derbholz und Volumen).

Vorratsfestmeter – s. Derbholz

Vorverjüngung – Verjüngungspflanzen, die bereits aus Naturverjüngung vorhanden sind, bevor gezielt die Verjüngung eines Bestandes eingeleitet wurde (s. a. Voranbau).

Vorwald – Schirm aus Pionierbaumarten (Birke, Aspe), der dem Schutz empfindlicher Baumarten gegenüber Gefahren in der Jugend dient (v. a. gegen Frost und Wasserverlust).

Waldumbau – Umwandlung von nicht standortgemäßen und/oder gefährdeten Beständen in standortgemäße und risikoärmere Bestände, häufig von Rein- in Mischbestände. Weit verbreitet ist der Umbau von Fichtenreinbeständen durch Buchenvoranbau als Pflanzung oder Saat.

Waldwachstumskunde – siehe Ertragskunde.

Wertholz – Möglichst fehlerfreies starkes Stammholz, das für die Herstellung von Schnittholz und Furnieren geeignet ist, wird als Qualitätsholz bezeichnet. Von diesem sind die besonders hochwertigen Stämme das Wertholz, für dessen Einstufung neben starken Dimensionen die Astfreiheit entscheidend ist.

Wildling – Aus überdichten Naturverjüngungen entnommene Pflanzen, die zur Ergänzung anderer Verjüngungsflächen verwendet werden.

Wuchsleistung – Die forstliche Produktivität eines Standortes bzw. Waldbestandes zeigt sich in seiner Wuchsleistung. Die Gesamtwuchsleistung eines Bestandes ergibt sich aus der Summe des vorhandenen Holzvorrates und allen Vornutzungen (z. B. aus Durchforstungen) von der Bestandesbegründung bis zum Jahr der Aufnahme.

Zielbaumart – Baumart, die dem Verjüngungsziel entspricht.

Zielstärkennutzung – Bei der besonderen Form der Holzernte wird jeder Baum zu dem Zeitpunkt genutzt, an dem es ökonomisch vorteilhafter ist, ihn zu ernten, als ihn zu belassen. Kriterium ist der erreichte Brusthöhendurchmesser, die Zielstärke, die sich mit Methoden der Investitionsrechnung unter Verwendung von Modellannahmen zur Zuwachs- und Qualitätsentwicklung herleiten lässt.

Zuwachs – Unter Zuwachs versteht man die durch Wachstum bedingte Zunahme von Durchmesser, Grundfläche, Höhe und Volumen eines Baumes oder ganzer Bestände. Der Volumenzuwachs eines Bestandes ist die wichtigste Kenngröße für seine Leistung. Bezogen auf ein Jahr und einen Hektar wird er auch laufender Zuwachs genannt. Der durchschnittliche Gesamtzuwachs ist die Gesamtwuchsleistung je Hektar dividiert durch das Bezugsjahr.

Zwiesel – Stammteilung in zwei etwa gleich dimensionierte Seitentriebe.

Literatur

Aas G (1991) Kreuzungsversuche mit Stiel- und Traubeneichen (*Quercus robur* L. und *Q. petraea* (Matt.) Liebl.). Allg Forst Jagdztg 162:141–144

Aas G, Müller B, Holdenrieder O, Sieber M (1997) Sind Stiel- und Traubeneiche zwei getrennte Arten? Allg Forstz 52:960–962

Aber JD, Melillo JM (2001) Terrestrial ecosystems, 2. Aufl. Harcourt/Academic, San Diego

Abetz P, Prange H (1976) Schneebruchschäden vom März 1976 in einer Kiefernversuchsfläche mit selektiven und geometrischen Eingriffen in der nordbadischen Rheinebene. Allg Forstz 31:583–586

Aerts R (1996) Nutrient resorption from senescing leaves of perennials: are there general patterns? J Ecol 84:597–608

Ågren G, Andersson F (2012) Terrestrial ecosystem ecology – principles and applications. Cambridge University Press, Cambridge

Ågren J, Zackrisson O (1990) Age and size structure of *Pinus sylvestris* populations on mires in central and northern Sweden. J Ecol 78:1049–1062

Akselsson C, Berg B, Meentemeyer V, Westling O (2005) Carbon sequestration rates in organic layers of boreal and temperate forest soils – Sweden as a case study. Glob Ecol Biogeogr 14:77–84

Albrecht A, Schindler D, Grebhahn K, Kohnle U, Mayer H (2009) Sturmaktivität über der nordatlantischen Region vor dem Hintergrund des Klimawandels. Allg Forst Jagdztg 180:109–118

Albrektson A (1984) Sapwood basal area and needle mass of Scots pine trees in central Sweden. Forestry 57:35–43

Albrektson A (1988) Needle litterfall in stands of *Pinus sylvestris* in Sweden, in relation to site quality, stand age and latitude. Scand J For Res 3:333–342

Aldinger E (2007) Vom Pilot-PEPL zum Managementplan Natura 2000. Allg Forstz 62:235–236

Aldinger E, Brockamp U, Hauschild R, Ulrich T (2002) Sukzession nach Sturmwurf – Ergebnisse nach Wiebke und Lothar. In: Geisel M (Hrsg) Wissenstransfer in Praxis und Gesellschaft. FVA-Forschungstage 5.–6. Juli 2001. Forstliche Versuchs- und Forschungsanstalt Baden-Württemberg, Freiburg, S 31–39

Ali M (2013) Climate change impacts on plant biomass growth. Springer, Dordrecht

Allen T, Starr TB (1982) Hierarchy. Perspectives for ecological complexity. University of Chicago Press, Chicago

Altenkirch W, Majunke C, Ohnesorge B (2002) Waldschutz auf ökologischer Grundlage. Ulmer, Stuttgart

Amaro A, Reed D, Soares P (Hrsg) (2003) Modelling forest systems. CABI Publishing, Wallingford

Ammer C (1996a) Konkurrenz um Licht – Zur Entwicklung der Naturverjüngung im Bergmischwald. Forstliche Forschungsberichte, München, S 158

Ammer C (1996b) Impact of ungulates on structure and dynamics of natural regeneration of mixed mountain forests in the Bavarian Alps. For Ecol Manage 88:43–53

Ammer C (2002) Response of *Fagus sylvatica* seedlings to root trenching of overstorey *Picea abies*. Scand J For Res 17:408–416

Ammer C, Dingel C (1997) Untersuchungen über den Einfluß starker Weichlaubholzkonkurrenz auf das Wachstum und die Qualität junger Stieleichen. Forstwiss Centralbl 115:346–358

Ammer S, Huber C (2007) Die Regenwurmlebensgemeinschaft im Höglwaldexperiment 21 Jahre nach Kalkung. Allg Forst Jagdztg 178:213–219

Ammer C, Mosandl R (2007) Which grow better under the canopy of Norway spruce – planted or sown seedlings of European beech? Forestry 80:385–395

Ammer C, Wagner S (2005) An approach for modelling the mean fine-root biomass of Norway spruce stands. Trees Struct Funct 19:145–153

Ammer C, Ziegler C, Knoke T (2005) Zur Beurteilung von intra- und interspezifischer Konkurrenz von Laubbaumbeständen im Dickungsstadium. Allg Forst Jagdztg 176:85–94

Ammer S, Weber K, Abs C, Ammer C., Prietzel J. (2006) Factors influencing the distribution and abundance of earthworm communities in pure and converted Scots pine stands. Appl Soil Ecol 33:10–21

Ammer C, Vor T, Knoke T, Wagner S (2010) Der Wald-Wild-Konflikt – Analyse und Lösungsansätze vor dem Hintergrund rechtlicher, ökologischer und ökonomischer Zusammenhänge. Göttinger Forstwissenschaften 5. Universitätsverlag Göttingen, Göttingen

Andersson F (Hrsg) (2005) Coniferous forests. Ecosystems of the world 6. Elsevier, Amsterdam

Anekonda TS, Lomas MC, Adams WT, Kavanagh KL, Aitken SN (2002) Genetic variation in drought hardiness of coastal Douglas-fir seedlings from British Columbia. Can J For Res 32:1701–1716

Angst C, Bürgi A, Duelli P, Heiniger U, Hindenlang K, Kuhn M, Lässig R, Lüscher P, Moser B, Nobis M, Polomski J, Reich T, Wermelinger B, Wohlgemuth T (2004) Waldentwicklung nach Windwurf in tieferen Lagen der Schweiz 2000–2003. Schlussbericht eines Projektes im Rahmen des Programms »Lothar Evaluations- und Grundlagenprojekte«, Birmensdorf

Annighöfer P, Schall P, Kawaletz H, Mölder I, Terwei A, Zerbe S, Ammer C (2012) Vegetative growth response of black cherry (*Prunus serotina*) to different mechanical control methods in a biosphere reserve. Can J For Res 42:2037–2051

Arbeitskreis Forstliche Landespflege (1994) Waldlandschaftspflege – Hinweise und Empfehlungen für Gestaltung und Pflege des Waldes in der Landschaft, 2. Aufl. Ecomed, Landsberg

Arbeitskreis Standortskartierung (2003) Forstliche Standortsaufnahme, 6. Aufl. IHW, Eching

Archibold OW (1995) Ecology of world vegetation. Chapman and Hall, London

Aronova E, Baker KS, Oreskes N (2010) Big science and big data in biology: from the international geophysical year through the international biological program to the long term ecological research (LTER) network, 1957–present. Hist Stud Nat Sci 40:183–224

Asbjornsen H, Goldsmith G, Alvarado-Barrientos M, Rebel K, van Osch FP, Rietkerk M, Chen J, Gotsch S, Tobón C, Geissert DR, Gómez-Tagle A, Vache K, Dawson TE (2011) Ecohydrological advances and applications in plant-water relations research – a review. J Plant Ecol 4:3–22

Ashton M, Tyrrell M, Spalding D, Gentry B (Hrsg) (2012) Managing forest carbon in a changing climate. Springer, Dordrecht

Assmann E (1961) Waldertragskunde – Organische Produktion, Struktur, Zuwachs und Ertrag von Waldbeständen. Bayerischer Landwirtschaftsverlag (BLV), München

Assmann E, Franz F (1965) Vorläufige Fichten-Ertragstafel für Bayern. Forstwiss Centralbl 84:13–43

Assmann T, Drees C, Schröder E, Ssymank A (2007) Mythos Artenarmut – Biodiversität von Buchenwäldern. Nat Landsch 82:401–406

Aubinet M, Vesala T, Papale D (Hrsg) (2012) Eddy covariance – a practical guide to measurement and data analysis. Springer, Dordrecht

Augusto L, Ranger J, Binkley D, Rothe A (2002) Impact of several common tree species of European temperate forests on soil fertility. Ann For Sci 59:233–253

Ausmus B, Edwards N, Witkamp M (1976) Microbial immobilization of carbon, nitrogen, phosphorus and potassium – implications for forest ecosystem processes. In: Anderson J, Macfayden A (Hrsg) The role of terrestrial and aquatic organisms in decomposition processes. Blackwell, Oxford, S 397–416

Aussenac G, Granier A (1988) Effects of thinning on water stress and growth of Douglas-fir. Can J For Res 18:100–105

Austin MP (1990) Community theory and competition in vegetation. In: Grace JB (Hrsg) Perspectives on plant competition. Academic Press, San Diego, S 215–239

Bacilieri R, Ducousso A, Kremer A (1995) Genetic, morphological, ecological and phenological differentiation between *Quercus petraea* (MATT.) LIEBL and *Quercus robur* L. in a mixed stand of northwest of France. Silvae Genet 44:1–9

Backes K, Leuschner C (2000) Leaf water relations of competitive *Fagus sylvatica* and *Quercus petraea* trees during 4 years differing in soil drought. Can J For Res 30:335–346

Badeck F, Lasch P, Hauf Y, Rock J, Suckow F, Thonicke K (2004) Steigendes klimatisches Waldbrandrisiko. Allg Forstz 59:90–93

Baeza MJ, Roy J (2008) Germination of an obligate seeder (*Ulex parviflorus*) and consequences for wildfire management. For Ecol Manage 256:685–693

Baier R, Meyer J, Göttlein A (2007) Regeneration niches of Norway spruce (*Picea abies* [L.] Karst.) saplings in small canopy gaps in mixed mountain forests of the Bavarian limestone alps. Eur J For Res 126:11–22

Bailey RG (1996) Ecosystem geography. Springer, New York

Baldocchi D (2003) Assessing the eddy covariance technique for evaluating carbon dioxide exchange rates of ecosystems – past, present and future. Glob Change Biol 9:479–492

Barber S (1962) A diffusion and massflow concept of soil nutrient availability. Soil Sci 93:39–49

Barbier EB (1993) Economics and ecology: new frontiers and sustainable development. Chapman and Hall, London

Barbier EB (1995) The economics of forestry and conservation – economic values and policies. Commonw For Rev 74:26–34

Bärlocher F (2005) Leaf mass loss estimated by litter bag technique. In: Graça MA, Bärlocher F, Gessner MO (Hrsg) Methods to study litter decomposition – a practical guide. Springer, Dordrecht, S 37–42

Barnes BV, Zak DR, Denton SR, Spurr SH (1998) Forest ecology, 4. Aufl. Wiley, New York

Bartelink HH (1997) Allometric relationships for biomass and leaf area of beech (*Fagus sylvatica* L.). Ann For Sci 54:39–50

Barthlott WH, Sommer H. (2007) Geographic patterns of vascular plant diversity at continental to global scales. Erdkunde 61:305–315

Barthlott W, Lauer W, Placke A (1996) Global distribution of species diversity in vascular plants – Towards a world map of phytodiversity. Erdkunde 50:317–328

Bartsch N (2000) Element release in beech (*Fagus sylvatica* L.) forest gaps. Water Air Soil Pollut 122:3–16

Bartsch N, Röhrig E (2009) Management options for European beech forests in relation to changes in C- and N-status as described by the three study sites. In: Brumme R, Khanna P (Hrsg) Functioning and management of European beech ecosystems. Springer, Berlin, S 425–456

Bartsch N, Bauhus J, Vor T (1999) Auswirkungen von Auflichtung und Kalkung auf das Sickerwasser in einem Buchenbestand (*Fagus sylvatica* L.) im Solling. Forstarchiv 70:218–223

Bartsch N, Bauhus J, Vor T (2002) Effects of group selection and liming on nutrient cycling in an European beech forest on acidic soil. In: Dohrenbusch A, Bartsch N (Hrsg) Forest development – succession, environmental stress and forest management. Springer, Berlin, S 108–142

Baskin CC, Baskin JM (2009) Seeds – ecology, biogeography and evolution of dormancy and germination. Academic Press, San Diego

Bauer G, Persson H, Mund M, Hein M, Kummetz E, Matteucci G, van Oene H, Scarascia-Mugnozza G, Schulze E-D (2000) Linking plant nutrition and ecosystem processes.

In: Schulze E (Hrsg) Carbon and nitrogen cycling in European forest ecosystems. Springer, Berlin, S 63–98

Bauer H, Bezzel E, Fiedler W (2005) Das Kompendium der Vögel Mitteleuropas – Alles über Biologie, Gefährdung und Schutz, 2. Aufl. Aula, Wiebelsheim

Bauhus J (1994) Stoffumsätze in Lochhieben. Berichte des Forschungszentrums Waldökosysteme A 113, Göttingen

Bauhus J, Bartsch N (1996) Fine root growth in beech (*Fagus sylvatica*) forest gaps. Can J For Res 26:2153–2159

Bauhus J, Vor T, Bartsch N, Cowling A (2004) The effects of gaps and liming on forest floor decomposition and soil C and N dynamics in a *Fagus sylvatica* forest. Can J For Res 34:509–518

Bauhus J, Puettmann K, Messier C (2009) Silviculture for old-growth attributes – Old forests, new management: the conservation and use of old-growth forests in the 21st century. For Ecol Manage 258:525–537

Baumgartner A, Liebscher H (1996) Allgemeine Hydrologie – Quantitative Hydrologie, 2. Aufl. Borntraeger, Berlin

Baumgärtner S, Becker C (2008) Ökonomische Aspekte der Biodiversität. In: Lanzerath D, Mutke J, Barthlott W, Baumgärtner S, Becker C, Spranger T (Hrsg) Biodiversität. Alber, Freiburg, S 75–115

Bäumler R, Zech W (1999) Effects of forest thinning on the streamwater chemistry of two forest watersheds in the Bavarian alps. For Ecol Manage 116:119–128

Bäumler W, König E (1985) Mäuse – Bestimmung, Biologie und Schäden, 2. Aufl. Merkblätter der Forstlichen Versuchs- und Forschungsanstalt Baden-Württemberg 9, Freiburg

Beck O, Lappe V (2005) Schränken FFH-Waldschutzgebiete waldbauliches Handeln ein? Forst Holz 60:16–19

Beck S (2009) Das Klimaexperiment und der IPCC – Schnittstellen zwischen Wissenschaft und Politik in den internationalen Beziehungen. Metropolis, Marburg

Becker G, Bauhus J, Konold W (Hrsg) (2013) Schutz durch Nutzung – Ein Raum-Zeit-Konzept für die multifunktionale Entwicklung der Stockausschlagwälder in Rheinland-Pfalz. Culterra 62, Freiburg

Beerling DJ, Woodward FI (2001) Vegetation and the terrestrial carbon cycle – Modelling the first 400 million years. Cambridge University Press, Cambridge

Beese F (1996) Indikatoren für eine multifunktionelle Waldnutzung. Forstwiss Centralbl (Beiheft) 115:65–79

Beese F, Divisch R (1980) Zum Stoffaustrag eines durch Waldbrand beeinflußten Braunerde-Podsols unter Kiefer. Forstwiss Centralbl 99:273–283

Beese F, Ludwig B (2001) Indicators to guide management for multiple use. In: Raison RJ, Brown AG, Flinn DW (Hrsg) Criteria and indicators for sustainable forest management. CABI Publishing, Wallingford, S 199–213

Beese F, Meiwes K (1995) Stand und Perspektiven der Waldkalkung. Allg Forstz 50:946–949

Begon M, Harper JL, Townsend CR (1996) Ecology – individuals, populations, and communities, 3. Aufl. Blackwell, Oxford

Begon M, Mortimer M, Thompson DJ, Müller J. (1997) Populationsökologie. Spektrum Akademischer, Heidelberg

Behrensmeyer AK (Hrsg) (1992) Terrestrial ecosystems through time – evolutionary paleoecology of terrestrial plants and animals. University of Chicago Press, Chicago

Beierkuhnlein C (2007) Biogeographie – Die räumliche Organisation des Lebens in einer sich verändernden Welt. Ulmer, Stuttgart

Bemmann A, Knaust C (Hrsg) (2010) Agrowood – Kurzumtriebsplantagen in Deutschland und europäische Perspektiven. Weißensee, Berlin

Bemmann A, Pretzsch J, Schulte A (2008) Baumplantagen weltweit – Eine Übersicht. Schweiz Z Forstwes 159:124–132

Benecke P (1984) Der Wasserumsatz eines Buchen- und eines Fichtenwaldökosystems im Hochsolling. Schriften aus der Forstlichen Fakultät der Universität Göttingen und der Niedersächsischen Forstlichen Versuchsanstalt 72:1–158

Benecke P (1990) Schäden an Waldstandorten. Allg Forstz 45:597–602

Benecke P, van der Ploeg R (1976) Tensiometermessungen zur Bestimmung der bodenabhängigen Komponenten des Wasserhaushalts von Waldbeständen. Mitt Dtsch Bodenkd Ges 23:31–46

Benecke P, van der Ploeg R (1978) Wald und Wasser – II. Quantifizierung des Wasserumsatzes am Beispiel eines Buchen- und eines Fichtenaltbestandes im Solling. Forstarchiv 49:26–32

Benjes H (1998) Die Vernetzung von Lebensräumen mit Feldhecken – Die Vernetzung von Lebensräumen mit Benjeshecken, 5. Aufl. Natur und Umwelt, München

Berg B (2000) Litter decomposition and organic matter turnover in northern forest soils. For Ecol Manage 133:13–22

Berg B, Matzner E (1997) Effect of N deposition on decomposition of plant litter and soil organic matter in forest systems. Environ Rev 5:1–25

Berg B, McClaugherty C (2014) Plant litter – Decomposition, humus formation, carbon sequestration, 3. Aufl. Springer, Berlin

Berg B, Meentemeyer V (2001) Litter fall in some European coniferous forests as dependent on climate – a synthesis. Can J For Res 31:292–301

Bergmann F, Gregorius H, Kownatzki D, Wehenkel C (2013) Different differsity measures and genetic traits reveal different species-genetic diversity relationships – a case study in forest tree communities. Silvae Genet 62:25–38

Bergmann J (1976) Der Einfluß intensiver Pflegemaßnahmen und verschiedener Unkrautfloren auf das Wachstum junger Kiefernkulturen. Beitr Forstwirtsch Landschaftsökol 10:55–61

Bergmeier E, Petermann J, Schröder E (2010) Geobotanical survey of wood-pasture habitats in Europe – diversity, threats and conservation. Biodivers Conserv 19:2995–3014

Berninger F, Nikinmaa E (1994) Foliage area–sapwood area relationships of Scots pine (*Pinus sylvestris*) trees in different climates. Can J For Res 24:2263–2286

Bertin C, Yang X, Weston L (2003) The role of root exudates and allelochemicals in the rhizosphere. Plant Soil 256:67–83

Betsch P, Bonald D, Breda N, Montpied P, Peiffer M, Tuzet A, Granier A (2011) Drought effects on water relations in beech – the contribution of exchangeable water reservoirs. Agric For Meteorol 151:531–543

Beyer F, Hertel D, Jung K, Fender AC, Leuschner C (2013) Competition effects on fine root survival of *Fagus sylvatica* and *Fraxinus excelsior*. For Ecol Manage 302:14–22

BfN (Bundesamt für Naturschutz) (2010) Karte der potentiellen natürlichen Vegetation Deutschlands. Bundesamt für Naturschutz, Bonn

BfN (Bundesamt für Naturschutz) (2012) Daten zur Natur 2012. Bundesamt für Naturschutz, Bonn

Bille-Hansen J, Hansen K (2001) Relation between defoliation and litterfall in some Danish *Picea abies* and *Fagus sylvatica* stands. Scand J For Res 16:127–137

Binkley D (1983) Ecosystem production in Douglas fir plantations – interaction of red alder and site fertility. For Ecol Manage 3:215–227

Birnbacher D (Hrsg) (2001) Ökologie und Ethik. Reclam, Stuttgart

Blackbourn D (2007) Die Eroberung der Natur – Eine Geschichte der deutschen Landschaft. Deutsche Verlagsanstalt, München

Blanchette R, Biggs A (1992) Defense mechanisms of woody plants against fungi. Springer, Berlin

Block J, Schuck J, Seifert T (2008) Einfluss unterschiedlicher Nutzungsintensitäten auf den Nährstoffhaushalt von Waldökosystemen auf Buntsandstein im Pfälzer Wald. Forst Holz 63:66–70

Blume H, Thiele-Brune S, Horn R, Kandeler E, Kögel-Knabner I, Kretzschmar R, Stahr K, Wilke BM (2010) Scheffer/Schatschabel – Lehrbuch der Bodenkunde, 16. Aufl. Spektrum Akademischer, Heidelberg

Blume H, Stahr K, Leinweber P (2011) Bodenkundliches Praktikum – Eine Einführung in pedologisches Arbeiten für Ökologen, insbesondere Land- und Forstwirte, und für Geowissenschaftler, 3. Aufl. Spektrum Akademischer, Heidelberg

Blüthgen J, Weischet W (1980) Allgemeine Klimageographie, 3. Aufl. De Gruyter, Berlin

BMELV (Bundesministerium für Ernährung, Landwirtschaft und Verbraucherschutz) (2002) Die zweite Bundeswaldinventur BWI^2 – Der Inventurbericht. Bonn

BMELV (Bundesministerium für Ernährung, Landwirtschaft und Verbraucherschutz) (2014) Ergebnisse der Waldzustandserhebung 2013. Bonn

Bobbink R, Beltman B, Verhoeven JT, Whigham DF (Hrsg) (2008) Wetlands – functioning, biodiversity conservation, and restoration. Springer, Berlin

Boenigk J, Wodniok S (2014) Biodiversität und Erdgeschichte. Springer, Berlin

Böhlmann D (2013) Gehölzbiologie – Warum Bäume nicht in den Himmel wachsen, 2. Aufl. Quelle und Meyer, Wiebelsheim

Bohn U, Gollub G, Hettwer C, Neuhäuslová Z, Schlüter H, Weber H (2003) Karte der natürlichen Vegetation Europas. Landwirtschaftsverlag, Münster

Bolle U (2012) Das Intergovernmental Panel on Climate Change (IPCC) – Eine völkerrechtliche Untersuchung. Mohr Siebeck, Tübingen

Bolte A (2006) Biomasse- und Elementvorräte der Bodenvegetation auf Flächen des forstlichen Umweltmonitorings in Rheinland-Pfalz. Berichte des Forschungszentrums Waldökosysteme B 72, Göttingen

Bolte A, Villanueva I (2006) Interspecific competition impacts on the morphology and distribution of fine roots in European beech (*Fagus sylvatica* L.) and Norway spruce (*Picea abies* (L.) Karst.). Eur J For Res 125:15–26

Bolte A, Hertel D, Ammer C, Schmid I, Nörr R, Kuhr M, Redde N (2003) Freilandmethoden zur Untersuchung von Baumwurzeln. Forstarchiv 74:240–262

Bolte A, Lambertz B, Steinmeyer A, Kallweit R, Meesenburg H (2004a) Zur Funktion der Bodenvegetation im Nährstoffhaushalt von Wäldern – Studien auf Dauerbeobachtungsflächen des EU Level II-Programms in Norddeutschland. Forstarchiv 75:207–220

Bolte A, Rahmann T, Kuhr M, Pogoda P, Murach D, von Gadow K (2004b) Relationships between tree dimension and coarse root biomass in mixed stands of European beech (*Fagus sylvatica* L.) and Norway spruce (*Picea abies* [L.] Karst.). Plant Soil 264:1–11

Bolte A, Ammer C, Löf M, Nabuurs GJ, Schall P, Spathelf P, Rock J (2009a) Adaptive forest management in central Europe – climate change impacts, strategies and integrative concept. Scand J For Res 24:473–482

Bolte A, Ammer C, Löf M, Nabuurs GJ, Schall P, Spathelf P (2009b) Adaptive forest management – a prerequisite for sustainable forestry in the face of climate change. In: Spathelf P (Hrsg) Managing forest ecosystems. Springer, Dordrecht, S 115–139

Bonan G (2008) Ecological climatology – concepts and applications, 2. Aufl. Cambridge University Press, Cambridge

Bonan G (2011) Forests and global change. In: Levia D, Carlyle-Moses D, Tanaka T (Hrsg) Forest hydrology and biogeochemistry – synthesis of past research and future directions. Springer, Dordrecht, S 711–725

Bonn S, Poschlod P (1998) Ausbreitungsbiologie der Pflanzen Mitteleuropas – Grundlagen und kulturhistorische Aspekte. Quelle und Meyer, Wiesbaden

Borer CH, Schaberg PG, DeHayes DH (2005) Acidic mist reduces foliar membrane-associated calcium and impairs stomatal responsiveness in red spruce. Tree Physiol 25:673–680

Boring L, Swank W (1984) Symbiotic nitrogen fixation in regenerating black locust. For Sci 30:528–537

Borken W (1996) Methan-Aufnahme und Kohlendioxid-Freisetzung von Waldböden. Berichte des Forschungszentrums Waldökosysteme A 137, Göttingen

Borken W, Brumme R (2009) Methane uptake by temperate forest soils. In: Brumme R, Khanna P (Hrsg) Functioning and management of European beech ecosystems. Springer, Berlin

Borken W, Matzner E (2004) Nitrate leaching in German forest soils – an analysis of long-term monitoring sites. J Plant Nutr Soils Sci 167:277–283

Borken W, Matzner E (2009) Reappraisal of drying and wetting effects on C and N mineralization and fluxes in soils. Glob Change Biol 15:808–824

Bormann FH, Likens GE (1979) Pattern and process in a forested ecosystem – disturbance, development and the steady state based on the Hubbard Brook ecosystem study. Springer, New York

Börner M, Eisenhauer D (2003) Zur Holzqualität unterständiger Häher-Eichen in sächsischen Kiefernbeständen. Forst Holz 58:128–131

Bosch JM, Hewlett JD (1982) A review of catchment experiments to determine the effect of vegetation changes on water yield and evapotranspiration. J Hydrol 55:3–23

Bossema I (1979) Jays and oaks – An eco-ethological study of a symbiosis. Behaviour 70:1–117

Botkin DB (1990) Discordant harmonies – a new ecology for the twenty-first century. Oxford University Press, Oxford

Botkin DB (1993) Forest dynamics – an ecological model. Oxford University Press, Oxford

Botkin D, Jana J, Wallis J (1972) Some ecological consequences of a computer model of forest growth. J Ecol 60:849–873

Böttcher H, Freibauer A, Scholz Y, Gitz V, Ciais P, Mund M, Wutzler T, Schulze ED (2012) Setting priorities for land management to mitigate climate change. Carbon Balanc Manage 7:5

Bouget C (2005) Short-term effect of windstorm disturbance on saproxylic beetles in broadleaved temperate forests – part II: effects of gap size and gap isolation. For Ecol Manage 216:15–27

Bowyer JL, Shmulsky R, Haygreen JG (2007) Forest products and wood science – an introduction, 5. Aufl. Blackwell, Ames

Bradley RS (2014) Paleoclimatology – reconstructing climates of the quaternary, 3. Aufl. Academic Press, San Diego

Bradshaw GA, Marquet, PA (eds.) (2003) How landscapes change – human disturbance and ecosystem fragmentation in the Americas. Springer, Berlin

Bradshaw RH, Lindbladh M (2005) Regional spread and stand-scale establishment of *Fagus sylvatica* and *Picea abies* in Scandinavia. Ecology 86:1679–1686

Brandtberg P, Lundkvist H (2004) Does an admixture of betula species in *Picea abies* stands increase organic matter quality and nitrogen release? Scand J For Res 19:127–141

Brandtberg P, Bengtsson J, Lundkvist H (2004) Distributions of the capacity to take up nutrients by *Betula* spp. and *Picea abies* in mixed stands. For Ecol Manage 198:193–208

Braun H (1998) Bau und Leben der Bäume, 4. Aufl. Rombach, Freiburg

Braun H (1999) Bewältigung der Eisbruchkatastrophe von 1988 im Forstamt Horn. Allg Forstz 54:1106–1109

Braun-Blanquet J (1964) Pflanzensoziologie – Grundzüge der Vegetationskunde, 3. Aufl. Springer, Wien

Brechtel HM, Führer HW, Hüser R, Kreuzer H (1992) Wassereinzugsgebietsuntersuchungen. Allg Forstz 47:653–656

Bréda N, Granier A, Aussenac G (1995) Effects of thinning on soil and tree water relations, transpiration and growth in an oak forest (*Quercus petraea* (Matt.) Liebl.). Tree Physiol 15:295–306

Bréda N, Huc R, Granier A, Dreyer E (2006) Temperate forest trees and stands under severe drought – a review of ecophysiological responses, adaptation processes and long-term consequences. Ann For Sci 63:625–644

Bredemeier M (1987) Stoffbilanzen, interne Protonenproduktion und Gesamtsäurebelastung des Bodens in verschiedenen Waldökosystemen Norddeutschlands. Berichte des Forschungszentrums Waldökosysteme A 33, Göttingen

Bredemeier M, Blanck K, Wiedey, G (1993) Experimentelle Manipulation des Wasser- und Stoffhaushalts in einem Fichtenwald – das Dachprojekt im Solling. Forstarchiv 64:154–158

Bredemeier M, Blanck K, Xu Y, Tietema A, Boxman AW, Emmett B, Moldan F, Gundersen P, Schleppi P, Wright RF (1998) Input-output budgets at the NITREX sites – the whole ecosystem experiments of the NITREX and EXMAN projects. For Ecol Manage 101:57–64

Bredemeier M, Blanck K, Klinge R, Lamersdorf N, Widey G (1999) Aufbau und Zielsetzung der Dach-Experimente im Solling. Allg Forstz 54:52–54

Bredemeier M, Cohen S, Godbold DL, Lode E, Pichler V, Schleppi P (Hrsg) (2011) Forest management and the water cycle – an ecosystem-based approach. Springer, Dordrecht

Bresinsky A, Körner C, Kadereit J, Neuhaus G, Sonnewald U (2008) Strasburger – Lehrbuch der Botanik, 36. Aufl. Spektrum Akademischer, Heidelberg

Bressem U (2008) Komplexe Erkrankungen an Buche. In: Nordwestdeutsche Forstliche Versuchsanstalt (Hrsg) Ergebnisse angewandter Forschung zur Buche. Universitätsverlag Göttingen, Göttingen, S 87–107

Brin A, Bouget C, Brustel H, Jactel H (2011) Diameter of downed woody debris does matter for saproxylic beetle assemblages in temperate oak and pine forests. J Insect Conserv 15:653–669

Broadmeadow M (1998) Ozone and forest trees. New Phytol 139:123–125

Brown M (2013) Redeeming REDD – policies, incentives, and social feasibility in avoided deforestation. Routledge, Abingdon

Brumme R, Beese F (1991) Simultane Bestimmung von N-Transformationsraten in Bodensäulen unter Verwendung von 15-N – Stickstoffmodell für eine Terra fusca-Rendzina. Z Pflanzenernähr Bodenkd 154:205–210

Brumme R, Borken W (2009) NO_2 Emissions from temperate beech forest soils. In: Brumme R, Khanna P (Hrsg)

Functioning and management of European beech ecosystems. Springer, Berlin, S 353–367
Brumme R, Khanna P (Hrsg) (2009a) Functioning and management of European beech ecosystems. Springer, Berlin
Brumme R, Khanna P (2009b) Stand, soil and nuturient factors determining the functioning and management of beech forest ecosystems: a synopsis. In: Brumme R, Khanna P (Hrsg) Functioning and management of European beech ecosystems. Springer, Berlin, S 459–490
Brumme R, Borken W, Finke S (1999) Hierarchical control on nitrous oxide emission in forest ecosystems. Glob Biogeochem Cycles 13:1137–1148
Brumme R, Borken W, Prenzel J (2009a) Soil respiration. In: Brumme R, Khanna P (Hrsg) Functioning and management of European beech ecosystems. Springer, Berlin, S 337–351
Brumme R, Egenolf M, Aydin C, Block J, Meiwes KJ, von Wilpert K (2009b) Soil organic carbon and nitrogen in forest soils in Germany. In: Brumme R, Khanna P (Hrsg) Functioning and management of European beech ecosystems. Springer, Berlin, S 405–424
Brumme R, Priess J, Wang C, Raubuch M, Steinmetz G, Meyer H (2009c) Nitrogen and carbon transformations. In: Brumme R, Khanna P (Hrsg) Functioning and management of European beech ecosystems. Springer, Berlin, S 231–251
Brumme R, Wang C, Priess J, Raubach M, Steinmetz G (2009d) Fate, transport, and retention of applied 15N labelled nitrogen in forest soils. In: Brumme R, Khanna P (Hrsg) Functioning and management of European beech ecosystems. Springer, Berlin, S 253–263
Brünig E, Mayer H (1980) Waldbauliche Terminologie. Institut für Waldbau, Universität für Bodenkultur, Wien
Brunner A (1993) Die Entwicklung von Bergmischwaldkulturen in den Chiemgauer Alpen und eine Methodenstudie zur ökologischen Lichtmessung im Wald. Forstliche Forschungsberichte München 128
Brunner I, Godbold D (2007) Tree roots in a changing world. J For Res 12:78–82
Bryant J, Provenza F, Pastor J, Reichardt PB, Clausen TP, Du Toit JT (1991) Interactions between woody plants and browsing mammals mediated by secondary metabolites. Annu Rev Ecol Syst 22:431–446
Buchner A, Isermann K (1984) Wie sind die Waldschadensursachen aus der Sicht der Pflanzenernährung zu beurteilen? Allg Forstz 39:781–784
Bücking W (1987) Streuanlieferung und Rückführung einiger Makroelemente mit der Streu in Buchen- und Fichtenwaldökosystemen des Schönbuchs. Mitt Ver Forstl Standortskd Forstpflanzenzücht 33:62–69
Bücking W (2007) Naturwaldreservate in Europa. Forstarchiv 78:180–187
Bücking W, Krebs A (1986) Interzeption und Bestandesniederschläge von Buche und Fichte im Schönbuch. In: Einsele G (Hrsg) Das Landschaftsökologische Forschungsprojekt Naturpark Schönbuch. VCH, Weinheim, S 113–313
Builtjes P, Hendriks E, Koenen M, Schaap M, Banzhaf S, Kerschbaumer A, Gauger T, Nagel HD, Scheuschner T, Schlutow A (2011) Erfassung, Prognose und Bewertung von Stoffeinträgen und ihren Wirkungen in Deutschland. Umweltbundesamt, Dessau
Bungart R, Hüttl R (2004) Growth dynamics and biomass accumulation of 8-year-old hybrid poplar clones in a short-rotation plantation on a clayey-sandy mining substrate with respect to plant nutrition and water budget. Eur J For Res 123:105–115
Burba G, Anderson D (2010) A brief practical guide to eddy covariance flux measurements – principles and workflow examples for scientific and industrial applications. LI-COR Biosciences, Lincoln
Burckhardt L, Ritter M, Schmitz M (2008) Warum ist Landschaft schön? Die Spaziergangswissenschaft, 2. Aufl. Schmitz, Berlin
Burschel P (1975) Schalenwildbestände und Leistungsfähigkeit des Waldes als Problem der Forst- und Holzwirtschaft aus der Sicht des Waldbaus. Allg Forstz 30:214–221
Burschel P (1987) Karl Geyer und der Mischwald – Betrachtungen 100 Jahre nach dem Erscheinen seiner Schrift »Der gemischte Wald«. Allg Forstz 43:587–588, 601–603
Burschel P, Binder F (1993) Bodenvegetation – Verjüngung – Waldschäden. Allg Forstz 48:216–223
Burschel P, Huss J (2003) Grundriß des Waldbaus, 3. Aufl. Ulmer, Stuttgart
Burton P (1993) Some limitations inherent to statistic indices of plant competition. Can J For Res 23:2141–2151
Buscot F, Varma, A (Hrsg) (2005) Microorganisms in soils – roles in genesis and functions. Springer, Berlin
Butin H (2011) Krankheiten der Wald- und Parkbäume – Diagnose, Biologie, Bekämpfung, 4. Aufl. Ulmer, Stuttgart
Butin H, Kappich I (1980) Untersuchung zur Neubesiedlung von verbrannten Waldböden durch Pilze und Moose. Forstwiss Centralbl 99:283–296
Butin H, Nienhaus F, Böhmer B (2010) Farbatlas Gehölzkrankheiten – Ziersträucher, Allee- und Parkbäume, 4. Aufl. Ulmer, Stuttgart
Cadenasso ML, Pickett STA (2000) Linking forest edge structure to edge function – mediation of herbivore damage. J Ecol 88:31–44
Cadenasso ML, Pickett STA (2001) Effect of edge structure on the flux of species into forest interiors. Conserv Biol 15:91–97
Cadisch C, Giller K (1996) Driven by nature – plant litter quality and decomposition. CAB International, Wallingford
Cameron AD (2002) Importance of early selective thinning in the development of long-term stand stability and improved log quality – a review. Forestry 75:25–35
Campbell J, Driscoll C, Eagar C, Likens GE, Siccama TG, Johnson CE, Fahey DJ, Hamburg SP, Holmes RT, Bailey AS, Buso DC (2007) Long-term trends from ecosystem research at the Hubbard Brook Experimental Forest. USDA Forest Service, General technical report NRS-17, Delaware

Carlyle J (1986) Nitrogen cycling in forested ecosystems. For Abstr 47:307–336

Carlyle-Moses D, Gash J (2011) Rainfall interception loss by forest canopies. In: Levia D, Carlyle-Moses D, Tanaka T (Hrsg) Forest hydrology and biogeochemistry – synthesis of past research and future directions. Springer, Dordrecht, S 407–423

Cech TV (2010) Principles of water resources – history, development, management, and policy, 3. Aufl. Wiley, Hoboken

Ceschia É, Damesin C, Lebaube S, Pontailler JY, Dufrêne É (2002) Spatial and seasonal variations in stem respiration of beech trees (*Fagus sylvatica*). Ann For Sci 59:801–812

Chang M (2006) Forest hydrology – an introduction to water and forests, 2. Aufl. Taylor and Francis, Boca Raton

Chang S, Matzner E (2000) The effect of beech stemflow on spatial patterns of soil solution chemistry and seepage fluxes in a mixed beech/oak stand. Hydrol Process 14:135–144

Chapin FS, Chapin MC, Matson PA, Vitousek PM (2011) Principles of terrestrial ecosystem ecology, 2. Aufl. Springer, New York

Chase JM, Leibold MA (2003) Ecological niches – linking classical and contemporary approaches. University of Chicago Press, Chicago

Cheema ZA, Farooq M, Wahid A (Hrsg) (2013) Allelopathy – current trends and future applications. Springer, Berlin

Chesson P, Case TJ (1986) Overview: nonequilibrium community theories – chance, variability, history and coexistence. In: Diamond JM, Case TJ (Hrsg) Community ecology. Harper and Row, New York, S 229–239

Christensen M, Hahn K, Mountford E, Ódor P, Standovár T, Rozenbergar D, Diaci J, Wijdeven S, Meyer P, Winter S, Vrska T (2005) Dead wood in European beech (*Fagus sylvatica*) forest reserves. For Ecol Manage 210:267–282

Christensen M, Emborg J, Nielsen A (2007) The forest cycle of Suserup Skov – Revisted and revised. In: Hahn K, Emborg J (Hrsg) Suserup Skov. Structures and processes in a temperate, deciduous forest reserve. Blackwell, Oxford, S 33–42

Christensen NL, Agee JK, Brussard PF, Hughes J, Knight DH, Minshall GW, Peek JM, Pyne SJ, Swanson FJ, Thomas SW (1989) Interpreting the yellowstone fires of 1988. Bio Sci 39:678–685

Ciais P, Janssens I, Shvidenko A, Wirth C, Malhi Y, Grace J, Schulze E-D, Heimann M, Phillips O, Dolman A-J (2005) The potential for rising CO_2 to account for the observed uptake of carbon by tropical, temperate, and boreal forest biomes. In: Griffiths H, Jarvis P (Hrsg) The carbon balance of forest biomes. Taylor and Francis, Oxford, S 109–149

Ciais P, Schelhaas MJ, Zaehle S, Piao SL, Cescatti A, Liski J, Luyssaert S, Le-Maire G, Schulze E-D, Bouriaud O, Freibauer A, Valentini R, Nabuurs GJ (2008) Carbon accumulation in European forests. Nat Geosci 1:425–429

Clements FE (1916) Plant succession: an analysis of the development of vegetation. Carnegie Institution of Washington, Washington

Clements FE (1928) Plant succession and indicators. Hafner, New York

Clements FE (1936) Nature and structure of the climax. J Ecol 24:252–284

Coates K, Burton P (1997) A gap-based approach for development of silvicultural systems to address ecosystem management objectives. For Ecol Manage 99:337–354

Coch T (1995) Waldrandpflege – Grundlagen und Konzepte. Neumann, Radebeul

Cole D, Rapp M (1981) Element cycling in forest ecosystems. In: Reichle D (Hrsg) Dynamic properties of forest ecosystems. Cambridge University Press, Cambridge, S 341–409

Coll L, Balandier P, Picon-Cochard C, Prévosto B, Curt T (2003) Competition for water between beech seedlings and surrounding vegetation in different light and vegetation composition conditions. Ann For Sci 60:593–600

Coll L, Balandier P, Picon-Cochard C (2004) Morphological and physiological responses of beech (*Fagus sylvatica*) seedlings to grass-induced belowground competition. Tree Physiol 24:45–54

Collet C., Frochot H. (1996) Effects of interspecific competition on periodic shoot elongation in oak seedlings. Can J For Res 26:1934–1942

Coners H, Hertel D, Leuschner C (1998) Horizontal- und Vertikalstruktur des Grob- und Feinwurzelsystems von konkurrierenden Buchen und Eichen in einem Mischbestand. 28:435–440

Connell JH, Slatyer RO (1977) Mechanisms of succession in natural communities and their role in community stability and organization. Am Nat 111:1119–1144

Cooper JE, Scherer HW (2012) Nitrogen fixation. In: Marschner P (Hrsg) Marschner's mineral nutrition of higher plants, 3. Aufl. Academic Press, San Diego, S 389–408

Cotgreave P, Forseth I (2009) Introductory ecology. Wiley, Hoboken

Coutts MP, Grace J (1995) Wind and trees. Cambridge University Press, Cambridge

Coutts MP, Nielsen C, Nicoll B (1999) The development of symmetry, rigidity and anchorage in the structural root system of conifers. Plant Soil 217:1–15

Cowie J (2013) Climate change – biological and human aspects, 2. Aufl. Cambridge University Press, Cambridge

Cowles H (1899) The ecological relations of the vegetation on the sand dunes of Lake Michigan. Bot Gaz 27:95–117, 167–202, 281–308, 361–391

Cox RM (2003) The use of passive sampling to monitor forest exposure to O_3, NO_2 and SO_2 – a review and some case studies. Environ Pollut 126:301–311

Crawford RM (1989) Studies in plant survival – ecological case histories of plant adaptation to adversity. Blackwell, Oxford

Crawford RM (2008) Plants at the margin – ecological limits and climate change. Cambridge University Press, Cambridge

Crawley MJ (Hrsg) (1997) Plant ecology. Blackwell, Oxford

Crawley MJ (2007) Plant population dynamics. In: May RM, McLean AR (Hrsg) Theoretical ecology – principles and applications, 3. Aufl. Oxford University Press, Oxford, S 62–83

Cronk QC, Bateman RM, Hawkins JA (Hrsg) (2002) Developmental genetics and plant evolution. Taylor and Francis, London

Crutzen P (2002) Geology of mankind. Nature 415:23

Cumming G, Alcamo J, Sala O, Swart R, Bennett, EM, Zurek M (2005) Are existing global scenarios consistent with ecological feedbacks? Ecosystems 8:143–152

Curt T, Coll L, Prévosto B, Balandier P, Kunstler G (2005) Plasticity in growth, biomass allocation and root morphology in beech seedlings as induced by irradiance and herbaceous competition. Ann For Sci 62:51–60

Cushing C, Cummins K, Minshall G (Hrsg) (1995) River and stream ecosystems. Ecosystems of the world 22. Elsevier, Amsterdam

Czajkowski T, Bolte A (2006) Unterschiedliche Reaktion deutscher und polnischer Herkünfte der Buche (*Fagus sylvatica* L.) auf Trockenheit. Allg Forst Jagdtztg 176:30–40

Czajkowski T, Kühling M, Bolte A (2005) Einfluss der Sommertrockenheit im Jahre 2003 auf das Wachstum von Naturverjüngungen der Buche (*Fagus sylvatica* L.) im nordöstlichen Mitteleuropa. Allg Forst Jagdztg 176:133–143

Czimczik CL, Mund M, Schulze ED, Wirth C (2005) Effects of reforestation, deforestation and afforestation on carbon storage in soils. In: Griffiths H, Jarvis P (Hrsg) The carbon balance of forest biomes. Taylor and Francis, Oxford, S 319–330

Dale VH, Swanson FJ, Crisafulli CM (Hrsg) (2005) Ecological responses to the 1980 eruption of Mount St. Helens. Springer, New York

Danckelmann H (1898) Phänologie der Holzarten im deutschen Walde. Z Forst Jagdwes 30:263–290

Danso S, Zapata F, Awonaike K (1995) Measurement of biological N_2 fixation in field-grown *Robinia pseudoacacia* L. Soil Biol Biochem 27:415–419

Darwin C (1859) On the origin of species by means of natural selection, or the preservation of favoured races in the struggle for life. Murray, London

Darwin C (1860) Über die Entstehung der Arten im Thier- und Pflanzen-Reich durch natürliche Züchtung, oder Erhaltung der vervollkommneten Rassen im Kampfe um's Daseyn. Schweizerbart, Stuttgart

Davis LS, Howard TA, Johnson KN, Bettinger P (2001) Forest management – to sustain ecological, economic, and social values, 4. Aufl. McGraw Hill, Boston

Davis M, Wrage K, Reich P (1998) Competition between tree seedlings and herbaceous vegetation – support for a theory of resource supply and demand. J Ecol 86:652–661

DeAngelis DL (1980) Energy flow, nutrient cycling, and ecosystem resilience. Ecology 61:764–771

DeAngelis DL, Gross LJ (1992) Individual-based models and approaches in ecology – populations, communities, and ecosystems. Chapman & Hall, New York

DeFries R, Houghton R, Hansen M, Field CB, Skole D, Townshend J (2002) Carbon emissions from tropical deforestation and regrowth based on satellite observations for the 1980s and 1990s. Proc Nat Acad Sci U S A 99:256–261

Del Moral R (1993) Mechanisms of primary succession on vulcanoes – a view from mount St. Helens. In: Miles J, Walton D (Hrsg) Primary succession on land. Blackwell, Oxford, S 79–100

Delb H (1999) Folgewirkungen der Schwammspinner-Kalamität 1992 bis 1995 (*Lymantria dispar* L.) in einem mitteleuropäischen Eichenwaldgebiet am Beispiel des Bienwaldes in Rheinland-Pfalz. Dissertation, Universität Göttingen

Delb H, Pontuali S (2011) Biotic risks and climate change in forests. Berichte Freiburger Forstliche Forschung 89

Delcourt HR, Delcourt PA (1991) Quaternary ecology – a paleoecological perspective. Chapman and Hall, London

Delcourt PA, Delcourt HR (1987) Long-term forest dynamics of the temperate zone – a case study of late-quaternary forests in eastern north America. Springer, New York

Delfs J (1967) Interception and stemflow in stands of Norway spruce and beech in western Germany. In: Sopper WE, Lull HW (Hrsg) Forest hydrology. Pergamon Press, Oxford, S 179–186

Dengler A (1930) Waldbau auf ökologischer Grundlage. Springer, Berlin

Desmond AJ, Moore JR (1991) Darwin, 2. Aufl. Joseph, London

Di Castri F, Goodall D, Specht R (Hrsg) (1981) Mediterranean-type shrublands. Ecosystems of the world 11. Elsevier, Amsterdam

Diamond J (1986) Overview: laboratory experiments, field experiments and natural elements. In: Diamond JM, Case TJ (Hrsg) Community ecology. Harper and Row, New York, S 3–22

Dieler J, Pretzsch H (2013) Morphological plasticity of European beech (*Fagus sylvatica* L.) in pure and mixed-species stands. For Ecol Manage 295:97–108

Diemont WH, Heil GW (1984) Some long-term observations on cyclical and seral processes in Dutch heathlands. Biol Conserv 30:283–290

Dierschke H (1982) Pflanzensoziologische und ökologische Untersuchungen in den Wäldern Südniedersachsens – I. Phänologischer Jahresrhythmus sommergrüner Laubwälder. Tuexenia 2:173–194

Dierschke H (1994) Pflanzensoziologie – Grundlagen und Methoden. Ulmer, Stuttgart

Dierßen K, Dierßen B (2008) Moore. Ulmer, Stuttgart

Dinser K (1996) Schutzwaldsanierung im Bayerischen Hochgebirge Fallbeispiel Hinterstein im Oberallgäu. Forstwiss Centralbl 115:231–245

Dippel M (1989) Wuchsleistung und Konkurrenz von Buchen/Lärchen-Mischbeständen im Südniedersächsischen Bergland. Dissertation, Universität Göttingen

Dirzo R, Mendoza E (2008) Biodiversity. In: Jørgensen SE (Hrsg) Encyclopedia of ecology. Elsevier, Amsterdam, S 268–377

Dittert K (1992) Die stickstoffixierende Schwarzerle-Frankia-Symbiose in einem Erlenbruchwald der Bornhöveder Seenkette. Dissertation, Universität Kiel

Dittmar C, Elling W (2006) Phenological phases of common beech (*Fagus sylvatica* L.) and their dependence on region and altitude in Southern Germany. Eur J For Res 125:181–188

Dittmar C, Zech W, Elling W (2003) Growth variations of common beech (*Fagus sylvatica* L.) under different climatic and environmental conditions in Europe – a dendroecological study. For Ecol Manage 173:63–78

Dobbertin M (2002) Influence of stand structure and site factors on wind damage comparing the storms Vivian and Lothar. For Snow Landsc Res 77:187–205

Dornelas M, Soykan C, Ugland K (2011) Biodiversity and disturbance. In: Magurran A, McGill B (Hrsg) Biological diversity. Frontiers in measurement and assessment. Oxford University Press, Oxford, S 237–251

Dorow W, Kopelke J, Flechtner G (2007) Wichtigste Ergebnisse aus 17 Jahren zoologischer Forschung in hessischen Naturwaldreservaten. Forstarchiv 78:215–222

Douma W, Massai L, Montini M (Hrsg) (2007) The Kyoto protocol and beyond – legal and policy challenges of climate change. Asser, The Hague

Draaijers G, Erisman J (1995) A canopy budget model to assess atmsoperic deposition from throughfall measurements. Water Air Soil Pollut 85:2253–2258

Drebenstedt C, Kuyumcu M (Hrsg) (2013) Braunkohlesanierung – Grundlagen, Geotechnik, Wasserwirtschaft, Brachflächen, Rekultivierung, Vermarktung. Springer, Berlin

Drenkhan R, Kurkela T, Hanso M (2006) The relationship between the needle age and the growth rate in Scots pine (*Pinus sylvestris*): a retrospective analysis by needle trace method (NTM). Eur J For Res 125:397–405

Dresner S, Ekins P, Mc Geevor K, Tomei J (2007) Forests and climate change – Global understandings and possible responses. In: Freer-Smith P, Broadmeadow M, Lynch J (Hrsg) Forestry and climate change. CABI Publishing, Cambridge, S 38–48

Drexhage M, Gruber F (1999) Above- and below-stump relationships for *Picea abies* – Estimating root system biomass from breast-height diameters. Scand J For Res 14:328–333

Drobyshev I, Overgaard R, Saygin I, Niklasson M, Hickler T, Karlsson M, Sykes MT (2010) Masting behaviour and dendrochronology of European beech (*Fagus sylvatica* L.) in southern Sweden. For Ecol Manage 259:2160–2171

Drösler M, Schaller L, Kantelhardt JS, Schweiger M, Fuchs D, Tiemeyer B, Augustin J, Wehrhan M, Förster C, Bergmann L, Kapfer A, Krüger GM (2012) Beitrag von Moorschutz- und Revitalierungsmaßnahmen zum Klimaschutz am Beispiel von Naturschutzgroßprojekten. Nat Landsch 87:70–76

Drößler L (2006) Struktur und Dynamik von zwei Buchenurwäldern in der Slowakei. Dissertation, Universität Göttingen

Drößler L, Meyer P (2006) Waldentwicklungsphasen in zwei Buchen-Urwaldreservaten in der Slowakei. Forstarchiv 77:155–161

Drößler L, Kühne C, von Lüpke B, Dong PH (2005) Buchenvoranbau unter Fichtenaltholz im Hunsrück. Allg Forstz 60:712–715

Duplat P, Tran-Ha M (1997) Modélisation de la croissance en hauteur dominante du chêne sessile (*Quercus petraea* Liebl) en France – Variabilité inter-régionale et effet de la période récente (1959–1993). Ann For Sci 54:611–634

Dvorak L, Bachmann P, Mandallaz D (2001) Sturmschäden in ungleichförmigen Beständen. Schweiz Z Forstwes 152:445–452

DWD (Deutscher Wetterdienst) (2013) Phänologie – Klima und Pflanzen. Phänologie-Faltblatt. Offenbach

Dyer ML, Meentemeyer V, Berg B (1990) Apparent controls of mass loss rate of leaf litter on a regional scale. Scand J For Res 5:311–323

Ebert TA (1999) Plant and animal populations – methods in demography. Academic Press, San Diego

Eggers J, Lindner M, Zudin S, Zaehle S, Liski J, Nabuurs GJ (2007) Forestry in Europe under changing climate and land use. In: Freer-Smith P, Broadmeadow M, Lynch J (Hrsg) Forestry and climate change. CABI Publishing, Cambridge, S 112–118

Ehlers J (2011) Das Eiszeitalter. Spektrum Akademischer, Heidelberg

Ehlers W (1996) Wasser in Boden und Pflanze – Dynamik des Wasserhaushalts als Grundlage von Pflanzenwachstum und Ertrag. Ulmer, Stuttgart

Ehlers W, Goss M (2003) Water dynamics in plant production. CABI Publishing, Wallingford

Ehring A (2001) Sukzessionsgestützte Wiederbewaldung im Stromberg. Allg Forstz 56:1038–1039

Eiberle K (1966) Höhenzuwachs und Qualität verbissener Rottannen. Schweiz Z Forstwes 117:200–213

Eiberle K (1969) Über die Auswirkungen des Verbisses in Jungwüchsen von Bergahorn/Esche. Schweiz Z Forstwes 120:595–609

Eiberle K, Bucher H (1989) Interdependenzen zwischen dem Verbiß verschiedener Baumarten in einem Plenterwaldgebiet. Z Jagdwiss 35:235–244

Eichert T, Fernández V (2012) Uptake and release of elements by leaves and other aerial plant parts. In: Marschner P (Hrsg) Marschner's mineral nutrition of higher plants, 3. Aufl. Academic Press, San Diego, S 71–84

Eichhorn J (1995) Stickstoffsättigung und ihre Auswirkungen auf das Buchenwaldökosystem der Fallstudie Zierenberg. Berichte des Forschungszentrums Waldökosysteme A 125, Göttingen

Eichhorn J, Paar U (2000) Kronenzunstand der Buche in Deutschland und Europa. Allg Forstz 55:600–601

Eisenbarth E, Wilhelm G, Berens A (2001) Buchen-Komplexkrankheit in der Eifel und den angrenzenden Regionen. Allg Forstz 56:1212–1217

Ellenberg H (1939) Über Zusammensetzung, Standort und Stoffproduktion bodenfeuchter Eichen- und Buchen-Mischwaldgesellschaften Nordwestdeutschlands. Mitt florist-soziol Arbeitsgem Niedersachs 5:3–135

Ellenberg H (1952) Physiologisches und ökologisches Verhalten derselben Pflanzenarten. Ber Dtsch Bot Ges 65:350–361

Ellenberg H (1975) Neue Ergebnisse der Rehwild-Ökologie – Zählbarkeit, Wachstum, Vermehrung. Allg Forstz 30:1113–1118

Ellenberg H (1995) Allgemeines Waldsterben – Ein Konstrukt? Naturwiss Rundsch 48:93–96

Ellenberg H (1996) Vegetation Mitteleuropas mit den Alpen in ökologischer, dynamischer und historischer Sicht, 5. Aufl. Ulmer, Stuttgart

Ellenberg H, Leuschner C (2010) Vegetation Mitteleuropas mit den Alpen in ökologischer, dynamischer und historischer Sicht, 6. Aufl. Ulmer, Stuttgart

Ellenberg H, Mueller-Dombois R (1967) A key to Raunkier plant life forms with revised subdivisions. Ber Geobot Inst ETH Stift Rübel 37:56–73

Ellenberg H, Mayer R, Schauermann J (1986) Ökosystemforschung – Ergebnisse des Sollingprojekts 1966–1986. Ulmer, Stuttgart

Ellenberg H, Weber H, Düll R, Wirth V, Werner W, Paulißen D (2001) Zeigerwerte von Pflanzen in Mitteleuropa, 3. Aufl. Goltze, Göttingen

Elling W, Heber U, Polle A, Beese F (2007) Schädigung von Waldökosystemen – Auswirkungen anthropogener Umweltveränderungen und Schutzmaßnahmen. Spektrum Akademischer, Heidelberg

Ellis E, Antill E, Kreft H, Moen J (2012) All is not loss – plant biodiversity in the anthropocene. PLoS One 7:e30535

Ellwanger G, Schröder E (2006) Management von Natura 2000-Gebieten – Erfahrungen aus Deutschland und ausgewählten Mitgliedstaaten der Europäischen Union. Bundesamt für Naturschutz, Bonn

Elton CS (1927) Animal ecology. Sidgwick and Jackson, London

Emborg J (2007) Suppression and release during canopy recruitment of *Fagus sylvatica* and *Fraxinus excelsior* – a dendro-ecological study of growth patterns and competition. Ecol Bull 52:53–67

Emborg J, Christensen M, Heilmann-Clausen J (2000) The structural dynamics of Suserup Skov, a near-natural temperate deciduous forest in Denmark. For Ecol Manage 126:173–189

Endres E (2014) BWaldG – Bundeswaldgesetz Kommentar. Schmidt, Berlin

Endres K (1917) Die Ableitung des Wortes »Forst«. Forstwiss Centralbl 39:90–101

Erb W (2007) FFH-Managementplanplanung aus forstpolitischer Sicht. Allg Forstz 62:228–229

Eruz E, Makeschin F, Rehfuess K, Schulte-Übbing K (1985) Auswirkungen von Vollumbruch, Kalkung und Weißerlenanbau auf die Bioelementvorräte eines ehemals streugenuzten Kiefernstandortes. Forstwiss Centralbl 104:8–22

Eschenburg B (1987) Landschaft in der deutschen Malerei – Vom späten Mittelalter bis heute. Beck, München

Essl F, Rabitsch W (Hrsg) (2013) Biodiversität und Klimawandel – Auswirkungen und Handlungsoptionen für den Naturschutz in Mitteleuropa. Springer Spektrum, Berlin

Ettl R, Weis W, Göttlein A (2007) Holz verbrennt, Asche bleibt – Entwicklung des Energieholzverbrauches und des Ascheaufkommens in Bayern sowie Konsequenzen für die stoffliche Nachhaltigkeit der Waldbewirtschaftung. AFZ/Der Wald 62:74–77

Fabian P (1992) Atmosphäre und Umwelt, 4. Aufl. Springer, Berlin

Fabian P, Menzel A (1998) Wie sehen die Wälder von morgen aus – Aus der Sicht eines Klimatologen. Forstwiss Centralbl 117:339–354

Fabricius L (1927) Der Einfluss des Wurzelwettbewerbs des Schirmstandes auf die Entwicklung des Jungwuchses. Forstwiss Centralbl 49:329–345

Fabricius L (1929) Neue Versuche zur Feststellung des Einflusses von Wurzelwettbewerb und Lichtentzug des Schirmstandes auf den Jungwuchs. Forstwiss Centralbl 51:477–506

Fahrig L (2003) Effects of habitat fragmentation on biodiversity. Annu Rev Ecol Evol Syst 34:487–515

Fanta J, Siepel H (Hrsg) (2010) Inland drift sand landscapes. KNNV Publishing, Zeist

FAO (Food and Agriculture Organization of the United Nations) (2011) State of the world's forests 2011. FAO, Rom

Farina A (2006) Principles and methods in landscape ecology – toward a science of landscape, 2. Aufl. Springer, Dordrecht

Faust H (1963) Waldbauliche Untersuchungen am Bergahorn im mitteldeutschen Muschelkalkgebiet, im hessischen Basaltbergland und in den süddeutschen Rheinauen. Dissertation, Universität Göttingen

Fehrmann L, Kuhr M, von Gadow K (2003) Zur Analyse der Grobwurzelsysteme großer Waldbäume an Fichte [*Picea abies* (L.) Karst.] und Buche [*Fagus sylvatica* L.]. Forstarchiv 74:96–102

Fenner M, Thompson K (2005) The ecology of seeds. Cambridge University Press, Cambridge

Ferris-Kaan R (Hrsg) (1991) Edge management in woodlands. Proceedings of a symposium held at Alice Holt Lodge on 17 October 1989. Forestry Commission, Edinburgh

Field C, Barros V, Stocker T, Dahe Q (Hrsg) (2012) Managing the risks of extreme events and disasters to advance climate change adaptation. Special report of the Intergovernmental Panel on Climate Change. Cambridge University Press, Cambridge

Finkeldey R (2001) Genetic variation of oaks (*Quercus* spp.) in Switzerland – allelic diversity and differentiation at isozyme gene loci. For Genet 8:185–195

Finkeldey R, Hattemer HH (2010) Genetische Variation in Wäldern – Wo stehen wir? Forstarchiv 81:123–129

Finkeldey R, Ziehe M (2004) Genetic implications of silvicultural regimes – dynamics and conservation of genetic diversity in forest ecology. For Ecol Manage 197:231–244

Firbas F (1949) Spät- und nacheiszeitliche Waldgeschichte Mitteleuropas. Fischer, Jena

Firbas F (1952) Spät- und nacheiszeitliche Waldgeschichte Mitteleuropas nördlich der Alpen – 2: Waldgeschichte der einzelnen Landschaften. Fischer, Jena

Fischer A (2003) Forstliche Vegetationskunde – Eine Einführung in die Geobotanik, 3. Aufl. Ulmer, Stuttgart

Fitter AH, Hay RK (2002) Environmental physiology of plants, 3. Aufl. Academic Press, London

Fleck W (1986) Bodenwasserbilanz, Streuverdunstung und Wasserverbrauch von Buche und Fichte auf Standorten und in Einzugsgebieten des Schönbuches. In: Einsele G (Hrsg) Das Landschaftsökologische Forschungsprojekt Naturpark Schönbuch. VCH, Weinheim, S 133–160

Flemming G (1994) Wald – Wetter – Klima. Einführung in die Forstmeteorologie, 3. Aufl. Deutscher Landwirtschaftsverlag, Berlin

Floren A, Müller T, Dittrich M, Weiss M, Linsenmair KE (2014) The influence of tree species, stratum and forest management on beetle assemblages responding to deadwood enrichment. For Ecol Manage 323:57–64

Flueck WT (2009) Biotic translocation of phosphorus – the role of deer in protected areas. Sustainability 1:104–119

Fogal W, Slansky F (1985) Contribution of feeding by European pine sawfly larvae to litter production and element flux in Scots pine plantations. Can J For Res 15:484–487

Fogel R (1980) Mycorrhizae and nutrient cycling in natural forest ecosystems. New Phytol 86:199–212

Fogel R, Hunt G (1979) Fungal and arboreal biomass in a western Oregon Douglas fir ecosystem – Distribution patterns and turnover. Can J For Res 9:245–256

Fogel R, Hunt G (1983) Contribution of mycorrhizae and soil fungi to nutrient cycling in a Douglas-fir ecosystem. Can J For Res 13:219–232

Forman RT (1995) Land mosaics – the ecology of landscapes and regions. Cambridge University Press, Cambridge

Fortin J, Chatarpaul L, Carlisle A (1983) The role of nitrogen fixation in intensive forestry in Canada – the role of nitrogen fixation in intensive forestry in Canada, Part II. 1983. Environment Canada, Canadian Forestry Service. Information Report PI-X-29. 113, Ottawa

Fortin M, Dale MR (2011) Spatial analysis – a guide for ecologists, 8. Aufl. Cambridge University Press, Cambridge

Foxcroft LP (Hrsg) (2013) Plant invasions in protected areas – patterns, problems and challenges. Springer, Dordrecht

Frank A, Guericke M (2008) Inventur und Steuerung der Edellaubholz-Verjüngung. Allg Forstz 63:225–228

Frech A, Leuschner C, Hagemeier M, Hölscher D (2003) Nachbarschaftsbezogene Analyse der Kronenraumbesetzung von Esche, Hainbuche und Winterlinde in einem artenreichen Laubmischwald (Nationalpark Hainich, Thüringen). Forstwiss Centralbl 122:22–35

Freer-Smith P, Broadmeadow M, Lynch J (Hrsg) (2007) Forestry and climate change. CABI Publishing, Cambridge

Frelich LE, Puettmann KJ (1999) Restoration ecology. In: Hunter ML (Hrsg) Maintaining biodiversity in forest ecosystems. Cambridge University Press, Cambridge, S 499–524

Frenzel B (1983) Mires-respositories of climate information of self-perpetuating ecosystems. In: Gore AJP (Hrsg) Mires: swamp, bog, fen and moor. Elsevier, Amsterdam, S 249–260

Frey W, Lösch R (2004) Lehrbuch der Geobotanik – Pflanze und Vegetation in Raum und Zeit, 2. Aufl. Elsevier Spektrum Akademischer, München

Friedrich R, Obermeier A (2000) Emissionen von Spurenstoffen. In: Guderian R (Hrsg) Atmosphäre – Anthropogene und biogene Emissionen, Photochemie der Troposphäre, Chemie der Stratosphäre und Ozonabbau. Springer, Berlin:61–194

Fritz R, Simms E (Hrsg) (1992) Plant resistance to herbivores and pathogens – ecology, evolution, and genetics. University of Chicago Press, Chicago

Frohn, H, Schmoll, F (Hrsg) (2006) Natur und Staat – Staatlicher Naturschutz in Deutschland 1906–2006. Bundesamt für Naturschutz, Bonn

Fu B, Jones, KB (Hrsg) (2013) Landscape ecology for sustainable environment and culture. Springer, Dordrecht

Führer H (1990) Einflüsse des Waldes und waldbaulicher Maßnahmen auf Höhe, zeitliche Verteilung und Qualität des Abflusses aus kleinen Einzugsgebieten. Forstliche Forschungsberichte München 106

Führer H, Hüser R (1991) Bioelementausträge aus mit Buche bestockten Wassereinzugsgebieten im Krofdorfer Forst – Zeittrends und Effekte von Verjüngungseingriffen. Forstwiss Centralbl 110:240–247

Führer H, Brechtel H, Ernstberger H, Erpenbeck C (1988) Ergebnisse von neuen Depositionsmessungen in der Bundesrepublik Deutschland und im benachbarten Ausland. DVWK-Mitt 14:122

Fujimori T (2001) Ecological and silvicultural strategies for sustainable forest management. Elsevier, Amsterdam

Funke W (1972) Energieumsatz von Tierpopulationen in Landökosystemen. Verhandlungen der deutschen zoologischen Gesellschaft; 65. Jahreshauptversammlung 1971:95–106

von Gadow K (1975) Ökologische Untersuchungen in Ahorn-Eschenwäldern. Dissertation, Universität Göttingen

Gailing O, Wachter H, Leinemann L, Hosius B, Finkeldey R, Schmitt HP, Heyder J (2003) Charakterisierung verschiedener Usrprungsgebiete der Späteiche (*Quercus robur* L.) mit Hilfe von DNS-Markern aus dem Chloroplastengenom. Allg Forst Jagdztg 174:227–231

Gailing O, Vornam B, Leinemann L, Curtu AL, Finkeldey R (2010) Genetische Ansätze zur Charakterisierung adaptiver genetischer Variation bei Eichen. Forstarchiv 81:150–155

Gärdenäs AI (1998) Soil organic matter in European forest floors in relation to stand characteristics and environmental factors. Scand J For Res 13:274–283

Gartner T, Cardon Z (2004) Decomposition dynamics in mixed-species leaf litter. Oikos 104:230–246

Gauger T, Haenel H, Rösemann C, Nagel HD, Becker R, Kraft P, Schlutow A, Schütze G, Weigelt-Kirchner R, Anshelm F (2008) Nationale Umsetzung der UNECE- Luftreinhaltungskonvention (Wirkungen) – Teil 2: Wirkungen und Risikoabschätzungen, Critical Loads, Biodiversität, Dynamische Modellierung, Critical Levels Überschreitungen, Materialkorrosion. Umweltbundesamt, Dessau

Gayer K (1886) Der gemischter Wald – Seine Begründung und Pflege, insbesondere durch Horst- und Gruppenwirtschaft. Parey, Berlin

Geb M, Schmidt W, Meyer P (2004) Das Mittelwaldprojekt Liebenburg – Entwicklung der Bestandesstruktur. Forst Holz 59:567–573

Geiger R (1961) Das Klima der bodennahen Luftschicht. Vieweg, Braunschweig

Geiger R (2013) Das Klima der bodennahen Luftschicht, 4. Aufl. Springer Vieweg, Wiesbaden

Geiger R, Aron RH, Todhunter P (1995) The climate near the ground, 5. Aufl. Vieweg, Braunschweig

Gerrits A, Savenije H (2011) Forest floor interception. In: Levia D, Carlyle-Moses D, Tanaka T (Hrsg) Forest hydrology and biogeochemistry – synthesis of past research and future directions. Springer, Dordrecht, S 445–454

Gessler A, Schneider S, von Sengbusch D, Weber P, Hanemann U, Huber C, Rothe A, Kreutzer K, Rennenberg H (1998) Field and laboratory experiments on net uptake of nitrate and ammonium by the roots of spruce (*Picea abies*) and beech (*Fagus sylvatica*) trees. New Phytol 138:275–285

Gibson DJ (2006) Methods in comparative plant population ecology. Oxford University Press, Oxford

Gimingham C (1981) Conservation: european heathlands. In: Specht RL (Hrsg) Heathlands and related shrublands. Elsevier, Amsterdam, S 249–260

Gimingham C, Chapman S, Webb N (1981) European heathlands. In: Specht RL (Hrsg) Heathlands and related shrublands. Elsevier, Amsterdam, S 365–414

Gitay H, Noble I (1997) What are functional types and how should we seek them? In: Smith TM, Shugart HH, Woodward FI (Hrsg) Plant functional types – their relevance to ecosystem properties and global change. Cambridge University Press, Cambridge, S 3–19

Gitay H, Wilson J, Lee W (1996) Species redundancy: a redundant concept? J Ecol 84:121–124

Glaser FF, Hauke U (2004) Historisch alte Waldstandorte und Hudewälder in Deutschland – Ergebnisse bundesweiter Auswertungen. Bundesamt für Naturschutz, Bonn

Gleixner G, Tefs C, Jordan A, Hammer M, Wirth C, Nueske A, Telz A, Schmidt UE, Glatzel S (2009) Soil carbon accumulation in old-growth forests. In: Wirth C, GLeixner G, Heimann M (Hrsg) Old-growth forests – function, fate and value. Springer, Berlin, S 231–266

Glenz C, Schlaepfer R, Iorgulescu I, Kienast F (2006) Flooding tolerance of Central European tree and shrub species. For Ecol Manage 235:1–13

Gliemeroth AK (1995) Paläoökologische Untersuchungen über die letzten 22.000 Jahre in Europa – Vegetation, Biomasse und Einwanderungsgeschichte der wichtigsten Waldbäume. Fischer, Stuttgart

Gliemeroth AK (1997) Holozäne Einwanderungsgeschichte der Baumgattungen *Picea* und *Quercus* unter paläoökologischen Aspekten nach Europa. Eiszeitalt Ggw 47:28–41

Godbold D (1994) Aluminium and heavy metal stress: from the rhizosphere to the whole plant. In: Godbold DL, Hüttermann A (Hrsg) Effects of acid rain on forest processes. Wiley-Liss, New York, S 231–264

Godbold D, Fritz H, Jentschke G, Meesenburg H, Rademacher P (2003) Root turnover and root necromass accumulation of Norway spruce (*Picea abies*) are affected by soil acidity. Tree Physiol 23:915–921

Godbold D, Hoosbeek M, Lukac M, Cotrufo MF, Janssens IA, Ceulemans R, Polle A, Velthorst EJ, Scarascia-Mugnozza G, Angelis P, Miglietta F, Peressotti A (2006) Mycorrhizal hyphal turnover as a dominant process for carbon input into soil organic matter. Plant Soil 281:15–24

Godefroid S, Rucquoij S, Koedam N (2005) To what extent do forest herbs recover after clearcutting in beech forest? For Ecol Manage 210:39–53

Godt J (2002) Canopy disintegration and effects on element budgets in a nitrogen-satured beech stand. In: Dohrenbusch A, Bartsch N (Hrsg) Forest development – succession, environmental stress and forest management. Springer, Berlin, S 143–165

Godwin H (1977) Sir Arthur Tansley – the man and the subject. J Ecol 65:1–26

Goldammer J, Brunn E, Hoffmann G, Keienburg T, Mause R, Page H, Prüter J, Remke E, Spielmann M (2009) Einsatz des kontrollierten Feuers in Naturschutz, Landschaftspflege und Forstwirtschaft – Erfahrungen und Perspektiven für Deutschland. In: Finck P (Hrsg) Offenlandmanagement außerhalb landwirtschaftlicher Nutzflächen. Bundesamt für Naturschutz, Bonn

Goldberg D (1990) Components of resource competition in plant communities. In: Grace JB, Tilman D (Hrsg) Perspectives on plant competition. Academic Press, San Diego, S 27–49

Golley F (1993) A history of the ecosystem concept in ecology – more than the sum of the parts. Yale University Press, New Haven

Gonschorrek J (1995) Schwammspinner-Massenvermehrung in Südhessen 1994. Forschungsbericht Hessische Landesanstalt für Forsteinrichtung, Waldforschung und Waldökologie 21, Gießen

Gonschorrek J (1996) Versuche zur Schwammspinner-Bekämpfung in Hessen. Mitt Biol Bundesanst Land Forstwirtsch Berl Dahl 322:65–73

Göransson H, Wallander H, Ingerslev M, Rosengren U (2006) Estimating the relative nutrient uptake from different soil depths in *Quercus robur, Fagus sylvatica* and *Picea abies*. Plant Soil 286:87–97

Göransson H, Ingerslev M, Wallander H (2008) The vertical distribution of N and K uptake in relation to root distribution and root uptake capacity in mature *Quercus robur, Fagus sylvatica* and *Picea abies* stands. Plant Soil 306:129–137

Gorb E, Gorb SN (2003) Seed dispersal by ants in a deciduous forest ecosystem – mechanisms, strategies, adaptations. Kluwer, Dordrecht

Gordon IJ, Prins HH (2008) The ecology of browsing and grazing. Springer, Berlin

Gordon JC, Wheeler CT (1983) Biological nitrogen fixation in forest ecosystems – foundations and applications. Nijhoff Junk, The Hague

Gore AJ (Hrsg) (1983) Mires – swamp, bog, fen and moor. Elsevier, Amsterdam

Gorke M (2010) Eigenwert der Natur – Ethische Begründung und Konsequenzen. Hirzel, Stuttgart

Goßner M, Ammer U (2006) The effects of Douglas-fir on tree-specific arthropod communities in mixed species stands with European beech and Norway spruce. Eur J For Res 125:221–235

Goßner M, Engel K, Ammer U (2006) Effects of selection felling and gap felling on forest arthropod communities: a case study in a spruce-beech stand of southern Bavaria. Eur J For Res 125:345–360

Goßner M, Lachat T, Brunet J, Isacsson G, Bouget C, Brustel H, Brandl R, Weisser WW, Müller J (2013) Current near-to-nature forest management effects on functional trait composition of saproxylic bBeetles in beech forests. Conserv Biol 27:605–614

Gösswald K (2012) Die Waldameise – Biologie, Ökologie und forstliche Nutzung. Aula, Wiebelsheim

Gosz JR, Likens GE, Bormann FH (1972) Nutrient content of litter fall on the Hubbard Brook Experimental Forest, New Hampshire. Ecology 53:769–784

Göttlein A., Baier R., Mellert K.H (2011) Neue Ernährungskennwerte für die forstlichen Hauptbaumarten in Mitteleuropa – Eine statistische Herleitung aus van den Burg's Literaturzusammenstellung. Allg Forst Jagdztg 182:173–186

Götz B (1996) Ozon und Trockenstreß. IHW, Eching

Goubitz S, Nathan R, Roitemberg R, Shmida A, Néeman G (2004) Canopy seed bank structure in relation to: fire, tree size and density. Plant Ecol 173:191–201

Graça MA, Bärlocher F, Gessner MO (Hrsg) (2005) Methods to study litter decomposition – a practical guide. Springer, Dordrecht

Grace JB (1986) The influence of gypsy moth on the composition and nutrient content of litter fall in a Pennsylvania oak forest. For Sci 32:855–870

Grace JB (2005) Role of forest biomes in the global carbon balance. In: Griffiths H, Jarvis P (Hrsg) The carbon balance of forest biomes. Taylor and Francis, Oxford, S 19–45

Grace JB, Tilman D (Hrsg) (1990) Perspectives on plant competition. Academic Press, San Diego

Gralla T, Müller-Using B, Unden T, Wagner S (1997) Über die Lichtbedürfnisse von Buchenvoranbauten in Fichtenbaumhölzern des Westharzes. Forstarchiv 68:51–58

Gramelsberger G, Feichter J (2011) Modelling the climate system: an overview. In: Gramelsberger G, Feichter J (Hrsg) Climate change and policy – the calculability of climate change and the challenge of uncertainty. Springer, Berlin, S 9–90

Granier A, Reichstein M, Bréda N, Falge E, Ciais P, Grünwald T, Aubinet M, Berbigier P, Bernhofer C, Buchmann N, Facini O, Grassi G, Heinesch B, Ilvesniemi H, Keronen P, Knohl A, Köstner B, Lagergren F, Lindroth A, Longdoz B, Loustau D, Mateus J, Montagnani L, Nys C, Moors E, Papale D, Peiffer M, Pilegaard K, Pita G, Pumpanen J, Rambal S, Rebmann C, Rodrigues A, Seufert G, Tenhunen J, Vesala T, Wang Q (2007) Evidence for soil water control on carbon and water dynamics in European forests during the extremely dry year: 2003. Agric For Meteorol 143:123–145

Green DG (2006) Complexity in landscape ecology. Springer, Dordrecht

Green R (1980) Multivariate approaches in ecology – the assessment of ecologic similarity. Annu Rev Ecol Syst 11:1–15

Grier C, Waring R (1974) Conifer foliage mass related to sapwood area. For Sci 20:205–206

Griffiths H, Jarvis P (Hrsg) (2005) The carbon balance of forest biomes. Taylor and Francis, Oxford

Grime JP (1973) Competitive exclusion in herbaceous vegetation. Nature 242:344–347

Grime JP (1974) Vegetation classification by reference to strategies. Nature 250:26–31

Grime JP (1979) Plant strategies and vegetation processes. Wiley, Chichester

Grime JP (2001) Plant strategies, vegetation processes, and ecosystem properties, 2. Aufl. Wiley, Chichester

Grime JP, Hodgson JG, Hunt R (2007) Comparative plant ecology – a functional approach to common British species, 2. Aufl. Castlepoint Press, Colvend

Grimm V, Wissel C (1997) Babel, or the ecological stability discussions: an inventory and analysis of terminology and a guide for avoiding confusion. Oecologia 109:323–334

Grimme K (1977) Wasser- und Nährstoffversorgung von Hangbuchenwäldern auf Kalk in der weiteren Umgebung von Göttingen. Scripta Geobotanica 12

Grisebach A (1838) Über den Einfluss des Klimas auf die Begrenzung der natürlichen Floren. Linnaea 12:1–29

Grober U (2010) Die Entdeckung der Nachhaltigkeit – Kulturgeschichte eines Begriffs. Kunstmann, München

Groffman PM, Brumme R, Butterbach-Bahl K, Dobbie KE, Mosier AR, Ojima D, Papen H, Parton WJ, Smith KA, Wagner-Riddle C (2000) Evaluating annual nitrous oxide fluxes at the ecosystem scale. Glob Biogeochem Cycles 14:1061–1070

Grohe S (2010) EU-Förderung von Naturschutz im Wald – Der ELER Fonds und alternative Finanzierungsquellen am Beispiel von Mecklenburg-Vorpommern. Arch Forstwes Landschaftsökol 44:1–22

Grote R, Reiter IM (2004) Competition-dependent modelling of foliage biomass in forest stands. Trees – Struct Funct 18:596–607

Grub H, Petrak M, Suchant R (2011) Wildschäden am Wald. AID Infodienst Verbraucherschutz, Ernährung. Landwirtschaft e. V., Bonn

Grubb P (1987) Global trends in species-richness in terrestrial vegetation – a view from the northern hemisphere. In: Gee JHR (Hrsg) Organization of communities – past and present. Blackwell, Oxford, S 99–118

Gruber F (2002a) Größte Süntelbuche der Erde: »Die Teufelsbuche von Gremsheim«. AFZ/Wald 5:260–262

Gruber F (2002b) Über Wachstum und Alter der drei bedeutsamsten Süntelbuchen (*Fagus sylvatica* L. var. suentelensis SCHELLE) Deutschlands – Teil 1: Die Kopfbuche von Gremsheim (*Fagus sylvatica* f. *tortuosa-pendula*). Allg Forst Jagdztg 173:209–216

Gruber F, Lee D (2005) Architektur der Wurzelsysteme von Fichten (*Picea abies* [L.] Karst.) nach dem Schichtebenenmodell auf sauren Standorten. Allg Forst Jagdzt 176:33–44

Grunewald K, Bastian O (Hrsg) (2015) Ecosystem services – concept, methods on case studies. Springer, Berlin

Gruselle M (2010) Litter decomposition in mixed spruce-beech-stands. Schriftenreihe Freiburger Forstliche Forschung 46

Guderian R (Hrsg) (2000a) Atmosphäre – Aerosol/Multiphasenchemie, Ausbreitung und Deposition von Spurenstoffen, Auswirkungen auf Strahlung und Klima. Handbuch der Umweltveränderungen und Ökotoxikologie 1B. Springer, Berlin

Guderian R (Hrsg) (2000b) Atmosphäre – Anthropogene und biogene Emissionen, Photochemie der Troposphäre, Chemie der Stratosphäre und Ozonabbau Handbuch der Umweltveränderungen und Ökotoxikologie 1A. Springer, Berlin

Guderian R (Hrsg) (2001) Terrestrische Ökosysteme – Wirkungen auf Pflanzen, Diagnose und Überwachung, Wirkungen auf Tiere. Handbuch der Umweltveränderungen und Ökotoxikologie 2B. Springer, Berlin

Guderian R, Braun H (2000) Zur Geschichte der Luftverunreinigungen. In: Guderian R (Hrsg) Atmosphäre – Anthropogene und biogene Emissionen, Photochemie der Troposphäre, Chemie der Stratosphäre und Ozonabbau. Springer, Berlin, S 22–60

Guericke M (2001) Untersuchungen zur Wuchsdynamik von Mischbeständen aus Buche und Europ. Lärche (*Larix decidua*, Mill.) als Grundlage für ein abstandsabhängiges Einzelbaumwachstumsmodell. Dissertation, Universität Göttingen

Guericke M (2002) Untersuchungen zur Wuchsdynamik der Buche – Waldwachstumskundliche Beobachtungen und waldbauliche Konsequenzen auf Grundlage langfristig beobachteter Durchforstungsversuche. Forst Holz 57:331–337

Gundermann E, Suda M (1996) Einführung: Auswirkungen von Großschutzgebieten auf Wald und Forstwirtschaft. In: Bartelheimer P (Hrsg) Großschutzgebiete – Ökonomische und politische Aspekte. Frank, München

Gundersen P, Emmett B, Kjoenaas O, Koopmans CJ, Tietema A (1998) Impact of nitrogen deposition on nitrogen cycling in forests: a synthesis of NITREX data. For Ecol Manage 101:37–56

Guo LB, Gifford RM (2002) Soil carbon stocks and land use change – a meta analysis. Glob Change Biol 8:345–360

Gurevitch J, Scheiner SM, Fox GA (2006) The ecology of plants, 2. Aufl. Sinauer, Sunderland

Haber W (2014) Landwirtschaft und Naturschutz. Wiley-VCH, Weinheim

Haberl H, Erb KH, Krausmann F, Gaube V, Bondeau A, Plutzar C, Gingrich S, Lucht W, Fischer-Kowalski M (2007) Quantifying and mapping the human appropriation of net primary production in earth's terrestrial ecosystems. Proc Nat Acad Sci USA 104:12942–12947

Habermann M, Preller J (2003) Untersuchungen zur Biologie und zur Bekämpfung des Zweifleckigen Eichenprachtkäfers (*Agrilus biguttatus* Fabr.). Forst Holz 58:215–220

Habermann M, Schmidt U (2004) Mortalität und Regeneration in Kiefernbeständen nach Fraß des Kiefernspanners. Forst Holz 59:170–175

Häckel H (2012) Meteorologie, 7. Aufl. Ulmer, Stuttgart

Haeckel E (1866) Generelle Anatomie der Organismen. Reimer, Berlin

Hafner SD, Groffman PM, Mitchell MJ (2005) Leaching of dissolved organic carbon, dissolved organic nitrogen, and other solutes from coarse woody debris and litter in a mixed forest in New York State. Biogeochemistry 74:257–282

Hagemeier M (2002) Funktionale Kronenarchitektur mitteleuropäischer Baumarten am Beispiel von Hängebirke, Waldkiefer, Traubeneiche, Hainbuche, Winterlinde und Rotbuche. Cramer, Berlin

Hager H (1988) Stammzahlreduktionen – Die Auswirkungen auf Wasser-, Energie- und Nährstoffhaushalt von Fichtenjungwüchsen. Forstliche Schriftenreihe Universität für Bodenkultur 1, Wien

Hall KR, Maruca SL (2001) Mapping a forest mosaic – a comparison of vegetation and bird distributions using geographic boundary analysis. Plant Ecol 156:105–120

Hallenbarter D, Landolt W, Bucher J, Schütz JP (2002) Effects of wood ash and liquid fertilization on the nutritional status and growth of Norway spruce (*Picea abies* (L.) Karst.). Forstwiss Centralbl 121:240–249

Hamberger J (2013) Hans Carl von Carlowitz: Sylvicultura oeconomica oder Haußwirthliche Nachricht und Naturmäßige Anweisung zur Wilden Baum-Zucht. Oekom, München

Hammel K, Kennel M (2001) Charakterisierung und Analyse der Wasserverfügbarkeit und des Wasserhaushalts von Waldstandorten in Bayern mit dem Simulationsmodell BROOK90. Forstliche Forschungsberichte München 185, München

Hampicke V (1993) Naturschutz und Ethik – Rückblick auf eine zwanzigjährige Diskussion, 1973–1993, und politische Folgerungen. Z Ökol Naturschutz 2:73–86

Hänninen H (2006) Climate warming and the risk of frost damage to boreal forest trees: identification of critical ecophysiological traits. Tree Physiol 26:889–898

Hansen JK, Jörgensen B, Stoltze P (2003) Variation of quality and predicted economic returns between European beech provenances. Silvae Genet 53:185–197

Hanski I (1991) Single-species metapopulation dynamics: concepts, models and observations. Biol J Linn Soc 42:17–38

Hanski I, Gilpin ME (Hrsg) (1998) Metapopulation biology – ecology, genetics, and evolution. Academic Press, San Diego

Hansson L (2002) Consumption of bark and seeds by voles in relation to habitat and landscape structure. Scand J For Res 17:28–34

Härdtle W (1995) On the theoretical concept of the potential natural vegetation and proposals for an up-to-date modification. Folia Geobot 30:263–276

Harmer R (1994) Natural regeneration of broadleaved trees in Britain – seed production and predation. Forestry 67:275–286

Harmon M, Franklin J, Swanson F, Sollins P, Gregory SV, Lattin JD, Anderson NH, Cline SP, Aumen NG, Sedell JR, Lienkaemper GW, Cromack K, Cummings KW (1986) Ecology of coarse woody debris in temperate ecosystems. Adv Ecol Res 15:133–302

Harrison AF, Schulze E-D, Gebauer G, Bruckner G (2000) Canopy uptake and utilization of atmosperic pollutant nitrogen. In: Schulze E-D (Hrsg) Carbon and nitrogen cycling in European forest ecosystems. Springer, Berlin, S 171–188

Harrison S (1995) Metapopulation and conservation. In: Edwards P, May R, Webb N (Hrsg) Large scale ecology and conservation. Blackwell, Oxford, S 111–128

Harteisen U, Neumeyer S, Schlagbauer S, Bizer K, Hensel S, Krüger L (2010) Grünes B and – Modellregion für Nachhaltigkeit. Universitätsverlag, Göttingen

Hartley SE, Amos L (1999) Competitive interactions between *Nardus stricta* L. and *Calluna vulgaris* (L.) Hull – the effect of fertilizer and defoliation on above- and below-ground performance. J Ecol 87:330–340

Hartmann G, Kontzog H (1994) Beurteilung des Gesundheitszustandes von Alteichen in vom Eichensterben geschädigten Beständen. Forst Holz 49:216–217

Hartmann G, Blank R, Lewark S (1989) Eichensterben in Norddeutschland – Verbreitung, Schadbilder, mögliche Ursachen. Forst Holzwirt 44:475–487

Hartmann G, Nienhaus F, Butin H (2007) Farbatlas Waldschäden – Diagnose von Baumkrankheiten, 3. Aufl. Ulmer, Stuttgart

Hasel K, Schwartz E (2006) Forstgeschichte – Ein Grundriß für Studium und Praxis, 3. Aufl. Kessel, Remagen

Hasenauer H (Hrsg) (2006) Sustainable forest management – growth models for Europe. Springer, Berlin

Hastings A, Hom CL, Ellner S, Ellner S, Turchin P, Godfray H, Charles J (1993) Chaos in ecology – is mother nature a strange attractor? Annu Rev Ecol Syst 24:1–33

Hättenschwiler S (2005) Effects of tree species diversity on litter quality and decomposition. In: Scherer-Lorenzen M, Körner C, Schulze E-D (Hrsg) Forest diversity and function – temperate and boreal systems. Springer, Berlin, S 149–164

Hauhs M (1985) Wasser- und Stoffhaushalt im Einzugsgebiet der langen Bramke (Harz). Berichte des Forschungszentrums Waldökosysteme A 17, Göttingen

Hauschild R, Hein S (2009) Hochwassertoleranz von Laubbäumen nach einem extremen Überflutungsereignis – Eine Fallstudie aus der südlichen Oberrheinaue. Allg Forst Jagdzt 180:100–108

Hauskeller-Bullerjahn K (1997) Wachstum junger Eichen unter Schirm. Dissertation, Universität Göttingen

Hauskeller-Bullerjahn K, Lüpke B von, Hauskeller H, Dong PH (2000) Versuch zur natürlichen Verjüngung der Traubeneiche im Pfälzerwald. Allg Forstz 55:514–517

Hector A, Bagchi R (2007) Biodiversity and ecosystem multifunctionality. Nature 448:188–190

Hedde M, Aubert M, Decaëns T, Bureau F (2008) Dynamics of soil carbon in a beechwood chronosequence forest. For Ecol Manage 255:193–202

Hedin L (2000) Deposition of nutrients and pollutions to ecosystems. In: Sala OE, Jackson R, Mooney HA, Howarth RW (Hrsg) Methods in ecosystem science. Springer, New York, S 265–276

Heimann J (1995) Xylemsaftfluß 40-jähriger Fichten (*Picea abies* (L.) Karst.) im Wassereinzugsgebiet der Langen Bramke, Harz. Berichte des Forschungszentrums Waldökosysteme A 129, Göttingen

Heinze ML, Liebmann H (1998) Begrünung der Kalirückstandshalden im Südharzgebiet. Allg Forstz 53:1287–1289

Helms J (Hrsg) (1998) The dictionary of forestry. CABI Publishing, Wallingford

Henderson PA (2006) Practical methods in ecology. Blackwell, Malden

Hengst E (1965) Phänologische Untersuchungen in einem Laubholzbestand. Forstwiss Centralbl 84:293–309

Henningsen D, Katzung G (2006) Einführung in die Geologie Deutschlands, 7. Aufl. Elsevier Spektrum Akademischer, Heidelberg

Henrich K (2003) Biodiversitätsvernichtung – Ökologisch-ökonomische Ursachenanalysen, kausalitätstheoretische Grundlagen und evolutorische Eskalationsdynamik. Metropolis, Marburg

Herbst M, Rosier PT, McNeil DD, Harding R, Gowing DJ (2008) Seasonal variability of interception evaporation from the canopy of a mixed deciduous forest. Agric For Meteorol 148:1655–1667

Herrmann B (2013) Umweltgeschichte – Eine Einführung in Grundbegriffe. Springer, Berlin

Hertel G, Eagar C, Medlarz S, Mc Fadden MW (1993) The effects of acidic deposition and ozone on forest tree species in the Eastern United States: Results from the forest response program. In: Hüttl RF, Mueller-Dombois D (Hrsg) Forest decline in the Atlantic and Pacific region. Springer, Berlin, S 54–65

Hetsch W (1980) Bodenphysikalische und bodenchemische Auswirkungen eines Waldbrands auf einen Braunerde-Podsol unter Kiefer. Forstwiss Centralbl 99:257–273

Hewitt G (1999) Post-glacial re-colonization of European biota. Biol J Linn Soc 68:87–112

Heyder J (1986) Waldbau im Wandel. Zur Geschichte des Waldbaus von 1870–1950, dargestellt unter besonderer Berücksichtigung der Bestandesbegründung und der forstlichen Verhältnisse Norddeutschlands. Sauerländer's, Frankfurt a. M.

Hildebrand E (1996) Warum müssen wir Waldböden kalken? Agrarforsch Baden-Württ 26:53–65

Hildebrand E (2003) Neuartige Waldschäden – Realität oder Sturm im Wasserglas? Allg Forstz 58:1311–1313

Hildebrand E, Puls C, Gärtig T, Schack-Kirchner H (2000) Flächige Bodenverformung durch Befahren. Allg Forstz 55:683–691

Hilf R, Röhrig F (1933, 1938) Wald und Weidwerk in Geschichte und Gegenwart. Akademische Verlagsgesellschaft Athenaion, Potsdam

Hilf R, Röhrig F (2003) Wald und Weidwerk in Geschichte und Gegenwart. (Reprint von 1993/1938). Aula, Wiebelsheim

Hill MO, Roy DB, Mountford JO, Bunce RGH (2000) Extending Ellenberg's indicator values to a new area – an algorithmic approach. J Appl Ecol 37:3–15

Hillebrand K (1997) Vogelbeere (*Sorbus aucuparia* L.) im Westfälischen Bergland – Wachstum, Ökologie, Waldbau. Dissertation, Universität Göttingen

Hinrichs T (2010) Forstliches Vermehrungsgut – Informationen für die Praxis. 8. Aufl. AID-Infodienst Verbraucherschutz, Ernährung, Landwirtschaft, Bonn

Hintermaier-Erhard G, Zech W (1997) Wörterbuch der Bodenkunde – Systematik, Genese, Eigenschaften, Ökologie und Verbreitung von Böden. Enke, Stuttgart

Hobbs R (1997) Can we use plant functional types to describe and predict to environmental change. In: Smith TM, Shugart HH, Woodward FI (Hrsg) Plant functional types – their relevance to ecosystem properties and global change. Cambridge University Press, Cambridge, S 66–90

Hock B, Elstner E (1995) Schadwirkungen auf Pflanzen – Lehrbuch der Pflanzentoxikologie, 3. Aufl. Spektrum Akademischer, Heidelberg

Hoffmann G (1961) Die Stickstoffbindung der Robinie (*Robinia pseudoacacia* L.). Arch Forstwes 10:627–632

Hojjati SM, Hagen-Thorn A, Lamersdorf NP (2009) Canopy composition as a measure to identify patterns of nutrient input in a mixed European beech and Norway spruce forest in central Europe. Eur J For Res 128:13–25

Holeska J, Cybulski M (2001) Canopy gaps in a Carpathian subalpine spruce forest. Forstwiss Centralbl 120:331–348

Hollinger DY (1986) Herbivory and the cycling of nitrogen and phosphorus in isolated California oak trees. Oecologia 70:291–297

Hollstein E (1980) Mitteleuropäische Eichenchronologie. Philipp von Zabern, Mainz

Hölscher D, Asche N, Beese F (1999) Langfristige Effekte einer Waldkalkung auf bodenchemische Parameter, mikrobielle Biomasse und Regenwurmbesatz. Forstarchiv 70:127–132

Hölscher D, Koch O, Korn S, Leuschner C (2005) Sap flux of five co-occurring tree species in a temperate broadleaved forest during seasonal soil drought. Trees Struct Funct 19:628–637

Hoover C (2008) Field measurements for forest carbon monitoring – a landscape-scale approach. Springer, Dordrecht

Höper H (2007) Freisetzung von Treibhausgasen aus deutschen Mooren. Telma 37:85–116

Hornbeck JW, Martin CW, Pierce RS, Bormann FH, Likens GE, Eaton JS (1986) Clearcutting northern hardwoods – effects on hydrologic and nutrient ion budgets. For Sci 32:667–686

Hornbeck JW, Martin CW, Eagar C (1997) Summary of water yield experiments at Hubbard Brook Experimental Forest, New Hampshire. Can J For Res 27:2043–2052

Hornschuh F, Krakau U, Lebzien S, Bolte A (2008) Auswirkung von Kiefernwurzel-Konkurrenz auf die Entwicklung der Bodenvegetation – Biomasseerhebungen in Kleinlysimetern und Bestand. Arch Forstwes Landschaftsökol 42:110–126

Hosius B, Bergmann F, Konnert M, Henkel W (2000) A concept for seed orchards based on isoenzyme gene markers. For Ecol Manage 131:143–152

Hosius B, Leinemann L, Bergmann F, Maurer WD, Tabel U (2003) Genetische Untersuchungen zu Familienstrukturen und zur Zwieselbildung in Buchenbeständen. Forst Holz 58:51–54

Hosius B, Leinemann L, Konnert M, Bergmann F (2006) Genetic aspects of forestry in the Central Europe. Eur J For Res 125:407–417

Hotes S (2010) Exkurs: Biodiversität – Was ist das, und wie kann man sie messen? In: Hotes S, Wolters V (Hrsg) Focus Biodiversität – Wie Biodiversität in der Kulturlandschaft erhalten und nachhaltig genutzt werden kann. Oekom, München, S 25–27

Houghton J (2011) Global warming – the complete briefing, 4 Aufl. Cambridge University Press, Cambridge

Houlton BZ, Driscoll CT, Fahey TJ, Likens GE, Groffman PM, Bernhardt ES, Buso DC (2003) Nitrogen dynamics in ice storm-damaged forest ecosystems – implications for nitrogen limitation theory. Ecosystems 6:431–443

Hudson IL, Keatley MR (Hrsg) (2010) Phenological research – methods for environmental and climate change analysis. Springer, Dordrecht
Hulme P, Borelli T (1999) Variability in post-dispersal seed predation in deciduous woodland – relative importance of location, seed species, burial and density. Plant Ecol 145:149–156
Hulme PE, Hunt MK (1999) Rodent post-dispersal seed predation in deciduous woodland – predator response to absolute and relative abundance of prey. J Anim Ecol 68:417–428
von Humboldt A (2004) Ansichten der Natur. Eichborn, Frankfurt a. M.
Humphries C, Baron J (2001) Ecosystem structure and function modelling. In: Jensen ME, Bourgeron PS (Hrsg) A guidebook for integrated ecological assessments. Springer, New York, S 257–272
Hunter M (2001) Insect population dynamics meets ecosystem ecology – effects of herbivory on soil nutrient dynamics. Agric For Entomol 3:77–84
Husch B, Beers TW, Kershaw J (2003) Forest mensuration, 4 Aufl. Wiley, New York
Hüser R, Führer H, Rehfuess K (1996) Wasserchemische Auswirkungen von Hiebseingriffen im Krofdorfer Buchenforst. Forst Holz 51:666–672
Huss J (1990) Die Entwicklung des Dauerwaldgedankens bis zum Dritten Reich. Forst Holz 45:163–171
Huss J, Siebert H (1976) Erfahrungen mit der Kultur der Douglasie. Allg Forstz 31:279–284
Hussendörfer E, Schütz J, Scholz F (1996) Genetische Untersuchungen zu phänotypischen Merkmalen an Buche (*Fagus sylvatica* L.). Schweizerische Z Forstwes 147:785–802
Hüttl RF (1999) Rekultivierung von Bergbaufolgelandschaften – Das Beispiel des Lausitzer Braunkohlereviers. De Gruyter, Berlin
Hüttl RF, Schaaf, W (Hrsg) (1997) Magnesium deficiency in forest ecosystems. Kluwer, Dordrecht
Ibrom A (2001) Die biophysikalische Steuerung der Kohlenstoffbilanz in einem Fichtenbestand im Solling. Berichte des Forschungszentrums Waldökosysteme A 173, Göttingen
Ibrom A, Runge M (1989) Die Stickstoff-Mineralisation im Boden eines Sauerhumus-Buchenwaldes unter dem Einfluß von Kalkung und Stickstoffdüngung. Berichte des Forschungszentrums Waldökosysteme Göttingen A 49:129–140
IPCC (Intergovernmental Panel on Climate Change) (Hrsg) (2007) Climate change 2007: Synthesis report – contribution of working groups I, II and III to the fourth assessment report of the Intergovernmental Panel on Climate Change, Genf
IPCC (Intergovernmental Panel on Climate Change) (Hrsg) (2014) Climate Change 2013 – the physical science basis. Working group I contribution to the fifth assessment report of the Intergovernmental Panel on Climate Change. Cambridge Univiversity Press, Cambridge
Isik F (2014) Genomic selection in forest tree breeding: the concept and an outlook to the future. New For 45:379–401
Jackson RB, Anderson L, Pockman WT (2000) Measuring water availability and uptake in ecosystem studies. In: Sala OE, Jackson R, Mooney HA et al (Hrsg) Methods in ecosystem science. Springer, New York, S 199–214
Jacobsen C, Rademacher P, Meesenburg H, Meiwes KJ (2003) Gehalte chemischer Elemente in Baumkompartimenten. Literaturstudie und Datensammlung. Berichte des Forschungszentrums Waldökosysteme B 69, Göttingen
Jacomet S, Kreuz A, Rösch M (1999) Archäobotanik – Aufgaben, Methoden und Ergebnisse vegetations- und agrargeschichtlicher Forschung. Ulmer, Stuttgart
Jahn G (1980) Die natürliche Wiederbesiedlung von Waldbrandflächen in der Lüneburger Heide mit Moosen und Gefäßpflanzen. Forstwiss Centralbl 99:297–324
Jakoby O, Rademacher C, Grimm V (2010) Modelling dead wood islands in European beech forests – how much and how reliably would they provide dead wood? Eur J For Res 129:659–668
Jandl R, Lindner M, Vesterdal L, Bauwens B, Baritz R, Hagedorn F, Johnson DW, Minkkinen K, Byrne KA (2007) How strongly can forest management influence soil carbon sequestration? Geoderma 137:253–268
Janßen A (2000) Der Einfluß von Ernteverfahren auf die genetische Struktur von Saatgut eines Buchenbestandes. Forschungsbericht Hessische Landesanstalt für Forsteinrichtung, Waldforschung und Waldökologie 27, Gießen
Jansen A, Gebhardt K, Steiner W (2008) Genetische Vielfalt nordwestdeutscher Buchenwälder. In: Nordwestdeutsche Forstliche Versuchsanstalt (Hrsg) Ergebnisse angewandter Forschung zur Buche. Universitätsverlag Göttingen, Göttingen, S 51–67
Janssen IA, Sampson D, Cermak J, Meiresonne L, Riguzzi F, Overloop S, Ceulemans R (1999) Above- and below-ground phytomass and carbon storage in a Belgian Scots pine stand. Ann For Sci 56:81–90
Jarvis P, Linder S (2007) Forests remove carbon dioxide from the atmosphere – spruce forest tales. In: Freer-Smith P, Broadmeadow M, Lynch J (Hrsg) Forestry and climate change. CABI Publishing, Cambridge, S 60–72
Jedicke E (1996) Praktische Landschaftspflege – Grundlagen und Maßnahmen, 2. Aufl. Ulmer, Stuttgart
Jensen JS, Hansen JK (2008) Geographical variation in phenology of *Quercus petraea* (Matt.) Liebl and *Quercus robur* L. oak grown in a greenhouse. Scand J For Res 23:179–188
Jensen ME, Bourgeron PS (Hrsg) (2001) A guidebook for integrated ecological assessments. Springer, New York
Jensen NR, Webster CR, Witt JC, Grant JB (2011) Ungulate winter habitat selection as a driver of herbaceous-layer heterogeneity in northern temperate forests. Ecosphere 2:art67
Jervis M (Hrsg) (2005) Insects as natural enemies – a practical perspective. Springer, Dordrecht

Jochheim H, Lüttschwager D, Wegehenkel M (2004) Simulation of the water and nitrogen balances of forests within a catchment in the northeastern German lowlands. Eur J For Res 123:53–61

Johann K (1993) DESER-Norm 1993 – Normen der Sektion Ertragskunde im Deutschen Verband Forstlicher Forschungsanstalten zur Aufbereitung von waldwachstumskundlichen Dauerversuchen. In: Sektion Ertragskunde im Deutschen Verband Forstlicher Forschungsanstalten (Hrsg) Tagungsbericht von der Jahrestagung der Sektion Ertragskunde in Untereichenbach-Kapfenhardt 1993, S 96–104

Johnson DW, Richter DD, Lovett GM, Lindberg SE (1985) The effects of atmospheric deposition on potassium, calcium, and magnesium cycling in two deciduous forests. Can J For Res 15:773–782

Jonard M, Andre F, Ponette Q (2008) Tree species mediated effects on leaf litter dynamics in pure and mixed stands of oak and beech. Can J For Res 38:528–538

Jones H, McNamara N., Mason W (2005) Functioning of mixed-species stands. Evidence from al long-term forest experiment. In: Scherer-Lorenzen M, Körner C, Schulze E-D (Hrsg) Forest diversity and function – temperate and boreal systems. Springer, Berlin, S 111–130

Jönsson A, Harding S, Bärring L, Ravn HP (2007) Impact of climate change on the population dynamics of *Ips typographus* in southern Sweden. Agric For Meteorol 146:70–81

Kadereit JW, Körner C, Kost B, Sonnewald U (2014) Strasburger – Lehrbuch der Pflanzenwissenschaften, 37. Aufl. Springer Spektrum, Berlin

Kappas M (2012) Geographische Informationssysteme, 2. Aufl. Westermann, Braunschweig

Karnosky D, Tallis M, Darbah J, Taylor G (2007) Direct effects of elevated carbon dioxide on forest tree production. In: Freer-Smith P, Broadmeadow M, Lynch J (Hrsg) Forestry and climate change. CABI Publishing, Cambridge, S 136–142

Kaspers W (1959) Zur Geschichte des Begriffes und Wortes Forestis Forst. Forstarchiv 30:130–133

Kawaletz H, Ammer C (2012) Biomasseproduktivität ausgewählter europäischer Mittel- und Niederwaldbestände – Ergebnisse einer vergleichenden Metaanalyse. Allg Forst Jagdzt 183:225–237

Kech G, Lieser M (2006) Einfluss von Terminaltriebverbiss durch Rehe auf die Höhenentwicklung junger Laubbäume. Forstarchiv 77:162–168

Keddy PA (2007) Plants and vegetation. Origins, processes, consequences. Cambridge University Press, Cambridge

Keidel S, Meyer P, Bartsch N (2008) Regeneration eines naturnahen Fichtenwaldökosystems im Harz nach großflächiger Störung. Forstarchiv 79:187–196

Keienburg T, Prüter J (2006) Naturschutzgebiet Lüneburger Heide – Erhaltung und Entwicklung einer Kulturlandschaft. Mitteilungen aus der Alfred Töpfer Akademie für Naturschutz (NNA) 17/1, Schneverdingen

Kenderes K, Mihók B, Standovár T (2008) Thirty years of gap dynamics in a central european beech forest reserve. Forestry 81:111–123

Kenk G (1983) Zuwachsuntersuchungen in geschädigten Tannen-Beständen in Baden-Württemberg. Allg Forstz 38:650–652

Kenk G, Kremer W, Bonaventura D, Gallus M (1985) Jahrring- und zuwachsanalytische Untersuchungen in erkrankten Tanenbeständen des Landes Baden-Württemberg. Mitteilungen der Forstlichen Versuchs- und Forschungsanstalt Baden-Württemberg 112, Freiburg i. Br.

Kenk G, Menges U, Bürger R (1991) Natürliche Wiederbewaldung von Sturmwurfflächen? Allg Forstz 46:96–100

Kennel M (1998) Modellierung des Wasser- und Stoffhaushaltes von Waldökosystemen. Fallstudien: Forsthydrologisches Forschungsgebiet Krofdorf, Referenzgebiet Große Ohe. Forstliche Forschungsberichte München 168

Khanna PK, Fortmann H, Meesenburg H, Eichhorn J, Meiwes KJ (2009) Biomas and element content of foliage and above ground litterfall of three long-term experimental beech sites: dynamics and significance. In: Brumme R, Khanna P (Hrsg) Functioning and management of European beech ecosystems. Springer, Berlin, S 183–205

Kimmins JP (2004) Forest ecology – a foundation for sustainable forest management and environmental ethics in forestry, 3 Aufl. Prentice Hall, Upper Saddle River

Kimmins JP, Blanc JA, Seely B, Welham C., Scoullar K (2010) Forecasting forest futures – a hybrid modelling approach to the assessment of sustainability of forest ecosystems and their values. Earthscan, London

Kirby KJ, Watkins C (1998) The ecological history of European forests. CAB International, New York

Kleinschmit JRG, Bacilieri R, Kremer A, Roloff A (1995) Comparison of morphological and genetic traits of pedunculate oak (*Q. robur* L.) and sessile oak (*Q. petraea* (Matt.) Liebl.). Silvae Genet 44:255–269

Knohl A, Schulze E, Kolle O, Buchmann N (2003) Large carbon uptake by an unmanaged 250-year-old deciduous forest in Central Germany. Agric For Meteorol 118:151–167

Knohl A, Schulze E, Wirth C (2009) Biosphere-atmosphere exchange of old-growth forests: Processes and pattern. In: Wirth C, Gleixner G, Heimann M (Hrsg) Old-growth forests – function, date and value. Springer, Berlin, S 141–158

Knoke T (1998) Die Stabilisierung junger Fichtenbestände durch starke Durchforstungseingriffe – Versuch einer ökonomischen Bewertung. Forstarchiv 70:219–226

Knoke T (2008) Mixed forests and finance – Methodological approaches. Ecol Econ 65:590–601

Knoke T, Moog M (2005) Timber harvesting versus forest reserves – producer prices for open-use areas in German beech forests (*Fagus sylvatica* L.). Ecol Econ 52:97–110

Knoke T, Stimm B, Ammer C, Moog M (2005) Mixed forests reconsidered – a forest economics contribution on an ecological concept. For Ecol Manage 213:102–116

Knoke T, Ammer C, Stimm B, Mosandl R (2008) Admixing broadleaved to coniferous tree species – a review on yield, ecological stability and economics. Eur J For Res 127:89–101

Knowe S (1994) Effects of competition control treatments on height-age and height-diameter relationships in young Douglas-fir plantations. For Ecol Manage 67:101–112

Köck W (2010) Rechtlicher Handlungsrahmen für das Management der Biodiversität in Kulturlandschaften. In: Hotes S, Wolters V (Hrsg) Focus Biodiversität – Wie Biodiversität in der Kulturlandschaft erhalten und nachhaltig genutzt werden kann. Oekom, München, S 226–244

Kohm KA, Franklin JF (Hrsg) (1997) Creating a forestry for the 21st century –the science of ecosystem management. Island Press, Washington

Kohnle U, Struss M, Eisenmann P (2005) Entwicklung von Naturverjüngungen aus Fichte und Tanne nach Sturm. Allg Forstz 60:569–570

Kohnle U, Lenk E, Freyler K., Keller O (2014) H/D-Wert und Schneebruchschäden auf Kiefern- und Birken-Versuchsflächen. AFZ/DerWald 69:12–15

Kolka RK, Grigal DF, Nater EA (1996) Forest soil mineral weathering rates – use of multiple approaches. Geoderma 73:1–21

Kölling C, Dietz E, Falk W, Mellert KH (2009) Provisorische Klima-Risikokarten als Planungshilfe für den klimagerechten Waldumbau in Bayern. Forst Holz 64:40–47

Kompa T, Schmidt W (2006) Zur Verjüngungssituation in südniedersächsischen Buchen-Windwurfgebieten nach einem lokalen Orkan von 1997. Forstarchiv 77:3–19

König A (1995) Sturmgefährdung von Beständen im Altersklassenwald. Sauerländer's, Frankfurt a. M.

Konnert M, Behm A (1999) Genetische Strukturen einer Saatgutpartie –Einflussfaktoren und Einflussmöglichkeiten. Beitr Forstwirtsch Landschaftsökol 33:152–156

Konnert M, Hosius B (2010) Contribution of forest genetics for a sustainable forest management. Forstarchiv 81:170–174

Konnert M, Spiecker H (1996) Beeinflussen Nutzungen einzelner Bäume die genetische Struktur von Beständen? Allg Forstz 51:1284–1291

Konnert M, Ziehe M, Tröber U, Janssen A, Sander T, Hussendörfer E, Hertel U (2000) Genetische Variationen der Buche in Deutschland – Gemeinsame Auswertung genetischer Inventuren über verschiedene Bundesländer. Forst Holz 55:403–408

Konold W, Böcker R, Hampicke U (seit 1999) Handbuch Naturschutz und Landschaftspflege – Kompendium zu Schutz und Entwicklung von Lebensräumen und Landschaften. Wiley-VCH, Weinheim

Köppen W (1918) Klassifikation der Klimate nach Temperatur, Niederschlag und Jahresverlauf. Petermanns Geographische Mitt 58:193–203, 243–248

Körner C (1998) A re-assessment of high elevation treeline positions and their explanation. Oecologia 115:445–459

Körner C (2005) An introduction to the functional diversity of temperate forest trees. In: In: Scherer-Lorenzen M, Körner C, Schulze E-D (Hrsg) Forest diversity and function – temperate and boreal systems. Springer, Berlin, S 13–37

Körner C (2006) Plant CO_2 responses – an issue of definition, time and resource supply. New Phytol 172:393–411

Körner C (2012) Alpine treelines – functional ecology of the global high elevation tree limits. Springer, Basel

Korpel Å (1995) Die Urwälder der Westkarpaten. Fischer, Stuttgart

Köstler JN, Brückner E, Biebelriether H (1968) Die Wurzeln der Waldbäume. Parey, Hamburg

Köstner B, Falge EM, Alsheimer M, Geyer R, Tenhunen JD (1998) Estimating tree canopy water use via xylem sapflow in an old Norway spruce forest and a comparison with simulation-based canopy transpiration estimates. Ann For Sci 55:125–139

Köstner B, Schmidt M, Falge E, Fleck S, Tenhunen JD (2004) Atmospheric and structural control on carbon and water relations in mixed forest stands of beech and oak. In: Matzner E (Hrsg) Biogeochemistry of forested catchments in a changing environment – a German case study. Springer, Berlin, S 69–98

Kowarik I (1987) Kritische Anmerkungen zum theoretischen Konzept der potentiellen natürlichen Vegetation mit Anregungen zu einer zeitgemäßen Modifikation. Tuexenia 7:53–68

Kowarik I (2010) Biologische Invasionen – Neophyten und Neozoen in Mitteleuropa, 2. Aufl. Ulmer, Stuttgart

Kownatzki D (2012) Beurteilung von artübergreifenden genetischen Diversitäten und Anpassungskapazitäten in naturnahen Baumartengemeinschaften. Forstarchiv 83:52–59

Kozlowski TT, Pallardy SG (1997) Growth control in woody plants. Academic Press, San Diego

Kraft G (1884) Beiträge zur Lehre von den Durchforstungen, Schlagstellungen und Lichtungshieben. Klindworth, Hannover

Kramer H (1988) Waldwachstumslehre – Ökologische und anthropogene Einflüsse auf das Wachstum des Waldes, seine Massen- und Wertleistung und die Bestandessicherheit. Parey, Hamburg

Kramer H (2005) Die Baumriesen des pazifischen Nordwestens von Nordamerika. Forst Holz 60:203–205

Kramer H, Akça A (2008) Leitfaden zur Waldmesslehre, 5. Aufl. Sauerländer's, Frankfurt a. M.

Kramer PJ, Boyer JS (1995) Water relations of plants and soils. Academic Press, San Diego

Kremser W (1972) Die Aufforstung der niedersächsischen Heidegebiete aus kulturhistorischer und kulturgeographischer Sicht. Rotenbg Schr 36:7–47

Kremser W (1990) Niedersächsische Forstgeschichte. Eine integrierte Kulturgeschichte des nordwestdeutschen Forstwesens. Selbstverlag Heimatbund Rotenburg/Wümme, Rotenburg (Wümme)

Kreutzer K, Butterbach-Bahl K, Rennenberg H, Papen H (2009) The complete nitrogen cycle of an N-saturated spruce forest ecosystem. Plant Biol 11:643–649

Krupa S (2003) Effects of atmospheric ammonia (NH_3) on terrestrial vegetation: a review. Environ Pollut 124:179–221

Krutzsch A, Weck J (1935) Bärenthoren 1934 – Der naturgemäße Wirtschaftswald. Neumann, Neudamm

Kuhn TS (2008) The structure of scientific revolutions, 3 Aufl. University of Chicago Press, Chicago

Kühne C (2005) Verjüngung der Stieleiche in Auenwäldern am Oberrhein – ein Praxisversuch. In: Kühne C, Bartsch N, Röhrig E (Hrsg) Waldbauliche Behandlung der Auenwälder am Oberrhein unter besonderer Berücksichtigung der Stieleiche (*Quercus robur* L.) Schriften aus der Forstlichen Fakultät der Universität Göttingen und der Niedersächsischen Forstlichen Versuchsanstalt 140:41–116

Kühne C, Donath C, Müller-Using SI, Bartsch N (2008) Nutrient fluxes via leaching from coarse woody debris in a *Fagus sylvatica* forest in the Solling Mountains, Germany. Can J For Res 38:2405–2413

Kumagai T (2011) Transpiration in forest ecosystems. In: Levia D, Carlyle-Moses D, Tanaka T (Hrsg) Forest hydrology and biogeochemistry – synthesis of past research and future directions. Springer, Dordrecht, S 389–406

Kürschner K, Röhrig E (1980) Der Waldbrand im Staatlichen Forstamt Lüß (Niedersachsen). Forstwiss Centralbl 99:249–253

Küster H (2012) Die Entdeckung der Landschaft. Einführung in eine neue Wissenschaft. Beck, München

Küster H (2013a) Geschichte der Landschaft in Mitteleuropa – Von der Eiszeit bis zur Gegenwart. Beck, München

Küster H (2013b) Geschichte des Waldes – Von der Urzeit bis zur Gegenwart, 3. Aufl. Beck, München

Kutschera L, Lichtenegger E (2002) Wurzelatlas mitteleuropäischer Waldbäume und Sträucher. Leopold Stocker, Graz

Kuusela K (1994) Forest resources in Europe 1950–1990. Cambridge University Press, Cambridge

Laiho R, Prescott CE (2004) Decay and nutrient dynamics of coarse woody debris in northern coniferous forests: a synthesis. Can J For Res 34:763–777

Lal R (2005) Forest soils and carbon sequestration. For Ecol Manage 220:242–258

Lambers H, Chapin FS, Pons TL (2008) Plant physiological ecology, 2 Aufl. Springer, New York

Lamersdorf NP, Borken W (2004) Clean rain promotes fine root growth and soil respiration in a Norway spruce forest. Glob Change Biol 10:1351–1362

Lamersdorf NP, Beier C, Blanck K, Bredemeier M, Cummins T, Farrell EP, Kreutzer K, Rasmussen L, Ryan M, Weis W, Xu YJ (1998) Effect of drought experiments using roof installations on acidification/nitrification of soils. The Whole Ecosystem Experiments of the NITREX and EXMAN Projects. For Ecol Manage 101:95–109

Lamersdorf NP, Bredemeier M, Borken W, Xu YJ (1999) Das Entsauerungs- und Austrocknungsexperiment im Solling. Allg Forstz 54:55–57

Lamprecht H, Göttsche D, Jahn G, Peik K (1974) Naturwaldreservate in Niedersachsen. Aus dem Walde 23, Hannover

Landsberg J, Gower S (1997) Applications of physiological ecology to forest management. Academic Press, San Diego

Lang G (1994) Quartäre Vegetationsgeschichte Europas. Fischer, Jena

Lang W (1970) Ökologisch-hydrologische Untersuchungen in verschieden stark durchforsteten Fichten- und Lärchenbeständen des Schwarzwaldes. Dissertation, Universität Freiburg

Lange S (1998) Kippenrekultivierung in nordostsächsischen Bergbaubetrieben. Allg Forstz 53:1290–1291

Langusch J, Borken W, Armbruster M, Dise NB, Matzner E (2003) Canopy leaching of cations in Central European forest ecosystems – a regional assessment. Z Pflanzenernähr Bodenk 166:168–174

Lanzerath D (2008) Der Wert der Biodiversität – Ethische Aspekte. In: Lanzerath D, Mutke J, Barthlott W, Baumgärtner S, Becker C, Spranger TM (Hrsg) Biodiversität. Alber, Freiburg, S 147–213

Lanzerath D, Mutke J, Barthlott W, Baumgärtner S, Becker C, Spranger TM (Hrsg) (2008) Biodiversität. Alber, Freiburg

Larcher W (2001) Ökophysiologie der Pflanzen – Leben, Leistung und Streßbewältigung der Pflanzen in ihrer Umwelt, 6. Aufl. Ulmer, Stuttgart

Larsen JB (1978) Die Frostresistenz der Douglasie (*Pseudotsuga menziesii* (Mirb.) Franco) verschiedener Herkünfte mit unterschiedlichen Höhenlagen. Silvae Genet 27:150–156

Larsen JB, Nielsen AB (2007) Nature-based forest management – where are we going? For Ecol Manage 238:107–117

Larsen JB, Röhrig E (1978) Untersuchungen über den Einfluß der Bodenvegetation auf die Temperatur der bodennahen Luftschichten einer Freifläche. Forstarchiv 49:7–12

Laskowski R, Berg B, Caswell H (Hrsg) (2006) Litter decomposition. A guide to carbon and nutrient turnover. Academic Press Elsevier, Amsterdam

Laurila T, Aurela M, Lohila A, Tuovinen JP (2005) Trace gas and CO_2 contributions of northern peatlands to global warming potential. In: Griffiths H, Jarvis PG (Hrsg) The carbon balance of forest biomes. Taylor and Francis, Oxford, S 269–292

Lausch A, Fahse L, Heurich M (2011) Factors affecting the spatio-temporal dispersion of *Ips typographus* (L.) in Bavarian Forest National Park – a long-term quantitative landscape-level analysis. For Ecol Manage 261:233–245

Le Bourgeois F, Pierrat JC, Perez V, Piedallu C, Cecchini S, Ulrich E (2008) Déterminisme de la phénologie des forêts tempérées françaises – Étude sur les peuplements du réseau Renecofor. Rev Forestière Fr 3:323–344

Lebret M, Nys C, Forgeard F (2001) Litter production in an Atlantic beech (*Fagus sylvatica* L.) time sequence. Ann For Sci 58:755–768

Lechowicz M (1995) Seasonality of flowering and fruiting in temperate forest trees. Can J Bot 73:175–182

Leder B (1989) Schädigung der Weichlaubhölzer durch Eisanhang. Allg Forstz 44:50–50

Leder B (1992) Weichlaubhölzer – Verjüngungsökologie, Jugendwachstum und Bedeutung in Jungbeständen der Hauptbaumarten Buche und Eiche. Schriftenreihe der Landesanstalt für Forstwirtschaft des Landes Nordrhein-Westfalen, Sonderband, Arnsberg

Leder B (1993a) Bestandesanalyse eines älteren Kiefernbestandes mit Eichenhähersaat. Schriftenreihe der Landesanstalt für Forstwirtschaft des Landes Nordrhein Westfalen 7:89–105

Leder B (1993b) Zur Geschichte einer Einbeziehung von Weichlaubhölzern in die waldbauliche Praxis. Forst Holz 48:337–343

Leder B (1997) Die Einbeziehung der Vogelbeere in die Jungbestandsphase von Hauptbaumarten. Allg Forstz 52:530–534

Leder B, Gutsche H (1997) Passiver Voranbau mit Buchen-Wildlingen. Schriftenreihe der Landesanstalt für Forstwirtschaft des Landes Nordrhein Westfalen 13:31–42

Lehtonen A (2005) Estimating foliage biomass in Scots pine (*Pinus sylvestris*) and Norway spruce (*Picea abies*) plots. Tree Physiol 25:803–811

Leibundgut H (1978) Über die Dynamik europäischer Urwälder. Allg Forstz 33:686–690

Leibundgut H (1993) Europäische Urwälder – Wegweiser zur naturnahen Waldwirtschaft. Haupt, Bern

Leins P, Erbar C (2008) Blüte und Frucht – Morphologie, Entwicklungsgeschichte, Phylogenie, Funktion und Ökologie, 2. Aufl. Schweizerbart, Stuttgart

Lembcke G, Knapp E, Dittmar O (1975) Die neue DDR-Kiefernertragstafel 1975. Beitr Forstwirtsch 15:55–64

Le Mellec A, Gerold G, Michalzik B (2011) Insect herbivory, organic matter deposition and effects on belowground organic matter fluxes in a central European oak forest. Plant Soil 342:393–403

Leonardi S, Flückiger W (1988) Der Einfluß einer durch saure Benebelung induzierten Kationenauswaschung auf die Rhizosphäre und die Pufferkapazität von Buchenkeimlingen in Nährlösungskulturen. Forstwiss Centralbl 107:160–172

Leps J (2005) Diversity and ecosystem function. In: van der Maarel E (Hrsg) Vegetation ecology. Blackwell, Malden, S 199–237

Le Quéré C, Peters GP, Andres RJ, Andrew RM, Boden T, Ciais P, Friedlingstein P, Houghton RA, Marland G, Moriarty R, Sitch S, Tans P, Arneth A, Arvanitis A, Bakker DCE, Bopp L, Canadell JG, Chini LP, Doney SC, Harper A, Harris I, House JI, Jain AK, Jones SD, Kato E, Keeling RF, Klein Goldewijk K, Körtzinger A, Koven C, Lefèvre N, Omar A, Ono T, Park G-H, Pfeil B, Poulter B, Raupach MR, Regnier P, Rödenbeck C, Saito S, Schwinger J, Segschneider J, Stocker BD, Tilbrook B, van Heuven S, Viovy N, Wanninkhof R, Wiltshire A, Zaehle S, Yue C (2013) Global carbon budget 2013. Earth Syst Sci Data Discuss 6:689–760

Leuschner C (1987) Niederschlagsinterzeption und Verdunstung in einer Goldhaferwiese und in der Krautschicht eines Kalkbuchenwaldes. Verh Ges Ökol 16:237–244

Leuschner C (1994) Walddynamik in der Lüneburger Heide – Ursachen, Mechanismen und die Rolle der Ressourcen. Dissertation, Universität Göttingen

Leuschner C (1998a) Mechanismen der Konkurrenzüberlegenheit der Rotbuche. Ber Reinh Tüxen Ges 10:5–18

Leuschner C (1998b) Water extraction by tree fine roots in the forest floor of a temperate *Fagus-Quercus* forest. Ann Sci Forestières 55:141–157

Leuschner C (1999) Einige kritische Anmerkungen zur Konstruktion der potentiellen natürlichen Vegetation. Norddtsch Naturschutzakad Ber 12:88–93

Leuschner C (2001) Changes in forest ecosystem function with succession in the Lüneburger Heide. In: Tenhunen JD, Lenz R, Hantschel R, Hunter S (Hrsg) Ecosystem approaches to landscape management in Central Europe. Springer, Berlin, S 517–570

Leuschner C (2002) Forest succession and water resources: soil hydrology and ecosystem water turnover in early, mid and later stages of a 300-yr-long chronosequence on sandy soils. In: Dohrenbusch A, Bartsch N (Hrsg) Forest development – succession, environmental stress and forest management. Springer, Berlin, S 1–68

Leuschner C (2005) Vegetation and ecosystems. In: van der Maarel E (Hrsg) Vegetation ecology. Blackwell, Malden, S 85–105

Leuschner C, Hertel D, Coners H, Büttner V (2001) Root competition between beech and oak – a hypothesis. Oecologia 126:276–284

Leuschner C, Coners H, Icke R (2004) In situ measurement of water absorption by fine roots of three temperate trees – species differences and differential activity of superficial and deep roots. Tree Physiol 24:1359–1367

Leuschner C, Voß S, Foetzki A, Clases Y (2006) Variation in leaf area index and stand leaf mass of European beech across gradients of soil acidity and precipitation. Plant Ecol 186:247–258

Leuzinger S, Zotz G, Asshoff R, Körner C (2005) Responses of deciduous forest trees to severe drought in Central Europe. Tree Physiol 25:641–650

Levia DF, Frost EE (2003) A review and evaluation of stemflow literature in the hydrologic and biogeochemical cycles of forested and agricultural ecosystems. J Hydrol 274:1–29

Levia, DF, Carlyle-Moses D, Tanaka T (Hrsg) (2011a) Forest hydrology and biogeochemistry – synthesis of past research and future directions. Springer, Dordrecht

Levia DF, Keim RF, Carlyle-Moses DE, Frost EE (2011b) Througfall and stemflow in wooded ecosystems. In: Levia DF, Carlyle-Moses DE, Tanaka T (Hrsg) Forest hydrology and biogeochemistry – synthesis of past research and future directions. Springer, Dordrecht, S 425–443

Levitt J (1972) Responses of plants to environmental stresses. Academic Press, New York

Leyer I, Wesche K (2007) Multivariate Statistik in der Ökologie – Eine Einführung. Springer, Berlin

Libby WF, Anderson EC, Arnold JR (1949) Age determination by radiocarbon content – world-wide assay of natural radiocarbon. Science 109:227–228

Lichtenthaler HK, Buschmann C, Döll M, Fietz HJ, Bach T, Kozel U, Meier D, Rahmsdorf U (1981) Photosynthetic activity, chloroplast ultrastructure, and leaf characteristics of high-light and low-light plants and of sun and shade leaves. Photosynth Res 2:115–141

Lieth H, Lieth H, Schwartz MD (Hrsg) (1997) Phenology in seasonal climates. Backhuys, Leiden

Likens GE (Hrsg) (1989) Long-term studies in ecology – approaches and alternatives. Springer, New York

Likens GE (2013) Biogeochemistry of a forested ecosystem, 3 Aufl. Springer, New York

Likens GE, Bormann FH (1995) Biogeochemistry of a forested ecosystem, 2 Aufl. Springer, New York

Lindenmayer D, Franklin JF (2002) Conserving forest biodiversity – a comprehensive multiscaled approach. Island Press, Washington

Lindquist E, D'Annunzio R, Gerrand A, MacDicken K, Achard F, Beuchle R, Brink A, Eva HD, Mayaux P, San Miguel-Ayanz J, Stibig HJ (2012) Global forest land-use change 1990–2005. FAO Forestry Paper 169, Rome

LÖBF (Landesanstalt für Ökologie, Bodenordnung und Forsten Nordrhein Westfalen) (1997) Waldumbau von Nadelholzreinbeständen in Mischbestände. Schriftenreihe der Landesanstalt für Ökologie, Bodenordnung und Forsten 13, Recklinghausen

Loboda S (2008) Naturschutzbelange im Wald. Allg Forstz 63:196–199

Loft L (2009) Erhalt und Finanzierung biologischer Vielfalt – Synergien zwischen internationalem Biodiversitäts- und Klimaschutzrecht. Springer, Berlin

Lonsdale WM (1990) The self-thinning rule – dead or alive? Ecology 71:1373–1388

Lorenz M, Becher G (2012) Forest condition in Europe. Thünen-Institute of World Forests, Hamburg

Lovett G, Cole J, Pace M (2006) Is net ecosystem production equal to ecosystem carbon accumulation? Ecosystems 9:152–155

Lowe A, Harris SA, Ashton P (2004) Ecological genetics – design, analysis, and application. Blackwell, Malden

Lowman MD, Rinker HB (Hrsg) (2004) Forest canopies. Elsevier Academic Press, Amsterdam

Lu P, Biron P, Bréda N, Granier A (1995) Relation hydriques chez lèpice a commun soumis a une secheresse e'daphique dans les Vosges. Ann For Sci 52:117–130

Ludwig G, Haupt, H, Gruttke H, Binot-Hafke M (Hrsg) (2006) Methodische Anleitung zur Erstellung Roter Listen gefährdeter Tier, Pflanzen und Pilze. BfN-Skripten 191, Bonn

Lugo AE, Brinson M, Brown S (Hrsg) (1990) Forested wetlands. Elsevier, Amsterdam

de Luis M, Raventós J, González-Hidalgo JC (2005) Factors controlling seedling germination after fire in Mediterranean gorse shrublands – implications for fire prescription. J Environ Manage 76:159–166

Lukac M, Godbold D (2011) Soil ecology in northern forests – a below ground view of a changing world. Cambridge University Press, Cambridge

Lunderstädt J (2002) Langzeituntersuchung zur Befallsdynamik der Buchenwollschildlaus (*Cryptococcus fagisuga* Lind.) und der nachfolgenden Nekrosebildung in einem Buchen-Edellaubholz-Mischbestand. Allg Forst Jagdzt 173:193–200

von Lüpke B (1982) Versuche zur Einbringung von Lärche und Eiche in Buchenbestände. Schriften aus der Forstlichen Fakultät der Universität Göttingen und der Niedersächsischen Forstlichen Versuchsanstalt 74

von Lüpke B (1987) Einflüsse von Altholzüberschirmung und Bodenvegetation auf das Wachstum junger Buchen und Traubeneichen. Forstarchiv 58:18–24

von Lüpke B (1998) Silvicultural methods of oak regeneration with special respect to shade tolerant mixed species. For Ecol Manage 106:19–26

von Lüpke B (2001) Maßnahmen in der Forstwirtschaft zur Verminderung von Immissionswirkungen. In: Guderian R (Hrsg) Terrestrische Ökosysteme – Wirkungen auf Pflanzen, Diagnose und Überwachung, Wirkungen auf Tiere. Handbuch der Umweltveränderungen und Ökotoxikologie 2B. Springer, Berlin, S 389–405

von Lüpke B (2004) Steigerung von Stabilität und Diversität durch Waldumbau. Forst Holz 59:518–523

von Lüpke B (2009) Überlegungen zur Baumartenwahl und Verjüngunsverfahren bei fortschreitender Klimaänderung in Deutschland. Forstarchiv 80:67–75

von Lüpke B, Kuhr M (2001) Grobwurzelausbildung der Fichte [*Picea abies* (L.) Karst.] in Abhängigkeit von Alter, Bodenart, sozialer Stellung und Bestandesstruktur. Forstarchiv 72:55–62

von Lüpke B Hauskeller-Bullerjahn M Hauskeller-Bullerjahn K (1999) Kahlschlagfreier Waldbau – Wird die Eiche an den Rand gedrängt? Forst Holz 54:363–368

Lüscher P, Zürcher K (2003) Waldwirkung und Hochwasserschutz – Eine differenzierte Betrachtungsweise ist angebracht. In: LWF (Bayerische Landesanstalt für Wald und Forstwirtschaft) (Hrsg) Hochwasserschutz im Wald. Berichte aus der LWF 40, Freising, S 30–33

Lüttge U, Kluge M, Thiel G (2010) Botanik – Die umfassende Biologie der Pflanzen. Wiley-VCH, Weinheim

Lüttschwager D, Rust S, Wulf M, Forkert J, Hüttl RF (1999) Tree canopy and herb layer transpiration in three Scots pine stands with different stand structures. Ann For Sci 56:265–274

Luwe M, Heber U (1995) Ozone detoxification in the apoplasm and symplasm of spinach, broad bean and beech leaves at ambient and elevated concentrations of ozone in air. Planta 197:448–455

Luyssaert S, Jammet M, Stoy P, Estel S, Pongratz J, Ceschia E, Churkina G, Don A, Erb KH, Ferlicoq M, Gielen B, Grünwald T, Houghton RA, Klumpp K, Knohl A, Kolb T, Kuemmerle T, Laurila T, Lohila A, Loustau D, McGrath MJ, Meyfroidt P, Moors EJ, Naudts K, Novick K, Otto J, Pilegaard K, Pio CA, Rambal S, Rebmann C, Ryder J, Suyker AE, Varlagin A, Wattenbach M, Dolman AJ (2014) Land management and land-cover change have impacts of similar magnitude on surface temperature. Nat Clim Change 4:389–393

LWF (Bayerische Landesanstalt für Wald und Forstwirtschaft) (2003) Hochwasserschutz im Wald. Berichte aus der LWF 40, Freising

MacArthur R, Williams E (1967) The theory of island biogeography. Princeton University Press, Princeton

Mackenthun G (2004) Konzepte zur Erhaltung der Ulmen. Jahrbuch der Baumpflege 2004. Thalacker, Braunschweig, S 82

Madsen P, Larsen JB (1997) Natural regeneration of beech with respect to canopy density, soil moisture and soil carbon content. For Ecol Manage 97:103–113

Mägdefrau K (1951) Botanik – Eine Einführung in das Studium der Pflanzenkunde. Winter, Heidelberg

Magin R (1954) Die Waldweide im oberbayerischen Gebirge. Allg Forstz 9:282–284

Magnusson C, Sohlenius B (1980) Root consumption in a 15–20 year old Scots pine stand with special rgard to phytophagous nematodes. Ecol Bull 32:261–268

Magri D (2008) Patterns of post-glacial spread and the extent of glacial refugia of European beech (*Fagus sylvatica*). J Biogeogr 35:450–463

Magri D, Vendramin GG, Comps B, Dupanloup I, Geburek T, Gömöry D, Latałowa M, Litt T, Paule L, Roure JM, Tantau I, van der Knaap WO, Petit RJ, de Beaulieu J-L (2006) A new scenario for the Quaternary history of European beech populations – palaeobotanical evidence and genetic consequences. New Phytol 171:199–221

Magurran A (2004) Measuring biological diversity. Blackwell, Malden

Magurran A, McGill B (Hrsg) (2011) Biological diversity – frontiers in measurement and assessment. Oxford University Press, Oxford

Mai DH (1981) Entwicklung und klimatische Differenzierung der Laubwaldflora Mitteleuropas im Tertiar. Flora 171:525–582

Mai DH (1995) Tertiäre Vegetationsgeschichte Europas – Methoden und Ergebnisse. Fischer, Jena

Majdi H, Pregitzer K, Morén A, Nylund JE, Ågren GI (2005) Measuring fine root turnover in forest ecosystems. Plant Soil 276:1–8

Majunke C, Möller K, Walter C (1999) Zur Massenvermehrung des Kiefernspinners (*Dendrolimus pini* L.) in Brandenburg in den Jahren 1989–1998. AFZ/DerWald 54:364–367

Majunke C, Matz S, Müller M (2008) Sturmschäden in Deutschlands Wäldern von 1920 bis 2007. AFZ/DerWald 63:380–381

Mäkelä A, Vanninen P (2001) Vertical structure of Scots pine crowns in different age and size classes. Trees Struct Funct 15:385–392

Mancuso S (Hrsg) (2012) Measuring roots. Springer, Berlin

Mantel K (1965) Forstgeschichtliche Beiträge – Ein Überblick über die Geschichte der Bewaldung, der Wald- u. Holznutzung, der Wald- u. Forstordnung und der Forstwissenschaft. Schaper, Hannover

Mantel K (1990) Wald und Forst in der Geschichte. Schaper, Alfeld

Manthey M, Leuschner C, Härdtle W (2007) Buchenwälder und Klimawandel. Nat Landsch 82:441–445

Marques M, Gravenhorst G, Ibrom A (2001) Input of atmospheric particles into forest stands by dry deposition. Water Air Soil Pollut 130:571–576

Marschner P (Hrsg) (2012) Marschner's mineral nutrition of higher plants, 3 Aufl. Academic Press, San Diego

Marschner P, Rengel Z (2012) Nutrient availibility in soils. In: Marschner P (Hrsg) Marschner's mineral nutrition of higher plants. Academic Press, San Diego, S 315–330

Martinson L, Lamersdorf N, Warfvinge P (2005) The Solling roof revisited – Slow recovery from acidification observed and modeled despite a decade of »clean-rain« treatment. Environ Pollut 135:293–302

Mather AS (1990) Global forest resources. Belhaven Press, London

Matthews R, Robertson K, Marland G, Marland E (2007) Carbon in wood products and product substitution. In: Freer-Smith P, Broadmeadow M, Lynch J (Hrsg) Forestry and climate change. CABI Publishing, Cambridge, S 91–104

Matthiopoulos J (2011) How to be a quantitative ecologist – The ‚A to R' of green mathematics and statistics. Wiley, Chichester

Matyssek R, Fromm JR, Roloff A (2010) Biologie der Bäume – Von der Zelle zur globalen Ebene. Ulmer, Stuttgart

Matzner E (1988) Der Stoffumsatz zweier Waldökosysteme im Solling. Berichte des Forschungszentrums Waldökosysteme A 40, Göttingen

Matzner E (Hrsg) (2004) Biogeochemistry of forested catchments in a changing environment – a German case study. Springer, Berlin

Matzner E, Ulrich B (1983) The turnover of protons by mineralization and ion uptake in a beech (*Fagus sylvatica*) and a Norway spruce ecosystem. In: Ulrich B, Pankrath J (Hrsg) Effects of accumulation of air pollutants in forest ecosystems. Reidel, Dordrecht, S 93–103

Matzner E, Alewell C, Bittersohl J, Lischeid G, Kammerer G, Manderscheid B, Matschonat G, Moritz K, Tenhunen JD, Totsche K (2001) Biogeochemistry of a spruce forest catchment of the Fichtelgebirge in response to changing atmospheric deposition. In: Tenhunen JD, Lenz R, Hantschel R, Hunter S (Hrsg) Ecosystem approaches to landscape management in Central Europe. Springer, Berlin, S 463–514

Matzner E, Zuber T, Alewell C, Lischeid G, Moritz K (2004) Trends in deposition and canopy leaching of mineral elements as indicated by bulk deposition and throughfall measurements. In: Matzner E (Hrsg) Biogeochemistry of forested catchments in a changing environment – a German case study. Springer, Berlin, S 233–250

Mayer H, Schindler D (2002) Forstmeteorologische Grundlagen zur Auslösung von Sturmschäden im Wald in Zusammenhang mit dem Orkan Lothar. Allg Forst Jagdzt 173:200–208

de Maynadier P, Hunter M (1997) The role of keystone species in landscapes. In: Boyce MS (Hrsg) Ecosystem management – applications for sustainable forest and wildlife resources. Yale University Press, New Haven, S 68–76

de Mazancourt C, Loreau M, Dieckmann UL (2005) Understanding mutualism when there is adaptation to the partner. J Ecol 93:305–314

McCune B, Grace JB, Urban DL (2002) Analysis of ecological communities, 2 Aufl. MjM Software Design, Gleneden Beach

McElhinny C, Gibbons P, Brack C, Bauhus J (2005) Forest and woodland stand structural complexity – its definition and measurement. For Ecol Manage 218:1–24

McGuire K, Likens G (2011) Historical roots of forest hydrology and biogeochemistry. In: Levia D, Carlyle-Moses D, Tanaka T (Hrsg) Forest hydrology and biogeochemistry – synthesis of past research and future directions. Springer, Dordrecht, S 3-26

McIntosh RP (1985) The background of ecology. Concept and theory. Cambridge University Press, Cambridge

McKenzie D, Miller C, Falk DA (Hrsg) (2011) The landscape ecology of fire. Springer, Dordrecht

McKnight T, Hess D (2009) Physische Geographie, 9. Aufl. Addison Wesley in Pearson Education, München

McNeill A, Unkovich M (2007) The nitrogen cycle in terrestial ecosystems. In: Marschner P, Rengel Z (Hrsg) Nutrient cycling in terrestrial ecosystems. Springer, Berlin, S 37–64

McPherson GR, DeStefano S (2002) Applied ecology and natural resource management. Cambridge University Press, Cambridge

Meentemeyer V, Box E, Thompson R (1982) World patterns and amounts of terrestrial plant litter production. BioScience 32:125–128

Meesenburg H, Meiwes KJ, Rademacher P (1995) Long term trends in atmospheric deposition and seepage output in northwest German forest ecosystems. Water Air Soil Pollut 85:611–616

Meesenburg H, Jansen M, Döring C, Beese F, Rüping U, Möhring B, Hentschel S, Meiwes KJ, Spellmann H (2005) Konzept zur Beurteilung der Auswirkungen forstlicher Maßnahmen auf den Gewässerzustand nach den Anforderungen der EG-Wasserrahmenrichtlinie. Ber Freibg Forstl Forsch 62:171–180

Meesenburg H, Eichhorn J, Meiwes K (2009) Atmospheric depsition and canopy interactions. In: Brumme R, Khanna P (Hrsg) Functioning and management of European beech ecosystems. Springer, Berlin, S 265–302

Meier IC, Leuschner C (2008) Leaf size and leaf area index in *Fagus sylvatica* forests – competing effects of precipitation, temperature, and nitrogen availability. Ecosystems 11:655–669

Meier IC, Leuschner C, Hertel D (2005) Nutrient return with leaf litter fall in *Fagus sylvatica* forests across a soil fertility gradient. Plant Ecol 177:99–112

Meining S, von Wilpert K, Hartmann P, Schumacher J, Delb H, Jophn R, Hug R, Hölscher A, Augustin N (2013) Waldzustandsbericht für Baden-Württemberg. Forstliche Versuchs- und Forschungsanstalt Baden-Württemberg, Freiburg i Br

Meiwes K (2009) Energieholznutzung und standörtliche Nachhaltigkeit: Empfehlungen für die Praxis. Forst Holz 64:18–21

Meiwes K, Beese F (1988) Ergebnisse der Untersuchung des Stoffhaushaltes eines Buchenwaldökosystems auf Kalkgestein. Berichte des Forschungszentrums Waldökosysteme B 9, Göttingen

Meiwes K, Meesenburg H, Bartens H, Rademacher P, Khanna PK (2002) Akkumulation von Auflagehumus im Solling. Mögliche Ursachen und Bedeutung für den Nährstoffkreislauf. Forst Holz 57:428–433

Melillo J (1981) Nitrogen cycling in deciduous forests. Ecol Bull 33:427–442

Mellert K, Kölling C (2006) Stickstoffsätigung – Ein wachsendes Problem ohne Lösung? Forst Holz 61:95–98

Mellert K, Gensior A, Göttlein A, Kölling C (2007) Prädiktoren des Nitrataustrags aus Wäldern – Ergebnisse der bayerischen Nitratinventur im mitteleuropäischen Vergleich. Forstarchiv 78:139–149

Mencuccini M, Grace J (1994) Climate influences the leaf area/sapwood area ratio in Scots pine. Tree Physiol 15:1–10

Menzel A (1997) Phänologie von Waldbäumen unter sich ändernden Klimabedingungen – Auswertung der Beobachtungen in den internationalen phänologischen Gärten. Forstliche Forschungsberichte München 126

Menzel A (2006) Zeitliche Verschiebungen von Austrieb, Blüte, Fruchtrefie und Balttverfärbung im Zuge der rezenten Klimaerwärmung. In: Wohlgemuth T (Hrsg) Wald und Klimawandel. Forum für Wissen 2006. Eidgenössische Forschungsanstalt für Wald, Schnee und Landschaft (WSL), Birmensdorf, S 47–53

Menzel A, Fabian P (2001) Veränderungen der forstlichen Vegetationszeit in den letzten Jahrzehnten in Deutschland. Beitr Forstwirtsch Landschaftsökol 35:188–191

Messier CC, Puettmann KJ, Coates KD (Hrsg) (2013) Managing forests as complex adaptive systems – building resilience to the challenge of global change. Routledge, London

Meyer F, Körner C (2005) Erklären Holzqualität und Baumernährung das Bruch- und Wurfrisiko bei extremen Sturmereignissen? In: Bundesamt für Umwelt (WuLB) (Hrsg) LOTHAR – Ursachliche Zusammenhänge und Risikoentwicklung. Synthese des Teilprogramms 6, Bern, S 90–96

Meyer F, Paulsen J, Körner C (2008) Windthrow damage in *Picea abies* is associated with physical and chemical stem wood properties. Trees Struct Funct 22:463–473

Meyer P (1999) Bestimmung der Waldentwicklungsphasen und der Texturdiversität in Naturwäldern. Allg Forst Jagdzt 170:203–211

Meyer P, Petersen R (2003) Regeneration naturnaher Fichtenwälder nach großflächigen Störungen – Beispiele aus dem Harz. Forst Holz 58:401–406

Meyer P, Pogoda P (2001) Entwicklung der räumlichen Strukturdiversität in nordwestdeutschen Naturwäldern. Allg Forst Jagdzt 172:213–220

Meyer P, Richter O (2013) Einfluss des Schalenwildes auf die Gehölzverjüngung in Naturwäldern. AFZ/DerWald 68(3):4–5

Meyer P, Guericke M, Hillebrand K (1999) Eigendynamische und gesteuerte Waldentwicklung im Kalk-Buchenwald – Ein Vergleich des Naturwaldes Hünstollen und der Wuchsreihe Buche/Edellaubbäume im Forstamt Bovenden. Forst Holz 54:48–54

Meyer P, Tabaku V, von Lüpke B (2003) Die Struktur albanischer Rotbuchen-Urwälder – Ableitungen für eine naturnahe Buchenwirtschaft. Forstwiss Centralbl 122:47–58

Meyer P, von Wevell Krüger A, Steffens R, Unkrig W (2006) Naturwälder in Niedersachsen. Nordwestdeutsche Forstliche Versuchsanstalt, Göttingen

Meyer P, Bücking W, Gehlhar U, Schulte U, Steffens R (2007) Das Netz der Naturwaldreservate in Deutschland – Flächenumfang, Repräsentativität und Schutzstatus im Jahr 2007. Forstarchiv 78:188–196

Meyer P, Menke N, Nagel J, Hansen J, Kawaletz H, Paar U, Evers J (2009a) Entwicklung eines Managementmoduls für Totholz im Forstbetrieb. Abschlussbericht des von der Abschlussbericht Deutschen Bundesstiftung Umwelt. Nordwestdeutsche Forstliche Versuchsanstalt, Göttingen (unveröff.)

Meyer P, Schmidt M, Spellmann H (2009b) Die »Hotspots-Strategie« – Waldnaturschutzkonzept auf landesökologischer Grundlage. AFZ/Der Wald 64:822–824

Meyer P, Schmidt M, Blick T, Brunet J, Dorow W, Hakes W, Härdtle W, Heinken T, Hertel D, Knapp HD, Leuschner C, von Oheimb G, Otte V, Schmidt W (2011a) Stellungnahme zu Walentowski H. et al. 2010. Sind die deutschen Waldnaturschutzkonzepte adäquat für die Erhaltung der buchenwaldtypischen Flora und Fauna? – Eine kritische Bewertung basierend auf der Herkunft der Waldarten des mitteleuropäischen Tief- und Hügellandes. Forstarchiv 81:195–217, 82:62–66

Meyer P, Schmidt M, Spellmann H, Bedarff U, Bauhus J, Reif A, Späth V (2011b) Aufbau eines Systems nutzungsfreier Wälder in Deutschland. Nat Landsch 86:243–249

Michalzik B (2011) Insects, infestations, and nutrient fluxes. In: Levia D, Carlyle-Moses D, Tanaka T (Hrsg) Forest hydrology and biogeochemistry – synthesis of past research and future directions. Springer, Dordrecht, S 557–580

Michalzik B, Stadler B (2005) Importance of canopy herbivores to dissolved and particulate organic matter fluxes to the forest floor – abundance and functions of natural organic matter species in soil and water. Geoderma 127:227–236

Michelsen G, Adomßent M (2014) Nachaltige Entwicklung – Hintergürnde und Zusammenhang. In: Heinrichs H, Michelsen G (Hrsg) Nachhaltigkeitswissenschaften. Springer Spektrum, Berlin, S 3–59

Millar C, Stephenson N, Stephens SL (2007) Climate change and forest of the future – Managing in the face of uncertainity. Ecol Appl 17:2145–2151

Millard P, Grelet G (2010) Nitrogen storage and remobilization by trees: ecophysiological relevance in a changing world. Tree Physiol 30:1083–1095

Mitscherlich G (1971a) Wald, Wachstum und Umwelt – Bd. 2: Waldklima und Wasserhaushalt. Sauerländer's, Frankfurt a. M.

Mitscherlich G (1971b) Wissenschaft und Fortschritt, aufgezeigt am Beispiel Wald und Wasser. Allg Forst Jagdzt 142:237–246

Mitscherlich G (1974) Sturmgefahr und Sturmsicherung. Schweiz Z Forstwes 125:199–216

Mitscherlich G (1975) Wald, Wachstum und Umwelt, Bd. 3: Boden, Luft und Produktion. Sauerländer's, Frankfurt a. M.

Mittempergher L, Santini A (2004) The history of elm breeding. For Syst 13:161–177

Moeschke H (1998) Abflußgeschehen im Bergwald. Forstliche Forschungsberichte München 169

Molisch H (1937) Der Einfluß einer Pflanze auf die andere – Allelopathie. Fischer, Jena

Molisch H (2007) Der Einfluss einer Pflanze auf die andere: Allelopathie. VDM Müller, Saarbrücken

Möller A (1922) Der Dauerwaldgedanke – Sein Sinn und seine Bedeutung. Springer, Berlin

Möller K, Engelmann A (2008) Die aktuelle Massenvermehrung des Kiefernspinners, *Dendrolimus pini* (Lep., Lasiocampidae), in Brandenburg. Mitt Dtsch Ges Allg Angew Entomol 16:243–246

Moorhead D, Sinsabaugh R, Linkins A, Reynolds JF (1996) Decomposition processes: modelling approaches and applications – modelling in Environmental Studies. Sci Total Environ 183:137–149

Morgan RP (2009) Soil Erosion and Conservation, 3 Aufl. Blackwell, Hoboken

Morrison DL, Nicholas NS, Creed IF (2004) Is coarse woody debris a net sink or source of nitrogen in the red spruce-Fraser fir forest of the southern Appalachians, U.S.A.? Can J For Res 34:716–727

Mosandl R (1984) Löcherhiebe im Bergmischwald. Forstliche Forschungsberichte München 61

Mosandl R (1991) Die Steuerung von Waldökosystemen mit waldbaulichen Mitteln – Dargestellt am Beispiel des Bergmischwaldes. Mitteilungen aus der Staatsforstverwaltung Bayerns 46, München

Mosandl R, El Kateb H (1988) Die Verjüngung gemischter Bergwälder – Praktische Konsequenzen aus 10jähriger Untersuchungsarbeit. Forstwiss Centralbl 107:2–13

Mosandl R, Kleinert A (1998) Development of oaks (*Quercus petraea* (Matt.) Liebl.) emerged from bird-dispersed seeds under old-growth pine (*Pinus sylvestris* L.) stand. For Ecol Manage 1998:35–44

Mose I (2007) Protected areas and regional development in Europe – towards a new model for the 21st century. Ashgate, Aldershot

Mössmer R, Fischer A (1999) Waldentwicklung nach Sturmwurf im Universitätswald Landshut. In: Fischer A, Mössmer M, Bartelheimer P (Hrsg) Forschung in Sturmwurf-Ökosystemen Mitteleuropas. Frank, Freising, S 70–81

Motta R, Haudemand J (2000) Protective forests and silvicultural stability. Mt Res Dev 20:180–187

Mouillot D, Mason NWH, Dumay O, Wilson JB (2005) Functional regularity: a neglected aspect of functional diversity. Oecologia 142:353–359

Mountford EP, Savill PS, Bebber DP (2006) Patterns of regeneration and ground vegetation associated with canopy gaps in a managed beechwood in southern England. Forestry 79:389–408

Mueller-Dombois D, Ellenberg H (1974) Aims and methods of vegetation ecology. Wiley, New York

Muhle O, Röhrig E (1979) Untersuchungen über die Wirkungen von Brand, Mahd und Beweidung auf die Entwicklung von Heide-Gesellschaften. Schriften aus der Forstlichen Fakultät der Universität Göttingen und der Niedersächsischen Forstlichen Versuchsanstalt 61

Mukerji K, Manoharachary C, Singh J (Hrsg) (2006) Microbial activity in the rhizosphere. Springer, Berlin

Müller H (1967) Standortsökologische Wasserhaushaltsuntersuchungen an *Vaccinium myrtillus*. Arch Forstwes 16:587–590

Müller J (2001) Ermittlung von Kennwerten des Wasserhaushalts in Kiefern- und Buchenbeständen des norddeutschen Tieflands. Beitr Forstwirtsch Landschaftsökol 35:14–18

Müller J (2005) Landschaftselemente aus Menschenhand. Biotope und Strukturen als Ergebnis extensiver Nutzung. Spektrum Akademischer, München

Müller J, Bütler R (2010) A review of habitat thresholds for dead wood – a baseline for management recommendations in European forests. Eur J For Res 129:981–992

Müller K, Wagner S (2003) Störungslücken in Fichtenreinbeständen des Erzgebirges – Initiale eines Waldumbaus? Forst Holz 58:407–411

Müller J, Bolte A, Beck W, Anders S (1998) Bodenvegetation und Wasserhaushalt von Kiefernökosystemen (*Pinus sylvestris* L.). Verh Ges Ökol 28:407–414

Müller J, Jarzabek-Müller A, Bussler H, Gossner MM (2014) Hollow beech trees identified as keystone structures for saproxylic beetles by analyses of functional and phylogenetic diversity. Anim Conserv 17:154–162

Müller S (1976) Zur Quantifizierung der Erosionsschutzwirkung des Waldes. Allg Forstz 31:317–319

Müller-Starck G. (1996) Genetische Aspekte der Reproduktion der Buche (Fagus sylvatica L.) unter Berücksichtigung waldbaulicher Gegebenheiten. Berichte des Forschungszentrums Waldökosysteme 135, Göttingen

Müller-Starck G, Herzog S, Hattemer HH (1993) Intra- and interpopulational genetic variation in juvenile populations of *Quercus robur* L. and *Quercus petraea* Liebl. Ann For Sci 50:233s–244s

Müller-Starck G, Ziehe M, Schubert R (2005) Genetic diversity parameters associated with viability selection, reproductive efficiency and growth in forest tree species. In: Scherer-Lorenzen M, Körner C, Schulze ED (Hrsg) Forest diversity and function – temperate and boreal systems. Springer, Berlin, S 87–110

Müller-Using B, Rademacher P (2004) Bioelemententzug bei der Holznutzung in Rein- und Mischbeständen aus Buche und Fichte. In: Forschungszentrum Waldökosystem der Universität Göttingen (Hrsg) Indikatoren und Strategien für eine nachhaltige, multifunktionelle Waldnutzung – Fallstudie Waldlandschaft Sollling. Berichte des Forschungszentrums Waldökosysteme B 71, Göttingen, S 81–109

Müller-Using S (2005) Totholzdynamik eines Buchenbestandes im Solling. Berichte des Forschungszentrums Waldökosysteme A 195, Göttingen

Müller-Using S, Bartsch N (2003) Totholzdynamik eines Buchenbestandes (*Fagus sylvatica* L.) im Solling – Nachlieferung, Ursache und Zersetzung von Totholz. Allg Forst Jagdzt 174:122–130

Müller-Using S, Bartsch N (2007) Totholz im Elementhaushalt eines Buchenbestandes. Forstarchiv 78:12–23

Müller-Using S, Bartsch N (2008) Storage and fluxes of carbon in coearse woody debris of *Fagus sylvatica* L. Forstarchiv 79:164–171

Müller-Using S, Bartsch N (2009) Decay dynamic of coarse and fine woody debris of a beech (*Fagus sylvatica* L.) forest in Central Germany. Eur J For Res 128:287–296

Mund M, Schulze E (2006) Impacts of Forest Management on the Carbon Budget of European Beech. Allg Forst Jagdzt 177:47–63

Murach D (1984) Die Reaktion der Feinwurzeln von Fichten (*Picea abies* Karst.) auf zunehmende Bodenversauerung. Göttinger Bodenkundliche Berichte 74

Murach D, Wiedemann H (1988) Dynamik und chemische Zusammensetzung der Feinwurzeln von Waldbäumen als Maß für die Gefährdung von Waldökosystemen durch toxische Luftverunreinigungen. Berichte des Forschungszentrums Waldökosysteme B 10, Göttingen

Murach D, Horn A, Ke-Hong W, Rapp C (2009) Fine root biomass, turnover and litter production. In: Brumme R, Khanna P (Hrsg) Functioning and management of European beech ecosystems. Springer, Berlin, S 137–153

Nabuurs GL, Lindner M, Verkerk PJ, Gunia K, Deda P, Michalak R, Grassi G (2013) First signs of carbon sink saturation in European forest biomass. Nat Clim Change 3:792–796

Nagel J (1985) Wachstumsmodell für Bergahorn in Schleswig-Holstein. Dissertation, Universität Göttingen

Nagel J, Schmidt M (2006) The silvicultural decision support system BWINPro. In: Hasenauer H (Hrsg) Sustainable forest management – growth models for Europe. Springer, Berlin, S 59–63

Nagel TA, Diaci J (2006) Intermediate wind disturbance in an old-growth beech-fir forest in southeastern Slovenia. Can J For Res 36:629–638

Nagel TA, Svoboda M, Rugani T, Diaci J (2010) Gap regeneration and replacement patterns in an old-growth *Fagus-Abies* forest of Bosnia-Herzegovina. Plant Ecol 208:307–318

Nagel J, Spellmann H, Pretzsch H (2012) Zum Informationspotenzial langfristiger forstlicher Versuchsflächen und periodischer Waldinventuren für die waldwachstumskundliche Forschung. Allg Forst Jagdzt 183:111–116

Naveh Z, Lieberman AS (1994) Landscape ecology – theory and application, 2 Aufl. Springer, New York

Neary DG, Ice GG, Jackson CR (2009) Linkages between forest soils and water quality and quantity – forest soil science: celebrating 50 years of research on properties, processes and management of forest soils. For Ecol Manage 258:2269–2281

Nentwig W (Hrsg) (2008) Biological invasions. Springer, Berlin

Nentwig W, Bacher S, Beierkuhnlein C, Brandl R, Grabherr G (2004) Ökologie. Spektrum Akademischer, München

Nentwig W, Bacher S, Brandl R (2011) Ökologie kompakt, 3. Aufl. Spektrum Akademischer, Heidelberg

Neumann G (2007) Root exudates and nutrient cycles. In: Marschner P, Rengel Z (Hrsg) Nutrient cycling in terrestrial ecosystems. Springer, Berlin, S 123–157

Neumann G, Römheld V (2012) Rhizosphere chemistry in relation to plant nutrition. In: Marschner P (Hrsg) Marschner's mineral nutrition of higher plants. Academic Press, San Diego, S 347–368

Newman J, Anand M, Henry H, Hunt S, Gedalof Z (2011) Climate change biology. CAB International, Wallingford

Newton AC (2007) Forest ecology and conservation – a handbook of techniques. Oxford University Press, Oxford

Nick K (2001) Moorregeneration im Leegmoor/Emsland nach Schwarztorfabbau und Wiedervernässung – Ergebnisse aus dem E + E-Vorhaben 80901001 des Bundesamtes für Naturschutz. Bundesamt für Naturschutz, Bonn

Nieder R, Wachter H, Isermann K (2000) Erhöhte Stoffausträge bald auch aus Waldböden? Allg Forstz 55:594–599

Nielsen C (1990) Einflüsse von Pflanzenabstand und Stammzahlhaltung auf Wurzelform, Wurzelbiomasse, Verankerung sowie auf die Biomassenverteilung im Hinblick auf die Sturmfestigkeit der Fichte. Schriften aus der Forstlichen Fakultät der Universität Göttingen und der Niedersächsischen Forstlichen Versuchsanstalt 100

Nielsen C (1991) Zur Verankerungsökologie der Fichte – Ökologische und waldbauliche Einflüsse auf die Verankerungskomponenten und den Verankerungslösungsprozeß. Forst Holzwirt 46:178–182

Niemeyer H, Paul H, Krüger F (1997) Totalschaden durch Erdmäuse. Forst Holz 52:633–634

Niesar M, Hartmann G, Kehr R, Pehl L, Wulf A (2007) Symptome und Ursachen der aktuellen Buchenrindenerkrankung in höheren Lagen von Nordrhein-Westfalen. Forstarchiv 78:105–116

Nilsen P, Strand L (2008) Thinning intensity effects on carbon and nitrogen stores and fluxes in a Norway spruce (*Picea abies* (L.) Karst.) stand after 33 years – impacts of forest ecosystem management on greenhouse gas budgets. For Ecol Manage 256:201–208

Nilsson U, Örlander G (1999) Vegetation management on grass-dominated clearcuts planted with Norway spruce in southern Sweden. Can J For Res 29:1015–1026

Nipperdey T (2013) Deutsche Geschichte. Beck, München

Noble IR, Slatyer RO (1980) The use of vital attributes to predict successional changes in plant communities subject to recurrent disturbances. Plant Ecol 43:5–21

Nordén U (1994) Leaf litterfall concentrations and fluxes of elements in deciduous tree species. Scand J For Res 9:9–16

Nörr R (2003) Wurzeldeformationen – Ein Risiko für die Bestandesstabilität? Forstliche Forschungsberichte München 195

Nüßlein S (1995) Struktur und Wachstumsdynamik jüngerer Buchen-Edellaubholz-Mischbestände in Nordbayern. Forstliche Forschungsberichte München 151

Nykänen M, Peltola H, Quine C, Kellomäki S, Broadgate M (1997) Factors affecting snow damage of trees with particular reference to European conditions. Silva Fenn 31:193–213

Nyvari L (2010) Genetic diversity, differentiation and spatial structures in differently managed adult European beech (*Fagus sylvatica*) stands and their regeneration. Forstarchiv 81:156–164

Odermatt O (1996) Zur Bewertung von Wildverbiss – Die Methode Eiberle. Schweiz Z Forstwes 147:177–200

Oermann N, Weinert A (2014) Nachhaltigkeitsethik. In: Heinrichs H, Michelsen G (Hrsg) Nachhaltigkeitswissenschaften. Springer Spektrum, Berlin, S 63–85

Oliver CD, Larson BC (1996) Forest stand dynamics. Wiley, New York

Olson DM, Dinerstein E, Wikramanayake ED, Olson DM, Dinerstein E, Wikramanayake ED, Burgess ND, Powell GVN, Underwood EC, D'amico JA, Itoua I, Strand HE, Morrison JC, Colby JL, Allnutt TF, Ricketts TH, Kura Y, Lamoreux JF, Wettengel WW, Hedao P, Kassem KR (2001) Terrestrial ecoregions of the world – a new map of fife on earth. Bio Sci 51:933–938

O'Neill RV (Hrsg) (1986) A hierarchical concept of ecosystems. Princeton University Press, Princeton

O'Neill RV (1989) Perspectives in hierarchy and scale. In: Roughgarden J, May RM, Roughgarden J, Levin SA (Hrsg) Perspectives in ecological theory. Princeton University Press, Princeton, S 140–157

Ott B (2002) Analyse der erfolgbestimmenden Faktoren buchendominierter Freiflächenkulturen nach Sturmwurf im hessischen Vogelsberg. Berichte des Forschungszentrums Waldökosysteme A 182, Göttingen

Ott B, Goldmann I, Bartsch N (2003) Qualität von Buchenkulturen auf Windwurfflächen. Allg Forstz 58:264–267

Ott E, Frehner M (1997) Gebirgsnadelwälder. Ein praxisorientierter Leitfaden für eine standortgerechte Waldbehandlung. Haupt, Bern

Otto H-J (1992) Rahmenbedingungen und Möglichkeiten zur Verwirklichung der ökologischen Waldentwicklung in den niedersächsischen Landesforsten. Forst Holz 46:75–78

Otto H-J (1994) Waldökologie. Ulmer, Stuttgart

Otto H-J (1995) Die Verwirklichung des LÖWE-Regierungsprogramms. Allg Forstz 50:1028–1031

Paavilainen E, Päivänen J (1995) Peatland forestry – ecology and principles. Springer, Berlin

Pacala SW, Canham CD, Saponara J, Silander JA, Kobe RK, Ribbens E (1996) Forest models defined by field measurements – estimation, error analysis and dynamics. Ecol Monogr 66:1–43

Paillet Y, Bergès L, Hjältén J, Ódor P, Avon C, Bernhardt-Römermann M, Bijlsama R-J, de Bruyin LUC, Fuhr MG, Kanak R, Lundin L, Luque S, Magura T, Matesanz S, Mészáros IS, Sebstiá M-T, Schmidt W, Standovár T, Tóthmérész B, Uotila A, Valladares F, Vellak KAI, Virtanen R (2010) Biodiversity differences between managed and unmanaged forests – meta-analysis of species richness in europe. Conserv Biol 24:101–112

Paine RT (1980) Food webs – Linkage, interaction strength, and community infrastructure. J Anim Ecol 49:667–685

Paine RT (1995) A conversation on refining the concept of keystone species. Conserva Biol 9:962–964

Paine TD (Hrsg) (2006) Invasive forest insects, introduced forest trees, and altered ecosystems – ecological pest management in global forests of a changing world. Springer, Dordrecht

Papen H, Butterbach-Bahl K (1999) Three years continuous record of N-trace gas fluxes from untreated and limed soil of a N-saturated spruce and beech forest ecosystem in Germany. J Geophys Res Atmos 104:18487–18503

Papen H, Hermann H, Daum M, Butterbach-Pahl K (1998) Emission von Spurengasen aus Böden. In: Raspe S, Feger K, Zöttl H (Hrsg) Ökosystemforschung im Schwarzwald: Auswirkungen von atmogenen Einträgen und Restabilsierungsmaßnahmen auf den Wasser- und Stoffhaushalt von Fichtenwäldern. Verbundprojekt ARINUS. Ecomed, Stuttgart, S 260–268

Pâques LE (Hrsg) (2013) Forest tree breeding in Europe – current state-of the-art and perspectives. Springer, Dordrecht

Parker G (1983) Throughfall and stemflow in the forest nutrient cycle. Adv Ecol Res 13:57–133

Parry M, Canziani O, Palutikof J, van der Linden PJ, Hanson CE (Hrsg) (2007) Climate change 2007 – impacts, adaptation and vulnerability. Contribution of working group II to the fourth assessment report of the intergovernmental panel on climate change. Cambridge University Press, Cambridge

Pater J (2007) Europas alte Bäume – ihre Geschichten, ihre Geheimnisse. Kosmos, Stuttgart

Patzner KM (2004) Die Transpiration von Waldbäumen als Grundlage der Validierung und Modellierung der Bestandestranspiration in einem Wassereinzugsgebiet des Flusses Ammer. Dissertation, TU München

Paul EA (Hrsg) (2007) Soil microbiology, ecology, and biochemistry. Academic, Amsterdam

Pausas JG, Verdú M (2005) Plant persistence traits in fire-prone ecosystems of the mediterranean basin – a phylogenetic approach. Oikos 109:196–202

Pausas JG, Llovet J, Rodrigo A, Vallejo R (2008) Are wildfires a disaster in the mediterranean basin? Rev Int J Wildland Fire 17:713–723

Peck A, Mayer H (1996) Einfluß von Bestandesparametern auf die Verdunstung von Wäldern. Forstwiss Centralbl 115:1–9

Pedersen LB, Bille-Hansen J (1999) A comparison of litterfall and element fluxes in even aged Norway spruce, sitka spruce and beech stands in Denmark. For Ecol Manage 114:55–70

Peet RK, Christensen NL (1980) Succession – a population process. Plant Ecol 43:131–140

Pellinen P (1986) Biomassenuntersuchungen im Kalkbuchenwald. Dissertation, Universität Göttingen

van Pelt R (2003) Forest giants of the Pacific coast, 2 Aufl. Global Forest Society, Vancouver

Perera AH, Buse LJ, Crow TR (2006) Forest landscape ecology – transferring knowledge to practice. Springer, New York

Persson T, Wirén A (1995) Nitrogen mineralization and potential nitrification at different depths in acid forest soils. Plant Soil 168–169:55–65

Petercord R (2006) Die Buchenwollschildlaus (Cryptococcus fagisuga LIND.) als Auslöser der Buchenrindennekrose. In: Petercord R, Block J (Hrsg) Strategien zur Sicherung von Buchenwäldern. Mitteilungen aus der Forschungsanstalt für Waldökologie und Forstwirtschaft Rheinland-Pfalz 59, S 53–62

Peterken G (2001) Natural woodland – ecology and conservation in northern temperate regions. Cambridge University Press, New York

Petersen A (2011) Climate simulation, uncertainty, and policy advice – the case of the IPCC. In: Gramelsberger G, Feichter J (Hrsg) Climate change and policy – the calculability of climate change and the challenge of uncertainty. Springer, Berlin, S 91–112

Petersen R, Schüller S, Ammer C (2009) Einfluss unterschiedlich starker Birkenkonkurrenz auf das Jugendwachstum von Traubeneichen – Ergebnisse einer 8-jährigen Beobachtungsreihe. Forstarchiv 80:208–214

Peterson DL, Parker VT (Hrsg) (1998) Ecological scale – theory and applications. Columbia University Press, New York

Petritan AM, von Lüpke B, Petritan IC (2007) Effects of shade on growth and mortality of maple (*Acer pseudoplatanus*), ash (*Fraxinus excelsior*) and beech (*Fagus sylvatica*) saplings. Forestry 80:397–412

Petritan AM, von Lüpke B, Petritan IC (2009) Influence of light availability on growth, leaf morphology and plant architecture of beech (*Fagus sylvatica* L.), maple (*Acer pseudoplatanus* L.) and ash (*Fraxinus excelsior* L.) saplings. European J For Res 128:61–74

Petritan IC, von Lüpke B, Petritan AM (2010) Einfluss unterschiedlicher Hiebsformen auf das Wachstum junger Buchen und Douglasien aus Pflanzung. Forstarchiv 81:40–52

Pfadenhauer JS, Klötzli FA (2014) Vegetation der Erde – Grundlagen, Ökologie, Verbreitung. Springer, Berlin

Pflüglmayer B (2004) Vom Kyoto-Protokoll zum Emissionshandel. Trauner, Linz

Pickett STA, Cadenasso ML (1995) Landscape ecology – spatial heterogeneity in ecological systems. Science 269:331–334

Pickett STA, Cadenasso ML (2002) The ecosystem as a multidimensional concept – meaning, model, and metaphor. Ecosystems 5:1–10

Pickett STA, White PS (Hrsg) (1985) The ecology of natural disturbance and patch dynamics. Academic Press, Orlando

Pielou EC (1984) The interpretation of ecological data – a primer on classification and ordination. Wiley, New York

Pigott C (1985) Selective damage to tree seedlings by bank voles. Oecologia 67:367–371

Pimm SL (1991) The balance of nature? Ecological issues in the conservation of species and communities. University of Chicago Press, Chicago

Pisek A, Tranquillini W (1951) Transpiration und Wasserhaushalt der Fichte (*Picea excelsa*) bei zunehmender Luft- und Bodentrockenheit. Physiol Plant 4:1–21

Planchais I, Pontailler J (1999) Validity of leaf areas and angles estimated in a beech forest from analysis of gap frequencies, using hemispherical photographs and plant canopy analyzers. Ann For Sci 56:1–10

Polomski J, Kuhn N (1998) Wurzelsysteme. Haupt, Bern

Polomski J, Kuhn N (2001) Wurzelhabitus und Standfestigkeit der Waldbäume. Forstwiss Centralbl 120:303–317

Pommerening A (2002) Approaches to quantifying forest structures. Forestry 75:305–324

Pommerening A (2004) A review of the history, definitions and methods of continuous cover forestry with special attention to afforestation and restocking. Forestry 77:27–44

Pontailler J, Faille A, Lemée G (1997) Storms drive successional dynamics in natural forests – a case study in Fontainebleau forest (France). For Ecol Manage 98:1–15

Popper KR (1966) Logik der Forschung, 2. Aufl. Mohr, Tübingen

Popper KR (1983) A proof of the impossibility of inductive probability. Nature 302:687–688

Popper KR (1994) Vermutungen und Widerlegungen – Das Wachstum der wissenschaftlichen Erkenntnis. Mohr, Tübingen

Popper KR (2005) Logik der Forschung, 11. Aufl. Mohr, Tübingen

Poschlod P (2015) Geschichte der Kulturlandschaft. Ulmer, Stuttgart

Post L v (1917) Om skogsträdpollen i sydsvenska torfmosselagerföljder. Geol Foren i Stockh Forh 38:384–390

Pretzsch H (1989) Untersuchungen an kronengeschädigten Kiefern (*Pinus sylvestris* L.) in Nordost-Bayern. Forstarchiv 60:62–69

Pretzsch H (1992) Konzeption und Konstruktion von Wuchsmodellen für Rein- und Mischbestände. Forstliche Forschungsberichte München 115

Pretzsch H (1996) Growth trends in forests in southern Germany. In: Spiecker H (Hrsg) Growth trends in European forests – studies from 12 countries. Springer, Berlin, S 107–131

Pretzsch H (1999) Waldwachstum im Wandel. Forstwiss Centralbl 118:228–250

Pretzsch H (2001) Modellierung des Waldwachstums. Blackwell, Berlin

Pretzsch H (2002) Grundlagen der Waldwachstumsforschung. Blackwell, Berlin

Pretzsch H (2004) Rein- und Mischbestände unter dem Einfluss von Störfaktoren – Elastizität und Resilienz des Zuwachses. Kongressbericht 61. Jahrestagung Deutscher Forstverein 25.-28. September 2003 Mainz, Göttingen, S 382–395

Pretzsch H (2005) Diversity and productivity in forests – evidence from long-term experimental plots. In: Scherer-Lorenzen M, Körner C, Schulze E (Hrsg) Forest diversity and function – temperate and boreal systems. Springer, Berlin, S 41–64

Pretzsch H (2009) Forest dynamics, growth and yield – from measurement to model. Springer, Berlin

Pretzsch H, Schütze G (2005) Crown allometry and growing space efficiency of Norway spruce (*Picea abies* [L.] Karst.) and European beech (*Fagus sylvatica* L.) in pure and mixed stands. Plant Biol 7:628–639

Pretzsch H, Grote R, Reineking B, Rötzer T, Seifert S (2008) Models for forest ecosystem management – a European perspective. Ann Bot 101:1065–1087

Pretzsch H, Block J, Dieler J, Dong PH, Kohnle U, Nagel J, Spellmann H, Zingg A (2010) Comparison between the productivity of pure and mixed stands of Norway spruce and European beech along an ecological gradient. Ann For Sci 67:712

Pretzsch H, Bielak K, Block J, Bruchwald A, Dieler J, Ehrhart HP, Kohnle U, Nagel J, Spellmann H, Zasada M, Zingg A (2013a) Productivity of mixed versus pure stands of oak (*Quercus petraea* (Matt.) Liebl. and *Quercus robur* L.) and European beech (*Fagus sylvatica* L.) along an ecological gradient. Eur J For Res 132:263–280

Pretzsch H, Schütze G, Uhl E (2013b) Resistance of European tree species to drought stress in mixed versus pure forests: evidence of stress release by inter-specific facilitation. Plant Biol 15:483–495

Preuhsler T (1991) Sturmschäden in einem Fichtenbestand der Münchener Schotterebene. Allg Forstz 46:1098–1103

Primack RB, Hyesoon Kang (1989) Measuring fitness and natural selection in wild plant populations. Annu Rev Ecol Syst 20:367–396

Pröbstle P, Kreutzer K (1991) Näherungsweise Erfassung der Wasserbilanzen am Standort Höglwald. In: Kreutzer K, Göttlein A (Hrsg) Ökosystemforschung Höglwald – Beiträge zur Auswirkung von saurer Beregnung und Kalkung in einem Fichtenaltbestand. Parey, Hamburg, S 151–164

Provendier D, Balandier P (2008) Compared effects of competition by grasses (Graminoids) and broom (*Cytisus scoparius*) on growth and functional traits of beech saplings (*Fagus sylvatica*). Ann For Sci 65:510p1–510p9

Puettmann KJ, Coates KD, Messier CC (2009) A critique of silviculture – managing for complexity. Island, Washington

Pugnaire FI, Valladares F (2007) Functional plant ecology, 2. Aufl. CRC, Boca Raton

Puhe J, Ulrich B (2001) Global climate change and human impacts on forest ecosystems – postglacial development, present situation, and future trends in central Europe. Springer, Berlin

Pussinen A, Nabuurs GJ, Wieggers HJ, Reinds GJ, Wamelink GWW, Kros J, Mol-Dijkstra JP, de Vries W (2009) Modelling long-term impacts of environmental change on mid- and high-latitude European forests and options for adaptive forest management – the relative importance of nitrogen deposition and climate change on the sequestration of carbon by forests in Europe. For Ecol Manage 258:1806–1813

Putnam A, Tang C (Hrsg) (1986) The science of allelopathy. Wiley, New York

Pypker T, Levia D, Staelens J, van Stan II JT (2011) Canopy structure in relation to hydrological and biogeochemical fluxes. In: Levia D, Carlyle-Moses D, Tanaka T (Hrsg) Forest hydrology and biogeochemistry – synthesis of past research and future directions. Springer, Dordrecht, S 371–388

Quine C, Coutts M, Gardiner B, Pyatt DG (1995) Forests and wind – management to minimise damage. Forest Commission Bulletin 114, London

Quinn GP, Keough MJ (2002) Experimental design and data analysis for biologists. Cambridge University Press, Cambridge

Quinn J, Dunham A (1983) On hypothesis testing in ecology and evolution. Am Naturalist 122:602–617

Rademacher P, Khanna PK, Eichhorn J, Guericke M (2009) Tree growth, biomass and elements in tree components of three beech sites. In: Brumme R, Khanna P (Hrsg) Functioning and management of European beech ecosystems. Springer, Berlin, S 105–135

Radkau J (2012) Holz. Wie ein Naturstoff Geschichte schreibt, 2. Aufl. Oekom, München

Raison R, Connell M, Khanna P (1987) Methodology for studying fluxes of soil mineral-N in situ. Soil Biol Biochem 5:521–530

Ranta E, Lundberg P, Kaitala V (2006) Ecology of populations. University Press, Cambridge

Rapp C, Jentschke G (1994) Acid deposition and ectomycorrhizal symbiosis – field investigations and causal relationships. In: Godbold DL, Hüttermann A (Hrsg) Effects of acid rain on forest processes. Wiley-Liss, New York, S 183–230

Raspe S, Göttlein A (2008) Nährstoffbilanzen von Fichtenökosystemen. Forst Holz 63:60–65

Raspe S, Feger K, Zöttl H (Hrsg) (1998) Ökosystemforschung im Schwarzwald – Auswirkungen von atmogenen Einträgen und Restabilsierungsmaßnahmen auf den Wasser- und Stoffhaushalt von Fichtenwäldern. Verbundprojekt ARINUS. Ecomed, Stuttgart

Rat von Sachverständigen für Umweltfragen Waldschäden und Luftverunreinigung (1983) Waldschäden und Luftverunreinigungen. Sondergutachten März 1983. Kohlhammer, Stuttgart

Raven PH, Berg LR (2001) Environment, 3. Aufl. Harcourt College Publishing, Fort Worth

Ravindranath NH, Ostwald M (2008) Carbon inventory methods – handbook for greenhouse gas inventory, carbon mitigation and roundwood production projects. Springer, Dordrecht

Read DJ, Perez-Moreno J (2003) Mycorrhizas and nutrient cycling in ecosystems – a journey towards relevance? New Phytol 157:475–492

Rebetez M, Mayer H, Dupont O, Schindler D, Gartner K, Kropp JP, Menzel A (2006) Heat and drought 2003 in Europe – a climate synthesis. Ann For Sci 63:569–577

Recous S, Mary B, Faurie G (1990) Microbial immobilization of ammonium and nitrate in cultivated soils. Soil Biol Biochem 22:913–922

Redde N (2002) Risiko von Sturm- und Folgeschäden in Abhängigkeit vom Standort und von waldbaulichen Eingriffen bei der Umwandlung von Fichtenreinbeständen. Berichte des Forschungszentrums Waldökosysteme Göttingen A 179, Göttingen

Redde N, von Lüpke B (2004) Untersuchung zum Windwurfrisiko bei einzelstammweiser Holzernte in Fichtenaltbeständen auf gut durchwurzelbaren Böden im Solling/Niedersachsen. Forst Holz 59:270–277

Redford AJ, Bowers RM, Knight R, Linhart Y, Fierer N (2010) The ecology of the phyllosphere – geographic and phylogenetic variability in the distribution of bacteria on tree leaves. Environ Microbiol 12:2885–2893

Reemtsma J (1979) Nadelanalytische Untersuchungen an Fichte (*Picea abies*) nach Grünästung und Düngung. Schriften aus der Forstlichen Fakultät der Universität Göttingen und der Niedersächsischen Forstlichen Versuchsanstalt 59

Rehfuess KE (1989) Acid Deposition – extent and impact on forest soils, nutrition, growth and disease phenomena in central Europe: a review. Water Air Soil Pollut 46:61–72

Rehfuess KE (1990) Waldböden – Entwicklung, Eigenschaften und Nutzung, 2. Aufl. Parey, Hamburg

Rehfuess KE (1999) Indikatoren der Fruchtbarkeit von Waldböden – Zeitliche Veränderungen und menschlicher Einfluß. Forstwiss Centralbl 118:88–96

Rehfuess KE (2000) Anthropogene Veränderungen von Waldböden – Folgerungen für die Bewirtschaftung. Forst Holz 55:3–8

Reichhardt C (1982) Stickstoff-Nettomineralisation im Boden eines Kalkbuchenwaldes. Mitt Dtsch Bodenkd Ges 34:33–38

Reichholf J (2005) Die Zukunft der Arten – Neue ökologische Überraschungen. Beck, München

Reichholf J (2010) Naturschutz –Krise und Zukunft. Suhrkamp, Berlin

Reichle D (Hrsg) (1981) Dynamic properties of forest ecosystems. Cambridge University Press, Cambridge

Reichstein M (2007) Impacts of climate change on soil forest carbon – principles, models, uncertainties. In: Freer-Smith P, Broadmeadow M, Lynch J (Hrsg) Forestry and climate change. CABI Publishing, Cambridge, S 127–135

Reigosa MJ, González L, Pedrol N (Hrsg) (2006) Allelopathy – a physiological process with ecological implications. Springer, Dordrecht

Reimoser F, Reimoser S (1997) Wildschaden und Wildnutzung – Zur objektiven Beurteilung des Einflusses von Schalenwild auf die Waldvegetation. Z Jagdwiss 43:186–196

Reineke L (1933) Perfecting a stand-density index for even-aged forests. J Agr Res 46:627–638

Reitsam C (2003) Die Ideologie der Heckenlandschaft. Forstarchiv 179–184

Rewald B, Leuschner C (2009) Belowground competition in a broad-leaved temperate mixed forest – Pattern analysis and experiments in a four-species stand. Eur J Forest Res 128:387–398

Reynolds B, Hunter MD (2004) Nutrient Cycling. In: Lowman MD, Rinker HB (Hrsg) Forest canopies. 2nd Aufl. Elsevier Academic Press, Amsterdam, S 387–396

Reynolds JH, Ford ED (2005) Improving competition representation in theoretical models of self-thinning – a critical review. J Ecol 93:362–372

Reynolds K, Thomson A, Köhl M, Shannon MA, Ray D, Rennolls K (Hrsg) (2007) Sustainable forestry – from monitoring and modelling to knowledge management and policy science. CABI Publishing, Cambridge

Rice EL (1984) Allelopathy. 2. Aufl. Academic Press, Orlando

Richards A, Forrester D, Bauhus J, Scherer-Lorenzen M (2010) The influence of mixed tree plantations on the nutrition of individual species – a review. Tree Physiol 30:1192–1208

Richter C (2010) Holzmerkmale, 3. Aufl. DRW, Leinfelden-Echterdingen

Richter J (1990) Lassen sich waldbauliche Konsequenzen aus den Sturmschäden im Januar/Februar 1990 ableiten? Allg Forstz 45:766–768

Richter J (2003) Wurf- und Bruchschäden in Fichtenbeständen. Forstarchiv 74:166–170

Ricklefs R, Schluter D (1993) Species diversity in ecological communities – historical and geographical perspectives. Chicago University Press, Chicago

Ricotta C, Corona P, Marchetti M, Chirici G (2006) On parametric fragmentation measures. Eur J Forest Res 125:441–444

Ries L, Fletcher RJ, Battin J, Sisk TD (2004) Ecological responses to habitat edges – mechanisms, models, and variability explained. Annu Rev Ecol Evol Syst 35:491–522

Risbey J, O'Kane T (2011) Sources of knowledge and ignorance in climate research. Climatic Change 108:755–773

Ritter E, Dalsgaard L, Einhorn KS (2005) Light, temperature and soil moisture regimes following gap formation in a semi-natural beech-dominated forest in Denmark. For Ecol Manage 206:15–33

Roberts SD, Harrington CA, Terry TA (2005) Harvest residue and competing vegetation affect soil moisture, soil temperature, N availability, and Douglas-fir seedling growth. For Ecol Manage 205:333–350

Rock J, Badeck F, Harmon M (2008) Estimating decomposition rate constants for European tree species from literature sources. Eur J Forest Res 127:301–313

Rockwood LL (2006) Introduction to population ecology. Blackwell, Malden

Roff DA (2006) Introduction to computer-intensive methods of data analysis in biology. Ebrary, Cambridge

Röhle H (2013) Standortleistungsschätzung und Biomasseermittlung in Kurzumtriebsplantagen. Allg Forst Jagdzt 184:237–246

Röhle H, Münder K, Schröder J (2004) Wachstumsmodell für zweischichtige Bestände in der Umbauphase. Allg Forstz 59:1227–1229

Röhrig E (1966) Mischbestände aus Edellaubbaumarten und Buche. Forst Holzwirt 21:59–64

Röhrig E (1996a) Die Ulmen in Europa – Ökologie und epidemische Erkrankung. Forstarchiv 67:179–198

Röhrig E (1996b) Die Wurzelentwicklung der Waldbäume in Abhängigkeit von den ökologischen Verhältnissen. Forstarchiv 34:217–229

Röhrig E, Bartsch N (1992) Der Wald als Vegetationsform und seine Bedeutung für den Menschen, 6. Aufl. Parey, Hamburg

Röhrig E, Ulrich B (Hrsg) (1991) Temperate deciduous forests. Ecosystems of the world 7. Elsevier, Amsterdam

Röhrig E, Bartsch N, von Lüpke B (2006) Waldbau auf ökologischer Grundlage, 7. Aufl. Ulmer, Stuttgart

Rollinson T (2007) Forests and climate change: conclusions and the way forward. In: Freer-Smith P, Broadmeadow M, Lynch J (Hrsg) Forestry and climate change. CABI Publishing, Cambridge, S 233–240

Roloff A (2001) Baumkronen – Verständnis und praktische Bedeutung eines komplexen Naturphänomens. Ulmer, Stuttgart

Roloff A, Bärtels A (2014) Flora der Gehölze – Bestimmung, Eigenschaften und Verwendung, 4. Aufl. Ulmer, Stuttgart

Roloff A, Weisgerber H, Lang U, Stimm B (2007) Enzyklopädie der Holzgewächse – Handbuch und Atlas der Dendrologie, begründet von Peter Schütt. Wiley-VCH, Weinheim

Römheld V (2012) Diagnosis of deficiency and toxicity of nutrients. In: Marschner P (Hrsg) Marschner's mineral nutrition of higher plants, 3. Aufl. Academic Press, San Diego, S 299–312

Rothe A, Binkley D (2001) Nutritional interactions in mixed species forests – a synthesis. Can J For Res 31:1855–1870

Rotherham ID, Lambert RA (Hrsg) (2011) Invasive and introduced plants and animals – human perceptions, attitudes and approaches to management. Earthscan, London

Rottmann M (1986) Wind- und Sturmschäden im Wald – Beiträge zur Beurteilung der Bruchgefährdung, zur Schadensvorbeugung und zur Behandlung sturmgeschädigter Nadelholzbestände. Sauerländer's, Frankfurt a. M.

Rötzer T, Chmielewski F (2001) Phenological maps of Europe. Clim Res 18:249–257

Rötzer T, Dieler J, Mette T, Moshammer R, Pretzsch H (2010) Productivity and carbon dynamics in managed Central European forests depending on site conditions and thinning regimes. Forestry 83:483–496

Rouault G, Candau J, Lieutier F, Nageleisen L-M, Martin J-C, Warzée N (2006) Effects of drought and heat on forest insect populations in relation to the 2003 drought in Western Europe. Ann Forest Sci 63:613–624

Roughgarden J, May RM, Roughgarden J, Levin SA (Hrsg) (1989) Perspectives in ecological theory. Princeton University Press, Princeton

Routa J, Kellomäki S, Strandman H (2012) Effects of forest management on total biomass production and CO_2 emissions from use of energy biomass of Norway spruce and Scots pine. Bioenerg Res 5:733–747

Rouvinen S, Kuuluvainen T (1997) Structure and asymmetry of tree crowns in relation to local competition in a natural mature Scots pine forest. Can J For Res 27:890–902

Roy J, Saugier B, Mooney H (Hrsg) (2001) Terrestrial global productivity. Academic Press, San Diego

Rübel E (1914) Heath and Steppe, Macchia and Garigue. J Ecol 2:232–237

Runge M (1974) Die Stickstoff-Mineralisation im Boden eines Sauerhumus-Buchenwaldes – I. Mineralstoff-Gehalt und Netto-Mineralisation. Oecologia Plant 8:201–218

Runkle JR (1981) Gap regeneration in some old-growth forests of the eastern United States. Ecology 62:1041–1051

Runkle JR (1982) Patterns of disturbance in some old-growth mesic forests of eastern North America. Ecology 63:1533–1546

Runkle JR (1992) Guidelines and sample protocol for sampling forest gaps. United States Departement of Agriculture Forest Service Pacific Northwest Research Station Portland General Technical Report PNW-GTR–283

Running S, Gower S (1991) FOREST-BGC – a general model of forest ecosystem processes for regional applications. II. Dynamic carbon allocation and nitrogen budgets. Tree Physiol 9:147–160

Saha S, Kuehne C, Kohnle U, Brang P, Ehring A, Geisel J, Leder B, Muth M, Petersen R, Peter J, Ruhm W, Bauhus J (2012) Growth and quality of young oaks (*Quercus robur* and *Quercus petraea*) grown in cluster plantings in central Europe – a weighted meta-analysis. For Ecol Manage 283:106–118

Sala OE, Austin AT (2000) Methods of estimating belowground net primary production. In: Sala OE, Jackson R, Mooney HA, Howarth RW (Hrsg) Methods in ecosystem science. Springer, New York, S 31–43

Sala OE, Jackson R, Mooney HA, Howarth RW (Hrsg) (2000) Methods in ecosystem science. Springer, New York

Sandermann H, Welburn A, Heath R (1997) Forest decline and ozone – a comparison of controlled chamber and field experiments. Springer, Berlin

Santana VM, Baeza MJ, Maestre FT (2012) Seedling establishment along post-fire succession in Mediterranean shrublands dominated by obligate seeders. Acta Oecol 39:51–60

Savage S (1974) Mechanisms of fire-induced water repellency in soil. Soil Sci Soc Am Proc 38:652–657

Savolainen O, Pyhäjärvi T, Knürr T (2007) Gene flow and local adaptation in trees. Annu Rev Ecol Evol Syst 38:595–619

Schädler M, Brandl R (2005) Do invertebrate decomposers affect the disappearance rate of litter mixtures? Soil Biol Biochem 37:329–337

Schaefer DA, Reiners WA (1992) Througfall chemistry and canopy processing mechanisms. In: Johnson DW, Lindberg SE (Hrsg) Atmospheric deposition and forest nutrient cycling. Springer, New York, S 241–284

Schaefer M (1980) Sukzession von Arthropoden in verbrannten Kiefernforsten. Forstwiss Centralbl 99:341–356

Schaefer M (1991) The animal community – diversity and resources. In: Röhrig E, Ulrich B (Hrsg) Temperate deciduous forests. Elsevier, Amsterdam S 503-525

Schaefer M (2003) Diversität der Fauna in Wäldern – Gibt es Gesetzmäßigkeiten? Ber Reinhold Tüxen Ges 15:169–179

Schaefer M (2012) Wörterbuch der Ökologie, 5. Aufl. Spektrum Akademischer, Heidelberg

Schaefer M, Schauermann J (2009) Soil Fauna. In: Brumme R, Khanna P (Hrsg) Functioning and management of European beech ecosystems. Springer, Berlin, S 93–104

Schaefer M, Migge-Kleian S, Scheu S (2009) The role of soil fauna for decomposition of plant residues. In: Brumme R, Khanna P (Hrsg) Functioning and management of European beech ecosystems. Springer, Berlin, S 207–230

Schäffer J, Niederberger J, von Wilpert K (2002) Chancen und Risiken – Verwendung von Holzasche bei der Kalkung von Waldböden. AFZ/Der Wald 57:829–832

Schaller MJ (2007) Forest and wildlife management in Germany – a mini review. Eurasien J For Res 10:59–70

Schaller M, Blum JD, Hamburg SP, Vadeboncoeur MA (2010) Spatial variability of long-term chemical weathering rates in the White Mountains, New Hampshire, USA. Geoderma 154:294–301

Scheiner SM, Gurevitch J (2001) Design and analysis of ecological experiments, 2. Aufl. Oxford University Press, Oxford

Schenk M (1989) Die natürliche Wiederbesiedlung von Waldbrandflächen in der Lüneburger Heide mit Moosen und Gefäßpflanzen. Diplomarbeit, Universität Göttingen (unveröff.)

Scherer-Lorenzen M, Körner C, Schulze ED (Hrsg) (2005) Forest diversity and function – temperate and boreal systems. Springer, Berlin

Schimper A (1898) Pflanzen-Geographie auf physiologischer Grundlage. Fischer, Jena

Schipka F, Heimann J, Leuschner C (2005) Regional variation in canopy transpiration of central European beech forests. Oecologia 143:260–270

Schirmer W, Diehl T, Ammer C (1999) Zur Entwicklung junger Eichen unter Kiefernschirm. Forstarchiv 70:57–65

Schleppi P (2011) Forested water chatchments in a changing environment. In: Bredemeier M, Cohen S, Godbold DL, Lode E, Pichler V, Schleppi P (Hrsg) Forest management and the water cycle – an ecosystem-based approach. Springer, Dordrecht, S 89–110

Schlesinger WH, Bernhardt ES (2013) Biogeochemistry – an analysis of global change, 3rd Aufl. Academic Press, Oxford

Schmidt M, Schmidt W (2007) Vegetationsölologisches Monitoring in Naturwaldreservaten. Forstarchiv 78:205–214

Schmidt M, Sommer K, Kriebitzsch W, Ellenberg H, von Oheimb G (2004) Dispersal of vascular plants by game in northern Germany. Part I: Roe deer (Capreolus capreolus) and wild boar (Sus scrofa). Eur J For Res 123:167–176

Schmidt M, Heinken T, von Oheimb G, Kriebitzsch W-U, Ellenberg H (2005) Ausbreitung von Pflanzen durch Schalenwild. Allg Forstz 60:29–31

Schmidt P (1998) Potentielle natürliche Vegetation als Entwicklungsziel naturnaher Waldbewirtschaftung? Forstwiss Centralbl 117:193–205

Schmidt W (1997) Zur Vegetationsdynamik von Lochhieben in einem Kalkbuchenwald. Forstwiss Centralbl 116:207–217

Schmidt W (2002) Stickstoffkreislauf in Schlaglücken eines Kalkbuchenwaldes. Allg Forst Jagdzt 173:67–76

Schmidt W (2006) Zeitliche Veränderung der Fruktifikation bei der Rotbuche (*Fagus sylvatica* L.) in einem Kalkbuchenwald (1981–2004). Allg Forst Jagdztg 177:9–19

Schmidt W, Wichmann I (2000) Zur Sukzession von Waldbrandflächen in der Lüneburger Heide. Forst Holz 55:481–481

Schmidt W, Weitemeier M, Holzapfel C (1996) Vegetation dynamics in canopy gaps of a beech forest on lime-stone – the influence of the light gradient in species richness. Verh Ges Ökol 25:253–260

Schmiedinger A, Bachmann M, Kölling C, Schirmer R (2009) Verfahren zur Auswahl von Baumarten für Anbauversuche vor dem Hintergrund des Klimawandels. Forstarchiv 80:15–22

Schmutterer H, Huber J (2005) Natürliche Schädlingsbekämpfungsmittel. Ulmer, Stuttgart

Schnock G (1971) Le bialn de l' écosystème forêt – application Ã une chênaie mélangée de haute Belgique. In: Duvigneaud P (Hrsg) Productivity of forest ecosystems, Paris, S 41–42

Schober R (1995) Ertragstafeln wichtiger Baumarten bei verschiedener Durchforstung, 4. Aufl. Sauerländer's, Frankfurt a. M.

Schölch M (1998) Zur natürlichen Wiederbewaldung ohne forstliche Steuerung – Dargestellt an Beispielen aus Baden-Württemberg. Schriftenreihe Freiburger Forstliche Forschung 1

Schölch M, Eh M, Kenk G (1994) Natürliche Wiederbewaldung von Sturmflächen. Allg Forstz 49:92–95

Schönenberger W (2002) Post windthrow stand regeneration in Swiss mountain forests – the first ten years after the 1990 storm Vivian. For Snow Landsc Res 77:61–80

Schönwiese C (2013) Klimatologie, 4. Aufl. Ulmer, Stuttgart

Schopfer P, Brennicke A (2010) Pflanzenphysiologie, 7. Aufl. Spektrum Akademischer, Heidelberg

Schopp-Guth A (1999) Renaturierung von Moorlandschaften – Naturschutzfachliche Anforderungen aus bundesweiter Sicht. Schriftenreihe für Landschaftspflege und Naturschutz 57

Schowalter T (2011) Insect ecology – an ecosystem approach, 3. Aufl. Elsevier, Riverport

Schrautzer J, Rinker A, Jensen K, Müller F, Schwartze P, Dierßen K (2007) Succession and restoration of drained fens – perspectives from Northwestern Europe. In: Walker LR, Walker J, Hobbs RJ (Hrsg) Linking restoration and ecological succession. Springer, New York, S 90–120

Schrijver A de, Geudens G, Augusto L, Staelens J, Mertens J, Wuyts K, Gielis L, Verheyen K (2007) The effect of forest type on throughfall deposition and seepage flux – a review. Oecologia 153:663–674

Schüler G (2005) Auswirkungen der Europäischen Wasserrahmenrichtlinie auf den Wald und die Waldbewirtschaftung. Forst Holz 60:316–320

Schüler G, Bott W, Schenk D (2002) Hochwasservorsorge durch Waldbewirtschaftung. Forst Holz 57:3–9

Schultz J (2008) Die Ökozonen der Erde, 4. Aufl. Ulmer, Stuttgart

Schulz U (1998) Aufgeklappte Wurzelteller. Allg Forstz 53:1263–1264

Schulz S, Baron A (2005) Die Umsetzung der Europäischen Wasserrahmenrichtlinie im deutschen Teil des Einzugsgebietes der Elbe. Forst Holz 60:307–310

Schulze ED (Hrsg) (2000) Carbon and nitrogen cycling in European forest ecosystems. Springer, Berlin

Schulze ED, Beck E, Müller-Hohenstein K (2002) Pflanzenökologie. Spektrum Akademischer, Heidelberg

Schulze ED, Körner C, Law B, Haberl H, Luyssaert S (2012) Large-scale bioenergy from additional harvest of forest biomass is neither sustainable nor greenhouse gas neutral. Glob Chang Biol Bioenergy 4:611–616

Schulze ED, Bouriaud L, Bussler H, Gossner M, Walentowski H, Hessenmöller D, Bouriaud O, von Gadow K (2014) Opinion paper – forest management and biodiversity. Web Ecol 14:3–10

Schulze I, Bolte A, Schmidt W, Eichhorn J (2009) Phytomass, itter and net primary production of herbaceous layer. In: Brumme R, Khanna P (eds.) Functioning and management of European beech ecosystems. Springer, Berlin, S 153–181

Schulze K (1997) Wechselwirkungen zwischen Waldbauform, Bejagungsstrategie und der Dynamik von Rehwildbeständen. Dissertation, UniversitätGöttingen

Schumacher J, Fischer-Hüftle P (Hrsg) (2011) Bundesnaturschutzgesetz –Kommentar. Kohlhammer, Stuttgart

Schüte G, Rumpf H (2003) Untersuchung waldbaulicher Einflüsse auf die genetische Struktur naturverjüngter Buchenbestände (*Fagus sylvatica* L.). Forstarchiv 74:90–96

Schütz J-P (1989) Zum Problem der Konkurrenz in Mischbeständen. Schweiz Z Forstwes 140:1069–1083

Schütz J-P (1998) Licht bis auf den Waldboden: Waldbauliche Möglichkeiten zur Optimierung des Lichteinfalls im Walde. Schweiz Z Forstwes 149:843–864

Schütz J-P (2001) Der Plenterwald und weitere Formen strukturierter und gemischter Wälder. Parey, Berlin

Schütz J-P, Götz M, Schmid W, Mandallaz D (2006) Vulnerability of spruce (*Picea abies*) and beech (*Fagus sylvatica*) forest stands to storms and consequences for silviculture. Eur J For Res 125:291–302

Schweingruber FH (1993) Trees and wood in dendrochronology – morphological, anatomical, and tree ring analytical characteristics of trees, frequently used in dendrochronology. Springer, Berlin

Schweingruber FH (1996) Tree rings and environment dendroecology. Haupt, Bern

Schweingruber FH (2012) Der Jahrring – Standort, Methodik, Zeit und Klima in der Dendrochronologie. (Reprint der Ausgabe von 1983). Kessel, Remagen

Schweingruber FH, Börner A, Schulze ED (2006) Atlas of woody plant stems – evolution, structure, and environmental modifications. Springer, Berlin

Schweingruber FH, Börner A, Schulze ED (2013) Atlas of the anatomy in herbs, shrubs and trees. Springer, Berlin

Schwenke W (1972) Die Forstschädlinge Europas – Ein Handbuch in 5 Bänden. Parey, Hamburg

Schwerdtfeger F (1977) Ökologie der Tiere, 2. Aufl. Parey, Hamburg

Schwerdtfeger F (1981) Die Waldkrankheiten. Parey, Hamburg

Seagle S (2003) Can ungulates foraging in a multiple-use landscape alter forest nitrogen budgets? Oikos 103:230–234

Seidel D, Leuschner C, Scherber C, Beyer F, Wommelsdorf T, Cashman MJ, Fehrmann L (2013) The relationship between tree species richness, canopy space exploration and productivity in a temperate broad-leaf mixed forest. For Ecol Manage 310:366–374

Seidl R, Rammer W, Jäger D, Lexer MJ (2008) Impact of bark beetle (*Ips typographus* L.) disturbance on timber production and carbon sequestration in different management strategies under climate change – impacts of forest ecosystem management on greenhouse gas budgets. For Ecol Manage 256:209–220

Seidling W (2007) Signals of summer drought in crown condition data from the German Level I network. Eur J For Res 126:529–544

Seitz E (1980) Sprachwissenschaftliche Aspekte zum Thema Wald. Allg Forstztg 91:318–319

Seppelt R (2003) Computer-based environmental management – developing integrated environmental methods for applications in control theory. Habilitationsschrift, TU Braunschweig

Sheppard L (Hrsg) (1999) Forest growth responses to the pollution climate of the 21st century. Kluwer, Dordrecht

Shinozaki K, Yoda K, Hozumi K, Kira T (1964) A quantitative analysis of plant form – the pipe model theory. I. Basic analysis. Jpn J Ecol 14:97–105

Shrader-Frechette KS, McCoy ED (1993) Method in ecology – strategies for conservation. Cambridge University Press, Cambridge

Shugart H (1984) A theory of forest dynamics – the ecological implications of forest succession models. Springer, New York

Shugart HH (1998) Terrestrial ecosystems in changing environments. Cambridge University Press, Cambridge

Shugart HH (2000) Ecosystem modelling. In: Sala OE, Jackson RB, Mooney HA, Howarth RW (Hrsg) Methods in ecosystem science. Springer, New York, S 373–388

Silvertown J, Charlesworth D (2001) Introduction to plant population biology, 4. Aufl. Blackwell, Oxford

Sippel A (2007) Bewirtschaftung von FFH-Waldlebensraumtypen. AFZ/DerWald 62:237–240

Slonczewski JL, Foster JW (2012) Mikrobiologie – Eine Wissenschaft mit Zukunft, 2. Aufl. Springer Spektrum, Berlin

Smed P (2002) Steine aus dem Norden – Geschiebe als Zeugen der Eiszeit in Norddeutschland, 2. Aufl. Borntraeger, Berlin

Smit A, Bengough A, Engels C, van Nordwijk M, Pellerin S, van de Geijn SC (2000) Root methods – a handbook. Springer, Berlin

Smith WH (1990) Air pollution and forests – interactions between air contaminants and forest ecosystems, 2. Aufl. Springer, New York

Smith SE, Read DJ (2009) Mycorrhizal symbiosis, 3. Aufl. Elsevier, Amsterdam

Smith TM, Smith RL (2009) Ökologie. Pearson Studium, München

Solomon S, Qin D, Manning M, Chen Z, Marquis M, Averyt KB, Tignor M, Miller HL (Hrsg) (2007) Climate change 2007 – the physical science basis. Contribution of working Group I to the fourth assessment report of the intergovernmental panel on climate change. UNEP, New York

Sommer U, Worm B (2002) Competition and coexistence. Springer, Berlin

Sork V (1993) Evolutionary ecology of mast-seeding in temperate and tropical oaks. Vegetatio 107/108:133–148

Soumya BS, Sekhar M, Riotte J, Audry S, Lagane C, Braun J-J (2011) Inverse models to analyze the spatiotemporal variations of chemical weathering fluxes in a granito-gneissic watershed: Mule Hole, South India. Geoderma 165:12–24

Späth V (1988) Zur Hochwassertoleranz von Auenwaldbäumen. Nat Landsch 63:312–314

Späth V (2002) Hochwassertoleranz von Waldbäumen in der Rheinaue. AFZ/DerWald 57:807–810

Spears JD, Holub SM, Harmon ME, Lajtha K (2003) The influence of decomposing logs on soil biology and nutrient

cycling in an old-growth mixed coniferous forest in Oregon, U.S.A. Can J For Res 33:2193–2201
Specht RL (Hrsg) (1981) Heathlands and related shrublands – analytical studies. Ecosystems of the world 9B. Elsevier, Amsterdam
Speidel G (1975) Schalenwildbestände und Leistungsfähigkeit des Waldes als Problem der Forst- und Holzwirtschaft aus der Sicht der Forstökonomie. Allg Forstz 30:247–250
Speidel G (1984) Forstliche Betriebswirtschaftslehre, 2. Aufl. Parey, Hamburg
Speight MR, Wainhouse D (1989) Ecology and management of forest insects. Clarendon, Oxford
Spekat A, Enke W, Kreienkamp F (2007) Neuentwicklung von regional hoch aufgelösten Wetterlagen für Deutschland und Bereitstellung regionaler Klimaszenarios auf der Basis von globalen Klimasimulationen mit dem Regionalisierungmodell WETTREG auf der Basis von globalen Klimasimulationen mit ECHAM5/MPI-OM T63L31 2010 bis 2100 für die SRES-Szenrios B1, A1B und A2. Umweltbundesamt, Dessau
Spellmann H, Wagner S (1993) Entscheidungshilfen für die Verjüngungsplanung in Fichtenbeständen zum Voranbau der Buche im Harz. Forst Holz 38:483–490
Spellmann H, Caspari L, Michalewski R (1984) Analyse von Schneeschäden in Kiefernbeständen unter besonderer Berücksichtigung der Bestandesstruktur. Allg Forst Jagdztg 155:146–164
Spellmann H, Sutmöller J, Meesenburg H (2007) Risikovorsorge im Zeichen des Klimawandels. AFZ/DerWald 62:1246–1249
Spiecker H (Hrsg) (1996) Growth trends in European forests – studies from 12 countries. Springer, Berlin
Spiecker H (1999) Overview of recent growth trends in European forests. In: Sheppard L (Hrsg) Forest growth responses to the pollution climate of the 21st century. Kluwer, Dordrecht, S 33–46
Spiecker H (2001) Changes in wood ressources in Europe with emphasis on Germany. In: Palo M, Uusivuori J, Mery G (Hrsg) World forests, markets, and policies. Kluwer, Dordrecht, S 425–436
Spiecker H, Hansen J, Klimo E, Skovsgaard JP, Sterba H, von Teuffel K (Hrsg) (2004) Norway spruce conversion – options and consequences. Brill, Leiden
Spinnler D, Egli P, Körner C (2002) Four-year growth dynamics of beech-spruce model ecosystems under CO_2 enrichment on two different forest soils. Trees 16:423–436
Spranger T (2000) Methodische Ansätze zur Ermittlung der Gesamtdeposition in Waldbeständen. Forstarchiv 71:39–41
Spranger T (2008) Rechtliche Aspekte der Biodiversität. In: Lanzerath D, Mutke J, Barthlott W, Baumgärtner S, Becker C, Spranger T (Hrsg) Biodiversität. Alber, Freiburg
Sprugel DG (1976) Dynamic structure of wave-regenerated *Abies balsamea* forests in the North-Eastern United States. J Ecol 64:889–911
Sprugel DG (1984) Density, biomass, productivity, and nutrient-cycling changes during stand development in wave-regenerated balsam fir forests. Ecol Monogr 54:165–186
Staddon PL (2003) Rapid turnover of hyphae of mycorrhizal fungi determined by AMS microanalysis of ^{14}C. Science 300:1138–1140
Stadler B, Müller T (2000) Effects of aphids and moth caterpillars on epiphytic microorganisms in canopies of forest trees. Can J For Res 30:631–638
Stadler B, Solinger S, Michalzik B (2001) Insect herbivores and the nutrient flow from the canopy to the soil in coniferous and deciduous forests. Oecologia 126:104–113
Staehelin J, Prévôt A, Barnes I (2000) Photochemie der Trosposphäre. In: Guderian R (Hrsg) Atmosphäre – Anthropogene und biogene Emissionen, Photochemie der Troposphäre, Chemie der Stratosphäre und Ozonabbau. Springer, Berlin, S 207–341
Staelens J, Houle D, de Schrijver A, Neirynck J, Verheyen K (2008) Calculating dry deposition and canopy exchange with the canopy budget model – review of assumptions and application to two deciduous forests. Water Air Soil Pollut 191:149–169
Staelens J, Herbst M, Hölscher D, de Staelens A (2011) Seasonality of hydrological and biogeochemical fluxes. In: Levia D, Carlyle-Moses D, Tanaka T (Hrsg) Forest hydrology and biogeochemistry – synthesis of past research and future directions. Springer, Dordrecht, S 521–539
Stähr F, Peters T (2000) Hähersaat – Qualität und Vitalität natürlicher Eichenverjüngung im nordostdeutschen Tiefland. Allg Forstz 55:1231–1234
Steingräber E (1985) Zweitausend Jahre europäische Landschaftsmalerei. Hirmer, München
Steinsiek P (2011) Nachhaltigkeit – Zur Karriere eines Begriffs. In: Breymaier U, Ulrich B (Hrsg) Unter Bäumen – Die Deutschen und der Wald. Sandstein, Dresden, S 91–97
Steinsiek P, Laufer J (2012) Quellen zur Umweltgeschichte in Niedersachsen vom 18. bis zum 20. Jahrhundert – Ein thematischer Wegweiser durch die Bestände des Niedersächsischen Landesarchivs. Vandenhoeck und Ruprecht, Göttingen
Stimm B, Knoke T (2004) Hähersaaten: Ein Literaturüberblick zu waldbaulichen und ökonomischen Aspekten. Forst Holz 59:531–534
Stinglwagner G, Haseder I, Erlbeck R (2009) Das Kosmos Wald- und Forst-Lexikon, 4. Aufl. Kosmos, Stuttgart
Stokes A (2000) The supporting roots of trees and woody plants. Kluwer, Dordrecht
Storch D, Marquet P, Brown J (2007) Scaling biodiversity. Cambridge University Press, Cambridge
Stratmann J (1988) Ausländeranbau in Niedersachsen und den angrenzenden Gebieten – Inventur und waldbauliche-ertragskundliche Untersuchungen. Schriften aus der Forstlichen Fakultät der Universität Göttingen und der Niedersächsischen Forstlichen Versuchsanstalt 91

Strauss SH, Bradshaw HD (Hrsg) (2004) The bioengineered forest – challenges for science and society. Resources For the Future Press, Washington

Stribley GH, Ashmore MR (2002) Quantitative changes in twig growth pattern of young woodland beech (*Fagus sylvatica* L.) in relation to climate and ozone pollution over 10 years. For Ecol Manage 157:191–204

Succow M (1998) Wachsende naturnahe Moore. In: Wegener U (Hrsg) Naturschutz in der Kulturlandschaft – Schutz und Pflege von Lebensräumen. Fischer, Jena, S 28–159

Succow M, Joosten H (2001) Landschaftsökologische Moorkunde, 2. Aufl. Schweizerbart, Stuttgart

Succow M, Knapp H, Jeschke L (Hrsg) (2012) Naturschutz in Deutschland. Links, Berlin

Suchant R, Burghardt F (2002) Monetäre Bewertung von Verbissschäden in Naturverjüngungen. Allg Forstz 58:633–636

Swank W, Crossley D (Hrsg) (1988) Forest hydrology and ecology at Coweeta. Springer, New York

Swank W, Swift L, Douglass J (1988) Streamflow changes associated with forest cutting, species conversions, and natural disturbances. In: Swank W, Crossley D (Hrsg) Forest hydrology and ecology at Coweeta. Springer, New York

Szymura T (2009) Concentration of elements in silver fir (*Abies alba* Mill.) needles as a function of needles' age. Trees Struct Funct 23:211–217

Tabaku V (1999) Struktur von Buchen-Urwäldern in Albanien im Vergleich mit deutschen Buchen-Naturwaldreservaten und -Wirtschaftswäldern. Cuvillier, Göttingen

Tabaku V, Meyer P (1999) Lückenmuster albanischer und mitteleuropäischer Buchenwälder unterschiedlicher Nutzungsintensität. Forstarchiv 70:87–97

Tansley A (1935) The use and abuse of vegetational concepts and terms. Ecology 16:284–307

Tenhunen JD, Lenz R, Hantschel R, Hunter S (Hrsg) (2001a) Ecosystem approaches to landscape management in Central Europe. Springer, Berlin

Tenhunen JD, Matzner E, Heindl B, Chiba Y, Manderscheid B (2001b) Assessing environmental influences on ecological functions of a spruce forest catchment in the Fichtelgebirge. In: Tenhunen JD, Lenz R, Hantschel R, Hunter S (Hrsg) Ecosystem approaches to landscape management in Central Europe. Springer, Berlin, S 357–375

von Teuffel K, Baumgarten M, Hanewinkel M, Konold W, Sauter UH, Spiecker H, von Wilpert K (Hrsg) (2005) Waldumbau für eine zukunftsorientierte Waldwirtschaft. Springer, Berlin

Thimonier A (1998) Measurement of atmospheric deposition under forest canopies – some recommendations for equipment and sampling design. Environ Monit Assess 52:353–387

Thimonier A, Sedivy I, Schleppi P (2010) Estimating leaf area index in different types of mature forest stands in Switzerland: a comparison of methods. Eur J For Res 129:543–562

Thomasius H, Butter D, Marsch M (1986) Maßnahmen zur Stabilisierung von Fichtenforsten gegenüber Schnee- und Sturmschäden. Beitrag zum 18. Welt-Kongreß der IUFRO, 7.-21. September 1986, Ljubljana, S 1–52

Thoreau H (1971) Walden oder Leben in den Wäldern. Diogenes, Zürich

Thornes J (Hrsg) (1990) Vegetation and erosion – processes and environments. Wiley, Chichester

Tiffney BH (2004) Vertebrate dispersal of seed plants through time. Annu Rev Ecol Evol Syst 35:1–29

Tilman D (1982) Resource competition and community structure. Princeton University Press, Princeton

Tilman D (1994) Competition and biodiversity in spatially structured habitats. Ecology 75:2–16

Tilman D (1997) Spatial ecology – the role of space in population dynamics and interspecific interactions, 3. Aufl. Princeton University Press, Princeton

Timmermann T, Joosten H, Succow M (2009) Renaturierung von Mooren. In: Zerbe S, Wiegleb G (Hrsg) Renaturierung von Ökosystemen in Mitteleuropa. Spektrum Akademischer, Heidelberg, S 55–94

Tischew S (Hrsg) (2004) Renaturierung nach dem Braunkohleabbau. Teubner, Stuttgart

Todd R, Meyer R, Waide I (1978) Nitrogen fixation in a deciduous forest in the southern United States. Ecol Bull 36:172–177

Townsend CR, Begon M, Harper JL, Hoffmeister TS, Steidle JLM, Thomas F (2009) Ökologie, 2. Aufl. Springer, Berlin

Tranquillini W (1966) Über das Leben der Bäume unter den Grenzbedingungen der Kampfzone. Allg Forstz 77:127–132

Tremp H (2005) Aufnahme und Analyse vegetationsökologischer Daten. Ulmer, Stuttgart

Trepl L (1994) Geschichte der Ökologie – Vom 17. Jahrhundert bis zur Gegenwart: zehn Vorlesungen, 2. aufl. Beltz Athenäum, Frankfurt a. M.

Treter U (1984) Die Baumgrenzen Skandinaviens – Ökologische und dendroklimatische Untersuchungen. Steiner, Wiesbaden

Tröber A (2005) Untersuchungen genetischer Strukturen in Buchenbeständen des mittleren Erzgebirges. Forst Holz 60:190–192

Tröber A, Brandes E (2005) Untersuchungen genetischer Strukturen in Buchen-Beständen (*Fagus sylvatica* L.) des mittleren Erzgebirges. Teil 1: Isoenzym-Genmarker. Forst Holz 60:190–193

Troll C (1968) Landschaftsökologie. In: Tüxen R (Hrsg) Pflanzensoziologie und Landschaftsökologie. Junk, Den Haag, S 1–21

Troll C, Paffen K (1964) Karte der Jahreszeiten-Klimate der Erde. Erdkunde 18:Beilage

Tukey HB (1970) The leaching of substances from plants. Annu Rev Plant Physiol 21:305–329

Tuovinen J, Emberson L, Simpson D (2009) Modelling ozone fluxes to forests for risk assessment: status and prospects. Ann For Sci 66

Turner MG, Gardner RH, O'Neill RV (2001) Landscape ecology in theory and practice – pattern and process. Springer, New York

Tüxen R (1965) Wesenszüge der Biozönose – Gesetze des Zusammenlebens von Pflanzen und Tieren. In: Tüxen R (Hrsg) Biosoziologie. Junk, Den Haag, S 10–13

Twery MJ, Weiskittel AR (2013) Forest-management modelling. In: Wainwright J, Mulligan M (Hrsg) Environmental modelling. Wiley-Blackwell, Oxford, S 379–398

UBA (Umweltbundesamt) (2011) Einträge von Nähr- und Schadstoffen. UBA, Dessau

Uhl E, Ammer C, Spellmann H, Schölch M, Pretzsch H (2013) Zuwachstrend und Stressresilienz von Tanne und Fichte im Vergleich. Allg Forst Jagdztg 184:278–292

Ullah S, Moore TR (2011) Biogeochemical controls on methane, nitrous oxide, and carbon dioxide fluxes from deciduous forest soils in eastern Canada. J Geophys Res Atmos 116:G03010

Ulrich B (1981a) Ökologische Gruppierung von Böden nach ihrem chemischen Bodenzustand. Z Pflanzenernähr Bodenkd 144:289–305

Ulrich B (1981b) Theoretische Betrachtung des Ionenkreislaufes in Waldökosystemen. Z Pflanzenernähr Bodenkd 144:647–659

Ulrich B (1981c) Zur Stabilität von Waldökosystemen. Forstarchiv 52:165–169

Ulrich B (1983) Interactions of forest canopies with atmosperic constituents: SO_2, alkali and earth alkali cations and chloride. In: Ulrich B, Pankrath J (Hrsg) Effects of accumulation of air pollutants in forest ecosystems. Reidel, Dordrecht, S 33–47

Ulrich B (1985) Natürliche und anthropogene Komponenten der Bodenversauerung. Mitt Dtsch Bodenkd Ges 43:159–187

Ulrich B (1986) Die Rolle der Bodenversauerung beim Waldsterben – Langfristige Konsequenzen und forstliche Möglichkeiten. Forstwiss Centralbl 105:421–435

Ulrich B (1987a) Stabilität, Elastizität und Resilienz von Waldökosystemen unter dem Einfluss saurer Deposition. Forstarchiv 58:232–238

Ulrich B (1987b) Stability, elasticity and resilience of terrestrial ecosystems with respect to matter balance. In: Schulze ED, Zwölfer H (Hrsg) Potentials and limitations of ecosystem analysis. Springer, Berlin, S 11–49

Ulrich B (1988) Ökochemische Kennwerte des Bodens. Z Pflanzenernähr Bodenkd 151:171–176

Ulrich B (1993) Prozeßhierarchie in Waldökosystemen – Ein integrierender ökosystemtheoretischer Ansatz. Biol unserer Zeit 23:322–329

Ulrich B (1994) Process hierarchy in forest ecosystems: an integrative ecosystem theory. In: Godbold DL, Hüttermann A (Hrsg) Effects of acid rain on forest processes. Wiley-Liss, New York, S 353–398

Ulrich B (1999) Entwicklungsprognosen für Waldökosysteme aus der Sicht der Hierarchitätstheorie. Forstwiss Centralbl 118:118–126

Ulrich B, Malessa V (1989) Tiefengradienten der Bodenversauerung. Z Pflanzenernähr Bodenkd 152:81–84

Ulrich B, Mayer R, Khanna P (1979) Deposition von Luftverunreinigungen und ihre Auswirkung in Waldökosystemen im Solling. Schriften aus der Forstlichen Fakultät der Universität Göttingen und der Niedersächsischen Forstlichen Versuchsanstalt 58

Ulrich B, Meiwes KJ, König N, Khanna PK (1984) Untersuchungsverfahren und Kriterien zur Bewertung der Versauerung und ihrer Folgen in Waldböden. Forst Holzwirt 39:278–286

(Umwelt-Monitoring Systeme) (2008) Bedienungsanleitung SK 20 Saugkerze. UMS, München

Untheim H (1996) Zur Veränderung der Produktivität von Waldstandorten. Untersuchungen zum Höhen- und Volumenwachstum von Fichte (*Picea abies* (L.) KARST.) und Buche (*Fagus sylvatica* L.) auf Standorteinheiten der Ostalb und des Flächenschwarzwaldes. Mitteilungen der Forstlichen Versuchs- und Forschungsanstalt Baden-Württemberg 198

Untheim H (2000) Höhen- und Volumenwachstum hat bei Fichte und Buche zugenommen. Allg Forstz 55:1188–1191

Urban D, Bonan G, Smith T, Shugart HH (1991) Spatial applications of gap models. For Ecol Manage 42:95–110

Utschig H (1989) Waldwachstumskundliche Untersuchungen im Zusammenhang mit Waldschäden. Auswertung der Zuwachstrendanalyseflächen des Lehrstuhles für Waldwachstumskunde für die Fichte (*Picea abies* L. Karst.) in Bayern. Forstliche Forschungsberichte München 97

Valentini R, Matteucchi G, Dolman H, Schulze ED, Rebmann C, Moors EJ, Granier A, Gross P, Jensen NO, Pilegaard K, Lindroth A, Grelle A, Bernhofer C, Grünwald T, Aubinet M, Ceulemans R, Kowalski AS, Vesala T, Rannik Ü, Berbigler P, Loustau D, Guomundsson J, Thorgeirsson H, Ibrom A, Morgenstern K, Clement R, Moncrieff J, Montangnani L, Minerbi S, Jarvis PG (2000) Respiration as the main determinant of carbon balance in European forests. Nature 404:861–865

Valinger E, Lundquist L, Bondesson L (1993) Assessing the risk of snow and wind damage from tree physical characteristics. Forestry 66:249–260

Van den Burg J (1985, 1990) Foliar analysis for determination of tree nutrient status – a compilation of literature data. Rijksinstituut voor onderzoek in de bos- en landschapsbouw »de Dorschkamp«, Wageningen

Van den Heijden MG, Sanders IR (2003) Mycorrhizal ecology, 2 Aufl. Springer, Berlin

Van den Salm C, Reinds GJ, de Vries W (2007) Water balances in intensively monitored forest ecosystems in Europe. Environ Pollut 148:201–212

Varhola A, Coops NC, Weiler M, Moore RD (2010) Forest canopy effects on snow accumulation and ablation: an integrative review of empirical results. J Hydrol 392:219–233

Varma A (Hrsg) (2008) Mycorrhiza – state of the art, genetics and molecular biology, eco-function, biotechnology, eco-physiology, structure and systematics. Springer, Berlin

Veen P, Fanta J, Raev I, Biriş, I-A, Smidt J, Maes B (2010) Virgin forests in Romania and Bulgaria – results of two national inventory projects and their implications for protection. Biodivers Conserv 19:1805–1819

Verburg PS, Johnson DW, Harrison R (2001) Long-term nutrient cycling patterns in Douglas-fir and red alder stands: a simulation study. For Ecol Manage 145:203–217

Verhoeven JT, Beltman B, Bobbink R, Whigham DF (Hrsg) (2006) Wetlands and natural resource management. Springer, Berlin

Vesterdal L (1999) Influence of soil type on mass loss and nutrient release from decomposing foliage litter of beech and Norway spruce. Can J For Res 29:95–105

Vincent J (1977) Interaction entre les micromammifères et la production de semences forestières. Ann Sci Forestières 34:77–87

Violle C, Garnier E, Lecoeur J, Roumet C, Podeur C, Blanchard A, Navas M-L (2009) Competition, traits and resource depletion in plant communities. Oecologia 160:747–755

de Visser S, Thébault E, de Ruiter P (2013) Ecosystems engeneers, keystone species. In: Leemans R (Hrsg) Ecological systems – selected entries from the encyclopedia of sustainability science and technology. Springer, New York, S 59–68

Vogt KA, Grier CC, Vogt DJ (1986) Production, turnover and nutrient dynamics of above- and belowground detritus of world forests. Adv Ecol Res 15:303–377

Vogt KA, Vogt DJ, Palmiotto PA, Boon P, O'Hara J, Asbjornsen H (1995) Review of root dynamics in forest ecosystems grouped by climate, climatic forest type and species. Plant Soil 187:159–219

Vor T (1999) Stickstoffkreislauf eines Buchenaltbestandes nach Auflichtung und Kalkung. Berichte des Forschungszentrums Waldökosysteme A 163, Göttingen

Vor T, Spellmann H, Bolte A, Ammer C (Hrsg) (2015) Potenziale und Risiken eingeführter Baumarten – Baumartenportreits mit naturschutzfachlicher Bewertung. Göttinger Forstwissenschaften 7. Universitätsverlag Göttingen, Göttingen

Vos CC, Baveco H, Grashof-Bokdam CJ (2002) Corridors and Species Dispersal. In: Gutzwiller KJ (Hrsg) Applying landscape ecology in biological conservation. Springer, New York, S 84–104

Vos VCA, van Ruijven J, Berg MP, Peeters ETHM, Berendse F (2011) Macro-detritivore identity drives leaf litter diversity effects. Oikos 120:1092–1098

Wagenhoff A (1975) Die Wirtschaft in Edellaubholz/Buchen-Mischbeständen auf optimalen Standorten im Forstamt Bovenden. Aus dem Walde 24:5–60

Wagenitz G (2003) Wörterbuch der Botanik – Die Termini in ihrem historischen Zusammenhang, 2. Aufl. Spektrum Akademischer, Heidelberg

Wagner S (1999) Ökologische Untersuchungen zur Initialphase der Naturverjüngung in Eschen-Buchen-Mischbeständen. Schriften aus der Forstlichen Fakultät der Universität Göttingen und der Niedersächsischen Forstlichen Versuchsanstalt 129

Wagner S, Müller-Using B (1997) Ergebnisse der Buchen-Voranbauversuche im Harz unter besonderer Berücksichtigung der lichtökologischen Verhältnisse. Schriftenr Landesanst Ökol Bodenordn Forsten Nordrh Westfal 13:17–30

Waldmann R (1999) Einfluß von Bestandesstruktur und waldbaulicher Behandlung auf die Entstehung großflächiger Massenvermehrungen nadelfressender Kieferninsekten am Beispiel der Nonne *(Lymantria monacha* L.) in Dauerschadgebieten des Niedersächsischen Tieflandes. Dissertation, Universität Göttingen

Walentowski H, Bußler H, Bergmeier E, Blaschke M, Finkeldey R, Gossner MM, Litt T, Müller-Kroehung S, Philippi G, Pop VV, Reif A, Schulze ED, Strätz C, Wirth V (2010) Sind die deutschen Waldnaturschutzkonzepte adäquat für die Erhaltung der buchenwaldtypischen Flora und Fauna? – Eine kritische Bewertung basierend auf der Herkunft der Waldarten des mitteleuropäischen Tief- und Hügellandes. Forstarchiv 81:195–217

Walker LR, del Moral R (2003) Primary succession and ecosystem rehabilitation. Cambridge University Press, Cambridge

Walter H (1954) Klimax und zonale Vegetation. Angew Pflanzensoziol (Festschrift Aichinger) 1:144–150

Walter H (1960) Einführung in die Phytologie – Bd. 3: Grundlagen der Pflanzenverbreitung. Teil I: Standortslehre. Ulmer, Stuttgart

Walter H, Breckle S (1991a) Ökologie der Erde – Bd. 1: Ökologische Grundlagen in globaler Sicht, 2. Aufl. Fischer, Stuttgart

Walter H, Breckle S (1991b) Ökologie der Erde – Bd. 4: Spezielle Ökologie der Gemäßigten und Artkischen Zonen außerhalb Euro-Nordasiens, 2. Aufl. Fischer, Stuttgart

Walter H, Breckle S (1994) Ökologie der Erde – Bd. 3: Spezielle Ökologie der Gemäßigten und Arktischen Zonen Euro-Nordasiens, 2. Aufl. Fischer, Stuttgart

Walter H, Breckle S (1999) Vegetation und Klimazonen – Grundriß der globalen Ökologie, 7. Aufl. Ulmer, Stuttgart

Walter H, Breckle S (2004) Ökologie der Erde – Bd. 2: Spezielle Ökologie der Tropischen und Subtropischen Zonen, 3. Aufl. Elsevier Spektrum Akademischer, Stuttgart

Walter H, Lieth H (1960–1967) Klimadiagramm-Weltatlas. Fischer, Jena

Walther G, Beißner S, Pott R (2005) Climate change and high mountain vegetation shifts. In: Broll G, Keplin B (Hrsg) Mountain ecosystems – studies in treeline ecology. Springer, Berlin, S 77–96

Walter R (2014) Erdgeschichte – Die Geschichte der Kontinente, der Ozeane und des Lebens, 6. Aufl. Schweizerbart, Stuttgart

Wardle DA (2002) Communities and ecosystems – linking the aboveground and belowground components. Princeton University Press, Princeton

Wardle DA, Nilsson M-C, Gallet C, Zackrisson O (1998) An ecosystem-level perspective of allelopathy. Biol Rev Camb Philos Soc 73:305–319

Waring RH (1989) Ecosystem – fluxes of matter and energy. In: Cherrett JM, Bradshaw AD (Hrsg) Ecological concepts – the contribution of ecology to an understanding of the natural world. Blackwell, Oxford, S 17–42

Waring RH, Running SW (1998) Forest ecosystems – analysis at multiple scales, 2. Aufl. Academic Press, San Diego

Waring RH, Running SW (2007) Forest ecosystems – analysis at multiple scales, 3. Aufl. Elsevier Academic Press, Amsterdam

Waring RH, Landsberg JJ, Williams M (1998) Net primary production of forests – a constant fraction of gross primary production? Tree Physiol 18:129–134

Warming E (1896) Lehrbuch der ökologischen Pflanzengeographie. Bornträger, Berlin

Watt AS (1919) On the causes of failure of natural regeneration in British oakwoods. J Ecol 7:173–203

Watt AS (1947) Pattern and process in the plant community. J Ecol 35:1–22

Watt AD, Stork NE, Hunter MD (Hrsg) (1997) Forests and insects. Chapman and Hall, London

Weckesser M, Schmidt JE, Meyer P, Unkrig W, von Wevell Krüger A, Pusch A (2006) Der Naturwald Bruchberg im Nationalpark Harz – Vegetation, Waldstruktur und Arthropodenfauna. Schriften aus der Forstlichen Fakultät der Universität Göttingen und der Nordwestdeutschen Forstlichen Versuchsanstalt 141

Wehnert A, Müller M (2012) Borkenkäfer-Fangsysteme im Vergleich. AFZ/DerWald 67:22–25

Weigelt A, Jolliffe P (2003) Indices of plant competition. J Ecol 91:707–720

Weisberg PJ, Bugmann H (2003) Forest dynamics and ungulate herbivory – from leaf to landscape. For Ecol Manage 181:1–12

Weisgerber H, Holzberg H, Janssen A, Walter P (1996) Erhaltung und Erweiterung der genotypischen Vielfalt bei seltenen Baumarten – Strategien, Ergebnisse und Perspektiven in Hessen. In: Müller-Starck G, Hattemer HH (Hrsg) Biodiversität und nachhaltige Forstwirtschaft. Ecomed, Landsberg, S 78–92

Weisser WW (2010) Was sind Ökosystemfunktionen. In: Hotes S, Wolters V (Hrsg) Focus Biodiversität – Wie Biodiversität in der Kulturlandschaft erhalten und nachhaltig genutzt werden kann. Oekom, München, S 155–162

Weisser WW, Siemann E (Hrsg) (2004) Insects and ecosystem function. Springer, Berlin

Weisser WW, Völkl W (2010) Indikator- und Schlüsselarten. In: Hotes S, Wolters V (Hrsg) Focus Biodiversität – Wie Biodiversität in der Kulturlandschaft erhalten und nachhaltig genutzt werden kann. Oekom, München, S 58–65

Weller DE (1987) The reevaluation of the 3/2 power rule of plant self thinning. Ecol Monogr 57:23–43

Weller DE (1991) The self-thinning rule – Dead or unsupported? A reply to Lonsdale. Ecology 72:747–750

Wenzel B (1989) Kalkungs- und Meliorationsexperimente im Solling – Initialeffekte auf Boden, Sickerwasser und Vegetation. Berichte des Forschungszentrums Waldökosysteme A 51, Göttingen

Werner O, Rothe GM (2002) Genetic distance and transmission of genetic information at RAPD and SSR loci in regularly and late budding pedunculate oak (Quercus robur L.). For Genet 9:285–295

Westoby M (1984) The self-thinning rule. Adv Ecol Res 14:167–225

Westphal C, Tremer N, von Oheimb G, Hansen J, von Gadow K, Härdtle W (2006) Is the J-shaped diameter distribution universally applicable in European virgin beech forests? For Ecol Manage 223:75–83

Wetselaar R, Farquhar G (1980) Nitrogen losses from tops of plants. Adv Agron 33:263–302

Whelan RJ (1995) The ecology of fire. Cambridge University, Cambridge

White GN, Feldman SB, Zelazny LW (1990) Rates of nutrient release by mineral weathering. In: Lucier A, Haines S (Hrsg) Mechanisms of forest response to acidic deposition. Springer, New York, S 108–162

White J (1985) The thinning rule and its application to mixtures of plant populations. In: White J (Hrsg) Studies on plant demography. Academic Press, New York, S 291–309

White P (2012a) Ion uptake mechanisms of individual cells and roots – Short-distance transport. In: Marschner P (Hrsg) Marschner's mineral nutrition of higher plants, 3. Aufl. Academic Press, San Diego, S 7–47

White P (2012b) Long-distance transport in the xylem and phloem. In: Marschner P (Hrsg) Marschner's mineral nutrition of higher plants, 3. Aufl. Academic Press, San Diego, S 49–70

White PS, Pickett STA (1985) Natural disturbance and patch dynamics: an introduction. In: Pickett STA, White PS (Hrsg) The ecology of natural disturbance and patch dynamics. Academic, Orlando, S 3–13

White TL, Adams WT, Neale DB (2007) Forest genetics. CABI, Wallingford

Whittaker RH (1972) Evolution and measurement of species diversity. Taxon 21:213–251

Whittaker RH (1973) Ordination and classification of communities. Junck, Den Haag

Whittaker RH (1977) Evolution of species diversity in land communities. J Evol Biol 10:1–67

Whittaker RH, Bormann FH, Likens GE, Siccama TG (1974) The Hubbard Brook ecosystem study – forest biomass and production. Ecol Monogr 44:233–254

Wichmann I, Schmidt W (2000) Der Nährstoffhaushalt von Waldbrandflächen in der Lüneburger Heide. Forst Holz 55:648–650, 652–654

Wicke L (2005) Beyond Kyoto – a new global climate certificate system. Springer, Berlin

Wiechert K, Röhrig E (1987) Wachstum junger Birkenbestände auf entwässerten Hochmoorstandorten. Aus dem Walde 41:3–53

Wiedemann E (1927) Über den künstlichen gruppenweisen Voranbau von Tanne und Buche. Allg Forst Jagdztg 103:433–452

Wiedemann E (1935) Zur Klärung der Durchforstungsbegriffe. Z Forst Jagdwes 67:56–64

Wiedemann E (1942) Der gleichaltrige Fichten-Buchen-Mischbestand. Mitt Forstwirtsch Forstwiss 13:1–88

Wiedemann E (1951) Ertragskundliche Grundlagen der Forstwirtschaft, 3. Aufl. Sauerländer's, Frankfurt a. M.

Wiedemann E (1959) Ertragskundliche und waldbauliche Grundlagen der Forstwirtschaft, 3. Aufl. Sauerländer's, Frankfurt a. M.

Wiens J, Moss MR (Hrsg) (2005) Issues and Perspectives in Landscape Ecology. Cambridge University, Cambridge

Wieser G, Tausz M (2007) Trees at their upper limit – Treelife limitation at the alpine timberline. Springer, Dordrecht

Wild A (1995) Umweltorientierte Bodenkunde. Spektrum Akademischer, Heidelberg

von Willert DJ, Matyssek R, Herppich W (1995) Experimentelle Pflanzenökologie – Grundlagen und Anwendungen. Thieme, Stuttgart

Wilson E (1995) Der Wert der Vielfalt – Die Bedrohung des Artenreichtums und das Überleben des Menschen. Piper, München

Winkel G, Volz K (2003) Naturschutz und Forstwirtschaft – Kriterienkatalog zur guten fachlichen Praxis. Angew Landschaftsökol 62

Winter K (1980a) Sukzession von Arthropoden in verbrannten Kiefernforsten. Forstwiss Centralbl 99:356–365

Winter K (1980b) Auswirkungen des Waldbrandes auf Wirbeltiere. Forstwiss Centralbl 99:371–375

Winter K, Schauermann J, Schaefer M (1980) Sukzession von Arthropoden in verbrannten Kiefernforsten. Forstwiss Centralbl 99:324–340

Winterhoff B, Schönfelder E, Heiligmann-Brauer G (1995) Sturmschäden des Frühjahrs 1990 in Hessen – Analyse nach Standorts-, Bestandes- und Behandlungsmerkmalen. Forschungsberichte der Hessischen Landesanstalt für Forsteinrichtung, Waldforschung und Waldökologie 20

Wippermann T (Hrsg) (2000) Bergbau und Umwelt – Langfristige geochemische Einflüsse. Springer, Berlin

Wirth C, Messier C, Bergeron Y, Fankhänel A (2009) Old-growth forest definitions – a pragmatic view. In: Wirth C, Gleixner G, Heimann M (Hrsg) Old-growth forests – function, fate and value. Springer, Berlin, S 11–33

Wissel C (1989) Theoretische Ökologie – Eine Einführung. Springer, Berlin

Witzig J, Badoux A, Hegg C, Lüscher P (2004) Waldwirkung und Hochwasserschutz – Eine standörtlich differenzierte Betrachtung. Forst Holz 59:476–479

Wöbse HH (2002) Landschaftsästhetik – Über das Wesen, die Bedeutung und den Umgang mit landschaftlicher Schönheit. Ulmer, Stuttgart

Wobst W (1954) Zur Klarstellung über die Grundsätze der naturgemäßen Waldwirtschaft. Forst Holzwirt 9:269–275

Wobst W (1979) Geschichtliche Entwicklung und gedankliche Grundlagen naturgemäßer Waldwirtschaft. Forstarchiv 59:22–27

Wobus A, Wobus U, Parthier B (Hrsg) (2010) Der Begriff der Natur – Wandlungen unseres Naturverständnisses und seine Folgen. Wissenschaftliche Verlagsgesellschaft, Stuttgart

Wochele SM (2010) Modellierung räumlich differenzierter Wirkungen von atmosphärischen Stoffeinträgen auf Stoffumsetzungen und Stoffausträge aus Waldökosystemen in Deutschland. Dissertation, Universität Freiburg

Wöhler I (1988) Die Elementverteilung in Blattgeweben und deren Bedeutung für das Pufferverhalten. Berichte des Forschungszentrums Waldökosysteme A 41, Göttingen

Wohlgemuth T (Hrsg) (2006) Wald und Klimawandel. Forum für Wissen 2006. Eidgenössische Forschungsanstalt für Wald, Schnee und Landschaft (WSL), Birmensdorf

Wohlgemuth T, Conedera M, Kupferschmid Albisetti A, Moser B, Usbeck T, Brang P, Dobbertin M (2008) Effekte des Klimawandels auf Windwurf, Waldbrand und Walddynamik im Schweizer Wald. Schweiz Z Forstwes 159:336–343

Wolff B, Riek W (1997) Deutscher Waldbodenbericht 1996 – Ergebnisse der bundesweiten Bodenzustandserhebung im Wald von 1987–1993 (BZE). Bundesministerium für Ernährung Landwirtschaft und Forsten, Bonn

Worrell R, Hampson A (1997) The influence of some forest operations on the sustainable management of forest soils – a review. Forestry 70:61–86

Wright JP, Jones CG (2004) Predicting effects of ecosystem engineers in patch-scale species richness from primary productivity. Ecology 85:2071–2081

Wright R, Rasmussen L (1998) Introduction to the NITREX and EXMAN projects – the whole ecosystem experiments of the NITREX and EXMAN projects. For Ecol Manage 101:1–7

Wu J (2013) Landscape ecology. In: Leemans R (Hrsg) Ecological systems – selected entries from the encyclopedia of sustainability science and technology. Springer, New York, S 179–200

Wunderlich S, Raben G, Andreae H, Feger KH (2006) Schwefel-Vorräte und Sulfat-Remobilisierungspotenzial in Böden der Level-II-Standorte Sachsens. AFZ/Der Wald 61:762–765

Yanai R, Battles J, Richardson A, Blodgett C, Wood D, Rastetter E (2010) Estimating uncertainty in ecosystem budget calculations. Ecosystems 13:239–248

Yoda K, Kira T, Ogawa H, Hozumi H (1963) Self-thinning in overcrowded pure stands under cultivated and natural conditions. J Inst Polytech Osaka City Univ Ser D 14:107–129

Zeide B (1985) Tolerance and self- tolerance of trees. For Ecol Manage 13:149–166

Zeiller M (1654) Topographia und Eigentliche Beschreibung Der Vornembsten Stäte, Schlösser, auch anderer Plätze und Örter, in denen Hertzogthümern Braunschweig und Lüneburg, und denen dazu gehörende Grafschafften, Herrschafften und Landen. Merian, Frankfurt a M

Zeller B, Recous S, Kunze M, Moukoumi J, Colin-Belgrand M, Bienaimé S, Ranger J, Dambrine E (2007) Influence of tree species on gross and net N transformations in forest soils. Ann For Sci 64:151–158

Zeng RS, Mallik AU, Luo SM (Hrsg) (2008) Allelopathy in sustainable agriculture and forestry. Springer, New York

Zerbe S (1992) Fichtenforste als Ersatzgesellschaften von Hainsimsen-Buchenwäldern. Vegetation, Struktur und Vegetationsveränderungen eines Forstökosystems. Berichte des Forschungszentrums Waldökosysteme A 100, Göttingen

Zerbe S (1997) Stellt die potentielle natürliche Vegetation (PNV) eine sinnvolle Zielvorstellung für den naturnahen Waldbau dar? Forstwiss Centralbl 116:1–15

Zerbe S, Wiegleb G (Hrsg) (2009) Renaturierung von Ökosystemen in Mitteleuropa. Spektrum Akademischer, Heidelberg

Ziehe M, Starke R, Hattemer HH, Turok J (1998) Genotypische Strukturen in Buchen-Altbeständen und ihren Samen. Allg Forst Jagdztg 169:91–99

Zorn W, Marks G, Heß H, Bergmann W (2013) Handbuch zur visuellen Diagnose von Ernährungsstörungen bei Kulturpflanzen, 2 Aufl. Springer Spektrum, Berlin

Züge J (1986) Wachstumsdynamik eines Buchenwaldes auf Kalkgestein mit besonderer Berücksichtigung der interspezifischen Konkurrenzverhältnisse. Dissertation, Universität Göttingen

Zundel R (2010) Waldränder gestalten und pflegen, 7. Aufl. AID Infodienst Verbraucherschutz, Ernährung. Landwirtschaft, Bonn

Sachregister*

A

B

* Bei Angabe mehrerer Seiten verweisen **halbfett** hervorgehobene Zahlen auf Seiten, in denen das entsprechende Thema eingehend behandelt wird. ***Kursive*** Zahlen verweisen auf Abbildungen oder Tabellen.

C

L

M

N

Q

R

S

T

U

Z

Bildnachweis

Für die aufgeführten Abbildungen wurden freundlicherweise Fotos von Dritten zu Verfügung gestellt. Die übrigen Fotos im Buch stammen von den Autoren.

2.7, 2.9, 2.10 Archiv Abteilung Holzbiologie und Holzprodukte Georg-August-Universität (Göttingen)
2.8b, 7.6 Bertram Leder (Arnsberg)
4.1, 5.1, 12.10, 13.16, 14.12a, 16.3 Torsten Vor (Göttingen)
4.2, 8.2, 11.2b, 11.5 Marcus Schmidt (Göttingen)
5.2, 5.6, 15.7 Christine Rapp (Göttingen)
6.4 Lars Köhler (Göttingen)
5.1, 7.4, 20.1 Rainer Köpsell (Friedeburg)
8.4 Franz Gruber (Göttingen)
8.7a, b Jörg Kleinschmit (Hann. Münden)
11.1 Niedersächsiches Landesmuseum (Hannover)
11.2 Wilfried Ließmann (Göttingen)
11.3 Volker Meng (Göttingen)
12.9a Leonhard Steinacker (Freising)
14.3 Roland Steffen (Göttingen)
14.6a, b Milan Zubrik (Zvolen/Slowakei)
14.6c, 14.7a Mathias Niesar (Gummersbach)
14.7b, c, 14.9 Ralph Petercord (Freising)
14.12b, 15.12 Christian Ammer (Göttingen)
15.1 Andreas Mölder (Göttingen)
18.2 Diemut Klärner (Göttingen)
19.4a Norbert Lamersdorf (Göttingen)
19.4b Thomas Hering (Dornburg-Camburg)
20.4 Alfred Dengler (Archiv Abteilung Waldbau u. Waldökologie gemäßigte Zonen Göttingen)